国防特色学术专著·航空宇航科学与技术

飞行器结构动力学中的几个问题

梁立孚　刘石泉
王振清　李宏亮　著

西北工业大学出版社

北京航空航天大学出版社　北京理工大学出版社
哈尔滨工业大学出版社　哈尔滨工程大学出版社

内容简介

本书在总结多年研究成果的基础上，针对飞行器结构动力学中的若干问题，提出了新的分析方法和求解思路。内容包括：应用伴生力非保守系统的拟变分原理研究气动弹性；研究力学中的机械振动和电学中的电磁振荡、力学中的动力响应和电学中的过渡过程的对偶体系；开展单柔体动力学的理论分析，揭示了单柔体动力学中的“一力二用”的特性，研究了质点刚体动力学与弹性动力学之间的耦合效应；研究非保守系统动力学的 Fourier 卷积型拟变分原理及其在动力响应中的应用；应用振动和波动理论研究了动力学反问题。

本书可供相关专业的高等学校教师、高年级学生、研究生、科学研究人员和工程技术人员阅读参考。

图书在版编目(CIP)数据

飞行器结构动力学中的几个问题 /梁立孚等著．—西安：西北工业大学出版社，2010.8

(国防特色学术专著·航空宇航科学与技术)

ISBN 978-7-5612-2849-4

Ⅰ.①飞…　Ⅱ.①梁…　Ⅲ.①飞行器—结构动力学—研究　Ⅳ.①V414

中国版本图书馆 CIP 数据核字(2010)第 151727 号

飞行器结构动力学中的几个问题

梁立孚　刘石泉　王振清　李宏亮　著

责任编辑　何格夫

*

西北工业大学出版社出版发行

西安市友谊西路 127 号(710072)　发行部电话：029-88493844　传真：029-88491147

http://www.nwpup.com　E-mail:fxb@nwpup.com

陕西向阳印务有限公司印装　各地书店经销

*

开本：787×1 092　1/16　印张：18.25　字数：442 千字

2010 年 8 月第 1 版　2010 年 8 月第 1 次印刷　印数：2 000 册

ISBN 978-7-5612-2849-4　定价：40.00 元

前　言

航空航天科学技术的迅速发展，对该领域的科学研究和学术著作的撰写提出了更高的要求。就有关飞行器的结构动力学而言，出版一部能够反映当代力学发展水平的兼顾航空（大气中的飞行器）与航天（空间飞行器）事业发展需要的著作，是时代赋予科学工作者的任务。在航空航天科学技术发展需要的大背景下，我国已经出版了多部有关飞行器的结构动力学学术专著。本书着重研究几个诸多学术著作中尚未研究过的或者研究得较少的重要问题。这就是本书命名为《飞行器结构动力学中的几个问题》的原因。

本书主要研究以下几个问题：

(1)应用伴生力非保守系统的拟变分原理研究气动弹性。

(2)研究力学中的机械振动与电学中的电磁振荡、力学中的动力响应与电学中的过渡过程的对偶体系。

(3)开展单柔体动力学的理论分析，揭示单柔体动力学中的“一力二用”的特性，研究质点刚体动力学与弹性动力学之间的耦合效应。

(4)研究非保守系统动力学的 Fourier 卷积型拟变分原理及在动力响应中的应用。

(5)应用振动和波动理论研究动力学反问题。

某位学者曾指出，由于多柔体构形的复杂性，目前解决多柔体动力学问题主要是依赖于数值的、定量的分析方法，几乎没有人进行过解析的分析讨论，这对于深刻把握系统的非线性力学实质、预测系统的全局动力学现象是十分不利的。因此，极有必要开展多柔体系统的理论分析，当然，这是一个十分复杂的问题，解决它可能需要很长的时间。其实，这种现象不仅出现在多柔体动力学中，在其他学科中，也存在类似的现象。这就是本书主要研究解析法的原因。国家的发展需要庞大的科学研究队伍从事工程技术方面的研究，与此同时，还应有少量的科学技术人员进行基础理论的研究，并且要发挥基础理论对工程技术的指导作用；反之，应用工程技术研究来验证基础理论研究成果的正确性，又能够促进基础理论研究的进一步发展。本书的内容属于基础理论研究，尽量对问题进行解析的分析讨论，这一特点正好与其他偏于工程技术研究的结构动力学著作是互补的。

本书的内容属于国家自然科学基金(10272034)、博士学科点专项科研基金(20060217020)、黑龙江省自然科学基金(A01 — 06)和中央高校基本科研业务费专项资金(HEUCF100205)资助课题。

在本书的撰写过程中，参阅了有关文献和资料，在此笔者对这些文献和资料的原作者、提供者一并表示感谢。笔者诚挚地感谢廖振鹏院士和陈塑寰教授的指导，感谢宋海燕博士、刘宗民博士、张存博士、樊涛博士、郭庆勇博士、周平博士和孙海博士的帮助；同时感谢西北工业大学出版社雷军同志和何格夫同志为拙著的顺利出版所付出的辛勤劳动。

由于笔者水平有限，书中不妥之处在所难免，诚恳希望同行、专家和广大读者给予指导和帮助。

著 者

2010 年 3 月

目 录

绪论

各种自然现象(特别是力学现象)和过程通常是由一组数理方程(偏微分方程、积分-微分方程或积分方程)及初边值条件来描述的。但人们通过长期的探索研究,发现这些现象和过程常常使系统的某一整体量(泛函)取驻值或极值,因而又可以用相应的变分原理来描述。后一描述法的突出优点是:

1)其数学形式简单紧凑,但内涵却十分丰富(包含了全部数理方程及初边值条件组)。

2)该方法是整体性描述,包括各种物理间断面上的相容条件。

3)该方法有"变域变分""自然边界条件"等特殊工具,能够自动捕获各种未知边(分)界面。

4)该方法是各种变分直接解法和有限元法的理论基础。

可见,变分原理既体现了数学形式上的简洁优美,又体现了物理内容上的丰富深刻,更具有工程应用上的价值,确实体现了数学与物理的交融与贯通以及理论与实用的结合与统一。以变分原理作为理论基础是本书内容的一个特点。非保守系统的拟变分原理和广义拟变分原理的研究涵盖了许多学科,是一个相当重要的研究领域。在飞行器结构动力学中,不仅存在空气动力中的黏性阻尼和波阻尼,而且存在结构的内阻尼,还存在所谓伴生力,因此,飞行器结构动力学系统是非保守系统。本书第1章将研究非保守系统的拟变分原理及其应用。

正像线性是非线性的特例一样,保守也是非保守的一个特例。因此,可以将非保守系统的拟变分原理退化为保守系统的变分原理。非保守系统的拟变分原理应用范围十分广泛,本书第1章主要研究非保守系统的拟变分原理在气动弹性力学中的应用,而不想涉及空气阻力和结构内阻尼导致的非保守系统,因这类内容在多部结构动力学著作中已经有成熟的理论和应用研究。气动弹性力学所涉及的物理现象,包含惯性力、弹性力和空气动力间的显著的相互作用。以翼面的气动弹性问题为例,由于机翼的空气动力引起机翼的转角,反过来转角又引起新的空气动力,即空气动力增量,这类现象类似自动控制中的反馈现象,这类空气动力增量是与机翼结构变形相伴而生的力,因此,空气动力便是所谓伴生力。可见气动弹性问题是由伴生力导致的非保守系统的力学问题。应用非保守系统拟变分原理研究气动弹性问题是本书的重要组成部分,它在第1章中以算例的形式出现。

世界的统一性显示在各个现象领域的微分方程的惊人的类似中,这一论断构成了类比逻辑和模拟技术的理论基础。这说明自然科学中多门学科相互间是密切关联的。它们应当有一个公共的理论体系,只要换成对偶变量体系,就可建立起这个公共的理论体系。因此,本书第2章将研究机械振动和电磁振荡的对偶体系。

机械振动和电磁振荡属于不同学科中的物理现象,但仔细研究可以发现,这两类问题的各个物理量或属性有一一对应的关系,其微分方程也可以归结为相似的形式。这样,力学中的机械振动和电学中的电磁振荡就具有对偶性。许多学者看到了这种对偶关系,并从物理量、微分方程等角度进行讨论。

由于机械振动和电磁振荡之间存在对偶关系,因而可以从机械振动的角度形象地说明电磁振荡的过程;反之,也可以从电磁振荡的角度更好地理解机械振动的过程。历史上借用力学方法研究电学问题的例子很多，反过来，由于电学理论的迅速发展以及利用其理论处理问题的方便性，借用电学方法模拟力学问题也变得很自然。这类研究内容不仅应用于飞行器的振动和动力响应问题中，而且在空间飞行器的连接动力学中也有重要的应用。

本书第 2 章研究的是机械振动和电磁振荡的对偶体系，而不是一般的机械阻抗学，因此，在内容安排方面也具有自己的特点。首先，比较力学和电学中的基本元件、基本规律。分别比较阻尼元件与电阻元件、惯性元件与电感元件以及弹性元件与电容元件的一些对偶特性，得到这两类基本元件之间的对偶关系。接着，对力学中的协调原理和平衡原理与电学中的 Kirchhoff 电流和电压定律进行比较，得到这两类基本规律之间的对偶性。然后，讨论力学中的自由振动和电学中的自由振荡的对偶特性，并且说明力学中的力法和电学中的节偶电压法，力学中的位移法与电学中的回路电流法，分别具有对偶特性；讨论杆的纵振、扭振、弯曲振动、弯扭复合振动和与之相对应的几种网络问题。通过这些工作建立力学中的自由振动和电学中的自由振荡之间的对偶关系。最后，讨论力学中的动力响应和电学中的过渡过程。对应电学中的换路定律提出力学中的变态定律；讨论单自由度系统的动力响应和与之相应的单回路电路的过渡过程；研究多自由度力学系统的动力响应和与之相应的电学网络系统的过渡过程。通过这些研究可以看到，无论是单自由度还是多自由度的力学系统，或与之相应的电学系统，在相似的激励作用下，都会有相似的响应。即二者之间存在对偶关系。并且，在其他学者研究的基础上，进一步说明了卷积运算的物理意义。

本书第 3 章研究单柔体动力学，这是飞行器结构动力学的一个重要组成部分。将单柔体动力学列入飞行器结构动力学，这还是第一次。单柔体动力学是质点刚体动力学和固体动力学的杂交，具体到该章的研究，单柔体动力学是质点刚体动力学和弹性动力学的杂交。所谓杂交是指单柔体动力学中既包含质点刚体动力学，又包含弹性动力学，还包括质点刚体动力学和弹性动力学的耦合。以往人们应用质点刚体动力学研究单体飞行器的轨道和姿态动力学，应用弹性动力学研究单体飞行器的机械振动和动力响应，初期的单柔体动力学将单体飞行器的轨道和姿态动力学与单体飞行器的机械振动和动力响应组合起来进行研究，起到积极的作用。现在，研究单体飞行器动力学，不仅将单体飞行器的轨道和姿态动力学与单体飞行器的机械振动和动力响应组合起来进行研究，而且研究它们的耦合效应。所谓耦合效应是指不仅飞行器的轨道和姿态影响单体飞行器的机械振动和动力响应，而且机械振动和动力响应也影响飞行器的轨道和姿态。这时单体飞行器的轨道和姿态动力学、单体飞行器的机械振动和动力响应（弹性动力学）以及它们的耦合效应动力学构成一个整体，更加显示出单柔体动力学的学科杂交的特性。

17 世纪伟大的物理学家牛顿（Isaac Newton，1643 年 1 月 4 日—1727 年 3 月 31 日）的最伟大的功绩是发现了牛顿三定律，而牛顿三定律的核心是牛顿第二定律。牛顿第二定律指出，作用于一个物体上的作用力等于其动量随时间的变化率。假定物体的质量为常量，则可得一个物体的加速度与作用在物体上的合力成正比，与其质量成反比。在定轴转动中，类似地有，作用于一个物体上的力矩等于其动量矩随时间的变化率。假定物体的转动惯量为常量，则可得一个物体的角加速度与作用在物体上的合力矩成正比，与其转动惯量成反比。在此基础上，还可以导出动量定理、动量矩定理和动能定理等等。在牛顿力学中，认为力的作用引起物体运动状态的变化，称之为力的外效应。

17 世纪还有另一位伟大的物理学家胡克（Robert Hooke，1635 年 7 月 18 日—1703 年 3

月 3 日)。他研究变形体力学,认为力的作用引起物体内部的变形,称之为力的内效应。1678 年,胡克提出了著名的弹性定律,即胡克定律(Hooke's law)。它是弹性理论中的一条基本定律。其表明固体材料在受力之后,材料中的应力与应变之间成线性关系。对于连续体,一般认为在体积力和表面力作用下产生应力和应变,则可以推广为其正反形式的广义胡克定律。现在人们研究的弹塑性本构理论,可以认为是胡克定律在非线性材料方面的延伸。

单柔体动力学中出现"一力二用"的现象,即指由同一个力,既可以产生力的外效应,又可以产生力的内效应。以飞机的俯冲拉起为例,在确定飞机的运动轨迹和运动姿态时,涉及推力、升力、阻力和重力,在确定机体的弹性变形和弹性动力学效应时,再次涉及推力、升力、阻力和重力,这就是单柔体动力学中存在的"一力二用"的特点。这里强调指出,虽然存在"一力二用",但是"二用"是各有特点的。在确定飞机的运动轨迹时,应用力的平行移动原理,将推力、升力、阻力和重力都作用在飞机的质心,将整个飞机视为一个质点来研究;在确定飞机的运动姿态时,应用力的平行移动原理,除将推力、升力、阻力和重力都作用在飞机的质心外,还要加上附加力矩,将整个飞机视为一个刚体来研究。而在确定机体的弹性变形和弹性动力学效应时,推力以分布力的形式作用在飞机的尾喷口,阻力可以近似以单位长度的阻力密度的形式分布在整个飞机机体的表面。升力情况要复杂一些,主要以分布力的形式作用在机翼的表面(忽略机身和尾翼产生的升力),通过机翼结构的受力将力传递到机翼的根部,然后,再传递到机身上,至于以怎样的形式传递到机身上,与机翼和机身的连接方式密切相关。它是以单位长度的升力密度的形式分布在飞机机体表面的,这是一种很大的近似。重力则作为质量力以重力密度的形式作用在飞机机体的每一个质点上。推力、升力、阻力和重力在机体中"传递",并通过机体结构的受力和变形来实现产生结构的动力效应。实际上,推力、升力、阻力和重力的分布形式,比上面论述的还要复杂得多,其"传递"也有其复杂的规律性,兹不赘述。但是,仅仅注意到"一力二用"还是不够的,或者说是很不够的。如果飞机设计师仅仅用推力、升力、阻力和重力作为外载荷进行飞机设计,这个飞机一定会出现大事故。原因是他忽视了飞机的轨迹运动和姿态运动产生的惯性力对飞机结构强度的影响。同样的道理,如果飞机设计师在设计飞机的轨迹和姿态时,忽视弹性动力效应对飞机的轨迹运动和姿态运动的影响也是不行的。不过这种影响比起前一种影响来说相对较小,不易引起人们的重视。这两种影响都称之为力的耦合效应。当不仅认识到力的外效应,而且认识到力的内效应,并且进一步认识到内效应和外效应之间的耦合效应时,才可以说把质点刚体动力学与变形体动力学耦合起来了。第 3 章从质点刚体动力学与变形体动力学杂交的角度来研究飞行器结构动力学还仅仅是一个尝试性的开端,这类问题还有待于进一步的研究。

以往的结构动力学研究,多数是按照一般动力学研究的方式,认为地球是惯性坐标系,在地球坐标系中研究问题,很少涉及非惯性系中的力学问题。现在研究的是包括航天器在内的飞行器结构动力学,航天器一般要离开地球,甚至于将来要离开太阳系,这时取地球坐标系作为惯性坐标系就不能满足要求了。其实,即使取地球坐标系为惯性坐标系,航天器结构动力学中的问题多数也是非惯性坐标系中的力学问题。因此,本书将明确是在非惯性系中来研究问题的。这便要下大气力来论述非惯性系中力学问题的特点,并且讨论一些重要的问题。这也是第 3 章的内容之一。

飞行器结构的动力响应包括的范围较广,冲击问题、强迫振动问题都可以归类于动力响应问题。这类问题在已经出版的飞行器结构动力学和一般的结构动力学中都有较详细的论述。

这类问题既可以在时域中进行研究，也可以在频域中进行研究。由于 Fourier 变换正好对应时域与频域之间的变换，所以将应用 Fourier 卷积型拟变分原理来研究这类问题。这便是设置本书第 4 章的原因。

以往人们应用 Hamilton 型变分原理和 Gurtin 卷积型(Laplace 卷积型)变分原理来研究结构动力学问题。本书将进一步应用 Hamilton 型拟变分原理和 Gurtin 卷积型拟变分原理来研究结构动力学问题。在本书中还首次建立了各类 Fourier 卷积型拟变分原理，并且应用 Fourier 卷积型拟变分原理来研究强迫振动和冲击动力响应问题。应用 Fourier 卷积型拟变分原理来研究强迫振动和冲击动力响应问题，便于对应地在时域中和频域中研究问题，可以将变分原理从总体上去把握事物的优点推广到时域空间和频域空间，将变分原理作为有限元素法和其他近似计算的理论基础的作用推广到时域空间和频域空间，便于把快速 Fourier 变换等新进展融合到 Fourier 型变分原理和拟变分原理及其应用中。

本书第 4 章介绍的是对 Fourier 卷积型拟变分原理及其应用的初步研究成果。4.1 节研究 Fourier 卷积型变分原理的提法；4.2 节研究非保守分析动力学的 Fourier 卷积型拟变分原理及其在动力响应中的应用；4.3 节研究非保守弹性动力学的 Fourier 卷积型拟变分原理在动力响应中的应用。

结构振动参数识别是结构动力学中的一个重要问题。通常的结构动力学分析，是已知结构的数学模型的激振力，求结构的响应，称之为正问题。与之相反，结构参数识别是结构动力学反问题。它是根据结构的试验数据或对结构的其他测量数据，利用一定的数学模型，对结构所含未知参数进行识别。随着科学技术的发展，特别是航空航天事业的发展，结构振动参数识别这类课题显得愈来愈重要。现代结构振动模态分析及其参数识别技术，是分析和解决各种复杂结构动力学正问题和反问题的主要手段之一。其自身发展是理论分析、计算技术与实验研究密切相结合的结果。它在建立与修改结构系统的数学模型，分析或预测实际结构的振动响应，结构动力修改或优化设计，以及振动与噪声控制、状态监测、故障诊断等方面，均有广泛应用。因此，本书在第 5 章对结构动力学反问题进行了初步探讨，为今后做进一步的深入研究奠定基础。

含圆形孔洞和夹杂的结构广泛存在于各种航空航天工程设计中。这些结构在加工过程中和工作中可能在圆形孔洞或圆形夹杂周围萌生出微裂纹等各种缺陷。当含有孔洞、夹杂及裂纹的复合材料结构受有动力荷载作用时，孔洞、夹杂与裂纹的动力相互作用使孔洞、夹杂周边以及裂纹尖端发生动应力集中现象，同时缺陷的组合形式也决定着材料结构内部能否产生损伤。孔洞、夹杂和微裂纹均存在于材料结构内部，一般情况下不能够直接发现，内部随工作情况恶化所发生的动应力集中和裂纹扩展等问题也不能直接发现，这都使结构安全实时评估无法实现。动力荷载作用在材料结构上时，内部缺陷的散射场提供了许多裂纹与孔洞、夹杂相互作用的特征参数信息，例如缺陷类型、位置与形状等等。因此对散射波远场解的研究对于结构健康诊断等领域有重要意义。本书引入一种新的模型及方法，比较深入地研究了此类问题。这一问题的解决可以提供孔洞、夹杂与裂纹共存的结构远场散射规律，而这一规律的得到，就可以为利用远场散射数据判断内部缺陷提供依据，因此可以看做是一种反问题。

第1章 非保守系统的拟变分原理及其应用

物质运动的规律，可以用时空坐标函数，以微分方程的形式描述，也可以用这些函数的积分泛函，以其取极值或驻值的变分形式描述。最小势能原理和最小余能原理分别是以位移和应力为基本函数给出积分泛函的变分极值原理，Hellinger-Reissner 原理和胡海昌-鹫津久一郎原理便分别是两类变量和三类变量的广义变分原理，它们都是驻值变分原理。由于有限元方法的发展及其在工程上的广泛应用，变分原理作为其理论基础，显示出重要性，因此，变分原理和广义变分原理的研究不仅在力学中受到重视，而且已经延拓到自然科学的其他领域。世界上有两个学术中心的工作引起各国学者的注意，一个是以美国麻省理工学院的 E. Reissner, K. Washizu, T. H. H. Pian 等人为代表的，另一个就是以钱伟长、胡海昌等中国学者为代表的。可以说，中国学者在变分原理和广义变分原理及其应用方面的研究在世界上处于领先地位。

我国学者十分重视变形体力学中广义变分原理的研究。文献[1]研究余能原理，从理论上和应用上为研究广义变分原理奠定了基础。文献[2]建立了弹性力学和塑性力学的广义变分原理，为后来发展起来的混合有限元素法提供了理论依据，并获得了重要的应用。文献[3]和文献[4]分别倡导 Lagrange 乘子法和对合变换法，为建立各个学科领域的广义变分原理提供了有效方法。国外学者也为这一学科领域的发展作出重要贡献[5-8]。这些工作大部分是研究保守系统的变分原理和广义变分原理。

对于非保守系统，国外以 Leipholz 为代表，提出广义自共轭的概念，建立了广义的 Hamilton 原理，给出了著名的 Leipholz 杆模型[9-10]。我国学者在文献[11]中阐述了 Leipholz 研究了非保守系统的势能原理，而没有研究余能原理，通过发展 Leipholz 的研究，并发扬国内对广义变分原理研究的优势，在伴生力系统的前提下，建立了非保守系统的余能原理，进而建立了关于弹性理论非保守系统的广义变分原理。作为文献[11]的继续，文献[12]建立了非保守系统的两类变量的广义拟变分原理，并且给出同时求解一个典型的伴生力非保守系统的内力和变形两类变量的计算方法。文献[13]建立了非保守系统自激振动的拟固有频率变分原理。还有一些学者对伴生力作用下弹性系统在不同边界条件下的响应进行了多方面的研究和计算。

由于变形体力学的广义变分原理在有限元素法和其他近似计算方法的应用方面取得重大成功[1-2,5-6]，各国学者都努力将广义变分原理的研究推广到分析动力学中去。但是，由于这一研究的难度很大，长期进展比较缓慢。文献[14]介绍了国外学者研究分析动力学中的变分原理的情况，将我国学者对分析动力学中的变分原理的研究引导到世界性研究的前沿。文献[15]引入广义 D'Alembert-Lagrange 原理，应用凑合法建立了分析动力学边值问题的第二类变分原理，并且将之写成正则形式。文献[16]应用对合变换推导出两类变量的 Hamilton 原理，应用 Lagrange 乘子法推导出分析动力学边值问题的两类变量的有附加条件的广义变分原理和无附加条件的广义变分原理，推导了各类变分原理的驻值条件。文献[17]应用对合变换，将两类变量的广义变分原理的驻值条件变换为三类变量的控制方程。按照广义力和广义位移之间的对应关系，将各控制方程乘上相应的虚量，代数相加，然后积分，进而建立了分析动力学边值问题的三类变量的广义变分原理，并将这种建立广义变分原理的方法称为变积方法。

对于初值问题，1964 年 Gurtin 利用卷积理论，提出了与弹性动力学初值问题等价的变分原理[18]，这种 Gurtin 型变分原理为建立弹性动力学初值问题的各种近似解法奠定了可靠的理论基础。我国学者罗恩对线性变形体动力学的初值问题的变分原理进行了比较全面深入的研究，系统地建立与发展了线性和非线性变形体动力学的 Gurtin 型变分原理[19-20]。文献[21]建立了非保守弹性动力学初值问题的简单 Gurtin 型拟变分原理，文献[22]明确了分析动力学初值问题的控制方程，进而建立了分析动力学初值问题的一种变分原理形式。

本章主要论述非保守分析动力学的拟变分原理，非保守分析动力学的初值问题的拟变分原理，非保守弹性动力系统的拟变分原理，非保守弹性动力系统初值问题的拟变分原理。作为算例，还介绍了各类拟变分原理在气动弹性和工程振动中的应用。

1.1 非保守分析动力学的拟变分原理及其应用

分析动力学方法以离散系统为主要研究对象，例如由有限个质点和刚体组成的系统，它在空间的位置可以由有限个独立的参数来确定。在大量的自然界和工程的力学系统中，离散力学模型常常可以很好地描述系统的动力学性态。加之离散系统在数学求解方面较容易处理，因此离散系统动力学有着广泛的应用价值。

在分析动力学中，鉴于国内外学者对保守系统分析动力学的变分原理已经做了充分的研究[23-30]，本节研究非保守系统分析动力学的拟变分原理。这里指出，本节提到的非保守系统是含义丰富的概念，它既包括飞行器空气动力学和船舶流体力学中的黏性阻尼和波阻尼，也包括结构的内阻尼以及所谓伴生力系统。

1.1.1 基本方程

非保守系统分析动力学基本方程可以表示为

$$\frac{\partial T}{\partial q_i}-\frac{\mathrm{d}}{\mathrm{d}t}\frac{\partial T}{\partial \dot{q}_i}-\frac{\partial U}{\partial q_i}+Q_i=0 \tag{1.1.1}$$

式中 T—— 动能；

U—— 势能；

Q_i—— 非保守外力；

q_i—— 广义坐标；

t —— 时间；

“$\cdot$”—— 变量对时间 t 的导数。

应用对合变换，可以得到含有两类变量的动力学基本方程

$$\frac{\partial T}{\partial q_i}-\frac{\mathrm{d}}{\mathrm{d}t}\frac{\partial T}{\partial v_i^q}-\frac{\partial U}{\partial q_i}+Q_i=0 \tag{1.1.2}$$

$$\dot{q}_i-v_i^q=0 \tag{1.1.3}$$

再一次应用对合变换，可以得到含有三类变量的动力学基本方程

$$\frac{\partial T}{\partial q_i}-\frac{\mathrm{d}}{\mathrm{d}t}p_i^q-\frac{\partial U}{\partial q_i}+Q_i=0 \tag{1.1.4}$$

$$\dot{q}_i-v_i^q=0 \tag{1.1.5}$$

$$p_i^q-\frac{\partial T}{\partial v_i^q}=0 \tag{1.1.6}$$

式中　v_i^q—— 广义速度；

p_i^q—— 广义动量。

1.1.2　拟 Hamilton 原理

保守系统分析动力学已经建立了相应 Hamilton 变分原理，现在来建立非保守系统的拟 Hamilton 原理。

将式(1.1.1) 乘以相应的虚位移 δq_i 并求代数和，然后对时间积分，可得

$$\int_{t_0}^{t_1}\sum_{i=1}^{n}\left(\frac{\partial T}{\partial q_i}-\frac{\mathrm{d}}{\mathrm{d}t}\frac{\partial T}{\partial \dot{q}_i}-\frac{\partial U}{\partial q_i}+Q_i\right)\delta q_i\mathrm{d}t=0 \tag{1.1.7}$$

应用分部积分，可得

$$-\int_{t_0}^{t_1}\sum_{i=1}^{n}\frac{\mathrm{d}}{\mathrm{d}t}\frac{\partial T}{\partial \dot{q}_i}\delta q_i\mathrm{d}t=-\sum_{i=1}^{n}\frac{\partial T}{\partial \dot{q}_i}\delta q_i\Big|_{t_0}^{t_1}+\int_{t_0}^{t_1}\sum_{i=1}^{n}\frac{\partial T}{\partial \dot{q}_i}\delta\dot{q}_i\mathrm{d}t \tag{1.1.8}$$

将式(1.1.8) 代入式(1.1.7)，并按惯例在时域边界 $t=t_0$ 和 $t=t_1$ 处取 $\delta q_i=0$，可得

$$\int_{t_0}^{t_1}\sum_{i=1}^{n}\left(\frac{\partial T}{\partial q_i}\delta q_i+\frac{\partial T}{\partial \dot{q}_i}\delta\dot{q}_i-\frac{\partial U}{\partial q_i}\delta q_i+Q_i\delta q_i\right)\mathrm{d}t=0 \tag{1.1.9}$$

可以进一步表示为

$$\delta\int_{t_0}^{t_1}\left[T(q_i,v_i^q)-U(q_i)+\sum_{i=1}^{n}Q_iq_i\right]\mathrm{d}t-\int_{t_0}^{t_1}\sum_{i=1}^{n}q_i\delta Q_i\mathrm{d}t=0 \tag{1.1.10}$$

简记为

$$\delta\Pi_{H1}-\delta Q_H=0 \tag{1.1.11}$$

式中

$$\Pi_{H1}=\int_{t_0}^{t_1}\left[T(q_i,v_i^q)-U(q_i)+\sum_{i=1}^{n}Q_iq_i\right]\mathrm{d}t \tag{1.1.12}$$

$$\delta Q_H=\int_{t_0}^{t_1}\sum_{i=1}^{n}q_i\delta Q_i\mathrm{d}t \tag{1.1.13}$$

这就是非保守完整系统的拟 Hamilton 原理。

1.1.3　广义拟变分原理

按照广义力和广义位移之间的对应关系，将式(1.1.2) 和式(1.1.3) 乘上相应的虚量并求代数和，然后对时间积分，可得

$$\int_{t_0}^{t_1}\sum_{i=1}^{n}\left[\left(\frac{\partial T}{\partial q_i}-\frac{\mathrm{d}}{\mathrm{d}t}\frac{\partial T}{\partial v_i^q}-\frac{\partial U}{\partial q_i}+Q_i\right)\delta q_i+(\dot{q}_i-v_i^q)\delta\frac{\partial T}{\partial v_i^q}\right]\mathrm{d}t=0 \tag{1.1.14}$$

经分部积分，并按惯例在时域边界 $t=t_0$ 和 $t=t_1$ 处取 $\delta q_i=0$，可将式(1.1.14) 变换为

$$\delta\int_{t_0}^{t_1}\left[T(q_i,v_i^q)-U(q_i)+\sum_{i=1}^{n}\frac{\partial T}{\partial v_i^q}(\dot{q}_i-v_i^q)+\sum_{i=1}^{n}Q_iq_i\right]\mathrm{d}t-\int_{t_0}^{t_1}\sum_{i=1}^{n}q_i\delta Q_i\,\mathrm{d}t=0 \tag{1.1.15}$$

简记为

$$\delta\Pi_{H2}-\delta Q_H=0 \tag{1.1.16}$$

式中

$$\Pi_{H2}=\int_{t_0}^{t_1}\left[T(q_i,v_i^q)-U(q_i)+\sum_{i=1}^{n}\frac{\partial T}{\partial v_i^q}(\dot{q}_i-v_i^q)+\sum_{i=1}^{n}Q_iq_i\right]\mathrm{d}t \tag{1.1.17}$$

$$\delta Q_H=\int_{t_0}^{t_1}\sum_{i=1}^{n}q_i\delta Q_i\,\mathrm{d}t \tag{1.1.18}$$

这就是非保守完整系统的两类变量的广义拟变分原理。

按照广义力和广义位移之间的对应关系，将式(1.1.4)～式(1.1.6)乘上相应的虚量并求代数和，然后对时间积分，可得

$$\int_{t_0}^{t_1}\sum_{i=1}^{n}\left[\left(\frac{\partial T}{\partial q_i}-\frac{\mathrm{d}}{\mathrm{d}t}p_i^q-\frac{\partial U}{\partial q_i}+Q_i\right)\delta q_i+(\dot{q}_i-v_i^q)\delta p_i^q-\left(p_i^q-\frac{\partial T}{\partial v_i^q}\right)\delta v_i^q\right]\mathrm{d}t=0 \tag{1.1.19}$$

经分部积分，并按惯例在时域边界 $t=t_0$ 和 $t=t_1$ 处取 $\delta q_i=0$，可将式(1.1.19)变换为

$$\delta\int_{t_0}^{t_1}\left[T(q_i,v_i^q)-U(q_i)+\sum_{i=1}^{n}p_i^q(\dot{q}_i-v_i^q)+\sum_{i=1}^{n}Q_iq_i\right]\mathrm{d}t-\int_{t_0}^{t_1}\sum_{i=1}^{n}q_i\delta Q_i\,\mathrm{d}t=0 \tag{1.1.20}$$

简记为

$$\delta\Pi_{H3}-\delta Q_H=0 \tag{1.1.21}$$

式中

$$\Pi_{H3}=\int_{t_0}^{t_1}\left[T(q_i,v_i^q)-U(q_i)+\sum_{i=1}^{n}p_i^q(\dot{q}_i-v_i^q)+\sum_{i=1}^{n}Q_iq_i\right]\mathrm{d}t \tag{1.1.22}$$

$$\delta Q_H=\int_{t_0}^{t_1}\sum_{i=1}^{n}q_i\delta Q_i\,\mathrm{d}t \tag{1.1.23}$$

这就是非保守完整系统的三类变量的广义拟变分原理。

1.1.4 非完整非保守系统的拟变分原理和广义拟变分原理

设想对上述的完整系统附加上非完整约束条件

$$f_\beta(q_i,\dot{q}_i,t)=0,\quad \begin{matrix}i=1,2,\cdots,n\\ \beta=1,2,\cdots,g\end{matrix};\quad n>g \tag{1.1.24}$$

应用对合变换，可得

$$f_\beta(q_i,v_i^q,t)=0 \tag{1.1.25}$$

将非完整约束条件式(1.1.24)作用于拟 Hamilton 原理，可得非完整非保守系统的拟 Hamilton 原理

$$\left.\begin{aligned}&\delta\int_{t_0}^{t_1}\left[T(q_i,v_i^q)-U(q_i)+\sum_{i=1}^{n}Q_iq_i\right]\mathrm{d}t-\int_{t_0}^{t_1}\sum_{i=1}^{n}q_i\delta Q_i\,\mathrm{d}t=0\\&\text{s. t.}\quad f_\beta(q_i,\dot{q}_i,t)=0\end{aligned}\right\}\tag{1.1.26}$$

方程式(1.1.26) 中 s. t. 是 subject to 的缩写，即约束条件。

不难验证，对于 Chetaev 模型，非完整非保守系统的拟 Hamilton 原理的拟驻值条件为

$$\frac{\partial T}{\partial q_i}-\frac{\mathrm{d}}{\mathrm{d}t}\frac{\partial T}{\partial\dot{q}_i}-\frac{\partial U}{\partial q_i}+Q_i+\sum_{\beta=1}^{g}\mu_\beta\frac{\partial f_\beta}{\partial\dot{q}_i}=0\tag{1.1.27}$$

将非完整约束条件式(1.1.25) 作用于两类变量的广义拟变分原理，可得非完整非保守系统两类变量的广义拟变分原理

$$\left.\begin{aligned}&\delta\int_{t_0}^{t_1}\left[T(q_i,v_i^q)-U(q_i)+\sum_{i=1}^{n}\frac{\partial T}{\partial v_i^q}(\dot{q}_i-v_i^q)+\sum_{i=1}^{n}Q_iq_i\right]\mathrm{d}t-\int_{t_0}^{t_1}\sum_{i=1}^{n}q_i\delta Q_i\,\mathrm{d}t=0\\&\text{s. t.}\quad f_\beta(q_i,v_i^q,t)=0\end{aligned}\right\}\tag{1.1.28}$$

不难验证，对于 Chetaev 模型，非完整非保守系统两类变量的广义拟变分原理的拟驻值条件为

$$\left.\begin{aligned}&\frac{\partial T}{\partial q_i}-\frac{\mathrm{d}}{\mathrm{d}t}\frac{\partial T}{\partial v_i^q}-\frac{\partial U}{\partial q_i}+Q_i+\sum_{\beta=1}^{g}\mu_\beta\frac{\partial f_\beta}{\partial v_i^q}=0\\&\dot{q}_i-v_i^q=0\end{aligned}\right\}\tag{1.1.29}$$

将非完整约束条件式(1.1.25) 作用于三类变量的广义拟变分原理，可得非完整非保守系统三类变量的广义拟变分原理

$$\left.\begin{aligned}&\delta\int_{t_0}^{t_1}\left[T(q_i,v_i^q)-U(q_i)+\sum_{i=1}^{n}p_i^q(\dot{q}_i-v_i^q)+\sum_{i=1}^{n}Q_iq_i\right]\mathrm{d}t-\int_{t_0}^{t_1}\sum_{i=1}^{n}q_i\delta Q_i\,\mathrm{d}t=0\\&\text{s. t}\quad f_\beta(q_i,v_i^q,t)=0\end{aligned}\right\}\tag{1.1.30}$$

不难验证，对于 Chetaev 模型，非完整非保守系统三类变量的广义拟变分原理的拟驻值条件为

$$\left.\begin{aligned}&\frac{\partial T}{\partial q_i}-\frac{\mathrm{d}}{\mathrm{d}t}p_i^q-\frac{\partial U}{\partial q_i}+Q_i+\sum_{\beta=1}^{g}\mu_\beta\frac{\partial f_\beta}{\partial v_i^q}=0\\&\dot{q}_i-v_i^q=0\\&p_i^q-\frac{\partial T}{\partial v_i^q}=0\end{aligned}\right\}\tag{1.1.31}$$

应用上述的方法，也可以建立 Vacco 模型中的三类变量的广义拟变分原理，限于篇幅，不再赘述。

1.1.5　应用举例

在飞行器结构力学中，经常将翼面简化为根部固支的多闭剖面梁。翼面的外伸段，可以处理为梁的自由弯曲和扭转问题。这是一个非保守系统的动力学问题，由机翼空气动力导致的升力 Q_y 是伴生力。机翼翼段的运动方程如何建立，可以应用弹性动力学的拟 Hamilton 原理

来解决这一问题。

设有单闭室对称机翼剖面，初迎角为零，静平衡位置如图 1.1 所示，刚心 D 坐标为 x_r，质心 G 坐标为 x_m，压力中心的坐标为 x_a，取出单位长度的翼段来进行研究，翼段的质量为 m，绕刚心的转动惯量为 I_D，静矩为 S_D，薄壁厚度为 e，不考虑阻尼影响，试建立机翼剖面的动力学方程。

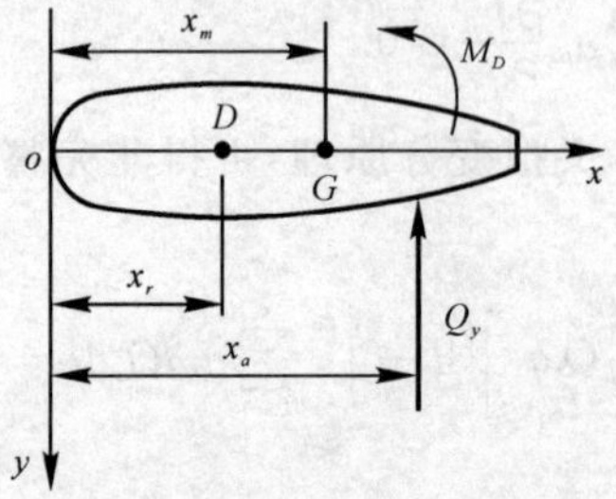

图 1.1 翼剖面静平衡位置

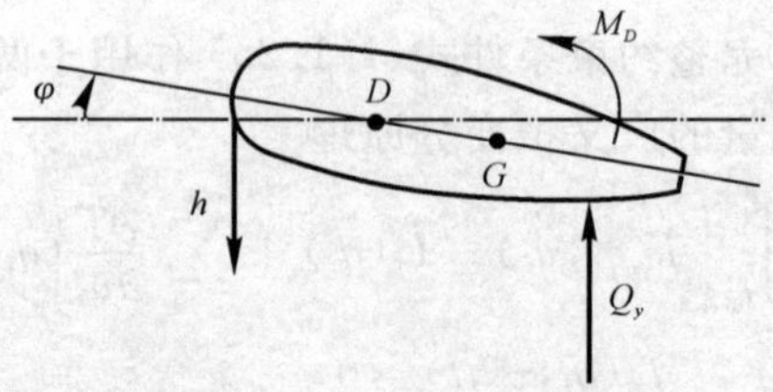

图 1.2 广义坐标正向规定

该例题属于弯曲和扭转振动耦合问题，设刚心偏离平衡位置的距离为 h（向下为正），翼段绕刚心的转角为 φ（翼段抬头为正），如图 1.2 所示。翼剖面任意一点的位移为

$$\boldsymbol{u} = u_x\boldsymbol{i} + u_y\boldsymbol{j} \tag{1.1.32-1}$$

式中 u_x—— 水平位移分量；

u_y—— 垂直位移分量；

$\boldsymbol{i},\boldsymbol{j}$—— 笛卡儿坐标系 x 轴与 y 轴的单位向量。

由几何条件，当 $|\varphi| \ll 1^\circ$ 时，有

$$\left.\begin{aligned} u_x &= x(\cos\varphi - 1) \approx 0 \\ u_y &= -h - x\sin\varphi \approx -h - x\varphi \end{aligned}\right\} \tag{1.1.32-2}$$

$$\begin{aligned}\iiint\limits_V \frac{1}{2}\rho v_i v_i \mathrm{d}V &= \frac{1}{2}\oint\rho\left[\left(\frac{\mathrm{d}u_x}{\mathrm{d}t}\right)^2 + \left(\frac{\mathrm{d}u_y}{\mathrm{d}t}\right)^2\right]e\mathrm{d}s = \\ &\frac{1}{2}\dot{h}^2\oint\rho e\,\mathrm{d}s + \dot{h}\dot{\varphi}\oint x\rho e\,\mathrm{d}s + \frac{1}{2}\dot{\varphi}^2\oint x^2\rho e\,\mathrm{d}s = \\ &\frac{1}{2}m\dot{h}^2 + S_D\dot{h}\dot{\varphi} + \frac{1}{2}I_D\dot{\varphi}^2 \end{aligned} \tag{1.1.32-3}$$

式中，$m = \oint\rho e\,\mathrm{d}s$，$S_D = \oint x\rho e\,\mathrm{d}s$，$I_D = \oint x^2\rho e\,\mathrm{d}s$，$\rho$ 为线质量密度。

$$\iiint\limits_V \left(\frac{1}{2}a_{ijkl}\varepsilon_{kl}\varepsilon_{ij} - \overline{F}_i u_i\right)\mathrm{d}V - \iint\limits_{S_\sigma}\overline{P}_i u_i \mathrm{d}S = \frac{1}{2}k_h h^2 + \frac{1}{2}k_D\varphi^2 + Q_y h + M_D\varphi \tag{1.1.32-4}$$

式中，$k_D = \dfrac{\Omega^2}{\oint\dfrac{\mathrm{d}s}{Ge}}$ 为扭转刚度，$k_h = \dfrac{3EJ_x}{l^3}$ 为弯曲刚度。对于该翼段，其 Π_{H1} 可以表示为

$$\Pi_{H1} = \int_{t_0}^{t_1}\left(\frac{1}{2}m\dot{h}^2 + S_D\dot{h}\dot{\varphi} + \frac{1}{2}I_D\dot{\varphi}^2 - \frac{1}{2}k_h h^2 - \frac{1}{2}k_D\varphi^2 - Q_y h - M_D\varphi\right)\mathrm{d}t \tag{1.1.32-5}$$

$$\delta Q = 0 \tag{1.1.32-6}$$

$$\delta P = -\int_{t_0}^{t_1} (h\delta Q_y + \varphi \delta M_D)\,\mathrm{d}t \qquad (1.1.32-7)$$

对应这个具体问题，拟 Hamilton 原理表示为

$$\delta \Pi_{H1} - \delta Q - \delta P = \int_{t_0}^{t_1} (m\dot{h}\delta\dot{h} + S_D\dot{\varphi}\delta\dot{h} + S_D\dot{h}\delta\dot{\varphi} + I_D\dot{\varphi}\delta\dot{\varphi} - k_h h\delta h - k_D\varphi\delta\varphi - Q_y\delta h - M_z\delta\varphi)\,\mathrm{d}t = 0 \qquad (1.1.32-8)$$

由 Green 定理，并按惯例在时域边界处取 $\delta h = 0, \delta\varphi = 0$，可得

$$\int_{t_0}^{t_1} (m\dot{h} + S_D\dot{\varphi})\delta\dot{h}\,\mathrm{d}t = (m\dot{h} + S_D\dot{\varphi})\delta h\Big|_{t_0}^{t_1} - \int_{t_0}^{t_1} (m\ddot{h} + S_D\ddot{\varphi})\delta h\,\mathrm{d}t = -\int_{t_0}^{t_1} (m\ddot{h} + S_D\ddot{\varphi})\delta h\,\mathrm{d}t \qquad (1.1.32-9)$$

$$\int_{t_0}^{t_1} (S_D\dot{h} + I_D\dot{\varphi})\delta\dot{\varphi}\,\mathrm{d}t = (S_D\dot{h} + I_D\dot{\varphi})\delta\varphi\Big|_{t_0}^{t_1} - \int_{t_0}^{t_1} (S_D\ddot{h} + I_D\ddot{\varphi})\delta\varphi\,\mathrm{d}t = -\int_{t_0}^{t_1} (S_D\ddot{h} + I_D\ddot{\varphi})\delta\varphi\,\mathrm{d}t \qquad (1.1.32-10)$$

故得

$$-\int_{t_0}^{t_1} [(m\ddot{h} + S_D\ddot{\varphi} + k_h h + Q_y)\delta h + (S_D\ddot{h} + I_D\ddot{\varphi} + k_D\varphi + M_z)\delta\varphi]\,\mathrm{d}t = 0 \qquad (1.1.32-11)$$

由 δh 和 $\delta\varphi$ 的任意性可得

$$\left.\begin{aligned} m\ddot{h} + S_D\ddot{\varphi} + k_h h + Q_y = 0 \\ S_D\ddot{h} + I_D\ddot{\varphi} + k_D\varphi + M_z = 0 \end{aligned}\right\} \qquad (1.1.32-12)$$

这就是翼段的动力学方程。

将翼段升力 $Q_y = qAC_y^\alpha\varphi$ 及升力对刚心的矩 $M_D = qAC_y^\alpha\varphi(x_a - x_r)$ 代入式(1.1.32-12)，则得

$$\left.\begin{aligned} m\ddot{h} + S_D\ddot{\varphi} + k_h h + qAC_y^\alpha\varphi = 0 \\ S_D\ddot{h} + I_D\ddot{\varphi} + k_D\varphi + qAC_y^\alpha\varphi(x_a - x_r) = 0 \end{aligned}\right\} \qquad (1.1.32-13)$$

式中　q—— 动压；

A—— 翼面面积；

C_y^α—— 升力系数导数；

x_a—— 压力中心(空气动力中心)坐标；

x_r—— 刚心坐标；

φ—— 翼面扭转角。

写成矩阵形式为

$$\begin{bmatrix} m & S_D \\ S_D & I_D \end{bmatrix}\begin{bmatrix} \ddot{h} \\ \ddot{\varphi} \end{bmatrix} + \begin{bmatrix} k_h & qAC_y^\alpha \\ 0 & k_D + qAC_y^\alpha(x_a - x_r) \end{bmatrix}\begin{bmatrix} h \\ \varphi \end{bmatrix} = \begin{bmatrix} 0 \\ 0 \end{bmatrix} \qquad (1.1.32-14)$$

此二阶常微分运动方程组的质量矩阵 $\boldsymbol{M} = \begin{bmatrix} m & S_D \\ S_D & I_D \end{bmatrix}$ 是非对角阵，刚度矩阵 $\boldsymbol{K} = \begin{bmatrix} k_h & qAC_y^\alpha \\ 0 & k_D + qAC_y^\alpha(x_a - x_r) \end{bmatrix}$ 也是非对角阵，故该运动方程既有惯性耦合又有弹性耦合。通常通过模态叠加法解耦计算，得到结构的动态响应。但在稳定理论中多用定性的方法，迅速方便

地计算出其颤振发散的临界值。为了研究系统的稳定性，假设解的形式为

$$\left.\begin{aligned} h &= \bar{h}\mathrm{e}^{pt} \\ \varphi &= \bar{\varphi}\mathrm{e}^{pt} \end{aligned}\right\} \tag{1.1.32-15}$$

将式(1.1.32-15)代入式(1.1.32-14)，可得

$$\begin{bmatrix} mp^2 + k_h & S_D p^2 + qAC_y^\alpha \\ S_D p^2 & I_D p^2 + k_D + qAC_y^\alpha (x_a - x_r) \end{bmatrix} \begin{bmatrix} h \\ \varphi \end{bmatrix} = \begin{bmatrix} 0 \\ 0 \end{bmatrix} \tag{1.1.32-16}$$

此齐次方程组有非零解的条件是系数行列式为零，由此可得关于 p 的特征方程

$$\begin{aligned} (mI_D - S_D^2)p^4 + \{m[k_D + qAC_y^\alpha (x_a - x_r)] - S_D qAC_y^\alpha + k_h I_D\}p^2 + \\ k_h[k_D + qAC_y^\alpha (x_a - x_r)] = 0 \end{aligned} \tag{1.1.32-17}$$

令

$$\left.\begin{aligned} a &= mI_D - S_D^2 \\ b &= m[k_D + qAC_y^\alpha (x_a - x_r)] - S_D qAC_y^\alpha + k_h I_D \\ c &= k_h[k_D + qAC_y^\alpha (x_a - x_r)] \end{aligned}\right\} \tag{1.1.32-18}$$

则特征方程式(1.1.32-17)可以简写为

$$ap^4 + bp^2 + c = 0 \tag{1.1.32-19}$$

解得

$$p^2 = \frac{-b \pm \sqrt{b^2 - 4ac}}{2a} \tag{1.1.32-20}$$

开方即得特征值 p，当特征值至少有一个具有正实部时，则运动随时间指数发散。下面讨论 p 值的情况。

由式(1.1.32-18)可知，对于任何质量分布，a 总是正的。b 可以为正，也可以为负，但由前人的研究可知，只须考虑 $b > 0$ 的情况，当 $m(x_a - x_r) - S_D > 0$，即 $x_a - x_r > \dfrac{S_D}{m}$ 时，对于任意的 q 值都有 $b > 0$。又因为 q 必须为正值，所以 $b^2 - 4ac > 0$，则有

$$p^2 = \frac{-b - \sqrt{b^2 - 4ac}}{2a} < 0 \tag{1.1.32-21}$$

$$p^2 = \frac{-b + \sqrt{b^2 - 4ac}}{2a} \left.\begin{matrix} < 0 & (c > 0) \\ > 0 & (c < 0) \end{matrix}\right\} \tag{1.1.32-22}$$

若 p^2 为负实数，则 p 为纯虚数，表示中性稳定；若 p^2 为正实数，则 p 有一个为正实数，表示运动将随时间发散，故发散条件为 $c < 0$，也就是

$$k_D + qAC_y^\alpha (x_a - x_r) < 0 \tag{1.1.32-23}$$

由式(1.1.32-23)可求得动压，当 $x_a - x_r > 0$ 时，有

$$q < -\frac{k_D}{AC_y^\alpha (x_a - x_r)} < 0 \tag{1.1.32-24}$$

当 $x_a - x_r < 0$ 时，有

$$q > \frac{k_D}{AC_y^\alpha (x_r - x_a)} \tag{1.1.32-25}$$

由于动压 q 必须取正值，式(1.1.32-25)才有意义，所以只有当 $x_r - x_a$ 为正值，即空气动力中心位于刚心之前，动压满足式(1.1.32-25)时才可能出现发散的情况。

扭转刚度 $k_D=\dfrac{\Omega^2}{\oint\dfrac{\mathrm{d}s}{Ge}}$（其中 Ω 为单闭剖面的面积的两倍，s 为剖面周线，G 为剪切模量，e 为剖面壁厚），代入式(1.1.32-25)，可得发散动压临界值为

$$q_f=\frac{\Omega^2}{AC_y^{\alpha}(x_r-x_a)\oint\dfrac{\mathrm{d}s}{Ge}} \tag{1.1.32-26}$$

1.2　分析动力学初值问题的拟变分原理及其应用

在分析动力学中，存在大量的初值问题，文献[22]明确了分析动力学初值问题的控制方程，进而建立了分析动力学初值问题的变分原理和广义变分原理。本文首先按照广义力和广义位移之间的对应关系，将非保守分析动力学初值问题的各控制方程卷乘上相应的虚量并求代数和，考虑到系统的非保守特性，进而在原空间中建立了非保守分析动力学初值问题的拟变分原理和广义拟变分原理。接着，推导了非保守分析动力学初值问题拟变分原理和广义拟变分原理的拟驻值条件。最后，讨论了有关的问题。

这里再次指出，本节提到的非保守系统是含义丰富的概念，它既包括飞行器空气动力学和船舶流体力学中的黏性阻尼和波阻尼，也包括结构的内阻尼，还包括所谓的伴生力系统。

1.2.1　分析动力学初值问题的控制方程

分析动力学稳定约束系统和半稳定约束系统动力学初值问题的控制方程为

$$-\frac{\mathrm{d}}{\mathrm{d}t}p_i^q+P_i+F_i=0 \tag{1.2.1}$$

$$\dot{q}_i-v_i^q=0 \tag{1.2.2}$$

$$p_i^q-\sum_{j=1}^{n}m_{ij}v_j^q=0 \tag{1.2.3}$$

或者

$$v_i^q-\sum_{j=1}^{n}M_{ij}p_j^q=0 \tag{1.2.4}$$

初始条件为

$$q_i(0)=\bar{q}_i(0),\quad v_i^q(0)=\bar{v}_i^q(0),\quad p_i^q(0)=\bar{p}_i^q(0) \tag{1.2.5}$$

$$\dot{q}_i(0)=\bar{\dot{q}}_i(0),\quad \dot{v}_i^q(0)=\bar{\dot{v}}_i^q(0),\quad \dot{p}_i^q(0)=\bar{\dot{p}}_i^q(0) \tag{1.2.6}$$

式中，各变量的意义及其 Laplace 变换式分别为：广义坐标 $q_i\doteqdot\tilde{q}_i$，广义速度 $v_i^q\doteqdot\tilde{v}_i^q$，广义动量 $p_i^q\doteqdot\tilde{p}_i^q$，保守力 $P_i\doteqdot\tilde{P}_i$，非保守广义力 $F_i\doteqdot\tilde{F}_i$。m_{ij} 为广义质量，M_{ij} 为广义质量的逆张量，"·"为对时间的导数。以广义坐标的导数为例，广义坐标对时间的导数 $\dot{q}_i\doteqdot p\tilde{q}_i-q_i(0)$，广义坐标对时间的两阶导数 $\ddot{q}_i\doteqdot p^2\tilde{q}_i-pq_i(0)-\dot{q}_i(0)$。

1.2.2　卷积型拟变分原理

按照广义力和广义位移之间的对应关系，将式(1.2.1)卷乘以 δq_i，将式(1.2.5)的第三式

乘以 δq_i，然后求代数和，可得

$$\sum_{i=1}^{n}\left\{-\left(-\frac{\mathrm{d}}{\mathrm{d}t}p_i^q+P_i+F_i\right)*\delta q_i+[p_i^q(0)-\bar{p}_i^q(0)]\delta q_i\right\}=0 \tag{1.2.7}$$

应用 Laplace 变换中的卷积理论，可得

$$\dot{p}_i^q*\delta q_i=p_i^q*\delta\dot{q}_i-p_i^q(0)\delta q_i \tag{1.2.8}$$

这个式子很像微积分中的分部积分，因此，称这类式子为卷积分部积分公式。

将式(1.2.8) 代入式(1.2.7)，可得

$$\sum_{i=1}^{n}\{p_i^q*\delta\dot{q}_i-p_i^q(0)\delta q_i-\dot{P}_i*\delta q_i-F_i*\delta q_i+[p_i^q(0)-\bar{p}_i^q(0)]\delta q_i\}=0 \tag{1.2.9}$$

考虑到式(1.2.2)，经整理可得

$$\sum_{i=1}^{n}[p_i^q*\delta v_i^q-\bar{p}_i^q(0)\delta q_i-P_i*\delta q-F_i*\delta q_i]=0 \tag{1.2.10}$$

将式(1.2.3) 代入式(1.2.10)，并考虑到外力 P_i 为保守力和外力 F_i 为非保守力，可得

$$\sum_{i=1}^{n}\left[\sum_{j=1}^{n}m_{ij}v_j^q*\delta v_i^q-\bar{p}_i^q(0)\delta q_i-P_i*\delta q_i-F_i*\delta q_i\right]=0 \tag{1.2.11}$$

可以进一步表示为

$$\delta\sum_{i=1}^{n}\left[\frac{1}{2}\sum_{j=1}^{n}m_{ij}v_i^q*v_j^q-\bar{p}_i^q(0)q_i+U_1-F_i*q_i\right]+\sum_{i=1}^{n}q_i*\delta F_i=0 \tag{1.2.12}$$

简记为

$$\delta\Pi_1+\delta Q=0 \tag{1.2.13}$$

式中

$$\left.\begin{aligned}\Pi_1&=\sum_{i=1}^{n}\left[\frac{1}{2}\sum_{j=1}^{n}m_{ij}v_i^q*v_j^q-\bar{p}_i^q(0)q_i+U_1-q_i*F_i\right]\\ \delta Q&=\sum_{i=1}^{n}q_i*\delta F_i\end{aligned}\right\} \tag{1.2.14}$$

其先决条件为式(1.2.2) 成立。这就是非保守分析动力学初值问题原空间中的拟势能变分原理，即卷积型拟势能变分原理。其中，U_1 为卷积势能函数，并且有 $\delta U_1=-P_i*\delta q_i$。

按照广义力和广义位移之间的对应关系，将式(1.2.2) 卷乘以 δp_i^q，将式(1.2.5) 第一式乘以 δp_i^q，然后求代数和，可得

$$\sum_{i=1}^{n}\{-(\dot{q}_i-v_i^q)*\delta p_i^q-[q_i(0)-\bar{q}_i(0)]\delta p_i^q\}=0 \tag{1.2.15}$$

应用 Laplace 变换中的卷积分部积分公式

$$\dot{q}_i*\delta p_i^q=q_i*\delta\dot{p}_i^q-q_i(0)\delta p_i^q \tag{1.2.16}$$

将式(1.2.16) 代入式(1.2.15)，可得

$$\sum_{i=1}^{n}\{v_i^q*\delta p_i^q-q_i*\delta\dot{p}_i^q+q_i(0)\delta p_i^q-[q_i(0)-\bar{q}_i(0)]\delta p_i^q\}=0 \tag{1.2.17}$$

考虑到式(1.2.1)，经整理可得

$$\sum_{i=1}^{n}[v_i^q*\delta p_i^q+\bar{q}_i(0)\delta p_i^q-q_i*(\delta P_i+\delta F_i)]=0 \tag{1.2.18}$$

将式(1.2.4) 代入式(1.2.18)，并考虑到外力 P_i 为保守力和外力 F_i 为非保守力，可得

$$\sum_{i=1}^{n}\Big[\sum_{j=1}^{n}M_{ij}*p_j^q*\delta p_i^q+\bar{q}_i(0)\delta p_i^q-q_i*\delta P_i-q_i*\delta F_i\Big]=0 \tag{1.2.19}$$

可以进一步表示为

$$\delta\sum_{i=1}^{n}\left[\frac{1}{2}\sum_{j=1}^{n}M_{ij}p_i^q*p_j^q+\bar{q}_i(0)p_i^q+U_1^*\right]-\sum_{i=1}^{n}q_i*\delta F_i=0 \tag{1.2.20}$$

简记为

$$\delta\Gamma_1-\delta Q^*=0 \tag{1.2.21}$$

式中

$$\left.\begin{aligned}\Gamma_1&=\sum_{i=1}^{n}\left[\frac{1}{2}\sum_{j=1}^{n}M_{ij}p_i^q*p_j^q+\bar{q}_i(0)p_i^q+U_1^*\right]\\ \delta Q^*&=\sum_{i=1}^{n}q_i*\delta F_i\end{aligned}\right\} \tag{1.2.22}$$

其先决条件为式(1.2.1)成立。这就是非保守分析动力学初值问题原空间中的拟余能变分原理，即卷积型拟余能变分原理。其中，U_1^* 为卷积余势能函数，并且有 $\delta U_1^*=-q_i*\delta P_i$。

1.2.3　卷积型广义拟变分原理

按照广义力和广义位移之间的对应关系，将式(1.2.1)卷乘以 δq_i，将式(1.2.2)卷乘以 δp_i^q，将式(1.2.5)第一式乘以 δp_i^q，将式(1.2.5)的第三式乘以 δq_i，然后求代数和，经过整理可得

$$\begin{aligned}\sum_{i=1}^{n}\{&\dot{p}_i^q*\delta q_i+\dot{q}_i*\delta p_i^q-v_i^q*\delta p_i^q+[p_i^q(0)-\bar{p}_i^q(0)]\delta q_i+\\&[q_i(0)-\bar{q}_i(0)]\delta p_i^q-P_i*\delta q_i-F_i*\delta q_i\}=0\end{aligned} \tag{1.2.23a}$$

$$\begin{aligned}\sum_{i=1}^{n}\{&v_i^q*\delta p_i^q-\dot{p}_i^q*\delta q_i-\dot{q}_i*\delta p_i^q-[p_i^q(0)-\bar{p}_i^q(0)]\delta q_i-\\&[q_i(0)-\bar{q}_i(0)]\delta p_i^q+P_i*\delta q_i+F_i*\delta q_i\}=0\end{aligned} \tag{1.2.23b}$$

应用 Laplace 变换中的卷积分部积分公式式(1.2.8)和式(1.2.16)，将其分别代入式(1.2.23a)和式(1.2.23b)，并且将式(1.2.4)代入式(1.2.23a)和式(1.2.23b)，则可整理为

$$\begin{aligned}\delta\sum_{i=1}^{n}\Big\{&\dot{q}_i*p_i^q-\frac{1}{2}\sum_{j=1}^{n}M_{ij}p_j^q*p_i^q-\bar{p}_i^q(0)q_i+\\&[q_i(0)-\bar{q}_i(0)]p_i^q+U_{21}-F_i*q_i\Big\}+\sum_{i=1}^{n}q_i*\delta F_i=0\end{aligned} \tag{1.2.24a}$$

$$\begin{aligned}\delta\sum_{i=1}^{n}\Big\{&\frac{1}{2}\sum_{j=1}^{n}M_{ij}p_j^q*p_i^q-q_i*\dot{p}_i^q+\bar{q}_i(0)p_i^q-\\&[p_i^q(0)-\bar{p}_i^q(0)]q_i+U_{21}^*+F_i*q_i\Big\}-\sum_{i=1}^{n}q_i*\delta F_i=0\end{aligned} \tag{1.2.24b}$$

简记为

$$\left.\begin{aligned}\delta\Pi_{21}+\delta Q=0\\ \delta\Gamma_{21}-\delta Q=0\end{aligned}\right\} \tag{1.2.25}$$

式中

$$\Pi_{21}=\sum_{i=1}^{n}\Big\{\dot{q}_i * p_i^q-\frac{1}{2}\sum_{j=1}^{n}M_{ij}p_j^q * p_i^q-\bar{p}_i^q(0)q_i+$$
$$[q_i(0)-\bar{q}_i(0)]p_i^q+U_{21}-F_i * q_i\Big\} \tag{1.2.26a}$$

$$\Gamma_{21}=\sum_{i=1}^{n}\Big\{\frac{1}{2}\sum_{j=1}^{n}M_{ij}p_j^q * p_i^q-q_i * \dot{p}_i^q+\bar{q}_i(0)p_i^q-$$
$$[p_i^q(0)-\bar{p}_i^q(0)]q_i+U_{21}^*+F_i * q_i\Big\} \tag{1.2.26b}$$

$$\delta Q=\sum_{i=1}^{n}q_i * \delta F_i \tag{1.2.27}$$

这就是非保守分析动力学初值问题原空间中的两类变量的广义拟势能原理和广义拟余能原理，即两类变量的卷积型广义拟势能原理和广义拟余能原理。可见，这是对偶形式的两类变量广义拟变分原理。

若将式(1.2.8)和式(1.2.16)分别代入式(1.2.23a)和式(1.2.23b)，然后将式(1.2.3)代入式(1.2.23a)和式(1.2.23b)，并且考虑到 $p_i^q(0)=\sum_{j=1}^{n}m_{ij}v_j^q(0)$，$\bar{p}_i^q(0)=\sum_{j=1}^{n}m_{ij}\bar{v}_j^q(0)$，可得

$$\sum_{i=1}^{n}\sum_{j=1}^{n}\{\dot{q}_i * \delta m_{ij}v_j^q+m_{ij}v_j^q * \delta\dot{q}_i-v_i^q * \delta m_{ij}v_j^q-m_{ij}\bar{v}_j^q(0)\delta q_i+$$
$$[q_i(0)-\bar{q}_i(0)]\delta m_{ij}v_j^q\}-\sum_{i=1}^{n}P_i * \delta q_i-\sum_{i=1}^{n}F_i * \delta q_i=0 \tag{1.2.28a}$$

$$\sum_{i=1}^{n}\sum_{j=1}^{n}\{v_i^q * \delta m_{ij}v_j^q-m_{ij}\dot{v}_j^q * \delta q_i-q_i * \delta m_{ij}\dot{v}_j^q+\bar{q}_i(0)\delta m_{ij}v_j^q-$$
$$[m_{ij}v_j^q(0)-m_{ij}\bar{v}_j^q(0)]\delta q_i\}+\sum_{i=1}^{n}P_i * \delta q_i+\sum_{i=1}^{n}F_i * \delta q_i=0 \tag{1.2.28b}$$

可以进一步表示为

$$\delta\sum_{i=1}^{n}\sum_{j=1}^{n}\Big\{m_{ij}v_j^q * \dot{q}_i-\frac{1}{2}m_{ij}v_i^q * v_j^q-m_{ij}\bar{v}_j^q(0)q_i+$$
$$[q_i(0)-\bar{q}_i(0)]m_{ij}v_j^q+U_{22}-F_i * q_i\Big\}+\sum_{i=1}^{n}q_i * \delta F_i=0 \tag{1.2.29a}$$

$$\delta\sum_{i=1}^{n}\sum_{j=1}^{n}\Big\{\frac{1}{2}m_{ij}v_i^q * v_j^q-m_{ij}\dot{v}_j^q * q_i+\bar{q}_i(0)m_{ij}v_j^q-$$
$$[m_{ij}v_j^q(0)-m_{ij}\bar{v}_j^q(0)]q_i+U_{22}^*+F_i * q_i\Big\}-\sum_{i=1}^{n}q_i * \delta F_i=0 \tag{1.2.29b}$$

简记为

$$\left.\begin{aligned}\delta\Pi_{22}+\delta Q=0\\ \delta\Gamma_{22}-\delta Q=0\end{aligned}\right\} \tag{1.2.30}$$

式中

$$\Pi_{22}=\sum_{i=1}^{n}\sum_{j=1}^{n}\Big\{m_{ij}v_j^q*\dot{q}_i-\frac{1}{2}m_{ij}v_i^q*v_j^q-m_{ij}\bar{v}_j^q(0)q_i+[q_i(0)-\bar{q}_i(0)]m_{ij}v_j^q+U_{22}-F_i*q_i\Big\} \tag{1.2.31a}$$

$$\Gamma_{22}=\sum_{i=1}^{n}\sum_{j=1}^{n}\Big\{\frac{1}{2}m_{ij}v_i^q*v_j^q-m_{ij}\dot{v}_j^q*q_i+\bar{q}_i(0)m_{ij}v_j^q-[m_{ij}v_j^q(0)-m_{ij}\bar{v}_j^q(0)]q_i+U_{22}^*+F_i*q_i\Big\} \tag{1.2.31b}$$

$$\delta Q=\sum_{i=1}^{n}q_i*\delta F_i \tag{1.2.32}$$

这就是非保守分析动力学初值问题原空间中的另一类两类变量的广义拟势能原理和广义拟余能原理，即两类变量的卷积型广义拟势能原理和广义拟余能原理。可见，这也是对偶形式的两类变量广义拟变分原理。

按照广义力和广义位移之间的对应关系，将式(1.2.1) 卷乘以 δq_i，将式(1.2.2) 卷乘以 δp_i^q，将式(1.2.3) 卷乘以 δv_i^q，将式(1.2.5) 的第一式乘以 δp_i^q，将式(1.2.5) 的第三式乘以 δq_i，然后求代数和，经过整理可得

$$\sum_{i=1}^{n}\Big\{\sum_{j=1}^{n}m_{ij}v_j^q*\delta v_i^q-v_i^q*\delta p_i^q-p_i^q*\delta v_i^q+\dot{p}_i^q*\delta q_i+\dot{q}_i*\delta p_i^q+[p_i^q(0)-\bar{p}_i^q(0)]\delta q_i+[q_i(0)-\bar{q}_i(0)]\delta p_i^q-P_i*\delta q_i-F_i*\delta q_i\Big\}=0 \tag{1.2.33a}$$

$$\sum_{i=1}^{n}\Big\{v_i^q*\delta p_i^q+p_i^q*\delta v_i^q-\sum_{j=1}^{n}m_{ij}v_j^q*\delta v_i^q-\dot{p}_i^q*\delta q_i-\dot{q}_i*\delta p_i^q-[p_i^q(0)-\bar{p}_i^q(0)]\delta q_i-[q_i(0)-\bar{q}_i(0)]\delta p_i^q+P_i*\delta q_i+F_i*\delta q_i\Big\}=0 \tag{1.2.33b}$$

应用 Laplace 变换中的卷积分部积分公式式(1.2.8) 和式(1.2.16)，将其分别代入式(1.2.33a) 和式(1.2.33b)，则可整理为

$$\delta\sum_{i=1}^{n}\Big\{\frac{1}{2}\sum_{j=1}^{n}m_{ij}v_j^q*v_i^q+(\dot{q}_i-v_i^q)*p_i^q-\bar{p}_i^q(0)q_i+\Big[q_i(0)-\bar{q}_i(0)\Big]p_i^q+U_3-F_i*q_i\Big\}+\sum_{i=1}^{n}q_i*\delta F_i=0 \tag{1.2.34a}$$

$$\delta\sum_{i=1}^{n}\Big\{v_i^q*p_i^q-\frac{1}{2}\sum_{j=1}^{n}m_{ij}v_j^q*v_i^q-q_i*\dot{p}_i^q+\bar{q}_i(0)p_i^q-[p_i^q(0)-\bar{p}_i^q(0)]q_i+U_3^*+F_i*q_i\Big\}-\sum_{i=1}^{n}q_i*\delta F_i=0 \tag{1.2.34b}$$

简记为

$$\left.\begin{aligned}\delta\Pi_3+\delta Q=0\\ \delta\Gamma_3-\delta Q=0\end{aligned}\right\} \tag{1.2.35}$$

式中

$$\Pi_3=\sum_{i=1}^{n}\Big\{\frac{1}{2}\sum_{j=1}^{n}m_{ij}v_j^q*v_i^q+(\dot{q}_i-v_i^q)*p_i^q-\bar{p}_i^q(0)q_i+$$

$$[q_i(0)-\bar{q}_i(0)]p_i^q+U_3-F_i*q_i\Big\} \tag{1.2.36a}$$

$$\Gamma_3=\sum_{i=1}^{n}\Big\{v_i^q*p_i^q-\frac{1}{2}\sum_{j=1}^{n}m_{ij}v_j^q*v_i^q-q_i*\dot{p}_i^q+\bar{q}_i(0)p_i^q-$$
$$[p_i^q(0)-\bar{p}_i^q(0)]q_i+U_3^*+F_i*q_i\Big\} \tag{1.2.36b}$$

$$\delta Q=\sum_{i=1}^{n}q_i*\delta F_i \tag{1.2.37}$$

这就是非保守分析动力学初值问题原空间中的三类变量的广义拟势能原理和广义拟余能原理，即三类变量的卷积型广义拟势能原理和广义拟余能原理。可见，这是对偶形式的三类变量广义拟变分原理。

1.2.4 拟变分原理的检验

胡海昌曾经指出，检验变分原理的最好方法是推导其驻值条件。推导广义变分原理的泛函难，推导经典变分原理的驻值条件也难。作为举例，这里来推导一个非保守分析动力学拟变分原理和一个非保守分析动力学广义拟变分原理的拟驻值条件。

(1) 推导卷积拟势能原理的拟驻值条件

将卷积拟势能原理写成展开形式，可得

$$\delta\Pi_1+\delta Q=\sum_{i=1}^{n}\Big[\sum_{j=1}^{n}m_{ij}v_j^q*\delta v_i^q-\bar{p}_i^q(0)\delta q_i\Big]-\sum_{i=1}^{n}P_i*\delta q_i-\sum_{i=1}^{n}F_i*\delta q_i=0 \tag{1.2.38}$$

其先决条件变分式为

$$\delta\dot{q}_i-\delta v_i^q=0 \tag{1.2.39}$$

将式(1.2.39)代入式(1.2.38)，可得

$$\sum_{i=1}^{n}\Big[\sum_{j=1}^{n}m_{ij}v_j^q*\delta\dot{q}_i-\bar{p}_i^q(0)\delta q_i-P_i*\delta q_i-F_i*\delta q_i\Big]=0 \tag{1.2.40}$$

应用 Laplace 变换中的卷积分部积分公式，则有

$$\sum_{j=1}^{n}m_{ij}v_j^q*\delta\dot{q}_i=\sum_{j=1}^{n}m_{ij}\dot{v}_j^q*\delta q_i+\sum_{j=1}^{n}m_{ij}v_j^q(0)\delta q_i \tag{1.2.41}$$

将式(1.2.41)代入式(1.2.40)，可得

$$\sum_{i=1}^{n}\Big[\sum_{j=1}^{n}m_{ij}\dot{v}_j^q*\delta q_i+\sum_{j=1}^{n}m_{ij}v_j^q(0)\delta q_i-\bar{p}_i^q(0)\delta q_i-P_i*\delta q_i-F_i*\delta q_i\Big]=0 \tag{1.2.42}$$

合并同类项，并且改变各项符号，可得

$$\sum_{i=1}^{n}\Big\{-\Big(-\sum_{j=1}^{n}m_{ij}\dot{v}_j^q+P_i+F_i\Big)*\delta q_i+\Big[\sum_{j=1}^{n}m_{ij}v_j^q(0)-\bar{p}_i^q(0)\Big]\delta q_i\Big\}=0 \tag{1.2.43}$$

由于 δq_i 的任意性，故由式(1.2.43)可得

$$-\sum_{j=1}^{n}m_{ij}\dot{v}_j^q+P_i+F_i=0 \tag{1.2.44a}$$

$$\sum_{j=1}^{n}m_{ij}v_j^q(0)-\bar{p}_i^q(0)=0 \tag{1.2.44b}$$

这便是卷积拟势能原理拟驻值条件。

应用对合变换将式(1.2.3) 分离出来,可得

$$-\dot{p}_i^q + P_i + F_i = 0 \tag{1.2.45a}$$

$$p_i^q(0) - \bar{p}_i^q(0) = 0 \tag{1.2.45b}$$

可见,这正是式(1.2.1)(动态平衡方程) 和式(1.2.5) 的第三式(动量初值条件)。

(2) 推导卷积型两类变量的广义拟变分原理的拟驻值条件

将卷积型两类变量的广义拟余变分原理写成展开形式,可得

$$\delta\Gamma_{21} - \delta Q = \sum_{i=1}^{n}\Big\{\sum_{j=1}^{n} M_{ij} p_j^q * \delta p_i^q - \dot{p}_i^q * \delta q_i - q_i * \delta\dot{p}_i^q + \bar{q}_i(0)\delta p_i^q - [p_i^q(0) - \bar{p}_i^q(0)]\delta q_i\Big\} + \sum_{i=1}^{n} P_i * \delta q_i + \sum_{i=1}^{n} F_i * \delta q_i = 0 \tag{1.2.46}$$

应用 Laplace 变换中的卷积分部积分公式,则有

$$q_i * \delta\dot{p}_i^q = \dot{q}_i * \delta p_i^q + q_i(0)\delta p_i^q \tag{1.2.47}$$

将式(1.2.47) 代入式(1.2.46),可得

$$\sum_{i=1}^{n}\Big\{\sum_{j=1}^{n} M_{ij} p_j^q * \delta p_i^q - \dot{p}_i^q * \delta q_i - \dot{q}_i * \delta p_i^q - q_i(0)\delta p_i^q + \bar{q}_i(0)\delta p_i^q - P_i * \delta q_i + F_i * \delta q_i - [p_i^q(0) - \bar{p}_i^q(0)]\delta q_i\Big\} = 0 \tag{1.2.48}$$

合并同类项,整理可得

$$\sum_{i=1}^{n}\Big\{(-\dot{p}_i^q + P_i + F_i) * \delta q_i - \Big(\dot{q}_i - \sum_{j=1}^{n} M_{ij} p_j^q\Big) * \delta p_i^q - [q_i(0) - \bar{q}_i(0)]\delta p_i^q - [p_i^q(0) - \bar{p}_i^q(0)]\delta q_i\Big\} = 0 \tag{1.2.49}$$

由于 δp_i^q 和 δq_i 的任意性,故由式(1.2.49) 可得

$$\left.\begin{aligned} -\dot{p}_i^q + P_i + F_i = 0, \quad p_i^q(0) - \bar{p}_i^q(0) = 0 \\ \dot{q}_i - \sum_{j=1}^{n} M_{ij} p_j^q = 0, \quad q_i(0) - \bar{q}_i(0) = 0 \end{aligned}\right\} \tag{1.2.50}$$

这便是卷积型两类变量的广义拟余能变分原理的拟驻值条件。

应用对合变换将式(1.2.4) 分离出来,可得

$$-\dot{p}_i^q + P_i + F_i = 0, \quad p_i^q(0) - \bar{p}_i^q(0) = 0 \tag{1.2.51a}$$

$$\dot{q}_i - v_i^q = 0, \quad q_i(0) - \bar{q}_i(0) = 0 \tag{1.2.51b}$$

可见,这正是动态平衡方程式(1.2.1)(含广义动量初值条件,即式(1.2.5) 的第三式) 和几何(或连续性) 方程式(1.2.2)(含广义位移初值条件,即式(1.2.5) 的第一式)。

1.2.5　算例

如图 1.3 所示,此系统总质量 m 用图中的刚体表示,由于滚筒约束,刚体只能发生简单的平移,因此用单一的位移坐标 $x(t)$ 就可以完全确定它的位置。抵抗位移的弹性抗力由刚度为 k 的无重弹簧来提供,而能量耗散机理用阻尼器 c 表示。产生此系统动力反应的外部荷载是随时间变化的力 $p(t)$。这是一个非保守系统,应用拟 Hamilton 原理表示为

$$\delta\Pi_1 + \delta Q = 0 \tag{1.2.52}$$

式中

$$\Pi_1=\int_{t_0}^{t_1}\left(\frac{1}{2}m\dot{x}*\dot{x}-m\dot{x}(0)x+\frac{1}{2}kx*x+c\dot{x}*x-p*x\right)\mathrm{d}t$$

$$\delta Q=\int_{t_0}^{t_1}(-x*\delta c\dot{x}+x*\delta p)\mathrm{d}t$$

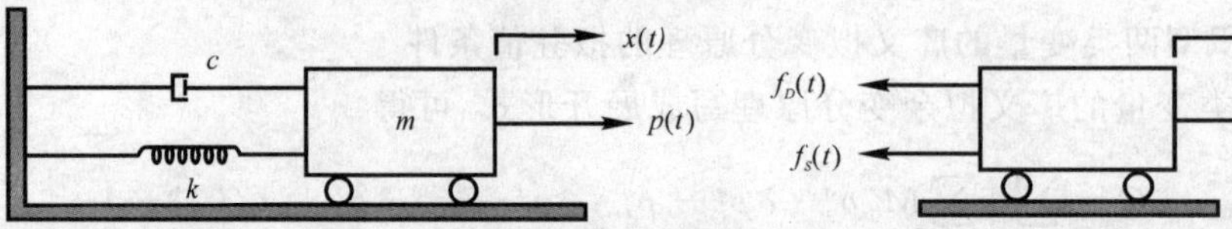

图 1.3 算例系统

将式(1.2.52)写成展开形式,则有

$$\delta\Pi_1+\delta Q=\delta\int_{t_0}^{t_1}\left[\frac{1}{2}m\dot{x}*\dot{x}-m\dot{x}(0)x+\frac{1}{2}kx*x+c\dot{x}*x-p*x\right]\mathrm{d}t+$$
$$\int_{t_0}^{t_1}(-x*\delta c\dot{x}+x*\delta p)\mathrm{d}t=0 \tag{1.2.53}$$

进行卷积分部积分,可得

$$\int_{t_0}^{t_1}m\dot{x}*\delta\dot{x}\,\mathrm{d}t=\int_{t_0}^{t_1}m\ddot{x}*\delta x\,\mathrm{d}t+\int_{t_0}^{t_1}m\dot{x}(0)*\delta x\,\mathrm{d}t \tag{1.2.54}$$

将式(1.2.54)代入式(1.2.53),整理可得

$$\int_{t_0}^{t_1}(m\ddot{x}+c\dot{x}+kx-p)*\delta x\,\mathrm{d}t+\int_{t_0}^{t_1}[m\dot{x}(0)-m\dot{x}(0)]*\delta x\,\mathrm{d}t=0 \tag{1.2.55}$$

由于 δx 的任意性,则由式(1.2.55)可得

$$\left.\begin{aligned}&m\ddot{x}(t)+c\dot{x}(t)+kx(t)=p(t)\\&m\dot{x}(0)-m\dot{x}(0)=0\end{aligned}\right\} \tag{1.2.56}$$

微分方程式(1.2.56)的解,可以处理为该方程的特解和齐次方程

$$m\ddot{x}(t)+c\dot{x}(t)+kx(t)=0 \tag{1.2.57}$$

的解的叠加。齐次方程的解为

$$x(t)=\left[x(0)\cos\omega_D t+\frac{\dot{x}(0)+x(0)\xi\omega}{\omega_D}\sin\omega_D t\right]\exp(-\xi\omega t) \tag{1.2.58}$$

式中 ω—— 系统的固有频率,$\omega=\sqrt{\frac{k}{m}}$;

ξ—— 阻尼与临界阻尼的比值,$\xi=\frac{c}{c_c}=\frac{c}{2m\omega}$;

ω_D—— 阻尼系统的自振频率,$\omega_D=\omega\sqrt{1-\xi^2}$;

$\dot{x}(0)$,$x(0)$—— 分别为 $\dot{x}(t)$ 和 $x(t)$ 的初始值。

由于阻尼的存在,齐次方程的解会逐步衰减掉。

设 $p(t)=p_0\sin\bar{\omega}t$,则微分方程式(1.2.56)的特解为

$$x_p(t)=\frac{p_0}{k}\left[\frac{1}{(1-\beta^2)^2+(2\xi\beta)^2}\right][(1-\beta^2)\sin\bar{\omega}t-2\xi\beta\cos\bar{\omega}t] \tag{1.2.59}$$

式中 $\bar{\omega}$—— 荷载频率;

β —— 荷载频率与固有频率之比，$\beta=\bar{\omega}/\omega$。

此解有时称为稳定解。

1.2.6　讨论

1) 对于稳定约束系统和半稳定约束系统，动能为广义速度的正定二次型[30]

$$T=\frac{1}{2}\sum_{i=1}^{n}\sum_{j=1}^{n}m_{ij}v_i^q v_j^q \tag{1.2.60}$$

应用动能为广义速度的正定二次型的特性，得到如上的卷积型拟变分原理和广义拟变分原理，证明了“一组非保守动力学方程及初始条件”与相应的变分提法的等价性。对于更为一般的情况，限于篇幅，不再讨论。

2) 本节直接应用分析动力学的控制方程建立卷积型拟变分原理和广义拟变分原理，它们在有限元素法和其他近似计算方法中的应用，可以参照文献[19]进行，不再赘述。

3) 本节建立的非保守分析动力学初值问题的拟变分原理和广义拟变分原理，不是非保守分析动力学初值问题拟变分原理和广义拟变分原理的全部，针对不同的应用背景，还可以建立多种不同的拟变分原理和广义拟变分原理，限于篇幅，不再赘述。

1.3　非保守弹性动力学系统的拟变分原理及其应用

1.3.1　引言

1834 年英国数学家和力学家 Hamilton 提出了著名的 Hamilton 变分原理[31]。从几何上看，Lagrange 力学对应于 Riemann 几何，而 Hamilton 力学对应于辛几何[32]。因此，前者可以称为 Riemann 几何的力学，后者可以称为辛几何的力学。这种力学体系与数学的几何结构的对应，对力学的发展是非常重要的，它不仅使得 Lagrange 力学和 Hamilton 力学的理论变得更加清晰、严密和完美，而且将强有力的数学手段引入相应的力学体系中，从而提高其求解能力和计算性能。因此，Hamilton 体系是很完美的理论体系[33]。

在连续介质力学中，保守系统的 Hamilton 原理和 Hamilton 型广义变分原理，已经得到较充分的研究，而对于非保守系统拟 Hamilton 原理和广义拟 Hamilton 变分原理研究得较少。

本节应用变积方法，按照广义力和广义位移之间的对应关系，将弹性动力学的基本方程乘上相应的虚量，然后积分，求代数和，并考虑到体积力和表面力均为伴生力，进而建立了非保守系统的 Hamilton 型的各类经典拟变分原理和广义拟变分原理。笔者研究了较多的应用非保守系统的广义变分原理解决实际科学和工程问题的实例，限于篇幅，这里仅给出一例，旨在说明一些基本概念。线性弹性动力学的基本方程：

动态平衡方程

$$\sigma_{ij,j}+\bar{F}_i-\dot{r}_i=0 \quad （在 V 内） \tag{1.3.1-1}$$

$$\sigma_{ij}n_j-\bar{P}_i=0 \quad （在 S_\sigma 上） \tag{1.3.1-2}$$

几何条件

$$\varepsilon_{ij}-\frac{1}{2}u_{i,j}-\frac{1}{2}u_{j,i}=0 \quad （在 V 内） \tag{1.3.1-3}$$

$$u_i - \bar{u}_i = 0 \quad (\text{在 } S_u \text{ 上}) \tag{1.3.1-4}$$

$$\dot{u}_i - v_i = 0 \quad (\text{在 } V \text{ 内}) \tag{1.3.1-5}$$

本构关系

$$\sigma_{ij} - a_{ijkl}\varepsilon_{kl} = 0 \quad (\text{在 } V \text{ 内}) \tag{1.3.1-6a}$$

或

$$\varepsilon_{ij} - b_{ijkl}\sigma_{kl} = 0 \quad (\text{在 } V \text{ 内}) \tag{1.3.1-6b}$$

$$r_i - \rho v_i = 0 \quad (\text{在 } V \text{ 内}) \tag{1.3.1-7a}$$

或

$$v_i - \frac{1}{\rho} r_i = 0 \quad (\text{在 } V \text{ 内}) \tag{1.3.1-7b}$$

时间边值条件

$$u_i \big|_{t=t_0} = \bar{u}_{i0} \tag{1.3.1-8}$$

$$u_i \big|_{t=t_1} = \bar{u}_{i1} \tag{1.3.1-9}$$

式中 σ_{ij}—— 应力；

ε_{ij}—— 应变；

u_i—— 位移；

a_{ijkl}—— 刚度系数；

b_{ijkl}—— 柔度系数；

$\bar{F}_i$—— 体积力；

$\bar{P}_i$—— 表面力；

r_i—— 动量；

v_i—— 速度；

ρ—— 质量密度。

为了叙述问题的方便，称式(1.3.1-6a)为应变能本构关系，称式(1.3.1-6b)为余应变能本构关系，称式(1.3.1-7a)为速度本构关系，称式(1.3.1-7b)为动量本构关系。

1.3.2 拟 Hamilton 原理

Hamilton 原理说：当物体从时间 t_0 所在的位置运动到时间 t_1 所在的位置时，在所有可能经历的容许路程中，物体在每一瞬时都能满足牛顿运动定理的路程是 Lagrange 函数对时间的积分取极值的路程（也是物体所经历的真实轨迹）。弹性力学保守系统已经建立了相应的 Hamilton 变分原理，现在来建立非保守系统拟 Hamilton 原理。

将式(1.3.1-1)和式(1.3.1-2)乘上相应的虚位移 δu_i，然后积分并求代数和，再对时间积分，可得

$$\int_{t_0}^{t_1}\left[\iiint_V (\sigma_{ij,j} + \bar{F}_i - \dot{r}_i)\,\delta u_i \mathrm{d}V - \iint_{S_\sigma} (\sigma_{ij} n_j - \bar{P}_i)\,\delta u_i \mathrm{d}S\right]\mathrm{d}t = 0 \tag{1.3.2-1}$$

应用 Green 定理

$$\iiint_V \sigma_{ij,j}\delta u_i \mathrm{d}V = \iint_{S_\sigma + S_u} \sigma_{ij} n_j \delta u_i \mathrm{d}S - \iiint_V \sigma_{ij}\,\delta\left(\frac{1}{2}u_{i,j} + \frac{1}{2}u_{j,i}\right)\mathrm{d}V \tag{1.3.2-2}$$

及分部积分

$$-\int_{t_0}^{t_1} \dot{r}_i \delta u_i \mathrm{d}t = -r_i \delta u_i \Big|_{t_0}^{t_1} + \int_{t_0}^{t_1} r_i \delta \dot{u}_i \mathrm{d}t = \int_{t_0}^{t_1} r_i \delta \dot{u}_i \mathrm{d}t \tag{1.3.2-3}$$

将式(1.3.2-2)和式(1.3.2-3)代入式(1.3.2-1)，可得

$$\int_{t_0}^{t_1}\left\{\iiint_V\left[-\sigma_{ij}\delta\left(\frac{1}{2}u_{i,j}+\frac{1}{2}u_{j,i}\right)+\bar{F}_i\delta u_i+r_i\delta\dot{u}_i\right]\mathrm{d}V+\iint_{S_u}\sigma_{ij}n_j\delta u_i\mathrm{d}S+\iint_{S_\sigma}\bar{P}_i\delta u_i\mathrm{d}S\right\}\mathrm{d}t=0 \tag{1.3.2-4}$$

将式(1.3.1-3)～式(1.3.1-5)变分并代入式(1.3.2-4)，可得

$$\int_{t_0}^{t_1}\left\{\iiint_V r_i\delta v_i\mathrm{d}V-\left[\iiint_V(\sigma_{ij}\delta\varepsilon_{ij}-\bar{F}_i\delta u_i)\mathrm{d}V-\iint_{S_\sigma}\bar{P}_i\delta u_i\mathrm{d}S\right]\right\}\mathrm{d}t=0 \tag{1.3.2-5}$$

对于弹性力学，将材料的本构关系式(1.3.1-6a)和式(1.3.1-7a)代入式(1.3.2-5)，可得

$$\int_{t_0}^{t_1}\left\{\iiint_V\rho v_i\delta v_i\mathrm{d}V-\left[\iiint_V(a_{ijkl}\varepsilon_{kl}\delta\varepsilon_{ij}-\bar{F}_i\delta u_i)\mathrm{d}V-\iint_{S_\sigma}\bar{P}_i\delta u_i\mathrm{d}S\right]\right\}\mathrm{d}t=0 \tag{1.3.2-6}$$

可以进一步表示为

$$\delta\int_{t_0}^{t_1}\left\{\iiint_V\frac{1}{2}\rho v_iv_i\mathrm{d}V-\left[\iiint_V\left(\frac{1}{2}a_{ijkl}\varepsilon_{kl}\varepsilon_{ij}-\bar{F}_iu_i\right)\mathrm{d}V-\iint_{S_\sigma}\bar{P}_iu_i\mathrm{d}S\right]\right\}\mathrm{d}t-\int_{t_0}^{t_1}\iiint_V u_i\delta\bar{F}_i\mathrm{d}V\mathrm{d}t-\int_{t_0}^{t_1}\iint_{S_\sigma}u_i\delta\bar{P}_i\mathrm{d}S\mathrm{d}t=0 \tag{1.3.2-7}$$

简记为

$$\delta\Pi_{H1}-\delta Q_H-\delta P_H=0 \tag{1.3.2-8}$$

式中

$$\Pi_{H1}=\int_{t_0}^{t_1}\left\{\iiint_V\frac{1}{2}\rho v_iv_i\mathrm{d}V-\left[\iiint_V\left(\frac{1}{2}a_{ijkl}\varepsilon_{kl}\varepsilon_{ij}-\bar{F}_iu_i\right)\mathrm{d}V-\iint_{S_\sigma}\bar{P}_iu_i\mathrm{d}S\right]\right\}\mathrm{d}t$$

$$\delta Q_H=\int_{t_0}^{t_1}\iiint_V u_i\delta\bar{F}_i\mathrm{d}V\mathrm{d}t,\quad \delta P_H=\int_{t_0}^{t_1}\iint_{S_\sigma}u_i\delta\bar{P}_i\mathrm{d}S\mathrm{d}t$$

其先决条件为式(1.3.1-3)～式(1.3.1-5)成立。与 Hamilton 原理相对应，将式(1.3.2-8)称为拟 Hamilton 原理。当体积力 $\bar{F}_i$ 和表面力 $\bar{P}_i$ 为确定函数时，$\delta Q_H=0$，$\delta P_H=0$，此时该定理退化为通常的弹性动力学中的 Hamilton 原理。

拟 Hamilton 原理的其他表达形式：

将式(1.3.1-3)和式(1.3.1-5)代入式(1.3.2-7)，可得

$$\delta\int_{t_0}^{t_1}\left\{\iiint_V\frac{1}{2}\rho\dot{u}_i\dot{u}_i\mathrm{d}V-\iiint_V\left[\frac{1}{2}a_{ijkl}\left(\frac{1}{2}u_{i,j}+\frac{1}{2}u_{j,i}\right)\left(\frac{1}{2}u_{k,l}+\frac{1}{2}u_{l,k}\right)-\bar{F}_iu_i\right]\mathrm{d}V-\iint_{S_\sigma}\bar{P}_iu_i\mathrm{d}S\right\}\mathrm{d}t-\int_{t_0}^{t_1}\iiint_V u_i\delta\bar{F}_i\mathrm{d}V\mathrm{d}t-\int_{t_0}^{t_1}\iint_{S_\sigma}u_i\delta\bar{P}_i\mathrm{d}S\mathrm{d}t=0 \tag{1.3.2-9}$$

简记为

$$\delta\Pi_{H12}-\delta Q_H-\delta P_H=0 \tag{1.3.2-10}$$

式中

$$\Pi_{H12}=\int_{t_0}^{t_1}\left\{\iiint_V\frac{1}{2}\rho\dot{u}_i\dot{u}_i\mathrm{d}V-\iiint_V\left[\frac{1}{2}a_{ijkl}\left(\frac{1}{2}u_{i,j}+\frac{1}{2}u_{j,i}\right)\left(\frac{1}{2}u_{k,l}+\frac{1}{2}u_{l,k}\right)-\bar{F}_iu_i\right]\mathrm{d}V-\iint_{S_\sigma}\bar{P}_iu_i\mathrm{d}S\right\}\mathrm{d}t$$

$$\delta Q_H=\int_{t_0}^{t_1}\iiint_V u_i\delta\bar{F}_i\mathrm{d}V\mathrm{d}t,\quad \delta P_H=\int_{t_0}^{t_1}\iint_{S_\sigma}u_i\delta\bar{P}_i\mathrm{d}S\mathrm{d}t$$

其先决条件为式(1.3.1-4)成立。这是一种最实用的表达形式，作近似计算时，选取的位移试函数只须满足位移边界条件即可。

应用对合变换，可将式(1.3.2-7)变换为

$$\delta\int_{t_0}^{t_1}\left\{\iiint_V\frac{1}{2}r_iv_i\mathrm{d}V-\left[\iiint_V\left(\frac{1}{2}\sigma_{ij}\varepsilon_{ij}-\bar{F}_iu_i\right)\mathrm{d}V-\iint_{S_\sigma}\bar{P}_iu_i\mathrm{d}S\right]\right\}\mathrm{d}t-$$
$$\int_{t_0}^{t_1}\iiint_V u_i\delta\bar{F}_i\mathrm{d}V\mathrm{d}t-\int_{t_0}^{t_1}\iint_{S_\sigma}u_i\delta\bar{P}_i\mathrm{d}S\mathrm{d}t=0 \tag{1.3.2-11}$$

简记为

$$\delta\Pi_{H13}-\delta Q_H-\delta P_H=0 \tag{1.3.2-12}$$

式中

$$\Pi_{H13}=\int_{t_0}^{t_1}\left\{\iiint_V\frac{1}{2}r_iv_i\mathrm{d}V-\left[\iiint_V\left(\frac{1}{2}\sigma_{ij}\varepsilon_{ij}-\bar{F}_iu_i\right)\mathrm{d}V-\iint_{S_\sigma}\bar{P}_iu_i\mathrm{d}S\right]\right\}\mathrm{d}t$$

$$\delta Q_H=\int_{t_0}^{t_1}\iiint_V u_i\delta\bar{F}_i\mathrm{d}V\mathrm{d}t,\quad \delta P_H=\int_{t_0}^{t_1}\iint_{S_\sigma}u_i\delta\bar{P}_i\mathrm{d}S\mathrm{d}t$$

其先决条件为式(1.3.1-3)～式(1.3.1-6a)和式(1.3.1-7a)成立。

应用1.1节的方法，可以推出各种表达形式的拟Hamilton原理的拟驻值条件。

拟Hamilton原理 $\delta\Pi_{H1}-\delta Q_H-\delta P_H=0$ 的拟驻值条件为

$$\left.\begin{aligned}&(a_{ijkl}\varepsilon_{kl})_{,j}+\bar{F}_i-\rho\dot{v}_i=0\\&a_{ijkl}\varepsilon_{kl}n_j-\bar{P}_i=0\end{aligned}\right\} \tag{1.3.2-13}$$

拟Hamilton原理 $\delta\Pi_{H12}-\delta Q_H-\delta P_H=0$ 的拟驻值条件为

$$\left.\begin{aligned}&(a_{ijkl}u_{k,l})_{,j}+\bar{F}_i-\rho\ddot{u}_i=0\\&(a_{ijkl}u_{k,l})n_j-\bar{P}_i=0\end{aligned}\right\} \tag{1.3.2-14}$$

拟Hamilton原理 $\delta\Pi_{H13}-\delta Q_H-\delta P_H=0$ 的拟驻值条件为

$$\left.\begin{aligned}&\left(\frac{1}{2}\sigma_{ij}+\frac{1}{2}a_{ijkl}\varepsilon_{kl}\right)_{,j}+\bar{F}_i-\left(\frac{1}{2}\dot{r}_i+\frac{1}{2}\rho\dot{v}_i\right)=0\\&\left(\frac{1}{2}\sigma_{ij}+\frac{1}{2}a_{ijkl}\varepsilon_{kl}\right)n_j-\bar{P}_i=0\end{aligned}\right\} \tag{1.3.2-15}$$

可以看出，拟驻值条件反映的规律都是动态平衡方程，只是分别用不同的变量表示而已。

1.3.3 拟余Hamilton原理

将式(1.3.1-3)和式(1.3.1-4)乘上相应的虚应力 $\delta\sigma_{ij}$，将式(1.3.1-5)乘上相应的虚动量 δr_i，然后积分并求代数和，再对时间积分，可得

$$\int_{t_0}^{t_1}\left\{\iiint_V\left[(v_i-\dot{u}_i)\delta r_i-\left(\varepsilon_{ij}-\frac{1}{2}u_{i,j}-\frac{1}{2}u_{j,i}\right)\delta\sigma_{ij}\right]\mathrm{d}V-\right.$$
$$\left.\iint_{S_u}(u_i-\bar{u}_i)\delta\sigma_{ij}n_j\mathrm{d}S\right\}\mathrm{d}t=0 \tag{1.3.3-1}$$

应用分部积分

$$-\int_{t_0}^{t_1}\dot{u}_i\delta r_i\mathrm{d}t=-u_i\delta r_i\Big|_{t_0}^{t_1}+\int_{t_0}^{t_1}u_i\delta\dot{r}_i\mathrm{d}t \tag{1.3.3-2}$$

考虑到在时域边界处 $\delta r_i=0$，且由式(1.3.1-1)可知，$\delta\dot{r}_i=\delta\sigma_{ij,j}+\delta\bar{F}_i$，故得

$$-\int_{t_0}^{t_1}\dot{u}_i\delta r_i\mathrm{d}t=\int_{t_0}^{t_1}u_i\delta(\sigma_{ij,j}+\bar{F}_i)\mathrm{d}t \tag{1.3.3-3}$$

将式(1.3.3-3)代入式(1.3.3-1)，可得

$$\int_{t_0}^{t_1}\left\{\iiint_V\left[v_i\delta r_i+u_i\delta(\sigma_{ij,j}+\bar{F}_i)-\left(\varepsilon_{ij}-\frac{1}{2}u_{i,j}-\frac{1}{2}u_{j,i}\right)\delta\sigma_{ij}\right]\mathrm{d}V-\iint_{S_u}(u_i-\bar{u}_i)\delta\sigma_{ij}n_j\mathrm{d}S\right\}\mathrm{d}t=0 \tag{1.3.3-4}$$

应用 Green 定理

$$\iiint_V u_i\delta\sigma_{ij,j}\mathrm{d}V=\iint_{S_\sigma+S_u}u_i\delta\sigma_{ij}n_j\mathrm{d}S-\iiint_V\left(\frac{1}{2}u_{i,j}+\frac{1}{2}u_{j,i}\right)\delta\sigma_{ij}\mathrm{d}V \tag{1.3.3-5}$$

将式(1.3.3-5)代入式(1.3.3-4)，并考虑到式(1.3.1-2)的变分式及体积力 $\bar{F}_i$ 和表面力 $\bar{P}_i$ 为伴生力，式(1.3.3-1)最终变化为

$$\int_{t_0}^{t_1}\left[\iiint_V(v_i\delta r_i-\varepsilon_{ij}\delta\sigma_{ij}+u_i\delta\bar{F}_i)\mathrm{d}V+\iint_{S_\sigma}u_i\delta\bar{P}_i\mathrm{d}S+\iint_{S_u}\bar{u}_i\delta\sigma_{ij}n_j\mathrm{d}S\right]\mathrm{d}t=0 \tag{1.3.3-6}$$

将材料的本构关系式(1.3.1-6b)和式(1.3.1-7b)代入式(1.3.3-6)，可得

$$\int_{t_0}^{t_1}\left[\iiint_V\left(\frac{1}{\rho}r_i\delta r_i-b_{ijkl}\sigma_{kl}\delta\sigma_{ij}+u_i\delta\bar{F}_i\right)\mathrm{d}V+\iint_{S_\sigma}u_i\delta\bar{P}_i\mathrm{d}S+\iint_{S_u}\bar{u}_i\delta\sigma_{ij}n_j\mathrm{d}S\right]\mathrm{d}t=0 \tag{1.3.3-7}$$

可以进一步表示为

$$\delta\int_{t_0}^{t_1}\left[\iiint_V\left(\frac{1}{2}\frac{1}{\rho}r_ir_i-\frac{1}{2}b_{ijkl}\sigma_{kl}\sigma_{ij}\right)\mathrm{d}V+\iint_{S_u}\bar{u}_i\sigma_{ij}n_j\mathrm{d}S\right]\mathrm{d}t+\int_{t_0}^{t_1}\iiint_V u_i\delta\bar{F}_i\mathrm{d}V\mathrm{d}t+\int_{t_0}^{t_1}\iint_{S_\sigma}u_i\delta\bar{P}_i\mathrm{d}S\mathrm{d}t=0 \tag{1.3.3-8}$$

简记为

$$\delta\Gamma_{H1}+\delta Q_H+\delta P_H=0 \tag{1.3.3-9}$$

式中

$$\Gamma_{H1}=\int_{t_0}^{t_1}\left[\iiint_V\left(\frac{1}{2}\frac{1}{\rho}r_ir_i-\frac{1}{2}b_{ijkl}\sigma_{kl}\sigma_{ij}\right)\mathrm{d}V+\iint_{S_u}\bar{u}_i\sigma_{ij}n_j\mathrm{d}S\right]\mathrm{d}t$$

$$\delta Q_H=\int_{t_0}^{t_1}\iiint_V u_i\delta\bar{F}_i\mathrm{d}V\mathrm{d}t,\quad \delta P_H=\int_{t_0}^{t_1}\iint_{S_\sigma}u_i\delta\bar{P}_i\mathrm{d}S\mathrm{d}t$$

其先决条件为式(1.3.1-1)和式(1.3.1-2)成立。与余 Hamilton 原理相对应，将式(1.3.3-9)称为拟余 Hamilton 原理。当体积力 $\bar{F}_i$ 和表面力 $\bar{P}_i$ 为确定函数时，$\delta Q_H=0$，$\delta P_H=0$，此时该定理退化为通常的余 Hamilton 原理。

拟余 Hamilton 原理还有另一种表示形式。应用对合变换，可以将式(1.3.3-8)变换为

$$\delta\int_{t_0}^{t_1}\left[\iiint_V\left(\frac{1}{2}r_iv_i-\frac{1}{2}\sigma_{ij}\varepsilon_{ij}\right)\mathrm{d}V+\iint_{S_u}\bar{u}_i\sigma_{ij}n_j\mathrm{d}S\right]\mathrm{d}t+\int_{t_0}^{t_1}\iiint_V u_i\delta\bar{F}_i\mathrm{d}V\mathrm{d}t+\int_{t_0}^{t_1}\iint_{S_\sigma}u_i\delta\bar{P}_i\mathrm{d}S\mathrm{d}t=0 \tag{1.3.3-10}$$

简记为

$$\delta\Gamma_{H12}+\delta Q_H+\delta P_H=0 \tag{1.3.3-11}$$

式中

$$\Gamma_{H12}=\int_{t_0}^{t_1}\left[\iiint_V\left(\frac{1}{2}r_iv_i-\frac{1}{2}\sigma_{ij}\varepsilon_{ij}\right)\mathrm{d}V+\iint_{S_u}\bar{u}_i\sigma_{ij}n_j\mathrm{d}S\right]\mathrm{d}t$$

$$\delta Q_H=\int_{t_0}^{t_1}\iiint_V u_i\delta\bar{F}_i\mathrm{d}V\mathrm{d}t,\quad \delta P_H=\int_{t_0}^{t_1}\iint_{S_\sigma}u_i\delta\bar{P}_i\mathrm{d}S\mathrm{d}t$$

其先决条件为式(1.3.1-1),式(1.3.1-2),式(1.3.1-6b)和式(1.3.1-7b)成立。

拟余 Hamilton 原理 $\delta\Gamma_{H1}+\delta Q_H+\delta P_H=0$ 的拟驻值条件为

$$\left.\begin{aligned}&\frac{1}{\rho}r_i-\dot{u}_i=0\\&b_{ijkl}\sigma_{kl}-\frac{1}{2}u_{i,j}-\frac{1}{2}u_{j,i}=0\\&u_i-\bar{u}_i=0\end{aligned}\right\} \tag{1.3.3-12}$$

拟余 Hamilton 原理 $\delta\Gamma_{H12}+\delta Q_H+\delta P_H=0$ 的拟驻值条件为

$$\left.\begin{aligned}&\frac{1}{2}\frac{1}{\rho}r_i+\frac{1}{2}v_i-\dot{u}_i=0\\&\frac{1}{2}b_{ijkl}\sigma_{kl}+\frac{1}{2}\varepsilon_{ij}-\frac{1}{2}u_{i,j}-\frac{1}{2}u_{j,i}=0\\&u_i-\bar{u}_i=0\end{aligned}\right\} \tag{1.3.3-13}$$

可见,拟余 Hamilton 原理的拟驻值条件反映的规律都是以不同变量表示的几何条件。

可以证明,对于精确解,存在着关系式

$$\Pi_{H1}+\Gamma_{H1}=0 \tag{1.3.3-14}$$

无论保守系统还是非保守系统,式(1.3.3-14)均成立。

1.3.4 两类变量的广义拟变分原理

1. 第一类两类变量广义拟变分原理

根据广义力和广义位移的对应关系,将式(1.3.1-1)～式(1.3.1-5)乘上相应的虚量,然后积分并求代数和,再对时间积分,可得

$$\int_{t_0}^{t_1}\left\{\iiint_V\left[-(\sigma_{ij,j}+\bar{F}_i-\dot{r}_i)\delta u_i-\left(\varepsilon_{ij}-\frac{1}{2}u_{i,j}-\frac{1}{2}u_{j,i}\right)\delta\sigma_{ij}-(\dot{u}_i-v_i)\delta r_i\right]\mathrm{d}V+\right.$$
$$\left.\iint_{S_\sigma}(\sigma_{ij}n_j-\bar{P}_i)\delta u_i\mathrm{d}S-\iint_{S_u}(u_i-\bar{u}_i)\delta\sigma_{ij}n_j\mathrm{d}S\right\}\mathrm{d}t=0 \tag{1.3.4-1}$$

应用 Green 定理

$$\iiint_V u_{i,j}\delta\sigma_{ij}\mathrm{d}V=\iint_{S_\sigma+S_u}u_i\delta\sigma_{ij}n_j\mathrm{d}S-\iiint_V u_i\delta\sigma_{ij,j}\mathrm{d}V \tag{1.3.4-2}$$

及分部积分

$$-\int_{t_0}^{t_1}\dot{u}_i\delta r_i\mathrm{d}t=-u_i\delta r_i\Big|_{t_0}^{t_1}+\int_{t_0}^{t_1}u_i\delta\dot{r}_i\mathrm{d}t \tag{1.3.4-3}$$

将式(1.3.4-2)和式(1.3.4-3)代入式(1.3.4-1)，并按惯例在时域边界处取 $\delta r_i=0$，经整理可得

$$\int_{t_0}^{t_1}\left\{\iiint\limits_V[v_i\delta r_i-\varepsilon_{ij}\delta\sigma_{ij}-(\sigma_{ij,j}\delta u_i+u_i\delta\sigma_{ij,j}+\bar{F}_i\delta u_i-\dot{r}_i\delta u_i-u_i\delta\dot{r}_i)]\mathrm{d}V+\iint\limits_{S_\sigma}(\sigma_{ij}n_j\delta u_i+u_i\delta\sigma_{ij}n_j-\bar{P}_i\delta u_i)\mathrm{d}S+\iint\limits_{S_u}\bar{u}_i\delta\sigma_{ij}n_j\mathrm{d}S\right\}\mathrm{d}t=0 \tag{1.3.4-4}$$

将材料的本构关系式(1.3.1-6b)和式(1.3.1-7b)代入式(1.3.4-4)，可得

$$\int_{t_0}^{t_1}\left\{\iiint\limits_V\left[\frac{1}{\rho}r_i\delta r_i-b_{ijkl}\sigma_{kl}\delta\sigma_{ij}-(\sigma_{ij,j}\delta u_i+u_i\delta\sigma_{ij,j}+\bar{F}_i\delta u_i-\dot{r}_i\delta u_i-u_i\delta\dot{r}_i)\right]\mathrm{d}V+\iint\limits_{S_\sigma}(\sigma_{ij}n_j\delta u_i+u_i\delta\sigma_{ij}n_j-\bar{P}_i\delta u_i)\mathrm{d}S+\iint\limits_{S_u}\bar{u}_i\delta\sigma_{ij}n_j\mathrm{d}S\right\}\mathrm{d}t=0 \tag{1.3.4-5}$$

可以进一步表示为

$$\delta\int_{t_0}^{t_1}\left\{\iiint\limits_V\left[\frac{1}{2}\frac{1}{\rho}r_ir_i-\frac{1}{2}b_{ijkl}\sigma_{ij}\sigma_{kl}-(\sigma_{ij,j}+\bar{F}_i-\dot{r}_i)u_i\right]\mathrm{d}V+\iint\limits_{S_\sigma}(\sigma_{ij}n_j-\bar{P}_i)u_i\mathrm{d}S+\iint\limits_{S_u}\bar{u}_i\sigma_{ij}n_j\mathrm{d}S\right\}\mathrm{d}t+\int_{t_0}^{t_1}\iiint\limits_V u_i\delta\bar{F}_i\mathrm{d}V\mathrm{d}t+\int_{t_0}^{t_1}\iint\limits_{S_\sigma}u_i\delta\bar{P}_i\mathrm{d}V\mathrm{d}t=0 \tag{1.3.4-6}$$

简记为

$$\delta\Gamma_{H21}+\delta Q_H+\delta P_H=0 \tag{1.3.4-7}$$

式中

$$\Gamma_{H21}=\int_{t_0}^{t_1}\left\{\iiint\limits_V\left[\frac{1}{2}\frac{1}{\rho}r_ir_i-\frac{1}{2}b_{ijkl}\sigma_{ij}\sigma_{kl}-(\sigma_{ij,j}+\bar{F}_i-\dot{r}_i)u_i\right]\mathrm{d}V+\iint\limits_{S_\sigma}(\sigma_{ij}n_j-\bar{P}_i)u_i\mathrm{d}S+\iint\limits_{S_u}\bar{u}_i\sigma_{ij}n_j\mathrm{d}S\right\}\mathrm{d}t$$

$$\delta Q_H=\int_{t_0}^{t_1}\iiint\limits_V u_i\delta\bar{F}_i\mathrm{d}V\mathrm{d}t,\quad \delta P_H=\int_{t_0}^{t_1}\iint\limits_{S_\sigma}u_i\delta\bar{P}_i\mathrm{d}S\mathrm{d}t$$

如果应用 Green 定理

$$\iiint\limits_V\sigma_{ij,j}\delta u_i\mathrm{d}V=\iint\limits_{S_\sigma+S_u}\sigma_{ij}n_j\delta u_i\mathrm{d}S-\iiint\limits_V\sigma_{ij}\delta\left(\frac{1}{2}u_{i,j}+\frac{1}{2}u_{j,i}\right)\mathrm{d}V \tag{1.3.4-8}$$

及分部积分

$$\int_{t_0}^{t_1}\dot{r}_i\delta u_i\mathrm{d}t=r_i\delta u_i\Big|_{t_0}^{t_1}-\int_{t_0}^{t_1}r_i\delta\dot{u}_i\mathrm{d}t=-\int_{t_0}^{t_1}r_i\delta\dot{u}_i\mathrm{d}t \tag{1.3.4-9}$$

将式(1.3.4-8)和式(1.3.4-9)代入式(1.3.4-1)，并将泛函中的各项改变符号，经整理可得

$$\int_{t_0}^{t_1}\left\{\iiint\limits_V\left[r_i\delta\dot{u}_i+\dot{u}_i\delta r_i-v_i\delta r_i-\sigma_{ij}\delta\left(\frac{1}{2}u_{i,j}+\frac{1}{2}u_{j,i}\right)-\left(\frac{1}{2}u_{i,j}+\frac{1}{2}u_{j,i}\right)\delta\sigma_{ij}+\varepsilon_{ij}\delta\sigma_{ij}+\bar{F}_i\delta u_i\right]\mathrm{d}V+\iint\limits_{S_\sigma}\bar{P}_i\delta u_i\mathrm{d}S+\iint\limits_{S_u}(u_i\delta\sigma_{ij}n_j+\sigma_{ij}n_j\delta u_i-\bar{u}_i\delta\sigma_{ij}n_j)\mathrm{d}S\right\}\mathrm{d}t=0 \tag{1.3.4-10}$$

将材料的本构关系式(1.3.1-6b)和式(1.3.1-7b)代入式(1.3.4-10)，可得

$$\int_{t_0}^{t_1}\left\{\iiint\limits_V\left[r_i\delta\dot{u}_i+\dot{u}_i\delta r_i-\frac{1}{\rho}r_i\delta r_i-\sigma_{ij}\delta\left(\frac{1}{2}u_{i,j}+\frac{1}{2}u_{j,i}\right)-\left(\frac{1}{2}u_{i,j}+\frac{1}{2}u_{j,i}\right)\delta\sigma_{ij}+\right.\right.$$

$$b_{ijkl}\sigma_{kl}\delta\sigma_{ij}+\bar{F}_i\delta u_i]\mathrm{d}V+\iint_{S_\sigma}\bar{P}_i\delta u_i\mathrm{d}S+\iint_{S_u}(u_i\delta\sigma_{ij}n_j+\sigma_{ij}n_j\delta u_i-\bar{u}_i\delta\sigma_{ij}n_j)\mathrm{d}S\Big\}\mathrm{d}t=0$$

(1.3.4-11)

可以进一步表示为

$$\delta\int_{t_0}^{t_1}\Big\{\iiint_V\Big[r_i\dot{u}_i-\frac{1}{2}\frac{1}{\rho}r_ir_i-\sigma_{ij}\Big(\frac{1}{2}u_{i,j}+\frac{1}{2}u_{j,i}\Big)+\frac{1}{2}b_{ijkl}\sigma_{ij}\sigma_{kl}+\bar{F}_iu_i\Big]\mathrm{d}V+$$
$$\iint_{S_\sigma}\bar{P}_iu_i\mathrm{d}S+\iint_{S_u}(u_i-\bar{u}_i)\sigma_{ij}n_j\mathrm{d}S\Big\}\mathrm{d}t-\int_{t_0}^{t_1}\iiint_V u_i\delta\bar{F}_i\mathrm{d}V\mathrm{d}t-\int_{t_0}^{t_1}\iint_{S_\sigma}u_i\delta\bar{P}_i\mathrm{d}S\mathrm{d}t=0$$

(1.3.4-12)

简记为

$$\delta\Pi_{H21}-\delta Q_H-\delta P_H=0 \tag{1.3.4-13}$$

式中

$$\Pi_{H21}=\int_{t_0}^{t_1}\Big\{\iiint_V\Big[r_i\dot{u}_i-\frac{1}{2}\frac{1}{\rho}r_ir_i-\sigma_{ij}\Big(\frac{1}{2}u_{i,j}+\frac{1}{2}u_{j,i}\Big)+\frac{1}{2}b_{ijkl}\sigma_{ij}\sigma_{kl}+\bar{F}_iu_i\Big]\mathrm{d}V+$$
$$\iint_{S_\sigma}\bar{P}_iu_i\mathrm{d}S+\iint_{S_u}(u_i-\bar{u}_i)\sigma_{ij}n_j\mathrm{d}S\Big\}\mathrm{d}t$$

$$\delta Q_H=\int_{t_0}^{t_1}\iiint_V u_i\delta\bar{F}_i\mathrm{d}V\mathrm{d}t,\quad \delta P_H=\int_{t_0}^{t_1}\iint_{S_\sigma}u_i\delta\bar{P}_i\mathrm{d}S\mathrm{d}t$$

式(1.3.4-7)和式(1.3.4-13)是两类变量的不完全广义拟变分原理的一种表达形式，将式(1.3.4-7)称为第一类两类变量广义拟余能原理，而将式(1.3.4-13)称为第一类两类变量广义拟势能原理。

由以上的推导过程可见

$$\Gamma_{H21}+\Pi_{H21}=0 \tag{1.3.4-14}$$

无论保守系统还是非保守系统，式(1.3.4-14)均成立。

2. 第二类两类变量广义拟变分原理

如果将材料的本构关系式(1.3.1-6a)和式(1.3.1-7a)代入式(1.3.4-4)，则有

$$\int_{t_0}^{t_1}\Big\{\iiint_V[\rho v_i\delta v_i-a_{ijkl}\varepsilon_{ij}\delta\varepsilon_{kl}-(a_{ijkl}\varepsilon_{kl})_{,j}\delta u_i+u_i\delta(a_{ijkl}\varepsilon_{kl})_{,j}+\bar{F}_i\delta u_i-\rho\dot{v}_i\delta u_i-$$
$$u_i\delta\rho\dot{v}_i]\mathrm{d}V+\iint_{S_\sigma}(a_{ijkl}\varepsilon_{kl}n_j\delta u_i+u_i\delta a_{ijkl}\varepsilon_{kl}n_j-\bar{P}_i\delta u_i)\mathrm{d}S+\iint_{S_u}\bar{u}_i\delta a_{ijkl}\varepsilon_{kl}n_j\mathrm{d}S\Big\}\mathrm{d}t=0$$

(1.3.4-15)

可以进一步表示为

$$\delta\int_{t_0}^{t_1}\Big\{\iiint_V\Big[\frac{1}{2}\rho v_iv_i-\frac{1}{2}a_{ijkl}\varepsilon_{ij}\varepsilon_{kl}-((a_{ijkl}\varepsilon_{kl})_{,j}+\bar{F}_i-\rho\dot{v}_i)u_i\Big]\mathrm{d}V+\iint_{S_\sigma}(a_{ijkl}\varepsilon_{kl}n_j-\bar{P}_i)u_i\mathrm{d}S+$$
$$\iint_{S_u}\bar{u}_ia_{ijkl}\varepsilon_{kl}n_j\mathrm{d}S\Big\}\mathrm{d}t+\int_{t_0}^{t_1}\iiint_V u_i\delta\bar{F}_i\mathrm{d}V\mathrm{d}t+\int_{t_0}^{t_1}\iint_{S_\sigma}u_i\delta\bar{P}_i\mathrm{d}S\mathrm{d}t=0 \tag{1.3.4-16}$$

简记为

$$\delta\Gamma_{H22}+\delta Q_H+\delta P_H=0 \tag{1.3.4-17}$$

式中

$$\Gamma_{H22}=\int_{t_0}^{t_1}\left\{\iiint_V\left[\frac{1}{2}\rho v_i v_i-\frac{1}{2}a_{ijkl}\varepsilon_{ij}\varepsilon_{kl}-((a_{ijkl}\varepsilon_{kl})_{,j}+\bar{F}_i-\rho\dot{v}_i)u_i\right]\mathrm{d}V+\right.$$
$$\left.\iint_{S_\sigma}(a_{ijkl}\varepsilon_{kl}n_j-\bar{P}_i)u_i\mathrm{d}S+\iint_{S_u}\bar{u}_i a_{ijkl}\varepsilon_{kl}n_j\mathrm{d}S\right\}\mathrm{d}t$$

$$\delta Q_H=\int_{t_0}^{t_1}\iiint_V u_i\delta\bar{F}_i\mathrm{d}V\mathrm{d}t,\quad \delta P_H=\int_{t_0}^{t_1}\iint_{S_\sigma}u_i\delta\bar{P}_i\mathrm{d}S\mathrm{d}t$$

如果将材料的本构关系式(1.3.1－6a) 和式(1.3.1－7a) 代入式(1.3.4－10),则有

$$\int_{t_0}^{t_1}\left\{\iiint_V\left[\rho v_i\delta\dot{u}_i+\dot{u}_i\delta\rho v_i-\rho v_i\delta v_i-a_{ijkl}\varepsilon_{kl}\delta\left(\frac{1}{2}u_{i,j}+\frac{1}{2}u_{j,i}\right)-\right.\right.$$
$$\left.\left(\frac{1}{2}u_{i,j}+\frac{1}{2}u_{j,i}\right)\delta a_{ijkl}\varepsilon_{kl}+a_{ijkl}\varepsilon_{ij}\delta\varepsilon_{kl}+\bar{F}_i\delta u_i\right]\mathrm{d}V+\iint_{S_\sigma}\bar{P}_i\delta u_i\mathrm{d}S+$$
$$\left.\iint_{S_u}(u_i\delta a_{ijkl}\varepsilon_{kl}n_j+a_{ijkl}\varepsilon_{kl}n_j\delta u_i-\bar{u}_i\delta a_{ijkl}\varepsilon_{kl}n_j)\mathrm{d}S\right\}\mathrm{d}t=0 \tag{1.3.4－18}$$

可以进一步表示为

$$\delta\int_{t_0}^{t_1}\left\{\iiint_V\left[\rho v_i\dot{u}_i-\frac{1}{2}\rho v_i v_i-a_{ijkl}\varepsilon_{kl}\left(\frac{1}{2}u_{i,j}+\frac{1}{2}u_{j,i}\right)+\frac{1}{2}a_{ijkl}\varepsilon_{ij}\varepsilon_{kl}+\bar{F}_i u_i\right]\mathrm{d}V+\right.$$
$$\left.\iint_{S_\sigma}\bar{P}_i u_i\mathrm{d}S+\iint_{S_u}(u_i-\bar{u}_i)a_{ijkl}\varepsilon_{kl}n_j\mathrm{d}S\right\}\mathrm{d}t-\int_{t_0}^{t_1}\iiint_V u_i\delta\bar{F}_i\mathrm{d}V\mathrm{d}t-$$
$$\int_{t_0}^{t_1}\iint_{S_\sigma}u_i\delta\bar{P}_i\mathrm{d}S\mathrm{d}t=0 \tag{1.3.4－19}$$

简记为

$$\delta\Pi_{H22}-\delta Q_H-\delta P_H=0 \tag{1.3.4－20}$$

式中

$$\Pi_{H22}=\int_{t_0}^{t_1}\left\{\iiint_V\left[\rho v_i\dot{u}_i-\frac{1}{2}\rho v_i v_i-a_{ijkl}\varepsilon_{kl}\left(\frac{1}{2}u_{i,j}+\frac{1}{2}u_{j,i}\right)+\frac{1}{2}a_{ijkl}\varepsilon_{ij}\varepsilon_{kl}+\bar{F}_i u_i\right]\mathrm{d}V+\right.$$
$$\left.\iint_{S_\sigma}\bar{P}_i u_i\mathrm{d}S+\iint_{S_u}(u_i-\bar{u}_i)a_{ijkl}\varepsilon_{kl}n_j\mathrm{d}S\right\}\mathrm{d}t$$

$$\delta Q_H=\int_{t_0}^{t_1}\iiint_V u_i\delta\bar{F}_i\mathrm{d}V\mathrm{d}t,\quad \delta P_H=\int_{t_0}^{t_1}\iint_{S_\sigma}u_i\delta\bar{P}_i\mathrm{d}S\mathrm{d}t$$

式(1.3.4－17) 和式(1.3.4－20) 是两类变量的不完全广义拟变分原理的另一种表达形式,将式(1.3.4－17) 称为第二类两类变量广义拟余能原理,而将式(1.3.4－20) 称为第二类两类变量广义拟势能原理。

由以上的推导过程可见

$$\Gamma_{H22}+\Pi_{H22}=0 \tag{1.3.4－21}$$

无论保守系统还是非保守系统,式(1.3.4－21) 均成立。

1.3.5　三类变量的广义拟变分原理

按照广义力和广义位移之间的对应关系,将式(1.3.1－1) ～ 式(1.3.1－6a) 和式(1.3.1－

7a）乘上相应的虚量，然后积分并求代数和，再对时间积分，可得

$$\int_{t_0}^{t_1}\Big\{\iiint_V\Big[(\rho v_i-r_i)\delta v_i+(\sigma_{ij}-a_{ijkl}\varepsilon_{kl})\delta\varepsilon_{ij}+(\sigma_{ij,j}+\bar{F}_i-\dot{r}_i)\delta u_i+\left(\varepsilon_{ij}-\frac{1}{2}u_{i,j}-\frac{1}{2}u_{j,i}\right)\delta\sigma_{ij}+(\dot{u}_i-v_i)\delta r_i\Big]\mathrm{d}V-\iint_{S_\sigma}(\sigma_{ij}n_j-\bar{P}_i)\delta u_i\mathrm{d}S+\iint_{S_u}(u_i-\bar{u}_i)\delta\sigma_{ij}n_j\mathrm{d}S\Big\}\mathrm{d}t=0 \quad (1.3.5-1)$$

应用 Green 定理

$$\iiint_V\sigma_{ij,j}\delta u_i\mathrm{d}V=\iint_{S_\sigma+S_u}\sigma_{ij}n_j\delta u_i\mathrm{d}S-\iiint_V\sigma_{ij}\delta\left(\frac{1}{2}u_{i,j}+\frac{1}{2}u_{j,i}\right)\mathrm{d}V \quad (1.3.5-2)$$

及分部积分

$$-\int_{t_0}^{t_1}\dot{r}_i\delta u_i\mathrm{d}t=-r_i\delta u_i\Big|_{t_0}^{t_1}+\int_{t_0}^{t_1}r_i\delta\dot{u}_i\mathrm{d}t=\int_{t_0}^{t_1}r_i\delta\dot{u}_i\mathrm{d}t \quad (1.3.5-3)$$

将式(1.3.5-2)和式(1.3.5-3)代入式(1.3.5-1)，整理后可得

$$\delta\int_{t_0}^{t_1}\Big\{\iiint_V\Big[\frac{1}{2}\rho v_iv_i+r_i(\dot{u}_i-v_i)-\frac{1}{2}a_{ijkl}\varepsilon_{ij}\varepsilon_{kl}+\sigma_{ij}\left(\varepsilon_{ij}-\frac{1}{2}u_{i,j}-\frac{1}{2}u_{j,i}\right)+\bar{F}_iu_i\Big]\mathrm{d}V+\iint_{S_\sigma}\bar{P}_iu_i\mathrm{d}S+\iint_{S_u}(u_i-\bar{u}_i)\sigma_{ij}n_j\mathrm{d}S\Big\}\mathrm{d}t-\int_{t_0}^{t_1}\iiint_V u_i\delta\bar{F}_i\mathrm{d}V\mathrm{d}t-\int_{t_0}^{t_1}\iint_{S_\sigma}u_i\delta\bar{P}_i\mathrm{d}S\mathrm{d}t=0$$

(1.3.5-4)

简记为

$$\delta\Pi_{H3}-\delta Q_H-\delta P_H=0 \quad (1.3.5-5)$$

式中

$$\Pi_{H3}=\int_{t_0}^{t_1}\Big\{\iiint_V\Big[\frac{1}{2}\rho v_iv_i+r_i(\dot{u}_i-v_i)-\frac{1}{2}a_{ijkl}\varepsilon_{ij}\varepsilon_{kl}+\sigma_{ij}\left(\varepsilon_{ij}-\frac{1}{2}u_{i,j}-\frac{1}{2}u_{j,i}\right)+\bar{F}_iu_i\Big]\mathrm{d}V+\iint_{S_\sigma}\bar{P}_iu_i\mathrm{d}S+\iint_{S_u}(u_i-\bar{u}_i)\sigma_{ij}n_j\mathrm{d}S\Big\}\mathrm{d}t$$

$$\delta Q_H=\int_{t_0}^{t_1}\iiint_V u_i\delta\bar{F}_i\mathrm{d}V\mathrm{d}t,\quad \delta P_H=\int_{t_0}^{t_1}\iint_{S_\sigma}u_i\delta\bar{P}_i\mathrm{d}S\mathrm{d}t$$

如果应用 Green 定理

$$-\iiint_V u_{i,j}\delta\sigma_{ij}\mathrm{d}V=-\iint_{S_\sigma+S_u}u_i\delta\sigma_{ij}n_j\mathrm{d}S+\iiint_V u_i\delta\sigma_{ij,j}\mathrm{d}V \quad (1.3.5-6)$$

及分部积分

$$\int_{t_0}^{t_1}\dot{u}_i\delta r_i\mathrm{d}t=u_i\delta r_i\Big|_{t_0}^{t_1}-\int_{t_0}^{t_1}u_i\delta\dot{r}_i\mathrm{d}t=-\int_{t_0}^{t_1}u_i\delta\dot{r}_i\mathrm{d}t \quad (1.3.5-7)$$

将式(1.3.5-6)和式(1.3.5-7)代入式(1.3.5-1)，并将泛函的各项改变符号，整理后可得

$$\delta\int_{t_0}^{t_1}\Big\{\iiint_V\Big[r_iv_i-\frac{1}{2}\rho v_iv_i+\frac{1}{2}a_{ijkl}\varepsilon_{ij}\varepsilon_{kl}-\sigma_{ij}\varepsilon_{ij}-(\sigma_{ij,j}+\bar{F}_i-\dot{r}_i)u_i\Big]\mathrm{d}V+\iint_{S_\sigma}(\sigma_{ij}n_j-\bar{P}_i)u_i\mathrm{d}S+\iint_{S_u}\bar{u}_i\sigma_{ij}n_j\mathrm{d}S\Big\}\mathrm{d}t+\int_{t_0}^{t_1}\iiint_V u_i\delta\bar{F}_i\mathrm{d}V\mathrm{d}t+\int_{t_0}^{t_1}\iint_{S_\sigma}u_i\delta\bar{P}_i\mathrm{d}S\mathrm{d}t=0$$

(1.3.5-8)

简记为

$$\delta\Gamma_{H3}+\delta Q_H+\delta P_H=0 \tag{1.3.5-9}$$

式中

$$\Gamma_{H3}=\int_{t_0}^{t_1}\left\{\iiint_V\left[r_iv_i-\frac{1}{2}\rho v_iv_i+\frac{1}{2}a_{ijkl}\varepsilon_{ij}\varepsilon_{kl}-\sigma_{ij}\varepsilon_{ij}-(\sigma_{ij,j}+\bar{F}_i-\dot{r}_i)u_i\right]dV+\right.$$
$$\left.\iint_{S_\sigma}(\sigma_{ij}n_j-\bar{P}_i)u_i dS+\iint_{S_u}\bar{u}_i\sigma_{ij}n_j dS\right\}dt$$

$$\delta Q_H=\int_{t_0}^{t_1}\iiint_V u_i\delta\bar{F}_i dVdt,\quad \delta P_H=\int_{t_0}^{t_1}\iint_{S_\sigma}u_i\delta\bar{P}_i dSdt$$

将式(1.3.5-9)称为三类变量广义拟余能原理，而将式(1.3.5-5)称为三类变量广义拟势能原理。

由以上的推导过程可见

$$\Gamma_{H3}+\Pi_{H3}=0 \tag{1.3.5-10}$$

无论保守系统还是非保守系统，式(1.3.5-10)均成立。

1.3.6　应用举例

非保守系统的广义拟变分原理的研究涵盖了许多学科，是一个相当重要的研究领域，分析多年来这方面的研究较少的原因，一是建立非保守系统的广义变分原理困难，二是应用非保守系统的广义变分原理解决实际科学和工程问题困难。与保守系统的余能原理一样，非保守系统的余能原理具有丰富的内涵，建立非保守系统的广义拟余能原理也更加困难。下文研究的问题的另一种困难是将连续介质力学的原理应用于实际结构的时候，有些棘手的问题需要采用灵巧的方法来处理。

现在从保守系统的最小余能原理出发，结合分析动力学和结构力学原理给出适用于结构力学系统的余 Hamilton 原理，采用加零变换推导余 Hamilton 原理驻值条件，从而得到启发，采用加零变换推导适用于结构力学系统的广义余 Hamilton 原理，再考虑伴生力特性，进而得到适用于薄壁结构的广义拟余 Hamilton 原理。为了慎重起见，又应用变积方法建立了适用于薄壁结构的广义拟余 Hamilton 原理。两种方法得到同样的结果。应用该原理给出同时求解薄壁结构的剪流和转角两类变量的计算方法，并对几个相关问题进行讨论。

1. 薄壁结构的余 Hamilton 原理

在飞行器结构设计和研究中，经常将翼面简化为根部固支的闭剖面梁。翼面的外伸段，可以处理为梁的自由弯曲和扭转问题。由于机翼的空气动力引起机翼的转角，反过来转角又引起空气动力的变化，因此这是一个非保守系统的动力学问题，机翼空气动力便是伴生力。值得注意的问题是，由于空气动力的伴生力特性，由空气动力导致的作用在机翼上的弯矩和剪力等也是伴生力。

设有如图 1.4 所示双闭室剖面薄壁梁，翼面的外伸段可以处理为梁的自由弯曲和扭转问题。文献[34]给出了这个具体问题的刚心坐标为

$$x_r=\frac{1}{J_x}\oint S_x\rho ds-\frac{1}{J_x}\left[\oint_1\rho ds\left(\oint_1\frac{S_x}{Gt}ds\oint_2\frac{ds}{Gt}+\oint_2\frac{S_x}{Gt}ds\int_{1-2}\frac{ds}{Gt}\right)+\right.$$

$$\oint_2 \rho \mathrm{d}s\left(\oint_2 \frac{S_x}{Gt}\mathrm{d}s\oint_1 \frac{\mathrm{d}s}{Gt}+\oint_1 \frac{S_x}{Gt}\mathrm{d}s\int_{1-2}\frac{\mathrm{d}s}{Gt}\right)\Bigg]\Bigg/\left[\oint_1 \frac{\mathrm{d}s}{Gt}\oint_2 \frac{\mathrm{d}s}{Gt}-\left(\int_{1-2}\frac{\mathrm{d}s}{Gt}\right)^2\right] \tag{1.3.6-1}$$

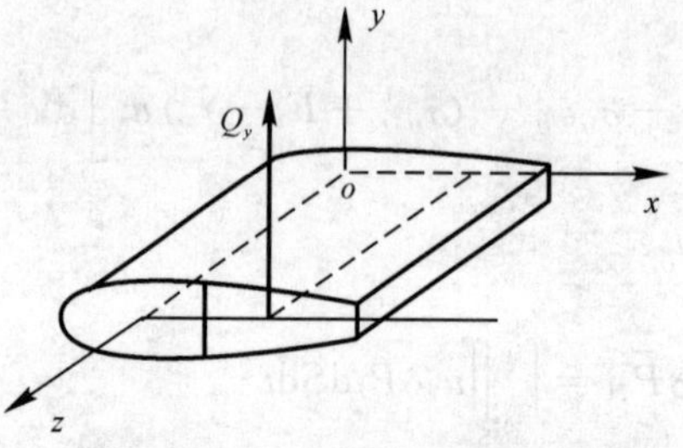

图 1.4　双闭室剖面图

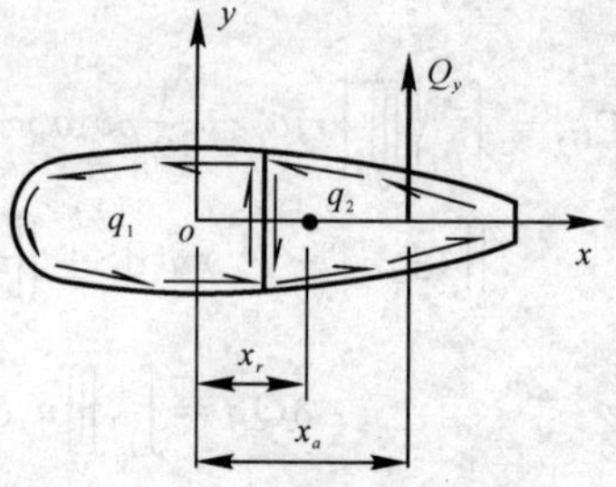

图 1.5　双闭室剖面未知剪流

由式(1.3.6-1)可见，剖面刚心位置反映了剖面的固有特性，它只与剖面的性质有关，而与载荷的作用无关。剖面剪力为 Q_y，其作用点的坐标为 x_a，由于刚心位置已经确定，可以利用力的平行移动原理，将 Q_y 平移到 x_r，它将引起梁的弯曲，产生的附加力矩 $(x_a-x_r)Q_y$ 将引起梁的扭转。这里仅研究梁的扭转问题，为了使问题简化，认为这是对称翼剖面，质心和刚心重合。取出单位长度的翼段来进行研究，剖面剪力为 Q_y，双闭室剖面的未知剪流分别为 q_1 和 q_2（见图 1.5）。对于这个具体问题，可以按照这样的思路：由弹性动力学的基本方程出发，应用变积方法建立弹性动力学的广义拟余能原理

$$\delta\Gamma_{H21}+\delta Q_H+\delta P_H=0 \tag{1.3.6-2}$$

式中

$$\Gamma_{H21}=\int_{t_0}^{t_1}\left\{\iiint_V\left[\frac{1}{2}\frac{1}{\rho}r_i r_i-\frac{1}{2}b_{ijkl}\sigma_{ij}\sigma_{kl}-(\sigma_{ij,j}+\bar{F}_i-\dot{r}_i)u_i\right]\mathrm{d}V+\iint_{S_u}\bar{u}_i\sigma_{ij}n_j\mathrm{d}S+\iint_{S_\sigma}(\sigma_{ij}n_j-\bar{P}_i)u_i\mathrm{d}S\right\}\mathrm{d}t$$

$$\delta Q_H=\int_{t_0}^{t_1}\iiint_V u_i\delta\bar{F}_i\mathrm{d}V\mathrm{d}t$$

$$\delta P_H=\int_{t_0}^{t_1}\iint_{S_\sigma}u_i\delta\bar{P}_i\mathrm{d}S\mathrm{d}t$$

式中　σ_{ij}—— 应力；

ε_{ij}—— 应变；

u_i—— 位移；

b_{ijkl}—— 柔度系数；

$\bar{F}_i$—— 体积力；

$\bar{P}_i$—— 表面力；

n_j—— 表面方向余弦；

r_i—— 动量；

v_i—— 速度；

ρ—— 质量密度。

将这个原理应用于上述的具体问题，因为没有体积力，$\delta Q_H=\int_{t_0}^{t_1}\iiint_V u_i\delta\bar{F}_i\mathrm{d}V\mathrm{d}t=0$，故得非

保守薄壁结构系统的两类变量的广义拟余能原理。由于这样处理问题，有些读者可能不好理解，因此改用下面的思路：从保守系统的最小余能原理出发 → 适用于薄壁结构的余 Hamilton 原理 → 采用加零变换推导余 Hamilton 原理驻值条件 → 适用于薄壁结构的广义余 Hamilton 原理 → 适用于薄壁结构的广义拟余 Hamilton 原理 → 应用变积方法推导适用于薄壁结构的广义拟余 Hamilton 原理 → 算例。

保守系统的最小余能原理(实为最小余应变能原理) 表示为[34]

$$\Gamma_1 = \oint_{1-2} \frac{(q_1 + q_2)^2}{2Gt} \mathrm{d}s \tag{1.3.6-3}$$

其先决条件(力矩平衡条件) 为

$$\oint_1 q_1 \rho \mathrm{d}s + \oint_2 q_2 \rho \mathrm{d}s - (x_a - x_r) Q_y = 0 \tag{1.3.6-4}$$

式中 G—— 剪切模量；

t—— 壁厚；

ρ—— 微元剪力 $q_i \mathrm{d}s$ 到力距中心的垂直距离；

q_1, q_2—— 各闭剖面剪流；

x_a—— 气动中心的坐标，具体到这个问题它正好是 Q_y 作用点的坐标；

x_r—— 刚心坐标；

Q_y—— 剖面剪力，Q_y 的方向有两种取法，一种是取为等效力，一种是取为平衡力，本问题中是取为等效力，特此说明。$(x_a - x_r) Q_y = M_z$，表示外力矩。

依据文献[35] 的方法，分析动力学扭转问题的余 Hamilton 原理可以表示为

$$\Gamma_{H1} = \int_{t_0}^{t_1} \left(\frac{1}{2} \frac{1}{I_c} L^2 - V \right) \mathrm{d}t \tag{1.3.6-5}$$

将最小余能原理的泛函 Γ_{H1} 代入式(1.3.6-5) 中的势能 V，可得适用于薄壁结构的余 Hamilton 原理的泛函

$$\Gamma_{H1} = \int_{t_0}^{t_1} \left[\frac{1}{2} \frac{1}{I_c} L^2 - \oint_{1-2} \frac{(q_1 + q_2)^2}{2Gt} \mathrm{d}s \right] \mathrm{d}t \tag{1.3.6-6}$$

其先决条件为

$$\dot{L} + \oint_1 q_1 \rho \mathrm{d}s + \oint_2 q_2 \rho \mathrm{d}s - (x_a - x_r) Q_y = 0 \tag{1.3.6-7}$$

式中 L—— 动量矩；

I_c—— 转动惯量。

将 Γ_{H1} 变分，并令 $\delta \Gamma_{H1} = 0$，可得

$$\delta \Gamma_{H1} = \int_{t_0}^{t_1} \left[\frac{1}{I_c} L \delta L - \oint_{1-2} \frac{(q_1 + q_2)}{Gt} (\delta q_1 + \delta q_2) \mathrm{d}s \right] \mathrm{d}t = 0 \tag{1.3.6-8}$$

其先决条件的变分式为

$$\delta \dot{L} + \oint_1 \rho \mathrm{d}s \delta q_1 + \oint_2 \rho \mathrm{d}s \delta q_2 = 0 \tag{1.3.6-9}$$

采用加零变换[36-37]，将先决条件的变分式(1.3.6-9) 乘相对转角 φ 后代入泛函式(1.3.6-8) 中，进行分部积分

$$\int_{t_0}^{t_1} \varphi \delta \dot{L} \mathrm{d}t = \varphi \delta L \Big|_{t_0}^{t_1} - \int_{t_0}^{t_1} \dot{\varphi} \delta L \mathrm{d}t = -\int_{t_0}^{t_1} \dot{\varphi} \delta L \mathrm{d}t \tag{1.3.6-10}$$

并按惯例在时域边界处取 $\delta L=0$，经整理可得

$$\delta\Gamma_{H1}=\int_{t_0}^{t_1}\left\{\left(\frac{1}{I_c}L-\dot{\varphi}\right)\delta L-\left[\oint_{1-2}\frac{1}{Gt}(q_1-q_2)\mathrm{d}s-\oint_1\rho\mathrm{d}s\varphi\right]\delta q_1-\left[\oint_{1-2}\frac{1}{Gt}(-q_1+q_2)\mathrm{d}s-\oint_2\rho\mathrm{d}s\varphi\right]\delta q_2\right\}\mathrm{d}t=0 \tag{1.3.6-11}$$

由于采用加零变换，将先决条件的变分式(1.3.6-9)乘相对转角 φ 后代入泛函式(1.3.6-8)中，放松了约束对变分的限制作用，故由式(1.3.6-11)可得(驻值条件)

$$\left.\begin{aligned}&\frac{1}{I_c}L-\dot{\varphi}=0\\&\oint_{1-2}\frac{1}{Gt}(q_1-q_2)\mathrm{d}s-\oint_1\rho\mathrm{d}s\varphi=0\\&\oint_{1-2}\frac{1}{Gt}(-q_1+q_2)\mathrm{d}s-\oint_2\rho\mathrm{d}s\varphi=0\end{aligned}\right\} \tag{1.3.6-12}$$

可见，其驻值条件式(1.3.6-12)和先决条件式(1.3.6-7)一起构成封闭的控制方程组。

2. 广义余 Hamilton 原理和广义拟余 Hamilton 原理

根据以上思路，可以应用加零变换来推导广义变分原理。

采用加零变换，将先决条件式(1.3.6-7)乘相对转角 φ 后代入泛函式(1.3.6-6)中，可得

$$\Gamma_{H21}=\int_{t_0}^{t_1}\left\{\left[\frac{1}{2}\frac{1}{I_c}L^2-\oint_{1-2}\frac{(q_1+q_2)^2}{2Gt}\mathrm{d}s\right]+\varphi\left[\dot{L}+\oint_1 q_1\rho\mathrm{d}s+\oint_2 q_2\rho\mathrm{d}s-(x_a-x_r)Q_y\right]\right\}\mathrm{d}t \tag{1.3.6-13}$$

这便是保守薄壁结构系统的两类变量的广义余能原理的泛函。

胡海昌曾经指出，检验变分原理的最好方法是推导其驻值条件。现在便应用推导驻值条件的方法，检验 Γ_{H21} 是否是广义变分原理的泛函。

将 Γ_{H21} 变分，并令 $\delta\Gamma_{H21}=0$，应用 Green 定理，并按惯例在时域边界处取 $\delta L=0$，经整理可得

$$\delta\Gamma_{H21}=\int_{t_0}^{t_1}\left\{\left[\frac{1}{I_c}L-\dot{\varphi}\right]\delta L-\left[\oint_{1-2}\frac{(q_1-q_2)}{Gt}\mathrm{d}s-\varphi\oint_1\rho\mathrm{d}s\right]\delta q_1-\left[\oint_{1-2}\frac{(-q_1+q_2)}{Gt}\mathrm{d}s-\varphi\oint_2\rho\mathrm{d}s\right]\delta q_2+\left[\dot{L}+\oint_1 q_1\rho\mathrm{d}s+\oint_2 q_2\rho\mathrm{d}s-(x_a-x_r)Q_y\right]\delta\varphi\right\}\mathrm{d}t=0 \tag{1.3.6-14}$$

由于采用加零变换，将先决条件式(1.3.6-7)乘相对转角 φ 后代入泛函式(1.3.6-6)中，消除了约束，并且放松了约束对变分的限制作用，所以 $\delta L,\delta q_1,\delta q_2$ 和 $\delta\varphi$ 具有任意性，故由式(1.3.6-14)可得

$$\left.\begin{aligned}&\frac{1}{I_c}L-\dot{\varphi}=0\\&\oint_{1-2}\frac{1}{Gt}(q_1-q_2)\mathrm{d}s-\oint_1\rho\mathrm{d}s\varphi=0\\&\oint_{1-2}\frac{1}{Gt}(-q_1+q_2)\mathrm{d}s-\oint_2\rho\mathrm{d}s\varphi=0\\&\dot{L}+\oint_1 q_1\rho\mathrm{d}s+\oint_2 q_2\rho\mathrm{d}s-(x_a-x_r)Q_y=0\end{aligned}\right\} \tag{1.3.6-15}$$

可见，由于在余 Hamilton 原理的全量式中采用加零变换，将泛函 Γ_{H1} 的先决条件转化为泛函 Γ_{H21} 的驻值条件，故知泛函 Γ_{H21} 为广义变分原理的泛函，又因为在泛函中含有剪流和转角两类变量，所以称之为两类变量的广义余能原理。

若为非保守薄壁结构系统，则两类变量的广义拟余能原理表示为

$$\delta\Gamma_{H21}+\delta P=0 \tag{1.3.6-16}$$

式中

$$\Gamma_{H21}=\int_{t_0}^{t_1}\left\{\left[\frac{1}{2}\frac{1}{I_c}L^2-\oint_{1-2}\frac{(q_1+q_2)^2}{2Gt}\mathrm{d}s\right]+\varphi\left[\dot{L}+\oint_1 q_1\rho\mathrm{d}s+\oint_2 q_2\rho\mathrm{d}s-(x_a-x_r)Q_y\right]\right\}\mathrm{d}t$$

$$\delta P=\int_{t_0}^{t_1}\varphi(x_a-x_r)\delta Q_y\mathrm{d}t$$

$$\delta Q=0\quad(\text{因为没有体积力})$$

由于建立正确的拟变分原理的重要性，为了慎重起见，现在再应用变积方法建立两类变量的广义拟余能原理。

由推导余 Hamilton 原理的驻值条件可知，这类问题两类变量的基本方程为

$$\left.\begin{aligned}&\frac{1}{I_c}L-\dot{\varphi}=0\\&\oint_{1-2}\frac{1}{Gt}(q_1-q_2)\mathrm{d}s-\varphi\oint_1\rho\mathrm{d}s=0\\&\oint_{1-2}\frac{1}{Gt}(-q_1+q_2)\mathrm{d}s-\varphi\oint_2\rho\mathrm{d}s=0\\&\dot{L}+\oint_1 q_1\rho\mathrm{d}s+\oint_2 q_2\rho\mathrm{d}s-(x_a-x_r)Q_y=0\end{aligned}\right\} \tag{1.3.6-17}$$

将各基本方程乘上相应的虚量，然后积分并求代数和，可得

$$\int_{t_0}^{t_1}\left\{\left[\frac{1}{I_c}L-\dot{\varphi}\right]\delta L-\left[\oint_{1-2}\frac{1}{Gt}(q_1-q_2)\mathrm{d}s-\oint_1\rho\mathrm{d}s\varphi\right]\delta q_1-\left[\oint_{1-2}\frac{1}{Gt}(-q_1+q_2)\mathrm{d}s-\oint_2\rho\mathrm{d}s\varphi\right]\delta q_2+\right.$$
$$\left.\left[\dot{L}+\oint_1 q_1\rho\mathrm{d}s+\oint_2 q_2\rho\mathrm{d}s-(x_a-x_r)Q_y\right]\delta\varphi\right\}\mathrm{d}t=0 \tag{1.3.6-18}$$

进行分部积分

$$\int_{t_0}^{t_1}\dot{\varphi}\delta L\mathrm{d}t=\varphi\delta L\Big|_{t_0}^{t_1}-\int_{t_0}^{t_1}\varphi\delta\dot{L}\mathrm{d}t \tag{1.3.6-19}$$

将式(1.3.6-19)代入式(1.3.6-18)，并按惯例在时域边界处取 $\delta L=0$，考虑到 Q_y 为伴生力，经整理可得

$$\delta\int_{t_0}^{t_1}\left\{\left[\frac{1}{2}\frac{1}{I_c}L^2-\oint_{1-2}\frac{(q_1+q_2)^2}{2Gt}\mathrm{d}s\right]+\varphi\left[\dot{L}+\oint_1 q_1\rho\mathrm{d}s+\oint_2 q_2\rho\mathrm{d}s-(x_a-x_r)Q_y\right]\right\}\mathrm{d}t+$$
$$\int_{t_0}^{t_1}\varphi(x_a-x_r)\delta Q_y\mathrm{d}t=0 \tag{1.3.6-20}$$

简记为

$$\delta\Gamma_{H21}+\delta P=0 \tag{1.3.6-21}$$

式中

$$\Gamma_{H21}=\int_{t_0}^{t_1}\left\{\left[\frac{1}{2}\frac{1}{I_c}L^2-\oint_{1-2}\frac{(q_1+q_2)^2}{2Gt}\mathrm{d}s\right]+\varphi\left[\dot{L}+\oint_1 q_1\rho\mathrm{d}s+\oint_2 q_2\rho\mathrm{d}s-(x_a-x_r)Q_y\right]\right\}\mathrm{d}t$$

$$\delta P=\int_{t_0}^{t_1}\varphi(x_a-x_r)\delta Q_y\mathrm{d}t$$

可见,式(1.3.6-21)和式(1.3.6-16)相同。

$$\delta\Gamma_{H21}+\delta P=\int_{t_0}^{t_1}\left\{\left[\frac{1}{I_c}L-\dot{\varphi}\right]\delta L-\left[q_1\oint_1\frac{\mathrm{d}s}{Gt}-q_2\oint_{1-2}\frac{\mathrm{d}s}{Gt}-\varphi\oint_1\rho\mathrm{d}s\right]\delta q_1-\left[-q_1\oint_{1-2}\frac{\mathrm{d}s}{Gt}+q_2\oint_2\frac{\mathrm{d}s}{Gt}-\varphi\oint_2\rho\mathrm{d}s\right]\delta q_2+\oint_{1-2}\left[\dot{L}+\oint_1 q_1\rho\mathrm{d}s+\oint_2 q_2\rho\mathrm{d}s-(x_a-x_r)Q_y\right]\delta\varphi\right\}\mathrm{d}t=0 \quad (1.3.6-22)$$

由于 $\delta L,\delta q_1,\delta q_2$ 和 $\delta\varphi$ 的任意性,并且考虑到薄壁结构的基本假设(或弹性力学的薄壁管扭转理论的基本假设),可以将 q_1 和 q_2 提到积分号外,则由式(1.3.6-22)可得

$$\left.\begin{aligned}&\frac{1}{I_c}L-\dot{\varphi}=0\\&q_1\oint_1\frac{\mathrm{d}s}{Gt}-q_2\int_{1-2}\frac{\mathrm{d}s}{Gt}=\Omega_1\varphi\\&-q_1\int_{1-2}\frac{\mathrm{d}s}{Gt}+q_2\oint_2\frac{\mathrm{d}s}{Gt}=\Omega_2\varphi\\&\dot{L}+\Omega_1q_1+\Omega_2q_2=Q_y(x_a-x_r)\end{aligned}\right\} \quad (1.3.6-23)$$

这是一个封闭的控制方程组。其中,$\Omega_1=\oint_1\rho\mathrm{d}s,\Omega_2=\oint_2\rho\mathrm{d}s,\oint_{1-2}$ 为对两个闭剖面的周边积分,$\int_{1-2}$ 为两个闭剖面之间的墙的积分。

3. 求解控制方程

解方程式(1.3.6-23),可得

$$q_1=\varphi\left(\Omega_1\oint_2\frac{\mathrm{d}s}{Gt}+\Omega_2\int_{1-2}\frac{\mathrm{d}s}{Gt}\right)\Big/\left[\oint_1\frac{\mathrm{d}s}{Gt}\oint_2\frac{\mathrm{d}s}{Gt}-\left(\int_{1-2}\frac{\mathrm{d}s}{Gt}\right)^2\right] \quad (1.3.6-24)$$

$$q_2=\varphi\left(\Omega_2\oint_1\frac{\mathrm{d}s}{Gt}+\Omega_1\int_{1-2}\frac{\mathrm{d}s}{Gt}\right)\Big/\left[\oint_1\frac{\mathrm{d}s}{Gt}\oint_2\frac{\mathrm{d}s}{Gt}-\left(\int_{1-2}\frac{\mathrm{d}s}{Gt}\right)^2\right] \quad (1.3.6-25)$$

$$L=I_c\dot{\varphi} \quad (1.3.6-26)$$

将 Q_y 处理为与转角有关的形式,设 $Q_y=qAC_y^\alpha(\alpha-\varphi)$。其中,$q$ 为动压;A 为翼剖面面积;C_y^α 为升力系数导数;α 为翼面攻角;φ 为翼面扭转角。将式(1.3.6-24)~式(1.3.6-26)和 Q_y 的表达式代入方程式(1.3.6-23)中的第四式,可得

$$\ddot{\varphi}+\frac{1}{I_c}\left\{\left[\left(\Omega_1\oint_2\frac{\mathrm{d}s}{Gt}+\Omega_2\int_{1-2}\frac{\mathrm{d}s}{Gt}\right)\Omega_1+\left(\Omega_2\oint_1\frac{\mathrm{d}s}{Gt}+\Omega_1\int_{1-2}\frac{\mathrm{d}s}{Gt}\right)\Omega_2\right]\Big/\left[\oint_1\frac{\mathrm{d}s}{Gt}\oint_2\frac{\mathrm{d}s}{Gt}-\left(\int_{1-2}\frac{\mathrm{d}s}{Gt}\right)^2\right]+(x_a-x_r)qAC_\alpha^y\right\}\varphi-\frac{(x_a-x_r)qAC_\alpha^y\alpha}{I_c}=0 \quad (1.3.6-27)$$

设系统的固有频率为

$$\omega_n=\sqrt{\frac{1}{I_c}\left[\frac{\left(\Omega_1\oint_2\frac{\mathrm{d}s}{Gt}+\Omega_2\int_{1-2}\frac{\mathrm{d}s}{Gt}\right)\Omega_1+\left(\Omega_2\oint_1\frac{\mathrm{d}s}{Gt}+\Omega_1\int_{1-2}\frac{\mathrm{d}s}{Gt}\right)\Omega_2}{\oint_1\frac{\mathrm{d}s}{Gt}\oint_2\frac{\mathrm{d}s}{Gt}-\left(\int_{1-2}\frac{\mathrm{d}s}{Gt}\right)^2}+(x_a-x_r)qAC_\alpha^y\right]} \quad (1.3.6-28)$$

并且记

$$F_0=\frac{(x_a-x_r)qAC_a^y\alpha}{I_c} \tag{1.3.6-29}$$

将式(1.3.6-27)改写为

$$\ddot{\varphi}+\omega_n^2\varphi-F_0=0 \tag{1.3.6-30}$$

这个方程的一般解为

$$\varphi=C_1\mathrm{e}^{\mathrm{i}\omega_n t}+C_2\mathrm{e}^{-\mathrm{i}\omega_n t}+\frac{F_0}{\omega_n^2} \tag{1.3.6-31}$$

式中,C_1 和 C_2 为待定常数。

考虑到 $t=0$ 时,$\varphi=\varphi(0)$,$\dot{\varphi}=\dot{\varphi}(0)$,将此初始条件与式(1.3.6-31)联立,解得

$$C_1=\frac{\varphi(0)}{2}-\frac{F_0}{2\omega_n^2}+\frac{\dot{\varphi}(0)}{2i\omega_n} \tag{1.3.6-32}$$

$$C_2=\frac{\varphi(0)}{2}-\frac{F_0}{2\omega_n^2}-\frac{\dot{\varphi}(0)}{2i\omega_n} \tag{1.3.6-33}$$

将式(1.3.6-32)和式(1.3.6-33)代入式(1.3.6-31),可得

$$\varphi=\left[\varphi(0)-\frac{F_0}{\omega_n^2}\right]\cos\omega_n t+\frac{\dot{\varphi}(0)}{\omega_n}\sin\omega_n t+\frac{F_0}{\omega_n^2} \tag{1.3.6-34}$$

将式(1.3.6-34)分别代入式(1.3.6-24)和式(1.3.6-25),可得

$$q_1=\left(\Omega_1\oint_2\frac{\mathrm{d}s}{Gt}+\Omega_2\int_{1-2}\frac{\mathrm{d}s}{Gt}\right)\Bigg/\left[\oint_1\frac{\mathrm{d}s}{Gt}\oint_2\frac{\mathrm{d}s}{Gt}-\left(\int_{1-2}\frac{\mathrm{d}s}{Gt}\right)^2\right]\left\{\left[\varphi(0)-\frac{F_0}{\omega_n^2}\right]\cos\omega_n t+\frac{\dot{\varphi}(0)}{\omega_n}\sin\omega_n t+\frac{F_0}{\omega_n^2}\right\} \tag{1.3.6-35}$$

$$q_2=\left(\Omega_2\oint_1\frac{\mathrm{d}s}{Gt}+\Omega_1\int_{1-2}\frac{\mathrm{d}s}{Gt}\right)\Bigg/\left[\oint_1\frac{\mathrm{d}s}{Gt}\oint_2\frac{\mathrm{d}s}{Gt}-\left(\int_{1-2}\frac{\mathrm{d}s}{Gt}\right)^2\right]\left\{\left[\varphi(0)-\frac{F_0}{\omega_n^2}\right]\cos\omega_n t+\frac{\dot{\varphi}(0)}{\omega_n}\sin\omega_n t+\frac{F_0}{\omega_n^2}\right\} \tag{1.3.6-36}$$

4. 讨论

1) 研究过非保守系统的学者们发现,虽然非保守系统包含宽广的领域,但如何寻找伴生力却一直是一个难题,需要加以说明。对于保守系统,外力作用在系统上,将引起一定的效应,强度、刚度和稳定性问题便是这种效应的体现。对于非保守系统,外力作用在系统上,将引起一定的效应,这种效应的信息反馈到外力,又使外力发生变化,这种外力便是伴生力。可见,所谓伴生力是一种与其引起的效应相伴而生的力。了解了伴生力的这种特性,便可以较容易地寻求和发现伴生力了。

2) 笔者注意到,以上是应用广义拟余能原理求解问题的解析解的思路,对于如何应用广义拟余能原理求解问题的近似解,可参阅文献[11,35]。

1.4　弹性动力系统初值问题的拟变分原理及其应用

1.4.1　引言

笔者认为,非保守系统的广义拟变分原理的研究涵盖了许多学科,是一个相当重要的研究

领域。本节采用变积方法,按照广义力和广义位移之间的对应关系,将弹性动力学的基本方程卷乘上相应的虚量,然后积分,求代数和,并考虑到体积力和表面力均为伴生力,建立了非保守系统初值问题的简单 Gurtin 型拟变分原理和广义拟变分原理。在建立非保守系统初值问题的各类简单 Gurtin 型拟变分原理的同时,还将变积方法推广为卷变积方法,或者称为变卷积方法。

弹性动力学的基本方程:

动态平衡方程
$$\sigma_{ij,j}+\bar{F}_i-\dot{r}_i=0 \quad (在 V 内) \tag{1.4.1-1}$$
$$\sigma_{ij}n_j-\bar{P}_i=0 \quad (在 S_\sigma 上) \tag{1.4.1-2}$$

几何条件
$$\varepsilon_{ij}-\frac{1}{2}u_{i,j}-\frac{1}{2}u_{j,i}=0 \quad (在 V 内) \tag{1.4.1-3}$$
$$u_i-\bar{u}_i=0 \quad (在 S_u 上) \tag{1.4.1-4}$$
$$\dot{u}_i-v_i=0 \quad (在 V 内) \tag{1.4.1-5}$$

本构关系
$$\sigma_{ij}-a_{ijkl}\varepsilon_{kl}=0 \quad (在 V 内) \tag{1.4.1-6a}$$
或
$$\varepsilon_{ij}-b_{ijkl}\sigma_{kl}=0 \quad (在 V 内) \tag{1.4.1-6b}$$
$$r_i-\rho v_i=0 \quad (在 V 内) \tag{1.4.1-7a}$$
或
$$v_i-\frac{1}{\rho}r_i=0 \quad (在 V 内) \tag{1.4.1-7b}$$

初值条件
$$u_i\big|_{t=0}=u_i(0) \tag{1.4.1-8}$$
$$\left.\frac{\partial u_i}{\partial t}\right|_{t=0}=\dot{u}_i(0) \tag{1.4.1-9}$$

式中,各符号的含义同1.3节。与1.3节一样,称式(1.4.1-6a)为应变能本构关系,称式(1.4.1-6b)为余应变能本构关系,称式(1.4.1-7a)为速度本构关系,称式(1.4.1-7b)为动量本构关系。

基本方程的 Laplace 变换式为
$$\Sigma_{ij,j}+\widetilde{F}_i-pR_i+r_i(0)=0 \quad (在 V 内) \tag{1.4.1-10}$$
$$\Sigma_{ij}n_j-\widetilde{P}_i=0 \quad (在 S_\sigma 上) \tag{1.4.1-11}$$
$$E_{ij}-\frac{1}{2}U_{i,j}-\frac{1}{2}U_{j,i}=0 \quad (在 V 内) \tag{1.4.1-12}$$
$$U_i-\widetilde{U}_i=0 \quad (在 S_u 上) \tag{1.4.1-13}$$
$$pU_i-u_i(0)-V_i=0 \quad (在 V 内) \tag{1.4.1-14}$$
$$\Sigma_{ij}-a_{ijkl}E_{kl}=0 \quad (在 V 内) \tag{1.4.1-15a}$$
或
$$E_{ij}-b_{ijkl}\Sigma_{kl}=0 \quad (在 V 内) \tag{1.4.1-15b}$$
$$R_i-\rho V_i=0 \quad (在 V 内) \tag{1.4.1-16a}$$
或
$$V_i-\frac{1}{\rho}R_i=0 \quad (在 V 内) \tag{1.4.1-16b}$$

式中,各张量符号的Laplace变换式分别为:$\sigma_{ij}\doteq\Sigma_{ij}$,$\varepsilon_{ij}\doteq E_{ij}$,$u_i\doteq U_i$,$\bar{F}_i\doteq\widetilde{F}_i$,$\bar{P}_i\doteq\widetilde{P}_i$,$r_i\doteq R_i$, $v_i\doteq V_i$。

1.4.2 卷积型拟势能原理

应用变积方法,将虚位移的Laplace变换 δU_i 乘上式(1.4.1-10)和式(1.4.1-11),然后积

分并求代数和，可得

$$\iiint_V -\left[\Sigma_{ij,j}+\widetilde{F}_i-pR_i+r_i(0)\right]\delta U_i\mathrm{d}V+\iint_{S_\sigma}(\Sigma_{ij}n_j-\widetilde{P}_i)\delta U_i\mathrm{d}S=0 \quad (1.4.2-1)$$

应用 Green 定理

$$-\iiint_V \Sigma_{ij,j}\delta U_i\mathrm{d}V=-\iint_{S_\sigma+S_u}\Sigma_{ij}n_j\delta U_i\mathrm{d}S+\iiint_V \Sigma_{ij}\delta\left(\frac{1}{2}U_{i,j}+\frac{1}{2}U_{j,i}\right)\mathrm{d}V \quad (1.4.2-2)$$

将式(1.4.2-2)代入式(1.4.2-1)，可得

$$\iiint_V\left[pR_i\delta U_i-r_i(0)\delta U_i+\Sigma_{ij}\delta\left(\frac{1}{2}U_{i,j}+\frac{1}{2}U_{j,i}\right)-\widetilde{F}_i\delta U_i\right]\mathrm{d}V-\iint_{S_u}\Sigma_{ij}n_j\delta U_i\mathrm{d}S-\iint_{S_\sigma}\widetilde{P}_i\delta U_i\mathrm{d}S=0 \quad (1.4.2-3)$$

考虑到式(1.4.1-12) ~ 式(1.4.1-14) 的变分式为

$$\delta E_{ij}-\frac{1}{2}\delta U_{i,j}-\frac{1}{2}\delta U_{j,i}=0 \qquad (\text{在 } V \text{ 内}) \quad (1.4.2-4)$$

$$\delta U_i=0 \qquad (\text{在 } S_u \text{ 上}) \quad (1.4.2-5)$$

$$p\delta U_i-\delta V_i=0 \quad (1.4.2-6)$$

则式(1.4.2-3) 变换为

$$\iiint_V\left[R_i\delta V_i-r_i(0)\delta U_i+\Sigma_{ij}\delta E_{ij}-\widetilde{F}_i\delta U_i\right]\mathrm{d}V-\iint_{S_\sigma}\widetilde{P}_i\delta U_i\mathrm{d}S=0 \quad (1.4.2-7)$$

对于弹性力学，将材料本构关系的 Laplace 变换式(1.4.1-15a) 和式(1.4.1-16a) 代入式(1.4.2-7)，并注意到将 $r_i(0)$ 作相应的变换，可得

$$\iiint_V\left[\rho V_i\delta V_i+a_{ijkl}E_{kl}\delta E_{ij}-\rho v_i(0)\delta U_i-\widetilde{F}_i\delta U_i\right]\mathrm{d}V-\iint_{S_\sigma}\widetilde{P}_i\delta U_i\mathrm{d}S=0 \quad (1.4.2-8)$$

可以进一步表示为

$$\delta\left\{\iiint_V\left[\frac{1}{2}\rho V_iV_i+\frac{1}{2}a_{ijkl}E_{ij}E_{kl}-\rho v_i(0)U_i-\widetilde{F}_iU_i\right]\mathrm{d}V-\iint_{S_\sigma}\widetilde{P}_iU_i\mathrm{d}S\right\}+$$

$$\iiint_V U_i\delta\widetilde{F}_i\mathrm{d}V+\iint_{S_\sigma}U_i\delta\widetilde{P}_i\mathrm{d}S=0 \quad (1.4.2-9)$$

简记为

$$\delta\widetilde{\Pi}_{G1}+\delta\widetilde{Q}_G+\delta\widetilde{P}_G=0 \quad (1.4.2-10)$$

式中

$$\widetilde{\Pi}_{G1}=\iiint_V\left[\frac{1}{2}\rho V_iV_i+\frac{1}{2}a_{ijkl}E_{ij}E_{kl}-\rho v_i(0)U_i-\widetilde{F}_iU_i\right]\mathrm{d}V-\iint_{S_\sigma}\widetilde{P}_iU_i\mathrm{d}S$$

$$\delta\widetilde{Q}_G=\iiint_V U_i\delta\widetilde{F}_i\mathrm{d}V,\quad \delta\widetilde{P}_G=\iint_{S_\sigma}U_i\delta\widetilde{P}_i\mathrm{d}S$$

其先决条件为式(1.4.1-12) ~ 式(1.4.1-14) 成立。

将式(1.4.2-9) 由相空间反演到原空间，则得

$$\delta\left\{\iiint_V\left[\frac{1}{2}\rho v_i*v_i+\frac{1}{2}a_{ijkl}\varepsilon_{ij}*\varepsilon_{kl}-\rho v_i(0)u_i-\overline{F}_i*u_i\right]\mathrm{d}V-\iint_{S_\sigma}\overline{P}_i*u_i\mathrm{d}S\right\}+$$

$$\iiint_V u_i * \delta\bar{F}_i \mathrm{d}V + \iint_{S_\sigma} u_i * \delta\bar{P}_i \mathrm{d}S = 0 \tag{1.4.2-11}$$

简记为

$$\delta\Pi_{G1} + \delta Q_G + \delta P_G = 0 \tag{1.4.2-12}$$

式中

$$\Pi_{G1} = \iiint_V \left[\frac{1}{2}\rho v_i * v_i + \frac{1}{2}a_{ijkl}\varepsilon_{ij} * \varepsilon_{kl} - \rho v_i(0)u_i - \bar{F}_i * u_i\right]\mathrm{d}V - \iint_{S_\sigma}\bar{P}_i * u_i \mathrm{d}S$$

$$\delta Q_G = \iiint_V u_i * \delta\bar{F}_i \mathrm{d}V,\quad \delta P_G = \iint_{S_\sigma} u_i * \delta\bar{P}_i \mathrm{d}S$$

其先决条件为式(1.4.1-3) ~ 式(1.4.1-5) 成立。在各种可能的运动状态中,精确解使拟变分式(1.4.2-11) 成立,这就是卷积型拟势能原理。当体积力 $\bar{F}_i$ 和表面力 $\bar{P}_i$ 为确定函数时,$\delta Q_G = 0$,$\delta P_G = 0$,此时该定理退化为通常的弹性动力学中的卷积型势能原理。

1.4.3 卷积型拟余能原理

将式(1.4.1-12) 和式(1.4.1-13) 乘上相应的虚应力的 Laplace 变换 $\delta\Sigma_{ij}$,将式(1.4.1-14) 乘上相应的虚动量的 Laplace 变换 δR_i,然后积分并求代数和,可得

$$\iiint_V \left\{-\left[pU_i - u_i(0) - V_i\right]\delta R_i + \left(E_{ij} - \frac{1}{2}U_{i,j} - \frac{1}{2}U_{j,i}\right)\delta\Sigma_{ij}\right\}\mathrm{d}V + \iint_{S_u}(U_i - \widetilde{U}_i)\delta\Sigma_{ij}n_j \mathrm{d}S = 0 \tag{1.4.3-1}$$

应用 Green 定理

$$-\iiint_V U_{i,j}\delta\Sigma_{ij}\mathrm{d}V = -\iint_{S_\sigma + S_u} U_i\delta\Sigma_{ij}n_j \mathrm{d}S + \iiint_V U_i\delta\Sigma_{ij,j}\mathrm{d}V \tag{1.4.3-2}$$

将式(1.4.3-2) 代入式(1.4.3-1),可得

$$\iiint_V \{-\left[pU_i - u_i(0) - V_i\right]\delta R_i + E_{ij}\delta\Sigma_{ij} + U_i\delta\Sigma_{ij,j}\}\mathrm{d}V - \iint_{S_u}\widetilde{U}_i\delta\Sigma_{ij}n_j \mathrm{d}S - \iint_{S_\sigma}U_i\delta\Sigma_{ij}n_j \mathrm{d}S = 0 \tag{1.4.3-3}$$

式(1.4.1-10) 和式(1.4.1-11) 的变分式为

$$\delta\Sigma_{ij,j} + \delta\widetilde{F}_i - p\delta R_i = 0 \quad (\text{在 } V \text{ 内}) \tag{1.4.3-4}$$

$$\delta\Sigma_{ij}n_j - \delta\widetilde{P}_i = 0 \quad (\text{在 } S_\sigma \text{ 上}) \tag{1.4.3-5}$$

将式(1.4.3-4) 和式(1.4.3-5) 代入式(1.4.3-3),可得

$$\iiint_V \left[u_i(0)\delta R_i + V_i\delta R_i + E_{ij}\delta\Sigma_{ij} - U_i\delta\widetilde{F}_i\right]\mathrm{d}V - \iint_{S_u}\widetilde{U}_i\delta\Sigma_{ij}n_j \mathrm{d}S - \iint_{S_\sigma}U_i\delta\widetilde{P}_i \mathrm{d}S = 0 \tag{1.4.3-6}$$

将材料本构关系的 Laplace 变换式(1.4.1-15b) 和式(1.4.1-16b) 代入式(1.4.3-6),可得

$$\iiint_V \left[u_i(0)\delta R_i + \frac{R_i}{\rho}\delta R_i + b_{ijkl}\Sigma_{kl}\delta\Sigma_{ij} - U_i\delta\widetilde{F}_i\right]\mathrm{d}V - \iint_{S_u}\widetilde{U}_i\delta\Sigma_{ij}n_j \mathrm{d}S - \iint_{S_\sigma}U_i\delta\widetilde{P}_i \mathrm{d}S = 0 \tag{1.4.3-7}$$

可以进一步表示为

$$\delta\left\{\iiint_V\left[u_i(0)R_i+\frac{1}{2\rho}R_iR_i+\frac{1}{2}b_{ijkl}\Sigma_{ij}\Sigma_{kl}\right]\mathrm{d}V-\iint_{S_u}\widetilde{U}_i\Sigma_{ij}n_j\mathrm{d}S\right\}-\iiint_V U_i\delta\widetilde{F}_i\mathrm{d}V-\iint_{S_\sigma}U_i\delta\widetilde{P}_i\mathrm{d}S=0 \tag{1.4.3-8}$$

简记为

$$\delta\widetilde{\Gamma}_{G1}-\delta\widetilde{Q}_G-\delta\widetilde{P}_G=0 \tag{1.4.3-9}$$

式中

$$\widetilde{\Gamma}_{G1}=\iiint_V\left[u_i(0)R_i+\frac{1}{2\rho}R_iR_i+\frac{1}{2}b_{ijkl}\Sigma_{ij}\Sigma_{kl}\right]\mathrm{d}V-\iint_{S_u}\widetilde{U}_i\Sigma_{ij}n_j\mathrm{d}S$$

$$\delta\widetilde{Q}_G=\iiint_V U_i\delta\widetilde{F}_i\mathrm{d}V,\quad \delta\widetilde{P}_G=\iint_{S_\sigma}U_i\delta\widetilde{P}_i\mathrm{d}S$$

其先决条件为式(1.4.1-1)和式(1.4.1-11)成立。

将式(1.4.3-8)由相空间反演到原空间，则得

$$\delta\left\{\iiint_V\left[u_i(0)r_i+\frac{1}{2\rho}r_i*r_i+\frac{1}{2}b_{ijkl}\sigma_{ij}*\sigma_{kl}\right]\mathrm{d}V-\iint_{S_u}\bar{u}_i*\sigma_{ij}n_j\mathrm{d}S\right\}-\iiint_V u_i*\delta\bar{F}_i\mathrm{d}V-\iint_{S_\sigma}u_i*\delta\bar{P}_i\mathrm{d}S=0 \tag{1.4.3-10}$$

简记为

$$\delta\Gamma_{G1}-\delta Q_G-\delta P_G=0 \tag{1.4.3-11}$$

式中

$$\Gamma_{G1}=\iiint_V\left[u_i(0)r_i+\frac{1}{2\rho}r_i*r_i+\frac{1}{2}b_{ijkl}\sigma_{ij}*\sigma_{kl}\right]\mathrm{d}V-\iint_{S_u}\bar{u}_i*\sigma_{ij}n_j\mathrm{d}S$$

$$\delta Q_G=\iiint_V u_i*\delta\bar{F}_i\mathrm{d}V,\quad \delta P_G=\iint_{S_\sigma}u_i*\delta\bar{P}_i\mathrm{d}S$$

其先决条件为式(1.4.1-1)和式(1.4.1-2)成立。这就是卷积型拟余能原理。当体积力 $\bar{F}_i$ 和表面力 $\bar{P}_i$ 为确定函数时，$\delta Q_G=0$，$\delta P_G=0$，此时该定理退化为通常的弹性动力学中的卷积型余能原理。

1.4.4　卷积型两类变量的广义拟变分原理

1. 第一类两类变量广义拟变分原理

根据广义力和广义位移的对应关系，将式(1.4.1-10)～式(1.4.1-14)乘上相应的虚量，然后积分并求代数和，可得

$$\iiint_V\left\{\left[\Sigma_{ij,j}+\widetilde{F}_i-pR_i+r_i(0)\right]\delta U_i+\left(E_{ij}-\frac{1}{2}U_{i,j}-\frac{1}{2}U_{j,i}\right)\delta\Sigma_{ij}-\left[pU_i-u_i(0)-V_i\right]\delta R_i\right\}\mathrm{d}V-\iint_{S_\sigma}(\Sigma_{ij}n_j-\widetilde{P}_i)\delta U_i\mathrm{d}S+\iint_{S_u}(U_i-\widetilde{U}_i)\delta\Sigma_{ij}n_j\mathrm{d}S=0 \tag{1.4.4-1}$$

应用 Green 定理

$$-\iiint_V U_{i,j}\delta\Sigma_{ij}\,\mathrm{d}V = -\iint_{S_\sigma+S_u} U_i\delta\Sigma_{ij}n_j\,\mathrm{d}S + \iiint_V U_i\delta\Sigma_{ij,j}\,\mathrm{d}V \tag{1.4.4-2}$$

将式(1.4.4-2)代入式(1.4.4－1),经整理可得

$$\iiint_V \{V_i\delta R_i + u_i(0)\delta R_i + E_{ij}\delta\Sigma_{ij} + [\Sigma_{ij,j}\delta U_i + \widetilde{F}_i\delta U_i - pR_i\delta U_i + r_i(0)\delta U_i + U_i\delta\Sigma_{ij,j} - pU_i\delta R_i]\}\mathrm{d}V - \iint_{S_\sigma}(\Sigma_{ij}n_j\delta U_i + U_i\delta\Sigma_{ij}n_j - \widetilde{P}_i\delta U_i)\,\mathrm{d}S - \iint_{S_u}\widetilde{U}_i\delta\Sigma_{ij}n_j\,\mathrm{d}S = 0 \tag{1.4.4-3}$$

将材料的本构关系式(1.4.1-15b)和式(1.4.1-16b)代入式(1.4.4-3),可得

$$\iiint_V \left[\frac{1}{\rho}R_i\delta R_i + u_i(0)\delta R_i + b_{ijkl}\Sigma_{kl}\delta\Sigma_{ij} + \Sigma_{ij,j}\delta U_i + \widetilde{F}_i\delta U_i - pR_i\delta U_i + r_i(0)\delta U_i + U_i\delta\Sigma_{ij,j} - pU_i\delta R_i\right]\mathrm{d}V - \iint_{S_\sigma}(\Sigma_{ij}n_j\delta U_i + U_i\delta\Sigma_{ij}n_j - \widetilde{P}_i\delta U_i)\,\mathrm{d}S - \iint_{S_u}\widetilde{U}_i\delta\Sigma_{ij}n_j\,\mathrm{d}S = 0 \tag{1.4.4-4}$$

可以进一步表示为

$$\delta\left\{\iiint_V\left\{\frac{1}{2\rho}R_iR_i + u_i(0)R_i + \frac{1}{2}b_{ijkl}\Sigma_{ij}\Sigma_{kl} + [\Sigma_{ij,j} + \widetilde{F}_i - pR_i + r_i(0)]U_i\right\}\mathrm{d}V - \iint_{S_\sigma}(\Sigma_{ij}n_j - \widetilde{P}_i)U_i\,\mathrm{d}S - \iint_{S_u}\widetilde{U}_i\Sigma_{ij}n_j\,\mathrm{d}S\right\} - \iiint_V U_i\delta\widetilde{F}_i\,\mathrm{d}V - \iint_{S_\sigma}U_i\delta\widetilde{P}_i\,\mathrm{d}S = 0 \tag{1.4.4-5}$$

简记为

$$\delta\widetilde{\Gamma}_{G21} - \delta\widetilde{Q}_G - \delta\widetilde{P}_G = 0 \tag{1.4.4-6}$$

式中

$$\widetilde{\Gamma}_{G21} = \iiint_V\left[\frac{1}{2\rho}R_iR_i + u_i(0)R_i + \frac{1}{2}b_{ijkl}\Sigma_{ij}\Sigma_{kl} + (\Sigma_{ij,j} + \widetilde{F}_i - pR_i + r_i(0))U_i\right]\mathrm{d}V - \iint_{S_\sigma}(\Sigma_{ij}n_j - \widetilde{P}_i)U_i\,\mathrm{d}S - \iint_{S_u}\widetilde{U}_i\Sigma_{ij}n_j\,\mathrm{d}S$$

$$\delta\widetilde{Q}_G = \iiint_V U_i\delta\widetilde{F}_i\,\mathrm{d}V,\quad \delta\widetilde{P}_G = \iint_{S_\sigma}U_i\delta\widetilde{P}_i\,\mathrm{d}S$$

将式(1.4.4-5)由相空间反演到原空间,则得

$$\delta\left\{\iiint_V\left[\frac{1}{2\rho}r_i * r_i + u_i(0)r_i + \frac{1}{2}b_{ijkl}\sigma_{ij} * \sigma_{kl} + (\sigma_{ij,j} + \overline{F}_i - \dot{r}_i) * u_i\right]\mathrm{d}V - \iint_{S_\sigma}(\sigma_{ij}n_j - \overline{P}_i) * u_i\,\mathrm{d}S - \iint_{S_u}\overline{u}_i * \sigma_{ij}n_j\,\mathrm{d}S\right\} - \iiint_V u_i * \delta\overline{F}_i\,\mathrm{d}V - \iint_{S_\sigma}u_i * \delta\overline{P}_i\,\mathrm{d}S = 0 \tag{1.4.4-7}$$

简记为

$$\delta\Gamma_{G21} - \delta Q_G - \delta P_G = 0 \tag{1.4.4-8}$$

式中

$$\Gamma_{G21} = \iiint_V\left[\frac{1}{2\rho}r_i * r_i + u_i(0)r_i + \frac{1}{2}b_{ijkl}\sigma_{ij} * \sigma_{kl} + (\sigma_{ij,j} + \overline{F}_i - \dot{r}_i) * u_i\right]\mathrm{d}V - \iint_{S_\sigma}(\sigma_{ij}n_j - \overline{P}_i) * u_i\,\mathrm{d}S - \iint_{S_u}\overline{u}_i * \sigma_{ij}n_j\,\mathrm{d}S$$

$$\delta Q_G = \iiint_V u_i * \delta \bar{F}_i \mathrm{d}V, \quad \delta P_G = \iint_{S_\sigma} u_i * \delta \bar{P}_i \mathrm{d}S$$

这就是卷积型两类变量拟余能原理。当体积力 $\bar{F}_i$ 和表面力 $\bar{P}_i$ 为确定函数时，$\delta Q_G = 0, \delta P_G = 0$，此时该定理退化为通常的弹性动力学中的卷积型两类变量余能原理。

如果应用 Green 定理

$$\iiint_V \Sigma_{ij,j} \delta U_i \mathrm{d}V = \iint_{S_\sigma + S_u} \Sigma_{ij} n_j \delta U_i \mathrm{d}S - \iiint_V \Sigma_{ij} \delta\left(\frac{1}{2}U_{i,j} + \frac{1}{2}U_{j,i}\right)\mathrm{d}V \qquad (1.4.4-9)$$

将式(1.4.4-9)代入式(1.4.4-1)，并将泛函中的各项改变符号，经整理则有

$$\iiint_V \Big[pR_i \delta U_i - r_i(0)\delta U_i + pU_i \delta R_i - u_i(0)\delta R_i - V_i \delta R_i + \Sigma_{ij}\delta\left(\frac{1}{2}U_{i,j} + \frac{1}{2}U_{j,i}\right) + \left(\frac{1}{2}U_{i,j} + \frac{1}{2}U_{j,i}\right)\delta\Sigma_{ij} - E_{ij}\delta\Sigma_{ij} - \widetilde{F}_i \delta U_i \Big] \mathrm{d}V - \iint_{S_\sigma} \widetilde{P}_i \delta U_i \mathrm{d}S - \iint_{S_u} (U_i \delta\Sigma_{ij} n_j + \Sigma_{ij} n_j \delta U_i - \widetilde{U}_i \delta \Sigma_{ij} n_j)\,\mathrm{d}S = 0 \qquad (1.4.4-10)$$

将材料的本构关系式(1.4.1-15b)和式(1.4.1-16b)代入式(1.4.4-10)，可得

$$\iiint_V \Big[pR_i \delta U_i - r_i(0)\delta U_i + pU_i \delta R_i - u_i(0)\delta R_i - \frac{1}{\rho}R_i \delta R_i + \Sigma_{ij}\delta\left(\frac{1}{2}U_{i,j} + \frac{1}{2}U_{j,i}\right) + \left(\frac{1}{2}U_{i,j} + \frac{1}{2}U_{j,i}\right)\delta\Sigma_{ij} - b_{ijkl}\Sigma_{kl}\delta\Sigma_{ij} - \widetilde{F}_i \delta U_i \Big] \mathrm{d}V - \iint_{S_\sigma} \widetilde{P}_i \delta U_i \mathrm{d}S - \iint_{S_u} (U_i \delta\Sigma_{ij} n_j + \Sigma_{ij} n_j \delta U_i - \widetilde{U}_i \delta \Sigma_{ij} n_j)\,\mathrm{d}S = 0 \qquad (1.4.4-11)$$

可以进一步表示为

$$\delta\Big\{\iiint_V \Big[pR_i U_i - r_i(0)U_i - u_i(0)R_i - \frac{1}{2\rho}R_i R_i + \Sigma_{ij}\left(\frac{1}{2}U_{i,j} + \frac{1}{2}U_{j,i}\right) - \frac{1}{2}b_{ijkl}\Sigma_{ij}\Sigma_{kl} - \widetilde{F}_i U_i \Big]\mathrm{d}V - \iint_{S_\sigma} \widetilde{P}_i U_i \mathrm{d}S - \iint_{S_u} (U_i - \widetilde{U}_i)\,\Sigma_{ij} n_j \mathrm{d}S\Big\} + \iiint_V U_i \delta \widetilde{F}_i \mathrm{d}V + \iint_{S_\sigma} U_i \delta \widetilde{P}_i \mathrm{d}S = 0 \qquad (1.4.4-12)$$

简记为

$$\delta \widetilde{\Pi}_{G21} + \delta \widetilde{Q}_G + \delta \widetilde{P}_G = 0 \qquad (1.4.4-13)$$

式中

$$\widetilde{\Pi}_{G21} = \iiint_V \Big[pR_i U_i - r_i(0)U_i - u_i(0)R_i - \frac{1}{2\rho}R_i R_i + \Sigma_{ij}\left(\frac{1}{2}U_{i,j} + \frac{1}{2}U_{j,i}\right) - \frac{1}{2}b_{ijkl}\Sigma_{ij}\Sigma_{kl} - \widetilde{F}_i U_i \Big]\mathrm{d}V - \iint_{S_\sigma} \widetilde{P}_i U_i \mathrm{d}S - \iint_{S_u} (U_i - \widetilde{U}_i)\,\Sigma_{ij} n_j \mathrm{d}S$$

$$\delta \widetilde{Q}_G = \iiint_V U_i \delta \widetilde{F}_i \mathrm{d}V, \quad \delta \widetilde{P}_G = \iint_{S_\sigma} U_i \delta \widetilde{P}_i \mathrm{d}S$$

将式(1.4.4-12)由相空间反演到原空间，则得

$$\delta\Big\{\iiint_V \Big[r_i * \dot{u}_i - r_i(0)u_i - \frac{1}{2\rho}r_i * r_i + \sigma_{ij} * \left(\frac{1}{2}u_{i,j} + \frac{1}{2}u_{j,i}\right) - \frac{1}{2}b_{ijkl}\sigma_{ij} * \sigma_{kl} - \bar{F}_i * u_i \Big]\mathrm{d}V - \iint_{S_\sigma} \bar{P}_i * u_i \mathrm{d}S - \iint_{S_u} (u_i - \bar{u}_i) * \sigma_{ij} n_j \mathrm{d}S\Big\} + \iiint_V u_i * \delta \bar{F}_i \mathrm{d}V + \iint_{S_\sigma} u_i * \delta \bar{P}_i \mathrm{d}S = 0$$

(1.4.4-14a)

或

$$\delta\left\{\iiint_V\left[\dot{r}_i*u_i-u_i(0)r_i-\frac{1}{2\rho}r_i*r_i+\sigma_{ij}*\left(\frac{1}{2}u_{i,j}+\frac{1}{2}u_{j,i}\right)-\frac{1}{2}b_{ijkl}\sigma_{ij}*\sigma_{kl}-\overline{F}_i*u_i\right]\mathrm{d}V-\iint_{S_\sigma}\overline{P}_i*u_i\mathrm{d}S-\iint_{S_u}(u_i-\overline{u}_i)*\sigma_{ij}n_j\mathrm{d}S\right\}+\iiint_V u_i*\delta\overline{F}_i\mathrm{d}V+\iint_{S_\sigma}u_i*\delta\overline{P}_i\mathrm{d}S=0$$

(1.4.4-14b)

简记为

$$\delta\Pi_{G21}+\delta Q_G+\delta P_G=0 \tag{1.4.4-15}$$

式中

$$\Pi_{G21}=\iiint_V\left[r_i*\dot{u}_i-r_i(0)u_i-\frac{1}{2\rho}r_i*r_i+\sigma_{ij}*\left(\frac{1}{2}u_{i,j}+\frac{1}{2}u_{j,i}\right)-\frac{1}{2}b_{ijkl}\sigma_{ij}*\sigma_{kl}-\overline{F}_i*u_i\right]\mathrm{d}V-\iint_{S_\sigma}\overline{P}_i*u_i\mathrm{d}S-\iint_{S_u}(u_i-\overline{u}_i)*\sigma_{ij}n_j\mathrm{d}S$$

或

$$\Pi_{G21}=\iiint_V\left[\dot{r}_i*u_i-u_i(0)r_i-\frac{1}{2\rho}r_i*r_i+\sigma_{ij}*\left(\frac{1}{2}u_{i,j}+\frac{1}{2}u_{j,i}\right)-\frac{1}{2}b_{ijkl}\sigma_{ij}*\sigma_{kl}-\overline{F}_i*u_i\right]\mathrm{d}V-\iint_{S_\sigma}\overline{P}_i*u_i\mathrm{d}S-\iint_{S_u}(u_i-\overline{u}_i)*\sigma_{ij}n_j\mathrm{d}S$$

$$\delta Q_G=\iiint_V u_i*\delta\overline{F}_i\mathrm{d}V,\quad \delta P_G=\iint_{S_\sigma}u_i*\delta\overline{P}_i\mathrm{d}S$$

这就是卷积型两类变量拟势能原理。当体积力 $\overline{F}_i$ 和表面力 $\overline{P}_i$ 为确定函数时，$\delta Q_G=0$，$\delta P_G=0$，此时该定理退化为通常的弹性动力学中的卷积型两类变量势能原理。

式(1.4.4-8)和式(1.4.4-15)是两类变量的不完全广义拟变分原理的一种表达形式，称为卷积型第一类两类变量拟变分原理。以下推导两类变量的不完全广义拟变分原理的另一种表达形式。

2. 第二类两类变量广义拟变分原理

如果将材料的本构关系式(1.4.1-15a)和式(1.4.1-16a)及 $r_i(0)=\rho v_i(0)$ 代入式(1.4.4-3)，则有

$$\iiint_V\{\rho V_i\delta V_i+\rho u_i(0)\delta V_i+a_{ijkl}E_{kl}\delta E_{kl}+[(a_{ijkl}E_{kl})_{,j}\delta U_i+\widetilde{F}_i\delta U_i-\rho pV_i\delta U_i+\rho v_i(0)\delta U_i+U_i\delta[(a_{ijkl}E_{kl})_{,j}-\rho pU_i\delta V_i]\}\mathrm{d}V-\iint_{S_\sigma}[a_{ijkl}E_{kl}n_j\delta U_i+U_i\delta(a_{ijkl}E_{kl}n_j)-\widetilde{P}_i\delta U_i]\mathrm{d}S-\iint_{S_u}\widetilde{U}_i\delta(a_{ijkl}E_{kl}n_j)\mathrm{d}S=0$$

(1.4.4-16)

可以进一步表示为

$$\delta\left\{\iiint_V\left[\frac{1}{2}\rho V_iV_i+\rho u_i(0)V_i+\frac{1}{2}a_{ijkl}E_{kl}E_{kl}+((a_{ijkl}E_{kl})_{,j}+\widetilde{F}_i-\rho pV_i+\rho v_i(0))U_i\right]\mathrm{d}V-\iint_{S_\sigma}(a_{ijkl}E_{kl}n_j-\widetilde{P}_i)U_i\mathrm{d}S-\iint_{S_u}a_{ijkl}\widetilde{U}_iE_{kl}n_j\mathrm{d}S\right\}-\iiint_V U_i\delta\widetilde{F}_i\mathrm{d}V-\iint_{S_\sigma}U_i\delta\widetilde{P}_i\mathrm{d}S=0$$

(1.4.4-17)

将式(1.4.4-17)由相空间反演到原空间，则得

$$\delta\left\{\iiint_V\left[\frac{1}{2}\rho v_i * v_i+\rho u_i(0)v_i+\frac{1}{2}a_{ijkl}\varepsilon_{ij} * \varepsilon_{kl}+((a_{ijkl}\varepsilon_{kl})_{,j}+\widetilde{F}_i-\rho\dot{v}_i) * u_i\right]\mathrm{d}V-\iint_{S_\sigma}(a_{ijkl}\varepsilon_{kl}n_j-\overline{P}_i) * u_i\mathrm{d}S-\iint_{S_u}a_{ijkl}\bar{u}_i * \varepsilon_{kl}n_j\mathrm{d}S\right\}-\iiint_V u_i * \delta\overline{F}_i\mathrm{d}V-\iint_{S_\sigma}u_i * \delta\overline{P}_i\mathrm{d}S=0 \quad (1.4.4-18)$$

简记为

$$\delta\Gamma_{G22}-\delta Q_G-\delta P_G=0 \quad (1.4.4-19)$$

式中

$$\Gamma_{G22}=\iiint_V\left[\frac{1}{2}\rho v_i * v_i+\rho u_i(0)v_i+\frac{1}{2}a_{ijkl}\varepsilon_{ij} * \varepsilon_{kl}+((a_{ijkl}\varepsilon_{kl})_{,j}+\widetilde{F}_i-\rho\dot{v}_i) * u_i\right]\mathrm{d}V-\iint_{S_\sigma}(a_{ijkl}\varepsilon_{kl}n_j-\overline{P}_i) * u_i\mathrm{d}S-\iint_{S_u}a_{ijkl}\bar{u}_i * \varepsilon_{kl}n_j\mathrm{d}S$$

$$\delta Q_G=\iiint_V u_i * \delta\overline{F}_i\mathrm{d}V,\quad \delta P_G=\iint_{S_\sigma}u_i * \delta\overline{P}_i\mathrm{d}S$$

如果将材料的本构关系式(1.4.1-15a)和式(1.4.1-16a)及 $r_i(0)=\rho v_i(0)$ 代入式(1.4.4-10)，则有

$$\iiint_V\left[\rho pV_i\delta U_i-\rho v_i(0)\delta U_i+\rho pU_i\delta V_i-\rho u_i(0)\delta V_i-\rho V_i\delta V_i+(a_{ijkl}E_{kl})\delta\left(\frac{1}{2}U_{i,j}+\frac{1}{2}U_{j,i}\right)+\left(\frac{1}{2}U_{i,j}+\frac{1}{2}U_{j,i}\right)\delta(a_{ijkl}E_{kl})-E_{ij}\delta(a_{ijkl}E_{kl})-\widetilde{F}_i\delta U_i\right]\mathrm{d}V-\iint_{S_\sigma}\widetilde{P}_i\delta U_i\mathrm{d}S-\iint_{S_u}[U_i\delta(a_{ijkl}E_{kl})n_j+(a_{ijkl}E_{kl})n_j\delta U_i-\widetilde{U}_i\delta(a_{ijkl}E_{kl})n_j]\mathrm{d}S=0 \quad (1.4.4-20)$$

可以进一步表示为

$$\delta\left\{\iiint_V\left[\rho pV_iU_i-\rho v_i(0)U_i-\rho u_i(0)V_i-\frac{1}{2}\rho V_iV_i+(a_{ijkl}E_{kl})\left(\frac{1}{2}U_{i,j}+\frac{1}{2}U_{j,i}\right)-\frac{1}{2}a_{ijkl}E_{ij}E_{kl}-\widetilde{F}_iU_i\right]\mathrm{d}V-\iint_{S_\sigma}\widetilde{P}_iU_i\mathrm{d}S-\iint_{S_u}(U_i-\widetilde{U}_i)(a_{ijkl}E_{kl})n_j\mathrm{d}S\right\}+\iiint_V U_i\delta\widetilde{F}_i\mathrm{d}V+\iint_{S_\sigma}U_i\delta\widetilde{P}_i\mathrm{d}S=0 \quad (1.4.4-21)$$

将式(1.4.4-21)由相空间反演到原空间，则得

$$\delta\left\{\iiint_V\left[\rho v_i * \dot{u}_i-\rho v_i(0)u_i-\frac{1}{2}\rho v_i * v_i+(a_{ijkl}\varepsilon_{kl}) * \left(\frac{1}{2}u_{i,j}+\frac{1}{2}u_{j,i}\right)-\frac{1}{2}a_{ijkl}\varepsilon_{ij} * \varepsilon_{kl}-\overline{F}_i * u_i\right]\mathrm{d}V-\iint_{S_\sigma}\overline{P}_i * u_i\mathrm{d}S-\iint_{S_u}(u_i-\bar{u}_i) * (a_{ijkl}\varepsilon_{kl})n_j\mathrm{d}S\right\}+\iiint_V u_i * \delta\overline{F}_i\mathrm{d}V+\iint_{S_\sigma}u_i * \delta\overline{P}_i\mathrm{d}S=0 \quad (1.4.4-22a)$$

或

$$\delta\Big\{\iiint_V\Big[\rho\dot{v}_i * u_i-\rho u_i(0)v_i-\frac{1}{2}\rho v_i * v_i+(a_{ijkl}\varepsilon_{kl}) * \Big(\frac{1}{2}u_{i,j}+\frac{1}{2}u_{j,i}\Big)-$$
$$\frac{1}{2}a_{ijkl}\varepsilon_{ij} * \varepsilon_{kl}-\bar{F}_i * u_i\Big]\mathrm{d}V-\iint_{S_\sigma}\bar{P}_i * u_i\mathrm{d}S-\iint_{S_u}(u_i-\bar{u}_i) * (a_{ijkl}\varepsilon_{kl})n_j\mathrm{d}S\Big\}+$$
$$\iiint_V u_i * \delta\bar{F}_i\mathrm{d}V+\iint_{S_\sigma}u_i * \delta\bar{P}_i\mathrm{d}S=0 \qquad (1.4.4-22\mathrm{b})$$

简记为

$$\delta\Pi_{G22}+\delta Q_G+\delta P_G=0 \qquad (1.4.4-23)$$

式中

$$\Pi_{G22}=\iiint_V\Big[\rho v_i * \dot{u}_i-\rho v_i(0)u_i-\frac{1}{2}\rho v_i * v_i+(a_{ijkl}\varepsilon_{kl}) * \Big(\frac{1}{2}u_{i,j}+\frac{1}{2}u_{j,i}\Big)-$$
$$\frac{1}{2}a_{ijkl}\varepsilon_{ij} * \varepsilon_{kl}-\bar{F}_i * u_i\Big]\mathrm{d}V-\iint_{S_\sigma}\bar{P}_i * u_i\mathrm{d}S-\iint_{S_u}(u_i-\bar{u}_i) * (a_{ijkl}\varepsilon_{kl})n_j\mathrm{d}S$$

或

$$\Pi_{G22}=\iiint_V\Big[\rho\dot{v}_i * u_i-\rho u_i(0)v_i-\frac{1}{2}\rho v_i * v_i+(a_{ijkl}\varepsilon_{kl}) * \Big(\frac{1}{2}u_{i,j}+\frac{1}{2}u_{j,i}\Big)-$$
$$\frac{1}{2}a_{ijkl}\varepsilon_{ij} * \varepsilon_{kl}-\bar{F}_i * u_i\Big]\mathrm{d}V-\iint_{S_\sigma}\bar{P}_i * u_i\mathrm{d}S-\iint_{S_u}(u_i-\bar{u}_i) * (a_{ijkl}\varepsilon_{kl})n_j\mathrm{d}S$$
$$\delta Q_G=\iiint_V u_i * \delta\bar{F}_i\mathrm{d}V,\quad \delta P_G=\iint_{S_\sigma}u_i * \delta\bar{P}_i\mathrm{d}S$$

式(1.4.4-19)和式(1.4.4-23)是两类变量的不完全广义拟变分原理的另一种表达形式,将式(1.4.4-19)称为卷积型第二类两类变量广义拟余能原理,而将式(1.4.4-23)称为卷积型第二类两类变量广义拟势能原理。

1.4.5 三类变量的广义拟变分原理

按照广义力和广义位移之间的对应关系,将式(1.4.1-10) ~ 式(1.4.1-15a)和式(1.4.1-16a)乘上相应的虚量,然后积分并求代数和,可得

$$\iiint_V\Big\{-(R_i-\rho V_i)\delta V_i+[pU_i-u_i(0)-V_i]\delta R_i-[\Sigma_{ij,j}+\widetilde{F}_i-pR_i+r_i(0)]\delta U_i$$
$$-\Big(E_{ij}-\frac{1}{2}U_{i,j}-\frac{1}{2}U_{j,i}\Big)\delta\Sigma_{ij}-(\Sigma_{ij}-a_{ijkl}E_{kl})\delta E_{ij}\Big\}\mathrm{d}V+$$
$$\iint_{S_\sigma}(\Sigma_{ij}n_j-\widetilde{P}_i)\delta U_i\mathrm{d}S-\iint_{S_u}(U_i-\widetilde{U}_i)\delta\Sigma_{ij}n_j\mathrm{d}S=0 \qquad (1.4.5-1)$$

应用 Green 定理

$$\iiint_V U_{i,j}\delta\Sigma_{ij}\mathrm{d}V=\iint_{S_\sigma+S_u}U_i\delta\Sigma_{ij}n_j\mathrm{d}S-\iiint_V U_i\delta\Sigma_{ij,j}\mathrm{d}V \qquad (1.4.5-2)$$

将式(1.4.5-2)代入式(1.4.5-1),整理后可得

$$\iiint_V[\rho V_i\delta V_i-R_i\delta V_i-V_i\delta R_i-u_i(0)\delta R_i-E_{ij}\delta\Sigma_{ij}-\Sigma_{ij}\delta E_{ij}+a_{ijkl}E_{kl}\delta E_{ij}-$$

$$U_i\delta\Sigma_{ij,j}-\Sigma_{ij,j}\delta U_i-\widetilde{F}_i\delta U_i+pU_i\delta R_i+pR_i\delta U_i-r_i(0)\delta U_i]\mathrm{d}V+$$
$$\iint_{S_\sigma}(U_i\delta\Sigma_{ij}n_j+\Sigma_{ij}n_j\delta U_i-\widetilde{P}_i\delta U_i)\,\mathrm{d}S+\iint_{S_u}\widetilde{U}_i\delta\Sigma_{ij}n_j\mathrm{d}S=0 \qquad (1.4.5-3)$$

可以进一步表示为

$$\delta\left\{\iiint_V\left[\frac{1}{2}\rho V_iV_i-R_iV_i-u_i(0)R_i-E_{ij}\Sigma_{ij}+\frac{1}{2}a_{ijkl}E_{kl}E_{ij}-(\Sigma_{ij,j}+\widetilde{F}_i-pR_i+r_i(0))U_i\right]\mathrm{d}V+\right.$$
$$\left.\iint_{S_\sigma}(\Sigma_{ij}n_j-\widetilde{P}_i)\,U_i\mathrm{d}S+\iint_{S_u}\widetilde{U}_i\Sigma_{ij}n_j\mathrm{d}S\right\}+\iiint_V U_i\delta\widetilde{F}_i\mathrm{d}V+\iint_{S_\sigma}U_i\delta\widetilde{P}_i\mathrm{d}S=0 \qquad (1.4.5-4)$$

简记为

$$\delta\widetilde{\Gamma}_{G3}+\delta\widetilde{Q}_G+\delta\widetilde{P}_G=0 \qquad (1.4.5-5)$$

式中

$$\widetilde{\Gamma}_{G3}=\iiint_V\left[\frac{1}{2}\rho V_iV_i-R_iV_i-u_i(0)R_i-E_{ij}\Sigma_{ij}+\frac{1}{2}a_{ijkl}E_{kl}E_{ij}-(\Sigma_{ij,j}+\widetilde{F}_i-pR_i+r_i(0))U_i\right]\mathrm{d}V+$$
$$\iint_{S_\sigma}(\Sigma_{ij}n_j-\widetilde{P}_i)\,U_i\mathrm{d}S+\iint_{S_u}\widetilde{U}_i\Sigma_{ij}n_j\mathrm{d}S$$
$$\delta\widetilde{Q}_G=\iiint_V U_i\delta\widetilde{F}_i\mathrm{d}V,\quad \delta\widetilde{P}_G=\iint_{S_\sigma}U_i\delta\widetilde{P}_i\mathrm{d}S$$

将式(1.4.5-4)由相空间反演到原空间,则得

$$\delta\left\{\iiint_V\left[\frac{1}{2}\rho v_i*v_i-r_i*v_i-u_i(0)r_i-\varepsilon_{ij}*\sigma_{ij}+\frac{1}{2}a_{ijkl}\varepsilon_{kl}*\varepsilon_{ij}-(\sigma_{ij,j}+\bar{F}_i-\dot{r}_i)*u_i\right]\mathrm{d}V+\right.$$
$$\left.\iint_{S_\sigma}(\sigma_{ij}n_j-\bar{P}_i)\,*u_i\mathrm{d}S+\iint_{S_u}\bar{u}_i*\sigma_{ij}n_j\mathrm{d}S\right\}+\iiint_V u_i*\delta\bar{F}_i\mathrm{d}V+\iint_{S_\sigma}u_i*\delta\bar{P}_i\mathrm{d}S=0$$
$$(1.4.5-6)$$

简记为

$$\delta\Gamma_{G3}+\delta Q_G+\delta P_G=0 \qquad (1.4.5-7)$$

式中

$$\Gamma_{G3}=\iiint_V\left[\frac{1}{2}\rho v_i*v_i-r_i*v_i-u_i(0)r_i-\varepsilon_{ij}*\sigma_{ij}+\frac{1}{2}a_{ijkl}\varepsilon_{kl}*\varepsilon_{ij}-(\sigma_{ij,j}+\bar{F}_i-\dot{r}_i)*u_i\right]\mathrm{d}V+$$
$$\iint_{S_\sigma}(\sigma_{ij}n_j-\bar{P}_i)\,*u_i\mathrm{d}S+\iint_{S_u}\bar{u}_i*\sigma_{ij}n_j\mathrm{d}S$$
$$\delta Q_G=\iiint_V u_i*\delta\bar{F}_i\mathrm{d}V,\quad \delta P_G=\iint_{S_\sigma}u_i*\delta\bar{P}_i\mathrm{d}S$$

这就是卷积型三类变量拟余能原理。当体积力 $\bar{F}_i$ 和表面力 $\bar{P}_i$ 为确定函数时,$\delta Q_G=0$,$\delta P_G=0$,此时该定理退化为通常的弹性动力学中的卷积型三类变量余能原理。

如果应用 Green 定理

$$-\iiint_V\Sigma_{ij,j}\delta U_i\mathrm{d}V=-\iint_{S_\sigma+S_u}\Sigma_{ij}n_j\delta U_i\mathrm{d}S+\iiint_V\Sigma_{ij}\delta\left(\frac{1}{2}U_{i,j}+\frac{1}{2}U_{j,i}\right)\mathrm{d}V \qquad (1.4.5-8)$$

将式(1.4.5-8)代入式(1.4.5-1),并将泛函的各项改变符号,整理后可得

$$\iiint_V\left[R_i\delta V_i+V_i\delta R_i-\rho V_i\delta V_i-pU_i\delta R_i-pR_i\delta U_i+u_i(0)\delta R_i-a_{ijkl}E_{kl}\delta E_{ij}+\right.$$

$$r_i(0)\delta U_i+\widetilde{F}_i\delta U_i+E_{ij}\delta\Sigma_{ij}-\Sigma_{ij}\delta\left(\frac{1}{2}U_{i,j}+\frac{1}{2}U_{j,i}\right)-\left(\frac{1}{2}U_{i,j}+\frac{1}{2}U_{j,i}\right)\delta\Sigma_{ij}\Bigg]\mathrm{d}V+$$
$$\iint_{S_\sigma}\widetilde{P}_i\delta U_i\mathrm{d}S+\iint_{S_u}(U_i\delta\Sigma_{ij}n_j+\Sigma_{ij}n_j\delta U_i-\widetilde{U}_i\delta\Sigma_{ij}n_j)\,\mathrm{d}S=0 \quad (1.4.5-9)$$

可以进一步表示为

$$\delta\Bigg\{\iiint_V\Bigg[R_iV_i-\frac{1}{2}\rho V_iV_i-pU_iR_i+u_i(0)R_i-\frac{1}{2}a_{ijkl}E_{kl}E_{ij}+r_i(0)U_i+\widetilde{F}_iU_i+$$
$$\Sigma_{ij}\left(E_{ij}-\frac{1}{2}U_{i,j}-\frac{1}{2}U_{j,i}\right)\Bigg]\mathrm{d}V+\iint_{S_\sigma}\widetilde{P}_iU_i\mathrm{d}S+\iint_{S_u}(U_i-\widetilde{U}_i)\Sigma_{ij}n_j\mathrm{d}S\Bigg\}-$$
$$\iiint_V U_i\delta\widetilde{F}_i\mathrm{d}V-\iint_{S_\sigma}U_i\delta\widetilde{P}_i\mathrm{d}S=0 \quad (1.4.5-10)$$

简记为

$$\delta\widetilde{\Pi}_{G3}-\delta\widetilde{Q}_G-\delta\widetilde{P}_G=0 \quad (1.4.5-11)$$

式中

$$\widetilde{\Pi}_{G3}=\iiint_V\Bigg[R_iV_i-\frac{1}{2}\rho V_iV_i-pU_iR_i+u_i(0)R_i-\frac{1}{2}a_{ijkl}E_{kl}E_{ij}+$$
$$r_i(0)U_i+\widetilde{F}_iU_i+\Sigma_{ij}\left(E_{ij}-\frac{1}{2}U_{i,j}-\frac{1}{2}U_{j,i}\right)\Bigg]\mathrm{d}V+$$
$$\iint_{S_\sigma}\widetilde{P}_iU_i\mathrm{d}S+\iint_{S_u}(U_i-\widetilde{U}_i)\Sigma_{ij}n_j\mathrm{d}S$$
$$\delta\widetilde{Q}_G=\iiint_V U_i\delta\widetilde{F}_i\mathrm{d}V,\quad \delta\widetilde{P}_G=\iint_{S_\sigma}U_i\delta\widetilde{P}_i\mathrm{d}S$$

将式(1.4.5-10)由相空间反演到原空间,则得

$$\delta\Bigg\{\iiint_V\Bigg[r_i*v_i-\frac{1}{2}\rho v_i*v_i-\dot{u}_i*r_i-\frac{1}{2}a_{ijkl}\varepsilon_{ij}*\varepsilon_{kl}+r_i(0)u_i+\overline{F}_i*u_i+$$
$$\sigma_{ij}*\left(\varepsilon_{ij}-\frac{1}{2}u_{i,j}-\frac{1}{2}u_{j,i}\right)\Bigg]\mathrm{d}V+\iint_{S_\sigma}\overline{P}_i*u_i\mathrm{d}S+\iint_{S_u}(u_i-\bar{u}_i)*\sigma_{ij}n_j\mathrm{d}S\Bigg\}-$$
$$\iiint_V u_i*\delta\overline{F}_i\mathrm{d}V-\iint_{S_\sigma}u_i*\delta\overline{P}_i\mathrm{d}S=0 \quad (1.4.5-12)$$

简记为

$$\delta\Pi_{G3}-\delta Q_G-\delta P_G=0 \quad (1.4.5-13)$$

式中

$$\Pi_{G3}=\iiint_V\Bigg[r_i*v_i-\frac{1}{2}\rho v_i*v_i-\dot{u}_i*r_i-\frac{1}{2}a_{ijkl}\varepsilon_{ij}*\varepsilon_{kl}+r_i(0)u_i+\overline{F}_i*u_i+$$
$$\sigma_{ij}*\left(\varepsilon_{ij}-\frac{1}{2}u_{i,j}-\frac{1}{2}u_{j,i}\right)\Bigg]\mathrm{d}V+\iint_{S_\sigma}\overline{P}_i*u_i\mathrm{d}S+\iint_{S_u}(u_i-\bar{u}_i)*\sigma_{ij}n_j\mathrm{d}S$$
$$\delta Q_G=\iiint_V u_i*\delta\overline{F}_i\mathrm{d}V,\quad \delta P_G=\iint_{S_\sigma}u_i*\delta\overline{P}_i\mathrm{d}S$$

这就是卷积型三类变量拟势能原理。当体积力 $\overline{F}_i$ 和表面力 $\overline{P}_i$ 为确定函数时,$\delta Q_G=0$,$\delta P_G=0$,此时该定理退化为通常的弹性动力学中的卷积型三类变量势能原理。

1.4.6　相空间的广义拟余能原理应用于扭振问题

在飞行器结构设计和研究中，经常将翼面简化为根部固支的闭剖面梁。翼面的外伸段，可以处理为梁的自由弯曲和扭转问题。由于机翼的空气动力引起机翼的转角，反过来转角又引起空气动力的变化，因此这是一个非保守系统的动力学问题。由机翼空气动力导致的剖面剪力 Q_y 是伴生力。可以应用弹性动力学的相空间的两类变量的广义拟余能原理来解决这一问题。

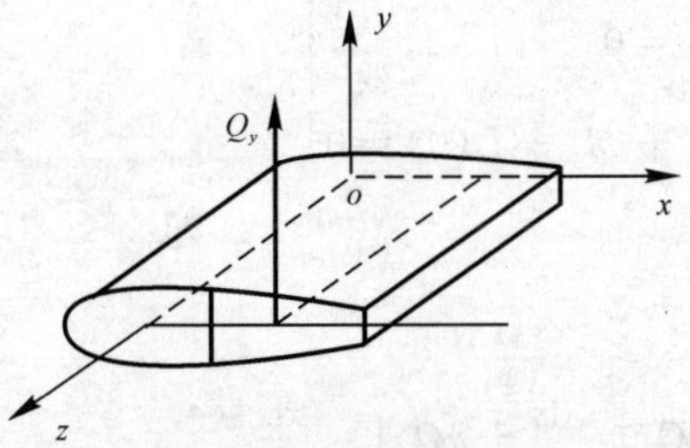

图 1.6　双闭室剖面图

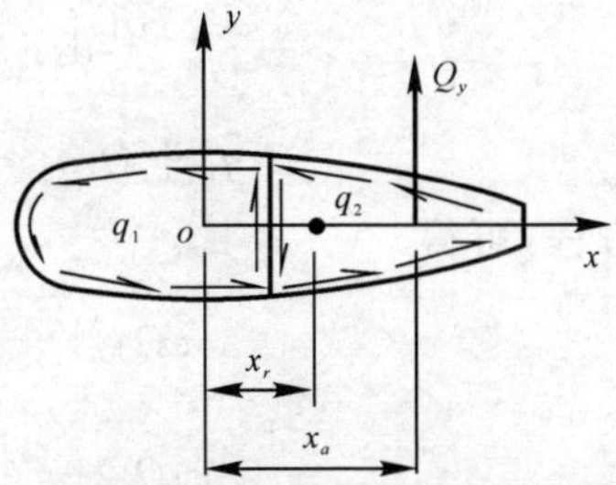

图 1.7　双闭室剖面未知剪流

设有如图 1.6 所示双闭室剖面，剖面剪力为 Q_y，气动中心的坐标为 x_a，假设机翼剖面是对称翼剖面，又设其质心与刚心重合，因此弯曲和扭转振动不耦合，这里只考虑受扭情况。假设刚心坐标为 x_r，假想地将双闭室切开，其开剖面弯曲剪流为零，双闭室剖面的未知剪流为 q_1 和 q_2（见图 1.7）。取出单位长度的翼段来进行研究，不考虑阻尼影响，其 $\widetilde{\Gamma}_{21}$ 可以表示为

$$\widetilde{\Gamma}_{21}=\frac{1}{2}\frac{1}{I_c}\widetilde{L}^2+\varphi(0)\widetilde{L}-[p\widetilde{L}-L(0)]\widetilde{\varphi}+\oint_{1-2}\left[\frac{(\widetilde{q}_1+\widetilde{q}_2)^2}{2Gt}-\widetilde{\varphi}(\widetilde{q}_1+\widetilde{q}_2)\rho\right]\mathrm{d}s+\widetilde{\varphi}\widetilde{M}_z \tag{1.4.6-1}$$

式中　I_c —— 对质心轴的转动惯量；

G —— 剪切模量；

t —— 壁厚；

φ —— 单位长度梁剖面相对转角；

ρ —— 微元剪力 $q_i\mathrm{d}s$ 到力距中心的垂直距离（$i=1,2$）；

q_1,q_2 —— 分别为闭剖面 1 和 2 的剪流；

L —— 对刚心的动量矩；

M_z —— 外力矩（对刚心的矩），$M_z=Q_y(x_a-x_r)$，Q_y 的方向有两种取法，一种是取为等效力，一种是取为平衡力，本问题中是取为等效力，特此说明。M_z 的 Laplace 变换式为 $\widetilde{M}_z=\widetilde{Q}_y(x_a-x_r)$。

对应这个具体问题，考虑到 $\delta\widetilde{Q}=0$（没有体积力的作用），相空间的两类变量的广义拟余能原理表示为

$$\delta\widetilde{\Gamma}_{21}-\delta\widetilde{P}=\left[\frac{1}{I_c}\widetilde{L}-p\widetilde{\varphi}+\varphi(0)\right]\delta\widetilde{L}+\left(\oint_1\frac{\widetilde{q}_1}{Gt}\mathrm{d}s-\int_{1-2}\frac{\widetilde{q}_2}{Gt}\mathrm{d}s-\widetilde{\varphi}\Omega_1\right)\delta\widetilde{q}_1+$$
$$\left(-\int_{1-2}\frac{\widetilde{q}_1}{Gt}\mathrm{d}s+\oint_2\frac{\widetilde{q}_2}{Gt}\mathrm{d}s-\widetilde{\varphi}\Omega_2\right)\delta\widetilde{q}_2-$$

$$[\Omega_1\tilde{q}_1+\Omega_2\tilde{q}_2-(x_a-x_r)\tilde{Q}_y+p\tilde{L}-L(0)]\delta\tilde{\varphi}=0 \tag{1.4.6-2}$$

式中，$\Omega_1=\oint_1\rho\mathrm{d}s$，$\Omega_2=\oint_2\rho\mathrm{d}s$，$\oint_{1-2}$ 为对两个闭剖面的周边积分，$\int_{1-2}$ 为两个闭剖面之间的墙的积分。

由 $\delta\tilde{q}_1$，$\delta\tilde{q}_2$，$\delta\tilde{\varphi}$ 和 $\delta\tilde{L}$ 的任意性，由式(1.4.6-2)可得

$$\left.\begin{aligned}&\frac{1}{I_c}\tilde{L}-\tilde{\varphi}p+\varphi(0)=0\\&\oint_1\frac{\tilde{q}_1}{Gt}\mathrm{d}s-\int_{1-2}\frac{\tilde{q}_2}{Gt}\mathrm{d}s-\tilde{\varphi}\Omega_1=0\\&-\int_{1-2}\frac{\tilde{q}_1}{Gt}\mathrm{d}s+\oint_2\frac{\tilde{q}_2}{Gt}\mathrm{d}s-\tilde{\varphi}\Omega_2=0\\&\Omega_1\tilde{q}_1+\Omega_2\tilde{q}_2-(x_a-x_r)\tilde{Q}_y+p\tilde{L}-L(0)=0\end{aligned}\right\} \tag{1.4.6-3}$$

解上述方程，可得

$$\tilde{q}_1=\frac{\begin{vmatrix}\tilde{\varphi}\Omega_1 & -\int_{1-2}\frac{\mathrm{d}s}{Gt}\\ \tilde{\varphi}\Omega_2 & \oint_2\frac{\mathrm{d}s}{Gt}\end{vmatrix}}{\begin{vmatrix}\oint_1\frac{\mathrm{d}s}{Gt} & -\int_{1-2}\frac{\mathrm{d}s}{Gt}\\ \int_{1-2}\frac{\mathrm{d}s}{Gt} & \oint_2\frac{\mathrm{d}s}{Gt}\end{vmatrix}}=\frac{\tilde{\varphi}\Omega_1\oint_2\frac{\mathrm{d}s}{Gt}+\tilde{\varphi}\Omega_2\int_{1-2}\frac{\mathrm{d}s}{Gt}}{\oint_1\frac{\mathrm{d}s}{Gt}\oint_2\frac{\mathrm{d}s}{Gt}-\left(\int_{1-2}\frac{\mathrm{d}s}{Gt}\right)^2} \tag{1.4.6-4}$$

$$\tilde{q}_2=\frac{\begin{vmatrix}\oint_1\frac{\mathrm{d}s}{Gt} & \tilde{\varphi}\Omega_1\\ -\int_{1-2}\frac{\mathrm{d}s}{Gt} & \tilde{\varphi}\Omega_2\end{vmatrix}}{\begin{vmatrix}\oint_1\frac{\mathrm{d}s}{Gt} & -\int_{1-2}\frac{\mathrm{d}s}{Gt}\\ \int_{1-2}\frac{\mathrm{d}s}{Gt} & \oint_2\frac{\mathrm{d}s}{Gt}\end{vmatrix}}=\frac{\tilde{\varphi}\Omega_2\oint_1\frac{\mathrm{d}s}{Gt}+\tilde{\varphi}\Omega_1\int_{1-2}\frac{\mathrm{d}s}{Gt}}{\oint_1\frac{\mathrm{d}s}{Gt}\oint_2\frac{\mathrm{d}s}{Gt}-\left(\int_{1-2}\frac{\mathrm{d}s}{Gt}\right)^2} \tag{1.4.6-5}$$

$$\tilde{L}=I_c[p\tilde{\varphi}-\varphi(0)] \tag{1.4.6-6}$$

将 Q_y 处理为与转角有关的形式，设 $\tilde{Q}_y=qAC_y^{\alpha}(\alpha-\tilde{\varphi})$。其中，$q$ 为动压；A 为翼剖面面积，不同的翼面参数将有不同的 A 的具体表达式；C_y^{α} 为升力系数导数；α 为翼面攻角；φ 为翼面扭转角。将式(1.4.6-4)～式(1.4.6-6)和 $\tilde{Q}_y$ 的表达式代入方程式(1.4.6-3)中的第四式，并考虑到 $L(0)=I_c\dot{\varphi}(0)$，可得

$$\begin{aligned}&I_c[p^2\tilde{\varphi}-p\varphi(0)-\dot{\varphi}(0)]+\left[\frac{\Omega_1\oint_2\frac{\mathrm{d}s}{Gt}+\Omega_2\int_{1-2}\frac{\mathrm{d}s}{Gt}}{\oint_1\frac{\mathrm{d}s}{Gt}\oint_2\frac{\mathrm{d}s}{Gt}-\left(\int_{1-2}\frac{\mathrm{d}s}{Gt}\right)^2}\Omega_1+\right.\\&\left.\frac{\Omega_2\oint_1\frac{\mathrm{d}s}{Gt}+\Omega_1\int_{1-2}\frac{\mathrm{d}s}{Gt}}{\oint_1\frac{\mathrm{d}s}{Gt}\oint_2\frac{\mathrm{d}s}{Gt}-\left(\int_{1-2}\frac{\mathrm{d}s}{Gt}\right)^2}\Omega_2+(x_a-x_r)qAC_y^{\alpha}\right]\tilde{\varphi}=\\&(x_a-x_r)qAC_y^{\alpha}\alpha\end{aligned} \tag{1.4.6-7}$$

设系统的固有频率为

$$\omega_n=\sqrt{\frac{1}{I_c}\left[\frac{\Omega_1\oint_2\frac{ds}{Gt}+\Omega_2\int_{1-2}\frac{ds}{Gt}}{\oint_1\frac{ds}{Gt}\oint_2\frac{ds}{Gt}-\left(\int_{1-2}\frac{ds}{Gt}\right)^2}\Omega_1+\frac{\Omega_2\oint_1\frac{ds}{Gt}+\Omega_1\int_{1-2}\frac{ds}{Gt}}{\oint_1\frac{ds}{Gt}\oint_2\frac{ds}{Gt}-\left(\int_{1-2}\frac{ds}{Gt}\right)^2}\Omega_2+(x_a-x_r)qAC_y^\alpha\right]}$$

(1.4.6－8)

考虑到在常数项前有“1”的 Laplace 变换式 $\frac{1}{p}$，并且将 $\frac{(x_a-x_r)qAC_y^\alpha\alpha}{I_c}$ 记为 F_0，可将式(1.4.6－7)改写为

$$[p^2\tilde{\varphi}-p\varphi(0)-\dot{\varphi}(0)]+\omega_n^2\tilde{\varphi}=\frac{F_0}{p} \tag{1.4.6-9}$$

解得

$$\tilde{\varphi}=\frac{p^2\varphi(0)+p\dot{\varphi}(0)+F_0}{p(P^2+\omega_n^2)}=\frac{p\varphi(0)}{P^2+\omega_n^2}+\frac{\dot{\varphi}(0)}{P^2+\omega_n^2}+\frac{F_0}{\omega_n^2}\left(\frac{1}{p}-\frac{p}{P^2+\omega_n^2}\right)$$

(1.4.6－10)

进行 Laplace 逆变换，可得

$$\varphi=\left[\varphi(0)-\frac{F_0}{\omega_n^2}\right]\cos\omega_n t+\frac{\dot{\varphi}(0)}{\omega_n}\sin\omega_n t+\frac{F_0}{\omega_n^2} \tag{1.4.6-11}$$

进而可得

$$q_1=\frac{\Omega_1\oint_2\frac{ds}{Gt}+\Omega_2\int_{1-2}\frac{ds}{Gt}}{\oint_1\frac{ds}{Gt}\oint_2\frac{ds}{Gt}-\left(\int_{1-2}\frac{ds}{Gt}\right)^2}\left\{\left[\varphi(0)-\frac{F_0}{\omega_n^2}\right]\cos\omega_n t+\frac{\dot{\varphi}(0)}{\omega_n}\sin\omega_n t+\frac{F_0}{\omega_n^2}\right\}$$

(1.4.6－12)

$$q_2=\frac{\Omega_2\oint_1\frac{ds}{Gt}+\Omega_1\int_{1-2}\frac{ds}{Gt}}{\oint_1\frac{ds}{Gt}\oint_2\frac{ds}{Gt}-\left(\int_{1-2}\frac{ds}{Gt}\right)^2}\left\{\left[\varphi(0)-\frac{F_0}{\omega_n^2}\right]\cos\omega_n t+\frac{\dot{\varphi}(0)}{\omega_n}\sin\omega_n t+\frac{F_0}{\omega_n^2}\right\}$$

(1.4.6－13)

式中

$$\omega_n=\sqrt{\frac{1}{I_c}\left[\frac{\Omega_1\oint_2\frac{ds}{Gt}+\Omega_2\int_{1-2}\frac{ds}{Gt}}{\oint_1\frac{ds}{Gt}\oint_2\frac{ds}{Gt}-\left(\int_{1-2}\frac{ds}{Gt}\right)^2}\Omega_1+\frac{\Omega_2\oint_1\frac{ds}{Gt}+\Omega_1\int_{1-2}\frac{ds}{Gt}}{\oint_1\frac{ds}{Gt}\oint_2\frac{ds}{Gt}-\left(\int_{1-2}\frac{ds}{Gt}\right)^2}\Omega_2+(x_a-x_r)qAC_y^\alpha\right]}$$

$$F_0=\frac{(x_a-x_r)qAC_y^\alpha\alpha}{I_c}$$

1）研究过非保守系统的学者们发现，虽然非保守系统包含宽广的领域，但如何寻找伴生力却一直是一个难题，需要加以说明。对于保守系统，外力作用在系统上，将引起一定的效应，强度、刚度和稳定性问题便是这种效应的体现。对于非保守系统，外力作用在系统上，将引起一定的效应，这种效应的信息反馈到外力，又使外力发生变化，这种外力便是伴生力。可见，所谓伴生力是一种与其引起的效应相伴而生的力。了解了伴生力的这种特性，便可以较容易地寻求和发现伴生力了。

2）笔者注意到，以上是应用广义拟余能原理求解问题的解析解的思路，对于如何应用广

义拟余能原理求解问题的近似解，可以采用以下思路：应用 Laplace 逆变换，将相空间的两类变量的广义拟余能原理反演到原空间，得到卷积形式的两类变量的广义拟余能原理，然后，再应用卷积样条函数进行近似计算。

参考文献

[1] 钱令希.余能理论[J].中国科学，1950，1(2/3/4)：449－456.

[2] Hu haichang. On some variational principles in the theory of elasticity and the theory of plasticity[J]. Scientia Sinica，1955，4(1)：33－42.

[3] 钱伟长.弹性理论中广义变分原理的研究及其在有限元计算中的应用[J].力学与实践，1979，1 (1)：16－24；1979，1(2)：18－26.

[4] Chien Wei-zang. Involutory transformations and variational principles with multi-variables in thin plate bending problems[J]. Applied mathematics and mechanics，1985，6 (1)：25－46.

[5] Reissner E. On a variational theorem in elasticity[J]. Journal of Mathematics and Physics ，1950，29(2)：90－98.

[6] Washizu K. On the variational principles of elasticity and plasticity[R]// Massachusetts Institute of Technology，Technical Report. Massachusetts：Massachusetts Institute of Technology，1955：18－25.

[7] Oden J T，Reddy J N. Variational Method in Theoretical Mechanics[M]. New York：Springer-Verlag，1983.

[8] Абовский Н П，Адреев Н П，Деруга А П. Вариационные Принципы Теории Упругости и Теории Оболочек[M]. Масква：НАУКА，1978.

[9] Leipholz H. Direct Variational Methods and Eigenvalue Problems in Engineering[M]. Leyden：Noordhoff 1Int. Publ，1977.

[10] Leipholz H. On some developments in direct methods of the calculus of variations [J]. Appl Mech Rev，1987，40(10)：1379－1392.

[11] 刘殿魁，张其浩.弹性理论中非保守问题的一般变分原理[J].力学学报，1981 (6)：562－570.

[12] Liang Lifu，Liu Dianqui，Song Haiyan. The generalized quasi-variational principles of non-conservative systems with two kinds of variables[J]. Science in China：Series G，2005 ，48(5)：600－613.

[13] 黄玉盈，王武久.弹性非保守系统的拟固有频率变分原理及其应用[J]，固体力学学报，1987，8(2)：127－136.

[14] Rumyantsev V V. 欧拉和力学的变分原理[J].梅凤翔，译.力学进展，1993，23 (1)：86－105.

[15] Zhu Ruzeng. Variational principle of second ，first and intermediate kinds for non-holonomic mechanics[J]. Science in China，1999，42(5)：546－551.

[16] Liang Lifu. Deriving Generalized Variational Principles in General Mechanics by

Using Lagrangian Multiplier Method[J]. Science in China, 1999, 42(12): 1332 - 1339.
[17] Liang Lifu, Hu Haichang. Generalized variational principle of three kinds of variables in general mechanics[J]. Science in China, 2001, 44(6): 770 - 776.
[18] Gurtin M E. Variational principles for linear elastodynamics[J]. Arch. Rat. Mech. 1964, 16(1): 34 - 50.
[19] Luo En. Gurtin-Type Variational Principles in Linear Elastodynamics[J], Scientia Sinica: Series A, 1988, 31(3): 293 - 312.
[20] Luo En, Kuang Junshang. Some Basic Principles for Linear Coupled Dynamic Thermopiezoelectricity[J]. Science in China: Series A, 1999, 42(1): 1292 - 1300.
[21] 梁立孚,罗恩,刘殿魁.非保守弹性动力学初值问题的简单 Gurtin 型拟变分原理[J].固体力学学报,2007,28(3):224 - 228.
[22] 梁立孚,罗恩,冯晓九.分析动力学初值问题的一种变分原理形式[J].力学学报,2007,39(1):106 - 111.
[23] Pars L A. A Treatise on Analytical Dynamics [M]. London: Heinemann Press, 1965.
[24] Leonard Meirovitch. Methods of analytical dynamics[M]. New York: McGraw-Hill Book Company, 1970.
[25] Rosonberg R M. Analytical dynamics of discrete systems[M]. New York: Pleum Press, 1977.
[26] Greenwood D T. Classical dynamics [M]. Englewood Cliffs: Prentice-Hall, Inc, 1997.
[27] 梅凤翔.非完整系统力学基础[M].北京:北京理工大学出版社,1985.
[28] 梅凤翔,刘端,罗勇.高等分析动力学[M].北京:北京工业大学出版社,1991.
[29] Arnold V I. Dynamical System[M]. Berlin: Springer, 1988.
[30] 陈滨.分析动力学[M].北京:北京大学出版社,1987.
[31] Hamilton W R. On a General Method in Dynamics[M]//中国大百科全书:力学卷.北京:中国大百科全书出版社,1985.
[32] Luo En, Liang Lifu, Li Weihua. Unconventional Hamilton-Type Variational Principles For Analytical Mecanics[J]. Science In China: Series G, 2007, 50(2): 152 -162.
[33] 钟万勰.应用力学对偶体系[M].北京:科学出版社,2003.
[34] 梁立孚,刘石泉,齐辉.飞行器结构力学[M].北京:中国宇航出版社,2003.
[35] 梁立孚.变分原理及其应用[M].哈尔滨:哈尔滨工程大学出版社,2005.
[36] 胡海昌.弹性力学的变分原理及其应用[M].北京:科学出版社,1981.
[37] 钱伟长.变分法和有限元[M].北京:科学出版社,1980.
[38] Liang Lifu, Liu Shiquan, Zhou Jiansheng. Quasi-variational Principles of Single Flexible Body Dynamics and Their Applications[J]. Science in China: Series G, 2009, 52 (5): 775 - 787.
[39] Liang Lifu, Hu Haichang, Liu shiquan. Non-contemporaneous variations and Hölder's principle[J]. Science in China: Series G, 2003, 46(5): 450 - 459.

[40] Liang L F, Chen W D. The complementary property of Lindelof's work and Chaplygin's work[J]. Applied Mathematics and Mechanics , 2000, 21(8): 937 -946.

[41] Liang L F. Variational problem of general displacements in non-holonomic systems [J]. Acta Mechanica Solida Sinica, 1993, 6(4): 357 - 364.

[42] Liang L F, Shi Z F. On some important problems in analytical dynamics of non-holonomic systems[J]. Applied Mathematics and Mechanics, 1993, 14(12):1113 -1123.

[43] Liang L F, Liang Z W. On the relationship between the Vacco model and Chetaev model[J]. Acta Mech Solida Sinica, 1994,7(3): 274 - 284.

[44] Liang L F, Shi Z F. On the inverse problem in calculus of variations[J]. Applied Mathematics and Mechanics, 1994, 15(9): 815 - 830.

[45] Liang L F, Liang Z H. On Suslov's misconception and Holder's imperfection[J]. Acta Mech Solida Sinica, 1994,7(4): 306 - 317.

[46] Wei Y, Liang L F. On mechanical property of constraint[J]. Applied Mathematics and Mechanics , 1995, 16(11):1095 - 1104.

[47] Liang L F, Wei Y. Unification of the Hamilton principles in non-holonomic system and in holonomic system[J]. Applied Mathematics and Mechanics, 1996, 17(5):457 - 464.

[48] Liang L F, Liang Z H, Shi Z F. The stationary value property of Hamilton's principle[J]. Applied Mathematics and Mechanics, 1997, 18(12): 1169 - 1176.

[49] Liang Lifu, Zhang Yaoliang. The unification of the lindelöf model and vakonomic model. Shanghai ICNM - 3, 1998:690 - 694.

[50] Liang Lifu,Hu Haichang,Chen Demin. Lagrangian Theoretical Framework of Analytical Dynamics of Nonholonomic Systems[J]. Science in China :Series G,2007,50 (6):766 - 778.

第2章 机械振动和电磁振荡的对偶体系

世界著名的物理学家 Boltzmann 指出，世界的统一性显示在各个现象领域微分方程的惊人类似之中。这一论断构成了类比逻辑和模拟技术的理论基础；同时也说明自然科学中多门学科之间是密切相联的，它们有一个公共的理论体系，只要换成对偶变量体系，就可以建立起这个公共的理论体系。

钟万勰院士指出，现在世界正在走向灵巧，而力学如不与控制理论相连接，又如何更为灵巧[1]。欲使结构动力学与控制理论相连接，研究机械振动和电磁振荡的对偶体系是一个重要的措施。这类研究内容不仅应用于飞行器的振动和动力响应问题中，而且在空间飞行器的连接动力学中也有重要作用。

机械振动和电磁振荡属于不同学科中的物理现象，但仔细研究可以发现，这两类问题的各个物理量或属性有一一对应的关系，其微分方程也可以归结为相似的形式。这样，力学中的机械振动和电学中的电磁振荡就具有对偶性。许多的学者看到了这种对偶关系，并从物理量、微分方程[2-6]等角度进行了讨论。

由于机械振动和电磁振荡之间存在对偶关系，因此可以从机械振动的角度形象地说明电磁振荡的过程；反之，也可以从电磁振荡的角度更好地理解机械振动的过程。历史上借用力学方法研究电学问题的例子很多，反过来，由于电学理论的迅速发展以及利用其理论处理问题的方便性，借用电学方法模拟力学问题也变得很自然了。

事实上，这种相似性不仅限于机、电系统。任何一个动态系统，不论是机械系统，还是电磁系统、热力系统、光学系统等，只要描述它们动态特性的数学模型具有相同的形式，它们之间就会有相似性或比拟关系。

为了建立机械振动和电磁振荡之间的对偶体系，本章将从基本元件、基本规律、力学中的自由振动和电学中的自由振荡、力学中的动力响应和电学中的过渡过程这些角度来进行讨论。

1)比较力学和电学中的基本元件、基本规律。首先，分别比较阻尼元件与电阻元件、惯性元件与电感元件以及弹性元件与电容元件的一些规律，得到这两类基本元件之间的对偶关系。然后，对力学中的协调原理和平衡原理与电学中的 Kirchhoff 电流和电压定律进行比较，得到这两类基本规律之间的对偶性。

2)讨论力学中的自由振动和电学中的自由振荡。首先，通过比较列举出力学和电学中的几种对偶关系，并且说明，由于质量电感法和质量电容法的存在，力学中的力法和位移法与电学中的节偶电压法和回路电流法具有灵活的对偶特性。接着讨论杆的几种振动(包括纵振、扭振、弯曲振动和弯扭复合振动)和与之相对应的网络问题。通过这些工作建立力学中的自由振动和电学中的自由振荡之间的对偶关系。

3)讨论力学中的动力响应和电学中的过渡过程。首先，对应电学中的换路定律提出力学中的变态定律。其次，讨论单自由度系统的动力响应和与之相应的单回路电路的过渡过程。然后，研究多自由度力学系统的动力响应和与之相应的电学网络系统的过渡过程。通过这些工作可以看到：无论是单自由度还是多自由度的力学系统，或与之相应的电学系统，在相似的激励作用下，都会有相似的响应，即二者之间存在对偶关系。

通过以上的工作，可以初步建立机械振动和电磁振荡的对偶体系。

由此可见，本章的研究内容体现出结构动力学系统与电路系统的动态特性之间的惊人的类似，即力学和电学离散系统动态特性之间的惊人的类似。对于力学和电学的连续系统是否也具有这种惊人的类似呢？回答是肯定的。在本章研究的基础上，不难进一步研究流体力学和电磁场理论之间的惊人的类似。笔者正是在研究了连续介质力学与电磁场理论的惊人的类似之后，在文献[7]中建立了电磁场理论的变分原理和广义变分原理。

2.1 基本元件和基本规律

2.1.1 阻尼元件和电阻元件

1. 阻尼元件

图 2.1 所示阻尼系统的规律可表示为

$$f=cv \quad 或 \quad v=\frac{f}{c} \tag{2.1.1}$$

式中 f—— 作用力，单位为牛顿(N)；

c—— 阻尼系数，单位为牛顿·秒/米(N·s/m)；

v—— 速度，单位为米/秒(m/s)。

这个规律对于交变外力 $f=F_m\sin\omega t$ 也是适用的，并且可以表示为

$$v=\frac{f}{c}=\frac{F_m}{c}\sin\omega t \tag{2.1.2}$$

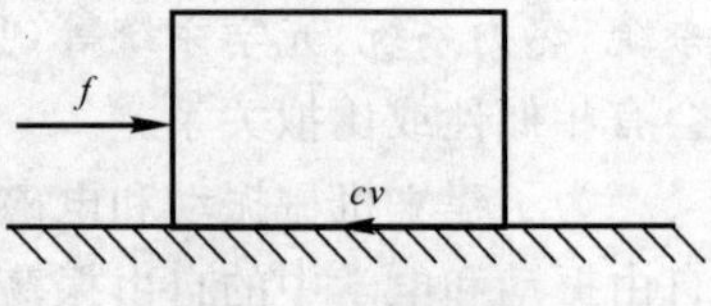

图 2.1 阻尼系统

可见，速度 v 与外力 f 的相位相同。

阻尼元件是消耗能量的元件，当物块以速度 v 运动时，由于阻尼存在，它把机械能转化为热能传播出去(热量有3种传播方式)，这个过程是不可逆的。如果没有必要的装置，热能就不能自动地转化为机械能。

阻尼系统的功率为

$$p=fv=F_m\sin\omega t\,\frac{F_m}{c}\sin\omega t=\frac{F_m^2}{2c}(1-\cos2\omega t) \tag{2.1.3}$$

则其在一个周期内做功为

$$W=\int_0^T p\mathrm{d}t=\frac{F_m^2}{2c}\int_0^T(1-\cos2\omega t)\mathrm{d}t=\frac{F_m^2T}{2c}=\frac{F^2T}{c} \tag{2.1.4}$$

式中 F_m—— 力的最大值；

F—— 力的有效值，$F_m=\sqrt{2}F$。

2. 电阻元件

图 2.2 所示的电阻电路的 OHM 定律[23,25] 表示为

$$u = Ri \quad 或 \quad i = \frac{u}{R} \tag{2.1.5}$$

式中　u—— 电压，单位为伏特(V)；

R—— 电阻，单位为欧姆(Ω)；

i—— 电流，单位为安培(A)。

这个定律对于电压为 $u = U_m \sin\omega t$ 的交流电路也是适用的，并且表示为

$$i = \frac{u}{R} = \frac{U_m}{R}\sin\omega t \tag{2.1.6}$$

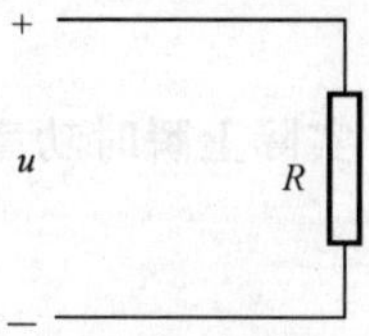

图 2.2　电阻电路

可见，电流 i 与电压 u 的相位相同。

电阻元件[25-30] 是消耗能量的元件，当有电流流过电阻时，它把电能转变为热能传播出去。如果没有必要的装置，热能是不能自动转化为电能的。

电阻电路的功率为

$$p = ui = U_m \sin\omega t \frac{U_m}{R}\sin\omega t = \frac{U_m^2}{2R}(1 - \cos 2\omega t) \tag{2.1.7}$$

则其在一个周期内做功为

$$W = \int_0^T p\mathrm{d}t = \frac{U_m^2}{2R}\int_0^T (1 - \cos 2\omega t)\,\mathrm{d}t = \frac{U_m^2 T}{2R} = \frac{U^2 T}{R} \tag{2.1.8}$$

式中　U_m—— 电压最大值；

U—— 电压有效值，$U_m = \sqrt{2}U$。

2.1.2　惯性元件和电感元件

1. 惯性元件

惯性系统如图 2.3 所示。

当质量为 m 的物体在外力 f 的作用下，以加速度 $\frac{\mathrm{d}v}{\mathrm{d}t}$ 运动时，惯性力为

$$f' = -m\frac{\mathrm{d}v}{\mathrm{d}t} \tag{2.1.9}$$

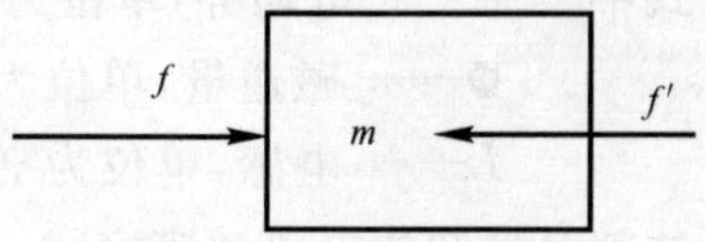

图 2.3　惯性系统

这就是 D'Alem bert 原理。

当力学系统中存在惯性元件时，可以认为作用在惯性元件上的力由惯性力平衡，即

$$f = m\frac{\mathrm{d}v}{\mathrm{d}t} \tag{2.1.10}$$

设 $v = V_m \sin\omega t$，则

$$f = m\frac{\mathrm{d}v}{\mathrm{d}t} = m\frac{\mathrm{d}(V_m \sin\omega t)}{\mathrm{d}t} = mV_m\omega\sin\left(\omega t + \frac{\pi}{2}\right) \tag{2.1.11}$$

可见，力的相位比速度的相位超前 π/2，或者说速度的相位比力的相位滞后 π/2。

对于惯性元件，力做功使其获得动能，其功率为

$$p = fv = m\frac{dv}{dt}v = mv\frac{dv}{dt}$$

则其功为

$$W = \int_0^t p dt = \int_0^t mv\frac{dv}{dt}dt = m\int_0^v v dv = \frac{mv^2}{2} \tag{2.1.12}$$

值得注意的是，对正弦变化的速度，惯性元件在一个周期内做功为零。这是因为其获得能量的表达式为

$$W = \frac{mv^2}{2} = \frac{mV_m^2}{2}\sin^2\omega t$$

实际上瞬时功率为

$$p = \frac{dW}{dt} = \frac{d\left(\frac{mV_m^2}{2}\sin^2\omega t\right)}{dt} = \frac{mV_m^2\omega}{2}\sin 2\omega t = mV^2\omega\sin 2\omega t$$

式中 V_m—— 速度最大值；

V—— 速度有效值，$V_m = \sqrt{2}V$。

故其在一个周期内做功为

$$W = \int_0^T p dt = \int_0^T mV^2\omega\sin 2\omega t\, dt = 0$$

或者说其平均功率为

$$P = \frac{1}{T}\int_0^T p dt = 0 \tag{2.1.13}$$

这说明在一个周期中，惯性元件先将机械能转化为动能，然后又将全部的动能转化为机械能。所以惯性元件只能储存能量，并不能消耗能量。

2. 电感元件

当穿过任何闭合电路所限定面的磁通量随时间改变时，在该电路内产生的感应电动势为

$$e = -\frac{d\Phi}{dt} = -\frac{d\Phi}{di}\frac{di}{dt} = -L\frac{di}{dt} \tag{2.1.14}$$

式中 e—— 电动势，单位为伏特(V)；

Φ—— 磁通量，单位为韦伯(Wb)；

L—— 电感，单位为亨利(H)。

这就是熟知的电磁感应定律。

如图 2.4 所示的电感电路，可认为电感元件[31-36] 两端的电压由感应电动势来平衡，则

$$u = L\frac{di}{dt} \tag{2.1.15}$$

设 $i = I_m\sin\omega t$，则

$$u = L\frac{di}{dt} = L\frac{d(I_m\sin\omega t)}{dt} = LI_m\omega\sin\left(\omega t + \frac{\pi}{2}\right) \tag{2.1.16}$$

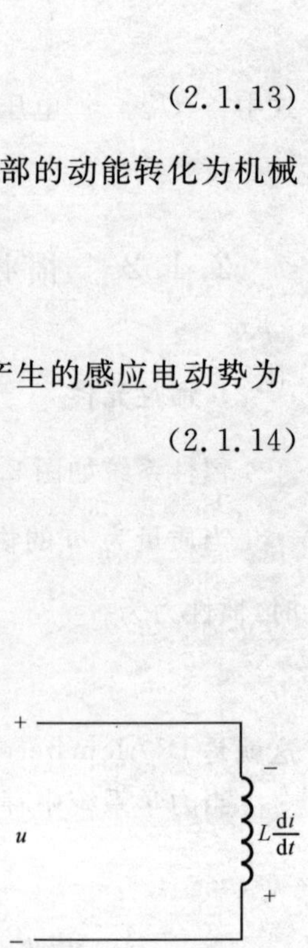

图 2.4 电感电路

可见，电压的相位比电流的相位超前 $\pi/2$，或者说电流的相位比电压的

相位滞后 π/2。

由电学中的功能原理可知，对于电感元件，外电压做功使其获得磁能，其功率为

$$p = ui = Li\frac{\mathrm{d}i}{\mathrm{d}t}$$

则其功为

$$W = \int_0^t p\mathrm{d}t = \int_0^t Li\frac{\mathrm{d}i}{\mathrm{d}t}\mathrm{d}t = L\int_0^i i\mathrm{d}i = \frac{Li^2}{2} \tag{2.1.17}$$

值得注意的是，对于正弦交变电流，电感元件在一个周期内做功为零。这是因为其获得能量的表达式为

$$W = \frac{Li^2}{2} = \frac{LI_m^2}{2}\sin^2\omega t$$

实际上瞬时功率为

$$p = \frac{\mathrm{d}W}{\mathrm{d}t} = \frac{\mathrm{d}\left(\frac{LI_m^2}{2}\sin^2\omega t\right)}{\mathrm{d}t} = \frac{LI_m^2\omega}{2}\sin 2\omega t = LI^2\omega\sin 2\omega t \tag{2.1.18}$$

式中　I_m—— 电流最大值；

I—— 电流有效值，$I_m = \sqrt{2}I$。

故其在一个周期内做功为

$$W = \int_0^T p\mathrm{d}t = \int_0^T LI^2\omega\sin 2\omega t\,\mathrm{d}t = 0$$

或者说其平均功率为

$$P = \frac{1}{T}\int_0^T p\mathrm{d}t = \frac{1}{T}\int_0^T LI^2\omega\sin 2\omega t\,\mathrm{d}t = 0$$

这说明在一个周期中，电感元件先将电能转化为磁能，然后又将全部的磁能转化为电能。所以电感元件只能储存能量，并不能消耗能量。

2.1.3　弹性元件和电容元件

1. 弹性元件

弹性系统如图 2.5 所示，f 为外力，K 为弹簧柔度系数(注意：本章用 K 表示柔度系数，用 k 表示刚度系数)。

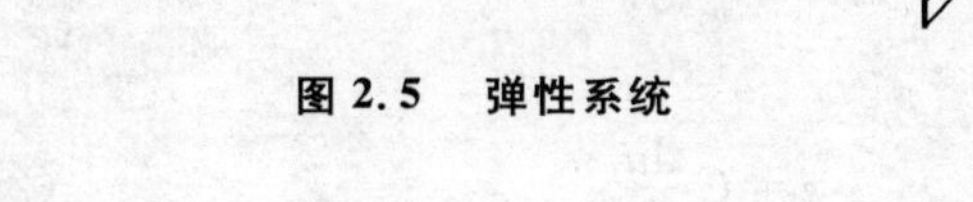

图 2.5　弹性系统

因为

$$x = Kf = \int_0^t v\mathrm{d}t \tag{2.1.19}$$

所以

$$v = K\frac{\mathrm{d}f}{\mathrm{d}t} \tag{2.1.20}$$

设 $f = F_{\mathrm{m}}\sin\omega t$，则

$$v = K\frac{\mathrm{d}f}{\mathrm{d}t} = K\frac{\mathrm{d}(F_{\mathrm{m}}\sin\omega t)}{\mathrm{d}t} = KF_{\mathrm{m}}\omega\sin\left(\omega t + \frac{\pi}{2}\right) \tag{2.1.21}$$

可见，对于弹性元件来说，力的相位比速度的相位滞后 $\pi/2$，或者说速度的相位比力的相位超前 $\pi/2$。

其功率为

$$p = fv = fK\frac{\mathrm{d}f}{\mathrm{d}t}$$

则其功为

$$W = \int_0^t p\mathrm{d}t = \int_0^t fK\frac{\mathrm{d}f}{\mathrm{d}t}\mathrm{d}t = \int_0^f Kf\mathrm{d}f = \frac{Kf^2}{2} \tag{2.1.22}$$

设 $f = F_{\mathrm{m}}\sin\omega t$，则其功为

$$W = \frac{Kf^2}{2} = \frac{K\ (F_{\mathrm{m}}\sin\omega t)^2}{2} = \frac{KF_{\mathrm{m}}^2}{2}\frac{1}{2}(1-\cos 2\omega t) = \frac{KF^2}{2}(1-\cos 2\omega t)$$

式中　x —— 位移；

v —— 速度；

ω —— 角频率；

t —— 时间；

F_{m} —— 力的最大值；

F —— 力的有效值，$F_{\mathrm{m}} = \sqrt{2}F$。

其瞬时功率为

$$p = \frac{\mathrm{d}W}{\mathrm{d}t} = KF^2\omega\sin 2\omega t$$

其平均功率为

$$P = \frac{1}{T}\int_0^T p\mathrm{d}t = \frac{1}{T}\int_0^T KF^2\omega\sin 2\omega t\,\mathrm{d}t = 0$$

所以弹性系统与惯性系统一样只能储存能量，而不能消耗能量。

2. 电容元件

电容电路如图 2.6 所示，u 为电压，C 为电容。

因为

$$q = Cu = \int_0^t i\mathrm{d}t \tag{2.1.23}$$

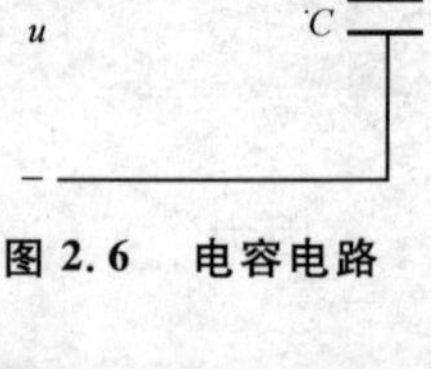

图 2.6　电容电路

所以

$$i = C\frac{\mathrm{d}u}{\mathrm{d}t} \tag{2.1.24}$$

设 $u = U_{\mathrm{m}}\sin\omega t$，则

$$i = C\frac{\mathrm{d}u}{\mathrm{d}t} = C\frac{\mathrm{d}(U_{\mathrm{m}}\sin\omega t)}{\mathrm{d}t} = CU_{\mathrm{m}}\omega\cos\omega t = CU_{\mathrm{m}}\omega\sin\left(\omega t + \frac{\pi}{2}\right) \tag{2.1.25}$$

可见，对于电容元件[37-38] 来说，电压的相位比电流的相位落后 $\pi/2$，或者说电流的相位比电压的相位超前 $\pi/2$。

由电学中的功能原理可知，其功率为

$$p = ui = Cu\,\frac{\mathrm{d}u}{\mathrm{d}t}$$

则其功为

$$W = \int_0^t p\,\mathrm{d}t = \int_0^t Cu\,\frac{\mathrm{d}u}{\mathrm{d}t}\mathrm{d}t = \int_0^u Cu\,\mathrm{d}u = \frac{Cu^2}{2} \tag{2.1.26}$$

当 $u = U_{\mathrm{m}}\sin\omega t$ 时，其功为

$$W = \frac{Cu^2}{2} = \frac{CU_{\mathrm{m}}^2}{2}\sin^2\omega t = \frac{CU_{\mathrm{m}}^2}{2}\,\frac{1}{2}(1-\cos 2\omega t) = \frac{CU^2}{2}(1-\cos 2\omega t)$$

式中　q —— 电量；

i —— 电流；

ω —— 角频率；

t —— 时间；

U_{m} —— 电压最大值；

U —— 电压有效值，$U_{\mathrm{m}} = \sqrt{2}U$。

其瞬时功率为

$$p = \frac{\mathrm{d}W}{\mathrm{d}t} = \frac{\mathrm{d}\left[\dfrac{CU^2}{2}(1-\cos 2\omega t)\right]}{\mathrm{d}t} = CU^2\omega\sin 2\omega t$$

其平均功率为

$$P = \frac{1}{T}\int_0^T p\,\mathrm{d}t = \frac{1}{T}\int_0^T CU^2\omega\sin 2\omega t\,\mathrm{d}t = 0$$

所以电容元件与电感元件一样只能储存能量，而不能消耗能量。

2.1.4　基本规律的对偶性

1. 平衡与协调原理

这里用一个简单的例子来说明协调与平衡原理的应用，并将进一步说明惯性元件与弹性元件的特性。

(1) 协调原理的应用

mK 系统如图 2.7 所示，f_m 为惯性力，f_K 为弹性力。x_K 为弹性位移，x_m 为物体的位移。由位移协调原理可得

$$x_K - x_m = 0 \tag{2.1.27}$$

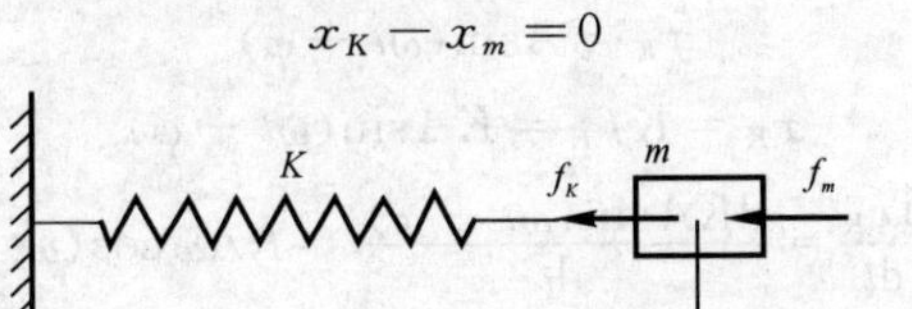

图 2.7　mK 系统

将 $x_K = Kf_K$ 和 $x_m = \frac{\iint f_m \mathrm{d}t\mathrm{d}t}{m} = -\frac{\iint f_K \mathrm{d}t\mathrm{d}t}{m}$ 代入式(2.1.27)，可得

$$\frac{\iint f_K \mathrm{d}t\mathrm{d}t}{m} + Kf_K = 0$$

又可变为

$$mK\frac{\mathrm{d}^2 f_K}{\mathrm{d}t^2} + f_K = 0 \tag{2.1.28}$$

解为

$$f_K = A\sin(\omega t + \varphi) \tag{2.1.29}$$

式中 ω —— 角频率，$\omega = \frac{1}{\sqrt{mK}}$；

A,φ —— 待定系数，由初始条件确定，当初始条件为 $t=0$，$f_K = F_K$，$\dot{f}_K = \dot{F}_K$ 时，则有 $A = \sqrt{F_K^2 + \frac{\dot{F}_K^2}{\omega^2}}$，$\varphi = \arctan\frac{\omega F_K}{\dot{F}_K}$。

应用胡克定律，可知

$$x_K = Kf_K = KA\sin(\omega t + \varphi)$$

进而可得

$$v_K = \frac{\mathrm{d}x_K}{\mathrm{d}t} = \frac{\mathrm{d}KA\sin(\omega t + \varphi)}{\mathrm{d}t} = KA\omega\cos(\omega t + \varphi) \tag{2.1.30}$$

(2) 平衡原理的应用

力学系统如图 2.7 所示，由平衡原理可得

$$f_m + f_K = 0 \quad 或 \quad f_m = -f_K \tag{2.1.31a}$$

进而可得

$$m\frac{\mathrm{d}v}{\mathrm{d}t} + \frac{1}{K}\int v\mathrm{d}t = 0 \tag{2.1.31b}$$

当以位移 x 为变量时，式(2.1.31b) 可写成

$$mK\frac{\mathrm{d}^2 x}{\mathrm{d}t^2} + x = 0 \tag{2.1.32}$$

解为

$$x = B\sin(\omega t + \varphi)$$

式中 ω —— 角频率，$\omega = \frac{1}{\sqrt{mK}}$；

B,φ —— 待定系数，由初始条件确定。

当初始条件为 $t=0$，$f_K = F_K$，$\dot{f}_K = \dot{F}_K$ 时，同样可以得到式(2.1.29) 和式(2.1.30)，即

$$f_K = A\sin(\omega t + \varphi)$$

$$x_K = Kf_K = KA\sin(\omega t + \varphi)$$

$$v_K = \frac{\mathrm{d}x_K}{\mathrm{d}t} = \frac{\mathrm{d}KA\sin(\omega t + \varphi)}{\mathrm{d}t} = KA\omega\cos(\omega t + \varphi)$$

由平衡原理可得式(2.1.31b)，即

$$m\frac{\mathrm{d}v}{\mathrm{d}t}+\frac{1}{K}\int v\mathrm{d}t=0$$

解为

$$v=D\cos(\omega t+\varphi)$$

式中　ω —— 角频率，$\omega=\dfrac{1}{\sqrt{mK}}$；

D,φ —— 待定系数，由初始条件确定。

当初始条件为 $t=0, f_K=F_K, \dot{f}_K=\dot{F}_K$ 时，同样有式(2.1.29) 和式(2.1.30)，即

$$f_K=A\sin(\omega t+\varphi)$$

$$x_K=Kf_K=KA\sin(\omega t+\varphi)$$

$$v_K=\frac{\mathrm{d}x_K}{\mathrm{d}t}=\frac{\mathrm{d}KA\sin(\omega t+\varphi)}{\mathrm{d}t}=KA\omega\cos(\omega t+\varphi)$$

可见，不管应用力法还是位移法，不管微分方程的基本未知数是什么，均能获得相同的结果。但应注意的是，如果微分方程是非齐次方程，则随着所取未知数的不同，其非齐次项也应作相应的改变。

(3) 惯性元件与弹性元件的特性的进一步说明

由式(2.1.29) 和式(2.1.30) 可知

$$f_K=A\sin(\omega t+\varphi)$$

$$v_K=\frac{\mathrm{d}x_K}{\mathrm{d}t}=\frac{\mathrm{d}KA\sin(\omega t+\varphi)}{\mathrm{d}t}=KA\omega\cos(\omega t+\varphi)$$

由式 $v_K-v_m=0$ 可知 $v_K=v_m$，则有

$$v_m=KA\omega\cos(\omega t+\varphi)$$

为了说明问题方便，设 $\varphi=0$，则有

$$f_K=A\sin\omega t$$

$$v_m=v_K=K\frac{\mathrm{d}f_K}{\mathrm{d}t}=\omega KA\cos\omega t$$

设 $V_{\mathrm{m}}=\omega KA$，则有

$$v_m=V_{\mathrm{m}}\cos\omega t$$

将 $t=0, T/4, T/2, 3T/4, T$ 时的 f_K, v_m 的值列于表 2.1，将弹簧和物体中储藏能量的变化情况列于表 2.2。通过表 2.1 和表 2.2，可以看出 mK 系统的振动过程以及在振动过程中 m 和 K 的能量交换。这也进一步说明了惯性元件和弹性元件只能储藏能量，而不能消耗能量。

表 2.1　v_m 和 f_K 在一个周期内的变化情况

时间 t/s	惯性元件的速度 v_m/(m·s^{-1})	弹性力 f_K/N
0	V_{m}	0
$T/4$	0	A
$T/2$	$-V_{\mathrm{m}}$	0
$3T/4$	0	$-A$
T	V_{m}	0

表 2.2 $mv_m^2/2$ 和 $Kf_K^2/2$ 在一个周期内的变化情况

时间 t/s	惯性元件的动能($mv_m^2/2$)/J	弹性元件的势能($Kf_K^2/2$)/J
0	$mV_m^2/2$	0
$T/4$	0	$KA^2/2$
$T/2$	$mV_m^2/2$	0
$3T/4$	0	$KA^2/2$
T	$mV_m^2/2$	0

通过以上分析可见，mK 系统的能量转化过程为：K 的势能转化为 m 的动能，m 的动能又转化为 K 的势能，这样周而复始地进行着。这种能量的转化是在系统的内部进行的，即它是封闭系统。

如果没有阻尼的存在，振动过程会永远地继续下去。但是世界上不存在没有阻尼的情况，故这种振动总是会因阻尼的存在而衰减，要使它不衰减，就必须不断补充能量来克服阻尼的影响。若为存在 c 的 mKc 系统，则伴随着上述的能量转化，还有 c 将机械能转化为热能释放出去，故它是开放的系统。

为了区别这两类不同的能量转化，称 m，K 可以储存能量，c 可以消耗能量，其实质都是能量的转化，只不过一个是封闭系统的能量转化，而另一个是开放系统的能量转化。

2. Kirchhoff 定律

这里用一个简单的例子来说明 Kirchhoff 定律的应用，并进一步介绍电感元件与电容元件的特性。

(1)Kirchhoff 电流定律的应用

设有电路如图 2.8 所示，u_L 为电感 L 两端的交变电压，u_C 为电容 C 两端的交变电压。i_C 为通过电容的交变电流，i_L 为通过电感的交变电流。由 Kirchhoff 电流定律[29-43]可得

$$i_C - i_L = 0 \tag{2.1.33}$$

将 $i_C = C\dfrac{\mathrm{d}u_C}{\mathrm{d}t}$ 和 $i_L = \dfrac{\int u_L \mathrm{d}t}{L} = -\dfrac{\int u_C \mathrm{d}t}{L}$ 代入式(2.1.33)，可得

$$LC\frac{\mathrm{d}^2 u_C}{\mathrm{d}t^2} + u_C = 0 \tag{2.1.34}$$

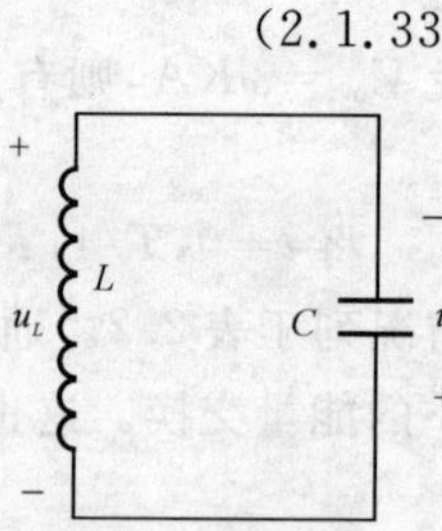

图 2.8 **LC 串联电路**

解为

$$u_C = A\sin(\omega t + \varphi) \tag{2.1.35}$$

式中 ω —— 角频率，$\omega = \dfrac{1}{\sqrt{LC}}$；

A,φ —— 待定系数，由初始条件确定，当初始条件为 $t=0$，$u_C = U_C$，$\dot{u}_C = \dot{U}_C$ 时，则有 $A = \sqrt{U_C^2 + \dfrac{\dot{U}_C^2}{\omega^2}}$，$\varphi = \arctan\dfrac{\omega U_C}{\dot{U}_C}$。

由电容的电压 u_C 与电量 q 的关系，可知

$$q = Cu_C = CA\sin(\omega t + \varphi)$$

进而可得

$$i_C = C\frac{du_C}{dt} = C\frac{dA\sin(\omega t+\varphi)}{dt} = CA\omega\cos(\omega t+\varphi) \tag{2.1.36}$$

(2)Kirchhoff 电压定律的应用

电路如图 2.8 所示，由 Kirchhoff 电压定律[29-41]可得

$$u_C + u_L = 0 \quad 或 \quad u_C = -u_L$$

$$L\frac{di}{dt} + \frac{1}{C}\int i dt = 0 \tag{2.1.37}$$

进一步可变为

$$LC\frac{d^2q}{dt^2} + q = 0 \tag{2.1.38}$$

解为

$$q = B\sin(\omega t+\varphi)$$

式中　ω —— 角频率，$\omega = \frac{1}{\sqrt{LC}}$；

B,φ —— 待定系数，由初始条件确定。

当初始条件为 $t=0, u_C = U_C, \dot{u}_C = \dot{U}_C$ 时，则同样有式(2.1.35) 和式(2.1.36)，即

$$u_C = A\sin(\omega t+\varphi)$$

$$q_C = Cu_C = CA\sin(\omega t+\varphi)$$

$$i_C = C\frac{du_C}{dt} = C\frac{dA\sin(\omega t+\varphi)}{dt} = CA\omega\cos(\omega t+\varphi)$$

由 Kirchhoff 电压定律可得式(2.1.37)，即

$$L\frac{di}{dt} + \frac{1}{C}\int i dt = 0$$

解为

$$i = D\cos(\omega t+\varphi)$$

式中　ω —— 角频率，$\omega = \frac{1}{\sqrt{LC}}$；

D,φ —— 待定系数，由初始条件确定。

当初始条件为 $t=0, u_C = U_C, \dot{u}_C = \dot{U}_C$ 时，同样有式(2.1.35) 和式(2.1.36)，即

$$u_C = A\sin(\omega t+\varphi)$$

$$q_C = Cu_C = CA\sin(\omega t+\varphi)$$

$$i_C = C\frac{du_C}{dt} = C\frac{dA\sin(\omega t+\varphi)}{dt} = CA\omega\cos(\omega t+\varphi)$$

可见，不管应用 Kirchhoff 电流定律还是 Kirchhoff 电压定律，不管微分方程的基本未知数是什么，均能得到相同的结果。但应注意的是，如果微分方程是非齐次方程，随着基本未知数的不同，其非齐次项也应作相应的改变。

(3)感性元件与容性元件特性的进一步说明

由式(2.1.35) 和式(2.1.36) 可知

$$u_C = A\sin(\omega t+\varphi)$$

$$i_C = C\frac{\mathrm{d}u_C}{\mathrm{d}t} = C\frac{\mathrm{d}A\sin(\omega t+\varphi)}{\mathrm{d}t} = CA\omega\cos(\omega t+\varphi)$$

由式(2.1.33)可知 $i_C = i_L$，则有

$$i_L = CA\omega\cos(\omega t+\varphi)$$

为了说明问题的方便，设 $\varphi=0$，则有

$$u_C = A\sin\omega t$$

$$i_L = CA\omega\cos\omega t$$

设 $I_L=\omega CA$，则有

$$i_L = I_L\cos\omega t$$

将 $t=0, T/4, T/2, 3T/4, T$ 时的 u_C，i_L 的值列于表 2.3，将电容元件和电感元件中储藏能量的变化情况列于表 2.4。通过表 2.3 和表 2.4，可以看出 LC 电路的振荡过程以及在振荡过程中 L 和 C 的能量交换。这也进一步说明了电感元件和电容元件只能储存能量，而不能消耗能量。

通过以上分析可见，LC 系统的能量转化过程为：C 的电能转化为 L 的磁能，L 的磁能又转化为 C 的电能，这样周而复始地进行着。这种能量的转化是在 LC 系统的内部进行的，即它是封闭系统。

表 2.3 u_C 和 i_L 在一个周期内的变化情况

时间 t/s	电容上的电压 u_C/V	电感中的电流 i_L/A
0	I_L	0
$T/4$	0	U_C
$T/2$	$-I_L$	0
$3T/4$	0	$-U_C$
T	I_L	0

表 2.4 $Li_L^2/2$ 和 $Cu_C^2/2$ 在一个周期内的变化情况

时间 t/s	电感中的磁能($Li_L^2/2$)/J	电容中的电能($Cu_C^2/2$)/J
0	$Li_L^2/2$	0
$T/4$	0	$Cu_C^2/2$
$T/2$	$Li_L^2/2$	0
$3T/4$	0	$Cu_C^2/2$
T	$Li_L^2/2$	0

如果没有阻尼的存在，振荡过程将永远地继续下去。但是世界上不存在没有阻尼的情况，故这种振荡总是会因阻尼的存在而逐渐衰减，要使它不衰减，就必须不断供给能量来克服阻尼的影响。若为存在 R 的 LCR 系统，则伴随着上述的能量转化，还有 R 将电能转化为热能释放出去，故它是开放的系统。

为了区别这两类不同的能量转化，称 L，C 可以储存能量，R 可以消耗能量，其实质都是能量的转化，只不过一个是封闭系统的能量转化，而另一个是开放系统的能量转化。

2.2　力学中的自由振动和电学中的自由振荡

2.2.1　比拟(类比)

1. 单自由度的自由振动和二自由度的自由振动

(1) 单自由度的自由振动

一个单自由度的自由振动系统如图 2.9 所示,m 为质量,k 为刚度系数,它与柔度系数 K 互为倒数,即 $k=\frac{1}{K}$。

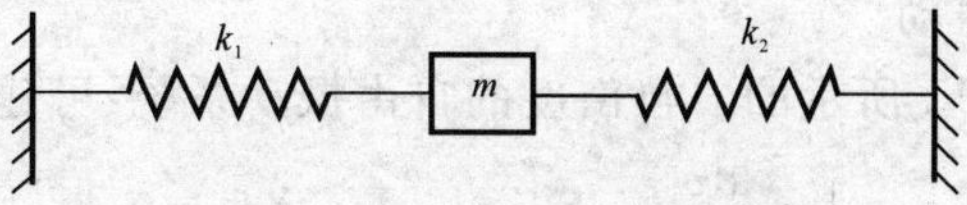

图 2.9　单自由度自由振动系统

用位移法来分析图 2.9 所示的力学系统。由平衡原理得

$$f_m + f_{k_1} + f_{k_2} = 0$$

以速度 v 为基本变量,则上式可变为

$$m\frac{d^2 v}{dt^2} + (k_1 + k_2)v = 0 \tag{2.2.1}$$

将 $k=\frac{1}{K}$ 代入式(2.2.1),可得

$$m\frac{d^2 v}{dt^2} + \left(\frac{1}{K_1} + \frac{1}{K_2}\right)v = 0 \tag{2.2.2}$$

若以位移 x 为基本变量,式(2.2.1) 和式(2.2.2) 可变为

$$m\frac{d^2 x}{dt^2} + (k_1 + k_2)x = 0 \tag{2.2.3}$$

$$m\frac{d^2 x}{dt^2} + \left(\frac{1}{K_1} + \frac{1}{K_2}\right)x = 0 \tag{2.2.4}$$

用力法分析图 2.9 所示的力学系统。此问题有 3 个未知力(见图 2.10),但只能建立一个平衡方程,故须补充两个位移协调方程方可求解。

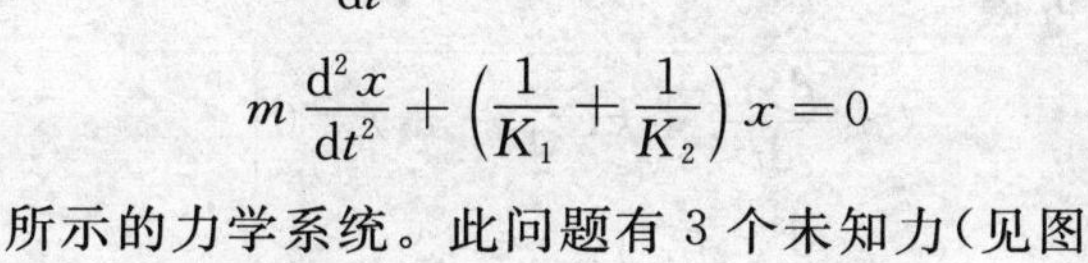

图 2.10　图 2.9 所示力学系统的受力分析

平衡方程为

$$f_m + f_{K_1} - f_{K_2} = 0 \quad 或 \quad f_m = -f_{K_1} + f_{K_2}$$

根据 a,b 两切口的速度协调关系，有

$$\begin{cases} K_1 \dfrac{\mathrm{d}f_{K_1}}{\mathrm{d}t} - \dfrac{1}{m}\displaystyle\int_0^t f_m \mathrm{d}t = 0 \\ K_2 \dfrac{\mathrm{d}f_{K_2}}{\mathrm{d}t} + \dfrac{1}{m}\displaystyle\int_0^t f_m \mathrm{d}t = 0 \end{cases}$$

将 $f_m = -f_{K_1} + f_{K_2}$ 代入此方程组，整理可得

$$\left.\begin{aligned} K_1 \frac{\mathrm{d}^2 f_{K_1}}{\mathrm{d}t^2} + \frac{1}{m}(f_{K_1} - f_{K_2}) = 0 \\ K_2 \frac{\mathrm{d}^2 f_{K_2}}{\mathrm{d}t^2} + \frac{1}{m}(f_{K_2} - f_{K_1}) = 0 \end{aligned}\right\} \tag{2.2.5}$$

这里为了物理概念清晰，用了一定篇幅来推导方程式(2.2.5)，将来遇到这种情况，直接写出式(2.2.5)类型方程即可。

(2) 二自由度的自由振动

用位移法来分析图 2.11 所示的二自由度的自由振动系统，可建立两个平衡方程为

$$\begin{cases} m_1 \dfrac{\mathrm{d}v_1}{\mathrm{d}t} + k\displaystyle\int_0^t (v_1 - v_2)\mathrm{d}t = 0 \\ m_2 \dfrac{\mathrm{d}v_2}{\mathrm{d}t} + k\displaystyle\int_0^t (v_2 - v_1)\mathrm{d}t = 0 \end{cases}$$

图 2.11 二自由度的自由振动系统

整理可得

$$\begin{cases} m_1 \dfrac{\mathrm{d}^2 v_1}{\mathrm{d}t^2} + k(v_1 - v_2) = 0 \\ m_2 \dfrac{\mathrm{d}^2 v_2}{\mathrm{d}t^2} + k(v_2 - v_1) = 0 \end{cases}$$

若以位移 x 为基本变量，可得

$$\left.\begin{aligned} m_1 \frac{\mathrm{d}^2 x_1}{\mathrm{d}t^2} + k(x_1 - x_2) = 0 \\ m_2 \frac{\mathrm{d}^2 x_2}{\mathrm{d}t^2} + k(x_2 - x_1) = 0 \end{aligned}\right\} \tag{2.2.6}$$

若以 $\dfrac{1}{K}$ 来代替 k，则以上两个方程组变为

$$\begin{cases} m_1 \dfrac{\mathrm{d}^2 v_1}{\mathrm{d}t^2} + \dfrac{1}{K}(v_1 - v_2) = 0 \\ m_2 \dfrac{\mathrm{d}^2 v_2}{\mathrm{d}t^2} + \dfrac{1}{K}(v_2 - v_1) = 0 \end{cases}$$

$$\left.\begin{aligned}m_1\frac{\mathrm{d}^2x_1}{\mathrm{d}t^2}+\frac{1}{K}(x_1-x_2)=0\\m_2\frac{\mathrm{d}^2x_2}{\mathrm{d}t^2}+\frac{1}{K}(x_2-x_1)=0\end{aligned}\right\}\tag{2.2.7}$$

用力法来分析图 2.11 所示的力学系统。系统有 3 个未知力(见图 2.12),但只能建立两个平衡方程,故为 1 次静不定问题。

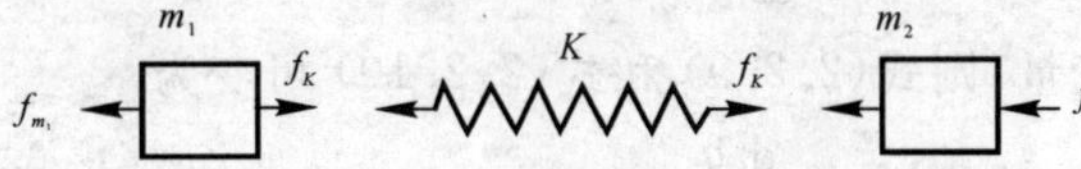

图 2.12　图 2.11 所示力学系统的受力分析

两个平衡方程分别为

$$f_{m_1}=f_K$$
$$f_{m_2}=-f_K$$

弹簧的变形为

$$x_K=x_2-x_1$$
$$Kf_K=\frac{\int_0^t\int_0^t f_{m_2}\,\mathrm{d}t\mathrm{d}t}{m_2}-\frac{\int_0^t\int_0^t f_{m_1}\,\mathrm{d}t\mathrm{d}t}{m_1}$$

将两个平衡方程代入上式,整理可得

$$K\frac{\mathrm{d}^2f_K}{\mathrm{d}t^2}+\left(\frac{1}{m_1}+\frac{1}{m_2}\right)f_K=0\tag{2.2.8}$$

由 $v_K=v_2-v_1$ 可得

$$K\frac{\mathrm{d}f_K}{\mathrm{d}t}+\frac{1}{m_1}\int_0^t f_K\mathrm{d}t+\frac{1}{m_2}\int_0^t f_K\mathrm{d}t=0$$

同样可以得到式(2.2.8),即

$$K\frac{\mathrm{d}^2f_K}{\mathrm{d}t^2}+\left(\frac{1}{m_1}+\frac{1}{m_2}\right)f_K=0$$

2. 单回路的自由振荡和双回路的自由振荡

(1) 单回路的自由振荡

一个单回路的电路如图 2.13 所示,L 为电感,s 为电弹,它与电容 C 互为倒数,即 $s=\frac{1}{C}$。

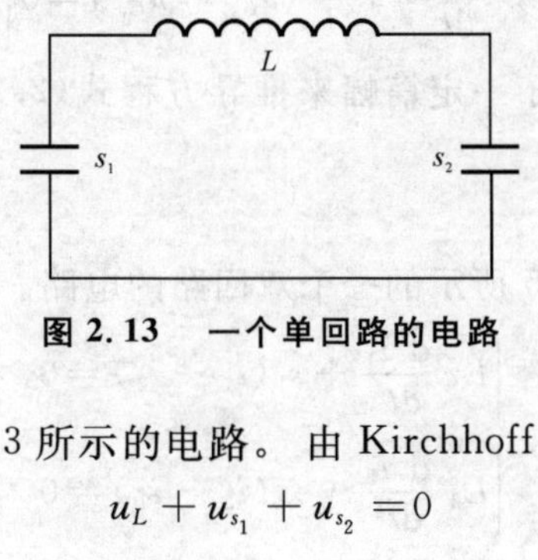

图 2.13　一个单回路的电路

用回路电流法来分析图 2.13 所示的电路。由 Kirchhoff 电压定律,可得

$$u_L+u_{s_1}+u_{s_2}=0$$

以电流 i 为基本变量，则上式可变为

$$L\frac{\mathrm{d}^2 i}{\mathrm{d}t^2}+(s_1+s_2)i=0 \tag{2.2.9}$$

将 $s=\dfrac{1}{C}$ 代入式(2.2.9)，可得

$$L\frac{\mathrm{d}^2 i}{\mathrm{d}t^2}+\left(\frac{1}{C_1}+\frac{1}{C_2}\right)i=0 \tag{2.2.10}$$

若以电量 q 为基本变量，则式(2.2.9) 和式(2.2.10) 可变为

$$L\frac{\mathrm{d}^2 q}{\mathrm{d}t^2}+(s_1+s_2)q=0 \tag{2.2.11}$$

$$L\frac{\mathrm{d}^2 q}{\mathrm{d}t^2}+\left(\frac{1}{C_1}+\frac{1}{C_2}\right)q=0 \tag{2.2.12}$$

用节偶电压法来分析图 2.13 所示的电路。电路系统有 3 个未知电压(见图 2.14)，但只能建立一个电压平衡方程，故须补充两个电流连续方程方可求解。

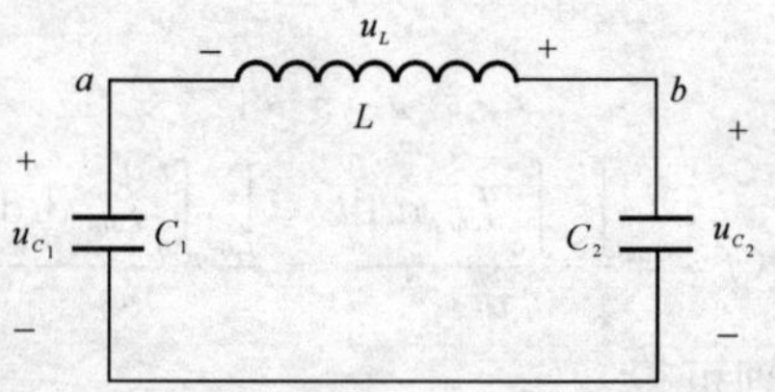

图 2.14　图 2.13 所示电路中各元件两端电压

电压平衡方程为

$$u_L+u_{C_1}-u_{C_2}=0 \quad 或 \quad u_L=u_{C_2}-u_{C_1}$$

由 Kirchhoff 电流定律，对 a,b 两点建立电流连续方程，可得

$$\begin{cases} C_1\dfrac{\mathrm{d}u_{C_1}}{\mathrm{d}t}-\dfrac{1}{L}\displaystyle\int_0^t u_L\,\mathrm{d}t=0 \\ C_2\dfrac{\mathrm{d}u_{C_2}}{\mathrm{d}t}+\dfrac{1}{L}\displaystyle\int_0^t u_L\,\mathrm{d}t=0 \end{cases}$$

将 $u_L=u_{C_2}-u_{C_1}$ 代入此方程组，可得

$$\left.\begin{aligned} C_1\frac{\mathrm{d}^2 u_{C_1}}{\mathrm{d}t^2}+\frac{1}{L}(u_{C_1}-u_{C_2})=0 \\ C_2\frac{\mathrm{d}^2 u_{C_2}}{\mathrm{d}t^2}+\frac{1}{L}(u_{C_2}-u_{C_1})=0 \end{aligned}\right\} \tag{2.2.13}$$

这里为了物理概念清晰，用了一定篇幅来推导方程式(2.2.13)，将来遇到这种情况，直接写出式(2.2.13) 类型方程即可。

(2) 双回路的自由振荡

用回路电流法来分析图 2.15 所示的一个双回路的电路。可建立两个电压平衡方程为

$$\begin{cases} L_1\dfrac{\mathrm{d}^2 i_1}{\mathrm{d}t^2}+s_1(i_1-i_2)=0 \\ L_2\dfrac{\mathrm{d}^2 i_2}{\mathrm{d}t^2}+s_2(i_2-i_1)=0 \end{cases}$$

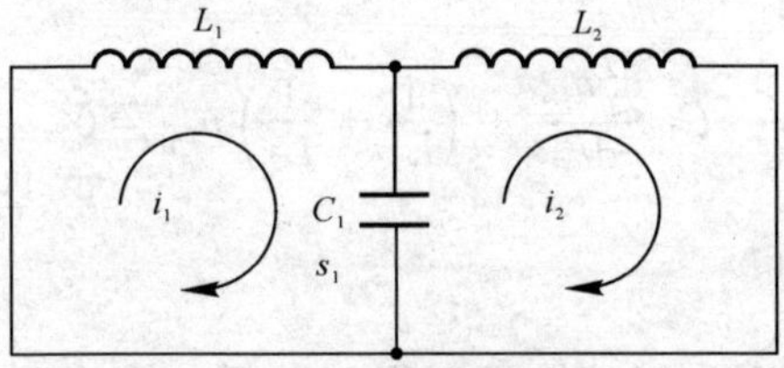

图 2.15　一个双回路的电路

若以电量 q 为基本变量,可得

$$\left.\begin{aligned}L_1\frac{\mathrm{d}^2q_1}{\mathrm{d}t^2}+s_1(q_1-q_2)=0\\L_2\frac{\mathrm{d}^2q_2}{\mathrm{d}t^2}+s_2(q_2-q_1)=0\end{aligned}\right\}\tag{2.2.14}$$

若以 $1/C$ 代替 s,则以上两个方程组变为

$$\begin{cases}L_1\dfrac{\mathrm{d}^2i_1}{\mathrm{d}t^2}+\dfrac{1}{C_1}(i_1-i_2)=0\\L_2\dfrac{\mathrm{d}^2i_2}{\mathrm{d}t^2}+\dfrac{1}{C_2}(i_2-i_1)=0\end{cases}$$

$$\left.\begin{aligned}L_1\frac{\mathrm{d}^2q_1}{\mathrm{d}t^2}+\frac{1}{C_1}(q_1-q_2)=0\\L_2\frac{\mathrm{d}^2q_2}{\mathrm{d}t^2}+\frac{1}{C_2}(q_2-q_1)=0\end{aligned}\right\}\tag{2.2.15}$$

用节偶电压法分析图 2.15 所示的电路。电路系统有 3 个未知电压(见图 2.16),但只能建立两个电压平衡方程,故须补充一个电流连续方程方可求解。节点 1 处的电流连续方程为

$$i_{C_1}+i_{L_1}+i_{L_2}=0$$

$$C_1\frac{\mathrm{d}u_{C_1}}{\mathrm{d}t}+\frac{1}{L_1}\int_0^t u_{C_1}\,\mathrm{d}t+\frac{1}{L_2}\int_0^t u_{C_1}\,\mathrm{d}t=0$$

整理可得

$$C_1\frac{\mathrm{d}^2u_{C_1}}{\mathrm{d}t^2}+\left(\frac{1}{L_1}+\frac{1}{L_2}\right)u_{C_1}=0\tag{2.2.16}$$

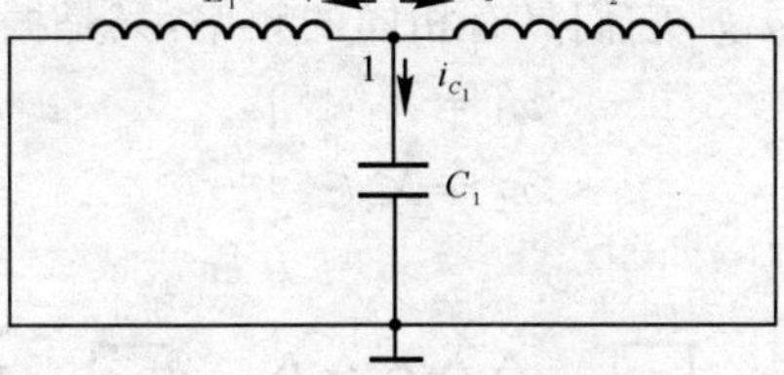

图 2.16　节点 1 的电流情况

如果取电量 q 连续条件,则有

$$q_{C_1}+q_{L_1}+q_{L_2}=0$$

$$C_1u_{C_1}+\frac{1}{L_1}\int_0^t\int_0^t u_{C_1}\,\mathrm{d}t\mathrm{d}t+\frac{1}{L_2}\int_0^t\int_0^t u_{C_1}\,\mathrm{d}t\mathrm{d}t=0$$

同样可以得到式(2.2.16),即

$$C_1\frac{\mathrm{d}^2u_{C_1}}{\mathrm{d}t^2}+\left(\frac{1}{L_1}+\frac{1}{L_2}\right)u_{C_1}=0$$

3. 比拟

通过对力学问题与电学问题的比较,可以得到以下对偶关系。

只要将 m 与 L,k 与 s,x 与 q 相对应,式(2.2.3)与式(2.2.11),式(2.2.6)与式(2.2.14)便可相比拟,这是质量电感法。质量电感法中的对偶关系,不仅反映了数学上的相似性,而且反映了物理意义方面的相似性。

只要将 K 与 C,m 与 L,f 与 u 相对应,式(2.2.5)与式(2.2.13),式(2.2.8)与式(2.2.16)便可相比拟。

只要将 m 与 C,K 与 L,v 与 u 相对应,式(2.2.2)与式(2.2.16)便可相比拟,这是质量电容法。质量电容法中的对偶关系,仅仅反映了数学上的相似性,而没有反映物理意义方面的相似性。

只要将 K 与 L,m 与 C,f 与 q 相对应,式(2.2.5)与式(2.2.15)便可相比拟。

总之,微分方程相类似的物理现象均可相比拟,这就说明了自然界的统一性体现在各个现象领域微分方程式惊人地相类似的这个道理。在实际中,人们往往把自己不熟悉的问题比拟为自己熟悉的问题,或把某个问题比拟为便于解决的问题。

2.2.2 简例

1. 自由振动的一个简例

设有一个二自由度的自由振动系统(见图2.17),用位移法分析,它具有两个自由度,其平衡方程可写成

$$\left.\begin{aligned}m_1\frac{\mathrm{d}^2x_1}{\mathrm{d}t^2}+(k_1+k_2)x_1-k_2x_2=0\\ m_2\frac{\mathrm{d}^2x_2}{\mathrm{d}t^2}-k_2x_1+(k_3+k_2)x_2=0\end{aligned}\right\}\tag{2.2.17}$$

假设 m_1 和 m_2 均作自由振动,它们具有相同的频率,只是振幅不同,则

$$\left.\begin{aligned}x_1=X_1\mathrm{e}^{\mathrm{j}\omega t}\\ x_2=X_2\mathrm{e}^{\mathrm{j}\omega t}\end{aligned}\right\}\tag{2.2.18}$$

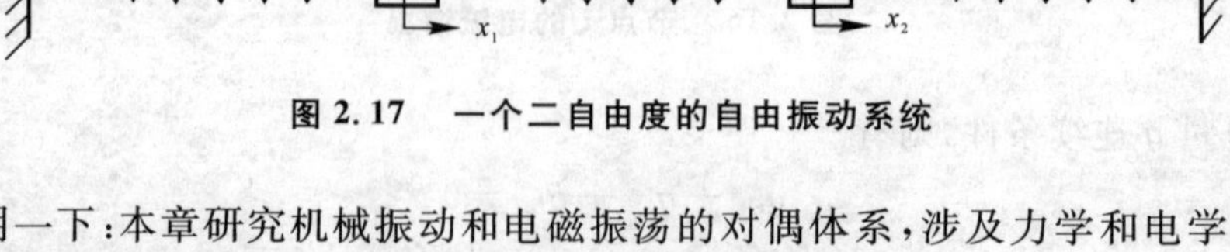

图 2.17 一个二自由度的自由振动系统

这里说明一下:本章研究机械振动和电磁振荡的对偶体系,涉及力学和电学两个学科,由于电学中用 i 表示电流已经约定俗成,故虚数单位用 j 表示。

将式(2.2.18)代入式(2.2.17)，可得

$$\left.\begin{aligned}(-m_1\omega^2+k_1+k_2)X_1-k_2X_2=0\\ -k_2X_1+(-m_2\omega^2+k_2+k_3)X_2=0\end{aligned}\right\}\tag{2.2.19}$$

这是一个齐次线性方程组，它有一组零解，对应系统不振动。该方程组有非零解的条件为

$$\begin{vmatrix}-m_1\omega^2+k_1+k_2 & -k_2\\ -k_2 & -m_2\omega^2+k_2+k_3\end{vmatrix}=0$$

整理可得

$$\omega^4-\left(\frac{k_1+k_2}{m_1}+\frac{k_2+k_3}{m_2}\right)\omega^2+\frac{k_1k_2+k_2k_3+k_3k_1}{m_1m_2}=0$$

为了使问题简化，设 $m_1=m_2=m, k_1=k_2=k_3=k$，则上式变为

$$m^2\omega^4-4km\omega^2+3k^2=0$$

解为

$$\omega^2=\frac{-(-4km)\pm\sqrt{(-4km)^2-12m^2k^2}}{2m^2}=\frac{2k\pm k}{m}$$

舍弃负根，得到方程的解为

$$\left.\begin{aligned}\omega_1=\sqrt{\frac{k}{m}}\\ \omega_2=\sqrt{\frac{3k}{m}}\end{aligned}\right\}\tag{2.2.20}$$

将式(2.2.20)代入式(2.2.19)，可得

$$\frac{X_1^{(1)}}{X_2^{(1)}}=1$$

$$\frac{X_1^{(2)}}{X_2^{(2)}}=-1$$

则方程组(2.2.17)的几个解为

$$x_1^{(1)}=X_1^{(1)}e^{j\omega_1t}$$

$$x_1^{(2)}=X_1^{(2)}e^{j\omega_2t}$$

$$x_2^{(1)}=X_2^{(1)}e^{j\omega_1t}=X_1^{(1)}e^{j\omega_1t}$$

$$x_2^{(2)}=X_2^{(2)}e^{j\omega_2t}=-X_1^{(2)}e^{j\omega_2t}$$

故方程组的通解为

$$\begin{cases}x_1=X_1^{(1)}e^{j\omega_1t}+X_1^{(2)}e^{j\omega_2t}\\ x_2=X_1^{(1)}e^{j\omega_1t}-X_1^{(2)}e^{j\omega_2t}\end{cases}$$

式中，$X_1^{(1)}$ 和 $X_1^{(2)}$ 由初始条件决定。

用力法分析图 2.17 所示的力学系统。力学系统中有 5 个未知力(见图 2.18)，可建立两个平衡方程，故为 3 次静不定问题。

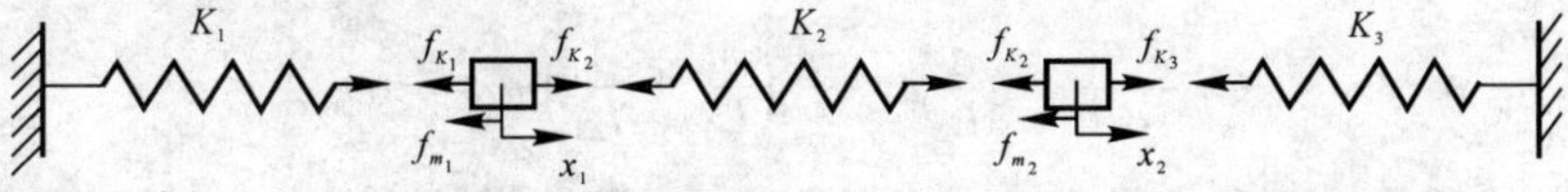

图 2.18　图 2.17 所示力学系统的受力分析

设三个弹簧的柔度系数分别为 K_1,K_2,K_3(其协调条件为弹簧的伸长等于与弹簧相连的物体运动的位移),则该系统的协调方程可写成

$$\left.\begin{aligned}&K_1\frac{\mathrm{d}^2 f_{K_1}}{\mathrm{d}t^2}+\frac{1}{m_1}(f_{K_1}-f_{K_2})=0\\&K_2\frac{\mathrm{d}^2 f_{K_2}}{\mathrm{d}t^2}+\frac{1}{m_1}(f_{K_2}-f_{K_1})+\frac{1}{m_2}(f_{K_2}-f_{K_3})=0\\&K_3\frac{\mathrm{d}^2 f_{K_3}}{\mathrm{d}t^2}+\frac{1}{m_2}(f_{K_3}-f_{K_2})=0\end{aligned}\right\}\tag{2.2.21}$$

整理可得

$$\left.\begin{aligned}&K_1\frac{\mathrm{d}^2 f_{K_1}}{\mathrm{d}t^2}+\frac{1}{m_1}f_{K_1}-\frac{1}{m_1}f_{K_2}=0\\&K_2\frac{\mathrm{d}^2 f_{K_2}}{\mathrm{d}t^2}-\frac{1}{m_1}f_{K_1}+\left(\frac{1}{m_1}+\frac{1}{m_2}\right)f_{K_2}-\frac{1}{m_2}f_{K_3}=0\\&K_3\frac{\mathrm{d}^2 f_{K_3}}{\mathrm{d}t^2}-\frac{1}{m_2}f_{K_2}+\frac{1}{m_2}f_{K_3}=0\end{aligned}\right\}\tag{2.2.22}$$

2. 自由振荡的一个简例

设有一个双回路的电路(见图 2.19),用回路电流法分析,其电压平衡方程可写成

$$\left.\begin{aligned}&L_1\frac{\mathrm{d}^2 i_1}{\mathrm{d}t^2}+(s_1+s_2)i_1-s_2 i_2=0\\&L_2\frac{\mathrm{d}^2 i_2}{\mathrm{d}t^2}-s_2 i_1+(s_2+s_3)i_2=0\end{aligned}\right\}\tag{2.2.23}$$

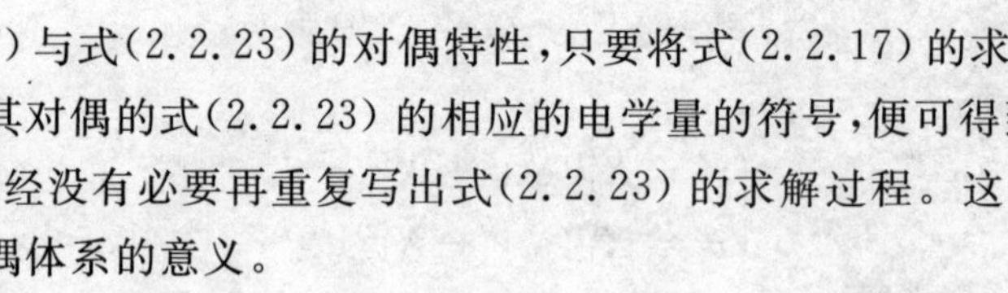

图 2.19 一个双回路的电路

由于式(2.2.17)与式(2.2.23)的对偶特性,只要将式(2.2.17)的求解过程中的各个力学量的符号替换为与其对偶的式(2.2.23)的相应的电学量的符号,便可得到式(2.2.23)的求解过程。因此,这里已经没有必要再重复写出式(2.2.23)的求解过程。这也说明了研究机械振动和电磁振荡的对偶体系的意义。

设有一个 3 回路的电路(见图 2.20),用节偶电压法分析,其电流连续方程可写成

$$\left.\begin{aligned}&C_1\frac{\mathrm{d}^2 u_{C_1}}{\mathrm{d}t^2}+\left(\frac{1}{L_1}+\frac{1}{L_2}\right)u_{C_1}-\frac{1}{L_2}u_{C_2}=0\\&C_2\frac{\mathrm{d}^2 u_{C_2}}{\mathrm{d}t^2}-\frac{1}{L_2}u_{C_1}+\left(\frac{1}{L_2}+\frac{1}{L_3}\right)u_{C_2}=0\end{aligned}\right\}\tag{2.2.24}$$

可以看到,式(2.2.23)和式(2.2.24)均与式(2.2.17)有着惊人的相似,并且它们的解法也是相同的,这里就不再重复了。这说明式(2.2.23)和式(2.2.24)均可与式(2.2.17)相比拟。

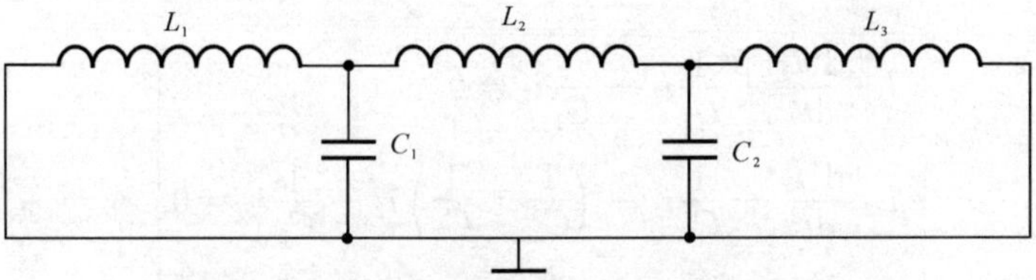

图 2.20　3 回路的电路

设有一个双回路的电路(见图 2.21),用节偶电压法分析,其电流连续方程可写成

$$\left.\begin{aligned} &C_1\frac{d^2u_{C_1}}{dt^2}+\frac{1}{L_1}(u_{C_1}-u_{C_2})=0\\ &C_2\frac{d^2u_{C_2}}{dt^2}+\frac{1}{L_1}(u_{C_2}-u_{C_1})+\frac{1}{L_2}(u_{C_2}-u_{C_3})=0\\ &C_3\frac{d^2u_{C_3}}{dt^2}+\frac{1}{L_2}(u_{C_3}-u_{C_2})=0 \end{aligned}\right\} \tag{2.2.25}$$

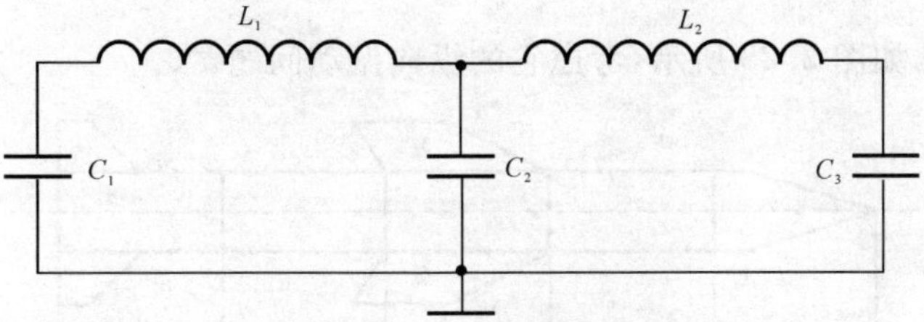

图 2.21　双回路的电路

整理可得

$$\left.\begin{aligned} &C_1\frac{d^2u_{C_1}}{dt^2}+\frac{1}{L_1}u_{C_1}-\frac{1}{L_1}u_{C_2}=0\\ &C_2\frac{d^2u_{C_2}}{dt^2}-\frac{1}{L_1}u_{C_1}+\left(\frac{1}{L_1}+\frac{1}{L_2}\right)u_{C_2}-\frac{1}{L_2}u_{C_3}=0\\ &C_3\frac{d^2u_{C_3}}{dt^2}-\frac{1}{L_2}u_{C_2}+\frac{1}{L_2}u_{C_3}=0 \end{aligned}\right\} \tag{2.2.26}$$

设有一个 3 回路的电路(见图 2.22),用回路电流法分析,其电压平衡方程可写成

$$\left.\begin{aligned} &L_1\frac{d^2i_1}{dt^2}+\frac{1}{C_1}(i_1-i_2)=0\\ &L_2\frac{d^2i_2}{dt^2}+\frac{1}{C_1}(i_2-i_1)+\frac{1}{C_2}(i_2-i_3)=0\\ &L_3\frac{d^2i_3}{dt^2}+\frac{1}{C_2}(i_3-i_2)=0 \end{aligned}\right\} \tag{2.2.27}$$

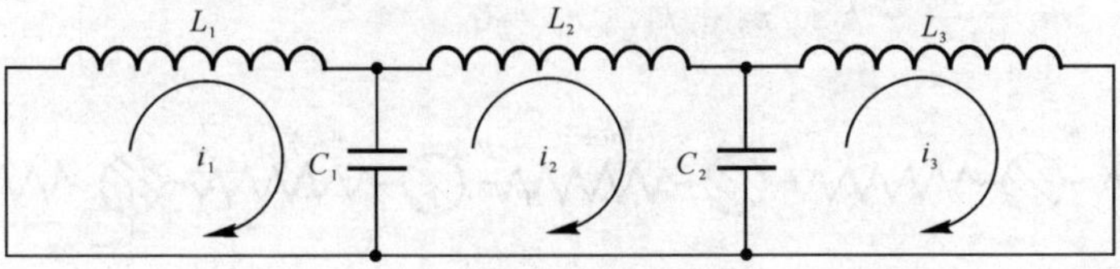

图 2.22　3 回路的电路

整理可得

$$\left.\begin{aligned}&L_1\frac{\mathrm{d}^2 i_1}{\mathrm{d}t^2}+\frac{1}{C_1}i_1-\frac{1}{C_1}i_2=0\\&L_2\frac{\mathrm{d}^2 i_2}{\mathrm{d}t^2}-\frac{1}{C_1}i_1+\left(\frac{1}{C_1}+\frac{1}{C_2}\right)i_2-\frac{1}{C_2}i_3=0\\&L_3\frac{\mathrm{d}^2 i_3}{\mathrm{d}t^2}-\frac{1}{C_2}i_2+\frac{1}{C_2}i_3=0\end{aligned}\right\}\tag{2.2.28}$$

可见，因为式(2.2.26)和式(2.2.28)均与式(2.2.22)是相似的，所以式(2.2.26)和式(2.2.28)表示的电学系统，均可与式(2.2.22)表示的力学系统相比拟。

2.2.3　杆的振动和可与之相比拟的网络问题

1. 杆的纵振和网络问题一

(1) 杆的纵振

设有一种飞行器如图 2.23 所示，考虑它的纵向振动问题。

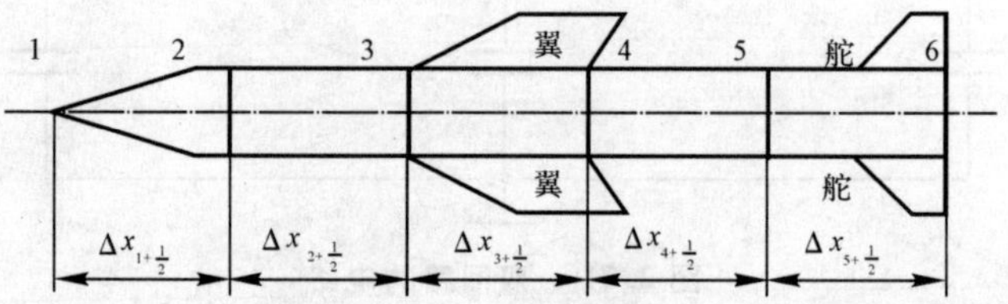

图 2.23　飞行器的简图

为了简化问题，作如下处理：把它按结构情况分为 5 个部分，将其质量集中在 6 个节点。各段剖面的刚度系数为 $E_{i+\frac{1}{2}}A_{i+\frac{1}{2}}$，故刚度为 $\dfrac{E_{i+\frac{1}{2}}A_{i+\frac{1}{2}}}{\Delta x_{i+\frac{1}{2}}}=k_{i+\frac{1}{2}}$（注意：$i+\dfrac{1}{2}$ 表示位于节点 i 与 $i+1$ 之间）。通过上述简化，飞行器便简化成如图 2.24 所示的 mk 系统。

用位移法分析如图 2.24 所示的力学系统，其平衡方程可写成

$$\left.\begin{aligned}&m_1\frac{\mathrm{d}^2 x_1}{\mathrm{d}t^2}+k_{1+\frac{1}{2}}x_1-k_{1+\frac{1}{2}}x_2=0\\&m_2\frac{\mathrm{d}^2 x_2}{\mathrm{d}t^2}-k_{1+\frac{1}{2}}x_1+(k_{1+\frac{1}{2}}+k_{2+\frac{1}{2}})x_2-k_{2+\frac{1}{2}}x_3=0\\&\cdots\cdots\\&m_5\frac{\mathrm{d}^2 x_5}{\mathrm{d}t^2}-k_{4+\frac{1}{2}}x_4+(k_{4+\frac{1}{2}}+k_{5+\frac{1}{2}})x_5-k_{5+\frac{1}{2}}x_6=0\\&m_6\frac{\mathrm{d}^2 x_6}{\mathrm{d}t^2}-k_{5+\frac{1}{2}}x_5+k_{5+\frac{1}{2}}x_6=0\end{aligned}\right\}\tag{2.2.29}$$

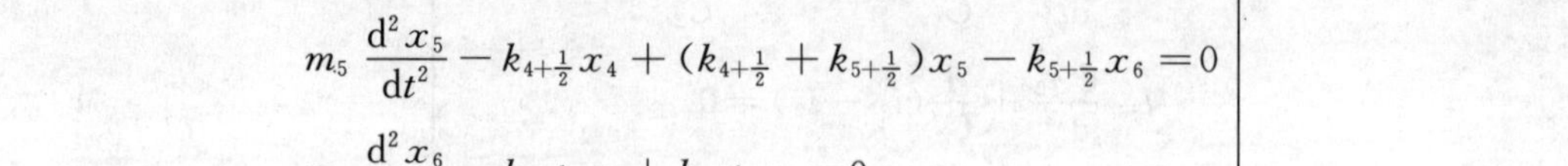

图 2.24　mk 系统

由方程组式(2.2.29)不难看出，对于 n 个节点的系统，有 n 个弹性自由度，可建立 n 个平衡方程，其第 i 个方程为

$$m_i \frac{d^2 x_i}{dt^2} - k_{i-1+\frac{1}{2}} x_{i-1} + (k_{i-1+\frac{1}{2}} + k_{i+\frac{1}{2}}) x_i - k_{i+\frac{1}{2}} x_{i+1} = 0 \tag{2.2.30}$$

如果将飞行器简化成如图 2.25 所示的 mK 系统，则用力法分析，其协调方程可写成

$$\left.\begin{aligned}
&K_1 \frac{d^2 f_{K_1}}{dt^2} + \left(\frac{1}{m_{0+\frac{1}{2}}} + \frac{1}{m_{1+\frac{1}{2}}}\right) f_{K_1} - \frac{1}{m_{1+\frac{1}{2}}} f_{K_2} = 0 \\
&K_2 \frac{d^2 f_{K_2}}{dt^2} - \frac{1}{m_{1+\frac{1}{2}}} f_{K_1} + \left(\frac{1}{m_{1+\frac{1}{2}}} + \frac{1}{m_{2+\frac{1}{2}}}\right) f_{K_2} - \frac{1}{m_{2+\frac{1}{2}}} f_{K_3} = 0 \\
&\cdots\cdots \\
&K_5 \frac{d^2 f_{K_5}}{dt^2} - \frac{1}{m_{4+\frac{1}{2}}} f_{K_4} + \left(\frac{1}{m_{4+\frac{1}{2}}} + \frac{1}{m_{5+\frac{1}{2}}}\right) f_{K_5} = 0
\end{aligned}\right\} \tag{2.2.31}$$

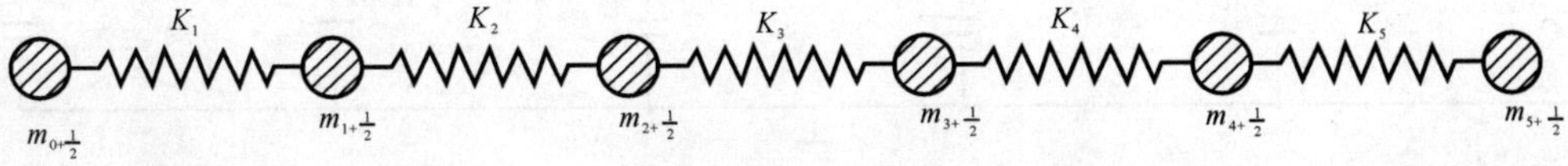

图 2.25　mK 系统

由方程组式(2.2.31)不难看出，对于 n 次静不定系统，可建立 n 个协调方程，其第 i 个方程为

$$K_i \frac{d^2 f_{K_i}}{dt^2} - \frac{1}{m_{i-1+\frac{1}{2}}} f_{K_{i-1}} + \left(\frac{1}{m_{i-1+\frac{1}{2}}} + \frac{1}{m_{i+\frac{1}{2}}}\right) f_{K_i} - \frac{1}{m_{i+\frac{1}{2}}} f_{K_{i+1}} = 0 \tag{2.2.32}$$

(2) 网络问题一

$L-C$ 网络如图 2.26 所示，用回路电流法分析，其电压平衡方程可写成

$$\left.\begin{aligned}
&L_1 \frac{d^2 i_1}{dt^2} + s_{1+\frac{1}{2}} i_1 - s_{1+\frac{1}{2}} i_2 = 0 \\
&L_2 \frac{d^2 i_2}{dt^2} - s_{1+\frac{1}{2}} i_1 + (s_{1+\frac{1}{2}} + s_{2+\frac{1}{2}}) i_2 - s_{2+\frac{1}{2}} i_3 = 0 \\
&\cdots\cdots \\
&L_5 \frac{d^2 i_5}{dt^2} - s_{4+\frac{1}{2}} i_4 + (s_{4+\frac{1}{2}} + s_{5+\frac{1}{2}}) i_5 - s_{5+\frac{1}{2}} i_6 = 0 \\
&L_6 \frac{d^2 i_6}{dt^2} - s_{5+\frac{1}{2}} i_5 + s_{5+\frac{1}{2}} i_6 = 0
\end{aligned}\right\} \tag{2.2.33}$$

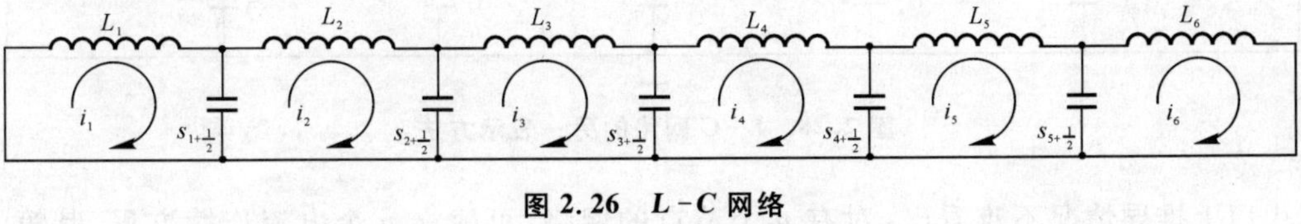

图 2.26　$L-C$ 网络

由方程组式(2.2.33)可见，对 n 个回路组成的网络，其第 i 个回路的电压平衡方程为

$$L_i \frac{d^2 i_i}{dt^2} - s_{i-1+\frac{1}{2}} i_{i-1} + (s_{i-1+\frac{1}{2}} + s_{i+\frac{1}{2}}) i_i - s_{i+\frac{1}{2}} i_{i+1} = 0 \tag{2.2.34}$$

$C-L$ 网络如图 2.27 所示，用节偶电压法分析，其电流连续方程可写成

$$\left.\begin{aligned}&C_1\frac{\mathrm{d}^2u_{C_1}}{\mathrm{d}t^2}+\frac{1}{L_{1+\frac{1}{2}}}u_{C_1}-\frac{1}{L_{1+\frac{1}{2}}}u_{C_2}=0\\&C_2\frac{\mathrm{d}^2u_{C_2}}{\mathrm{d}t^2}-\frac{1}{L_{1+\frac{1}{2}}}u_{C_1}+\left(\frac{1}{L_{1+\frac{1}{2}}}+\frac{1}{L_{2+\frac{1}{2}}}\right)u_{C_2}-\frac{1}{L_{2+\frac{1}{2}}}u_{C_3}=0\\&\cdots\cdots\\&C_5\frac{\mathrm{d}^2u_{C_5}}{\mathrm{d}t^2}-\frac{1}{L_{4+\frac{1}{2}}}u_{C_4}+\left(\frac{1}{L_{4+\frac{1}{2}}}+\frac{1}{L_{5+\frac{1}{2}}}\right)u_{C_5}-\frac{1}{L_{5+\frac{1}{2}}}u_{C_6}=0\\&C_6\frac{\mathrm{d}^2u_{C_6}}{\mathrm{d}t^2}-\frac{1}{L_{5+\frac{1}{2}}}u_{C_5}+\frac{1}{L_{5+\frac{1}{2}}}u_{C_6}=0\end{aligned}\right\}\tag{2.2.35}$$

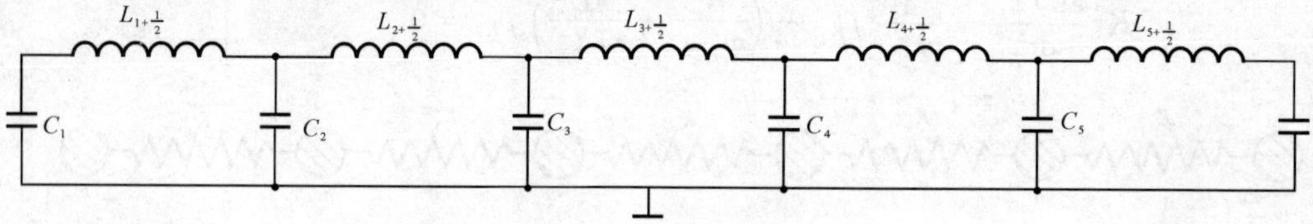

图 2.27　$C-L$ 网络

由方程组式(2.2.35) 不难看出，对有 n 个节点的网络，可建立 n 个电流连续方程，其第 i 个方程为

$$C_i\frac{\mathrm{d}^2u_{C_i}}{\mathrm{d}t^2}-\frac{1}{L_{i-1+\frac{1}{2}}}u_{C_{i-1}}+\left(\frac{1}{L_{i-1+\frac{1}{2}}}+\frac{1}{L_{i+\frac{1}{2}}}\right)u_{C_i}-\frac{1}{L_{i+\frac{1}{2}}}u_{C_{i+1}}=0\tag{2.2.36}$$

$L-C$ 网络的另一表示方法如图 2.28 所示，用节点电压法分析，其电流连续方程可写成

$$\left.\begin{aligned}&C_1\frac{\mathrm{d}^2u_{C_1}}{\mathrm{d}t^2}+\left(\frac{1}{L_{0+\frac{1}{2}}}+\frac{1}{L_{1+\frac{1}{2}}}\right)u_{C_1}-\frac{1}{L_{1+\frac{1}{2}}}u_{C_2}=0\\&C_2\frac{\mathrm{d}^2u_{C_2}}{\mathrm{d}t^2}-\frac{1}{L_{1+\frac{1}{2}}}u_{C_1}+\left(\frac{1}{L_{1+\frac{1}{2}}}+\frac{1}{L_{2+\frac{1}{2}}}\right)u_{C_2}-\frac{1}{L_{2+\frac{1}{2}}}u_{C_3}=0\\&\cdots\cdots\\&C_5\frac{\mathrm{d}^2u_{C_5}}{\mathrm{d}t^2}-\frac{1}{L_{4+\frac{1}{2}}}u_{C_4}+\left(\frac{1}{L_{4+\frac{1}{2}}}+\frac{1}{L_{5+\frac{1}{2}}}\right)u_{C_5}=0\end{aligned}\right\}\tag{2.2.37}$$

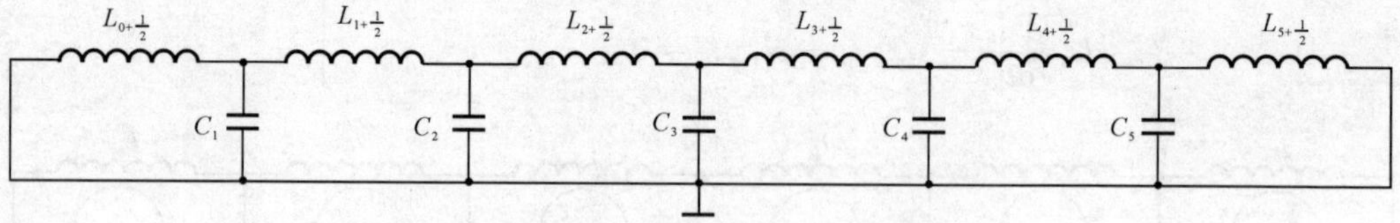

图 2.28　$L-C$ 网络的另一表示方法

由以上推导情况不难看出，对有 n 个节点的网络，可建立 n 个电流连续方程，其第 i 个方程为

$$C_i\frac{\mathrm{d}^2u_{C_i}}{\mathrm{d}t^2}-\frac{1}{L_{i-1+\frac{1}{2}}}u_{C_{i-1}}+\left(\frac{1}{L_{1-i+\frac{1}{2}}}+\frac{1}{L_{i+\frac{1}{2}}}\right)u_{C_i}-\frac{1}{L_{i+\frac{1}{2}}}u_{C_{i+1}}=0\tag{2.2.38}$$

$C-L$ 网络的另一表示方法如图 2.29 所示，用回路电流法分析，其电压平衡方程可写成

$$\left.\begin{aligned}&L_1\frac{\mathrm{d}^2 i_1}{\mathrm{d}t^2}+\left(\frac{1}{C_{0+\frac{1}{2}}}+\frac{1}{C_{1+\frac{1}{2}}}\right)i_1-\frac{1}{C_{1+\frac{1}{2}}}i_2=0\\&L_2\frac{\mathrm{d}^2 i_2}{\mathrm{d}t^2}-\frac{1}{C_{1+\frac{1}{2}}}i_1+\left(\frac{1}{C_{1+\frac{1}{2}}}+\frac{1}{C_{2+\frac{1}{2}}}\right)i_2-\frac{1}{C_{2+\frac{1}{2}}}i_3=0\\&\cdots\cdots\\&L_5\frac{\mathrm{d}^2 i_5}{\mathrm{d}t^2}-\frac{1}{C_{4+\frac{1}{2}}}i_4+\left(\frac{1}{C_{4+\frac{1}{2}}}+\frac{1}{C_{5+\frac{1}{2}}}\right)i_5=0\end{aligned}\right\}\tag{2.2.39}$$

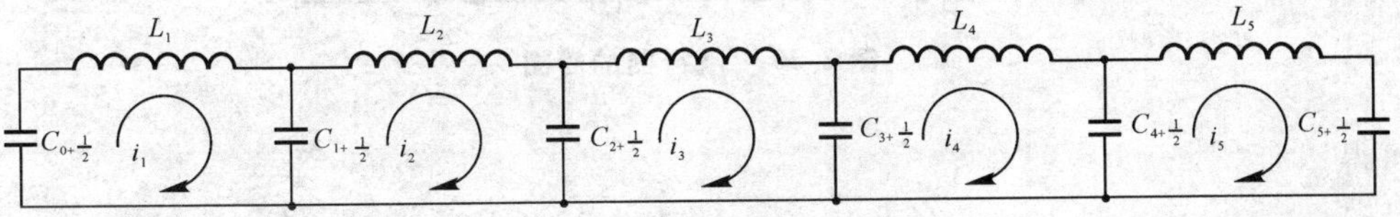

图 2.29　$C-L$ 网络的另一表示方法

对 n 个回路组成的网络，第 i 个回路的电压平衡方程为

$$L_i\frac{\mathrm{d}^2 i_i}{\mathrm{d}t^2}-\frac{1}{C_{i-1+\frac{1}{2}}}i_{i-1}+\left(\frac{1}{C_{i-1+\frac{1}{2}}}+\frac{1}{C_{i+\frac{1}{2}}}\right)i_i-\frac{1}{C_{i+\frac{1}{2}}}i_{i+1}=0\tag{2.2.40}$$

由杆的纵振与网络问题一比较可见，式(2.2.33) 和式(2.2.35) 均与式(2.2.29) 相比拟；式(2.2.34) 和式(2.2.36) 均与式(2.2.30) 相比拟；式(2.2.37) 和式(2.2.39) 均与式(2.2.31) 相比拟；式(2.2.38) 和式(2.2.40) 均与式(2.2.32) 相比拟。L 与 m 相比拟称为质量电感法，而 C 与 m 相比拟称为质量电容法。

所以式 $\left.\begin{matrix}(2.2.33)\text{与}(2.2.29)\\(2.2.34)\text{与}(2.2.30)\\(2.2.37)\text{与}(2.2.31)\\(2.2.38)\text{与}(2.2.32)\end{matrix}\right\}$为质量电感法，式 $\left.\begin{matrix}(2.2.35)\text{与}(2.2.29)\\(2.2.36)\text{与}(2.2.30)\\(2.2.39)\text{与}(2.2.31)\\(2.2.40)\text{与}(2.2.32)\end{matrix}\right\}$为质量电容法。

这里指出，像这种多元微分方程组的问题，用手算法来解是相当复杂的，一般用电子计算机来求解。这就是本节或以后几节不具体求出方程组的解的原因。利用这种对偶关系，也可以进行电-力模拟试验。

2. 杆的扭振和网络问题二

(1) 杆的扭振

设有一种飞行器(见图 2.30)，考虑其扭转振动的问题。当有惯性力作用时，其动力学方程为

$$-I_K\frac{\mathrm{d}^2\alpha}{\mathrm{d}t^2}+\frac{\mathrm{d}^2}{\mathrm{d}x^2}GJ_K\alpha=0$$

式中　GJ_K—— 剖面扭转的刚度系数；

　　I_K—— 剖面转动惯量系数；

　　α—— 转角。

如果将杆分成 n 段，则对第 $i+\frac{1}{2}$ 段而言，上式变为

$$-I_K\frac{d^2\alpha_i}{dt^2}+\frac{1}{\Delta x_{i+\frac{1}{2}}}\frac{d}{dx}GJ_K(\alpha_{i+1}-\alpha_i)=0$$

$$-\Delta x_{i+\frac{1}{2}}I_K\frac{d^2\alpha_i}{dt^2}+\frac{d}{dx}GJ_K(\alpha_{i+1}-\alpha_i)=0$$

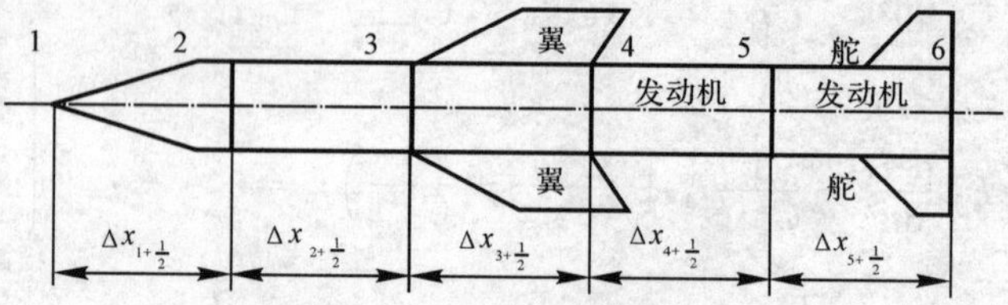

图 2.30　飞行器的简图

进而可得

$$-\Delta x_{i+\frac{1}{2}}I_K\frac{d^2\alpha_i}{dt^2}+\frac{(GJ_K)_{i+\frac{1}{2}}}{\Delta x_{i+\frac{1}{2}}}(\alpha_{i+1}-\alpha_i)-\frac{(GJ_K)_{i-\frac{1}{2}}}{\Delta x_{i-\frac{1}{2}}}(\alpha_i-\alpha_{i-1})=0$$

$$\Delta x_{i+\frac{1}{2}}I_K\frac{d^2\alpha_i}{dt^2}+\frac{(GJ_K)_{i+\frac{1}{2}}}{\Delta x_{i+\frac{1}{2}}}(\alpha_i-\alpha_{i+1})+\frac{(GJ_K)_{i-\frac{1}{2}}}{\Delta x_{i-\frac{1}{2}}}(\alpha_i-\alpha_{i-1})=0$$

设 $\Delta x_{i+\frac{1}{2}}I_K=I_{\alpha_i}$，$\frac{(GJ_K)_{i+\frac{1}{2}}}{\Delta x_{i+\frac{1}{2}}}=k_{i+\frac{1}{2}}$，$\frac{(GJ_K)_{i-\frac{1}{2}}}{\Delta x_{i-\frac{1}{2}}}=k_{i-\frac{1}{2}}$，则有

$$I_{\alpha_i}\frac{d^2\alpha_i}{dt^2}+k_{i+\frac{1}{2}}(\alpha_i-\alpha_{i+1})+k_{i-\frac{1}{2}}(\alpha_i-\alpha_{i-1})=0$$

$$I_{\alpha_i}\frac{d^2\alpha_i}{dt^2}-k_{i-\frac{1}{2}}\alpha_{i-1}+(k_{i+\frac{1}{2}}+k_{i-\frac{1}{2}})\alpha_i-k_{i+\frac{1}{2}}\alpha_{i+1}=0 \tag{2.2.41}$$

比较式(2.2.41)和式(2.2.30)可见，只要 I_{α_i} 与 m_i，α_i 与 x_i 相对应，两者便是相似的。由于杆的扭振和杆的纵振具有相似性，这就决定了它们可以用相同的电学网络来模拟。

这里要说明一个问题：前面用位移法来分析问题时，总是取平衡方程 $f_m+f_k=0$，这是由于假设惯性力与弹性力方向一致而引起的。

取 $f_{m_1}+f_k=0$ 时，f_{m_1} 为如图 2.31 所示的方向，$f_k=k(x_1-x_2)$，这意味着弹簧被压缩，所以 f_{m_1} 和 f_k 同向(见图 2.32)。

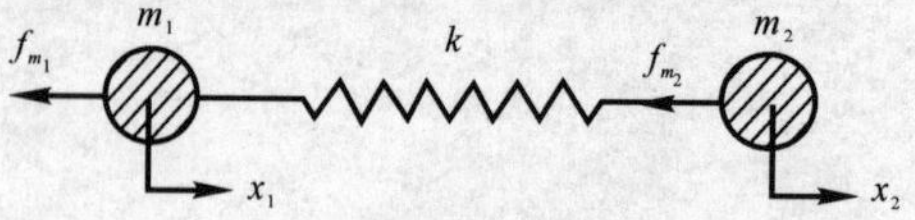

图 2.31　一个二自由度的自由振动系统

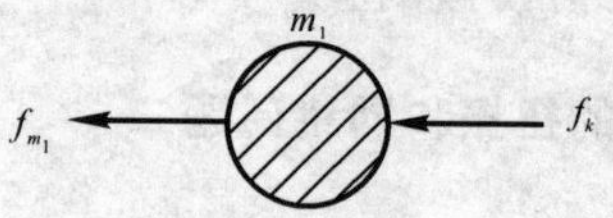

图 2.32　m_1 的受力分析

取 $f_{m_2}+f_k=0$ 时，f_{m_2} 为如图 2.31 所示的方向，$f_k=k(x_2-x_1)$，这意味着弹簧被拉伸，所以 f_{m_2} 和 f_k 同向(见图 2.33)。

实际上，当系统中只有弹性力时，惯性力的方向总是与弹性力的方向相反，体现在运动微分方程中，即有

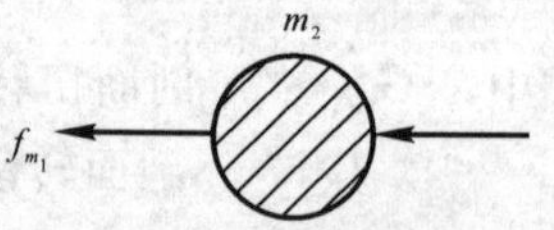

图 2.33　m_2 的受力分析

$$m_1\frac{d^2x_1}{dt^2}=-k(x_1-x_2)$$

$$m_2\frac{d^2x_2}{dt^2}=-k(x_2-x_1)$$

或者写成更一般的形式为

$$A\rho\ \frac{\mathrm{d}^2\Delta l}{\mathrm{d}t^2}=\frac{\mathrm{d}^2}{\mathrm{d}x^2}EA\Delta l$$

式中　$A\rho$—— 杆的线质量密度；

EA—— 剖面刚度系数；

Δl—— 杆的变形量。

在扭转问题中，也存在这类现象，动力学方程取为

$$I_K\ \frac{\mathrm{d}^2\alpha}{\mathrm{d}t^2}=\frac{\mathrm{d}^2}{\mathrm{d}x^2}GJ_K\alpha$$

即是这个缘故。

(2) 网络问题二

由于力学中扭振问题与纵振问题的相似性，网络问题一中的网络可以与扭振问题相比拟，故不再重复了。

现在重点说明网络问题与纵振、扭振问题的边界条件的比拟。

1) 质量电感法。

如果 m_1 为自由端，则通过 m_1 有一个力从 $0\rightarrow m_1\dfrac{\mathrm{d}v_1}{\mathrm{d}t}$ 的突变，m_1 左边的力为零。这对应着通过电感 L_1 有一个电压从 $0\rightarrow L_1\dfrac{\mathrm{d}i_1}{\mathrm{d}t}$ 的突变，电感 L_1 左端接地（见图 2.34）。

如果 m_1 为固定端，m_1 的位移为零，速度为零，受力全部传给固定端，这时 m_1 失去了存在的意义，故可直接接地（见图 2.35）。这对应着通过电感 L_1 的电量 $q\equiv 0$，电流 $i=0$，在 L_1 的两端没有电压，即相当于断路的情况，这时 L_1 失去了存在的意义（见图 2.36）。

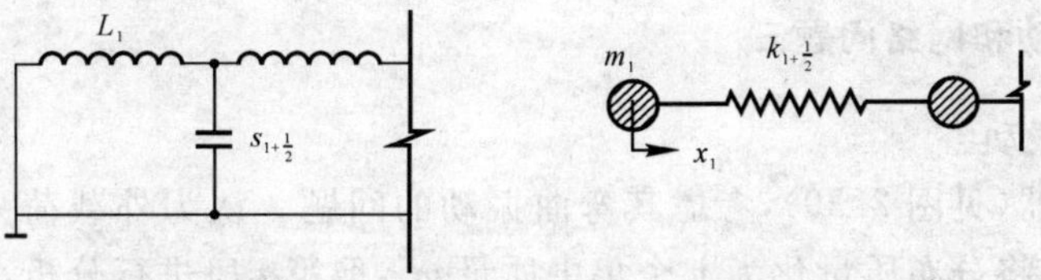

图 2.34　质量电感法对自由端的比拟

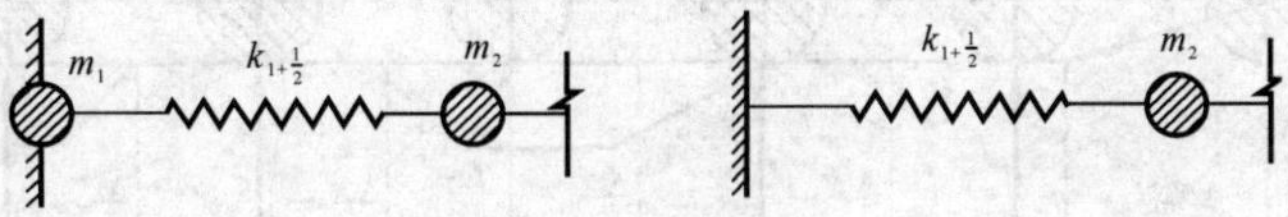

图 2.35　固定端的简化

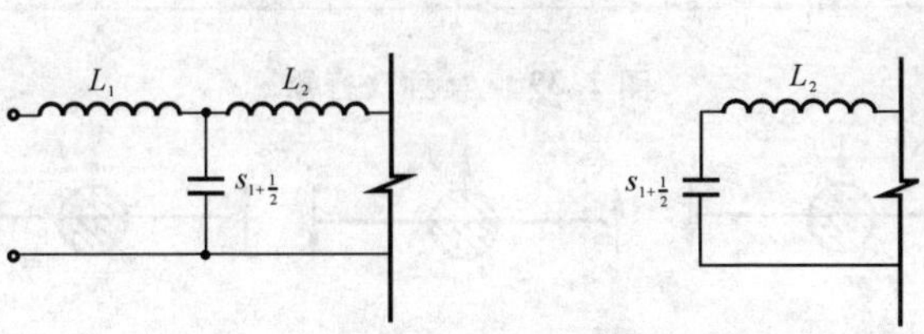

图 2.36　质量电感法对固定端的比拟

2）质量电容法。

如果 m_1 为自由端，则通过 m_1 有一个力从 $0 \to m_1 \dfrac{\mathrm{d}v_1}{\mathrm{d}t}$ 的突变。这对应着电路中通过节点 1，电流有一个从 $0 \to C_1 \dfrac{\mathrm{d}u_{C_1}}{\mathrm{d}t}$ 的突变，即相当于节点 1 与零电位之间接一个电容（见图 2.37）。

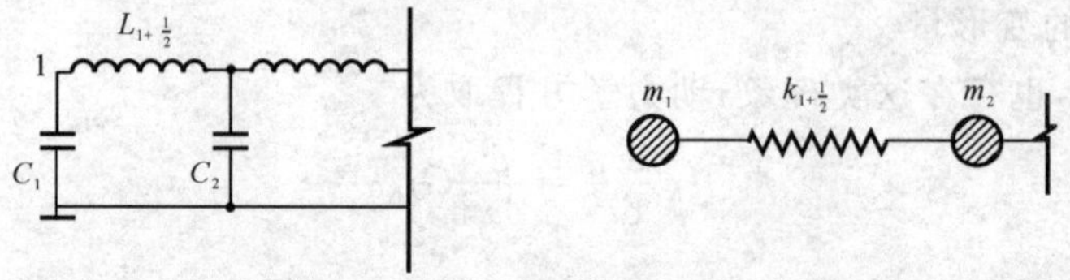

图 2.37　质量电容法对自由端的比拟

如果 m_1 为固定端，m_1 的位移为零，速度为零，与质量电感法中讨论的一样，这时 m_1 失去了存在的意义。这对应着电容两端的电压 $u_{C_1} \equiv 0$，即相当于 C_1 短路的情况，也就是节点 1 直接接地的情况，这时 C_1 也失去了存在的意义（见图 2.38）。

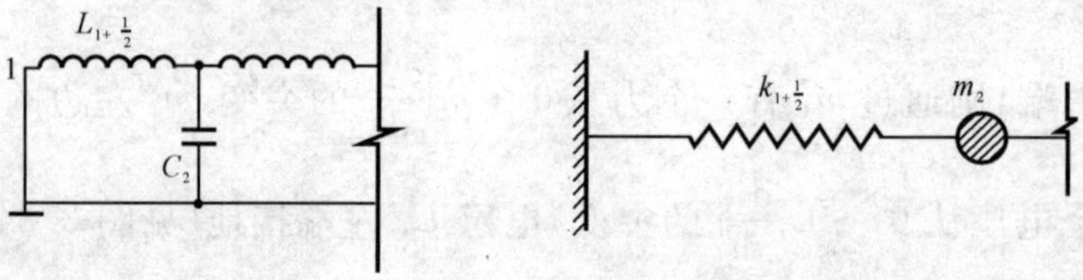

图 2.38　质量电容法对固定端的比拟

以上边界条件的比拟，不管对位移法还是力法都是适用的。

3. 杆的弯曲振动和网络问题三

（1）杆的弯曲振动

设有某种飞行器（见图 2.39），考虑其弯曲振动的问题。认为外载荷只有惯性力，将实际结构分为若干段，并将分布质量化为 n 个集中质量 m_i，取第 i 段进行分析。

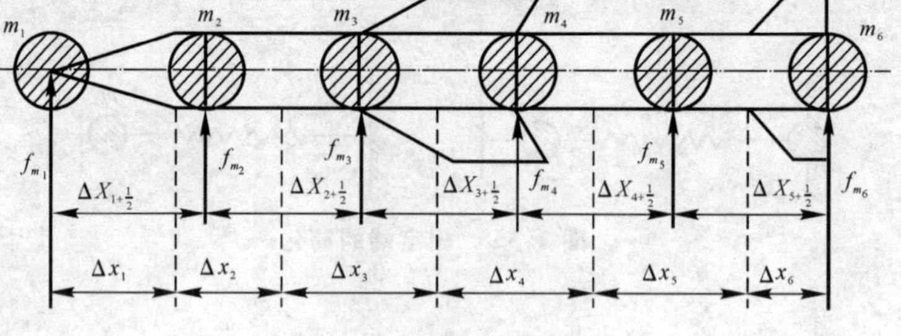

图 2.39　某种飞行器

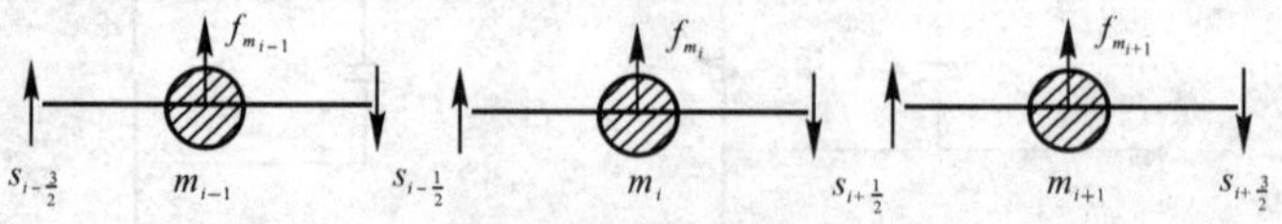

图 2.40　受力分析

由图 2.40 所示可得

$$m_i \frac{\partial^2 y_i}{\partial t^2} + s_{i-\frac{1}{2}} - s_{i+\frac{1}{2}} = 0 \tag{2.2.42}$$

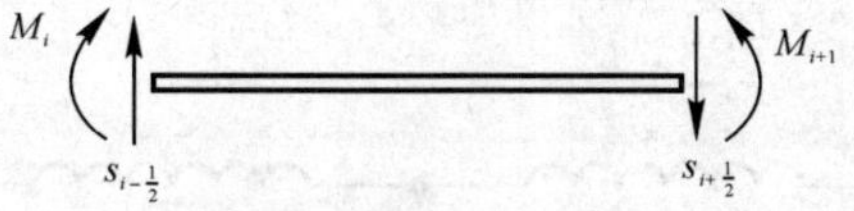

图 2.41　力矩分析

由图 2.41 所示可得

$$\Delta M = M_{i+1} - M_i = s_{i+\frac{1}{2}} \Delta X_{i+\frac{1}{2}}$$

由材料力学的知识可得

$$M = EI \frac{\partial^2 y}{\partial x^2} = EI \frac{\partial \theta}{\partial x}$$

式中　y—— 弯曲挠度；

θ —— 弯曲角度；

f_{m_i}—— 惯性力；

s_i—— 剖面剪力；

M—— 剖面弯矩；

EI—— 弯曲刚度系数；

$x_i, X_{i+\frac{1}{2}}$—— 意义如图 2.39 所示。

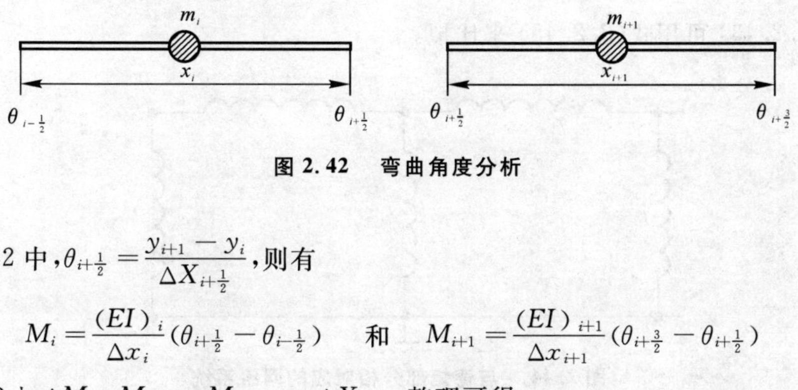

图 2.42　弯曲角度分析

在图 2.42 中，$\theta_{i+\frac{1}{2}} = \dfrac{y_{i+1} - y_i}{\Delta X_{i+\frac{1}{2}}}$，则有

$$M_i = \frac{(EI)_i}{\Delta x_i}(\theta_{i+\frac{1}{2}} - \theta_{i-\frac{1}{2}}) \quad \text{和} \quad M_{i+1} = \frac{(EI)_{i+1}}{\Delta x_{i+1}}(\theta_{i+\frac{3}{2}} - \theta_{i+\frac{1}{2}})$$

将以上两式代入 $\Delta M = M_{i+1} - M_i = s_{i+\frac{1}{2}} \Delta X_{i+\frac{1}{2}}$，整理可得

$$s_{i+\frac{1}{2}} \Delta X_{i+\frac{1}{2}} + \frac{(EI)_i}{\Delta x_i}(\theta_{i+\frac{1}{2}} - \theta_{i-\frac{1}{2}}) + \frac{(EI)_{i+1}}{\Delta x_{i+1}}(\theta_{i+\frac{1}{2}} - \theta_{i+\frac{3}{2}}) = 0 \tag{2.2.43}$$

总结以上分析，可得

$$\theta_{i+\frac{1}{2}} = \frac{y_{i+1} - y_i}{\Delta X_{i+\frac{1}{2}}}$$

$$s_{i+\frac{1}{2}} \Delta X_{i+\frac{1}{2}} + \frac{(EI)_i}{\Delta x_i}(\theta_{i+\frac{1}{2}} - \theta_{i-\frac{1}{2}}) + \frac{(EI)_{i+1}}{\Delta x_{i+1}}(\theta_{i+\frac{1}{2}} - \theta_{i+1+\frac{1}{2}}) = 0$$

$$m_i \frac{\partial^2 y_i}{\partial t^2} + s_{i-\frac{1}{2}} - s_{i+\frac{1}{2}} = 0$$

(2) 网络问题三

考虑用质量电容法来模拟弯曲振动问题。用节偶电压法分析图 2.43 所示的网络系统，第

i 个节点的电流连续方程可化为

$$C_i \frac{\mathrm{d}^2 u_{C_i}}{\mathrm{d}t^2} + \frac{1}{L_{i-\frac{1}{2}}}(u_{C_i} - u_{C_{i-1}}) + \frac{1}{L_{i+\frac{1}{2}}}(u_{C_i} - u_{C_{i+1}}) = 0 \tag{2.2.44}$$

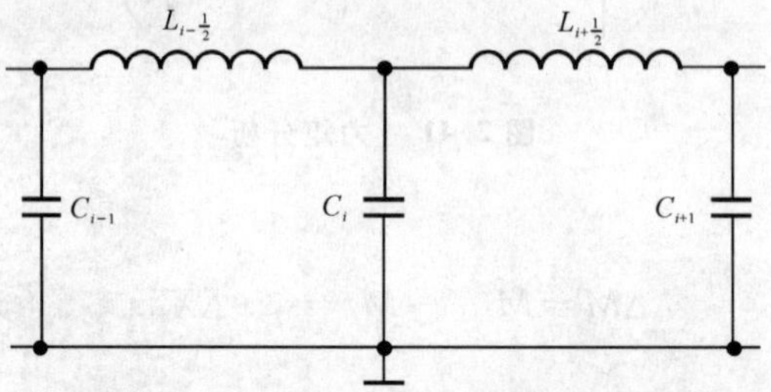

图 2.43　与剪力部分相对应的网络系统

比较式(2.2.42)与式(2.2.44)可见，只要 C_i 与 m_i，u_{C_i} 与 y_i，$s_{i+\frac{1}{2}}$ 与 $\frac{\mathrm{d}i_{i+\frac{1}{2}}}{\mathrm{d}t}$ 相对应，则式(2.2.42)可用式(2.2.44)来比拟。

用节偶电压法分析图 2.44 所示的网络系统，第 i 个节点的电流连续方程可化为

$$\frac{1}{L_{i+\frac{1}{2}}}(u_{i+\frac{1}{2}} - 0) + \frac{1}{L_i}(u_{i+\frac{1}{2}} - u_{i-\frac{1}{2}}) + \frac{1}{L_{i+1}}(u_{i+\frac{1}{2}} - u_{i+\frac{3}{2}}) = 0 \tag{2.2.45}$$

比较式(2.2.45)与式(2.2.43)可见，只要 $u_{i+\frac{1}{2}}$ 与 $\theta_{i+\frac{1}{2}}$，$\frac{(EI)_i}{\Delta x_i}$ 与 $\frac{1}{L_i}$，$s_{i+\frac{1}{2}}\Delta X_{i+\frac{1}{2}}$ 与 $\frac{\mathrm{d}i_{i+\frac{1}{2}}}{\mathrm{d}t}$ 相对应，则式(2.2.43)可用式(2.2.45)来比拟。

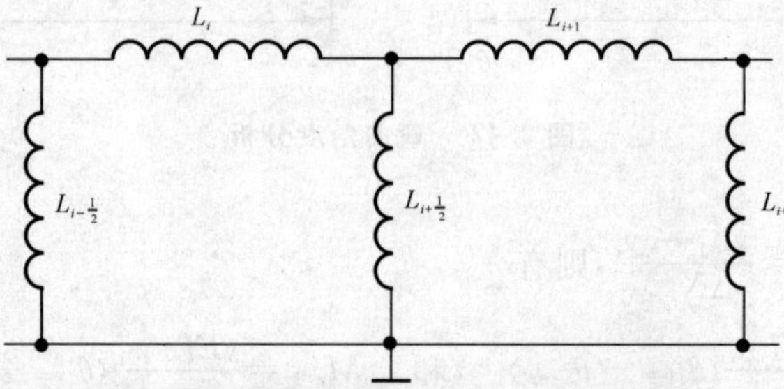

图 2.44　与弯矩部分相对应的网络系统

以上两个网络，分别比拟弯曲问题的剪力部分与弯矩部分，但弯矩与剪力的关系为

$$\Delta M_i = M_{i+1} - M_i = s_{i+\frac{1}{2}}\Delta X_{i+\frac{1}{2}}$$

这个关系式将剪力与弯矩联系起来。在比拟的网络系统中，也可以实现这种联系，通过变压器就可以把两个网络耦合起来(见图 2.45)。注意：耦合变压器的变比为 $\Delta X_{i+\frac{1}{2}} : 1$。

总结以上分析，对图 2.45 所示的网络系统，可得

$$u_{i+\frac{1}{2}} = \frac{(u_{C_{i+1}} - u_{C_i})}{\Delta X_{i+\frac{1}{2}}}$$

$$\frac{1}{L'_{i+\frac{1}{2}}}(u_{i+\frac{1}{2}} - 0) + \frac{1}{L_i}(u_{i+\frac{1}{2}} - u_{i-\frac{1}{2}}) + \frac{1}{L_{i+1}}(u_{i+\frac{1}{2}} - u_{i+\frac{3}{2}}) = 0$$

$$C_i \frac{\mathrm{d}^2 u_{C_i}}{\mathrm{d}t^2} + \frac{1}{L_{i+\frac{1}{2}}}(u_{C_i} - u_{C_{i+1}}) + \frac{1}{L_{i-\frac{1}{2}}}(u_{C_i} - u_{C_{i-1}}) = 0$$

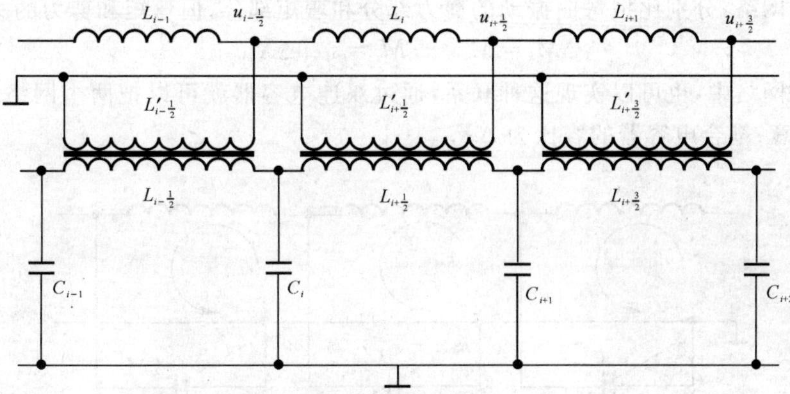

图 2.45　用质量电容法来模拟弯曲振动的网络系统

考虑用质量电感法来模拟弯曲振动问题。用回路电流法分析图 2.46 所示的网络系统，其电压平衡方程可化为

$$L_i \frac{\mathrm{d}^2 i_i}{\mathrm{d}t^2}+\frac{1}{C_{i-\frac{1}{2}}}(i_i-i_{i-1})+\frac{1}{C_{i+\frac{1}{2}}}(i_i-i_{i+1})=0 \tag{2.2.46}$$

比较式(2.2.46)与式(2.2.42)可见，只要 L_i 与 m_i，i_i 与 y_i，$\frac{\mathrm{d}u_{i+\frac{1}{2}}}{\mathrm{d}t}$ 与 $s_{i+\frac{1}{2}}$ 相对应，则式(2.2.42)可用式(2.2.46)来比拟。

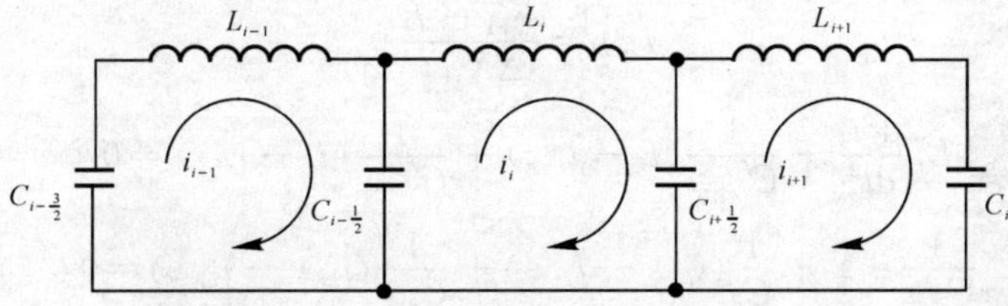

图 2.46　与剪力部分相对应的网络系统

网络系统如图 2.47 所示，用回路电流法，其电压平衡方程可化为

$$\frac{1}{C_{i+\frac{1}{2}}}i_{i+\frac{1}{2}}+\frac{1}{C_i}(i_{i+\frac{1}{2}}-i_{i-\frac{1}{2}})+\frac{1}{C_{i+1}}(i_{i+\frac{1}{2}}-i_{i+\frac{3}{2}})=0 \tag{2.2.47}$$

比较式(2.2.47)与式(2.2.43)可见，只要 $i_{i+\frac{1}{2}}$ 与 $\theta_{i+\frac{1}{2}}$，$\frac{(EI)_i}{\Delta x_i}$ 与 $\frac{1}{C_i}$，$s_{i+\frac{1}{2}}\Delta X_{i+\frac{1}{2}}$ 与 $\frac{\mathrm{d}u_{i+\frac{1}{2}}}{\mathrm{d}t}$ 相对应，则式(2.2.43)可用式(2.2.47)来比拟。

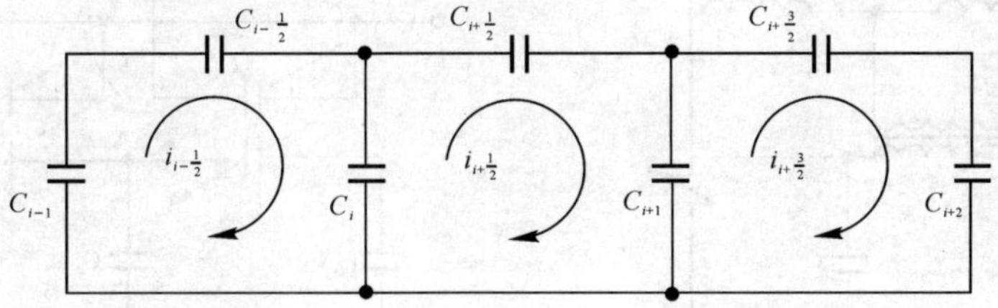

图 2.47　与弯矩部分相对应的网络系统

以上两个网络，分别比拟弯曲振动的剪力部分和弯矩部分，但弯矩和剪力的关系为

$$\Delta M_i = M_{i+1} - M_i = s_{i+\frac{1}{2}} \Delta X_{i+\frac{1}{2}}$$

在比拟的网络中，也可以实现这种联系，通过双连电容器就可以把两个网络耦合起来(见图 2.48)。注意：耦合电容器的容比为 $\Delta X_{i+\frac{1}{2}} : 1$。

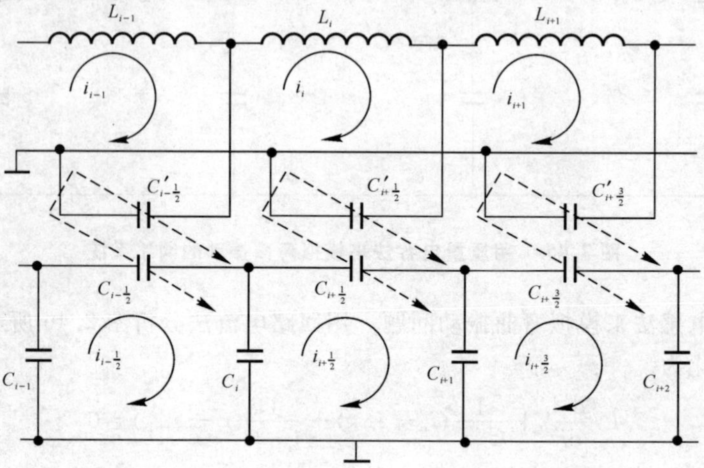

图 2.48　用质量电感法来模拟弯曲振动的网络系统

总结以上分析，对图 2.48 所示的网络系统，可得

$$i_{i+\frac{1}{2}} = \frac{i_{i+1} - i_i}{\Delta X_{i+\frac{1}{2}}}$$

$$L_i \frac{\mathrm{d}^2 i_i}{\mathrm{d}t^2} + \frac{1}{C'_{i+\frac{1}{2}}}(i_i - i_{i+1}) + \frac{1}{C'_{i-\frac{1}{2}}}(i_i - i_{i-1}) = 0$$

$$\frac{1}{C_{i+\frac{1}{2}}} i_{i+\frac{1}{2}} + \frac{1}{C_i}(i_{i+\frac{1}{2}} - i_{i-\frac{1}{2}}) + \frac{1}{C_{i+1}}(i_{i+\frac{1}{2}} - i_{i+\frac{3}{2}}) = 0$$

可见，式(2.2.42)可用式(2.2.44)和式(2.2.46)来比拟，式(2.2.43)可用式(2.2.45)和式(2.2.47)来比拟。

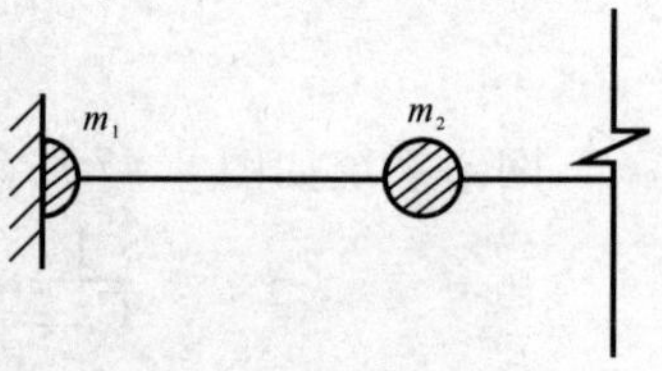

图 2.49　固定端

现在简单讨论边界条件的比拟。

1) 固定端(见图 2.49)。

用质量电容法和质量电感法分别比拟固定端，如图 2.50 和图 2.51 所示。

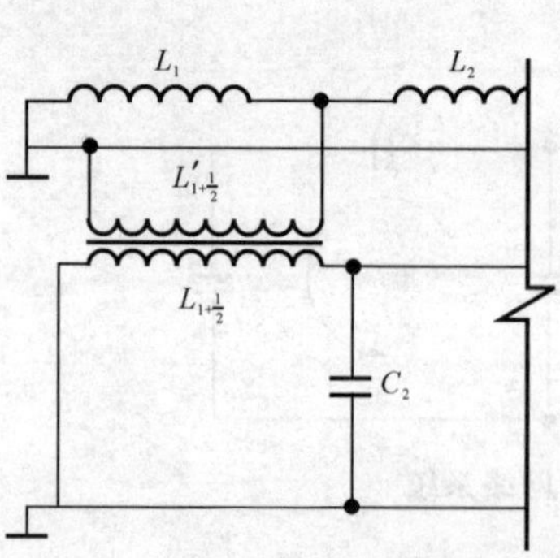

图 2.50　用质量电容法比拟固定端

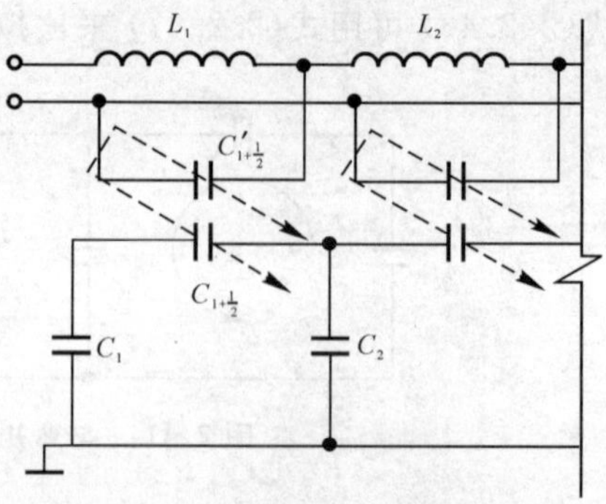

图 2.51　用质量电感法比拟固定端

2）简支端(见图 2.52)。

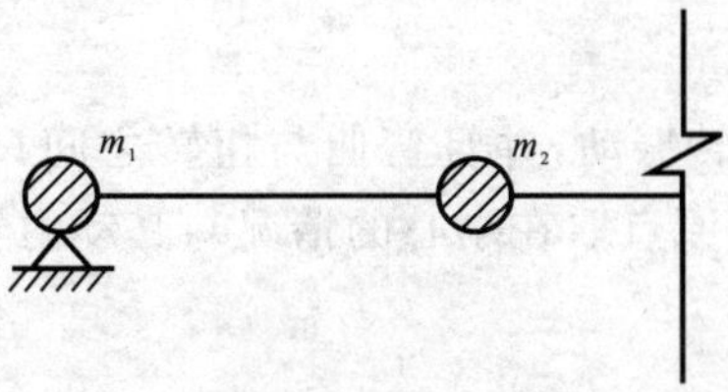

图 2.52　简支端

用质量电容法和质量电感法分别比拟简支端,如图 2.53 和图 2.54 所示。

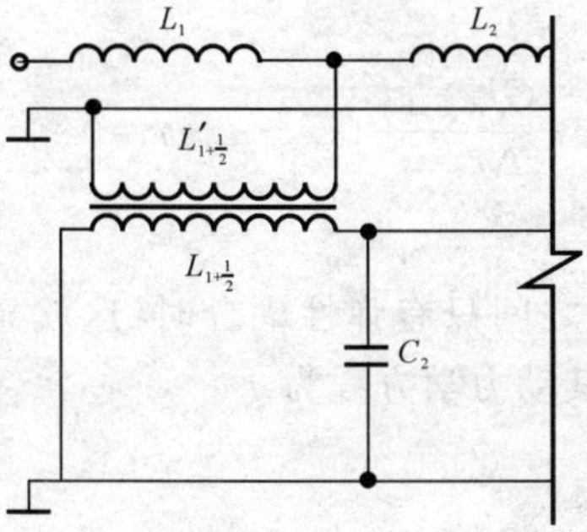

图 2.53　用质量电容法比拟简支端

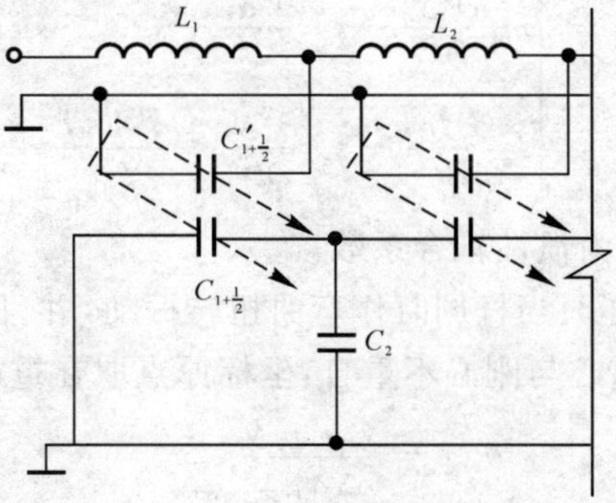

图 2.54　用质量电感法比拟简支端

3）自由端(见图 2.55)。

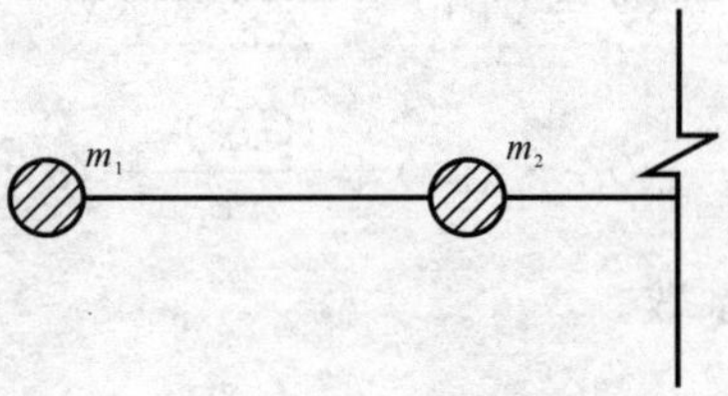

图 2.55　自由端

用质量电容法和质量电感法分别比拟自由端,如图 2.56 和图 2.57 所示。

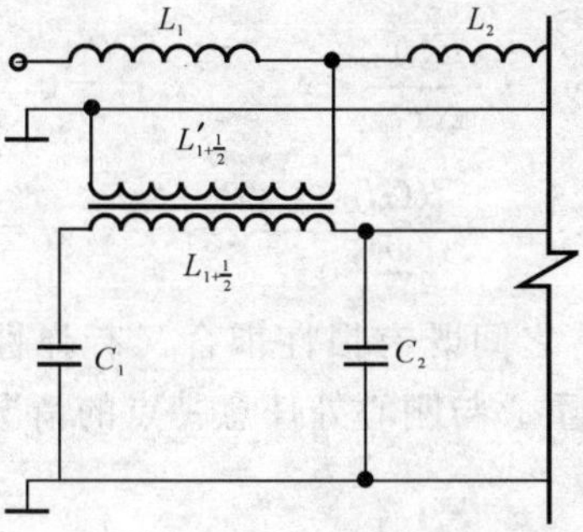

图 2.56　用质量电容法比拟自由端

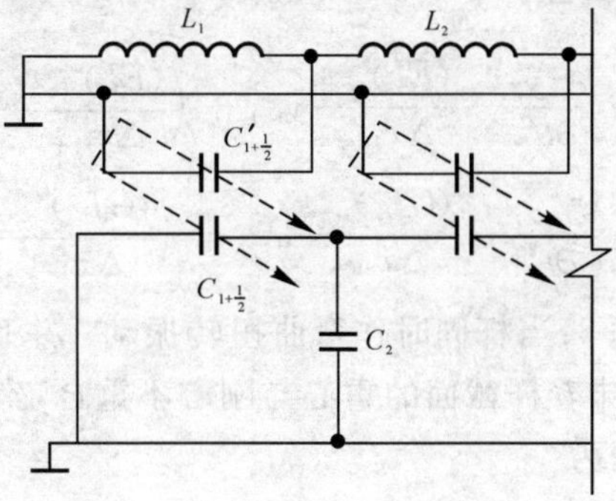

图 2.57　用质量电感法比拟自由端

4. 杆的弯扭复合振动和网络问题四

(1) 杆的弯扭复合振动

问题1:当杆同时作弯曲扭转振动,并且弯曲与扭转之间只有惯性耦合时(这就意味着杆截面的重心与刚心不重合,坐标原点取在刚心的情况),其动力学方程为

$$\begin{cases}\theta_{i+\frac{1}{2}}=\dfrac{y_{i+1}-y_i}{\Delta X_{i+\frac{1}{2}}}\\ s_{i+\frac{1}{2}}\Delta X_{i+\frac{1}{2}}+\dfrac{(EI)_i}{\Delta x_i}(\theta_{i+\frac{1}{2}}-\theta_{i-\frac{1}{2}})+\dfrac{(EI)_{i+1}}{\Delta x_{i+1}}(\theta_{i+\frac{1}{2}}-\theta_{i+1+\frac{1}{2}})=0\\ m_i\dfrac{\partial^2 y_i}{\partial t^2}-s_{\alpha_i}\dfrac{\partial^2\alpha_i}{\partial t^2}+s_{i-\frac{1}{2}}-s_{i+\frac{1}{2}}=0\\ I_{\alpha_i}\dfrac{\partial^2\alpha_i}{\partial t^2}-s_{\alpha_i}\dfrac{\partial^2 y_i}{\partial t^2}+\dfrac{(GJ_K)_{i-\frac{1}{2}}}{\Delta x_{i-\frac{1}{2}}}(\alpha_i-\alpha_{i-1})+\dfrac{(GJ_K)_{i+\frac{1}{2}}}{\Delta x_{i+\frac{1}{2}}}(\alpha_i-\alpha_{i+1})=0\end{cases}$$

式中,s_{α_i} 为惯性耦合系数。

问题2:当杆同时作弯曲扭转振动,并且弯曲与扭转之间只有弹性耦合时(这就意味着杆截面的重心与刚心不重合,坐标原点取在重心的情况),其动力学方程为

$$\begin{cases}\theta_{i+\frac{1}{2}}=\dfrac{y_{i+1}-y_i}{\Delta X_{i+\frac{1}{2}}}\\ s_{i+\frac{1}{2}}\Delta X_{i+\frac{1}{2}}+\dfrac{(EI)_i}{\Delta x_i}(\theta_{i+\frac{1}{2}}-\theta_{i-\frac{1}{2}})+\dfrac{(EI)_{i+1}}{\Delta x_{i+1}}(\theta_{i+\frac{1}{2}}-\theta_{i+1+\frac{1}{2}})=0\\ m_i\dfrac{\partial^2 y_i}{\partial t^2}+\dfrac{(EI)_{i+\frac{1}{2}}}{\Delta x_{i+\frac{1}{2}}}(y_i-y_{i+1})+\dfrac{(EI)_{i-\frac{1}{2}}}{\Delta x_{i-\frac{1}{2}}}(y_i-y_{i-1})-s_b\alpha_i=0\\ I_{\alpha_i}\dfrac{\partial^2\alpha_i}{\partial t^2}+\dfrac{(GJ_K)_{i-\frac{1}{2}}}{\Delta x_{i-\frac{1}{2}}}(\alpha_i-\alpha_{i-1})+\dfrac{(GJ_K)_{i+\frac{1}{2}}}{\Delta x_{i+\frac{1}{2}}}(\alpha_i-\alpha_{i+1})-s_b y_i=0\end{cases}$$

式中,s_b 为 y_i 和 α_i 之间的耦合系数。

上面的方程组整理可得

$$\begin{cases}\theta_{i+\frac{1}{2}}=\dfrac{y_{i+1}-y_i}{\Delta X_{i+\frac{1}{2}}}\\ s_{i+\frac{1}{2}}\Delta X_{i+\frac{1}{2}}+\dfrac{(EI)_i}{\Delta x_i}(\theta_{i+\frac{1}{2}}-\theta_{i-\frac{1}{2}})+\dfrac{(EI)_{i+1}}{\Delta x_{i+1}}(\theta_{i+\frac{1}{2}}-\theta_{i+1+\frac{1}{2}})=0\\ m_i\dfrac{\partial^2 y_i}{\partial t^2}-\dfrac{(EI)_{i-\frac{1}{2}}}{\Delta x_{i-\frac{1}{2}}}y_{i-1}+\left(\dfrac{(EI)_{i+\frac{1}{2}}}{\Delta x_{i+\frac{1}{2}}}+\dfrac{(EI)_{i-\frac{1}{2}}}{\Delta x_{i-\frac{1}{2}}}\right)y_i-\dfrac{(EI)_{i+\frac{1}{2}}}{\Delta x_{i+\frac{1}{2}}}y_{i+1}-s_b\alpha_i=0\\ I_{\alpha_i}\dfrac{\partial^2\alpha_i}{\partial t^2}-\dfrac{(GJ_K)_{i-\frac{1}{2}}}{\Delta x_{i-\frac{1}{2}}}\alpha_{i-1}+\left(\dfrac{(GJ_K)_{i-\frac{1}{2}}}{\Delta x_{i-\frac{1}{2}}}+\dfrac{(GJ_K)_{i+\frac{1}{2}}}{\Delta x_{i+\frac{1}{2}}}\right)\alpha_i-\dfrac{(GJ_K)_{i+\frac{1}{2}}}{\Delta x_{i+\frac{1}{2}}}\alpha_{i+1}-s_b y_i=0\end{cases}$$

问题3:当杆同时作弯曲扭转振动,并且弯曲与扭转之间既有惯性耦合又有弹性耦合时(这就意味着杆截面的重心与刚心不重合,坐标原点取在重心与刚心外任意一点的情况),其动力学方程为

$$\begin{cases}\theta_{i+\frac{1}{2}}=\dfrac{y_{i+1}-y_i}{\Delta X_{i+\frac{1}{2}}}\\ s_{i+\frac{1}{2}}\Delta X_{i+\frac{1}{2}}+\dfrac{(EI)_i}{\Delta x_i}(\theta_{i+\frac{1}{2}}-\theta_{i-\frac{1}{2}})+\dfrac{(EI)_{i+1}}{\Delta x_{i+1}}(\theta_{i+\frac{1}{2}}-\theta_{i+1+\frac{1}{2}})=0\\ m_i\dfrac{\partial^2 y_i}{\partial t^2}+s_{i-\frac{1}{2}}-s_{i+\frac{1}{2}}-s_{\alpha_i}\dfrac{\partial^2\alpha_i}{\partial t^2}-s_b\alpha_i=0\\ I_{\alpha_i}\dfrac{\partial^2\alpha_i}{\partial t^2}+\dfrac{(GJ_K)_{i-\frac{1}{2}}}{\Delta x_{i-\frac{1}{2}}}(\alpha_i-\alpha_{i-1})+\dfrac{(GJ_K)_{i+\frac{1}{2}}}{\Delta x_{i+\frac{1}{2}}}(\alpha_i-\alpha_{i+1})-s_{\alpha_i}\dfrac{\partial^2 y_i}{\partial t^2}-s_b y_i=0\end{cases}$$

(2) 网络问题四

下文采用质量电容法来比拟杆的弯扭复合振动问题。

问题 1:用节偶电压法分析图 2.58 所示的网络系统,则电流连续方程为

$$\begin{cases}u_{i+\frac{1}{2}}=\dfrac{u_{C_{1(i+1)}}-u_{C_{1i}}}{\Delta X_{i+\frac{1}{2}}}\\ \dfrac{1}{L_{2(i+\frac{1}{2})}}(u_{i+\frac{1}{2}}-0)+\dfrac{1}{L_{1i}}(u_{i+\frac{1}{2}}-u_{i-\frac{1}{2}})+\dfrac{1}{L_{1(i+1)}}(u_{i+\frac{1}{2}}-u_{i+\frac{3}{2}})=0\\ C_{1i}\dfrac{\partial^2(u_{C_{1i}}-0)}{\partial t^2}+C_{2i}\dfrac{\partial^2(u_{C_{1i}}-u_{C_{3i}})}{\partial t^2}+\dfrac{1}{L_{3(i-\frac{1}{2})}}(u_{C_{1i}}-u_{C_{1(i-1)}})+\dfrac{1}{L_{3(i+\frac{1}{2})}}(u_{C_{1i}}-u_{C_{1(i+1)}})=0\\ C_{3i}\dfrac{\partial^2(u_{C_{3i}}-0)}{\partial t^2}+C_{2i}\dfrac{\partial^2(u_{C_{3i}}-u_{C_{1i}})}{\partial t^2}+\dfrac{1}{L_{4(i-\frac{1}{2})}}(u_{C_{3i}}-u_{C_{3(i-1)}})+\dfrac{1}{L_{4(i+\frac{1}{2})}}(u_{C_{3i}}-u_{C_{3(i+1)}})=0\end{cases}$$

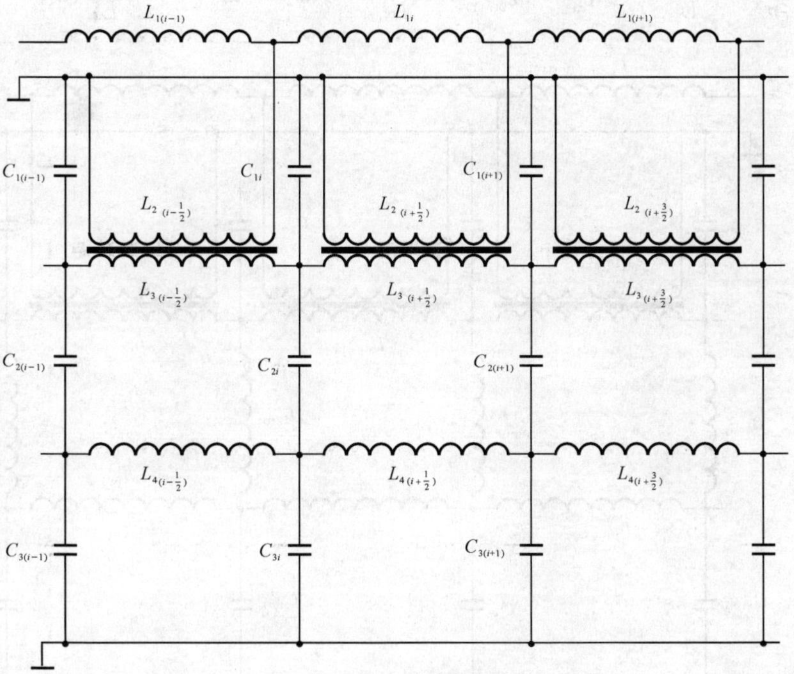

图 2.58　网络系统

整理可得

$$
\begin{cases}
u_{i+\frac{1}{2}}=\dfrac{u_{C_{1(i+1)}}-u_{C_{1i}}}{\Delta X_{i+\frac{1}{2}}}\\
\dfrac{1}{L_{2(i+\frac{1}{2})}}u_{i+\frac{1}{2}}+\dfrac{1}{L_{1i}}(u_{i+\frac{1}{2}}-u_{i-\frac{1}{2}})+\dfrac{1}{L_{1(i+1)}}(u_{i+\frac{1}{2}}-u_{i+\frac{3}{2}})=0\\
(C_{1i}+C_{2i})\dfrac{\partial^2 u_{C_{1i}}}{\partial t^2}-C_{2i}\dfrac{\partial^2 u_{C_{3i}}}{\partial t^2}+\dfrac{1}{L_{3(i-\frac{1}{2})}}(u_{C_{1i}}-u_{C_{1(i-1)}})+\dfrac{1}{L_{3(i+\frac{1}{2})}}(u_{C_{1i}}-u_{C_{1(i+1)}})=0\\
(C_{3i}+C_{2i})\dfrac{\partial^2 u_{C_{3i}}}{\partial t^2}-C_{2i}\dfrac{\partial^2 u_{C_{1i}}}{\partial t^2}+\dfrac{1}{L_{4(i-\frac{1}{2})}}(u_{C_{3i}}-u_{C_{3(i-1)}})+\dfrac{1}{L_{4(i+\frac{1}{2})}}(u_{C_{3i}}-u_{C_{3(i+1)}})=0
\end{cases}
$$

比较(1) 中的问题 1 和(2) 中的问题 1，只要令 $C_{1i}+C_{2i}$ 与 m_i，C_{2i} 与 s_{α_i}，$C_{3i}+C_{2i}$ 与 I_{α_i} 相对应，便可比拟。

问题 2：用节偶电压法分析图 2.59 所示的网络系统，则电流连续方程为

$$
\begin{cases}
u_{i+\frac{1}{2}}=\dfrac{u_{C_{1(i+1)}}-u_{C_{1i}}}{\Delta X_{i+\frac{1}{2}}}\\
\dfrac{1}{L_{2(i+\frac{1}{2})}}(u_{i+\frac{1}{2}}-0)+\dfrac{1}{L_{1i}}(u_{i+\frac{1}{2}}-u_{i-\frac{1}{2}})+\dfrac{1}{L_{1(i+1)}}(u_{i+\frac{1}{2}}-u_{i+\frac{3}{2}})=0\\
C_{1i}\dfrac{\partial^2 u_{C_{1i}}}{\partial t^2}+\dfrac{1}{L_{3(i-\frac{1}{2})}}(u_{C_{1i}}-u_{C_{1(i-1)}})+\dfrac{1}{L_{3(i+\frac{1}{2})}}(u_{C_{1i}}-u_{C_{1(i+1)}})+\dfrac{1}{L_{4i}}(u_{C1i}-u_{C_{2i}})=0\\
C_{2i}\dfrac{\partial^2 u_{C_{2i}}}{\partial t^2}+\dfrac{1}{L_{5(i-\frac{1}{2})}}(u_{C_{2i}}-u_{C_{2(i-1)}})+\dfrac{1}{L_{5(i+\frac{1}{2})}}(u_{C_{2i}}-u_{C_{2(i+1)}})+\dfrac{1}{L_{4i}}(u_{C_{2i}}-u_{C_{1i}})=0
\end{cases}
$$

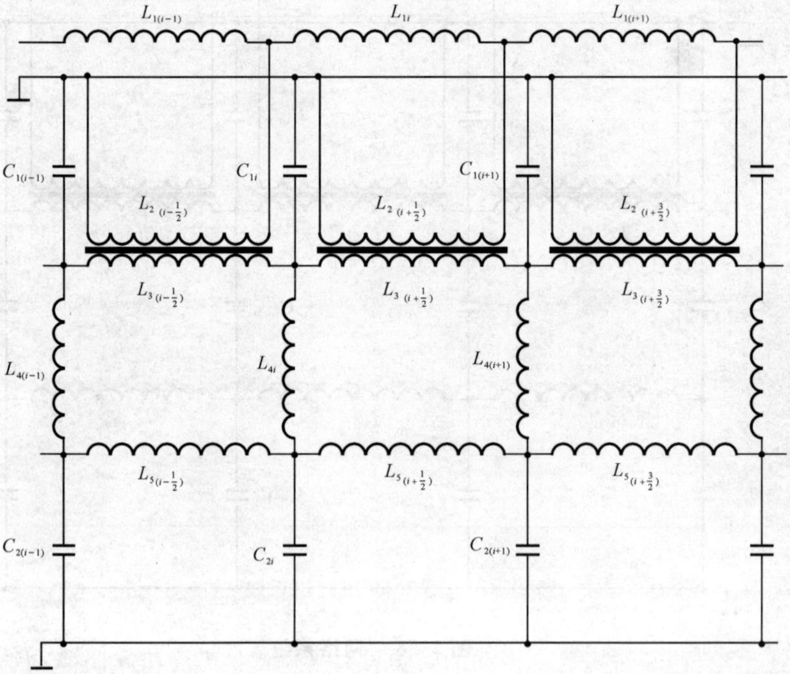

图 2.59　网络系统

整理可得

$$\begin{cases} u_{i+\frac{1}{2}}=\dfrac{u_{C_{1(i+1)}}-u_{C_{1i}}}{\Delta X_{i+\frac{1}{2}}} \\ \dfrac{1}{L_{2(i+\frac{1}{2})}}u_{i+\frac{1}{2}}+\dfrac{1}{L_{1i}}(u_{i+\frac{1}{2}}-u_{i-\frac{1}{2}})+\dfrac{1}{L_{1(i+1)}}(u_{i+\frac{1}{2}}-u_{i+\frac{3}{2}})=0 \\ C_{1i}\dfrac{\partial^2 u_{C_{1i}}}{\partial t^2}+\left(\dfrac{1}{L_{3(i-\frac{1}{2})}}+\dfrac{1}{L_{3(i+\frac{1}{2})}}+\dfrac{1}{L_{4i}}\right)u_{C_{1i}}-\dfrac{1}{L_{3(i-\frac{1}{2})}}u_{C_{1(i-1)}}-\dfrac{1}{L_{3(i+\frac{1}{2})}}u_{C_{1(i+1)}}-\dfrac{1}{L_{4i}}u_{C_{2i}}=0 \\ C_{2i}\dfrac{\partial^2 u_{C_{2i}}}{\partial t^2}+\left(\dfrac{1}{L_{5(i-\frac{1}{2})}}+\dfrac{1}{L_{5(i+\frac{1}{2})}}+\dfrac{1}{L_{4i}}\right)u_{C_{2i}}-\dfrac{1}{L_{5(i-\frac{1}{2})}}u_{C_{2(i-1)}}-\dfrac{1}{L_{5(i+\frac{1}{2})}}u_{C_{2(i+1)}}-\dfrac{1}{L_{4i}}u_{C_{1i}}=0 \end{cases}$$

设 $u_{C_{1i}}=A\sin(\omega t+\varphi)$，则有

$$\frac{\mathrm{d}^2 u_{C_{1i}}}{\mathrm{d}t^2}=-\omega^2 A\sin(\omega t+\varphi)$$

$$\frac{1}{\omega^2 L_{4i}}\frac{\mathrm{d}^2 u_{C_{1i}}}{\mathrm{d}t^2}=-\omega^2 A\sin(\omega t+\varphi)\frac{1}{\omega^2 L_{4i}}=-\frac{A\sin(\omega t+\varphi)}{L_{4i}}=-\frac{1}{L_{4i}}u_{C_{1i}}$$

比较(1)中的问题 2 和(2)中的问题 2，只要令 $\dfrac{(EI)_{i+\frac{1}{2}}}{\Delta x_{i+\frac{1}{2}}}$ 与 $\dfrac{1}{L_{3(i+\frac{1}{2})}}$，$\dfrac{(GJ_K)_{i+\frac{1}{2}}}{\Delta x_{i+\frac{1}{2}}}$ 与 $\dfrac{1}{L_{5(i+\frac{1}{2})}}$，$C_{1i}-\dfrac{1}{\omega^2 L_{4i}}$ 与 m_i，$C_{2i}-\dfrac{1}{\omega^2 L_{4i}}$ 与 $I_{\alpha i}$ 相对应，便可比拟。

通过问题 1 与问题 2 的讨论可知，(1) 中的力学问题 3 可以模拟为如图 2.60 所示的网络问题。

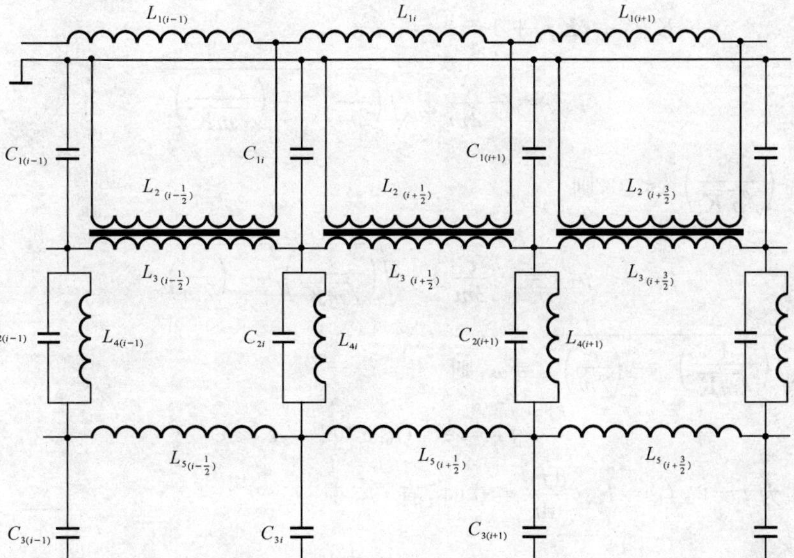

图 2.60　网络系统

由上述讨论可知，弯扭复合振动的问题可以采用质量电容法来比拟，实际上还可用质量电感法来比拟弯扭复合问题，这里就不讨论了。

2.2.4 有阻尼的自由振动和自由振荡

1. 有阻尼的自由振动

前文讨论的均为无阻尼的自由振动，但绝对没有阻尼的情况是不存在的。这里举两个简单的例子来说明有阻尼存在的情况。

一个单自由度线性阻尼系统如图 2.61 所示，将 m 移动位移 Δx，使弹簧受力 f_K，然后放开使 m 运动。

图 2.61 单自由度线性阻尼系统

平衡方程为

$$f_m + f_c + f_K = 0$$

由 $f_m = m\dfrac{\mathrm{d}v}{\mathrm{d}t}$，$f_c = cv$，$v = K\dfrac{\mathrm{d}f_K}{\mathrm{d}t}$ 可得

$$f_m = mK\frac{\mathrm{d}^2 f_K}{\mathrm{d}t^2} \quad 和 \quad f_c = cK\frac{\mathrm{d}f_K}{\mathrm{d}t}$$

则 $f_m + f_c + f_K = 0$ 可写成

$$mK\frac{\mathrm{d}^2 f_K}{\mathrm{d}t^2} + cK\frac{\mathrm{d}f_K}{\mathrm{d}t} + f_K = 0 \qquad (2.2.48)$$

其特征方程为

$$mKp^2 + cKp + 1 = 0$$

$$p_{1,2} = -\frac{c}{2m} \pm \sqrt{\left(\frac{c}{2m}\right)^2 - \left(\frac{1}{\sqrt{mK}}\right)^2}$$

设 $\left(\dfrac{c}{2m}\right)^2 - \left(\dfrac{1}{\sqrt{mK}}\right)^2 < 0$，则

$$p_{1,2} = -\frac{c}{2m} \pm \mathrm{j}\sqrt{\left(\frac{1}{\sqrt{mK}}\right)^2 - \left(\frac{c}{2m}\right)^2}$$

设 $\dfrac{c}{2m} = b$，$\sqrt{\left(\dfrac{1}{\sqrt{mK}}\right)^2 - \left(\dfrac{c}{2m}\right)^2} = \omega$，则

$$f_K = \mathrm{e}^{-bt}(a_1\mathrm{e}^{\mathrm{j}\omega t} + a_2\mathrm{e}^{-\mathrm{j}\omega t})$$

当初始条件为 $t = 0$，$f_K = F_K$，$\dfrac{\mathrm{d}f_K}{\mathrm{d}t} = 0$ 时，有

$$a_1 = \frac{\mathrm{j}\omega + b}{2\mathrm{j}\omega}F_K$$

$$a_2 = \frac{\mathrm{j}\omega - b}{2\mathrm{j}\omega}F_K$$

所以方程式(2.2.48)的解为

$$f_K = \mathrm{e}^{-bt}F_K\left(\frac{\mathrm{j}\omega + b}{2\mathrm{j}\omega}\mathrm{e}^{\mathrm{j}\omega t} + \frac{\mathrm{j}\omega - b}{2\mathrm{j}\omega}\mathrm{e}^{-\mathrm{j}\omega t}\right)$$

因为

$$\frac{j\omega+b}{2j\omega}e^{j\omega t}+\frac{j\omega-b}{2j\omega}e^{-j\omega t}=\frac{1}{2}(e^{j\omega t}+e^{-j\omega t})+\frac{b}{2j\omega}(e^{j\omega t}-e^{-j\omega t})=\frac{\sqrt{b^2+\omega^2}}{\omega}\sin(\omega t+\varphi)$$

式中
$$\varphi=\arctan\frac{\omega}{b}$$

同时又因为 $\frac{c}{2m}=b$ 和 $\sqrt{\left(\frac{1}{\sqrt{mK}}\right)^2-\left(\frac{c}{2m}\right)^2}=\omega$，可得

$$\sqrt{b^2+\omega^2}=\sqrt{\frac{1}{mK}}$$

所以方程式(2.2.48)的解可以写成

$$f_K=F_K\frac{1}{\sqrt{mK}\sqrt{\left(\frac{1}{\sqrt{mK}}\right)^2-\left(\frac{c}{2m}\right)^2}}e^{-bt}\sin(\omega t+\varphi)\tag{2.2.49}$$

可见，f_K 是一个衰减的振荡过程。

当 $\left(\frac{c}{2m}\right)^2-\left(\frac{1}{\sqrt{mK}}\right)^2\geqslant 0$ 时，系统不发生振动，这里就不讨论了；当 $\frac{c}{2m}<0$ 时，系统将发散振动。

另一个单自由度线性阻尼系统如图 2.62 所示，以一个冲量 G 作用在 m 上，使其获得初速度 v。

其速度协调方程为

$$v_m+v_c+v_K=0$$

将 $v_m=\frac{1}{m}\int_0^t f_m\mathrm{d}t$，$v_c=\frac{f_m}{c}$ 和 $v_K=K\frac{\mathrm{d}f_m}{\mathrm{d}t}$ 代入上式，整理可得

$$Km\frac{\mathrm{d}^2f_m}{\mathrm{d}t^2}+\frac{m}{c}\frac{\mathrm{d}f_m}{\mathrm{d}t}+f_m=0\tag{2.2.50}$$

可见，式(2.2.48)与式(2.2.50)相类似，只要 m 与 K，K 与 m，$\frac{1}{c}$ 与 c 相对应，则两式可比拟。作了这样的比拟之后，它们的解法将完全一致。

图 2.62　另一个单自由度线性阻尼系统

前文讨论的是两种初始条件分别出现的情况，现在研究两种初始条件同时出现的情况。这里应用位移法来处理问题，并且顺便说明一个相关的问题。位移法的控制方程可以表示为

$$m\ddot{x}(t)+c\dot{x}(t)+kx(t)=f(t)\tag{2.2.51}$$

如图 2.61 和 2.62 所示，都是将 x 坐标原点取在物体的平衡位置处，它和弹簧的自由位置之间有一个重力引起的静位移 Δ_{st}。又假设运动的初始条件，既有初始速度 $\dot{x}(0)$，又有初始位移 $x(0)$。

这个微分方程的解，可以处理为该方程的特解和齐次方程

$$m\ddot{x}(t)+c\dot{x}(t)+kx(t)=0\tag{2.2.52}$$

的解的叠加。齐次方程的解为

$$x(t)=\left[x(0)\cos\omega_D t+\left(\frac{\dot{x}(0)+x(0)\xi\omega}{\omega_D}\right)\sin\omega_D t\right]\exp\,(-\xi\omega t) \qquad (2.2.53)$$

式中 ω —— 系统的固有频率，$\omega=\sqrt{\dfrac{k}{m}}$；

ξ —— 阻尼与临界阻尼的比值，$\xi=\dfrac{c}{c_c}=\dfrac{c}{2m\omega}$；

ω_D—— 阻尼系统的自振频率，$\omega_D=\omega\sqrt{1-\xi^2}$。

由于阻尼的存在，齐次方程的解会逐步衰减掉。

设 $f(t)=f_0\sin\bar{\omega}t$，则微分方程(2.2.51)的特解为

$$x_f(t)=\frac{f_0}{k}\frac{1}{(1-\beta^2)^2+(2\xi\beta)^2}[(1-\beta^2)\sin\bar{\omega}t-2\xi\beta\cos\bar{\omega}t] \qquad (2.2.54)$$

式中 $\bar{\omega}$ —— 荷载频率；

β —— 荷载频率与固有频率之比，$\beta=\bar{\omega}/\omega$。

此解有时称为稳定解。

2. 有阻尼的自由振荡

前文讨论的均为无阻尼的自由振荡，但绝对没有阻尼的情况是不存在的。这里举两个简单的例子来说明有阻尼存在的情况。

RLC 电路如图2.63所示，直流电源U向电容C充电，稳定后，迅速将旋转开关由ac旋至bd。

由 Kirchhoff 电压定律，有

$$u_L+u_R+u_C=0$$

由 $i_C=C\dfrac{\mathrm{d}u_C}{\mathrm{d}t}$，$u_L=L\dfrac{\mathrm{d}i_C}{\mathrm{d}t}$ 和 $u_R=Ri_C$，可得

$$u_L=LC\frac{\mathrm{d}^2u_C}{\mathrm{d}t^2} \quad 和 \quad u_R=RC\frac{\mathrm{d}u_C}{\mathrm{d}t}$$

则 $u_L+u_R+u_C=0$ 可写成

$$LC\frac{\mathrm{d}^2u_C}{\mathrm{d}t^2}+RC\frac{\mathrm{d}u_C}{\mathrm{d}t}+u_C=0 \qquad (2.2.55)$$

其特征方程为

$$LCp^2+RCp+1=0$$

解得
$$p_{1,2}=-\frac{R}{2L}\pm\sqrt{\left(\frac{R}{2L}\right)^2-\left(\frac{1}{\sqrt{LC}}\right)^2}$$

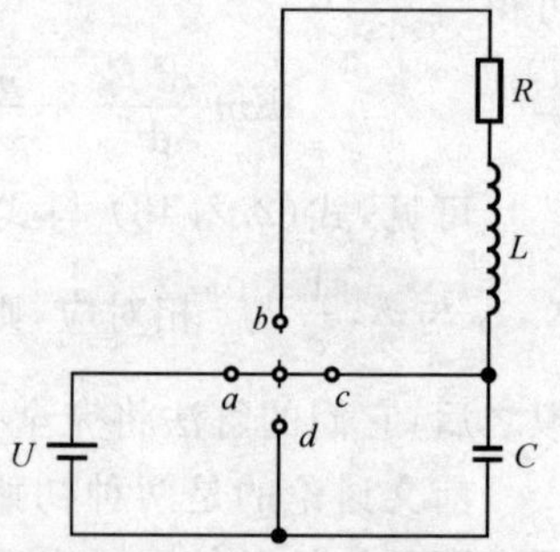

图 2.63 RLC 串联电路

设$\left(\dfrac{R}{2L}\right)^2-\left(\dfrac{1}{\sqrt{LC}}\right)^2<0$，则

$$p_{1,2}=-\frac{R}{2L}\pm\mathrm{j}\sqrt{\left(\frac{1}{\sqrt{LC}}\right)^2-\left(\frac{R}{2L}\right)^2}$$

设$\dfrac{R}{2L}=b$，$\sqrt{\left(\dfrac{1}{\sqrt{LC}}\right)^2-\left(\dfrac{R}{2L}\right)^2}=\omega$，则

$$u_C=\mathrm{e}^{-bt}(c_1\mathrm{e}^{\mathrm{j}\omega t}+c_2\mathrm{e}^{-\mathrm{j}\omega t})$$

当初始条件为 $t=0, u_C=U_C, \frac{\mathrm{d}u_C}{\mathrm{d}t}=0$ 时，则方程式(2.2.55) 的解为

$$u_C=\mathrm{e}^{-bt}(c_1\mathrm{e}^{\mathrm{j}\omega t}+c_2\mathrm{e}^{-\mathrm{j}\omega t})=\mathrm{e}^{-bt}(c_1\cos\omega t+\mathrm{j}c_1\sin\omega t+c_2\cos\omega t-\mathrm{j}c_2\sin\omega t)=$$
$$\mathrm{e}^{-bt}(2X\cos\omega t-2Y\sin\omega t)=A\mathrm{e}^{-bt}\sin(\omega t+\varphi)$$

式中，$A=U_C\frac{\sqrt{b^2+\omega^2}}{\omega}, \varphi=\arctan\frac{\omega}{b}$。

又因为 $\frac{R}{2L}=b$ 和 $\sqrt{\left(\frac{1}{\sqrt{LC}}\right)^2-\left(\frac{R}{2L}\right)^2}=\omega$，则方程式(2.2.55) 的解为

$$u_C=U_C\frac{1}{\sqrt{LC}\sqrt{\left(\frac{1}{\sqrt{LC}}\right)^2-\left(\frac{R}{2L}\right)^2}}\mathrm{e}^{-bt}\sin(\omega t+\varphi) \tag{2.2.56}$$

可见，u_C 是一个衰减的振荡过程。

当 $\left(\frac{R}{2L}\right)^2-\left(\frac{1}{\sqrt{LC}}\right)^2\geqslant 0$ 时，系统不会发生振荡，这里就不讨论了；当 $\frac{R}{2L}<0$ 时，系统将发散振动。

LRC 并联电路如图 2.64 所示，R_0-L 接通直流电源，稳定后，迅速将开关由 a 旋到 b。

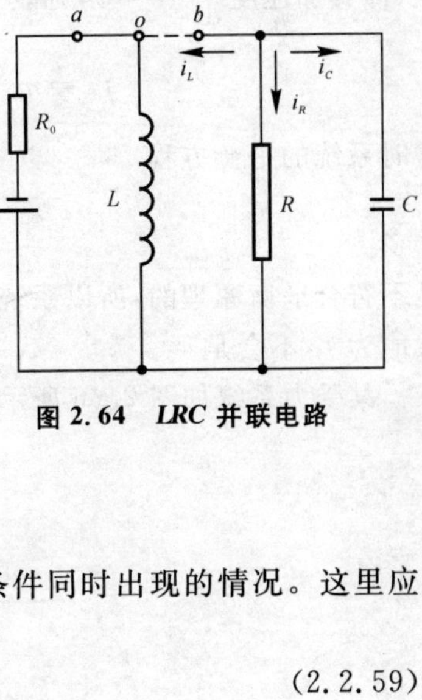

图 2.64　LRC 并联电路

由 Kirchhoff 电流定律，有

$$i_C+i_R+i_L=0 \tag{2.2.57}$$

由 $i_L=\frac{1}{L}\int_0^t u_L\mathrm{d}t, i_R=\frac{u_L}{R}$ 和 $i_C=C\frac{\mathrm{d}u_L}{\mathrm{d}t}$，可得

$$LC\frac{\mathrm{d}^2u_L}{\mathrm{d}t^2}+L\frac{1}{R}\frac{\mathrm{d}u_L}{\mathrm{d}t}+u_L=0 \tag{2.2.58}$$

可见，式(2.2.58) 与式(2.2.55) 相比较，只要 L 与 C，C 与 L，$\frac{1}{R}$ 与 R 相对应，则两式可比拟。作了这样的比拟之后，它们的解法将完全一致。u_L 也是一个衰减振动的过程。

前文是两种初始条件分别出现的情况，现在研究两种初始条件同时出现的情况。这里应用节偶电压法来处理问题。节偶电压法的控制方程可以表示为

$$L\ddot{q}(t)+R\dot{q}(t)+sq(t)=u_L(t) \tag{2.2.59}$$

或者

$$L\frac{\mathrm{d}^2i}{\mathrm{d}t^2}+R\frac{\mathrm{d}i}{\mathrm{d}t}+si=\dot{u}_L \tag{2.2.60}$$

又假设初始条件，既有如图 2.63 所示情况，又有如图 2.64 所示情况。

由于方程式(2.2.51) 与式(2.2.60) 或式(2.2.59) 的对偶特性，只要将方程式(2.2.51) 的求解过程中的各个力学量的符号替换为与其对偶的方程式(2.2.60) 或式(2.2.59) 的相应的电学量的符号，立即可以得到方程式(2.2.60) 或式(2.2.59) 的求解过程。因此，这里已经没有必要再重复写出方程式(2.2.60) 或式(2.2.59) 的求解过程了。这也说明了研究机械振动和电磁振荡的对偶体系的意义。

2.3 力学中的动力响应和电学中的过渡过程

2.3.1 变态定律和换路定律

1. 变态定律

在力学系统中，干扰力的施加或消除以及系统中的参数改变，均称为变态。在变态后，受力系统仍发生的运动，称为动力响应。

由惯性元件和弹性元件的性质可知，变态时惯性元件的速度和弹性元件所受的力不能突变，它们的值在变态前后的一瞬间是一样的，这就是所谓的变态定律。

某力学系统如图 2.65 所示，如果惯性元件的速度发生突变（即其加速度$\frac{dv}{dt}\to\infty$），则其惯性力

$$f_m = m\frac{dv}{dt}\to\infty$$

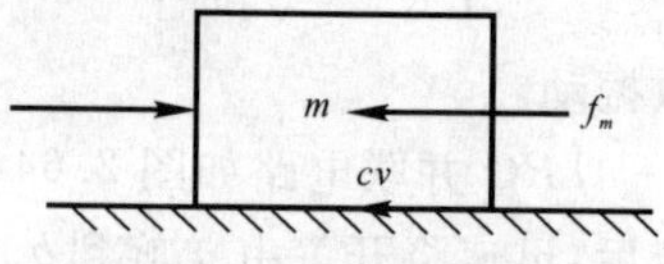

图 2.65 某力学系统

这时系统的平衡方程

$$f = cv + m\frac{dv}{dt}$$

是不符合平衡原理的，所以系统中的惯性元件的速度不能发生突变。其实，在系统中，f_m 的最大值为 f，不会是 ∞。

某受力系统如图 2.66 所示，如果弹性元件的受力由 0 突变到 f_K，则其运动速度

$$v = K\frac{df_K}{dt}\to\infty$$

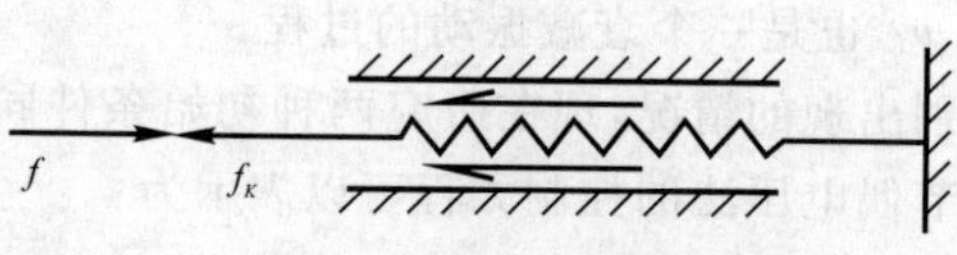

图 2.66 某受力系统

这时系统的平衡方程

$$f = cv + f_K$$

是不符合平衡原理的，所以系统中的弹性元件的受力不能发生突变。其实，系统的速度 v 的最大值为$\frac{f}{c}$，在 c 不为 0 的情况下，不会是 ∞。从另一个角度来说，$v\to\infty$ 意味着弹簧被拉断，这是没有意义的。

因为动量和速度成正比，位移与力成正比，所以惯性元件的速度和弹性元件上的力不能突变，分别相当于惯性元件的动量和弹性元件的位移不能突变。因为动能与速度的平方成正比，位能与力的平方成正比，所以惯性元件的速度和弹性元件上的力不能突变，分别相当于惯性元

件的动能和弹性元件的位能不能突变。或概括地说，能量不能突变，它的逐渐变化是以做功为前提的。

由于阻尼元件并非储能元件，所以理论上说，不但它的速度，而且它的作用力都可以突变。

2. 换路定律

电路中，开关的接通或断开以及电路参数的改变，均称为换路。在换路后，电路中进行的过程称为过渡过程。

由电感元件和电容元件的性质可知，换路时通过电感线圈的电流和电容板板间的电压不能突变，它们的数值在换路的一瞬间是一样的，这就是所谓的换路定律。

LR 串联电路如图 2.67 所示，如果电感线圈中的电流发生突变，则其两端的电压

$$u_L = L\frac{\mathrm{d}i}{\mathrm{d}t} \to \infty$$

这时回路的电压平衡方程

$$U = iR + L\frac{\mathrm{d}i}{\mathrm{d}t}$$

是不符合 Kirchhoff 电压定律的，所以回路中的电感线圈的电流不能发生突变。其实，在回路中，u_L 的最大值为 U，不会是 ∞。

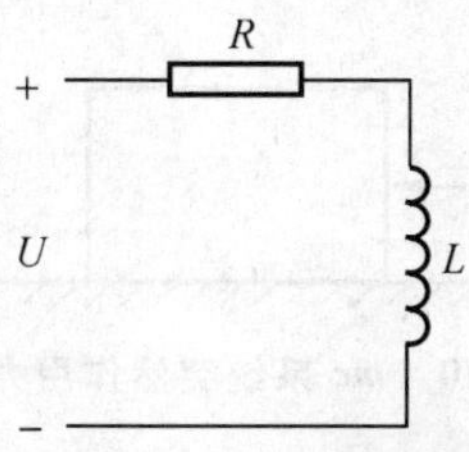

图 2.67　*LR* 串联电路

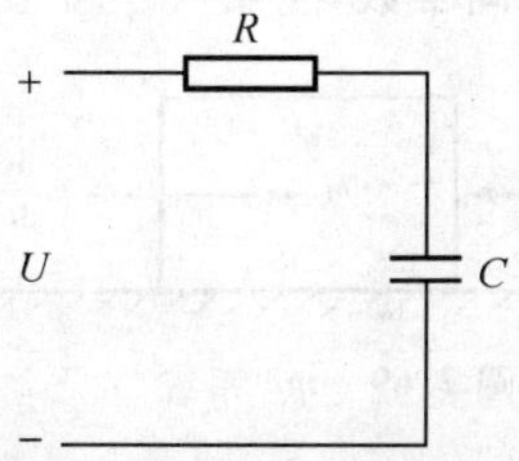

图 2.68　*RC* 串联电路

RC 串联电路如图 2.68 所示，如果电容两端的电压由 0 突变到 u_C，其上通过的电流

$$i = C\frac{\mathrm{d}u_C}{\mathrm{d}t} \to \infty$$

这时回路中电阻 R 上的电压

$$u_R = Ri \to \infty$$

这时回路中的电压平衡方程

$$U = Ri + u_C$$

是不符合 Kirchhoff 电压定律的，所以回路中的电容板板间的电压不能突变。其实，回路中 i 的最大值为$\dfrac{U}{R}$，在 R 不为 0 的情况下，不会是 ∞。从另一个角度来说，$i \to \infty$ 意味着电容被击穿，这是没有意义的。

因为磁通量与电流成正比，电荷与电压成正比，所以电感中的电流和电容中的电压不能突变，分别相当于电感的磁通量和电容的电荷不能突变。因为电动能量与电流的平方成正比，电位能量与电压的平方成正比，故电感中的电流和电容中的电压不能突变，分别相当于电感的电动能量和电容的电位能量不能突变。或概括地说，能量不能突变，它的逐渐变化是以做功为前

提的。

由于电阻 R 并非储能元件，所以理论上说，不但它的电流，而且它的电压都可以突变。

2.3.2 mc 系统的动力响应和 LR 电路的过渡过程

1. *mc* 系统的动力响应

如图 2.69 所示的力学系统，原有 F 作用于 mc 系统，若 F 突然消除(例如飞行器发动机停止工作)，则

$$m\frac{\mathrm{d}v}{\mathrm{d}t}+cv=0 \tag{2.3.1}$$

解为

$$v=A\mathrm{e}^{-\frac{c}{m}t}$$

当初始条件为 $t=0, v=\frac{F}{c}$ 时，则

$$v=\frac{F}{c}\mathrm{e}^{-\frac{c}{m}t} \tag{2.3.2}$$

式中，$\frac{c}{m}$ 称为时间常数，它反应了 v 衰减的快慢。

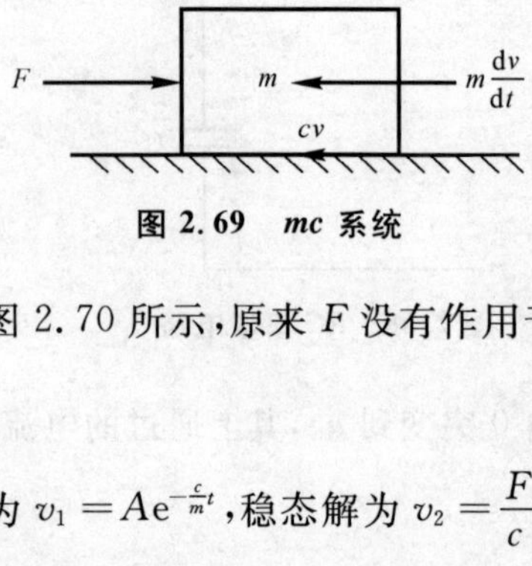

图 2.69 *mc* 系统

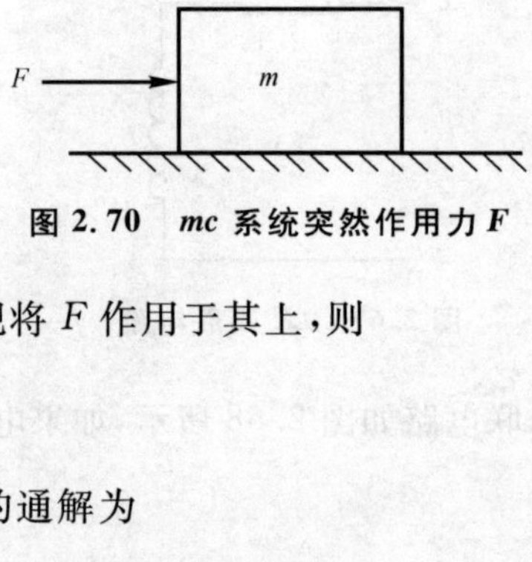

图 2.70 *mc* 系统突然作用力 *F*

如图 2.70 所示，原来 F 没有作用于力学系统上，现将 F 作用于其上，则

$$m\frac{\mathrm{d}v}{\mathrm{d}t}+cv=F \tag{2.3.3}$$

瞬态解为 $v_1=A\mathrm{e}^{-\frac{c}{m}t}$，稳态解为 $v_2=\frac{F}{c}$，则式(2.3.3) 的通解为

$$v=A\mathrm{e}^{-\frac{c}{m}t}+\frac{F}{c}$$

当初始条件为 $t=0, v=0$ 时，则

$$v=\frac{F}{c}(1-\mathrm{e}^{-\frac{c}{m}t}) \tag{2.3.4}$$

在 mc 系统上还可以施加任意变化规律的力，对于这种问题可用两种不同的方法求解：一是把任意变化规律的力分解为谐波分量，求其响应，然后合成；一是用杜哈默(Duhamel) 积分法。

mc 系统上施加一个正弦交变力 $f=F\sin\omega t$(见图 2.71)，则

$$m\frac{\mathrm{d}v}{\mathrm{d}t}+cv=F\sin\omega t \tag{2.3.5}$$

瞬态解为 $v_1=A\mathrm{e}^{-\frac{c}{m}t}$，强制解为 $v_2=\frac{F}{\sqrt{c^2+(m\omega)^2}}\sin(\omega t-\varphi)$，$\varphi=\arctan\frac{m\omega}{c}$，则式(2.3.5) 的

通解为

$$v=A\mathrm{e}^{-\frac{c}{m}t}+\frac{F}{\sqrt{c^2+(m\omega)^2}}\sin(\omega t-\varphi)$$

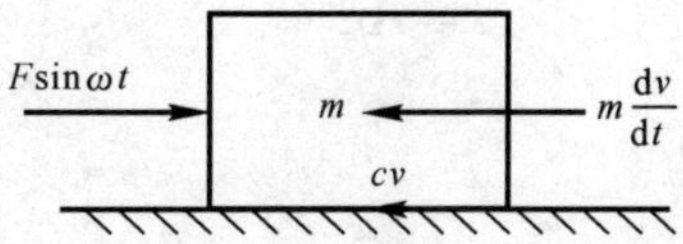

图 2.71　*mc* 系统施加一个正弦交变力 $F\sin\omega t$

当初始条件为 $t=0, v=0$ 时，则

$$v=\frac{F}{\sqrt{c^2+(m\omega)^2}}\left[\mathrm{e}^{-\frac{c}{m}t}\sin\varphi+\sin(\omega t-\varphi)\right] \tag{2.3.6}$$

以上求得一次谐波引起的动力响应。利用同样方法可求高次谐波引起的动力响应，即将足够多项谐波引起的动力响应叠加，便可求得任意变化规律的力所引起的动力响应。

如图 2.72 所示，mc 系统上施加任意变化规律的干扰力 $f(t)$，则在 $\mathrm{d}\tau$ 时间间隔内，系统仅承受冲量 $f(\tau)\,\mathrm{d}\tau$，(作用后) 其动力学方程为

$$m\frac{\mathrm{d}v}{\mathrm{d}t}+cv=0 \tag{2.3.7}$$

解为

$$v=A\mathrm{e}^{-\frac{c}{m}(t-\tau)}$$

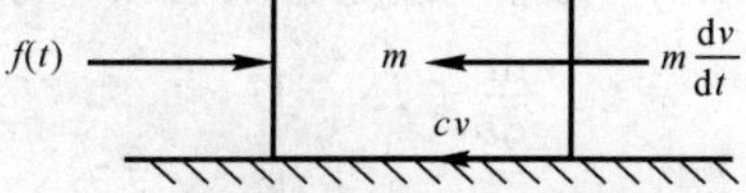

图 2.72　*mc* 系统施加任意变化规律的干扰力 $f(t)$

当初始条件为 $t=\tau, v=\dfrac{f(\tau)\,\mathrm{d}\tau}{m}$ 时，则

$$v=\frac{f(\tau)}{m}\mathrm{e}^{-\frac{c}{m}(t-\tau)}\mathrm{d}\tau$$

若考虑 $f(\tau)$ 在 $0\to t$ 时间间隔上的作用，应用叠加原理可得

$$v=\int_0^t\frac{f(\tau)}{m}\mathrm{e}^{-\frac{c}{m}(t-\tau)}\mathrm{d}\tau=\frac{1}{m}\int_0^t f(\tau)\,\mathrm{e}^{-\frac{c}{m}(t-\tau)}\mathrm{d}\tau \tag{2.3.8}$$

这就是 Duhamel 积分。

现在用 $f(\tau)=F$ 的特殊情况来验证式(2.3.8) 的正确性：

$$v=\frac{1}{m}\int_0^t f(\tau)\,\mathrm{e}^{-\frac{c}{m}(t-\tau)}\mathrm{d}\tau=\frac{1}{m}\int_0^t F\mathrm{e}^{-\frac{c}{m}(t-\tau)}\mathrm{d}\tau=\frac{F}{c}(1-\mathrm{e}^{-\frac{c}{m}t})$$

可见，这个结果与式(2.3.4) 相同，所以式(2.3.8) 是正确的。

2. *LR* 电路的过渡过程

如图 2.73 所示的电路，原来开关 k 接通 a，若突然转为与 b 接通，则由 Kirchhoff 电压定律可得

$$L\frac{\mathrm{d}i}{\mathrm{d}t}+Ri=0 \tag{2.3.9}$$

解为

$$i=A\mathrm{e}^{-\frac{R}{L}t}$$

当初始条件为 $t=0, i=\frac{U}{R}$ 时，则

$$i=\frac{U}{R}\mathrm{e}^{-\frac{R}{L}t} \tag{2.3.10}$$

式中，$\frac{R}{L}$ 称为时间常数，它反应了 i 衰减的快慢。

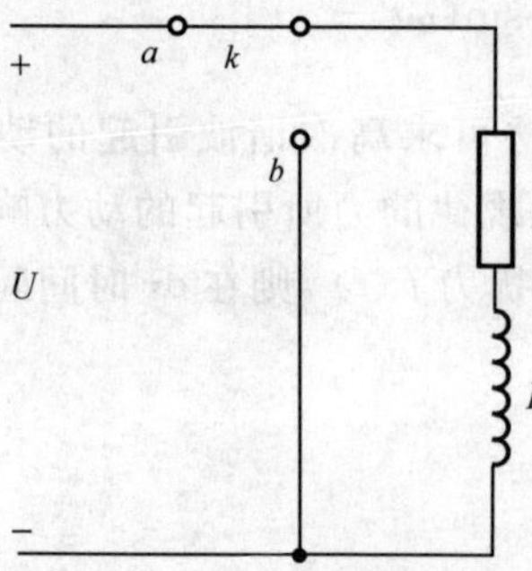

图 2.73　**LR 电路短接**

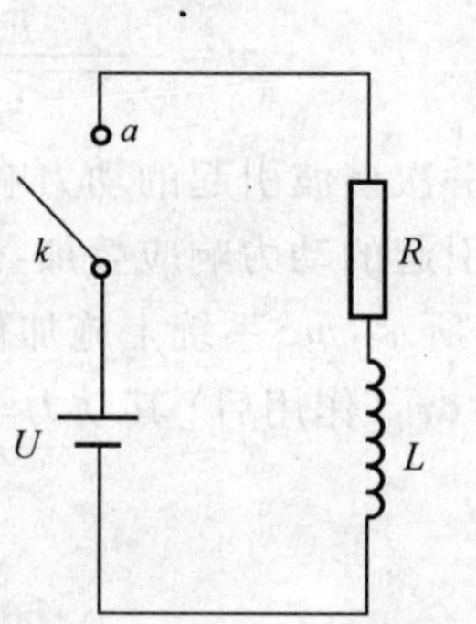

图 2.74　**LR 电路接通直流电源 U**

如图 2.74 所示，开关 k 原为断开，现将 k 接通直流电源 U，则

$$L\frac{\mathrm{d}i}{\mathrm{d}t}+Ri=U \tag{2.3.11}$$

瞬态解为 $i_1=A\mathrm{e}^{-\frac{R}{L}t}$，稳态解为 $i_2=\frac{U}{R}$，则式(2.3.11)的通解为

$$i=A\mathrm{e}^{-\frac{R}{L}t}+\frac{U}{R}$$

当初始条件为 $t=0, i=0$ 时，则

$$i=\frac{U}{R}(1-\mathrm{e}^{-\frac{R}{L}t}) \tag{2.3.12}$$

LR 电路接通任意波形的电源，对于这种问题可用两种不同的方法求解：一是将任意变化规律的波形展开成 Fourier 级数，即化为谐波分量，然后合成；一是用 Duhamel 积分法。

如图 2.75 所示，LR 电路接通正弦交变电源 $u=U\sin\omega t$，则

$$L\frac{\mathrm{d}i}{\mathrm{d}t}+Ri=U\sin\omega t \tag{2.3.13}$$

瞬态解为 $i_1=A\mathrm{e}^{-\frac{R}{L}t}$，强制解为 $i_2=\frac{U}{\sqrt{R^2+(L\omega)^2}}\sin(\omega t-\varphi)$，$\varphi=\arctan\frac{\omega L}{R}$，则式(2.3.13)的解为

$$i=A\mathrm{e}^{-\frac{R}{L}t}+\frac{U}{\sqrt{R^2+(L\omega)^2}}\sin(\omega t-\varphi)$$

当初始条件为 $t=0, i=0$ 时，则

$$i=\frac{U}{\sqrt{R^2+(L\omega)^2}}\left[e^{-\frac{R}{L}t}\sin\varphi+\sin(\omega t-\varphi)\right] \tag{2.3.14}$$

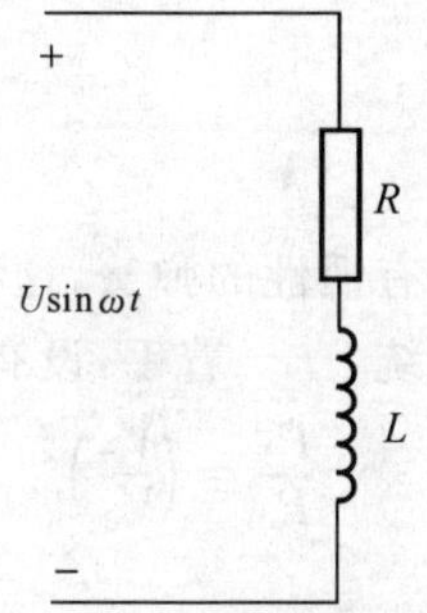

图 2.75　LR 电路接通正弦电源 Usinωt

以上求得一次谐波引起的过渡过程。利用同样方法可求高次谐波引起的过渡过程，即将足够多项谐波引起的过渡过程叠加，便可求得任意波形的电压引起的过渡过程。

如图 2.76 所示，电路两端加上任意变化规律的电源 $u(t)$，则在时间间隔 $d\tau$ 内，系统承受电压脉冲 $u(\tau)\,d\tau$，若认为系统上仅有此电压脉冲作用，(作用后) 其动力学方程为

$$L\frac{di}{dt}+Ri=0 \tag{2.3.15}$$

解为

$$i=Ae^{-\frac{R}{L}(t-\tau)}$$

当初始条件为 $t=\tau$，$i=\dfrac{u(\tau)\,d\tau}{L}$ 时，则

$$i=\frac{u(\tau)}{L}e^{-\frac{R}{L}(t-\tau)}d\tau$$

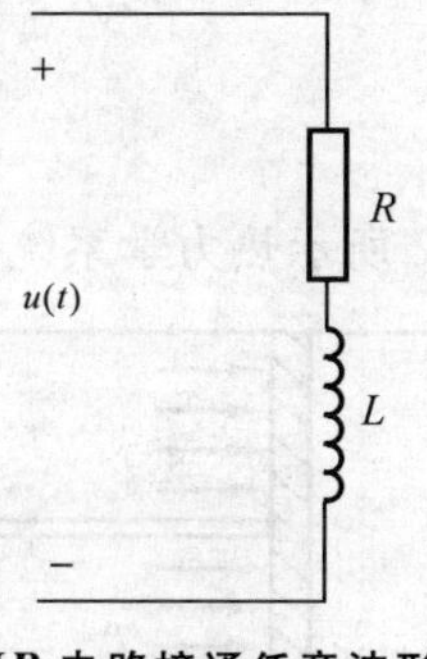

图 2.76　LR 电路接通任意波形电源 u(t)

若考虑 $u(\tau)$ 在 $0\to t$ 时间间隔上的作用，应用叠加原理可得

$$i=\int_0^t\frac{u(\tau)}{L}e^{-\frac{R}{L}(t-\tau)}d\tau=\frac{1}{L}\int_0^t u(\tau)\,e^{-\frac{R}{L}(t-\tau)}d\tau \tag{2.3.16}$$

现在用 $u(\tau)=U$ 的特殊情况来验证式(2.3.16) 的正确性：

$$i=\frac{1}{L}\int_0^t u(\tau)\,e^{-\frac{R}{L}(t-\tau)}d\tau=\frac{1}{L}\int_0^t Ue^{-\frac{R}{L}(t-\tau)}d\tau=\frac{U}{R}(1-e^{-\frac{R}{L}t})$$

可见，这个结果与式(2.3.12) 相同，所以式(2.3.16) 是正确的。

2.3.3 Kc 系统的动力响应和 CR 电路的过渡过程

1. Kc 系统的动力响应

Kc 系统相当于一个有摩擦但没有惯性的弹簧，这种系统要到热力学系统中去找。从热力学系统中较一般的系统 —— 绝热系统 —— 着手，设有绝热压缩系统，其状态方程为

$$\frac{P_1}{P_0}=\left(\frac{V_0}{V_1}\right)^{\gamma}$$

式中 P_0 —— 初压力；

P_1 —— 变化后的压力；

V_0 —— $P=P_0$ 时的体积；

V_1 —— $P=P_1$ 时的体积；

γ —— 比热比，$\gamma=\frac{c_p}{c_v}$，对空气而言，$\gamma=1.4$。

设压力增量为 p，体积增量为 $-\Delta V_0$（Δ 为相对增量），则有

$$1+\frac{p}{P_0}=(1-\Delta)^{-\gamma}$$

将上式右端进行麦克劳林展开[44]，并取一级近似，则

$$(1-\Delta)^{-\gamma}\approx 1+\gamma\Delta$$

$$p=\gamma\Delta P_0$$

设热力学系统（见图 2.77）中活塞截面积为 s，活塞的位移为 x，由 $\Delta=\frac{\mathrm{d}V}{V_0}$ 和 $\mathrm{d}V=sx$，可得

$$p=\gamma\Delta P_0=\gamma\frac{P_0}{V_0}sx=kx$$

式中，$k=\gamma\frac{P_0}{V_0}s$ 相当于刚度系数。

通过如上的处理之后，如图 2.77 所示热力学系统便相当于刚度系数为 k 的无惯性弹簧。

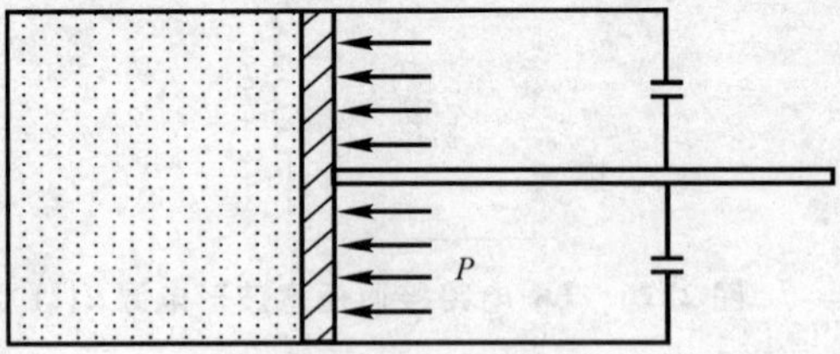

图 2.77 热力学系统

设图 2.78 所示的热力学系统原有压力 P 作用，现将 P 去除，则有

$$cK\frac{\mathrm{d}p}{\mathrm{d}t}+p=0 \tag{2.3.17}$$

式中 K —— 柔度系数，$K=\frac{1}{k}$；

c —— 黏性阻尼系数。

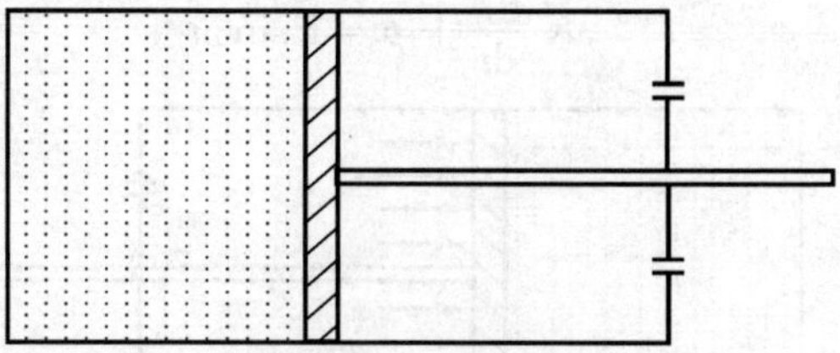

图 2.78　热力学系统

式(2.3.17)的解为

$$p=P\mathrm{e}^{-\frac{t}{cK}} \tag{2.3.18}$$

如图 2.79 所示,Kc 系统上施加压力 P,则有

$$cK\frac{\mathrm{d}p}{\mathrm{d}t}+p=P \tag{2.3.19}$$

通解为

$$p=P(1-\mathrm{e}^{-\frac{t}{cK}}) \tag{2.3.20}$$

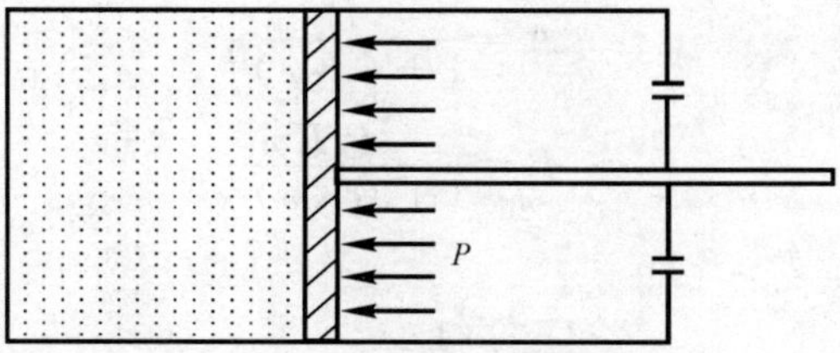

图 2.79　Kc 系统上施加压力 P

这是一个绝热压缩系统。下面讨论 Kc 绝热压缩系统消耗在 K 与 c 上的能量。

整个过程做功为$\int_0^\infty Pv\mathrm{d}t$,由变态定律可知:当 $t=0$ 时,$p=0$;当 $t\to\infty$ 时,$p\to P$。所以整个过程付出的能量为

$$\int_0^\infty Pv\mathrm{d}t=\int_0^\infty PK\frac{\mathrm{d}p}{\mathrm{d}t}\mathrm{d}t=\int_0^P PK\mathrm{d}p=KP^2$$

c 消耗的能量为

$$\int_0^\infty cv^2\mathrm{d}t=\int_0^\infty c\left(K\frac{\mathrm{d}p}{\mathrm{d}t}\right)^2\mathrm{d}t=\int_0^\infty c\left(K\frac{P}{cK}\right)^2\mathrm{e}^{-\frac{2t}{cK}}\mathrm{d}t=\frac{1}{2}KP^2$$

K 储存的能量为

$$\int_0^\infty pv\mathrm{d}t=\int_0^\infty pK\frac{\mathrm{d}p}{\mathrm{d}t}\mathrm{d}t=\int_0^P Kp\mathrm{d}p=\frac{1}{2}KP^2$$

能量守恒定律体现为

$$\int_0^\infty Pv\mathrm{d}t=\int_0^\infty cv^2\mathrm{d}t+\int_0^\infty pv\mathrm{d}t \quad 或 \quad KP^2=\frac{1}{2}KP^2+\frac{1}{2}KP^2$$

可见,Kc 为绝热压缩系统,付出的总能量一半储存在弹性元件中,一半消耗在阻尼上。

Kc 系统上施加任意变化规律的力,对这类问题,同样有两种处理方法:一是把干扰力展开为谐波分量,求出各分量引起的动力响应,然后叠加;一是用 Duhamel 积分法,从总体上考虑干扰力的动态响应。

如图 2.80 所示,Kc 系统上施加正弦变化的干扰力 $P\sin\omega t$,则有

$$cK\frac{\mathrm{d}p}{\mathrm{d}t}+p=P\sin\omega t \tag{2.3.21}$$

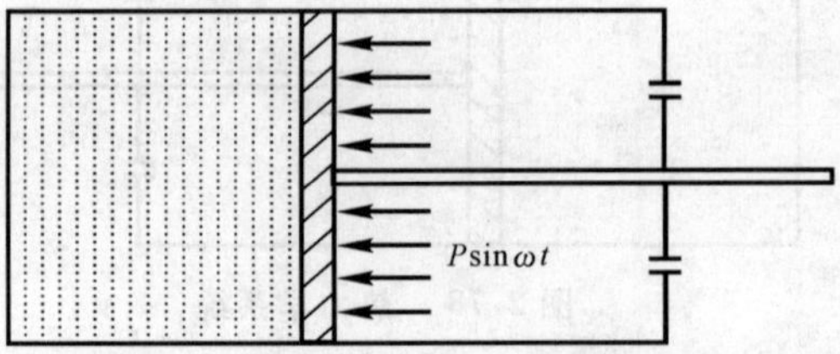

图 2.80 Kc 系统上施加正弦变化的干扰力 $P\sin\omega t$

设 $p=A\sin\omega t+B\cos\omega t$，则有

$$cK\omega A\cos\omega t-cK\omega B\sin\omega t+A\sin\omega t+B\cos\omega t=P\sin\omega t$$

使方程两边关于 $\sin\omega t$ 和 $\cos\omega t$ 的系数相等，则有

$$\begin{cases}A-cK\omega B=P\\ cK\omega A+B=0\end{cases}$$

此方程组的解为

$$A=\frac{P}{1+(cK\omega)^2}$$

$$B=\frac{-PcK\omega}{1+(cK\omega)^2}$$

强制解为

$$p_1=\frac{P\dfrac{1}{\omega K}}{\sqrt{c^2+\left(\dfrac{1}{\omega K}\right)^2}}\sin(\omega t-\varphi)$$

式中
$$\varphi=\arctan cK\omega=\frac{c}{\dfrac{1}{K\omega}}$$

瞬态解为

$$p_2=A\mathrm{e}^{-\frac{t}{cK}}$$

式(2.3.21)的通解为

$$p=\frac{P}{\omega K\sqrt{c^2+\left(\dfrac{1}{\omega K}\right)^2}}\sin(\omega t-\varphi)+A\mathrm{e}^{-\frac{t}{cK}}$$

当初始条件为 $t=0,p=0$ 时，可得

$$p=\frac{P}{\omega K\sqrt{c^2+\left(\dfrac{1}{\omega K}\right)^2}}\left[\sin(\omega t-\varphi)+\sin\varphi\mathrm{e}^{-\frac{t}{cK}}\right]$$

如图 2.81 所示，Kc 系统上施加任意变化规律的干扰力 $P(t)$，设冲量 $P(\tau)\mathrm{d}\tau$ 作用后，有

$$cK\frac{\mathrm{d}p}{\mathrm{d}t}+p=0$$

解为

$$p=A\mathrm{e}^{-\frac{1}{cK}(t-\tau)}$$

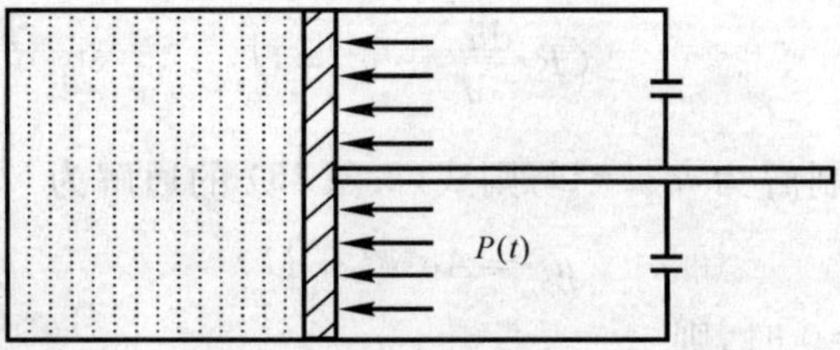

图 2.81　Kc 系统上施加任意变化规律的干扰力 $P(t)$

由变态定律，K 上作用力不能突变，所以冲量都作用在 c 上，故有

$$v=\frac{P(\tau)}{c}=K\frac{\mathrm{d}p}{\mathrm{d}\tau}$$

$$\mathrm{d}p=\frac{P(\tau)}{cK}\mathrm{d}\tau$$

当 $t_\tau=t-\tau$ 时(参阅 2.3.7 卷积的物理意义)，瞬态解中的待定系数为 $A=\frac{P(\tau)}{cK}\mathrm{d}\tau$，则有

$$\mathrm{d}p=\frac{P(\tau)}{cK}\mathrm{e}^{-\frac{1}{cK}(t-\tau)}\mathrm{d}\tau$$

考虑从 $0\to t$ 的整个时间间隔，应用叠加原理可得

$$p=\int_0^t\frac{P(\tau)}{cK}\mathrm{e}^{-\frac{1}{cK}(t-\tau)}\mathrm{d}\tau=\frac{1}{cK}\int_0^t P(\tau)\,\mathrm{e}^{-\frac{1}{cK}(t-\tau)}\mathrm{d}\tau \qquad (2.3.22)$$

这就是 Duhamel 积分。

2. CR 电路的过渡过程

CR 电路如图 2.82 所示，电源完成充电后，迅速将开关 k 由 a 旋到 b，换路后，Kirchhoff 电压定律可表示为

$$CR\frac{\mathrm{d}u_C}{\mathrm{d}t}+u_C=0 \qquad (2.3.23)$$

解为

$$u_C=A\mathrm{e}^{-\frac{1}{RC}t}$$

由换路定律可知，初始条件为 $t=0$，$u_C=U$ 时，则

$$u_C=U\mathrm{e}^{-\frac{1}{RC}t} \qquad (2.3.24)$$

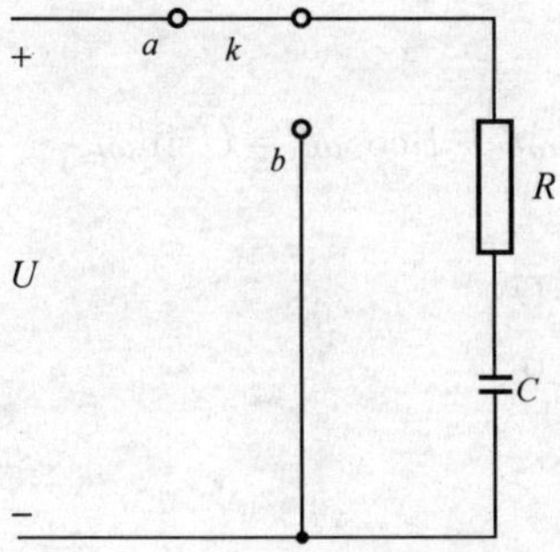

图 2.82　CR 电路短接

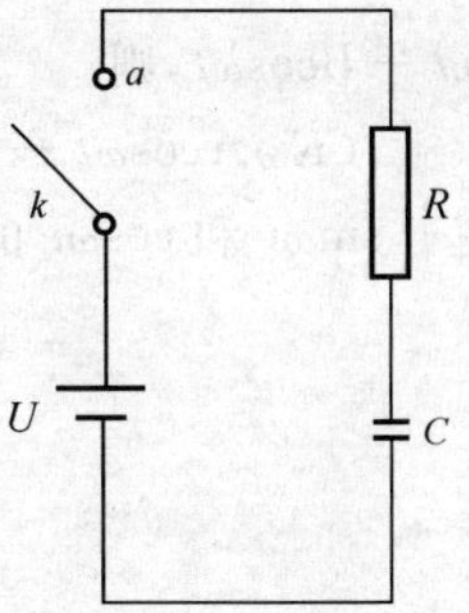

图 2.83　CR 电路接通直流电源 U

如图 2.83 所示，CR 电路接通直流电源 U，则由 Kirchhoff 电压定律可得

$$CR\frac{\mathrm{d}u_C}{\mathrm{d}t}+u_C=U \tag{2.3.25}$$

瞬态解为 $u_{C1}=A\mathrm{e}^{-\frac{1}{RC}t}$，强制解为 $u_{C2}=U$，则式(2.3.25)的通解为

$$u_C=A\mathrm{e}^{-\frac{1}{RC}t}+U$$

由换路定律，当 $t=0$，$u_C=0$ 时，则

$$u_C=U(1-\mathrm{e}^{-\frac{1}{RC}t}) \tag{2.3.26}$$

现在讨论一个问题，即 CR 接通直流电源后，消耗在电容和电阻上的能量。

电源送出的能量为 $\int_0^\infty Ui\,\mathrm{d}t$。由换路定律可知：当 $t=0$ 时，$u_C=0$；当 $t\to\infty$ 时，$u_C\to U$。所以电源送出的能量为

$$\int_0^\infty Ui\,\mathrm{d}t=\int_0^\infty UC\frac{\mathrm{d}u_C}{\mathrm{d}t}\mathrm{d}t=\int_0^U UC\,\mathrm{d}u_C=CU^2$$

电阻消耗的能量为

$$\int_0^\infty Ri^2\,\mathrm{d}t=\int_0^\infty R\left(\frac{U}{R}\mathrm{e}^{-\frac{1}{RC}t}\right)^2\mathrm{d}t=\int_0^\infty\frac{U^2}{R}\mathrm{e}^{-\frac{2}{RC}t}\,\mathrm{d}t=\frac{1}{2}CU^2$$

电容储存的能量为 $\int_0^\infty u_Ci\,\mathrm{d}t$。由换路定律可知：当 $t=0$ 时，$u_C=0$；当 $t\to\infty$ 时，$u_C\to U$。所以电容储存的能量为

$$\int_0^\infty u_Ci\,\mathrm{d}t=\int_0^\infty Cu_C\frac{\mathrm{d}u_C}{\mathrm{d}t}\mathrm{d}t=\int_0^U Cu_C\,\mathrm{d}u_C=\frac{1}{2}CU^2$$

能量守恒定律体现为

$$\int_0^\infty Ui\,\mathrm{d}t=\int_0^\infty Ri^2\,\mathrm{d}t+\int_0^\infty u_Ci\,\mathrm{d}t \quad \text{或} \quad CU^2=\frac{1}{2}CU^2+\frac{1}{2}CU^2$$

这便得到一个很有趣的结论：对 CR 电路接通直流电源，电源送出的能量一半储存在电容中，一半消耗在电阻上(不论 R 和 C 的值的大小)。

CR 电路接通任意波形的电源，这种问题可用两种不同的方法求解：一是将任意变化规律的波展开成 Fourier 级数，即化为谐波分量，然后合成；一是用 Duhamel 积分法。

CR 电路接通正弦交变的电源 $U\sin\omega t$(见图 2.84)，则 Kirchhoff 电压定律可表示为

$$CR\frac{\mathrm{d}u_C}{\mathrm{d}t}+u_C=U\sin\omega t \tag{2.3.27}$$

设 $u_C=A\sin\omega t+B\cos\omega t$，则

$$CR\omega A\cos\omega t-CR\omega B\sin\omega t+A\sin\omega t+B\cos\omega t=U\sin\omega t$$

使方程两边关于 $\sin\omega t$ 和 $\cos\omega t$ 的系数相等，则有

$$\begin{cases}A-CR\omega B=U\\ CR\omega A+B=0\end{cases}$$

解得

$$A=\frac{\begin{vmatrix}U & -CR\omega\\ 0 & 1\end{vmatrix}}{\begin{vmatrix}1 & -CR\omega\\ CR\omega & 1\end{vmatrix}}=\frac{U}{1+(CR\omega)^2}$$

$$B=\frac{\begin{vmatrix}1 & U\\ CR\omega & 0\end{vmatrix}}{\begin{vmatrix}1 & -CR\omega\\ CR\omega & 1\end{vmatrix}}=\frac{-CR\omega U}{1+(CR\omega)^2}$$

强制解为

$$u_{C1}=\frac{U}{\omega C\sqrt{R^2+\left(\frac{1}{\omega C}\right)^2}}\sin(\omega t-\varphi)$$

式中

$$\varphi=\arctan CR\omega=\arctan\frac{R}{\frac{1}{C\omega}}$$

瞬态解为

$$u_{C2}=A\mathrm{e}^{-\frac{1}{RC}t}$$

式(2.3.27)的通解为

$$u_C=\frac{U}{\omega C\sqrt{R^2+\left(\frac{1}{\omega C}\right)^2}}\sin(\omega t-\varphi)+A\mathrm{e}^{-\frac{1}{RC}t}$$

由换路定律，当 $t=0, u_C=0$ 时，则

$$u_C=\frac{U}{\omega C\sqrt{R^2+\left(\frac{1}{\omega C}\right)^2}}\left[\sin(\omega t-\varphi)+\sin\varphi\mathrm{e}^{-\frac{1}{RC}t}\right] \tag{2.3.28}$$

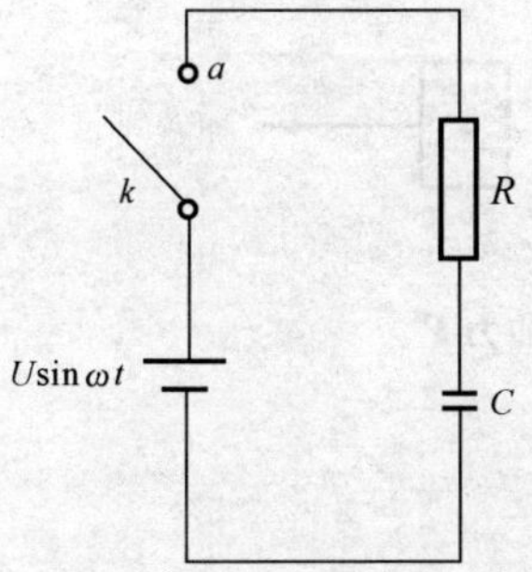

图 2.84 CR 电路接通正弦交变的电源 $U\sin\omega t$

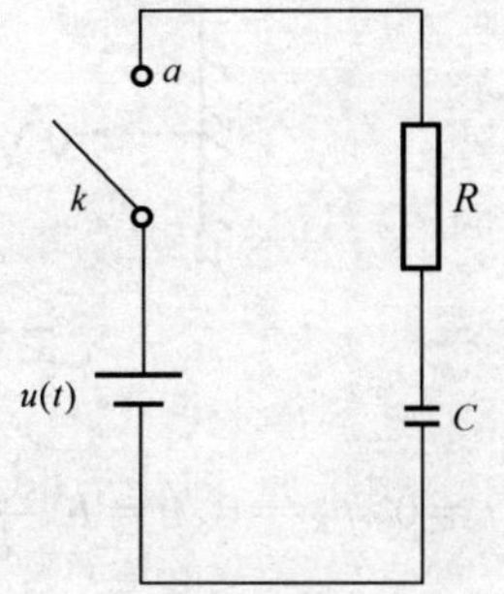

图 2.85 CR 电路接通任意波形的电源 $u(t)$

CR 电路接通任意波形的电源 $u(t)$（见图 2.85），则电压冲量 $u(\tau)\,\mathrm{d}\tau$ 作用后，其控制方程为

$$CR\frac{\mathrm{d}u_C}{\mathrm{d}t}+u_C=0 \tag{2.3.29}$$

式(2.3.29)的通解为

$$u_C=A\mathrm{e}^{-\frac{1}{RC}(t-\tau)}$$

由换路定律可知：在 $\mathrm{d}\tau$ 后，有 $i=\frac{U(\tau)}{R}=C\frac{\mathrm{d}u_C}{\mathrm{d}\tau}$，则

$$\mathrm{d}u_C=\frac{U(\tau)}{CR}\mathrm{d}\tau$$

当 $t_\tau=t-\tau$ 时(参阅 2.3.7 卷积的物理意义),瞬态解中的待定系数为 $A=\dfrac{U(\tau)}{CR}\mathrm{d}\tau$,则有

$$\mathrm{d}u_C=\frac{U(\tau)}{CR}\mathrm{e}^{-\frac{1}{RC}(t-\tau)}\,\mathrm{d}\tau$$

若考虑从 $0\to t$ 的整个时间间隔,应用叠加原理得

$$u_C=\int_0^t\frac{U(\tau)}{CR}\mathrm{e}^{-\frac{1}{RC}(t-\tau)}\,\mathrm{d}\tau=\frac{1}{CR}\int_0^t U(\tau)\,\mathrm{e}^{-\frac{1}{RC}(t-\tau)}\,\mathrm{d}\tau \tag{2.3.30}$$

这就是 Duhamel 积分。

2.3.4　*mK* 系统的动力响应和 *LC* 电路的过渡过程

1. *mK* 系统的动力响应

mK 系统上施加力 F(见图 2.86),则有

$$mK\,\frac{\mathrm{d}^2 f_K}{\mathrm{d}t^2}+f_K=F \tag{2.3.31}$$

由于方程式(2.3.31)的特解为 $f_{K1}=F$,方程 $mK\,\dfrac{\mathrm{d}^2 f_K}{\mathrm{d}t^2}+f_K=0$ 的通解为 $f_{K2}=A_1\mathrm{e}^{\mathrm{j}\frac{t}{\sqrt{mK}}}+A_2\mathrm{e}^{-\mathrm{j}\frac{t}{\sqrt{mK}}}$,则方程式(2.3.31)的通解为

$$f_K=F+A_1\mathrm{e}^{\mathrm{j}\frac{t}{\sqrt{mK}}}+A_2\mathrm{e}^{-\mathrm{j}\frac{t-\tau}{\sqrt{mK}}}$$

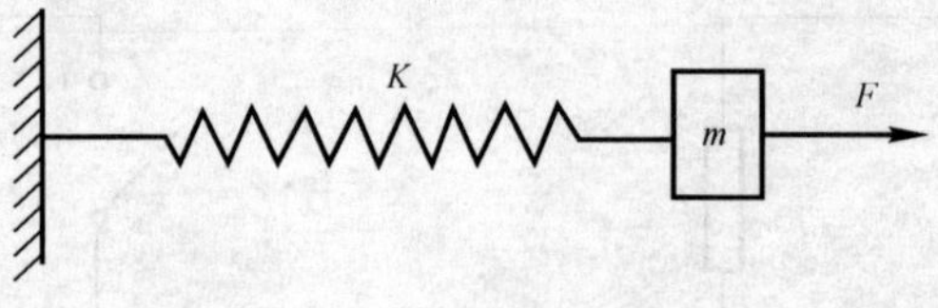

图 2.86　*mK* 系统上施加力 *F*

当初始条件为 $t=0,f_K=0,v=K\dfrac{\mathrm{d}f_K}{\mathrm{d}t}=0$ 时,则

$$f_K=F\left(1-\frac{\mathrm{e}^{\mathrm{j}\frac{t}{\sqrt{mK}}}+\mathrm{e}^{-\mathrm{j}\frac{t}{\sqrt{mK}}}}{2}\right)=F\left[1-\sin\left(\frac{t}{\sqrt{mK}}+\frac{\pi}{2}\right)\right] \tag{2.3.32}$$

mK 系统上施加正弦干扰力 $F\sin\omega t$(见图 2.87),则

$$mK\,\frac{\mathrm{d}^2 f_K}{\mathrm{d}t^2}+f_K=F\sin\omega t \tag{2.3.33}$$

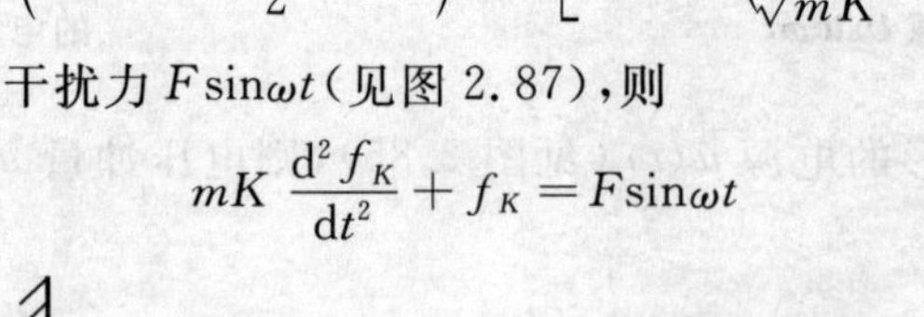

图 2.87　*mK* 系统上施加正弦干扰力 *F*sin*ωt*

设 $f_K=F_K\sin(\omega t+\varphi)$,代入式(2.3.33)中,可得

$$-mK\omega^2 f_K+f_K=F\sin\omega t$$

由于方程式(2.3.33)的特解为 $f_{K1}=\dfrac{F}{1-\omega^2 mK}\sin\omega t$，方程 $mK\dfrac{d^2 f_K}{dt^2}+f_K=0$ 的通解为 $f_{K2}=A_1 e^{j\frac{t}{\sqrt{mK}}}+A_2 e^{-j\frac{t}{\sqrt{mK}}}$，则方程式(2.3.33)的通解为

$$f_K=\frac{F}{1-\omega^2 mK}\sin\omega t+A_1 e^{j\frac{t}{\sqrt{mK}}}+A_2 e^{-j\frac{t}{\sqrt{mK}}}$$

当初始条件为 $t=0, f_K=0, v=K\dfrac{df_K}{dt}=0$ 时，则

$$f_K=-\frac{F}{\omega^2 mK-1}\left(\sin\omega t-\omega\sqrt{mK}\sin\frac{t}{\sqrt{mK}}\right) \tag{2.3.34}$$

mK 系统上施加任意变化规律的干扰力 $f(t)$（见图 2.88），设有冲量 $f(\tau)d\tau$ 作用于 mK 系统，（作用后）有

$$mK\frac{d^2 f_K}{dt^2}+f_K=0 \tag{2.3.35}$$

解为

$$f_K=A_1 e^{j\frac{t-\tau}{\sqrt{mK}}}+A_2 e^{-j\frac{t-\tau}{\sqrt{mK}}}$$

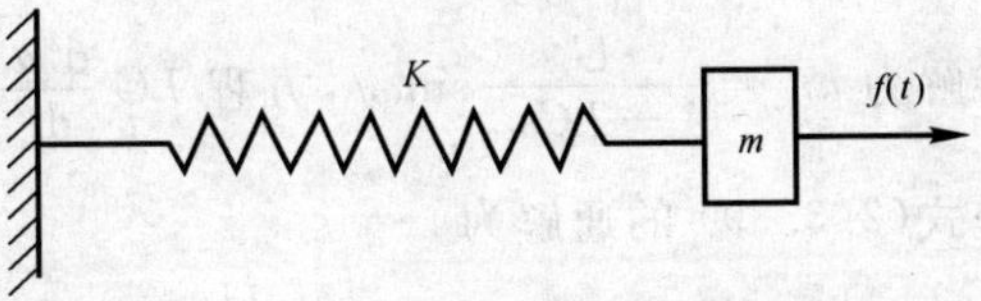

图 2.88　mK 系统上施加任意干扰力 $f(t)$

当初始条件为 $t=\tau, f_K=0, v=K\dfrac{df_K}{dt}=\dfrac{f(\tau)d\tau}{m}$ 时，则

$$f_K=\frac{f(\tau)}{\sqrt{mK}}\sin\frac{1}{\sqrt{mK}}(t-\tau)d\tau$$

总的效果为

$$f_K=\int_0^t\frac{f(\tau)}{\sqrt{mK}}\sin\frac{1}{\sqrt{mK}}(t-\tau)d\tau \tag{2.3.36}$$

2. *LC* 电路的过渡过程

如图 2.89 所示，LC 电路接通直流电源 U，由 Kirchhoff 电压定律可得

$$LC\frac{d^2 u_C}{dt^2}+u_C=U \tag{2.3.37}$$

由于方程式(2.3.37)的特解为 $u_{C1}=U$，方程 $LC\dfrac{d^2 u_C}{dt^2}+u_C=0$ 的通解为 $u_{C2}=A_1 e^{j\frac{t}{\sqrt{LC}}}+A_2 e^{-j\frac{t}{\sqrt{LC}}}$，则方程式(2.3.37)的通解为

$$u_C=U+A_1 e^{j\frac{t}{\sqrt{LC}}}+A_2 e^{-j\frac{t}{\sqrt{LC}}}$$

当初始条件为 $t=0, u_C=0, i=C\dfrac{du_C}{dt}=0$ 时，则

$$u_C=U\left(1-\frac{e^{j\frac{t}{\sqrt{LC}}}+e^{-j\frac{t}{\sqrt{LC}}}}{2}\right)=U\left[1-\sin\left(\frac{t}{\sqrt{LC}}+\frac{\pi}{2}\right)\right] \tag{2.3.38}$$

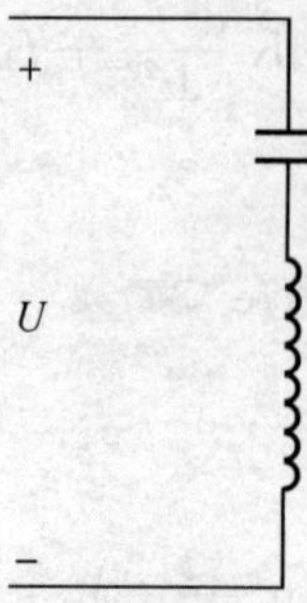

图 2.89 LC 电路接通直流电源 U

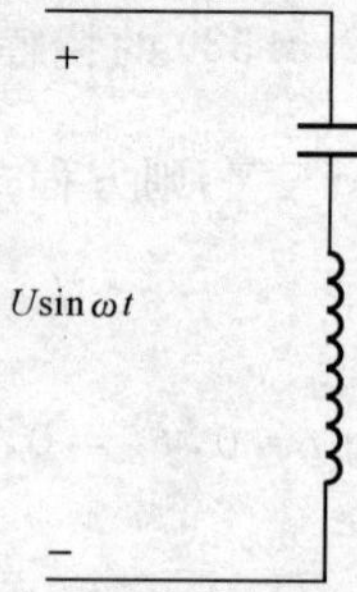

图 2.90 LC 电路接通正弦交变电源 UsinωtU

LC 电路接通正弦交变电源 $U\sin\omega t$（见图 2.90），则

$$LC\frac{\mathrm{d}^2 u_C}{\mathrm{d}t^2}+u_C=U\sin\omega t \tag{2.3.39}$$

设 $u_C=U_C\sin(\omega t+\varphi)$，代入式(2.3.39) 中，得

$$-LC\omega^2 u_C+u_C=U\sin\omega t$$

由于方程式(2.3.39) 的特解为 $u_{C1}=\dfrac{U}{1-LC\omega^2}\sin\omega t$，方程 $LC\dfrac{\mathrm{d}^2 u_C}{\mathrm{d}t^2}+u_C=0$ 的通解为 $u_{C2}=A_1\mathrm{e}^{\mathrm{j}\frac{t}{\sqrt{LC}}}+A_2\mathrm{e}^{-\mathrm{j}\frac{t}{\sqrt{LC}}}$，则方程式(2.3.39) 的通解为

$$u_C=A_1\mathrm{e}^{\mathrm{j}\frac{t}{\sqrt{LC}}}+A_2\mathrm{e}^{-\mathrm{j}\frac{t}{\sqrt{LC}}}+\frac{U}{1-LC\omega^2}\sin\omega t$$

当初始条件为 $t=0, u_C=0,\ i_C=C\dfrac{\mathrm{d}u_C}{\mathrm{d}t}=0$ 时，则

$$u_C=\frac{U}{1-LC\omega^2}\left(\sin\omega t-\omega\sqrt{LC}\sin\frac{t}{\sqrt{LC}}\right) \tag{2.3.40}$$

LC 电路接通任意波形的电源 $u(t)$（见图 2.91），设有电压脉冲 $u(\tau)\,\mathrm{d}\tau$ 作用于 LC 系统，（作用后）有

$$LC\frac{\mathrm{d}^2 u_C}{\mathrm{d}t^2}+u_C=0 \tag{2.3.41}$$

式(2.3.41) 的解为

$$u_C=A_1\mathrm{e}^{\mathrm{j}\frac{t-\tau}{\sqrt{LC}}}+A_2\mathrm{e}^{-\mathrm{j}\frac{t-\tau}{\sqrt{LC}}}$$

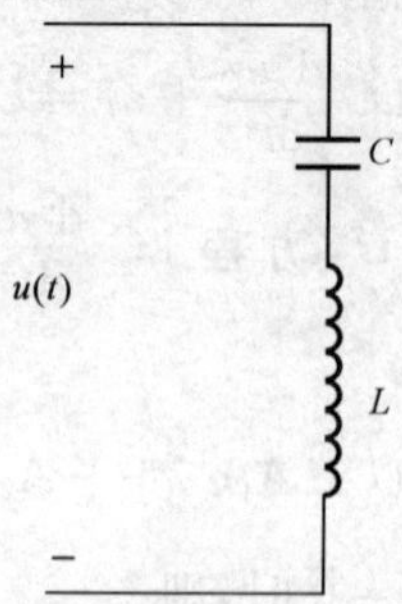

图 2.91 LC 电路接通任意波形的电源 $u(t)$

当初始条件为 $t=\tau, u_C=0,\ C\dfrac{\mathrm{d}u_C}{\mathrm{d}t}=\dfrac{u(\tau)}{L}\mathrm{d}\tau$ 时，则

$$u_C=\frac{u(\tau)}{\sqrt{LC}}\sin\frac{1}{\sqrt{LC}}(t-\tau)\mathrm{d}\tau$$

总的效果为

$$u_C=\frac{1}{\sqrt{LC}}\int_0^t u(\tau)\sin\frac{1}{\sqrt{LC}}(t-\tau)\mathrm{d}\tau \tag{2.3.42}$$

2.3.5　*mKc* 系统的动力响应和 *LCR* 电路的过渡过程

1. *mKc* 系统的动力响应

前面讨论的力学问题，有弹性动力学问题、热力学问题，这里讨论一下飞行力学问题。

设飞行器初始俯仰姿态角为 θ_0，初始翼攻角为 α_0，$\varphi_0=\theta_0+\alpha_0$。当进入俯仰姿态角为 θ，翼攻角为 α，$\varphi=\theta+\alpha$ 时，动力学方程可以表示为

$$\begin{cases} mv\dfrac{\mathrm{d}\theta}{\mathrm{d}t}=y^\alpha\alpha+P\alpha+y^\delta\delta-G\cos\theta \\ J_Z\dfrac{\mathrm{d}\omega}{\mathrm{d}t}=M_z^\alpha\alpha+M_z^\omega\omega+M_z^\delta\delta \end{cases}$$

式中　y^α—— 升力系数；

y^δ—— 舵面升力系数；

M_z^α—— 俯仰力矩系数；

M_z^ω—— 阻尼力矩系数(既可以为正也可以为负)；

M_z^δ—— 舵面力矩系数；

P —— 推力；

G —— 重力；

δ —— 舵面偏角。

由 $\varphi=\theta+\alpha$ 有 $\omega=\dfrac{\mathrm{d}\varphi}{\mathrm{d}t}=\dfrac{\mathrm{d}\theta}{\mathrm{d}t}+\dfrac{\mathrm{d}\alpha}{\mathrm{d}t}$，则

$$\frac{\mathrm{d}\theta}{\mathrm{d}t}=\omega-\frac{\mathrm{d}\alpha}{\mathrm{d}t}$$

将上式代入方程组的第一式中，忽略 $y^\delta\delta-G\cos\theta$ 项，则有

$$\omega=\frac{\mathrm{d}\alpha}{\mathrm{d}t}+\frac{y^\alpha\alpha+P\alpha}{mv}$$

将上式代入方程组的第二式中，则有

$$J_Z\frac{\mathrm{d}^2\alpha}{\mathrm{d}t^2}+\left(J_Z\frac{y^\alpha+P}{mv}-M_z^\omega\right)\frac{\mathrm{d}\alpha}{\mathrm{d}t}-\left(M_z^\alpha+M_z^\omega\frac{y^\alpha+P}{mv}\right)\alpha=M_z^\delta\delta$$

设 $n=\dfrac{y^\alpha+P}{mv}\alpha$，则有

$$T^2\frac{\mathrm{d}^2n}{\mathrm{d}t^2}+2\zeta T\frac{\mathrm{d}n}{\mathrm{d}t}+n=B\delta$$

式中 $T^2 = \dfrac{J_Z}{-\left(M_z^\alpha + M_z^\omega \dfrac{y^\alpha + P}{mv}\right)}, \quad \zeta = \dfrac{1}{2} \dfrac{\sqrt{J_Z}\left(\dfrac{y^\alpha + P}{mv} - \dfrac{M_z^\omega}{J_Z}\right)}{\sqrt{-\left(M_z^\alpha + M_z^\omega \dfrac{y^\alpha + P}{mv}\right)}}$

$$B = \frac{\dfrac{y^\alpha + P}{mv} M_z^\delta}{-\left(M_z^\alpha + M_z^\omega \dfrac{y^\alpha + P}{mv}\right)}$$

现在分几种情况来讨论问题。

设 $B\delta = N$，则有

$$T^2 \frac{d^2 n}{dt^2} + 2\zeta T \frac{dn}{dt} + n = N \tag{2.3.43}$$

当初始条件为 $t=0, n=0, \dfrac{dn}{dt}=0$ 时，对式(2.3.43)进行 Laplace 变换[21] 有

$$(T^2 s^2 + 2\zeta T s + 1) N(s) = \frac{N}{s}$$

$$N(s) = \frac{N}{T^2 s\left(s + \dfrac{\zeta + j\sqrt{1-\zeta^2}}{T}\right)\left(s + \dfrac{\zeta - j\sqrt{1-\zeta^2}}{T}\right)}$$

设 $\gamma = \dfrac{\zeta + j\sqrt{1-\zeta^2}}{T}, \beta = \dfrac{\zeta - j\sqrt{1-\zeta^2}}{T}$，则有

$$n = L^{-1}[N(s)] = \frac{N}{T^2}\left[\frac{1}{\gamma\beta} - \frac{\beta e^{-\gamma t} - \gamma e^{-\beta t}}{\gamma\beta(\beta - \gamma)}\right] = N\left[1 - \frac{e^{-\frac{\zeta}{T}t}}{\sqrt{1-\zeta^2}} \sin\left(\frac{\sqrt{1-\zeta^2}}{T} t + \varphi\right)\right]$$

式中

$$\varphi = \arctan \frac{\sqrt{1-\zeta^2}}{\zeta}$$

所以方程式(2.3.44)的解为

$$n = N\left[1 - \frac{e^{-\frac{\zeta}{T}t}}{\sqrt{1-\zeta^2}} \sin\left(\frac{\sqrt{1-\zeta^2}}{T} t + \arctan \frac{\sqrt{1-\zeta^2}}{\zeta}\right)\right] \tag{2.3.44}$$

如果 $B\delta$ 按任意规律变化，可以将 $B\delta$ 的函数关系展开成 Fourier 级数。设一次谐波分量为 $N\sin\omega t$，并求出在 $N\sin\omega t$ 作用下的 n，则有

$$T^2 \frac{d^2 n}{dt^2} + 2\zeta T \frac{dn}{dt} + n = N\sin\omega t \tag{2.3.45}$$

方程 $T^2 \dfrac{d^2 n}{dt^2} + 2\zeta T \dfrac{dn}{dt} + n = 0$ 的通解为

$$n_1 = N \frac{e^{-\frac{\zeta}{T}t}}{\sqrt{1-\zeta^2}} \sin\left(\frac{\sqrt{1-\zeta^2}}{T} t + \arctan \frac{\sqrt{1-\zeta^2}}{\zeta}\right)$$

设方程式(2.3.45)的特解为 $n_2 = N_0 \sin(\omega t - \varphi)$，代入方程式(2.3.45)中，可得

$$-N_0 T^2 \omega^2 \sin(\omega t - \varphi) + N_0 2\zeta T\omega \cos(\omega t - \varphi) + N_0 \sin(\omega t - \varphi) = N\sin\omega t$$

设 $N\sin\omega t = N\sin[(\omega t - \varphi) + \varphi] = N\sin(\omega t - \varphi)\cos\varphi + N\cos(\omega t - \varphi)\sin\varphi$

则有

$$N_0 = \frac{N}{\sqrt{(1 - T^2\omega^2)^2 + (2\zeta T\omega)^2}}$$

$$\varphi = \arctan\frac{2\zeta T\omega}{1-T^2\omega^2}$$

所以方程式(2.3.45)的特解为

$$n_2 = \frac{N}{\sqrt{(1-T^2\omega^2)^2+(2\zeta T\omega)^2}}\sin\left(\omega t - \arctan\frac{2\zeta T\omega}{1-T^2\omega^2}\right)$$

通解为

$$n = N\frac{e^{-\frac{\zeta}{T}t}}{\sqrt{1-\zeta^2}}\sin\left(\frac{\sqrt{1-\zeta^2}}{T}t + \arctan\frac{\sqrt{1-\zeta^2}}{\zeta}\right) + \frac{N}{\sqrt{(1-T^2\omega^2)^2+(2\zeta T\omega)^2}}\sin\left(\omega t - \arctan\frac{2\zeta T\omega}{1-T^2\omega^2}\right) \quad (2.3.46)$$

Bδ 按任意变化规律，任意波形的 $n(t)$ 加在 mKc 系统上，取时间间隔 $\mathrm{d}\tau$，在 $n(\tau)\mathrm{d}\tau$ 作用后，则有

$$T^2\frac{\mathrm{d}^2n}{\mathrm{d}t^2} + 2\zeta T\frac{\mathrm{d}n}{\mathrm{d}t} + n = 0 \quad (2.3.47)$$

该方程的通解为

$$n = e^{-\frac{\zeta}{T}(t-\tau)}\left(A_1 e^{j\frac{\sqrt{1-\zeta^2}}{T}(t-\tau)} + A_2 e^{-j\frac{\sqrt{1-\zeta^2}}{T}(t-\tau)}\right)$$

当初始条件为 $t=\tau, n=0, \frac{\mathrm{d}n}{\mathrm{d}t}=\frac{n(\tau)}{T^2}\mathrm{d}\tau$ 时，则有

$$n = \frac{n(\tau)}{T\sqrt{1-\zeta^2}}e^{-\frac{\zeta}{T}(t-\tau)}\sin\frac{\sqrt{1-\zeta^2}}{T}(t-\tau)\mathrm{d}\tau$$

考虑整个 $0 \to t$ 区间，应用叠加原理，则有

$$n = \frac{1}{T\sqrt{1-\zeta^2}}\int_0^t n(\tau)\,e^{-\frac{\zeta}{T}(t-\tau)}\sin\frac{\sqrt{1-\zeta^2}}{T}(t-\tau)\,\mathrm{d}\tau \quad (2.3.48)$$

这就是在此情况下的 Duhamel 积分。

力学系统总是同时具有惯性(质量)、弹性(刚度系数)和阻尼(摩擦)的，所以在本节讨论的情况是一个特殊的情况。例如，对某个试件加常力，它总是伴随着振动产生，只有在这种振动因阻尼的存在而衰减后，才出现常力作用的静力作用。

正确地运用量变到质变的情况是必要的，当惯性(质量)很小时，则变为 Kc 系统；当弹性很小时，则变为 mc 系统；当阻尼很小时，则变为 mK 系统。当然，有时为了讨论问题简单而忽略某一方面的因素。

2. *LCR* 电路的过渡过程

LCR 电路接通直流电源 U(见图 2.92)，由 Kirchhoff 电压定律可得

$$LC\frac{\mathrm{d}^2u_C}{\mathrm{d}t^2} + RC\frac{\mathrm{d}u_C}{\mathrm{d}t} + u_C = U \quad (2.3.49)$$

当初始条件为 $t=0, u_C=0, \frac{\mathrm{d}u_C}{\mathrm{d}t}=0$ 时，对式(2.3.49)进行 Laplace 变换可得

$$[LCs^2 + RCs + 1]U_C(s) = \frac{U}{s}$$

$$U_C(s)=\frac{U}{LCs\left[s+\frac{R}{2L}+\mathrm{j}\sqrt{\frac{1}{LC}-\left(\frac{R}{2L}\right)^2}\right]\left[s+\frac{R}{2L}-\mathrm{j}\sqrt{\frac{1}{LC}-\left(\frac{R}{2L}\right)^2}\right]}$$

设 $\gamma=\frac{R}{2L}+\mathrm{j}\sqrt{\frac{1}{LC}-\left(\frac{R}{2L}\right)^2}$，$\beta=\frac{R}{2L}-\mathrm{j}\sqrt{\frac{1}{LC}-\left(\frac{R}{2L}\right)^2}$，则

$$u_C=L^{-1}\left[U_C(s)\right]=\frac{U}{LC}\left[\frac{1}{\gamma\beta}-\frac{\beta\mathrm{e}^{-\gamma t}-\gamma\mathrm{e}^{-\beta t}}{\gamma\beta(\beta-\gamma)}\right]=$$

$$U\left[1-\frac{\frac{1}{LC}}{\sqrt{\frac{1}{LC}-\left(\frac{R}{2L}\right)^2}}\mathrm{e}^{-\frac{R}{2L}t}\sin\left(\sqrt{\frac{1}{LC}-\left(\frac{R}{2L}\right)^2}\,t+\varphi\right)\right]$$

式中

$$\varphi=\arctan\frac{\sqrt{\frac{1}{LC}-\left(\frac{R}{2L}\right)^2}}{\frac{R}{2L}}$$

方程式(2.3.49)的解为

$$u_C=U\left[1-\frac{\frac{1}{LC}}{\sqrt{\frac{1}{LC}-\left(\frac{R}{2L}\right)^2}}\mathrm{e}^{-\frac{R}{2L}t}\sin\left(\sqrt{\frac{1}{LC}-\left(\frac{R}{2L}\right)^2}\,t+\varphi\right)\right]\tag{2.3.50}$$

LCR 电路接通正弦交变电源 $U\sin\omega t$（见图 2.93），则

$$LC\frac{\mathrm{d}^2u_C}{\mathrm{d}t^2}+RC\frac{\mathrm{d}u_C}{\mathrm{d}t}+u_C=U\sin\omega t\tag{2.3.51}$$

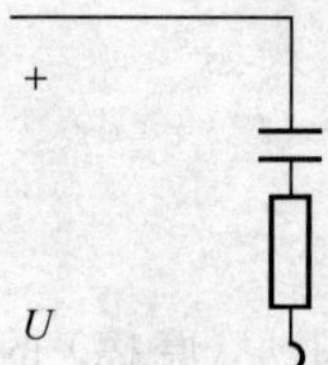

图 2.92　LCR 电路接通直流电源 U

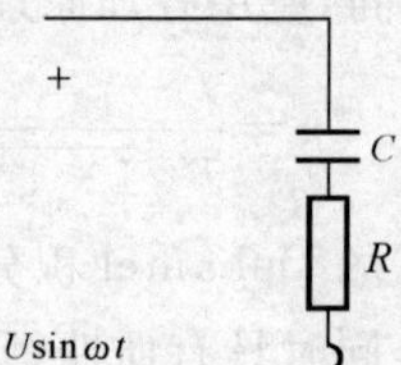

图 2.93　LCR 电路接通正弦交变电源 Usinωt

方程 $LC\frac{\mathrm{d}^2u_C}{\mathrm{d}t^2}+RC\frac{\mathrm{d}u_C}{\mathrm{d}t}+u_C=0$ 的通解为

$$u_{C1}=U\frac{\frac{1}{LC}}{\sqrt{\frac{1}{LC}-\frac{R^2}{4L}}}\mathrm{e}^{-\frac{R}{2L}t}\sin\left[\sqrt{\frac{1}{LC}-\left(\frac{R}{2L}\right)^2}\,t+\arctan\frac{\sqrt{\frac{1}{LC}-\left(\frac{R}{2L}\right)^2}}{\frac{R}{2L}}\right]$$

设方程式(2.3.51)的特解为 $u_{C2}=U_0\sin(\omega t-\varphi)$，代入方程式(2.3.51)中，可得

$$-U_0LC\omega^2\sin(\omega t-\varphi)+U_0RC\omega\cos(\omega t-\varphi)+U_0\sin(\omega t-\varphi)=U\sin\omega t$$

设 $U\sin\omega t = U\sin[(\omega t-\varphi)+\varphi] = U\sin(\omega t-\varphi)\cos\varphi + U\cos(\omega t-\varphi)\sin\varphi$

则有

$$\varphi = \arctan\frac{RC\omega}{1-LC\omega^2}$$

$$U_0 = \frac{U}{\sqrt{(1-LC\omega^2)^2+(RC\omega)^2}}$$

所以方程式(2.3.51)的特解为

$$u_{C2} = \frac{U}{\sqrt{(1-LC\omega^2)^2+(RC\omega)^2}}\sin\left(\omega t - \arctan\frac{RC\omega}{1-LC\omega^2}\right)$$

通解为

$$u_C = U\frac{\dfrac{R}{2L}}{\sqrt{\dfrac{1}{LC}-\dfrac{R^2}{4L}}}\mathrm{e}^{-\frac{R}{2L}t}\sin\left[\sqrt{\frac{1}{LC}-\left(\frac{R}{2L}\right)^2}\,t + \arctan\frac{\sqrt{\dfrac{1}{LC}-\left(\dfrac{R}{2L}\right)^2}}{\dfrac{R}{2L}}\right] + \frac{U}{\sqrt{(1-LC\omega^2)^2+(RC\omega)^2}}\sin\left(\omega t - \arctan\frac{RC\omega}{1-LC\omega^2}\right) \tag{2.3.52}$$

LCR 电路接通任意波形的电源 $u(t)$(见图 2.94),取时间间隔 $\mathrm{d}\tau$,则 $u(\tau)\,\mathrm{d}\tau$ 作用后的 Kirchhoff 电压定律可表示为

$$LC\frac{\mathrm{d}^2u_C}{\mathrm{d}t^2} + RC\frac{\mathrm{d}u_C}{\mathrm{d}t} + u_C = 0 \tag{2.3.53}$$

通解为

$$u_C = \mathrm{e}^{-\frac{R}{2L}(t-\tau)}\left[A_1\mathrm{e}^{\mathrm{j}\sqrt{\frac{1}{LC}-\left(\frac{R}{2L}\right)^2}(t-\tau)} + A_2\mathrm{e}^{-\mathrm{j}\sqrt{\frac{1}{LC}-\left(\frac{R}{2L}\right)^2}(t-\tau)}\right]$$

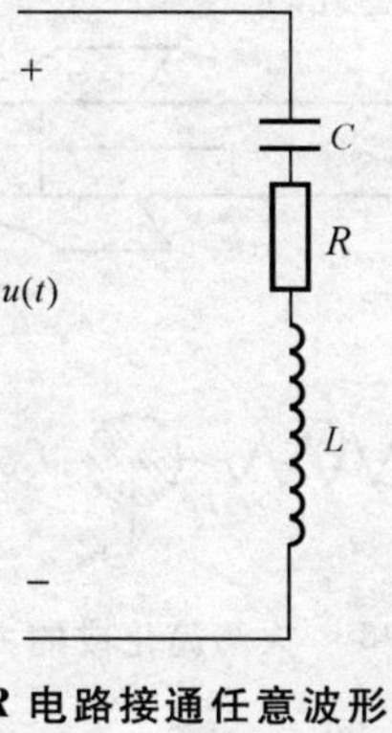

图 2.94 LCR 电路接通任意波形的电源 $u(t)$

当初始条件为 $t=\tau, u_C=0, C\dfrac{\mathrm{d}u_C}{\mathrm{d}t}=\dfrac{u(\tau)\,\mathrm{d}\tau}{L}$ 时,则

$$u_C = \frac{u(\tau)}{LC\sqrt{\dfrac{1}{LC}-\left(\dfrac{R}{2L}\right)^2}}\mathrm{e}^{-\frac{R}{2L}(t-\tau)}\sin\left[\sqrt{\left(\frac{1}{\sqrt{LC}}\right)^2-\left(\frac{R}{2L}\right)^2}\,(t-\tau)\right]\mathrm{d}\tau$$

考虑整个时间间隔,应用叠加原理,则

$$u_C = \frac{1}{LC\sqrt{\frac{1}{LC} - \left(\frac{R}{2L}\right)^2}} \int_0^t u(\tau)\, e^{-\frac{R}{2L}(t-\tau)} \sin\left[\sqrt{\left(\frac{1}{\sqrt{LC}}\right)^2 - \left(\frac{R}{2L}\right)^2}\,(t-\tau)\right] d\tau \tag{2.3.54}$$

这就是在此情况下的 Duhamel 积分。

2.3.6 多自由度系统的动力响应和网络系统的过渡过程

1. 多自由度系统的动力响应

将火箭简化成如图 2.95 所示的力学系统，利用位移法，可建立力的平衡方程为

$$\left.\begin{aligned} & m_1 \frac{d^2 x_1}{dt^2} + k_{1+\frac{1}{2}}(x_1 - x_2) = p_1 \\ & m_2 \frac{d^2 x_1}{dt^2} + k_{1+\frac{1}{2}}(x_2 - x_1) + k_{2+\frac{1}{2}}(x_2 - x_3) = p_2 \\ & m_3 \frac{d^2 x_3}{dt^2} + k_{2+\frac{1}{2}}(x_3 - x_2) = 0 \end{aligned}\right\} \tag{2.3.55}$$

解此微分方程组，便可求得此多自由度系统的动力响应。

由此可见，在 2.2 节讨论的多自由度自由振动，只要加上一个干扰力，便成为动力响应问题，而对于有阻尼的受力系统也是如此。

这类方程组，可用解析法求解，也可用数值法求解。其解由自由解与强制解两部分组成。

当干扰力为任意函数时，可借助于 Fourier 级数或 Duhamel 积分法。

对于弯曲或扭转问题，也可作上述处理。

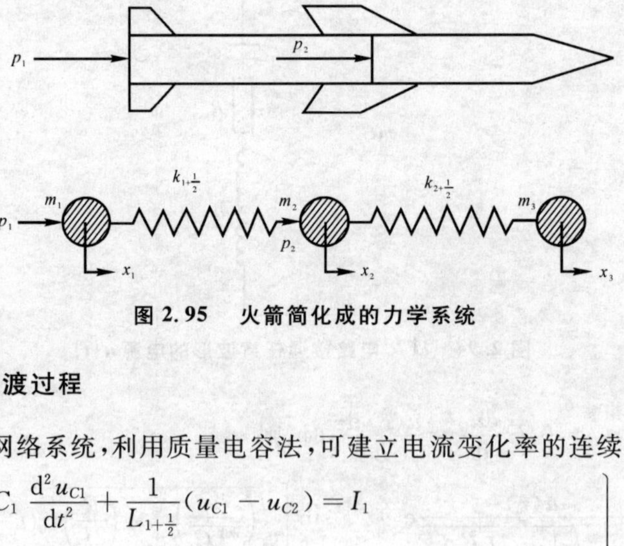

图 2.95 火箭简化成的力学系统

2. 网络系统的过渡过程

如图 2.96 所示网络系统，利用质量电容法，可建立电流变化率的连续方程为

$$\left.\begin{aligned} & C_1 \frac{d^2 u_{C1}}{dt^2} + \frac{1}{L_{1+\frac{1}{2}}}(u_{C1} - u_{C2}) = I_1 \\ & C_2 \frac{d^2 u_{C2}}{dt^2} + \frac{1}{L_{1+\frac{1}{2}}}(u_{C2} - u_{C1}) + \frac{1}{L_{2+\frac{1}{2}}}(u_{C2} - u_{C3}) = I_2 \\ & C_3 \frac{d^2 u_{C3}}{dt^2} + \frac{1}{L_{2+\frac{1}{2}}}(u_{C3} - u_{C2}) = 0 \end{aligned}\right\} \tag{2.3.56}$$

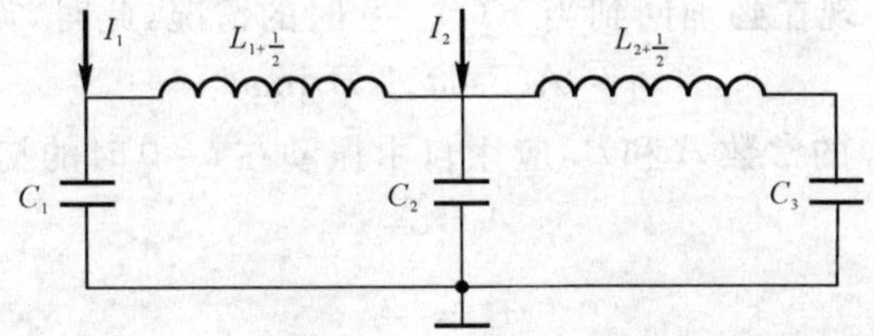

图 2.96　网络系统

式中，I_1 和 I_2 为输入变量(Input Variables)。解此微分方程组，便可求得此网络系统的过渡过程。

由此可见，在 2.2 节讨论的自由振荡，只要加上一个干扰量，便成为过渡过程问题，而对于有阻尼的振荡问题，只要加上一个输入量便化为过渡过程问题。

这类方程组，其解由自由解(即齐次线性微分方程组通解)与强制解两部分组成。

这类方程组，可用解析法求解，也可用数值法求解。当输入量为任意函数时，则可将其展开成 Fourier 级数，分别求出在单一谐波分量作用下的解，然后合成；或运用 Duhamel 积分法。

2.3.7　卷积(Duhamel 积分)的物理意义

卷积的物理意义，不少结构动力学专著都进行了研究。但是，有些著作中使用了 $t=t-\tau$ 的算式，使得读者容易混淆变量的意义，因而感到费解。本书引入时间变量 t_τ，作为坐标原点取在 τ 时刻的时间变量，能够避免混淆变量意义的不足。

在前面研究动力响应和过渡过程时，多次论及 τ 时刻为初始时刻，使得理解起来比较困难。其实，τ 时刻正是 $t_\tau=0$ 的时刻，认为 $t_\tau=0$ 的时刻即为初始时刻，这样理解起来便比较容易了。

1. 卷积的物理意义

卷积，又称 Duhamel 积分，在 Fourier 变换和 Laplace 变换中均有有关卷积的论述。为了简化这一研究，从无阻尼强迫振动开始，运动方程为

$$M\ddot{x}+kx=F(t) \tag{2.3.57}$$

式中　M —— 质量；
k —— 刚度系数；
$F(t)$ —— 广义冲击力；
t —— 时间。

对以上简化的合理性说明如下：当研究结构的振动时，经常关心的是振动的位移趋于最大值时的情况，而阻尼与速度或者速度的平方成正比，这时振动的速度趋近于零，因此阻尼可以忽略不计。另外，阻尼因子对随后的振动起衰减作用。

这个强迫振动解的一般形式可以看做是由两个振动运动组成的结果。一个是自由振动，它是在没有作用力，只有初始扰动存在条件下，力学系统所激发的振动。另一个是纯强迫振动，就是在力 $F(t)$ 的作用下激发的振动(动力响应)。

首先研究自由振动。现在必须回到当 $F(t)=0$ 时的情况，此时，方程(2.3.57)的解为

$$x_1 = A\cos\omega t + B\sin\omega t \tag{2.3.58}$$

为了求出方程(2.3.58)中的常数 A 和 B，应用自由振动在 $t=0$ 时的初位移 x_0 和初速 $\dot{x}_0$，则得

$$A = x_0$$

$$B = \frac{\dot{x}_0}{\omega}$$

故有

$$x_1 = x_0\cos\omega t + \frac{\dot{x}_0}{\omega}\sin\omega t \tag{2.3.59}$$

然后，研究在力 $F(t)$ 的作用下激发的振动(动力响应)。在方程式(2.3.57)中，$F(t)$ 是一个产生冲量的随时间变化的随机力。因为这个力是随着时间变化的，所以在每一个时刻都相当一个冲量对力学系统进行振动激励，如果要研究在 t 时刻的动力响应，就应当是在 $0\sim t$ 时间区间中的每一个时刻 τ 的振动激励引起的自由振动在 t 时刻的叠加。参阅图 2.97，在 $0\sim t$ 时间区间中的 τ 时刻，在力 $F(\tau)$ 的瞬时作用下，弹性位移尚未产生，$F(\tau)$ 只用来产生加速度，它引起的瞬时加速度为

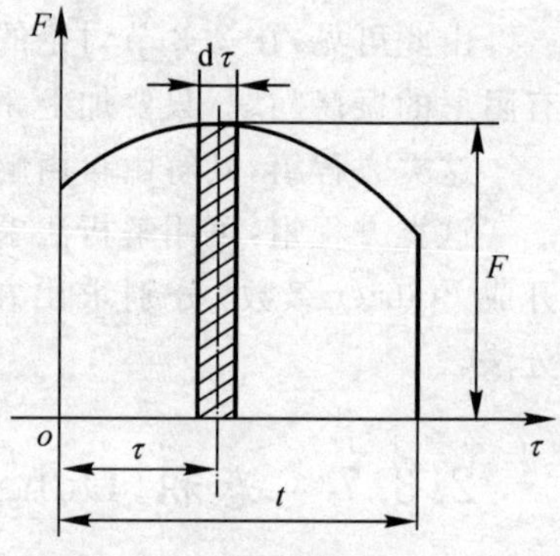

图 2.97　卷积的物理意义

$$\ddot{x} = \frac{F(\tau)}{M} \tag{2.3.60}$$

在微元时间间隔 $d\tau$ 内，冲量 $F(\tau)d\tau$ 引起的瞬时速度为

$$\dot{x} = \frac{F(\tau)\,d\tau}{M} \tag{2.3.61}$$

当 $d\tau$ 无限地接近于零，并以冲量 $F(\tau)\,d\tau$ 发生的时间为起点时，方程式(2.3.61)就可以当做初速来处理。前面已经论及，在力 $F(\tau)$ 的瞬时作用下，弹性位移尚未产生，因此，这些激励引起的自由振动是其初始条件只有初始速度而没有初始位移的自由振动。按照这些论述，描述自由振动的运动方程式(2.3.58)中，常数 A 必须等于零，则 t_τ 时刻 $F(\tau)$ 激励的自由振动的解为

$$x = B\sin\omega t_\tau \tag{2.3.62}$$

式中，t_τ 为取 τ 时刻为零点的时间坐标。

若将方程式(2.3.62)对时间微分，其结果为

$$\dot{x} = \omega B\cos\omega t_\tau \tag{2.3.63}$$

现在求方程式(2.3.63)在时间 $t_\tau=0$ 时(即 τ 时刻)的值，则有

$$\dot{x} = \omega B \tag{2.3.64}$$

最后，为了求出常数 B 的值，使方程式(2.3.64)等于方程式(2.3.61)，则

$$B\omega = \frac{F(\tau)\,d\tau}{M} \tag{2.3.65}$$

$$B = \frac{F(\tau)\,d\tau}{\omega M} \tag{2.3.66}$$

如果把时间为 τ 时(即 $t_\tau=0$ 时刻)发生的瞬时速度 $\frac{F(\tau)\,d\tau}{M}$ 作为初速来处理，那么在时间到达 t 后，此初速将引起一个位移。为了求出这个位移，将方程式(2.3.66)代入方程式(2.3.

62) 中，并令 $t_\tau = t - \tau$，则有

$$x = \frac{F(\tau)\mathrm{d}\tau}{\omega M}\sin\omega(t-\tau) \tag{2.3.67}$$

因为在时间由 $\tau = 0$ 到 $\tau = t$ 内，所发生的每个冲量具有相同的效果，所以就可以把总位移看做是干扰力连续作用的结果，这样得到的总位移为

$$x_2 = \int_0^t \frac{F(\tau)}{\omega M}\sin\omega(t-\tau)\,\mathrm{d}\tau \tag{2.3.68}$$

这就是在此情况下的 Duhamel 积分。

由自由振动引起的位移，和用 Duhamel 积分求得的由于广义干扰力引起的位移的总和为

$$x = x_1 + x_2 = x_0\cos\omega t + \frac{\dot{x}_0}{\omega}\sin\omega t + \int_0^t \frac{F(\tau)}{\omega M}\sin\omega(t-\tau)\,\mathrm{d}\tau \tag{2.3.69}$$

应用三角代换公式

$$\sin(\omega t - \omega\tau) = \sin\omega t\cos\omega\tau - \cos\omega t\sin\omega\tau$$

方程式(2.3.69) 就可以改写为

$$x = x_0\cos\omega t + \frac{\dot{x}_0}{\omega}\sin\omega t + \sin\omega t\int_0^t \frac{F(\tau)}{\omega M}\cos\omega\tau\,\mathrm{d}\tau - \cos\omega t\int_0^t \frac{F(\tau)}{\omega M}\sin\omega\tau\,\mathrm{d}\tau \tag{2.3.70}$$

方程式(2.3.69) 和方程式(2.3.70) 是相同的。

2. 卷积(Duhamel 积分) 的求解

现在以承受广义冲击作用并以 n 阶振型振动的力学系统为例来讨论问题。这种讨论也适用于承受广义电冲作用并以 n 阶振型振荡的电学系统。对任意时刻 t，广义位移 q_n 的大小用 Duhamel 积分表示为

$$q_n = \int_0^t \frac{\Phi_n}{\omega_n M_n}\sin(\omega_n t - \omega_n\tau)\,\mathrm{d}\tau \tag{2.3.71}$$

广义力 Φ_n 作用的时间等于或大于时间 t。输入的广义力 Φ_n 形式不同，Duhamel 积分的计算结果也不同。

(1) 阶跃输入

方程式(2.3.71) 的第一个解是针对阶跃输入的。

图 2.98 中的阶跃输入，在 0 至 t 时有数值 Φ_n，由这些条件，解为

$$q_n = \frac{\Phi_n}{\omega_n^2 M_n}\cos(\omega_n t - \omega_n\tau)\Big|_0^t \tag{2.3.72}$$

$$q_n = \frac{\Phi_n}{\omega_n^2 M_n}(1 - \cos\omega_n t) \tag{2.3.73}$$

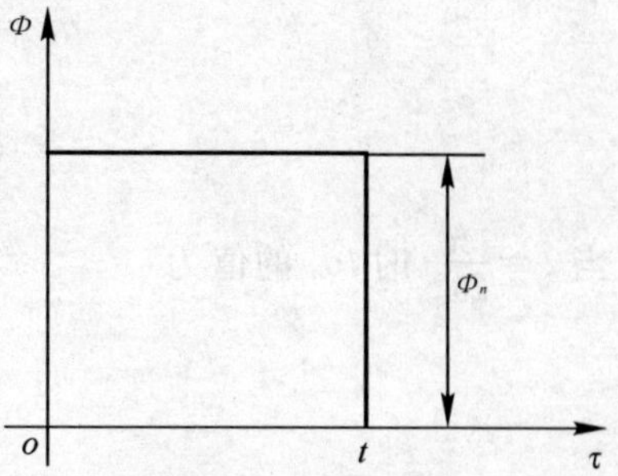

图 2.98　阶跃输入

方程式(2.3.73) 在 $t = \frac{\pi}{\omega_n}$，$\cos\omega_n t = -1$ 时有最大值

$$q_n = \frac{2\Phi_n}{\omega_n^2 M_n} \tag{2.3.74}$$

(2) 锯齿形输入

图 2.99 中的锯齿形冲击力，在时间 t 时有最大值 $\bar{\Phi}_n$，其方程式为

$$\Phi_n = \bar{\Phi}_n \frac{\tau}{t} \tag{2.3.75}$$

对这一数值,Duhamel 积分可表示为

$$q_n = \int_0^t \frac{\bar{\Phi}_n \tau}{\omega_n M_n t} \sin(\omega_n t - \omega_n \tau)\,\mathrm{d}\tau \tag{2.3.76}$$

$$q_n = \frac{\bar{\Phi}_n}{\omega_n^2 M_n t}\left[\tau\cos(\omega_n t - \omega_n \tau) + \frac{1}{\omega_n}\sin(\omega_n t - \omega_n \tau)\right]\Bigg|_0^t \tag{2.3.77}$$

在时间 t,当 $\Phi_n = \bar{\Phi}_n$ 时,q_n 的大小为

$$q_n = \frac{\bar{\Phi}_n}{\omega_n^2 M_n} - \frac{\bar{\Phi}_n}{\omega_n^3 M_n t}\sin\omega_n t \tag{2.3.78}$$

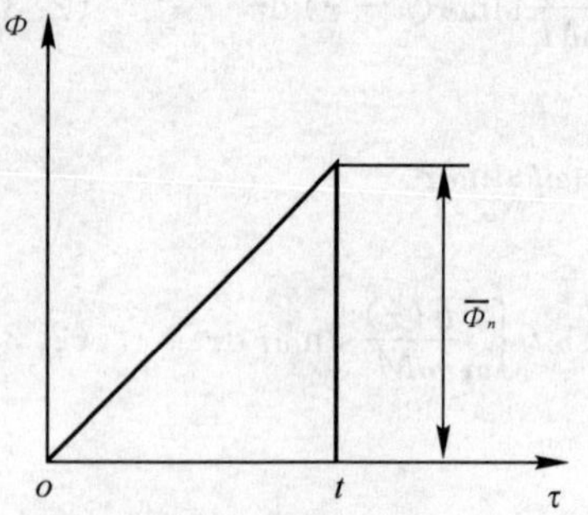

图 2.99 锯齿形输入

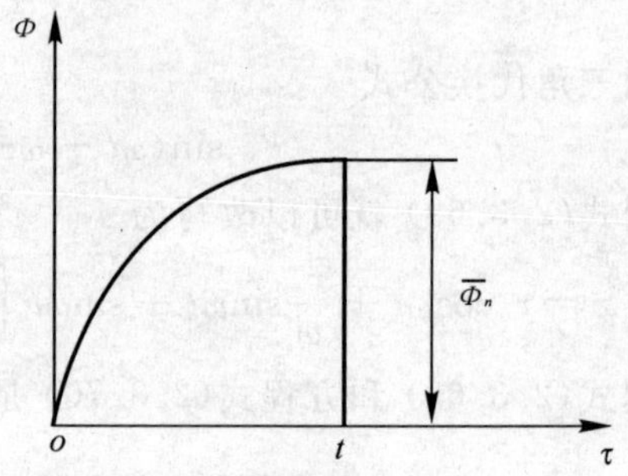

图 2.100 正弦输入

(3) 正弦输入

图 2.100 中的正弦冲击力,在时间 t 时有最大值 $\bar{\Phi}_n$,频率为 Ω,其方程式为

$$\Phi_n = \bar{\Phi}_n \sin\Omega t \tag{2.3.79}$$

对这一数值,Duhamel 积分可表示为

$$q_n = \int_0^t \frac{\bar{\Phi}_n}{\omega_n M_n} \sin\Omega\tau \sin(\omega_n t - \omega_n \tau)\,\mathrm{d}\tau \tag{2.3.80}$$

$$q_n = \frac{\bar{\Phi}_n}{\omega_n M_n} \frac{\Omega\sin\omega_n t - \omega_n \sin\Omega t}{\Omega^2 - \omega_n^2} \tag{2.3.81}$$

当 $t = \frac{\pi}{2\omega_n}$ 时,q_n 的值为

$$q_n = \frac{\bar{\Phi}_n}{\omega_n M_n} \frac{\Omega - \omega_n \sin\frac{\Omega\pi}{2\omega_n}}{\Omega^2 - \omega_n^2} \tag{2.3.82}$$

如果冲击力不能以近似的解析解表示,则方程式(2.3.71)可用数值方法进行计算。

参考文献

[1] 钟万勰.应用力学对偶体系[M].北京:科学出版社,2000.

[2] 张令弥.机械阻抗技术在振动分析中的应用[J].南京航空航天大学学报,1980(2):38-67.

[3] 田重阳.机械振动与电磁振荡的对偶性[J].云南师范大学学报,1998(3):39-43.

[4] 安彤，唐琪珊. 类比法在物理教学中的作用[J]. 重庆师范学院学报，1996(9)：123－124.
[5] 陆连芳. 力学系统与电学系统的某些相似性[J]. 沈阳师范学院学报，2003(1)：24－27.
[6] 田曼. 力学中与电学量对应的概念[J]. 南京林业大学学报，1996(9)：87－90.
[7] 梁立孚. 变分原理及其应用[M]. 哈尔滨：哈尔滨工程大学出版社，2005.
[8] 宋蕴昌. 传递函数分析仪及其应用[J]. 工程机械，1979(1)：39－43.
[9] 冯国华，李继凡. 机械振动分析的机械阻抗法[J]. 哈尔滨工业大学学报，1982(1)：13－26.
[10] 路德明. 水声换能器原理[M]. 青岛：青岛海洋大学出版社，2001.
[11] 耿森林. 电磁振荡与机械振动的类比及研究[J]. 渭南师范学院学报，2002(2)：19－20.
[12] 张令弥. 机械阻抗的基本概念[J]. 机械强度，1980(2)：7－15.
[13] 张令弥. 瞬态和随机激振时的机械阻抗[J]. 机械强度，1980(2)：16－24.
[14] 张令弥. 机械阻抗与振动模态分析[J]. 机械强度，1980(2)：25－34.
[15] 张令弥. 稳态正弦机械阻抗测试技术[J]. 机械强度，1980(2)：35－41.
[16] 张令弥. 随机、瞬态机械阻抗测试技术[J]. 机械强度，1980(2)：42－50.
[17] 张令弥. 振动模态参数识别(图解方法)[J]. 机械强度，1980(2)：51－57.
[18] 张令弥. 振动模态参数识别(计算机方法)[J]. 机械强度，1980(2)：58－68.
[19] 张令弥. 组合结构系统分析(一)[J]. 机械强度，1980(2)：69－79.
[20] 张令弥. 组合结构系统分析(二)[J]. 机械强度，1980(2)：79－87.
[21] 方同，薛璞. 振动理论及应用[M]. 西安：西北工业大学出版社，1998.
[22] Tuinenga P W. SPICE：a guide to circuit simulation and analysis using PSpice[M]. 2nd ed. Englewood Cliffs：Prentice-Hall，1988.
[23] Mandl M. Basics of electricity and electronics[M]. Englewood Cliffs：Prentice-Hall，Inc.，1975.
[24] Popov V S，Nikolaev S A. Basic electricity and electronics[M]. Translated by Kuznetsov. Moscow：Mir Publishers，1979.
[25] 郑玉祥，刘桂君. 电路基础[M]. 哈尔滨：哈尔滨工业大学出版社，1999.
[26] 李树雄. 电路基础与模拟电子技术[M]. 北京：北京航空航天大学出版社，2000.
[27] 范世贵. 电路基础[M]. 西安：西北工业大学出版社，1993.
[28] 姜钧仁. 电路基础[M]. 哈尔滨：哈尔滨工程大学出版社，2002.
[29] 温照方. 电路基础[M]. 北京：北京理工大学出版社，1996.
[30] 秦曾煌. 电工学简明教程[M]. 北京：高等教育出版社，2001.
[31] 托罗 V D. 电工学基础[M]. 上海交通大学电工学教研室，译. 北京：人民教育出版社，1981.
[32] 郭少英. 电路基础[M]. 大连：大连理工出版社，2003.
[33] 王连起. 电路基础[M]. 西安：西安电子科技大学出版社，2000.
[34] 航空航天工业部教育司. 电路基础[M]. 北京：宇航出版社，1992.
[35] 杨山. 电路基础理论[M]. 天津：天津大学出版社，1988.
[36] 吴大正. 电路基础[M]. 北京：国防工业出版社，1979.
[37] 姜钧仁. 电路基础[M]. 哈尔滨：哈尔滨工程大学出版社，1996.

[38] 秦曾煌.电工学[M].北京:人民教育出版社,1981.
[39] Wing O. Circuit theory with computer methods[M]. Washington: Hemisphere Publishing Corporation, 1978.
[40] Ng K C. Electrical network theory[M]. London: Pitman, 1977.
[41] Iyer T S K V. Circuit theory[M]. New Delhi: Tata McGraw-Hill Publishing Company Limited, 1985.
[42] Stephen W. Circuit theory: a computational approach[M]. New York: John Wiley & Sons, Inc., 1975.
[43] Yorke R. Electric circuit theory[M]. Oxford: Pergamon Press, 1981.
[44] 同济大学数学教研组.高等数学[M].北京:高等教育出版社,2002.
[45] 左鹤声.机械阻抗方法与应用[M].北京:机械工业出版社,1987.
[46] 杜功焕,朱哲民,龚秀芬.声学基础[M].南京:南京大学出版社,2009.
[47] 林书玉.超声换能器的原理及设计[M].北京:科学出版社,2004.
[48] 张海澜.理论声学[M].北京:高等教育出版社,2007.
[49] 李太宝.计算声学:声场的方程和计算方法[M].北京:科学出版社,2006.
[50] 刘伯胜,雷家煜.水声学原理[M].哈尔滨:哈尔滨工程大学出版社,1993.

第 3 章　单柔体动力学

多柔体动力学的研究起步较晚，大约起源于 20 世纪 70 年代。在这方面早期有 Likins 在 70 年代初的研究工作，他首先研究的是带有弹性附件的卫星的动力学问题，这就是所谓的多柔体簇系统[1]。Likins 的最大贡献在于他采用了由 Meirwitch 和 Nelson 所提出的混合坐标法，将刚体位移和附件的弹性振动在不同的空间中度量。利用这种方法可以极大地缩减系统的自由度，使方程的求解成为可能。正因为如此，这一概念后来被广泛地应用于多柔体系统动力学中。还有 Kane[2]，Bodley[3]，Shabana A A[4]，Wittbrodt Edmund[5] 以及其他一些学者也在这一领域做了大量的工作。我国学者黄文虎[6]、马兴瑞[7]、刘延柱[8]、陆佑方[9]也为该学科的发展做出了重要贡献。

研究单柔体动力学的原因是，一方面单柔体动力学是多柔体动力学的基础，把单柔体动力学的理论研究好了，多柔体动力学的理论也就水到渠成了；另一方面，单柔体动力学还有它独特的重要应用。以航空航天科学技术为例，如果说多柔体动力学在复杂飞行器（例如：人造卫星、宇宙飞船、空间站和航天飞机）的研制中有重要应用，那么可以说单柔体动力学在单体飞行器（例如：飞机、导弹、卫星或洲际导弹的拦截器）的研制中有重要应用。更何况复杂飞行器在发射阶段要通过大气层，有的还要返回大气层或再入大气层，这时多数也简化为单柔体。

开展单柔体动力学的理论分析，需要杂交刚体动力学和变形体动力学等多个学科，学科杂交是本课题研究的显著特点，也为本课题的创新奠定了基础。由于变分原理的特点是从总体上去把握事物，因此如像这类学科杂交的动力学问题，特别适于应用变分原理进行研究[10]。

航空航天科学技术涵盖了宽广的研究范围，飞行器结构动力学是其重要的研究课题之一。本章研究单柔体动力学，这是飞行器结构动力学的一个重要组成部分。据笔者所知，将单柔体动力学列入飞行器结构动力学还是第一次。如前所述，单柔体动力学是刚体动力学和变形体动力学的杂交，具体到本章的研究，单柔体动力学是刚体动力学和弹性动力学的杂交。所谓杂交是指单柔体动力学中既包含刚体动力学，又包含弹性动力学，还包括刚体动力学和弹性动力学的耦合。以往人们应用刚体动力学研究单体飞行器的轨道和姿态动力学，应用弹性动力学研究单体飞行器的机械振动和动力响应，初期的单柔体动力学将单体飞行器的轨道和姿态动力学与单体飞行器的机械振动和动力响应组合起来进行研究，都起到积极的作用。现在研究单体飞行器动力学，不仅将单体飞行器的轨道和姿态动力学与单体飞行器的机械振动和动力响应组合起来进行研究，而且研究它们的耦合效应。所谓耦合效应是指不仅飞行器的轨道和姿态影响单体飞行器的机械振动和动力响应，而且机械振动和动力响应也影响飞行器的轨道和姿态。这时单体飞行器的轨道和姿态动力学、单体飞行器的机械振动和动力响应（弹性动力学）以及它们的耦合效应动力学构成一个有机的整体，把单柔体动力学推向一个新的发展阶段。

由以上的分析可见，这里所说的单柔体，不是人们通常所说的诸如绳索、链条、橡皮筋之类的单个的柔性体，而是描述单体飞行器的一个力学模型。同样是一个单体飞行器，当研究它的轨道动力学时可以简化为质点模型，当研究它的姿态动力学时可以简化为刚体模型，当研究它的机械振动和动力响应（弹性动力学）时可以简化为弹性体模型，当对它的轨道、姿态、机械振动和动力响应以及它们之间的耦合效应进行全面研究时，则简化为单柔体模型。

飞行器结构动力学是研究飞行器结构动力强度的基础，同时飞行器整个结构本身又是飞行器自动控制大回路中的一个振荡环节。飞行器结构动力强度问题的研究范围应当包括作用在飞行器结构上的力（载荷）、力在结构中的传递（即所谓传力）、力的作用和传递过程中在结构中引起的效应（力的效应——从一个方面说，包括静力学效应和动力学效应；从另一个方面说，包括力的外效应和内效应）。以往的飞行器结构动力学着重研究力的效应，本章将单柔体作为研究对象，将能在研究力的效应的同时，兼顾研究载荷和传力问题。

本章 3.1 节在将刚体动力学与变形体力学杂交的前提下，建立了非保守单柔体动力学的拟变分原理，并应用几种不同的方法推导了非保守单柔体动力学的拟变分原理的拟驻值条件，说明了非保守单柔体动力学的拟变分原理的拟驻值条件的物理意义，揭示了单柔体动力学中的"一力二用"的特性，探索了由单柔体动力学向多柔体动力学的过渡。由于在 3.1 节的理论研究和应用研究中，多次涉及非惯性坐标系的问题，所以在 3.2 节研究了非惯性坐标系中的力学问题。必要时读者可以先读 3.2 节，然后再读 3.1 节。3.3 节研究了单柔体动力学初值问题的拟变分原理及其应用。3.4 节说明了几个相关的问题。

3.1　单柔体动力学的拟变分原理及其应用

3.1.1　单柔体动力学的拟变分原理

因为这类问题的变量多、公式复杂，以下采用 Cartesian 张量书写[11]。

对于单柔体，总矢径为 $R_i = X_i^c + x_i + u_i$，其中，X_i^c 为质心矢径，x_i 是把单柔体视为单刚体时由质心到单刚体中任意一点的矢径，u_i 是视为单柔体时该点的弹性位移，而 $X_i = X_i^c + x_i$，如图 3.1 所示。θ_i 是把单柔体视为单刚体时的转角，可以认为是伪坐标。可见，对于单柔体，除了刚体速度 $\dfrac{\mathrm{d}X_i}{\mathrm{d}t} = \dfrac{\mathrm{d}X_i^c}{\mathrm{d}t} + \dfrac{\mathrm{d}x_i}{\mathrm{d}t}$ 外，还有变形体速度 $\dfrac{\mathrm{d}u_i}{\mathrm{d}t} = \dfrac{\partial u_i}{\partial t} + e_{ijk}\dfrac{\mathrm{d}\theta_j}{\mathrm{d}t}u_k$（其中，$e_{ijk}$ 为置换符号），这里应当注意到变形体速度与刚体转动的交联。应用 Coriolis 转动定理，注意到在力学模型中，矢量 x_i 的模为刚体中质心到任意点的距离，而刚体中任意两点间的距离都是常量，因此 $\dfrac{\partial x_i}{\partial t} = 0$，则有 $\dfrac{\mathrm{d}x_i}{\mathrm{d}t} = \dfrac{\partial x_i}{\partial t} + e_{ijk}\dfrac{\mathrm{d}\theta_j}{\mathrm{d}t}x_k = e_{ijk}\dfrac{\mathrm{d}\theta_j}{\mathrm{d}t}x_k$，故得

$$\left.\begin{aligned}
\frac{\mathrm{d}R_i}{\mathrm{d}t} &= \frac{\mathrm{d}X_i^c}{\mathrm{d}t} + \frac{\mathrm{d}x_i}{\mathrm{d}t} + \frac{\mathrm{d}u_i}{\mathrm{d}t} \\
\frac{\mathrm{d}x_i}{\mathrm{d}t} &= \frac{\partial x_i}{\partial t} + e_{ijk}\frac{\mathrm{d}\theta_j}{\mathrm{d}t}x_k = e_{ijk}\frac{\mathrm{d}\theta_j}{\mathrm{d}t}x_k \\
\frac{\mathrm{d}u_i}{\mathrm{d}t} &= \frac{\partial u_i}{\partial t} + e_{ijk}\frac{\mathrm{d}\theta_j}{\mathrm{d}t}u_k \\
\frac{\mathrm{d}R_i}{\mathrm{d}t} &= \frac{\mathrm{d}X_i^c}{\mathrm{d}t} + e_{ijk}\frac{\mathrm{d}\theta_j}{\mathrm{d}t}x_k + \frac{\partial u_i}{\partial t} + e_{ijk}\frac{\mathrm{d}\theta_j}{\mathrm{d}t}u_k
\end{aligned}\right\} \tag{3.1.1}$$

由于

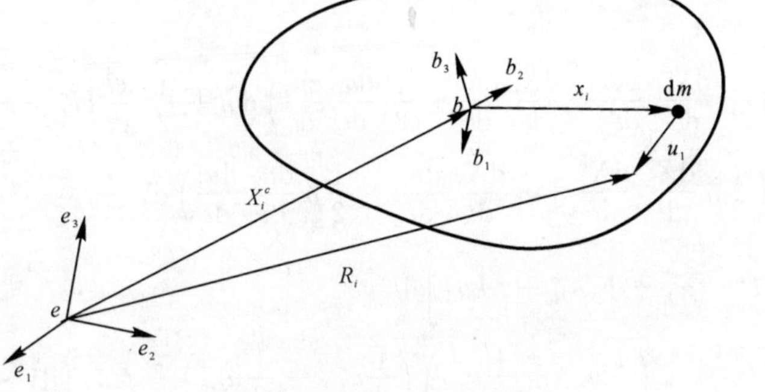

图 3.1 e 坐标系和 b 坐标系

$$\frac{dR_i}{dt}\frac{dR_i}{dt}=\left(\frac{dX_i}{dt}+\frac{du_i}{dt}\right)\left(\frac{dX_i}{dt}+\frac{du_i}{dt}\right)=\frac{dX_i}{dt}\frac{dX_i}{dt}+2\frac{dX_i}{dt}\frac{du_i}{dt}+\frac{du_i}{dt}\frac{du_i}{dt} \tag{3.1.2}$$

动能为

$$\int_m \frac{1}{2}\frac{dR_i}{dt}\frac{dR_i}{dt}dm=\int_m\left(\frac{1}{2}\frac{dX_i}{dt}\frac{dX_i}{dt}+\frac{dX_i}{dt}\frac{du_i}{dt}+\frac{1}{2}\frac{du_i}{dt}\frac{du_i}{dt}\right)dm \tag{3.1.3a}$$

或者

$$\iiint_V \frac{1}{2}\rho\frac{dR_i}{dt}\frac{dR_i}{dt}dV=\iiint_V\left(\frac{1}{2}\rho\frac{dX_i}{dt}\frac{dX_i}{dt}+\rho\frac{dX_i}{dt}\frac{du_i}{dt}+\frac{1}{2}\rho\frac{du_i}{dt}\frac{du_i}{dt}\right)dV \tag{3.1.3b}$$

对于单柔体，如果认为作用在变形体上的外力（包括体积力 f_i 和表面力 T_i）为非保守力，导致刚体运动的力也为非保守力，即作用于质心的主矢 F_i 和主矩 M_i 为非保守广义力，则拟变分原理表示为

$$\delta\pi_{H1}-\delta Q_H=0 \tag{3.1.4}$$

式中

$$\begin{aligned}\pi_{H1}=&\int_{t_0}^{t_1}\left[\int_m\left(\frac{1}{2}\frac{dX_i}{dt}\frac{dX_i}{dt}+\frac{dX_i}{dt}\frac{du_i}{dt}+\frac{1}{2}\frac{du_i}{dt}\frac{du_i}{dt}\right)dm-\pi_1+F_iX_i^c+M_i\theta_i\right]dt=\\&\int_{t_0}^{t_1}\left[\iiint_V\left(\frac{1}{2}\rho\frac{dX_i}{dt}\frac{dX_i}{dt}+\rho\frac{dX_i}{dt}\frac{du_i}{dt}+\frac{1}{2}\rho\frac{du_i}{dt}\frac{du_i}{dt}\right)dV-\pi_1+F_iX_i^c+M_i\theta_i\right]dt\end{aligned} \tag{3.1.5}$$

$$\pi_1=\iiint_V\left[\frac{1}{2}a_{ijkl}\left(\frac{1}{2}u_{i,j}+\frac{1}{2}u_{j,i}\right)\left(\frac{1}{2}u_{k,l}+\frac{1}{2}u_{l,k}\right)-f_iu_i\right]dV-\iint_{S_\sigma}T_iu_idS \tag{3.1.6}$$

$$\delta Q_H=\int_{t_0}^{t_1}\left[\iiint_V u_i\delta f_i dV+\iint_{S_\sigma}u_i\delta T_i dS+(X_i^c\delta F_i+\theta_i\delta M_i)\right]dt \tag{3.1.7}$$

其先决条件为

$$u_i-\bar{u}_i=0 \qquad (\text{在 } S_u \text{ 上}) \tag{3.1.8}$$

因为[12]

$$\begin{aligned}\int_m\frac{1}{2}\frac{dX_i}{dt}\frac{dX_i}{dt}dm=&\int_m\frac{1}{2}\frac{dX_i^c}{dt}\frac{dX_i^c}{dt}dm+\int_m\frac{dX_i^c}{dt}e_{ijk}\frac{d\theta_j}{dt}x_kdm+\int_m\frac{1}{2}\left(e_{ijk}\frac{d\theta_j}{dt}x_k\right)\left(e_{imn}\frac{d\theta_m}{dt}x_n\right)dm=\\&\int_m\frac{1}{2}\frac{dX_i^c}{dt}\frac{dX_i^c}{dt}dm+\frac{1}{2}\frac{d\theta_i}{dt}H_i^c\end{aligned} \tag{3.1.9}$$

所以，单柔体动力学的拟变分原理又可以写为

$$\delta\pi_{H1}-\delta Q_H=0 \tag{3.1.10}$$

式中

$$\pi_{H1}=\int_{t_0}^{t_1}\left[\int_m\left(\frac{1}{2}\frac{\mathrm{d}X_i^c}{\mathrm{d}t}\frac{\mathrm{d}X_i^c}{\mathrm{d}t}+\frac{\mathrm{d}X_i}{\mathrm{d}t}\frac{\mathrm{d}u_i}{\mathrm{d}t}+\frac{1}{2}\frac{\mathrm{d}u_i}{\mathrm{d}t}\frac{\mathrm{d}u_i}{\mathrm{d}t}\right)\mathrm{d}m+\frac{1}{2}\frac{\mathrm{d}\theta_i}{\mathrm{d}t}H_i^c-\pi_1+F_iX_i^c+M_i\theta_i\right]\mathrm{d}t=$$

$$\int_{t_0}^{t_1}\left[\iiint_V\left(\frac{1}{2}\rho\frac{\mathrm{d}X_i^c}{\mathrm{d}t}\frac{\mathrm{d}X_i^c}{\mathrm{d}t}+\rho\frac{\mathrm{d}X_i}{\mathrm{d}t}\frac{\mathrm{d}u_i}{\mathrm{d}t}+\frac{1}{2}\rho\frac{\mathrm{d}u_i}{\mathrm{d}t}\frac{\mathrm{d}u_i}{\mathrm{d}t}\right)\mathrm{d}V+\right.$$

$$\left.\frac{1}{2}\frac{\mathrm{d}\theta_i}{\mathrm{d}t}H_i^c-\pi_1+F_iX_i^c+M_i\theta_i\right]\mathrm{d}t \tag{3.1.11}$$

$$\pi_1=\iiint_V\left[\frac{1}{2}a_{ijkl}\left(\frac{1}{2}u_{i,j}+\frac{1}{2}u_{j,i}\right)\left(\frac{1}{2}u_{k,l}+\frac{1}{2}u_{l,k}\right)-f_iu_i\right]\mathrm{d}V-\iint_{S_\sigma}T_iu_i\mathrm{d}S \tag{3.1.12}$$

$$\delta Q_H=\int_{t_0}^{t_1}\left[\iiint_V u_i\delta f_i\mathrm{d}V+\iint_{S_\sigma}u_i\delta T_i\mathrm{d}S+(X_i^c\delta F_i+\theta_i\delta M_i)\right]\mathrm{d}t \tag{3.1.13}$$

其先决条件为

$$u_i-\bar{u}_i=0 \qquad (\text{在 } S_u \text{ 上}) \tag{3.1.14}$$

式中 u_i—— 位移；

$\bar{u}_i$—— 边界位移；

“,”—— 变量对空间坐标的导数；

a_{ijkl}—— 刚度系数；

V—— 体积；

s_σ—— 应力边界面；

s_u—— 位移边界面；

t —— 时间；

ρ —— 物质密度；

m —— 质量；

H_i^c—— 对质心的动量矩。

注意，在这一节中 $H_i^c=J_{ij}\dfrac{\mathrm{d}\theta_j}{\mathrm{d}t}$，有时记为 $H_i^c(\theta_j)$，J_{ij} 为对质心的转动惯量。对于为什么可以将拟变分原理写为上述的形式，可以参阅文献[7][13][14]。

应用对合变换[15]，可将单柔体动力学的拟变分原理式(3.1.10)变换为

$$\delta\pi_{H2}-\delta Q_H=0 \tag{3.1.15}$$

式中

$$\pi_{H2}=\int_{t_0}^{t_1}\left\{\iiint_V\left[\frac{1}{2}\rho v_i^cv_i^c+\rho(v_i^c+e_{ijk}\omega_jx_k)v_i^d+\frac{1}{2}\rho v_i^dv_i^d\right]\mathrm{d}V+\right.$$

$$\left.\frac{1}{2}\omega_iJ_{ij}\omega_j-\pi_2+F_iX_i^c+M_i\theta_i\right\}\mathrm{d}t \tag{3.1.16}$$

$$\pi_2=\iiint_V\left(\frac{1}{2}a_{ijkl}\varepsilon_{ij}\varepsilon_{kl}-f_iu_i\right)\mathrm{d}V-\iint_{S_\sigma}T_iu_i\mathrm{d}S \tag{3.1.17}$$

$$\delta Q_H=\int_{t_0}^{t_1}\left[\iiint_V u_i\delta f_i\mathrm{d}V+\iint_{S_\sigma}u_i\delta T_i\mathrm{d}S+(X_i^c\delta F_i+\theta_i\delta M_i)\right]\mathrm{d}t \tag{3.1.18}$$

其先决条件为

$$\left.\begin{aligned}
&v_i^c - \frac{\mathrm{d}X_i^c}{\mathrm{d}t} = 0 \\
&\omega_i - \frac{\mathrm{d}\theta_i}{\mathrm{d}t} = 0 \\
&\varepsilon_{ij} - \frac{1}{2}u_{i,j} - \frac{1}{2}u_{j,i} = 0 \\
&v_i^d - \frac{\mathrm{d}u_i}{\mathrm{d}t} = v_i^d - \left(\frac{\partial u_i}{\partial t} + e_{ijk}\frac{\mathrm{d}\theta_j}{\mathrm{d}t}u_k\right) = 0 \\
&u_i - \bar{u}_i = 0 \quad (\text{在 } S_u \text{ 上})
\end{aligned}\right\} \tag{3.1.19}$$

式中　v_i^c—— 质心运动速度；

v_i^d—— 弹性变形速度；

ω_i—— 转动角速度；

ε_{ij}—— 应变。

这就是单柔体动力学两类变量的拟变分原理。

胡海昌曾经指出，检验变分原理的最好的方法是推导其驻值条件。现在研究的是拟变分原理，笔者提出拟驻值条件的概念。由于推导拟变分原理的拟驻值条件是重要的，所以分为几种情况来推导单柔体动力学的拟变分原理的拟驻值条件。

3.1.2　单柔体动力学的拟变分原理的拟驻值条件(一)

1. 拟变分原理的拟驻值条件

将拟变分原理写成展开形式，可得

$$\begin{aligned}
\delta\pi_{H1} - \delta Q_H = \delta\int_{t_0}^{t_1}\Bigg\{&\iiint_V\left(\frac{1}{2}\rho\frac{\mathrm{d}X_i^c}{\mathrm{d}t}\frac{\mathrm{d}X_i^c}{\mathrm{d}t} + \rho\frac{\mathrm{d}X_i}{\mathrm{d}t}\frac{\mathrm{d}u_i}{\mathrm{d}t} + \frac{1}{2}\rho\frac{\mathrm{d}u_i}{\mathrm{d}t}\frac{\mathrm{d}u_i}{\mathrm{d}t}\right)\mathrm{d}V + \frac{1}{2}\frac{\mathrm{d}\theta_i}{\mathrm{d}t}H_i^c - \\
&\iiint_V\left[\frac{1}{2}a_{ijkl}\left(\frac{1}{2}u_{i,j} + \frac{1}{2}u_{j,i}\right)\left(\frac{1}{2}u_{k,l} + \frac{1}{2}u_{l,k}\right) - f_i u_i\right]\mathrm{d}V + \\
&\iint_{S_\sigma}T_i u_i\mathrm{d}S + F_i X_i^c + M_i\theta_i\Bigg\}\mathrm{d}t - \\
&\int_{t_0}^{t_1}\left[\iiint_V u_i\delta f_i\mathrm{d}V + \iint_{S_\sigma}u_i\delta T_i\mathrm{d}S + (X_i^c\delta F_i + \theta_i\delta M_i)\right]\mathrm{d}t = 0
\end{aligned} \tag{3.1.20}$$

进行分部积分，并经进一步运算，可得

$$\int_{t_0}^{t_1}\frac{\mathrm{d}X_i^c}{\mathrm{d}t}\delta\frac{\mathrm{d}X_i^c}{\mathrm{d}t}\mathrm{d}t = \frac{\mathrm{d}X_i^c}{\mathrm{d}t}\delta X_i^c\Big|_{t_0}^{t_1} - \int_{t_0}^{t_1}\frac{\mathrm{d}^2X_i^c}{\mathrm{d}t^2}\delta X_i^c\mathrm{d}t \tag{3.1.21}$$

$$\int_{t_0}^{t_1}\frac{\mathrm{d}u_i}{\mathrm{d}t}\delta\frac{\mathrm{d}u_i}{\mathrm{d}t}\mathrm{d}t = \frac{\mathrm{d}u_i}{\mathrm{d}t}\delta u_i\Big|_{t_0}^{t_1} - \int_{t_0}^{t_1}\left[\frac{\partial^2u_i}{\partial t^2} + 2e_{ijk}\frac{\mathrm{d}\theta_j}{\mathrm{d}t}\frac{\partial u_k}{\partial t} + e_{ijk}\frac{\mathrm{d}^2\theta_j}{\mathrm{d}t^2}u_k + e_{ijk}\frac{\mathrm{d}\theta_j}{\mathrm{d}t}\left(e_{klm}\frac{\mathrm{d}\theta_l}{\mathrm{d}t}u_m\right)\right]\delta u_i\mathrm{d}t \tag{3.1.22}$$

$$\int_{t_0}^{t_1}\frac{\mathrm{d}X_i}{\mathrm{d}t}\delta\frac{\mathrm{d}u_i}{\mathrm{d}t}\mathrm{d}t = \frac{\mathrm{d}(X_i^c + x_i)}{\mathrm{d}t}\delta u_i\Big|_{t_0}^{t_1} - \int_{t_0}^{t_1}\left[\frac{\mathrm{d}^2X_i^c}{\mathrm{d}t^2} + e_{ijk}\frac{\mathrm{d}^2\theta_j}{\mathrm{d}t^2}x_k + e_{ijk}\frac{\mathrm{d}\theta_j}{\mathrm{d}t}\left(e_{klm}\frac{\mathrm{d}\theta_l}{\mathrm{d}t}x_m\right)\right]\delta u_i\mathrm{d}t \tag{3.1.23}$$

$$\int_{t_0}^{t_1}\frac{\mathrm{d}u_i}{\mathrm{d}t}\delta\frac{\mathrm{d}X_i}{\mathrm{d}t}\mathrm{d}t=\frac{\mathrm{d}u_i}{\mathrm{d}t}\delta X_i^c\Big|_{t_0}^{t_1}-\int_{t_0}^{t_1}\frac{\mathrm{d}^2u_i}{\mathrm{d}t^2}\delta X_i^c\mathrm{d}t-e_{ijk}\frac{\mathrm{d}u_j}{\mathrm{d}t}x_k\delta\theta_i\Big|_{t_0}^{t_1}+\int_{t_0}^{t_1}\frac{\mathrm{d}}{\mathrm{d}t}\left(e_{ijk}\frac{\mathrm{d}u_j}{\mathrm{d}t}x_k\right)\delta\theta_i\mathrm{d}t \tag{3.1.24}$$

不难证明

$$\delta\left(\frac{1}{2}\frac{\mathrm{d}\theta_i}{\mathrm{d}t}H_i^c\right)=\frac{1}{2}\delta\frac{\mathrm{d}\theta_i}{\mathrm{d}t}H_i^c+\frac{1}{2}\frac{\mathrm{d}\theta_i}{\mathrm{d}t}\delta H_i^c=H_i^c\delta\frac{\mathrm{d}\theta_i}{\mathrm{d}t} \tag{3.1.25}$$

进行分部积分，可得

$$\int_{t_0}^{t_1}\delta\left(\frac{1}{2}\frac{\mathrm{d}\theta_i}{\mathrm{d}t}H_i^c\right)\mathrm{d}t=\int_{t_0}^{t_1}H_i^c\delta\frac{\mathrm{d}\theta_i}{\mathrm{d}t}\mathrm{d}t=H_i^c\delta\theta_i\Big|_{t_0}^{t_1}-\int_{t_0}^{t_1}\frac{\mathrm{d}}{\mathrm{d}t}H_i^c\delta\theta_i\mathrm{d}t \tag{3.1.26}$$

应用 Green 定理

$$\iiint_V a_{ijkl}\left(\frac{1}{2}u_{k,l}+\frac{1}{2}u_{l,k}\right)\delta u_{i,j}\mathrm{d}V=\iint_{S_\sigma+S_u}a_{ijkl}\left(\frac{1}{2}u_{k,l}+\frac{1}{2}u_{l,k}\right)n_j\delta u_i\mathrm{d}S-\iiint_V\left[a_{ijkl}\left(\frac{1}{2}u_{k,l}+\frac{1}{2}u_{l,k}\right)\right]_{,j}\delta u_i\mathrm{d}V \tag{3.1.27}$$

式中，n_i 为表面法线方向数。

将式(3.1.21) ~ 式(3.1.27) 代入式(3.1.20)，按惯例在时域边界 $t=t_0$ 和 $t=t_1$ 处取 $\delta X_i^c=0,\delta\theta_i=0,\delta u_i=0$，整理可得

$$\begin{aligned}\delta\pi_{H1}-\delta Q_H=&\int_{t_0}^{t_1}\Bigg\{\left[\iiint_V\left(-\rho\frac{\mathrm{d}^2u_i}{\mathrm{d}t^2}-\rho\frac{\mathrm{d}^2X_i^c}{\mathrm{d}t^2}\right)\mathrm{d}V+F_i\right]\delta X_i^c+\left[\iiint_V\rho\frac{\mathrm{d}}{\mathrm{d}t}\left(e_{ijk}\frac{\mathrm{d}u_j}{\mathrm{d}t}x_k\right)\mathrm{d}V-\right.\\&\left.\frac{\mathrm{d}H_i^c}{\mathrm{d}t}+M_i\right]\delta\theta_i\Bigg\}\mathrm{d}t+\int_{t_0}^{t_1}\Bigg\{\iiint_V\Bigg\{-\rho\frac{\partial^2u_i}{\partial t^2}-2\rho e_{ijk}\frac{\mathrm{d}\theta_j}{\mathrm{d}t}\frac{\partial u_k}{\partial t}-\rho e_{ijk}\frac{\mathrm{d}^2\theta_j}{\mathrm{d}t^2}u_k-\\&\rho e_{ijk}\frac{\mathrm{d}\theta_j}{\mathrm{d}t}\left(e_{klm}\frac{\mathrm{d}\theta_l}{\mathrm{d}t}u_m\right)-\rho\frac{\mathrm{d}^2X_i^c}{\mathrm{d}t^2}-\rho e_{ijk}\frac{\mathrm{d}^2\theta_j}{\mathrm{d}t^2}x_k-\rho e_{ijk}\frac{\mathrm{d}\theta_j}{\mathrm{d}t}\left(e_{klm}\frac{\mathrm{d}\theta_l}{\mathrm{d}t}x_m\right)+\\&\left[a_{ijkl}\left(\frac{1}{2}u_{k,l}+\frac{1}{2}u_{l,k}\right)\right]_{,j}+f_i\Bigg\}\delta u_i\mathrm{d}V-\\&\iint_{S_\sigma}\left[a_{ijkl}\left(\frac{1}{2}u_{k,l}+\frac{1}{2}u_{l,k}\right)n_j-T_i\right]\delta u_i\mathrm{d}S\Bigg\}\mathrm{d}t=0\end{aligned} \tag{3.1.28}$$

由于 $\delta X_i^c,\delta\theta_i$ 和 δu_i 的任意性，故由式(3.1.28) 可得拟驻值条件为

$$\left.\begin{aligned}&\iiint_V\left(-\rho\frac{\mathrm{d}^2u_i}{\mathrm{d}t^2}-\rho\frac{\mathrm{d}^2X_i^c}{\mathrm{d}t^2}\right)\mathrm{d}V+F_i=0\\&\iiint_V\rho\frac{\mathrm{d}}{\mathrm{d}t}\left(e_{ijk}\frac{\mathrm{d}u_j}{\mathrm{d}t}x_k\right)\mathrm{d}V-\frac{\mathrm{d}H_i^c}{\mathrm{d}t}+M_i=0\\&-\rho\frac{\mathrm{d}^2X_i^c}{\mathrm{d}t^2}-\rho e_{ijk}\frac{\mathrm{d}^2\theta_j}{\mathrm{d}t^2}x_k-\rho e_{ijk}\frac{\mathrm{d}\theta_j}{\mathrm{d}t}\left(e_{klm}\frac{\mathrm{d}\theta_l}{\mathrm{d}t}x_m\right)-\rho\frac{\partial^2u_i}{\partial t^2}-2\rho e_{ijk}\frac{\mathrm{d}\theta_j}{\mathrm{d}t}\frac{\partial u_k}{\partial t}\\&-\rho e_{ijk}\frac{\mathrm{d}^2\theta_j}{\mathrm{d}t^2}u_k-\rho e_{ijk}\frac{\mathrm{d}\theta_j}{\mathrm{d}t}\left(e_{klm}\frac{\mathrm{d}\theta_l}{\mathrm{d}t}u_m\right)+\left[a_{ijkl}\left(\frac{1}{2}u_{k,l}+\frac{1}{2}u_{l,k}\right)\right]_{,j}+f_i=0\quad(\text{在 }V\text{ 中})\\&a_{ijkl}\left(\frac{1}{2}u_{k,l}+\frac{1}{2}u_{l,k}\right)n_j-T_i=0\quad(\text{在 }S_\sigma\text{ 上})\end{aligned}\right\} \tag{3.1.29}$$

式中，$2e_{ijk}\dfrac{\mathrm{d}\theta_j}{\mathrm{d}t}\dfrac{\partial u_k}{\partial t}$ 为 Coriolis 加速度。这里指出，在式(3.1.29) 的第一式中没有将 $\dfrac{\mathrm{d}}{\mathrm{d}t}\dfrac{\mathrm{d}u_i}{\mathrm{d}t}$ 写成

展开形式，在式(3.1.29)的第三式中将 $\frac{\mathrm{d}}{\mathrm{d}t}\frac{\mathrm{d}u_i}{\mathrm{d}t}$ 写成了展开形式。可见，究竟如何处理这一问题，视具体情况而定。

现在推导单柔体动力学两类变量的拟变分原理的拟驻值条件。为此，将式(3.1.15)写成展开形式，可得

$$\begin{aligned}\delta\pi_{H2}-\delta Q_H=&\int_{t_0}^{t_1}\Big\{\iiint_V[\rho v_i^c\delta v_i^c+\rho(v_i^c+e_{ijk}\omega_j x_k)\delta v_i^d+\rho v_i^d\delta(v_i^c+e_{ijk}\omega_j x_k)+\rho v_i^d\delta v_i^d]\mathrm{d}V+\\&J_{ij}\omega_j\delta\omega_i-\iiint_V(a_{ijkl}\varepsilon_{kl}\delta\varepsilon_{ij}-f_i\delta u_i)\mathrm{d}V+\iint_{S_\sigma}T_i\delta u_i\mathrm{d}S+F_i\delta X_i^c+M_i\delta\theta_i\Big\}\mathrm{d}t=\\&\int_{t_0}^{t_1}\Big\{\iiint_V[(\rho v_i^c+\rho v_i^d)\delta v_i^c+\rho(v_i^c+e_{ijk}\omega_j x_k)\delta v_i^d+\rho v_i^d\delta v_i^d-\rho e_{ijk}v_j^d x_k\delta\omega_i]\mathrm{d}V+\\&J_{ij}\omega_j\delta\omega_i-\iiint_V(a_{ijkl}\varepsilon_{kl}\delta\varepsilon_{ij}-f_i\delta u_i)\mathrm{d}V+\iint_{S_\sigma}T_i\delta u_i\mathrm{d}S+F_i\delta X_i^c+M_i\delta\theta_i\Big\}\mathrm{d}t=0\end{aligned}\tag{3.1.30a}$$

其先决条件的变分式为

$$\left.\begin{aligned}&\delta v_i^c-\delta\frac{\mathrm{d}X_i^c}{\mathrm{d}t}=0\\&\delta\omega_i-\delta\frac{\mathrm{d}\theta_i}{\mathrm{d}t}=0\\&\delta\varepsilon_{ij}-\delta\Big(\frac{1}{2}u_{i,j}+\frac{1}{2}u_{j,i}\Big)=0\\&\delta v_i^d-\delta\frac{\mathrm{d}u_i}{\mathrm{d}t}=\delta v_i^d-\delta\Big(\frac{\partial u_i}{\partial t}+e_{ijk}\frac{\mathrm{d}\theta_j}{\mathrm{d}t}u_k\Big)=0\\&\delta u_i=0\qquad(\text{在 }S_u\text{ 上})\end{aligned}\right\}\tag{3.1.30b}$$

将式(3.1.30b)代入式(3.1.30a)，可得

$$\begin{aligned}\delta\pi_{H2}-\delta Q_H=&\int_{t_0}^{t_1}\Big\{\iiint_V\Big[(\rho v_i^c+\rho v_i^d)\delta\frac{\mathrm{d}X_i^c}{\mathrm{d}t}+(\rho v_i^c+\rho e_{ijk}\omega_j x_k+\rho v_i^d)\delta\frac{\mathrm{d}u_i}{\mathrm{d}t}\Big]\mathrm{d}V-\\&\iiint_V\rho e_{ijk}v_j^d x_k\delta\frac{\mathrm{d}\theta_i}{\mathrm{d}t}\mathrm{d}V+J_{ij}\omega_j\delta\frac{\mathrm{d}\theta_i}{\mathrm{d}t}+F_i\delta X_i^c+M_i\delta\theta_i-\\&\iiint_V\Big[a_{ijkl}\varepsilon_{kl}\delta\Big(\frac{1}{2}u_{i,j}+\frac{1}{2}u_{j,i}\Big)-f_i\delta u_i\Big]\mathrm{d}V+\iint_{S_\sigma}T_i\delta u_i\mathrm{d}S\Big\}\mathrm{d}t=0\end{aligned}\tag{3.1.31}$$

应用 Green 定理(分部积分)，考虑到应变张量的对称性，则有

$$\int_{t_0}^{t_1}(\rho v_i^c+\rho v_i^d)\delta\frac{\mathrm{d}X_i^c}{\mathrm{d}t}\mathrm{d}t=(\rho v_i^c+\rho v_i^d)\delta X_i^c\Big|_{t_0}^{t_1}-\int_{t_0}^{t_1}\frac{\mathrm{d}}{\mathrm{d}t}(\rho v_i^c+\rho v_i^d)\delta X_i^c\mathrm{d}t\tag{3.1.32}$$

$$\begin{aligned}\int_{t_0}^{t_1}(\rho v_i^c+\rho e_{ijk}\omega_j x_k+\rho v_i^d)\delta\frac{\mathrm{d}u_i}{\mathrm{d}t}\mathrm{d}t=&(\rho v_i^c+\rho e_{ijk}\omega_j x_k+\rho v_i^d)\delta u_i\Big|_{t_0}^{t_1}-\\&\int_{t_0}^{t_1}\frac{\mathrm{d}}{\mathrm{d}t}(\rho v_i^c+\rho e_{ijk}\omega_j x_k+\rho v_i^d)\delta u_i\mathrm{d}t\end{aligned}\tag{3.1.33}$$

$$-\int_{t_0}^{t_1}\rho e_{ijk}v_j^d x_k\delta\frac{\mathrm{d}\theta_i}{\mathrm{d}t}\mathrm{d}t=-\rho e_{ijk}v_j^d x_k\delta\theta_i\Big|_{t_0}^{t_1}+\int_{t_0}^{t_1}\rho\frac{\mathrm{d}}{\mathrm{d}t}(e_{ijk}v_j^d x_k)\delta\theta_i\mathrm{d}t\tag{3.1.34}$$

$$\int_{t_0}^{t_1}J_{ij}\omega_j\delta\frac{\mathrm{d}\theta_i}{\mathrm{d}t}\mathrm{d}t=J_{ij}\omega_j\delta\theta_i\Big|_{t_0}^{t_1}-\int_{t_0}^{t_1}\frac{\mathrm{d}}{\mathrm{d}t}(J_{ij}\omega_j)\delta\theta_i\mathrm{d}t\tag{3.1.35}$$

$$\iiint_V a_{ijkl}\varepsilon_{kl}\delta u_{i,j}\,\mathrm{d}V = \iint_{S_\sigma+S_u} a_{ijkl}\varepsilon_{kl}n_j\delta u_i\,\mathrm{d}S - \iiint_V (a_{ijkl}\varepsilon_{kl})_{,j}\delta u_i\,\mathrm{d}V \tag{3.1.36}$$

将式(3.1.32) ~ 式(3.1.36) 代入式(3.1.31),考虑到位移边界条件 $\delta u_i = 0$,并按惯例在时域边界处取 δX_i^c,$\delta\theta_i$ 和 δu_i 等于零,可得

$$\begin{aligned}\delta\pi_{H2} - \delta Q_H = \int_{t_0}^{t_1}\Big\{&\Big[-\iiint_V\Big(\rho\frac{\mathrm{d}v_i^c}{\mathrm{d}t}+\rho\frac{\mathrm{d}v_i^d}{\mathrm{d}t}\Big)\mathrm{d}V + F_i\Big]\delta X_i^c + \Big[\iiint_V\rho\frac{\mathrm{d}}{\mathrm{d}t}(e_{ijk}v_j^d x_k)\mathrm{d}V - \frac{\mathrm{d}}{\mathrm{d}t}(J_{ij}\omega_j) + M_i\Big]\delta\theta_i + \\ &\iiint_V\Big[-\rho\frac{\mathrm{d}v_i^c}{\mathrm{d}t} - \rho\frac{\mathrm{d}}{\mathrm{d}t}(e_{ijk}\omega_j x_k) - \rho\frac{\mathrm{d}v_i^d}{\mathrm{d}t} + (a_{ijkl}\varepsilon_{kl})_{,j} + f_i\Big]\delta u_i\,\mathrm{d}V - \\ &\iint_{S_\sigma}(a_{ijkl}\varepsilon_{kl}n_j - T_i)\delta u_i\,\mathrm{d}S\Big\}\,\mathrm{d}t = 0\end{aligned} \tag{3.1.37}$$

由于 δX_i^c,$\delta\theta_i$ 和 δu_i 的任意性,故由式(3.1.37) 可得拟驻值条件为

$$\left.\begin{aligned}&-\iiint_V\Big(\rho\frac{\mathrm{d}v_i^c}{\mathrm{d}t}+\rho\frac{\mathrm{d}v_i^d}{\mathrm{d}t}\Big)\mathrm{d}V + F_i = 0\\ &\iiint_V\rho\frac{\mathrm{d}}{\mathrm{d}t}(e_{ijk}v_j^d x_k)\mathrm{d}V - \frac{\mathrm{d}}{\mathrm{d}t}(J_{ij}\omega_j) + M_i = 0\\ &-\rho\frac{\mathrm{d}v_i^c}{\mathrm{d}t} - \rho\frac{\mathrm{d}}{\mathrm{d}t}(e_{ijk}\omega_j x_k) - \rho\frac{\mathrm{d}v_i^d}{\mathrm{d}t} + (a_{ijkl}\varepsilon_{kl})_{,j} + f_i = 0 \quad (\text{在 } V \text{ 中})\\ &a_{ijkl}\varepsilon_{kl}n_j - T_i = 0 \quad (\text{在 } S_\sigma \text{ 上})\end{aligned}\right\} \tag{3.1.38}$$

显而易见,单柔体动力学两类变量的拟变分原理的拟驻值条件与其先决条件一起构成封闭的微分方程组。

若将运动学方程和几何方程代入式(3.1.38) 中,可得

$$\left.\begin{aligned}&\iiint_V\Big(-\rho\frac{\mathrm{d}^2u_i}{\mathrm{d}t^2} - \rho\frac{\mathrm{d}^2X_i^c}{\mathrm{d}t^2}\Big)\mathrm{d}V + F_i = 0\\ &\iiint_V\rho\frac{\mathrm{d}}{\mathrm{d}t}\Big(e_{ijk}\frac{\mathrm{d}u_j}{\mathrm{d}t}x_k\Big)\mathrm{d}V - \frac{\mathrm{d}H_i^c}{\mathrm{d}t} + M_i = 0\\ &-\rho\frac{\mathrm{d}^2X_i^c}{\mathrm{d}t^2} - \rho e_{ijk}\frac{\mathrm{d}^2\theta_j}{\mathrm{d}t^2}x_k - \rho e_{ijk}\frac{\mathrm{d}\theta_j}{\mathrm{d}t}\Big(e_{klm}\frac{\mathrm{d}\theta_l}{\mathrm{d}t}x_m\Big) - \rho\frac{\partial^2u_i}{\partial t^2} - 2\rho e_{ijk}\frac{\mathrm{d}\theta_j}{\mathrm{d}t}\frac{\partial u_k}{\partial t} - \\ &\rho e_{ijk}\frac{\mathrm{d}^2\theta_j}{\mathrm{d}t^2}u_k - \rho e_{ijk}\frac{\mathrm{d}\theta_j}{\mathrm{d}t}\Big(e_{klm}\frac{\mathrm{d}\theta_l}{\mathrm{d}t}u_m\Big) + \Big[a_{ijkl}\Big(\frac{1}{2}u_{k,l} + \frac{1}{2}u_{l,k}\Big)\Big]_{,j} + f_i = 0 \quad (\text{在 } V \text{ 中})\\ &a_{ijkl}\Big(\frac{1}{2}u_{k,l} + \frac{1}{2}u_{l,k}\Big)n_j - T_i = 0 \quad (\text{在 } S_\sigma \text{ 上})\end{aligned}\right\} \tag{3.1.39}$$

比较可见,式(3.1.39) 和式(3.1.29) 相同。

2. 关于 $\dfrac{\mathrm{d}}{\mathrm{d}t}\dfrac{\mathrm{d}u_i}{\mathrm{d}t}$ 的讨论

由于 $\dfrac{\mathrm{d}u_i}{\mathrm{d}t} = \dfrac{\partial u_i}{\partial t} + e_{ijk}\dfrac{\mathrm{d}\theta_j}{\mathrm{d}t}u_k$,进而可得

$$\begin{aligned}\frac{\mathrm{d}}{\mathrm{d}t}\frac{\mathrm{d}u_i}{\mathrm{d}t} &= \frac{\mathrm{d}}{\mathrm{d}t}\Big(\frac{\partial u_i}{\partial t} + e_{ijk}\frac{\mathrm{d}\theta_j}{\mathrm{d}t}u_k\Big) = \frac{\partial}{\partial t}\Big(\frac{\partial u_i}{\partial t} + e_{ijk}\frac{\mathrm{d}\theta_j}{\mathrm{d}t}u_k\Big) + e_{ijk}\frac{\mathrm{d}\theta_j}{\mathrm{d}t}\Big(\frac{\partial u_k}{\partial t} + e_{klm}\frac{\mathrm{d}\theta_l}{\mathrm{d}t}u_m\Big) = \\ &\frac{\partial^2u_i}{\partial t^2} + e_{ijk}\frac{\mathrm{d}\theta_j}{\mathrm{d}t}\frac{\partial u_k}{\partial t} + e_{ijk}\frac{\partial}{\partial t}\frac{\mathrm{d}\theta_j}{\mathrm{d}t}u_k + e_{ijk}\frac{\mathrm{d}\theta_j}{\mathrm{d}t}\frac{\partial u_k}{\partial t} + e_{ijk}\frac{\mathrm{d}\theta_j}{\mathrm{d}t}\Big(e_{klm}\frac{\mathrm{d}\theta_l}{\mathrm{d}t}u_m\Big) =\end{aligned}$$

$$\frac{\partial^2 u_i}{\partial t^2}+e_{ijk}\frac{\mathrm{d}\theta_j}{\mathrm{d}t}\frac{\partial u_k}{\partial t}+e_{ijk}\frac{\mathrm{d}^2\theta_j}{\mathrm{d}t^2}u_k+e_{ijk}\frac{\mathrm{d}\theta_j}{\mathrm{d}t}\frac{\partial u_k}{\partial t}+e_{ijk}\frac{\mathrm{d}\theta_j}{\mathrm{d}t}\left(e_{klm}\frac{\mathrm{d}\theta_l}{\mathrm{d}t}u_m\right)=$$

$$\frac{\partial^2 u_i}{\partial t^2}+2e_{ijk}\frac{\mathrm{d}\theta_j}{\mathrm{d}t}\frac{\partial u_k}{\partial t}+e_{ijk}\frac{\mathrm{d}^2\theta_j}{\mathrm{d}t^2}u_k+e_{ijk}\frac{\mathrm{d}\theta_j}{\mathrm{d}t}\left(e_{klm}\frac{\mathrm{d}\theta_l}{\mathrm{d}t}u_m\right) \tag{3.1.40}$$

注意，在得到$\frac{\mathrm{d}^2\theta_j}{\mathrm{d}t^2}$一项时，使用了关系式

$$\frac{\partial}{\partial t}\frac{\mathrm{d}\theta_j}{\mathrm{d}t}=\frac{\mathrm{d}}{\mathrm{d}t}\frac{\mathrm{d}\theta_j}{\mathrm{d}t} \tag{3.1.41}$$

是否可以这样做呢？这也与 Coriolis 转动坐标定理有关。对于任意矢量 v_i，Coriolis 转动坐标定理表示为

$$\frac{\mathrm{d}v_i}{\mathrm{d}t}=\frac{\partial v_i}{\partial t}+e_{ijk}\omega_j v_k \tag{3.1.42}$$

当 v_i 矢量为角速度矢量 $\omega_i=\frac{\mathrm{d}\theta_i}{\mathrm{d}t}$ 时，则有

$$\frac{\mathrm{d}\omega_i}{\mathrm{d}t}=\frac{\partial\omega_i}{\partial t}+e_{ijk}\omega_j\omega_k=\frac{\partial\omega_i}{\partial t} \tag{3.1.43}$$

应用式(3.1.43)便可得到

$$\frac{\partial}{\partial t}\frac{\mathrm{d}\theta_j}{\mathrm{d}t}=\frac{\partial\omega_j}{\partial t}=\frac{\mathrm{d}\omega_j}{\mathrm{d}t}=\frac{\mathrm{d}}{\mathrm{d}t}\frac{\mathrm{d}\theta_j}{\mathrm{d}t} \tag{3.1.44}$$

即式(3.1.41)的变换关系式是正确的。

3.1.3　单柔体动力学的拟变分原理的拟驻值条件(二)

1. 拟变分原理的拟驻值条件

将拟变分原理写成展开形式，可得

$$\begin{aligned}\delta\pi_{H1}-\delta Q_H=\delta\int_{t_0}^{t_1}\Big\{&\iiint_V\left(\frac{1}{2}\rho\frac{\mathrm{d}X_i^c}{\mathrm{d}t}\frac{\mathrm{d}X_i^c}{\mathrm{d}t}+\rho\frac{\mathrm{d}X_i}{\mathrm{d}t}\frac{\mathrm{d}u_i}{\mathrm{d}t}+\frac{1}{2}\rho\frac{\mathrm{d}u_i}{\mathrm{d}t}\frac{\mathrm{d}u_i}{\mathrm{d}t}\right)\mathrm{d}V+\frac{1}{2}\frac{\mathrm{d}\theta_i}{\mathrm{d}t}H_i^c-\\&\iiint_V\left[\frac{1}{2}a_{ijkl}\left(\frac{1}{2}u_{i,j}+\frac{1}{2}u_{j,i}\right)\left(\frac{1}{2}u_{k,l}+\frac{1}{2}u_{l,k}\right)-f_iu_i\right]\mathrm{d}V+\\&\iint_{S_\sigma}T_iu_i\mathrm{d}S+F_iX_i^c+M_i\theta_i\Big\}\mathrm{d}t-\\&\int_{t_0}^{t_1}\left[\iiint_V u_i\delta f_i\mathrm{d}V+\iint_{S_\sigma}u_i\delta T_i\mathrm{d}S+(X_i^c\delta F_i+\theta_i\delta M_i)\right]\mathrm{d}t=0\end{aligned} \tag{3.1.45}$$

在文献[10]中，由于篇幅的限制，对推导过程进行了简化，这里较为详细地进行推导。另外，在进行分部积分的运算中，有时用到变分的 Coriolis 坐标转动定理式(3.1.47a)。应当注意，只有对与转动有关的项，才能应用这类公式；对平动项不能应用这类公式。现在进行分部积分和相关的运算。

$$\int_{t_0}^{t_1}\frac{\mathrm{d}X_i^c}{\mathrm{d}t}\delta\frac{\mathrm{d}X_i^c}{\mathrm{d}t}\mathrm{d}t=\frac{\mathrm{d}X_i^c}{\mathrm{d}t}\delta X_i^c\Big|_{t_0}^{t_1}-\int_{t_0}^{t_1}\frac{\mathrm{d}^2X_i^c}{\mathrm{d}t^2}\delta X_i^c\mathrm{d}t \tag{3.1.46}$$

$$\delta\frac{\mathrm{d}u_i}{\mathrm{d}t}=\delta\left(\frac{\partial u_i}{\partial t}+e_{ijk}\frac{\mathrm{d}\theta_j}{\mathrm{d}t}u_k\right)=\frac{\partial}{\partial t}(\delta u_i)+e_{ijk}\frac{\mathrm{d}\theta_j}{\mathrm{d}t}\delta u_k+e_{ijk}\delta\frac{\mathrm{d}\theta_j}{\mathrm{d}t}u_k=\frac{\mathrm{d}}{\mathrm{d}t}(\delta u_i)+e_{ijk}\frac{\mathrm{d}}{\mathrm{d}t}(\delta\theta_j)u_k \tag{3.1.47a}$$

$$\begin{aligned}\int_{t_0}^{t_1}\frac{\mathrm{d}u_i}{\mathrm{d}t}\delta\frac{\mathrm{d}u_i}{\mathrm{d}t}\mathrm{d}t=&\int_{t_0}^{t_1}\left[\frac{\mathrm{d}u_i}{\mathrm{d}t}\frac{\mathrm{d}}{\mathrm{d}t}(\delta u_i)+\frac{\mathrm{d}u_i}{\mathrm{d}t}e_{ijk}\delta\frac{\mathrm{d}\theta_j}{\mathrm{d}t}u_k\right]\mathrm{d}t=\\&\int_{t_0}^{t_1}\frac{\mathrm{d}u_i}{\mathrm{d}t}\frac{\mathrm{d}}{\mathrm{d}t}(\delta u_i)\mathrm{d}t-\int_{t_0}^{t_1}e_{ijk}\frac{\mathrm{d}u_j}{\mathrm{d}t}u_k\delta\frac{\mathrm{d}\theta_i}{\mathrm{d}t}\mathrm{d}t=\\&\frac{\mathrm{d}u_i}{\mathrm{d}t}\delta u_i\Big|_{t_0}^{t_1}-\int_{t_0}^{t_1}\frac{\mathrm{d}}{\mathrm{d}t}\frac{\mathrm{d}u_i}{\mathrm{d}t}\delta u_i\mathrm{d}t-e_{ijk}\frac{\mathrm{d}u_j}{\mathrm{d}t}u_k\delta\theta_i\Big|_{t_0}^{t_1}+\int_{t_0}^{t_1}\frac{\mathrm{d}}{\mathrm{d}t}\left(e_{ijk}\frac{\mathrm{d}u_j}{\mathrm{d}t}u_k\right)\delta\theta_i\mathrm{d}t=\\&\frac{\mathrm{d}u_i}{\mathrm{d}t}\delta u_i\Big|_{t_0}^{t_1}-\int_{t_0}^{t_1}\left[\frac{\partial^2u_i}{\partial t^2}+2e_{ijk}\frac{\mathrm{d}\theta_j}{\mathrm{d}t}\frac{\partial u_k}{\partial t}+e_{ijk}\frac{\mathrm{d}^2\theta_j}{\mathrm{d}t^2}u_k+e_{ijk}\frac{\mathrm{d}\theta_j}{\mathrm{d}t}\left(e_{klm}\frac{\mathrm{d}\theta_l}{\mathrm{d}t}u_m\right)\right]\delta u_i\mathrm{d}t-\\&e_{ijk}\frac{\mathrm{d}u_j}{\mathrm{d}t}u_k\delta\theta_i\Big|_{t_0}^{t_1}+\int_{t_0}^{t_1}\frac{\mathrm{d}}{\mathrm{d}t}\left(e_{ijk}\frac{\mathrm{d}u_j}{\mathrm{d}t}u_k\right)\delta\theta_i\mathrm{d}t\end{aligned} \tag{3.1.47b}$$

$$\begin{aligned}\int_{t_0}^{t_1}\frac{\mathrm{d}X_i}{\mathrm{d}t}\delta\frac{\mathrm{d}u_i}{\mathrm{d}t}\mathrm{d}t=&\int_{t_0}^{t_1}\left[\frac{\mathrm{d}X_i^c}{\mathrm{d}t}\delta\frac{\mathrm{d}u_i}{\mathrm{d}t}+e_{ijk}\frac{\mathrm{d}\theta_j}{\mathrm{d}t}x_k\frac{\mathrm{d}}{\mathrm{d}t}\delta u_i-e_{ijk}\left(e_{jlm}\frac{\mathrm{d}\theta_l}{\mathrm{d}t}x_m\right)u_k\delta\frac{\mathrm{d}\theta_i}{\mathrm{d}t}\right]\mathrm{d}t=\\&\frac{\mathrm{d}X_i^c}{\mathrm{d}t}\delta u_i\Big|_{t_0}^{t_1}-\int_{t_0}^{t_1}\frac{\mathrm{d}^2X_i^c}{\mathrm{d}t^2}\delta u_i\mathrm{d}t+e_{ijk}\frac{\mathrm{d}\theta_j}{\mathrm{d}t}x_k\delta u_i\Big|_{t_0}^{t_1}-\int_{t_0}^{t_1}\frac{\mathrm{d}}{\mathrm{d}t}\left(e_{ijk}\frac{\mathrm{d}\theta_j}{\mathrm{d}t}x_k\right)\delta u_i\mathrm{d}t-\\&e_{ijk}\left(e_{jlm}\frac{\mathrm{d}\theta_l}{\mathrm{d}t}x_m\right)u_k\delta\theta_i\Big|_{t_0}^{t_1}+\int_{t_0}^{t_1}\frac{\mathrm{d}}{\mathrm{d}t}\left(e_{ijk}\left(e_{jlm}\frac{\mathrm{d}\theta_l}{\mathrm{d}t}x_m\right)u_k\right)\delta\theta_i\mathrm{d}t=\\&\frac{\mathrm{d}X_i^c}{\mathrm{d}t}\delta u_i\Big|_{t_0}^{t_1}+e_{ijk}\frac{\mathrm{d}\theta_j}{\mathrm{d}t}x_k\delta u_i\Big|_{t_0}^{t_1}-\int_{t_0}^{t_1}\left[\frac{\mathrm{d}^2X_i^c}{\mathrm{d}t^2}+e_{ijk}\frac{\mathrm{d}^2\theta_j}{\mathrm{d}t^2}x_k+e_{ijk}\frac{\mathrm{d}\theta_j}{\mathrm{d}t}\left(e_{klm}\frac{\mathrm{d}\theta_l}{\mathrm{d}t}x_m\right)\right]\delta u_i\mathrm{d}t-\\&e_{ijk}\left(e_{jlm}\frac{\mathrm{d}\theta_l}{\mathrm{d}t}x_m\right)u_k\delta\theta_i\Big|_{t_0}^{t_1}+\int_{t_0}^{t_1}\frac{\mathrm{d}}{\mathrm{d}t}\left(e_{ijk}\left(e_{jlm}\frac{\mathrm{d}\theta_l}{\mathrm{d}t}x_m\right)u_k\right)\delta\theta_i\mathrm{d}t\end{aligned} \tag{3.1.48}$$

$$\begin{aligned}\int_{t_0}^{t_1}\frac{\mathrm{d}u_i}{\mathrm{d}t}\delta\frac{\mathrm{d}X_i}{\mathrm{d}t}\mathrm{d}t=&\int_{t_0}^{t_1}\frac{\mathrm{d}u_i}{\mathrm{d}t}\delta\left(\frac{\mathrm{d}X_i^c}{\mathrm{d}t}+\frac{\mathrm{d}x_i}{\mathrm{d}t}\right)\mathrm{d}t=\int_{t_0}^{t_1}\frac{\mathrm{d}u_i}{\mathrm{d}t}\delta\left(\frac{\mathrm{d}X_i^c}{\mathrm{d}t}+e_{ijk}\frac{\mathrm{d}\theta_j}{\mathrm{d}t}x_k\right)\mathrm{d}t=\\&\int_{t_0}^{t_1}\left(\frac{\mathrm{d}u_i}{\mathrm{d}t}\delta\frac{\mathrm{d}X_i^c}{\mathrm{d}t}+\frac{\mathrm{d}u_i}{\mathrm{d}t}e_{ijk}\delta\frac{\mathrm{d}\theta_j}{\mathrm{d}t}x_k\right)\mathrm{d}t=\int_{t_0}^{t_1}\left(\frac{\mathrm{d}u_i}{\mathrm{d}t}\delta\frac{\mathrm{d}X_i^c}{\mathrm{d}t}-e_{ijk}\frac{\mathrm{d}u_j}{\mathrm{d}t}x_k\delta\frac{\mathrm{d}\theta_i}{\mathrm{d}t}\right)\mathrm{d}t=\\&\frac{\mathrm{d}u_i}{\mathrm{d}t}\delta X_i^c\Big|_{t_0}^{t_1}-\int_{t_0}^{t_1}\frac{\mathrm{d}^2u_i}{\mathrm{d}t^2}\delta X_i^c\mathrm{d}t-e_{ijk}\frac{\mathrm{d}u_j}{\mathrm{d}t}x_k\delta\theta_i\Big|_{t_0}^{t_1}+\int_{t_0}^{t_1}\frac{\mathrm{d}}{\mathrm{d}t}\left(e_{ijk}\frac{\mathrm{d}u_j}{\mathrm{d}t}x_k\right)\delta\theta_i\mathrm{d}t\end{aligned} \tag{3.1.49}$$

不难证明

$$\delta\left(\frac{1}{2}\frac{\mathrm{d}\theta_i}{\mathrm{d}t}H_i^c\right)=\frac{1}{2}\delta\frac{\mathrm{d}\theta_i}{\mathrm{d}t}H_i^c+\frac{1}{2}\frac{\mathrm{d}\theta_i}{\mathrm{d}t}\delta H_i^c=H_i^c\delta\frac{\mathrm{d}\theta_i}{\mathrm{d}t} \tag{3.1.50}$$

进行分部积分，可得

$$\int_{t_0}^{t_1}\delta\left(\frac{1}{2}\frac{\mathrm{d}\theta_i}{\mathrm{d}t}H_i^c\right)\mathrm{d}t=\int_{t_0}^{t_1}H_i^c\delta\frac{\mathrm{d}\theta_i}{\mathrm{d}t}\mathrm{d}t=H_i^c\delta\theta_i\Big|_{t_0}^{t_1}-\int_{t_0}^{t_1}\frac{\mathrm{d}}{\mathrm{d}t}H_i^c\delta\theta_i\mathrm{d}t \tag{3.1.51}$$

应用 Green 定理

$$\begin{aligned}\iiint_V a_{ijkl}\left(\frac{1}{2}u_{k,l}+\frac{1}{2}u_{l,k}\right)\delta u_{i,j}\mathrm{d}V=&\iint_{S_\sigma+S_u}a_{ijkl}\left(\frac{1}{2}u_{k,l}+\frac{1}{2}u_{l,k}\right)n_j\delta u_i\mathrm{d}S-\\&\iiint_V\left[a_{ijkl}\left(\frac{1}{2}u_{k,l}+\frac{1}{2}u_{l,k}\right)\right]_{,j}\delta u_i\mathrm{d}V\end{aligned} \tag{3.1.52}$$

将式(3.1.46)～式(3.1.52)代入式(3.1.45)，并按惯例在时域边界 $t=t_0$ 和 $t=t_1$ 处取 $\delta X_i^c=$

$0,\delta\theta_i=0,\delta u_i=0$，整理可得

$$\delta\pi_{H1}-\delta Q_H=\int_{t_0}^{t_1}\left\{\left[\iiint_V\left(-\rho\frac{\mathrm{d}^2u_i}{\mathrm{d}t^2}-\rho\frac{\mathrm{d}^2X_i^c}{\mathrm{d}t^2}\right)\mathrm{d}V+F_i\right]\delta X_i^c+\right.$$
$$\left[\iiint_V\rho\frac{\mathrm{d}}{\mathrm{d}t}\left(e_{ijk}\frac{\mathrm{d}u_j}{\mathrm{d}t}x_k\right)\mathrm{d}V+\iiint_V\rho\frac{\mathrm{d}}{\mathrm{d}t}\left(e_{ijk}\frac{\mathrm{d}u_j}{\mathrm{d}t}u_k\right)\mathrm{d}V+\right.$$
$$\left.\left.\iiint_V\rho\frac{\mathrm{d}}{\mathrm{d}t}\left(e_{ijk}\left(e_{jlm}\frac{\mathrm{d}\theta_l}{\mathrm{d}t}x_m\right)u_k\right)\mathrm{d}V-\frac{\mathrm{d}H_i^c}{\mathrm{d}t}+M_i\right]\delta\theta_i\right\}\mathrm{d}t+$$
$$\int_{t_0}^{t_1}\left\{\iiint_V\left\{-\rho\frac{\mathrm{d}^2X_i^c}{\mathrm{d}t^2}-\rho e_{ijk}\frac{\mathrm{d}^2\theta_j}{\mathrm{d}t^2}x_k-\rho e_{ijk}\frac{\mathrm{d}\theta_j}{\mathrm{d}t}\left(e_{klm}\frac{\mathrm{d}\theta_l}{\mathrm{d}t}x_m\right)-\right.\right.$$
$$\rho\frac{\partial^2u_i}{\partial t^2}-2\rho e_{ijk}\frac{\mathrm{d}\theta_j}{\mathrm{d}t}\frac{\partial u_k}{\partial t}-\rho e_{ijk}\frac{\mathrm{d}^2\theta_j}{\mathrm{d}t^2}u_k-\rho e_{ijk}\frac{\mathrm{d}\theta_j}{\mathrm{d}t}\left(e_{klm}\frac{\mathrm{d}\theta_l}{\mathrm{d}t}u_m\right)+$$
$$\left.\left.\left[a_{ijkl}\left(\frac{1}{2}u_{k,l}+\frac{1}{2}u_{l,k}\right)\right]_{,j}+f_i\right\}\delta u_i\mathrm{d}V-\iint_{S_\sigma}\left[a_{ijkl}\left(\frac{1}{2}u_{k,l}+\frac{1}{2}u_{l,k}\right)n_j-T_i\right]\delta u_i\mathrm{d}S\right\}\mathrm{d}t=0$$

(3.1.53)

由于 $\delta X_i^c,\delta\theta_i$ 和 δu_i 的任意性，故由式(3.1.53)可得拟驻值条件为

$$\left.\begin{aligned}
&\iiint_V\left(-\rho\frac{\mathrm{d}^2u_i}{\mathrm{d}t^2}-\rho\frac{\mathrm{d}^2X_i^c}{\mathrm{d}t^2}\right)\mathrm{d}V+F_i=0\\
&\iiint_V\rho\frac{\mathrm{d}}{\mathrm{d}t}\left(e_{ijk}\frac{\mathrm{d}u_j}{\mathrm{d}t}x_k\right)\mathrm{d}V+\iiint_V\rho\frac{\mathrm{d}}{\mathrm{d}t}\left(e_{ijk}\frac{\mathrm{d}u_j}{\mathrm{d}t}u_k\right)\mathrm{d}V+\iiint_V\rho\frac{\mathrm{d}}{\mathrm{d}t}e_{ijk}\left(e_{jlm}\frac{\mathrm{d}\theta_l}{\mathrm{d}t}x_m\right)u_k\mathrm{d}V-\frac{\mathrm{d}H_i^c}{\mathrm{d}t}+M_i=0\\
&-\rho\frac{\mathrm{d}^2X_i^c}{\mathrm{d}t^2}-\rho e_{ijk}\frac{\mathrm{d}^2\theta_j}{\mathrm{d}t^2}x_k-\rho e_{ijk}\frac{\mathrm{d}\theta_j}{\mathrm{d}t}\left(e_{klm}\frac{\mathrm{d}\theta_l}{\mathrm{d}t}x_m\right)-\rho\frac{\partial^2u_i}{\partial t^2}-2\rho e_{ijk}\frac{\mathrm{d}\theta_j}{\mathrm{d}t}\frac{\partial u_k}{\partial t}-\\
&\quad\rho e_{ijk}\frac{\mathrm{d}^2\theta_j}{\mathrm{d}t^2}u_k-\rho e_{ijk}\frac{\mathrm{d}\theta_j}{\mathrm{d}t}\left(e_{klm}\frac{\mathrm{d}\theta_l}{\mathrm{d}t}u_m\right)+\left[a_{ijkl}\left(\frac{1}{2}u_{k,l}+\frac{1}{2}u_{l,k}\right)\right]_{,j}+f_i=0\qquad(\text{在 }V\text{ 中})\\
&a_{ijkl}\left(\frac{1}{2}u_{k,l}+\frac{1}{2}u_{l,k}\right)n_j-T_i=0\qquad(\text{在 }S_\sigma\text{ 上})
\end{aligned}\right\}$$

(3.1.54)

式中，$2e_{ijk}\dfrac{\mathrm{d}\theta_j}{\mathrm{d}t}\dfrac{\partial u_k}{\partial t}$ 为 Coriolis 加速度。

现在推导单柔体动力学两类变量的拟变分原理的拟驻值条件。为此，将式(3.1.15)写成展开形式，可得

$$\delta\pi_{H2}-\delta Q_H=\int_{t_0}^{t_1}\left\{\iiint_V[\rho v_i^c\delta v_i^c+\rho(v_i^c+e_{ijk}\omega_jx_k)\delta v_i^d+\rho v_i^d\delta(v_i^c+e_{ijk}\omega_jx_k)+\rho v_i^d\delta v_i^d]\mathrm{d}V+\right.$$
$$\left.J_{ij}\omega_j\delta\omega_i-\iiint_V(a_{ijkl}\varepsilon_{kl}\delta\varepsilon_{ij}-f_i\delta u_i)\mathrm{d}V+\iint_{S_\sigma}T_i\delta u_i\mathrm{d}S+F_i\delta X_i^c+M_i\delta\theta_i\right\}\mathrm{d}t=$$
$$\int_{t_0}^{t_1}\left\{\iiint_V[(\rho v_i^c+\rho v_i^d)\delta v_i^c+\rho(v_i^c+e_{ijk}\omega_jx_k)\delta v_i^d+\rho v_i^d\delta v_i^d-\rho e_{ijk}v_j^dx_k\delta\omega_i]\mathrm{d}V+\right.$$
$$\left.J_{ij}\omega_j\delta\omega_i-\iiint_V(a_{ijkl}\varepsilon_{kl}\delta\varepsilon_{ij}-f_i\delta u_i)\mathrm{d}V+\iint_{S_\sigma}T_i\delta u_i\mathrm{d}S+F_i\delta X_i^c+M_i\delta\theta_i\right\}\mathrm{d}t=0$$

(3.1.55a)

其先决条件的变分式为

$$\left.\begin{aligned}&\delta v_i^c-\delta\,\frac{\mathrm{d}X_i^c}{\mathrm{d}t}=0\\&\delta\omega_i-\delta\,\frac{\mathrm{d}\theta_i}{\mathrm{d}t}=0\\&\delta\varepsilon_{ij}-\delta\left(\frac{1}{2}u_{i,j}+\frac{1}{2}u_{j,i}\right)=0\\&\delta v_i^d-\delta\,\frac{\mathrm{d}u_i}{\mathrm{d}t}=\delta v_i^d-\delta\left(\frac{\partial u_i}{\partial t}+e_{ijk}\,\frac{\mathrm{d}\theta_j}{\mathrm{d}t}u_k\right)=\delta v_i^d-\frac{\mathrm{d}}{\mathrm{d}t}(\delta u_i)-e_{ijk}\,\frac{\mathrm{d}}{\mathrm{d}t}(\delta\theta_j)u_k=0\\&\delta u_i=0\qquad(\text{在 }S_u\text{ 上})\end{aligned}\right\}\tag{3.1.55b}$$

将式(3.1.55b)代入式(3.1.55a),可得

$$\begin{aligned}\delta\pi_{H2}-\delta Q_H=\int_{t_0}^{t_1}\Bigg\{&\iiint_V\left[(\rho v_i^c+\rho v_i^d)\delta\,\frac{\mathrm{d}X_i^c}{\mathrm{d}t}+(\rho v_i^c+\rho e_{ijk}\omega_j x_k+\rho v_i^d)\delta\,\frac{\mathrm{d}u_i}{\mathrm{d}t}\right]\mathrm{d}V-\\&\iiint_V\rho e_{ijk}v_j^d x_k\delta\,\frac{\mathrm{d}\theta_i}{\mathrm{d}t}\mathrm{d}V+J_{ij}\omega_j\delta\,\frac{\mathrm{d}\theta_i}{\mathrm{d}t}+F_i\delta X_i^c+M_i\delta\theta_i-\\&\iiint_V\left[a_{ijkl}\varepsilon_{kl}\delta\left(\frac{1}{2}u_{i,j}+\frac{1}{2}u_{j,i}\right)-f_i\delta u_i\right]\mathrm{d}V+\iint_{S_\sigma}T_i\delta u_i\mathrm{d}S\Bigg\}\mathrm{d}t=0\end{aligned}\tag{3.1.56}$$

进行分部积分,并注意合理应用式(3.1.47a),则有

$$\int_{t_0}^{t_1}(\rho v_i^c+\rho v_i^d)\delta\,\frac{\mathrm{d}X_i^c}{\mathrm{d}t}\mathrm{d}t=(\rho v_i^c+\rho v_i^d)\delta X_i^c\Big|_{t_0}^{t_1}-\int_{t_0}^{t_1}\left(\rho\,\frac{\mathrm{d}v_i^c}{\mathrm{d}t}+\rho\,\frac{\mathrm{d}v_i^d}{\mathrm{d}t}\right)\delta X_i^c\mathrm{d}t\tag{3.1.57}$$

$$\begin{aligned}\int_{t_0}^{t_1}(\rho v_i^c+\rho e_{ijk}\omega_j x_k+\rho v_i^d)\delta\,\frac{\mathrm{d}u_i}{\mathrm{d}t}\mathrm{d}t=&\int_{t_0}^{t_1}\left[\rho v_i^c\delta\,\frac{\mathrm{d}u_i}{\mathrm{d}t}+(\rho e_{ilm}\omega_l x_m+\rho v_i^d)\left(\frac{\mathrm{d}}{\mathrm{d}t}\delta u_i+e_{ijk}\,\frac{\mathrm{d}}{\mathrm{d}t}\delta\theta_j u_k\right)\right]\mathrm{d}t=\\&\rho v_i^c\delta u_i\Big|_{t_0}^{t_1}-\int_{t_0}^{t_1}\rho\,\frac{\mathrm{d}v_i^c}{\mathrm{d}t}\delta u_i\mathrm{d}t+\rho(e_{ijk}\omega_j x_k+v_i^d)\delta u_i\Big|_{t_0}^{t_1}-\\&\int_{t_0}^{t_1}\rho\,\frac{\mathrm{d}}{\mathrm{d}t}(e_{ijk}\omega_j x_k+v_i^d)\delta u_i\mathrm{d}t-\rho e_{ijk}(e_{jlm}\omega_l x_m+v_j^d)u_k\delta\theta_i\Big|_{t_0}^{t_1}+\\&\int_{t_0}^{t_1}\rho\,\frac{\mathrm{d}}{\mathrm{d}t}[e_{ijk}(e_{jlm}\omega_l x_m+v_j^d)u_k]\delta\theta_i\mathrm{d}t\end{aligned}\tag{3.1.58}$$

$$-\int_{t_0}^{t_1}\rho e_{ijk}v_j^d x_k\delta\,\frac{\mathrm{d}\theta_i}{\mathrm{d}t}\mathrm{d}t=-\rho e_{ijk}v_j^d x_k\delta\theta_i\Big|_{t_0}^{t_1}+\int_{t_0}^{t_1}\rho\,\frac{\mathrm{d}}{\mathrm{d}t}(e_{ijk}v_j^d x_k)\delta\theta_i\mathrm{d}t\tag{3.1.59}$$

$$\int_{t_0}^{t_1}J_{ij}\omega_j\delta\,\frac{\mathrm{d}\theta_i}{\mathrm{d}t}\mathrm{d}t=J_{ij}\omega_j\delta\theta_i\Big|_{t_0}^{t_1}-\int_{t_0}^{t_1}\frac{\mathrm{d}}{\mathrm{d}t}(J_{ij}\omega_j)\delta\theta_i\mathrm{d}t\tag{3.1.60}$$

$$\iiint_V a_{ijkl}\varepsilon_{kl}\delta u_{i,j}\mathrm{d}V=\iint_{S_\sigma+S_u}a_{ijkl}\varepsilon_{kl}n_j\delta u_i\mathrm{d}S-\iiint_V(a_{ijkl}\varepsilon_{kl})_{,j}\delta u_i\mathrm{d}V\tag{3.1.61}$$

将式(3.1.57)~式(3.1.61)代入式(3.1.56),考虑到位移边界条件 $\delta u_i=0$,并按惯例在时域边界处取 δX_i^c,$\delta\theta_i$ 和 δu_i 等于零,可得

$$\begin{aligned}\delta\pi_{H2}-\delta Q_H=\int_{t_0}^{t_1}\Bigg\{&\left[-\iiint_V\left(\rho\,\frac{\mathrm{d}v_i^c}{\mathrm{d}t}+\rho\,\frac{\mathrm{d}v_i^d}{\mathrm{d}t}\right)\mathrm{d}V+F_i\right]\delta X_i^c+\\&\left[\iiint_V\rho\,\frac{\mathrm{d}}{\mathrm{d}t}(e_{ijk}v_j^d x_k)\mathrm{d}V+\iiint_V\rho\,\frac{\mathrm{d}}{\mathrm{d}t}(e_{ijk}v_j^d u_k)\mathrm{d}V+\right.\\&\left.\iiint_V\rho\,\frac{\mathrm{d}}{\mathrm{d}t}e_{ijk}(e_{jlm}\omega_l x_m)u_k\mathrm{d}V-\frac{\mathrm{d}}{\mathrm{d}t}(J_{ij}\omega_j)+M_i\right]\delta\theta_i+\end{aligned}$$

$$\iiint_V \left[-\rho \frac{\mathrm{d}v_i^c}{\mathrm{d}t} - \rho \frac{\mathrm{d}}{\mathrm{d}t}(e_{ijk}\omega_j x_k) - \rho \frac{\mathrm{d}v_i^d}{\mathrm{d}t} + (a_{ijkl}\varepsilon_{kl})_{,j} + f_i \right] \delta u_i \mathrm{d}V -$$

$$\iint_{S_\sigma} (a_{ijkl}\varepsilon_{kl} n_j - T_i) \delta u_i \mathrm{d}S \Big\} \mathrm{d}t = 0 \tag{3.1.62}$$

由于 δX_i^c，$\delta\theta_i$ 和 δu_i 的任意性，故由式(3.1.62)可得拟驻值条件为

$$\left.\begin{aligned}
& -\iiint_V \left(\rho \frac{\mathrm{d}v_i^c}{\mathrm{d}t} + \rho \frac{\mathrm{d}v_i^d}{\mathrm{d}t}\right) \mathrm{d}V + F_i = 0 \\
& \iiint_V \rho \frac{\mathrm{d}}{\mathrm{d}t}(e_{ijk} v_j^d x_k) \mathrm{d}V + \iiint_V \rho \frac{\mathrm{d}}{\mathrm{d}t}[e_{ijk}(e_{jlm}\omega_l x_m + v_j^d) u_k] \mathrm{d}V \\
& - \frac{\mathrm{d}}{\mathrm{d}t}(J_{ij}\omega_j) + M_i = 0 \\
& -\rho \frac{\mathrm{d}v_i^c}{\mathrm{d}t} - \rho \frac{\mathrm{d}}{\mathrm{d}t}(e_{ijk}\omega_j x_k) - \rho \frac{\mathrm{d}v_i^d}{\mathrm{d}t} + (a_{ijkl}\varepsilon_{kl})_{,j} + f_i = 0 \quad (\text{在 } V \text{ 中}) \\
& a_{ijkl}\varepsilon_{kl} n_j - T_i = 0 \quad (\text{在 } S_\sigma \text{ 上})
\end{aligned}\right\} \tag{3.1.63}$$

显而易见，单柔体动力学两类变量的拟变分原理的拟驻值条件与其先决条件一起构成封闭的微分方程组。

若将运动学方程和几何方程代入式(3.1.63)中，可得

$$\left.\begin{aligned}
& -\iiint_V \left[\rho \frac{\mathrm{d}^2 u_i}{\mathrm{d}t^2} + \rho \frac{\mathrm{d}^2 X_i^c}{\mathrm{d}t^2}\right] \mathrm{d}V + F_i = 0 \\
& \iiint_V \rho \frac{\mathrm{d}}{\mathrm{d}t}\left(e_{ijk} \frac{\mathrm{d}u_j}{\mathrm{d}t} x_k\right) \mathrm{d}V + \iiint_V \rho \frac{\mathrm{d}}{\mathrm{d}t}\left(e_{ijk} \frac{\mathrm{d}u_j}{\mathrm{d}t} u_k\right) \mathrm{d}V + \iiint_V \rho \frac{\mathrm{d}}{\mathrm{d}t} e_{ijk}\left(e_{jlm} \frac{\mathrm{d}\theta_l}{\mathrm{d}t} x_m\right) u_k \mathrm{d}V - \frac{\mathrm{d}H_i^c}{\mathrm{d}t} + M_i = 0 \\
& -\rho \frac{\mathrm{d}^2 X_i^c}{\mathrm{d}t^2} - \rho e_{ijk} \frac{\mathrm{d}^2\theta_j}{\mathrm{d}t^2} x_k - \rho e_{ijk} \frac{\mathrm{d}\theta_j}{\mathrm{d}t}\left(e_{klm} \frac{\mathrm{d}\theta_l}{\mathrm{d}t} x_m\right) - \\
& \rho \frac{\partial^2 u_i}{\partial t^2} - 2\rho e_{ijk} \frac{\mathrm{d}\theta_j}{\mathrm{d}t} \frac{\partial u_k}{\partial t} - \rho e_{ijk} \frac{\mathrm{d}^2\theta_j}{\mathrm{d}t^2} u_k - \\
& \rho e_{ijk} \frac{\mathrm{d}\theta_j}{\mathrm{d}t}\left(e_{klm} \frac{\mathrm{d}\theta_l}{\mathrm{d}t} u_m\right) + (a_{ijkl}\varepsilon_{kl})_{,j} + f_i = 0 \quad (\text{在 } V \text{ 中}) \\
& a_{ijkl}\left(\frac{1}{2}u_{k,l} + \frac{1}{2}u_{l,k}\right) n_j - T_i = 0 \quad (\text{在 } S_\sigma \text{ 上})
\end{aligned}\right\} \tag{3.1.64}$$

可见，式(3.1.64)和式(3.1.54)相同。

这里指出，在以上的推导中，有关应用变分的 Coriolis 坐标转动定理式(3.1.47a)的问题，后文 3.1.5 还要进一步研究。

2. 算例 1：以拦截器为例，说明拟变分原理的拟驻值条件和先决条件的物理意义

将拦截器(见图 3.2)视为单柔体，假设以拦截器为研究对象，应用拟变分原理，导出其拟驻值条件为

$$-\iiint_V \left(\rho \frac{\mathrm{d}v_i^c}{\mathrm{d}t} + \rho \frac{\mathrm{d}v_i^d}{\mathrm{d}t}\right) \mathrm{d}V + F_i = 0 \tag{3.1.65a}$$

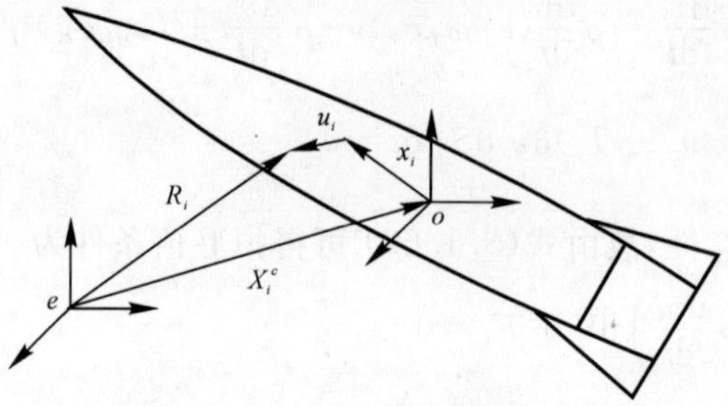

图 3.2 拦截器简图

$$\iiint\limits_V \rho \frac{\mathrm{d}}{\mathrm{d}t}(e_{ijk}v_j^d x_k)\mathrm{d}V + \iiint\limits_V \frac{\mathrm{d}}{\mathrm{d}t}[e_{ijk}(\rho e_{jlm}\omega_l x_m + \rho v_j^d)u_k]\mathrm{d}V - \frac{\mathrm{d}}{\mathrm{d}t}(J_{ij}\omega_j) + M_i = 0 \tag{3.1.65b}$$

$$-\rho\frac{\mathrm{d}v_i^c}{\mathrm{d}t} - \rho\frac{\mathrm{d}}{\mathrm{d}t}(e_{ijk}\omega_j x_k) - \rho\frac{\mathrm{d}v_i^d}{\mathrm{d}t} + (a_{ijkl}\varepsilon_{kl})_{,j} + f_i = 0 \tag{3.1.65c}$$

$$a_{ijkl}\varepsilon_{kl}n_j - T_i = 0 \tag{3.1.65d}$$

其先决条件为

$$v_i^c - \frac{\mathrm{d}X_i^c}{\mathrm{d}t} = 0 \tag{3.1.66a}$$

$$\omega_i - \frac{\mathrm{d}\theta_i}{\mathrm{d}t} = 0 \tag{3.1.66b}$$

$$v_i^d - \frac{\mathrm{d}u_i}{\mathrm{d}t} = v_i^d - \left(\frac{\partial u_i}{\partial t} + e_{ijk}\frac{\mathrm{d}\theta_j}{\mathrm{d}t}u_k\right) = 0 \tag{3.1.66c}$$

$$\varepsilon_{ij} - \frac{1}{2}u_{i,j} - \frac{1}{2}u_{j,i} = 0 \tag{3.1.66d}$$

$$u_i - \bar{u}_i = 0 \qquad (\text{在 } S_u \text{ 上}) \tag{3.1.66e}$$

显而易见，其先决条件为运动学条件式(3.1.66a) ～ 式(3.1.66c)，几何条件(又称连续性条件)式(3.1.66d)和位移边界条件式(3.1.66e)。

拟驻值条件式(3.1.65a)为质心动力学方程或称运动轨迹方程，用该方程来研究质心的运动情况。该方程的积分形式为

$$-\iiint\limits_V \rho\frac{\mathrm{d}v_i^c}{\mathrm{d}t}\mathrm{d}V - \iiint\limits_V \rho\frac{\mathrm{d}v_i^d}{\mathrm{d}t}\mathrm{d}V + F_i = 0 \tag{3.1.67}$$

这个方程与刚体的质心动力学方程相比，多出反映拦截器变形速度对质心运动的影响的一项$-\iiint\limits_V \rho\frac{\mathrm{d}v_i^d}{\mathrm{d}t}\mathrm{d}V$。

拟驻值条件式(3.1.65b)为拦截器的姿态动力学方程，用该方程来研究它对质心坐标系转动的情况。该方程的积分形式为

$$\iiint\limits_V \rho\frac{\mathrm{d}}{\mathrm{d}t}(e_{ijk}v_j^d x_k)\mathrm{d}V + \iiint\limits_V \rho\frac{\mathrm{d}}{\mathrm{d}t}[e_{ijk}(e_{jlm}\omega_l x_m + v_j^d)u_k]\mathrm{d}V - \frac{\mathrm{d}}{\mathrm{d}t}(J_{ij}\omega_j) + M_i = 0 \tag{3.1.68}$$

这个方程与刚体对质心坐标系转动动力学方程相比，多出反映拦截器变形速度对转动动力学

方程影响的两项 $\iiint_V \rho \frac{\mathrm{d}}{\mathrm{d}t}(e_{ijk}v_j^d x_k)\mathrm{d}V + \iiint_V \rho \frac{\mathrm{d}}{\mathrm{d}t}[e_{ijk}(e_{jlm}\omega_l x_m + v_j^d)u_k]\mathrm{d}V$。

拟驻值条件式(3.1.65c)为将拦截器视为变形体时的弹性动力学方程;而式(3.1.65d)为力学边界条件。方程式(3.1.65c)与一般的弹性动力学方程相比,多出牵连惯性力项

$$-\rho\frac{\mathrm{d}v_i^c}{\mathrm{d}t} - \rho\frac{\mathrm{d}}{\mathrm{d}t}(e_{ijk}\omega_j x_k) = -\rho\frac{\mathrm{d}v_i^c}{\mathrm{d}t} - \rho e_{ijk}\frac{\mathrm{d}\omega_j}{\mathrm{d}t}x_k - \rho e_{ijk}\omega_j(e_{klm}\omega_l x_m) \tag{3.1.69}$$

式中,$-\rho\frac{\mathrm{d}v_i^c}{\mathrm{d}t}$ 为平动牵连惯性力;$-\rho e_{ijk}\frac{\mathrm{d}\omega_j}{\mathrm{d}t}x_k$ 为切向牵连惯性力;$-\rho e_{ijk}\omega_j(e_{klm}\omega_l x_m)$ 为法向牵连惯性力,即离心惯性力。它们反映拦截器轨迹运动和姿态运动对弹性变形的影响。

这里指出,如果弹性变形速度 $v_i^d=0$,则方程式(3.1.65c)退化为弹性静力学的力的平衡方程

$$-\rho\frac{\mathrm{d}v_i^c}{\mathrm{d}t} - \rho\frac{\mathrm{d}}{\mathrm{d}t}(e_{ijk}\omega_j x_k) + (a_{ijkl}\varepsilon_{kl})_{,j} + f_i = 0 \tag{3.1.70a}$$

或者

$$-\rho\frac{\mathrm{d}v_i^c}{\mathrm{d}t} - \rho e_{ijk}\frac{\mathrm{d}\omega_j}{\mathrm{d}t}x_k - \rho e_{ijk}\omega_j(e_{klm}\omega_l x_m) + (a_{ijkl}\varepsilon_{kl})_{,j} + f_i = 0 \tag{3.1.70b}$$

或者

$$(a_{ijkl}\varepsilon_{kl})_{,j} + f_i + f_i^I = 0 \tag{3.1.70c}$$

式中,$f_i^I = -\rho\frac{\mathrm{d}v_i^c}{\mathrm{d}t} - \rho e_{ijk}\frac{\mathrm{d}\omega_j}{\mathrm{d}t}x_k - \rho e_{ijk}\omega_j(e_{klm}\omega_l x_m)$ 为牵连惯性力项。这是非惯性系中的弹性静力学问题,牵连惯性力作为真实的质量力[20]作用在该变形体上。

3. 算例2:以火箭发射为例,说明在单柔体动力学中"一力二用"的特性

将火箭简化为单柔体,设为垂直发射(见图3.3),因为没有转动,拟变分原理的拟驻值条件中无姿态方程,只有运动轨迹方程

$$-m\frac{\mathrm{d}v_i^c}{\mathrm{d}t} - \iiint_V \rho\frac{\mathrm{d}v_i^d}{\mathrm{d}t}\mathrm{d}V + F_i = 0 \tag{3.1.71a}$$

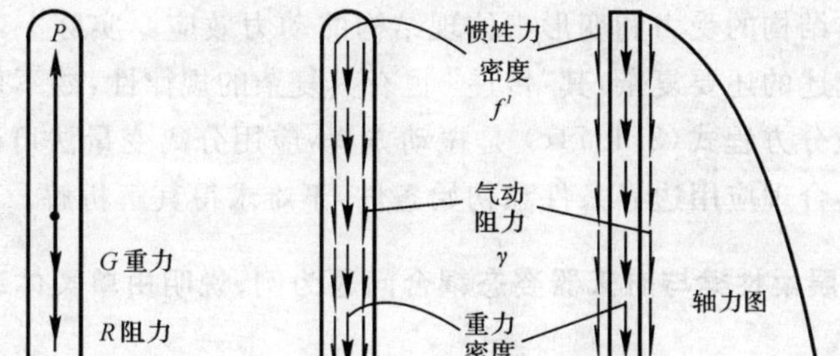

图3.3 火箭发射简图

运动轨迹方程中的外力 F 为推力 P、重力 G 和气动阻力 R 的合力,这时可以认为外力 F 作用在火箭的质心(见图3.3(a))。在外力 F 的作用下,火箭作加速运动。如果引入惯性力 $F^I=$

$-ma$，则可以认为火箭在推力、阻力、重力和惯性力的作用下平衡。这里指出，推力 P 和气动阻力 R 也有各自的变换规律，限于篇幅，这里不作详细论述。

在拟变分原理的拟驻值条件中，还有将火箭视为变形体时的弹性动力学方程，稍加变换（将单位体积中的质量 ρ 变换为单位长度的质量 $\overline{m}$）可得

$$-\overline{m}\frac{\mathrm{d}v_i^c}{\mathrm{d}t}-\overline{m}\frac{\mathrm{d}v_i^d}{\mathrm{d}t}+EA\frac{\mathrm{d}\varepsilon}{\mathrm{d}x}=\overline{m}g+r \tag{3.1.71b}$$

式中　E—— 火箭箭体材料的弹性模量；

A—— 箭体横截面积；

$\overline{m}$—— 单位长度箭体的质量；

r—— 单位长度箭体表面的阻力。

考虑到 $v_i^d=\dfrac{\partial u}{\partial t}$，$\varepsilon=\dfrac{\partial u}{\partial x}$（忽略 Poisson 效应），$u$ 为轴向变形，式(3.1.71b) 又可进一步表示为

$$EA\frac{\partial^2 u}{\partial x^2}-\overline{m}\frac{\partial^2 u}{\partial t^2}=\overline{m}g+r+\overline{m}\frac{\mathrm{d}v_i^c}{\mathrm{d}t} \tag{3.1.71c}$$

该式会同图 3.3(b) 和(c)，表示火箭在推力、阻力和重力和牵连惯性力的作用下产生弹性动力学效应。

由以上分析可见，在确定火箭的运动轨迹时，涉及推力、阻力和重力，在确定箭体的弹性变形和弹性动力学效应时，再次涉及推力、阻力和重力，这就是单柔体动力学中存在的“一力二用”的特点。这里强调指出，虽然存在“一力二用”，但是“二用”是各有特点的。在确定火箭的运动轨迹时，应用力的平行移动原理，将推力、阻力和重力都作用在火箭的质心，将整个火箭视为一个质点来研究（注：如果有姿态方程，则在确定火箭的姿态运动时，应用力的平行移动原理，除将推力、阻力和重力都作用在火箭的质心外，还要加上附加力矩，将整个火箭视为一个刚体来研究）。而在确定箭体的弹性变形和弹性动力学效应时，推力以分布力的形式作用在火箭的尾喷口，阻力以单位长度的阻力密度的形式分布在整个火箭箭体的表面，重力则作为质量力以单位长度的重力密度的形式作用在火箭箭体的每一个质点上，推力、阻力和重力在箭体中“传递”，并通过箭体结构的受力和变形来体现结构的动力效应。实际上，推力、阻力和重力的分布形式，比上面论述的还要复杂，其“传递”也有其复杂的规律性，兹不赘述。

顺便指出，偏微分方程式(3.1.71c) 是振动方程，应用分离变量法可以将该偏微分方程化为两个常微分方程，合理应用边界条件和初始条件，不难求得其解析解。

4. 算例 3：以伸展柔性梁与航天器姿态耦合问题为例，说明由单柔体动力学向多柔体动力学的过渡

假设伸展柔性梁（见图 3.4）是对称布置的，伸展过程不会引起航天器质心位置的变化。对于本例题，式(3.1.45) 中有关动能的几个变分式，只有

$$\int_{t_0}^{t_1}\int_m \frac{\mathrm{d}X_i}{\mathrm{d}t}\delta\frac{\mathrm{d}u_i}{\mathrm{d}t}\mathrm{d}m\,\mathrm{d}t=\int_{t_0}^{t_1}\iiint_V \rho\frac{\mathrm{d}X_i}{\mathrm{d}t}\delta\frac{\mathrm{d}u_i}{\mathrm{d}t}\mathrm{d}V\,\mathrm{d}t \tag{3.1.72}$$

体现刚体运动对变形体运动的影响。对该项应用分部积分，可得

$$\int_{t_0}^{t_1}\rho\frac{\mathrm{d}X_i}{\mathrm{d}t}\delta\frac{\mathrm{d}u_i}{\mathrm{d}t}\mathrm{d}t=\int_{t_0}^{t_1}\rho\left(\frac{\mathrm{d}X_i^c}{\mathrm{d}t}+\frac{\mathrm{d}x_i}{\mathrm{d}t}\right)\delta\frac{\mathrm{d}u_i}{\mathrm{d}t}\mathrm{d}t=$$

$$\int_{t_0}^{t_1}\rho\left\{\frac{\mathrm{d}X_i^c}{\mathrm{d}t}\delta\frac{\mathrm{d}u_i}{\mathrm{d}t}+\frac{\mathrm{d}x_i}{\mathrm{d}t}\left[\frac{\mathrm{d}}{\mathrm{d}t}\delta u_i+e_{ijk}\frac{\mathrm{d}}{\mathrm{d}t}(\delta\theta_j)u_k\right]\right\}\mathrm{d}t=$$

$$\rho\frac{\mathrm{d}X_i}{\mathrm{d}t}\delta u_i\Big|_{t_0}^{t_1}-\int_{t_0}^{t_1}\rho\frac{\mathrm{d}}{\mathrm{d}t}\frac{\mathrm{d}X_i}{\mathrm{d}t}\delta u_i\mathrm{d}t-\rho e_{ijk}\frac{\mathrm{d}x_j}{\mathrm{d}t}u_k\delta\theta_i\Big|_{t_0}^{t_1}+$$

$$\int_{t_0}^{t_1}\rho\frac{\mathrm{d}}{\mathrm{d}t}\left(e_{ijk}\frac{\mathrm{d}x_j}{\mathrm{d}t}u_k\right)\delta\theta_i\mathrm{d}t \tag{3.1.73}$$

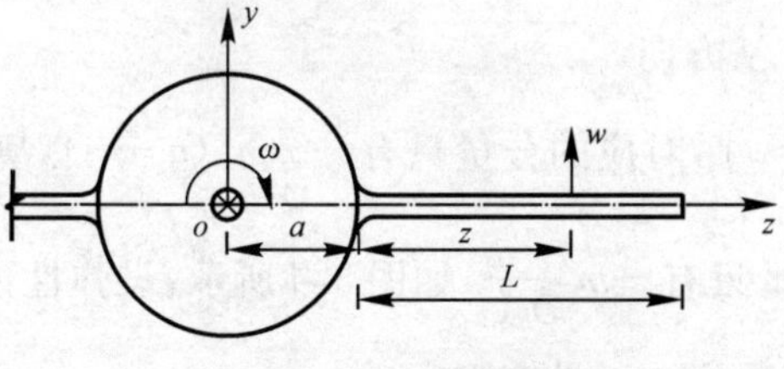

图3.4　伸展柔性梁简图

此时 x_i 不再是刚体中两点间的距离，即不再是一个常量，而是多柔体中的一个变量，则有

$$\rho\frac{\mathrm{d}}{\mathrm{d}t}\frac{\mathrm{d}X_i}{\mathrm{d}t}=\rho\frac{\mathrm{d}}{\mathrm{d}t}\frac{\mathrm{d}}{\mathrm{d}t}(X_i^c+x_i)=\rho\frac{\mathrm{d}}{\mathrm{d}t}\left(\frac{\mathrm{d}X_i^c}{\mathrm{d}t}\right)+\rho\frac{\mathrm{d}}{\mathrm{d}t}\left(\frac{\partial x_i}{\partial t}+e_{ijk}\frac{\mathrm{d}\theta_j}{\mathrm{d}t}x_k\right)=$$

$$\rho\frac{\mathrm{d}^2X_i^c}{\mathrm{d}t^2}+\rho\frac{\partial^2x_i}{\partial t^2}+2\rho e_{ijk}\frac{\mathrm{d}\theta_j}{\mathrm{d}t}\frac{\partial x_k}{\partial t}+\rho e_{ijk}\frac{\mathrm{d}^2\theta_j}{\mathrm{d}t^2}x_k+\rho e_{ijk}\frac{\mathrm{d}\theta_j}{\mathrm{d}t}\left(e_{klm}\frac{\mathrm{d}\theta_l}{\mathrm{d}t}x_m\right) \tag{3.1.74}$$

可以判断，拟变分原理的拟驻值条件中的

$$-\rho\frac{\mathrm{d}^2X_i^c}{\mathrm{d}t^2}-\rho e_{ijk}\frac{\mathrm{d}^2\theta_j}{\mathrm{d}t^2}x_k-\rho e_{ijk}\frac{\mathrm{d}\theta_j}{\mathrm{d}t}\left(e_{klm}\frac{\mathrm{d}\theta_l}{\mathrm{d}t}x_m\right)-\rho\frac{\partial^2u_i}{\partial t^2}-$$

$$2\rho e_{ijk}\frac{\mathrm{d}\theta_j}{\mathrm{d}t}\frac{\partial u_k}{\partial t}-\rho e_{ijk}\frac{\mathrm{d}^2\theta_j}{\mathrm{d}t^2}u_k-\rho e_{ijk}\frac{\mathrm{d}\theta_j}{\mathrm{d}t}\left(e_{klm}\frac{\mathrm{d}\theta_l}{\mathrm{d}t}u_m\right)+$$

$$\left[a_{ijkl}\left(\frac{1}{2}u_{k,l}+\frac{1}{2}u_{l,k}\right)\right]_{,j}+f_i=0 \tag{3.1.75}$$

变换为

$$-\rho\frac{\mathrm{d}^2X_i^c}{\mathrm{d}t^2}-\rho\frac{\partial^2x_i}{\partial t^2}-2\rho e_{ijk}\frac{\mathrm{d}\theta_j}{\mathrm{d}t}\frac{\partial x_k}{\partial t}-\rho e_{ijk}\frac{\mathrm{d}^2\theta_j}{\mathrm{d}t^2}x_k-\rho e_{ijk}\frac{\mathrm{d}\theta_j}{\mathrm{d}t}\left(e_{klm}\frac{\mathrm{d}\theta_l}{\mathrm{d}t}x_m\right)-$$

$$\rho\frac{\partial^2u_i}{\partial t^2}-2\rho e_{ijk}\frac{\mathrm{d}\theta_j}{\mathrm{d}t}\frac{\partial u_k}{\partial t}-\rho e_{ijk}\frac{\mathrm{d}^2\theta_j}{\mathrm{d}t^2}u_k-\rho e_{ijk}\frac{\mathrm{d}\theta_j}{\mathrm{d}t}\left(e_{klm}\frac{\mathrm{d}\theta_l}{\mathrm{d}t}u_m\right)+$$

$$\left[a_{ijkl}\left(\frac{1}{2}u_{k,l}+\frac{1}{2}u_{l,k}\right)\right]_{,j}+f_i=0 \tag{3.1.76}$$

对于本例的伸展梁，假设 x_i 为 $(a+z)$（a 为常量，z 和 L 为变量，且 $0\leqslant z\leqslant L$），并且，角速度 $\omega_0=\frac{\mathrm{d}\theta_x}{\mathrm{d}t}$ 和角加速度 $\varepsilon_0=\frac{\mathrm{d}^2\theta_x}{\mathrm{d}t^2}$ 为已知（$\frac{\mathrm{d}\theta_y}{\mathrm{d}t}=\frac{\mathrm{d}\theta_z}{\mathrm{d}t}=0,\frac{\mathrm{d}^2\theta_y}{\mathrm{d}t^2}=\frac{\mathrm{d}^2\theta_z}{\mathrm{d}t^2}=0$），设 y 方向挠度为 $w=w(z,t)$，设 x 方向的刚度很大，其挠度很小，可以忽略，则方程式(3.1.76)中各项的受力和运动情况分析如下：

1）$-\rho\frac{\mathrm{d}^2X_i^c}{\mathrm{d}t^2}$，设航天器沿 x 方向飞行，则该惯性力沿 $-x$ 方向。而 $\rho\frac{\partial^2x_i}{\partial t^2}$ 为沿着 z 方向的加速运动项。请注意，坐标 x,y,z 如图3.4所示，用 $\otimes$ 表示 x 的箭尾，即箭头指向纸面。

2）$-2\rho e_{ijk}\dfrac{\mathrm{d}\theta_j}{\mathrm{d}t}\dfrac{\partial x_k}{\partial t}$，对应的分量只有 $-2\overline{m}\omega_0\dot{z}$，设 $\dot{z}$ 沿 z 方向，ω_0 沿 x 方向，则 Coriolis 加速度沿 $-y$ 方向，Coriolis 惯性力沿 y 方向。请注意，为了适应柔性伸展梁的分析，将单位体积中的质量 ρ 变换为单位长度的质量 $\overline{m}$。

3）$-\rho e_{ijk}\dfrac{\mathrm{d}^2\theta_j}{\mathrm{d}t^2}x_k$，对应的分量只有 $-\overline{m}\varepsilon_0(a+z)$，设角加速度 ε_0 沿 x 方向，则切向加速度沿 $-y$ 方向，切向惯性力沿 y 方向。

4）$-\rho e_{ijk}\dfrac{\mathrm{d}\theta_j}{\mathrm{d}t}\left(e_{klm}\dfrac{\mathrm{d}\theta_l}{\mathrm{d}t}x_m\right)$，对应的分量只有 $-\overline{m}\omega_0^2(a+z)$，离心惯性力沿 z 方向。

5）$-\rho\dfrac{\partial^2 u_i}{\partial t^2}$，对应的分量只有 $-\overline{m}\dfrac{\partial^2 w}{\partial t^2}$，如图 3.4 所示，设弹性位移沿 y 方向，一般认为加速度沿 y 方向。本例中，把该项视为弹性变形运动。

6）$-2\rho e_{ijk}\dfrac{\mathrm{d}\theta_j}{\mathrm{d}t}\dfrac{\partial u_k}{\partial t}$，对应的分量只有 $-2\overline{m}\omega_0\dfrac{\partial w}{\partial t}$，认为 $\dfrac{\partial w}{\partial t}$ 沿 y 方向，则 Coriolis 加速度沿 z 方向。

7）$-\rho e_{ijk}\dfrac{\mathrm{d}^2\theta_j}{\mathrm{d}t^2}u_k$，对应的分量只有 $-\overline{m}\varepsilon_0 w$，切向加速度沿 z 方向。

8）$-\rho e_{ijk}\dfrac{\mathrm{d}\theta_j}{\mathrm{d}t}\left(e_{klm}\dfrac{\mathrm{d}\theta_l}{\mathrm{d}t}u_m\right)$，对应的分量只有 $-\overline{m}\omega_0^2 w$，向心加速度沿 $-y$ 方向。比较 $\overline{m}\omega_0^2(a+z)$ 和 $\overline{m}\omega_0^2 w$，因为 $(a+z)\gg w$，作为近似和简化，以下的分析中忽略了 $-\overline{m}\omega_0^2 w$ 这一项。

9）$\left[a_{ijkl}\left(\dfrac{1}{2}u_{k,l}+\dfrac{1}{2}u_{l,k}\right)\right]_{,j}$，对应的分量只有 $EI\dfrac{\partial^4 w}{\partial z^4}$（忽略 Poisson 效应）。

10）本例中 f_i 为重力，重力 $\overline{m}g$ 沿 $-y$ 方向。

由以上分析可知，y 方向的动力学方程为

$$EI\frac{\partial^4 w}{\partial z^4}+\overline{m}\frac{\partial^2 w}{\partial t^2}=2\overline{m}\omega_0\dot{z}+\overline{m}\varepsilon_0(a+z)-\overline{m}g \tag{3.1.77}$$

若取伸展速度为平均伸展速度 $\dot{\bar{z}}$，则式(3.1.77)变换为

$$EI\frac{\partial^4 w}{\partial z^4}+\overline{m}\frac{\partial^2 w}{\partial t^2}=2\overline{m}\omega_0\dot{\bar{z}}+\overline{m}\varepsilon_0(a+z)-\overline{m}g \tag{3.1.78}$$

设 $f=2\overline{m}\omega_0\dot{\bar{z}}+\overline{m}\varepsilon_0(a+z)-\overline{m}g$，则式(3.1.78)变换为

$$EI\frac{\partial^4 w}{\partial z^4}+\overline{m}\frac{\partial^2 w}{\partial t^2}=f \tag{3.1.79}$$

由于 $f=2\overline{m}\omega_0\dot{\bar{z}}+\overline{m}\varepsilon_0(a+z)-\overline{m}g$ 由重力和类似于重力的惯性力组成，而重力和惯性力均为质量力，它们作用于物体的每一个质点上，因此可以将该问题处理为有“重力”影响的振动问题。对于这类问题，将无“重力”的动力位移加上“重力”引起的静位移即可。关于这类问题，文献[17]有比较详尽的解答，不再赘述。这里需要说明的是，这是一个变长度悬臂梁的振动问题，得到的是变频振动的解答。

可以用类似算例 2 的方法分析 z 向的运动。必要时，还应当考虑 y 向运动和 z 向运动的耦合效应。考虑的问题越多，问题变得越复杂。究竟分析到什么程度，由对问题的精确度的要求来决定。

这里指出，以上论述只是借助简例来说明“把单柔体动力学的理论研究好了，多柔体动力学的理论也就水到渠成了”。将来，还要详细研究多柔体动力学的拟变分原理。

5. 比较与鉴别

在本章 3.1.2 中，拟驻值条件的数学推演的特点是没有对 $\delta\dfrac{du_i}{dt}$ 应用 Coriolis 转动坐标定理，而在 3.1.3 中，拟驻值条件的数学推演的特点是对 $\delta\dfrac{du_i}{dt}$ 应用了 Coriolis 转动坐标定理。注意，只有对与转动有关的项，才能对 $\delta\dfrac{du_i}{dt}$ 应用 Coriolis 转动坐标定理，而对平动项不能应用这类公式。对于这个问题，后文 3.1.5 还要进行较详细的研究。这两种方法得到的结果，只是姿态方程中弹性变形对姿态方程的影响项不同。初步研究表明，3.1.3 的结果为一般性的结果，而 3.1.2 的结果在某些应用中显得比较简捷，例如，在后面的无约束梁的振动问题的研究中便体现了这一点。

3.1.4 单柔体动力学的拟变分原理的拟驻值条件(三)

1. 拟变分原理的拟驻值条件

研究涉及两个坐标系，一个是绝对坐标系(见图 3.1 中的 e 坐标系)，另一个是相对坐标系(见图 3.1 中的 b 坐标系)。并且，采用文献[12]的符号体系，用$\dfrac{d}{dt}$表示在绝对坐标系中对时间的导数，而用$\dfrac{\partial}{\partial t}$表示在相对坐标系中对时间的导数(它不是所谓偏导数)。在 3.1.3 的推导中，参照刚体动力学中的做法，将相对坐标系中的角速度和绝对坐标系中的角速度不加区别地都写为$\dfrac{d\theta_i}{dt}$。但是，经过进一步的研究表明，在柔体动力学中，二者在理论推导中的作用是有区别的。如果考虑这种区别，则式(3.1.1) 似乎应当改写为

$$\left.\begin{aligned}
&\frac{dR_i}{dt}=\frac{dX_i^c}{dt}+\frac{dx_i}{dt}+\frac{du_i}{dt}\\
&\frac{dx_i}{dt}=\frac{\partial x_i}{\partial t}+e_{ijk}\frac{\partial\theta_j}{\partial t}x_k=e_{ijk}\frac{\partial\theta_j}{\partial t}x_k\\
&\frac{du_i}{dt}=\frac{\partial u_i}{\partial t}+e_{ijk}\frac{\partial\theta_j}{\partial t}u_k\\
&\frac{dR_i}{dt}=\frac{dX_i^c}{dt}+e_{ijk}\frac{\partial\theta_j}{\partial t}x_k+\frac{\partial u_i}{\partial t}+e_{ijk}\frac{\partial\theta_j}{\partial t}u_k
\end{aligned}\right\}\tag{3.1.80}$$

因此推导拟驻值条件的过程也要相应地作下述变换。

将拟变分原理写成展开形式，可得

$$\delta\pi_{H1}-\delta Q_H=\delta\int_{t_0}^{t_1}\Big\{\iiint_V\Big(\frac{1}{2}\rho\frac{dX_i^c}{dt}\frac{dX_i^c}{dt}+\rho\frac{dX_i}{dt}\frac{du_i}{dt}+\frac{1}{2}\rho\frac{du_i}{dt}\frac{du_i}{dt}\Big)dV+\frac{1}{2}\frac{\partial\theta_i}{\partial t}H_i^c-$$

$$\iiint_V\Big[\frac{1}{2}a_{ijkl}\Big(\frac{1}{2}u_{i,j}+\frac{1}{2}u_{j,i}\Big)\Big(\frac{1}{2}u_{k,l}+\frac{1}{2}u_{l,k}\Big)-f_iu_i\Big]dV+$$

$$\iint_{S_\sigma} T_i u_i \mathrm{d}S + F_i X_i^c + M_i \theta_i \Big\} \mathrm{d}t -$$

$$\int_{t_0}^{t_1} \Big[\iiint_V u_i \delta f_i \mathrm{d}V + \iint_{S_\sigma} u_i \delta T_i \mathrm{d}S + (X_i^c \delta F_i + \theta_i \delta M_i) \Big] \mathrm{d}t = 0 \tag{3.1.81}$$

进行分部积分，并经进一步运算，可得

$$\int_{t_0}^{t_1} \frac{\mathrm{d}X_i^c}{\mathrm{d}t} \delta \frac{\mathrm{d}X_i^c}{\mathrm{d}t} \mathrm{d}t = \frac{\mathrm{d}X_i^c}{\mathrm{d}t} \delta X_i^c \Big|_{t_0}^{t_1} - \int_{t_0}^{t_1} \frac{\mathrm{d}^2 X_i^c}{\mathrm{d}t^2} \delta X_i^c \mathrm{d}t \tag{3.1.82}$$

$$\delta \frac{\mathrm{d}u_i}{\mathrm{d}t} = \delta\left(\frac{\partial u_i}{\partial t} + e_{ijk} \frac{\partial \theta_j}{\partial t} u_k \right) = \frac{\partial}{\partial t}(\delta u_i) + e_{ijk} \frac{\partial \theta_j}{\partial t} \delta u_k + e_{ijk} \delta \frac{\partial \theta_j}{\partial t} u_k = \frac{\mathrm{d}}{\mathrm{d}t}(\delta u_i) + e_{ijk} \frac{\partial}{\partial t}(\delta \theta_j) u_k \tag{3.1.83a}$$

$$\begin{aligned}
\int_{t_0}^{t_1} \frac{\mathrm{d}u_i}{\mathrm{d}t} \delta \frac{\mathrm{d}u_i}{\mathrm{d}t} \mathrm{d}t = & \int_{t_0}^{t_1} \left[\frac{\mathrm{d}u_i}{\mathrm{d}t} \frac{\mathrm{d}}{\mathrm{d}t}(\delta u_i) + \frac{\mathrm{d}u_i}{\mathrm{d}t} e_{ijk} \delta \frac{\partial \theta_j}{\partial t} u_k \right] \mathrm{d}t = \\
& \int_{t_0}^{t_1} \frac{\mathrm{d}u_i}{\mathrm{d}t} \frac{\mathrm{d}}{\mathrm{d}t}(\delta u_i) \mathrm{d}t - \int_{t_0}^{t_1} e_{ijk} \frac{\mathrm{d}u_j}{\mathrm{d}t} u_k \delta \frac{\partial \theta_i}{\partial t} \mathrm{d}t = \\
& \frac{\mathrm{d}u_i}{\mathrm{d}t} \delta u_i \Big|_{t_0}^{t_1} - \int_{t_0}^{t_1} \frac{\mathrm{d}}{\mathrm{d}t} \frac{\mathrm{d}u_i}{\mathrm{d}t} \delta u_i \mathrm{d}t - e_{ijk} \frac{\mathrm{d}u_j}{\mathrm{d}t} u_k \delta \theta_i \Big|_{t_0}^{t_1} + \int_{t_0}^{t_1} \frac{\partial}{\partial t}\left(e_{ijk} \frac{\mathrm{d}u_j}{\mathrm{d}t} u_k \right) \delta \theta_i \mathrm{d}t = \\
& \frac{\mathrm{d}u_i}{\mathrm{d}t} \delta u_i \Big|_{t_0}^{t_1} - \int_{t_0}^{t_1} \left[\frac{\partial^2 u_i}{\partial t^2} + 2 e_{ijk} \frac{\partial \theta_j}{\partial t} \frac{\partial u_k}{\partial t} + e_{ijk} \frac{\partial^2 \theta_j}{\partial t^2} u_k + e_{ijk} \frac{\partial \theta_j}{\partial t}\left(e_{klm} \frac{\partial \theta_l}{\partial t} u_m \right) \right] \delta u_i \mathrm{d}t - \\
& e_{ijk} \frac{\mathrm{d}u_j}{\mathrm{d}t} u_k \delta \theta_i \Big|_{t_0}^{t_1} + \int_{t_0}^{t_1} \frac{\partial}{\partial t}\left(e_{ijk} \frac{\mathrm{d}u_j}{\mathrm{d}t} u_k \right) \delta \theta_i \mathrm{d}t
\end{aligned} \tag{3.1.83b}$$

$$\begin{aligned}
\int_{t_0}^{t_1} \frac{\mathrm{d}X_i}{\mathrm{d}t} \delta \frac{\mathrm{d}u_i}{\mathrm{d}t} \mathrm{d}t = & \int_{t_0}^{t_1} \left[\frac{\mathrm{d}X_i^c}{\mathrm{d}t} \delta \frac{\mathrm{d}u_i}{\mathrm{d}t} + e_{ijk} \frac{\partial \theta_j}{\mathrm{d}t} x_k \frac{\mathrm{d}}{\mathrm{d}t} \delta u_i - e_{ijk}\left(e_{jlm} \frac{\partial \theta_l}{\mathrm{d}t} x_m \right) u_k \delta \frac{\partial \theta_i}{\mathrm{d}t} \right] \mathrm{d}t = \\
& \frac{\mathrm{d}X_i^c}{\mathrm{d}t} \delta u_i \Big|_{t_0}^{t_1} - \int_{t_0}^{t_1} \frac{\mathrm{d}^2 X_i^c}{\mathrm{d}t^2} \delta u_i \mathrm{d}t + e_{ijk} \frac{\partial \theta_j}{\mathrm{d}t} x_k \delta u_i \Big|_{t_0}^{t_1} - \int_{t_0}^{t_1} \frac{\mathrm{d}}{\mathrm{d}t}\left(e_{ijk} \frac{\partial \theta_j}{\mathrm{d}t} x_k \right) \delta u_i \mathrm{d}t - \\
& e_{ijk}\left(e_{jlm} \frac{\partial \theta_l}{\mathrm{d}t} x_m \right) u_k \delta \theta_i \Big|_{t_0}^{t_1} + \int_{t_0}^{t_1} \frac{\partial}{\mathrm{d}t} e_{ijk}\left(e_{jlm} \frac{\partial \theta_l}{\mathrm{d}t} x_m \right) u_k \delta \theta_i \mathrm{d}t = \\
& \frac{\mathrm{d}X_i^c}{\mathrm{d}t} \delta u_i \Big|_{t_0}^{t_1} + e_{ijk} \frac{\partial \theta_j}{\mathrm{d}t} x_k \delta u_i \Big|_{t_0}^{t_1} - \int_{t_0}^{t_1} \left[\frac{\mathrm{d}^2 X_i^c}{\mathrm{d}t^2} + e_{ijk} \frac{\partial^2 \theta_j}{\mathrm{d}t^2} x_k + e_{ijk} \frac{\partial \theta_j}{\mathrm{d}t}\left(e_{klm} \frac{\partial \theta_l}{\mathrm{d}t} x_m \right) \right] \delta u_i \mathrm{d}t - \\
& e_{ijk}\left(e_{jlm} \frac{\partial \theta_l}{\mathrm{d}t} x_m \right) u_k \delta \theta_i \Big|_{t_0}^{t_1} + \int_{t_0}^{t_1} \frac{\partial}{\mathrm{d}t}\left(e_{ijk}\left(e_{jlm} \frac{\partial \theta_l}{\mathrm{d}t} x_m \right) u_k \right) \delta \theta_i \mathrm{d}t
\end{aligned} \tag{3.1.84}$$

$$\int_{t_0}^{t_1} \frac{\mathrm{d}u_i}{\mathrm{d}t} \delta \frac{\mathrm{d}X_i}{\mathrm{d}t} \mathrm{d}t = \frac{\mathrm{d}u_i}{\mathrm{d}t} \delta X_i^c \Big|_{t_0}^{t_1} - \int_{t_0}^{t_1} \frac{\mathrm{d}^2 u_i}{\mathrm{d}t^2} \delta X_i^c \mathrm{d}t - e_{ijk} \frac{\mathrm{d}u_j}{\mathrm{d}t} x_k \delta \theta_i \Big|_{t_0}^{t_1} + \int_{t_0}^{t_1} \frac{\partial}{\partial t}\left(e_{ijk} \frac{\mathrm{d}u_j}{\mathrm{d}t} x_k \right) \delta \theta_i \mathrm{d}t \tag{3.1.85}$$

不难证明

$$\delta\left(\frac{1}{2} \frac{\partial \theta_i}{\partial t} H_i^c \right) = \frac{1}{2} \delta \frac{\partial \theta_i}{\partial t} H_i^c + \frac{1}{2} \frac{\partial \theta_i}{\partial t} \delta H_i^c = H_i^c \delta \frac{\partial \theta_i}{\partial t} \tag{3.1.86}$$

进行分部积分，可得

$$\int_{t_0}^{t_1} \delta\left(\frac{1}{2} \frac{\partial \theta_i}{\partial t} H_i^c \right) \mathrm{d}t = \int_{t_0}^{t_1} H_i^c \delta \frac{\partial \theta_i}{\partial t} \mathrm{d}t = H_i^c \delta \theta_i \Big|_{t_0}^{t_1} - \int_{t_0}^{t_1} \frac{\partial}{\partial t} H_i^c \delta \theta_i \mathrm{d}t \tag{3.1.87}$$

应用 Green 定理

$$\iiint_V a_{ijkl} \left(\frac{1}{2} u_{k,l} + \frac{1}{2} u_{l,k} \right) \delta u_{i,j} \mathrm{d}V = \iint_{S_\sigma + S_u} a_{ijkl} \left(\frac{1}{2} u_{k,l} + \frac{1}{2} u_{l,k} \right) n_j \delta u_i \mathrm{d}S -$$

$$\iiint_V \left[a_{ijkl}\left(\frac{1}{2}u_{k,l}+\frac{1}{2}u_{l,k}\right)\right]_{,j}\delta u_i \mathrm{d}V \tag{3.1.88}$$

将式(3.1.82)～式(3.1.88)代入式(3.1.81)，并按惯例在时域边界 $t=t_0$ 和 $t=t_1$ 处取 $\delta X_i^c=0,\delta\theta_i=0,\delta u_i=0$，整理可得

$$\begin{aligned}\delta\pi_{H1}-\delta Q_H=&\int_{t_0}^{t_1}\Bigg\{\left[\iiint_V\left(-\rho\frac{\mathrm{d}^2u_i}{\mathrm{d}t^2}-\rho\frac{\mathrm{d}^2X_i^c}{\mathrm{d}t^2}\right)\mathrm{d}V+F_i\right]\delta X_i^c+\\&\left[\iiint_V\rho\frac{\partial}{\partial t}\left(e_{ijk}\frac{\mathrm{d}u_j}{\mathrm{d}t}x_k\right)\mathrm{d}V+\iiint_V\rho\frac{\partial}{\partial t}\left(e_{ijk}\frac{\mathrm{d}u_j}{\mathrm{d}t}u_k\right)\mathrm{d}V+\right.\\&\left.\iiint_V\rho\frac{\partial}{\mathrm{d}t}e_{ijk}\left(e_{jlm}\frac{\partial\theta_l}{\mathrm{d}t}x_m\right)u_k\mathrm{d}V-\frac{\partial H_i^c}{\partial t}+M_i\right]\delta\theta_i\Bigg\}\mathrm{d}t+\\&\int_{t_0}^{t_1}\Bigg\{\iiint_V\Bigg\{-\rho\frac{\partial^2u_i}{\partial t^2}-2\rho e_{ijk}\frac{\partial\theta_j}{\partial t}\frac{\partial u_k}{\partial t}-\rho e_{ijk}\frac{\partial^2\theta_j}{\partial t^2}u_k-\rho e_{ijk}\frac{\partial\theta_j}{\partial t}\left(e_{klm}\frac{\partial\theta_l}{\partial t}u_m\right)-\\&\rho\frac{\mathrm{d}^2X_i^c}{\mathrm{d}t^2}-\rho e_{ijk}\frac{\partial^2\theta_j}{\partial t^2}x_k-\rho e_{ijk}\frac{\partial\theta_j}{\partial t}\left(e_{klm}\frac{\partial\theta_l}{\partial t}x_m\right)+\left[a_{ijkl}\left(\frac{1}{2}u_{k,l}+\frac{1}{2}u_{l,k}\right)\right]_{,j}+f_i\Bigg\}\delta u_i\mathrm{d}V-\\&\iint_{S_\sigma}\left[a_{ijkl}\left(\frac{1}{2}u_{k,l}+\frac{1}{2}u_{l,k}\right)n_j-T_i\right]\delta u_i\mathrm{d}S\Bigg\}\mathrm{d}t=0\end{aligned} \tag{3.1.89}$$

由于 $\delta X_i^c,\delta\theta_i$ 和 δu_i 的任意性，故由式(3.1.89)可得拟驻值条件为

$$\left.\begin{aligned}&\iiint_V\left(-\rho\frac{\mathrm{d}^2u_i}{\mathrm{d}t^2}-\rho\frac{\mathrm{d}^2X_i^c}{\mathrm{d}t^2}\right)\mathrm{d}V+F_i=0\\&\iiint_V\rho\frac{\partial}{\partial t}\left(e_{ijk}\frac{\mathrm{d}u_j}{\mathrm{d}t}x_k\right)\mathrm{d}V+\iiint_V\rho\frac{\partial}{\partial t}\left(e_{ijk}\frac{\mathrm{d}u_j}{\mathrm{d}t}u_k\right)\mathrm{d}V+\iiint_V\rho\frac{\partial}{\mathrm{d}t}e_{ijk}\left(e_{jlm}\frac{\partial\theta_l}{\mathrm{d}t}x_m\right)u_k\mathrm{d}V-\frac{\partial H_i^c}{\partial t}+M_i=0\\&-\rho\frac{\mathrm{d}^2X_i^c}{\mathrm{d}t^2}-\rho e_{ijk}\frac{\partial^2\theta_j}{\partial t^2}x_k-\rho e_{ijk}\frac{\partial\theta_j}{\partial t}\left(e_{klm}\frac{\partial\theta_l}{\partial t}x_m\right)-\rho\frac{\partial^2u_i}{\partial t^2}-2\rho e_{ijk}\frac{\partial\theta_j}{\partial t}\frac{\partial u_k}{\partial t}\\&-\rho e_{ijk}\frac{\partial^2\theta_j}{\partial t^2}u_k-\rho e_{ijk}\frac{\partial\theta_j}{\partial t}\left(e_{klm}\frac{\partial\theta_l}{\partial t}u_m\right)+\left[a_{ijkl}\left(\frac{1}{2}u_{k,l}+\frac{1}{2}u_{l,k}\right)\right]_{,j}+f_i=0\quad(\text{在 }V\text{ 中})\\&a_{ijkl}\left(\frac{1}{2}u_{k,l}+\frac{1}{2}u_{l,k}\right)n_j-T_i=0\quad(\text{在 }S_\sigma\text{ 上})\end{aligned}\right\} \tag{3.1.90}$$

式中，$2e_{ijk}\dfrac{\partial\theta_j}{\partial t}\dfrac{\partial u_k}{\partial t}$ 为 Coriolis 加速度。

现在推导单柔体动力学两类变量的拟变分原理的拟驻值条件。为此，将式(3.1.15)写成展开形式，可得

$$\begin{aligned}\delta\pi_{H2}-\delta Q_H=&\int_{t_0}^{t_1}\Bigg\{\iiint_V[\rho v_i^c\delta v_i^c+\rho(v_i^c+e_{ijk}\omega_jx_k)\delta v_i^d+\rho v_i^d\delta(v_i^c+e_{ijk}\omega_jx_k)+\rho v_i^d\delta v_i^d]\mathrm{d}V+\\&J_{ij}\omega_j\delta\omega_i-\iiint_V(a_{ijkl}\varepsilon_{kl}\delta\varepsilon_{ij}-f_i\delta u_i)\mathrm{d}V+\iint_{S_\sigma}T_i\delta u_i\mathrm{d}S+F_i\delta X_i^c+M_i\delta\theta_i\Bigg\}\mathrm{d}t=\\&\int_{t_0}^{t_1}\Bigg\{\iiint_V[(\rho v_i^c+\rho v_i^d)\delta v_i^c+\rho(v_i^c+e_{ijk}\omega_jx_k)\delta v_i^d+\rho v_i^d\delta v_i^d-\rho e_{ijk}v_j^dx_k\delta\omega_i]\mathrm{d}V+\\&J_{ij}\omega_j\delta\omega_i-\iiint_V(a_{ijkl}\varepsilon_{kl}\delta\varepsilon_{ij}-f_i\delta u_i)\mathrm{d}V+\iint_{S_\sigma}T_i\delta u_i\mathrm{d}S+F_i\delta X_i^c+M_i\delta\theta_i\Bigg\}\mathrm{d}t=0\end{aligned} \tag{3.1.91a}$$

其先决条件的变分式为

$$\left.\begin{aligned}&\delta v_i^c-\delta\frac{\mathrm{d}X_i^c}{\mathrm{d}t}=0\\&\delta\omega_i-\delta\frac{\partial\theta_i}{\partial t}=0\\&\delta\varepsilon_{ij}-\delta\left(\frac{1}{2}u_{i,j}+\frac{1}{2}u_{j,i}\right)=0\\&\delta v_i^d-\delta\frac{\mathrm{d}u_i}{\mathrm{d}t}=\delta v_i^d-\delta\left(\frac{\partial u_i}{\partial t}+e_{ijk}\frac{\partial\theta_j}{\partial t}u_k\right)=0\\&\delta u_i=0\qquad(\text{在 } S_u \text{ 上})\end{aligned}\right\}\tag{3.1.91b}$$

将式(3.1.91b)代入式(3.1.91a),可得

$$\begin{aligned}\delta\pi_{H2}-\delta Q_H=\int_{t_0}^{t_1}\Big\{&\iiint_V\left[(\rho v_i^c+\rho v_i^d)\delta\frac{\mathrm{d}X_i^c}{\mathrm{d}t}+(\rho v_i^c+\rho e_{ijk}\omega_j x_k+\rho v_i^d)\delta\frac{\mathrm{d}u_i}{\mathrm{d}t}\right]\mathrm{d}V-\\&\iiint_V\rho e_{ijk}v_j^d x_k\delta\frac{\partial\theta_i}{\partial t}\mathrm{d}V+J_{ij}\omega_j\delta\frac{\partial\theta_i}{\partial t}+F_i\delta X_i^c+M_i\delta\theta_i-\\&\iiint_V\left[a_{ijkl}\varepsilon_{kl}\delta\left(\frac{1}{2}u_{i,j}+\frac{1}{2}u_{j,i}\right)-f_i\delta u_i\right]\mathrm{d}V+\iint_{S_\sigma}T_i\delta u_i\mathrm{d}S\Big\}\mathrm{d}t=0\end{aligned}\tag{3.1.92}$$

应用 Green 定理(分部积分),考虑到应变张量的对称性,则有

$$\int_{t_0}^{t_1}(\rho v_i^c+\rho v_i^d)\delta\frac{\mathrm{d}X_i^c}{\mathrm{d}t}\mathrm{d}t=(\rho v_i^c+\rho v_i^d)\delta X_i^c\Big|_{t_0}^{t_1}-\int_{t_0}^{t_1}\frac{\mathrm{d}}{\mathrm{d}t}(\rho v_i^c+\rho v_i^d)\delta X_i^c\mathrm{d}t\tag{3.1.93}$$

$$\begin{aligned}\int_{t_0}^{t_1}(\rho v_i^c+\rho e_{ijk}\omega_j x_k+\rho v_i^d)\delta\frac{\mathrm{d}u_i}{\mathrm{d}t}\mathrm{d}t=&\int_{t_0}^{t_1}\left[\rho v_i^c\delta\frac{\mathrm{d}u_i}{\mathrm{d}t}+(\rho e_{ilm}\omega_l x_m+\rho v_i^d)\left(\frac{\mathrm{d}}{\mathrm{d}t}\delta u_i+e_{ijk}\frac{\partial}{\mathrm{d}t}\delta\theta_j u_k\right)\right]\mathrm{d}t=\\&\rho v_i^c\delta u_i\Big|_{t_0}^{t_1}-\int_{t_0}^{t_1}\rho\frac{\mathrm{d}v_i^c}{\mathrm{d}t}\delta u_i\mathrm{d}t+\rho(e_{ijk}\omega_j x_k+v_i^d)\delta u_i\Big|_{t_0}^{t_1}-\\&\int_{t_0}^{t_1}\rho\frac{\mathrm{d}}{\mathrm{d}t}(e_{ijk}\omega_j x_k+v_i^d)\delta u_i\mathrm{d}t-\rho e_{ijk}(e_{jlm}\omega_l x_m+v_j^d)u_k\delta\theta_i\Big|_{t_0}^{t_1}+\\&\int_{t_0}^{t_1}\rho\frac{\partial}{\mathrm{d}t}[e_{ijk}(e_{jlm}\omega_l x_m+v_j^d)u_k]\delta\theta_i\mathrm{d}t\end{aligned}\tag{3.1.94}$$

$$-\int_{t_0}^{t_1}\rho e_{ijk}v_j^d x_k\delta\frac{\partial\theta_i}{\partial t}\mathrm{d}t=-\rho e_{ijk}v_j^d x_k\delta\theta_i\Big|_{t_0}^{t_1}+\int_{t_0}^{t_1}\rho\frac{\partial}{\partial t}(e_{ijk}v_j^d x_k)\delta\theta_i\mathrm{d}t\tag{3.1.95}$$

$$\int_{t_0}^{t_1}J_{ij}\omega_j\delta\frac{\partial\theta_i}{\partial t}\mathrm{d}t=J_{ij}\omega_j\delta\theta_i\Big|_{t_0}^{t_1}-\int_{t_0}^{t_1}\frac{\partial}{\partial t}(J_{ij}\omega_j)\delta\theta_i\mathrm{d}t\tag{3.1.96}$$

$$\iiint_V a_{ijkl}\varepsilon_{kl}\delta u_{i,j}\mathrm{d}V=\iint_{S_\sigma+S_u}a_{ijkl}\varepsilon_{kl}n_j\delta u_i\mathrm{d}S-\iiint_V(a_{ijkl}\varepsilon_{kl})_{,j}\delta u_i\mathrm{d}V\tag{3.1.97}$$

将式(3.1.93) ~ 式(3.1.97)代入式(3.1.92),考虑到位移边界条件 $\delta u_i=0$,并按惯例在时域边界处取 δX_i^c,$\delta\theta_i$ 和 δu_i 等于零,可得

$$\begin{aligned}\delta\pi_{H2}-\delta Q_H=\int_{t_0}^{t_1}\Big\{&\left[-\iiint_V\left(\rho\frac{\mathrm{d}v_i^c}{\mathrm{d}t}+\rho\frac{\mathrm{d}v_i^d}{\mathrm{d}t}\right)\mathrm{d}V+F_i\right]\delta X_i^c+\\&\left[\iiint_V\rho\frac{\partial}{\partial t}(e_{ijk}v_j^d x_k)\mathrm{d}V+\iiint_V\rho\frac{\partial}{\partial t}[e_{ijk}(e_{jlm}\omega_l x_m+v_j^d)u_k]\mathrm{d}V-\frac{\partial}{\partial t}(J_{ij}\omega_j)+M_i\right]\delta\theta_i+\\&\iiint_V\left[-\rho\frac{\mathrm{d}v_i^c}{\mathrm{d}t}-\rho\frac{\mathrm{d}}{\mathrm{d}t}(e_{ijk}\omega_j x_k)-\rho\frac{\mathrm{d}v_i^d}{\mathrm{d}t}+(a_{ijkl}\varepsilon_{kl})_{,j}+f_i\right]\delta u_i\mathrm{d}V-\end{aligned}$$

$$\left.\iint_{S_\sigma}(a_{ijkl}\varepsilon_{kl}n_j - T_i)\delta u_i \mathrm{d}S\right\} \mathrm{d}t = 0 \tag{3.1.98}$$

由于 δX_i^c，$\delta\theta_i$ 和 δu_i 的任意性，故由式(3.1.98)可得拟驻值条件为

$$\left.\begin{aligned}
&-\iiint_V\left(\rho\frac{\mathrm{d}v_i^c}{\mathrm{d}t}+\rho\frac{\mathrm{d}v_i^d}{\mathrm{d}t}\right)\mathrm{d}V+F_i=0\\
&\iiint_V\rho\frac{\partial}{\partial t}(e_{ijk}v_j^d x_k)\mathrm{d}V+\iiint_V\rho\frac{\partial}{\partial t}[e_{ijk}(e_{jlm}\omega_l x_m+v_j^d)u_k]\mathrm{d}V-\frac{\partial}{\partial t}(J_{ij}\omega_j)+M_i=0\\
&-\rho\frac{\mathrm{d}v_i^c}{\mathrm{d}t}-\rho\frac{\mathrm{d}}{\mathrm{d}t}(e_{ijk}\omega_j x_k)-\rho\frac{\mathrm{d}v_i^d}{\mathrm{d}t}+(a_{ijkl}\varepsilon_{kl})_{,j}+f_i=0\quad(\text{在 } V \text{ 中})\\
&a_{ijkl}\varepsilon_{kl}n_j-T_i=0\quad(\text{在 } S_\sigma \text{ 上})
\end{aligned}\right\} \tag{3.1.99}$$

显而易见，单柔体动力学两类变量的拟变分原理的拟驻值条件与其先决条件一起构成封闭的微分方程组。

若将运动学方程和几何方程代入式(3.1.99)中，可得

$$\left.\begin{aligned}
&-\iiint_V\left[\rho\frac{\mathrm{d}^2u_i}{\mathrm{d}t^2}+\rho\frac{\mathrm{d}^2X_i^c}{\mathrm{d}t^2}\right]\mathrm{d}V+F_i=0\\
&\iiint_V\rho\frac{\partial}{\partial t}\left(e_{ijk}\frac{\mathrm{d}u_j}{\mathrm{d}t}x_k\right)\mathrm{d}V+\iiint_V\rho\frac{\partial}{\partial t}\left[e_{ijk}\left(e_{jlm}\frac{\partial\theta_l}{\partial t}x_m+\frac{\mathrm{d}u_j}{\mathrm{d}t}\right)u_k\right]\mathrm{d}V-\frac{\partial}{\partial t}\left(J_{ij}\frac{\partial\theta_j}{\partial t}\right)+M_i=0\\
&-\rho\frac{\mathrm{d}^2X_i^c}{\mathrm{d}t^2}-\rho e_{ijk}\frac{\partial^2\theta_j}{\partial t^2}x_k-\rho e_{ijk}\frac{\partial\theta_j}{\partial t}\left(e_{klm}\frac{\partial\theta_l}{\partial t}x_m\right)-\rho\frac{\partial^2u_i}{\partial t^2}-2\rho e_{ijk}\frac{\partial\theta_j}{\partial t}\frac{\partial u_k}{\partial t}-\\
&\rho e_{ijk}\frac{\partial^2\theta_j}{\partial t^2}u_k-\rho e_{ijk}\frac{\partial\theta_j}{\partial t}\left(e_{klm}\frac{\partial\theta_l}{\partial t}u_m\right)+\left[a_{ijkl}\left(\frac{1}{2}u_{k,l}+\frac{1}{2}u_{l,k}\right)\right]_{,j}+f_i=0\quad(\text{在 } V \text{ 中})\\
&a_{ijkl}\left(\frac{1}{2}u_{k,l}+\frac{1}{2}u_{l,k}\right)n_j-T_i=0\quad(\text{在 } S_\sigma \text{ 上})
\end{aligned}\right\} \tag{3.1.100}$$

比较可见，式(3.1.100)和式(3.1.90)相同。

2. 关于拟变分原理的拟驻值条件正确性的讨论

以上的关于拟驻值条件的推导，从数学上说是合理的。那么，从力学上说又怎么样呢？只要把问题退化到刚体动力学，这个问题的正确性便一目了然了。

刚体的一般运动，可以分解为随质心的平动和绕质心的转动，其动力学方程表示为

$$-m\frac{\mathrm{d}v_i^c}{\mathrm{d}t}+F_i=0 \tag{3.1.101}$$

$$-\frac{\mathrm{d}}{\mathrm{d}t}(J_{ij}\omega_j)+M_i=0 \tag{3.1.102}$$

由于刚体动量矩分量与角速度分量之间的关系，在与惯性主轴重合的动坐标系中更简单，为了利用这个关系，可以将转动方程变换到动坐标系。对式(3.1.102)应用 Coriolis 转动坐标定理，可得

$$\frac{\partial}{\partial t}(J_{ij}\omega_j)+e_{ijk}\omega_j J_{kl}\omega_l-M_i=0 \tag{3.1.103}$$

著名力学大师 Euler 首次将式(3.1.103) 变换到惯性主轴坐标系中，建立了著名的 Euler 方程。将该方程写成变量 x,y,z 的表达式，则有

$$\left.\begin{aligned}&\frac{\partial}{\partial t}(J_{xx}\omega_x)+(J_{zz}-J_{yy})\omega_y\omega_z-M_x=0\\&\frac{\partial}{\partial t}(J_{yy}\omega_y)+(J_{xx}-J_{zz})\omega_z\omega_x-M_y=0\\&\frac{\partial}{\partial t}(J_{zz}\omega_z)+(J_{yy}-J_{xx})\omega_x\omega_y-M_z=0\end{aligned}\right\}\tag{3.1.104}$$

显而易见，如果将单柔体拟变分原理的拟驻值条件式(3.1.99) 中的第二式退化到单刚体动力学，则有

$$-\frac{\partial}{\partial t}(J_{ij}\omega_j)+M_i=0\tag{3.1.105}$$

式(3.1.105) 与著名的 Euler 方程相矛盾，从而可知拟驻值条件式(3.1.99) 与著名的 Euler 方程相矛盾。因此，不得不暂时放弃这种研究单柔体动力学的思路。

3.1.5 单柔体动力学的拟变分原理的拟驻值条件(四)

1. 关于拟变分原理的拟驻值条件

在某些专著、论文和科技报告中认为，为了进行具体分析，经常把矢量方程投影到合适的动坐标系上。现在讨论按照这种观点来处理问题时，应当注意的一些问题。这里指出，如果所有推导都按上述观点处理，将会使得本问题的推导变得特别烦琐。因此，根据讨论问题的需要，这里只是部分地使用这一原则。

将拟变分原理写成展开形式，可得

$$\begin{aligned}\delta\pi_{H1}-\delta Q_H=\delta\int_{t_0}^{t_1}\Big\{&\iiint\limits_V\left(\rho\frac{\mathrm{d}X_i}{\mathrm{d}t}\frac{\mathrm{d}u_i}{\mathrm{d}t}+\frac{1}{2}\rho\frac{\mathrm{d}u_i}{\mathrm{d}t}\frac{\mathrm{d}u_i}{\mathrm{d}t}\right)\mathrm{d}V+\frac{1}{2}m\frac{\mathrm{d}X_i^c}{\mathrm{d}t}\frac{\mathrm{d}X_i^c}{\mathrm{d}t}+\frac{1}{2}\frac{\mathrm{d}\theta_i}{\mathrm{d}t}H_i^c-\\&\iiint\limits_V\left[\frac{1}{2}a_{ijkl}\left(\frac{1}{2}u_{i,j}+\frac{1}{2}u_{j,i}\right)\left(\frac{1}{2}u_{k,l}+\frac{1}{2}u_{l,k}\right)-f_iu_i\right]\mathrm{d}V+\\&\iint\limits_{S_\sigma}T_iu_i\mathrm{d}S+F_iX_i^c+M_i\theta_i\Big\}\mathrm{d}t-\\&\int_{t_0}^{t_1}\left[\iiint\limits_V u_i\delta f_i\mathrm{d}V+\iint\limits_{S_\sigma}u_i\delta T_i\mathrm{d}S+(X_i^c\delta F_i+\theta_i\delta M_i)\right]\mathrm{d}t=0\end{aligned}\tag{3.1.106}$$

经相关的运算和进行分部积分，可得

$$\delta\frac{\mathrm{d}X_i^c}{\mathrm{d}t}=\delta\left(\frac{\partial X_i^c}{\partial t}+e_{ijk}\frac{\mathrm{d}\theta_j}{\mathrm{d}t}X_k^c\right)=\frac{\partial}{\partial t}(\delta X_i^c)+e_{ijk}\frac{\mathrm{d}\theta_j}{\mathrm{d}t}\delta X_k^c+e_{ijk}\delta\frac{\mathrm{d}\theta_j}{\mathrm{d}t}X_k^c=\frac{\mathrm{d}}{\mathrm{d}t}(\delta X_i^c)+e_{ijk}\frac{\mathrm{d}}{\mathrm{d}t}(\delta\theta_j)X_k^c\tag{3.1.107a}$$

$$\begin{aligned}\int_{t_0}^{t_1}\frac{\mathrm{d}X_i^c}{dt}\delta\frac{\mathrm{d}X_i^c}{dt}\mathrm{d}t=&\int_{t_0}^{t_1}\left[\frac{\mathrm{d}X_i^c}{\mathrm{d}t}\frac{\mathrm{d}}{\mathrm{d}t}(\delta X_i^c)+\frac{\mathrm{d}X_i^c}{\mathrm{d}t}e_{ijk}\delta\frac{\mathrm{d}\theta_j}{\mathrm{d}t}X_k^c\right]\mathrm{d}t=\\&\int_{t_0}^{t_1}\frac{\mathrm{d}X_i^c}{\mathrm{d}t}\frac{\mathrm{d}}{\mathrm{d}t}(\delta X_i^c)\mathrm{d}t-\int_{t_0}^{t_1}e_{ijk}\frac{\mathrm{d}X_j^c}{dt}X_k^c\delta\frac{\mathrm{d}\theta_i}{\mathrm{d}t}\mathrm{d}t=\end{aligned}$$

$$\frac{\mathrm{d}X_i^c}{\mathrm{d}t}\delta X_i^c\Big|_{t_0}^{t_1}-\int_{t_0}^{t_1}\Big[\frac{\partial^2 X_i^c}{\partial t^2}+2e_{ijk}\frac{\mathrm{d}\theta_j}{\mathrm{d}t}\frac{\partial X_k^c}{\partial t}+e_{ijk}\frac{\mathrm{d}^2\theta_j}{\mathrm{d}t^2}X_k^c+$$

$$e_{ijk}\frac{\mathrm{d}\theta_j}{\mathrm{d}t}\Big(e_{klm}\frac{\mathrm{d}\theta_l}{\mathrm{d}t}X_m^c\Big)\Big]\delta X_i^c\mathrm{d}t-e_{ijk}\frac{\mathrm{d}X_j^c}{\mathrm{d}t}X_k^c\delta\theta_i\Big|_{t_0}^{t_1}+\int_{t_0}^{t_1}\frac{\mathrm{d}}{\mathrm{d}t}\Big(e_{ijk}\frac{\mathrm{d}X_j^c}{\mathrm{d}t}X_k^c\Big)\delta\theta_i\mathrm{d}t \tag{3.1.107b}$$

$$\delta\frac{\mathrm{d}u_i}{\mathrm{d}t}=\delta\Big(\frac{\partial u_i}{\partial t}+e_{ijk}\frac{\mathrm{d}\theta_j}{\mathrm{d}t}u_k\Big)=\frac{\partial}{\partial t}(\delta u_i)+e_{ijk}\frac{\mathrm{d}\theta_j}{\mathrm{d}t}\delta u_k+e_{ijk}\delta\frac{\mathrm{d}\theta_j}{\mathrm{d}t}u_k=\frac{\mathrm{d}}{\mathrm{d}t}(\delta u_i)+e_{ijk}\frac{\mathrm{d}}{\mathrm{d}t}(\delta\theta_j)u_k \tag{3.1.108a}$$

$$\int_{t_0}^{t_1}\frac{\mathrm{d}u_i}{\mathrm{d}t}\delta\frac{\mathrm{d}u_i}{\mathrm{d}t}\mathrm{d}t=\int_{t_0}^{t_1}\Big[\frac{\mathrm{d}u_i}{\mathrm{d}t}\frac{\mathrm{d}}{\mathrm{d}t}(\delta u_i)+\frac{\mathrm{d}u_i}{\mathrm{d}t}e_{ijk}\delta\frac{\mathrm{d}\theta_j}{\mathrm{d}t}u_k\Big]\mathrm{d}t=$$

$$\int_{t_0}^{t_1}\frac{\mathrm{d}u_i}{\mathrm{d}t}\frac{\mathrm{d}}{\mathrm{d}t}(\delta u_i)\mathrm{d}t-\int_{t_0}^{t_1}e_{ijk}\frac{\mathrm{d}u_j}{\mathrm{d}t}u_k\delta\frac{\mathrm{d}\theta_i}{\mathrm{d}t}\mathrm{d}t=$$

$$\frac{\mathrm{d}u_i}{\mathrm{d}t}\delta u_i\Big|_{t_0}^{t_1}-\int_{t_0}^{t_1}\Big[\frac{\partial^2 u_i}{\partial t^2}+2e_{ijk}\frac{\mathrm{d}\theta_j}{\mathrm{d}t}\frac{\partial u_k}{\partial t}+e_{ijk}\frac{\mathrm{d}^2\theta_j}{\mathrm{d}t^2}u_k+e_{ijk}\frac{\mathrm{d}\theta_j}{\mathrm{d}t}\Big(e_{klm}\frac{\mathrm{d}\theta_l}{\mathrm{d}t}u_m\Big)\Big]\delta u_i\mathrm{d}t-$$

$$e_{ijk}\frac{\mathrm{d}u_j}{\mathrm{d}t}u_k\delta\theta_i\Big|_{t_0}^{t_1}+\int_{t_0}^{t_1}\frac{\mathrm{d}}{\mathrm{d}t}\Big(e_{ijk}\frac{\mathrm{d}u_j}{\mathrm{d}t}u_k\Big)\delta\theta_i\mathrm{d}t \tag{3.1.108b}$$

$$\int_{t_0}^{t_1}\frac{\mathrm{d}X_i}{\mathrm{d}t}\delta\frac{\mathrm{d}u_i}{\mathrm{d}t}\mathrm{d}t=\int_{t_0}^{t_1}\Big[\frac{\mathrm{d}X_i}{\mathrm{d}t}\frac{\mathrm{d}}{\mathrm{d}t}\delta u_i-e_{ijk}\frac{\mathrm{d}X_j}{\mathrm{d}t}u_k\delta\frac{\mathrm{d}\theta_i}{\mathrm{d}t}\Big]\mathrm{d}t=$$

$$\frac{\mathrm{d}X_i}{\mathrm{d}t}\delta u_i\Big|_{t_0}^{t_1}-\int_{t_0}^{t_1}\frac{\mathrm{d}}{\mathrm{d}t}\frac{\mathrm{d}X_i}{\mathrm{d}t}\delta u_i\mathrm{d}t-e_{ijk}\frac{\mathrm{d}X_j}{\mathrm{d}t}u_k\delta\theta_j\Big|_{t_0}^{t_1}+\int_{t_0}^{t_1}\frac{\mathrm{d}}{\mathrm{d}t}\Big(e_{ijk}\frac{\mathrm{d}X_j}{\mathrm{d}t}u_k\Big)\delta\theta_i\mathrm{d}t=$$

$$\frac{\mathrm{d}X_i}{\mathrm{d}t}\delta u_i\Big|_{t_0}^{t_1}-\int_{t_0}^{t_1}\Big[\frac{\partial^2 X_i^c}{\partial t^2}+2e_{ijk}\frac{\mathrm{d}\theta_j}{\mathrm{d}t}\frac{\partial X_k^c}{\partial t}+e_{ijk}\frac{\mathrm{d}^2\theta_j}{\mathrm{d}t^2}X_k^c+e_{ijk}\frac{\mathrm{d}\theta_j}{\mathrm{d}t}\Big(e_{klm}\frac{\mathrm{d}\theta_l}{\mathrm{d}t}X_m^c\Big)+$$

$$e_{ijk}\frac{\mathrm{d}^2\theta_j}{\mathrm{d}t^2}x_k+e_{ijk}\frac{\mathrm{d}\theta_j}{\mathrm{d}t}\Big(e_{klm}\frac{\mathrm{d}\theta_l}{\mathrm{d}t}x_m\Big)\Big]\delta u_i\mathrm{d}t-$$

$$e_{ijk}\frac{\mathrm{d}X_j}{\mathrm{d}t}u_k\delta\theta_j\Big|_{t_0}^{t_1}+\int_{t_0}^{t_1}\frac{\mathrm{d}}{\mathrm{d}t}\Big(e_{ijk}\frac{\mathrm{d}X_j}{\mathrm{d}t}u_k\Big)\delta\theta_i\mathrm{d}t \tag{3.1.109}$$

$$\int_{t_0}^{t_1}\frac{\mathrm{d}u_i}{\mathrm{d}t}\delta\frac{\mathrm{d}X_i}{\mathrm{d}t}\mathrm{d}t=\int_{t_0}^{t_1}\frac{\mathrm{d}u_i}{\mathrm{d}t}\delta\Big(\frac{\mathrm{d}X_i^c}{\mathrm{d}t}+\frac{\mathrm{d}x_i}{\mathrm{d}t}\Big)\mathrm{d}t=$$

$$\int_{t_0}^{t_1}\frac{\mathrm{d}u_i}{\mathrm{d}t}\Big[\frac{\mathrm{d}}{\mathrm{d}t}(\delta X_i^c)+e_{ijk}\frac{\mathrm{d}}{\mathrm{d}t}(\delta\theta_j)X_k^c+e_{ijk}\frac{\mathrm{d}}{\mathrm{d}t}(\delta\theta_j)x_k\Big]\mathrm{d}t=$$

$$\int_{t_0}^{t_1}\Big[\frac{\mathrm{d}u_i}{\mathrm{d}t}\frac{\mathrm{d}}{\mathrm{d}t}(\delta X_i^c)+\frac{\mathrm{d}u_i}{\mathrm{d}t}e_{ijk}\delta\frac{\mathrm{d}\theta_j}{\mathrm{d}t}(X_k^c+x_k)\Big]\mathrm{d}t=$$

$$\int_{t_0}^{t_1}\Big[\frac{\mathrm{d}u_i}{\mathrm{d}t}\frac{\mathrm{d}}{\mathrm{d}t}(\delta X_i^c)-e_{ijk}\frac{\mathrm{d}u_j}{\mathrm{d}t}(X_k^c+x_k)\delta\frac{\mathrm{d}\theta_i}{\mathrm{d}t}\Big]\mathrm{d}t=$$

$$\Big[\frac{\mathrm{d}u_i}{\mathrm{d}t}\delta X_i^c-e_{ijk}\frac{\mathrm{d}u_j}{\mathrm{d}t}(X_k^c+x_k)\delta\theta_i\Big]\Big|_{t_0}^{t_1}-\int_{t_0}^{t_1}\frac{\mathrm{d}^2u_i}{\mathrm{d}t^2}\delta X_i^c\mathrm{d}t+$$

$$\int_{t_0}^{t_1}\frac{\mathrm{d}}{\mathrm{d}t}\Big[e_{ijk}\frac{\mathrm{d}u_j}{\mathrm{d}t}(X_k^c+x_k)\Big]\delta\theta_i\mathrm{d}t \tag{3.1.110}$$

不难证明

$$\delta\Big(\frac{1}{2}\frac{\mathrm{d}\theta_i}{\mathrm{d}t}H_i^c\Big)=\frac{1}{2}\delta\frac{\mathrm{d}\theta_i}{\mathrm{d}t}H_i^c+\frac{1}{2}\frac{\mathrm{d}\theta_i}{\mathrm{d}t}\delta H_i^c=H_i^c\delta\frac{\mathrm{d}\theta_i}{\mathrm{d}t} \tag{3.1.111}$$

进行分部积分，可得

$$\int_{t_0}^{t_1}\delta\left(\frac{1}{2}\frac{\mathrm{d}\theta_i}{\mathrm{d}t}H_i^c\right)\mathrm{d}t=\int_{t_0}^{t_1}H_i^c\delta\frac{\mathrm{d}\theta_i}{\mathrm{d}t}\mathrm{d}t=H_i^c\delta\theta_i\Big|_{t_0}^{t_1}-\int_{t_0}^{t_1}\frac{\mathrm{d}H_i^c}{\mathrm{d}t}\delta\theta_i\mathrm{d}t \tag{3.1.112}$$

应用 Green 定理

$$\iiint_V a_{ijkl}\left(\frac{1}{2}u_{k,l}+\frac{1}{2}u_{l,k}\right)\delta u_{i,j}\mathrm{d}V=\iint_{S_\sigma+S_u}a_{ijkl}\left(\frac{1}{2}u_{k,l}+\frac{1}{2}u_{l,k}\right)n_j\delta u_i\mathrm{d}S-\iiint_V\left[a_{ijkl}\left(\frac{1}{2}u_{k,l}+\frac{1}{2}u_{l,k}\right)\right]_{,j}\delta u_i\mathrm{d}V \tag{3.1.113}$$

将式(3.1.107)～式(3.1.113)代入式(3.1.106)，并按惯例在时域边界 $t=t_0$ 和 $t=t_1$ 处取 $\delta X_i^c=0,\delta\theta_i=0,\delta u_i=0$，整理可得

$$\begin{aligned}\delta\pi_{H1}-\delta Q_H=&\int_{t_0}^{t_1}\Bigg\{\Bigg[-\iiint_V\rho\left[\frac{\partial^2X_i^c}{\partial t^2}+2e_{ijk}\frac{\mathrm{d}\theta_j}{\mathrm{d}t}\frac{\partial X_k^c}{\partial t}+e_{ijk}\frac{\mathrm{d}^2\theta_j}{\mathrm{d}t^2}X_k^c+e_{ijk}\frac{\mathrm{d}\theta_j}{\mathrm{d}t}\left(e_{klm}\frac{\mathrm{d}\theta_l}{\mathrm{d}t}X_m^c\right)\right]\mathrm{d}V-\\&\iiint_V\rho\frac{\mathrm{d}^2u_i}{\mathrm{d}t^2}\mathrm{d}V+F_i\Bigg]\delta X_i^c+\Bigg[\iiint_V\rho\frac{\mathrm{d}}{\mathrm{d}t}\left(e_{ijk}\frac{\mathrm{d}X_j^c}{\mathrm{d}t}X_k^c+e_{ijk}\frac{\mathrm{d}u_j}{\mathrm{d}t}x_k\right)\mathrm{d}V+\\&\iiint_V\rho\frac{\mathrm{d}}{\mathrm{d}t}\left(e_{ijk}\frac{\mathrm{d}u_j}{\mathrm{d}t}X_k^c+e_{ijk}\frac{\mathrm{d}u_j}{\mathrm{d}t}u_k\right)\mathrm{d}V+\iiint_V\rho\frac{\mathrm{d}}{\mathrm{d}t}\left(e_{ijk}\frac{\mathrm{d}X_j}{\mathrm{d}t}u_k\right)\mathrm{d}V-\frac{\mathrm{d}H_i^c}{\mathrm{d}t}+M_i\Bigg]\delta\theta_i\Bigg\}\mathrm{d}t+\\&\int_{t_0}^{t_1}\Bigg\{\iiint_V\Bigg\{-\rho\left[\frac{\partial^2X_i^c}{\partial t^2}+2e_{ijk}\frac{\mathrm{d}\theta_j}{\mathrm{d}t}\frac{\partial X_k^c}{\partial t}+e_{ijk}\frac{\mathrm{d}^2\theta_j}{\mathrm{d}t^2}X_k^c+e_{ijk}\frac{\mathrm{d}\theta_j}{\mathrm{d}t}\left(e_{klm}\frac{\mathrm{d}\theta_l}{\mathrm{d}t}X_m^c\right)\right]-\\&\rho e_{ijk}\frac{\mathrm{d}^2\theta_j}{\mathrm{d}t^2}x_k-\rho e_{ijk}\frac{\mathrm{d}\theta_j}{\mathrm{d}t}\left(e_{klm}\frac{\mathrm{d}\theta_l}{\mathrm{d}t}x_m\right)-\rho\frac{\partial^2u_i}{\partial t^2}-2\rho e_{ijk}\frac{\mathrm{d}\theta_j}{\mathrm{d}t}\frac{\partial u_k}{\partial t}-\\&\rho e_{ijk}\frac{\mathrm{d}^2\theta_j}{\mathrm{d}t^2}u_k-\rho e_{ijk}\frac{\mathrm{d}\theta_j}{\mathrm{d}t}\left(e_{klm}\frac{\mathrm{d}\theta_l}{\mathrm{d}t}u_m\right)+\left[a_{ijkl}\left(\frac{1}{2}u_{k,l}+\frac{1}{2}u_{l,k}\right)\right]_{,j}+f_i\Bigg\}\delta u_i\mathrm{d}V-\\&\iint_{S_\sigma}\left[a_{ijkl}\left(\frac{1}{2}u_{k,l}+\frac{1}{2}u_{l,k}\right)n_j-T_i\right]\delta u_i\mathrm{d}S\Bigg\}\mathrm{d}t=0\end{aligned} \tag{3.1.114}$$

由于 $\delta X_i^c,\delta\theta_i$ 和 δu_i 的任意性，故由式(3.1.114)可得拟驻值条件为

$$\left.\begin{aligned}&-\iiint_V\rho\left[\frac{\partial^2X_i^c}{\partial t^2}+2e_{ijk}\frac{\mathrm{d}\theta_j}{\mathrm{d}t}\frac{\partial X_k^c}{\partial t}+e_{ijk}\frac{\mathrm{d}^2\theta_j}{\mathrm{d}t^2}X_k^c+e_{ijk}\frac{\mathrm{d}\theta_j}{\mathrm{d}t}\left(e_{klm}\frac{\mathrm{d}\theta_l}{\mathrm{d}t}X_m^c\right)\right]\mathrm{d}V-\iiint_V\rho\frac{\mathrm{d}^2u_i}{\mathrm{d}t^2}\mathrm{d}V+F_i=0\\&\iiint_V\rho\frac{\mathrm{d}}{\mathrm{d}t}\left(e_{ijk}\frac{\mathrm{d}X_j^c}{\mathrm{d}t}X_k^c+e_{ijk}\frac{\mathrm{d}u_j}{\mathrm{d}t}x_k\right)\mathrm{d}V+\iiint_V\rho\frac{\mathrm{d}}{\mathrm{d}t}\left(e_{ijk}\frac{\mathrm{d}u_j}{\mathrm{d}t}X_k^c+e_{ijk}\frac{\mathrm{d}u_j}{\mathrm{d}t}u_k\right)\mathrm{d}V+\\&\iiint_V\rho\frac{\mathrm{d}}{\mathrm{d}t}\left(e_{ijk}\frac{\mathrm{d}X_j}{\mathrm{d}t}u_k\right)\mathrm{d}V-\frac{\mathrm{d}H_i^c}{\mathrm{d}t}+M_i=0\\&-\rho\left[\frac{\partial^2X_i^c}{\partial t^2}+2e_{ijk}\frac{\mathrm{d}\theta_j}{\mathrm{d}t}\frac{\partial X_k^c}{\partial t}+e_{ijk}\frac{\mathrm{d}^2\theta_j}{\mathrm{d}t^2}X_k^c+e_{ijk}\frac{\mathrm{d}\theta_j}{\mathrm{d}t}\left(e_{klm}\frac{\mathrm{d}\theta_l}{\mathrm{d}t}X_m^c\right)\right]-\\&\rho e_{ijk}\frac{\mathrm{d}^2\theta_j}{\mathrm{d}t^2}x_k-\rho e_{ijk}\frac{\mathrm{d}\theta_j}{\mathrm{d}t}\left(e_{klm}\frac{\mathrm{d}\theta_l}{\mathrm{d}t}x_m\right)-\rho\frac{\partial^2u_i}{\partial t^2}-2\rho e_{ijk}\frac{\mathrm{d}\theta_j}{\mathrm{d}t}\frac{\partial u_k}{\partial t}-\\&\rho e_{ijk}\frac{\mathrm{d}^2\theta_j}{\mathrm{d}t^2}u_k-\rho e_{ijk}\frac{\mathrm{d}\theta_j}{\mathrm{d}t}\left(e_{klm}\frac{\mathrm{d}\theta_l}{\mathrm{d}t}u_m\right)+\left[a_{ijkl}\left(\frac{1}{2}u_{k,l}+\frac{1}{2}u_{l,k}\right)\right]_{,j}+f_i=0\quad(\text{在}\,V\,\text{中})\\&a_{ijkl}\left(\frac{1}{2}u_{k,l}+\frac{1}{2}u_{l,k}\right)n_j-T_i=0\quad(\text{在}\,S_\sigma\,\text{上})\end{aligned}\right\} \tag{3.1.115}$$

现在推导单柔体动力学两类变量的拟变分原理的拟驻值条件。为此，将式(3.1.15)写成

展开形式，可得

$$\delta\pi_{H2}-\delta Q_H=\int_{t_0}^{t_1}\Big\{\iiint_V[\rho v_i^c\delta v_i^c+\rho(v_i^c+e_{ijk}\omega_j x_k)\delta v_i^d+\rho v_i^d\delta(v_i^c+e_{ijk}\omega_j x_k)+\rho v_i^d\delta v_i^d]\mathrm{d}V+$$

$$J_{ij}\omega_j\delta\omega_i-\iiint_V(a_{ijkl}\varepsilon_{kl}\delta\varepsilon_{ij}-f_i\delta u_i)\mathrm{d}V+\iint_{S_\sigma}T_i\delta u_i\mathrm{d}S+F_i\delta X_i^c+M_i\delta\theta_i\Big\}\mathrm{d}t=$$

$$\int_{t_0}^{t_1}\Big\{\iiint_V[(\rho v_i^c+\rho v_i^d)\delta v_i^c+\rho(v_i^c+e_{ijk}\omega_j x_k+\rho v_i^d)\delta v_i^d-\rho e_{ijk}v_j^d x_k\delta\omega_i]\mathrm{d}V+$$

$$J_{ij}\omega_j\delta\omega_i-\iiint_V(a_{ijkl}\varepsilon_{kl}\delta\varepsilon_{ij}-f_i\delta u_i)\mathrm{d}V+$$

$$\iint_{S_\sigma}T_i\delta u_i\mathrm{d}S+F_i\delta X_i^c+M_i\delta\theta_i\Big\}\mathrm{d}t=0 \tag{3.1.116a}$$

其先决条件的变分式为

$$\left.\begin{aligned}&\delta v_i^c-\delta\frac{\mathrm{d}X_i^c}{\mathrm{d}t}=\delta v_i^c-\left[\frac{\mathrm{d}}{\mathrm{d}t}(\delta X_i^c)+e_{ijk}\frac{\mathrm{d}}{\mathrm{d}t}(\delta\theta_j)X_k^c\right]=0\\&\delta\omega_i-\delta\frac{\mathrm{d}\theta_i}{\mathrm{d}t}=0\\&\delta\varepsilon_{ij}-\delta\left(\frac{1}{2}u_{i,j}+\frac{1}{2}u_{j,i}\right)=0\\&\delta v_i^d-\delta\frac{\mathrm{d}u_i}{\mathrm{d}t}=\delta v_i^d-\left[\frac{\mathrm{d}}{\mathrm{d}t}(\delta u_i)+e_{ijk}\frac{\mathrm{d}}{\mathrm{d}t}(\delta\theta_j)u_k\right]=0\\&\delta u_i=0\quad(\text{在 } S_u\text{ 上})\end{aligned}\right\} \tag{3.1.116b}$$

将式(3.1.116b)代入式(3.1.116a)，可得

$$\delta\pi_{H2}-\delta Q_H=\int_{t_0}^{t_1}\Big\{\iiint_V\left[(\rho v_i^c+\rho v_i^d)\delta\frac{\mathrm{d}X_i^c}{\mathrm{d}t}+(\rho v_i^c+\rho e_{ijk}\omega_j x_k+\rho v_i^d)\delta\frac{\mathrm{d}u_i}{\mathrm{d}t}\right]\mathrm{d}V-$$

$$\iiint_V\rho e_{ijk}v_j^d x_k\delta\frac{\mathrm{d}\theta_i}{\mathrm{d}t}\mathrm{d}V+J_{ij}\omega_j\delta\frac{\mathrm{d}\theta_i}{\mathrm{d}t}+F_i\delta X_i^c+M_i\delta\theta_i-$$

$$\iiint_V\left[a_{ijkl}\varepsilon_{kl}\delta\left(\frac{1}{2}u_{i,j}+\frac{1}{2}u_{j,i}\right)-f_i\delta u_i\right]\mathrm{d}V+\iint_{S_\sigma}T_i\delta u_i\mathrm{d}S\Big\}\mathrm{d}t=0 \tag{3.1.117}$$

应用 Green 定理（分部积分），考虑到应变张量的对称性，则有

$$\int_{t_0}^{t_1}(\rho v_i^c+\rho v_i^d)\left[\frac{\mathrm{d}}{\mathrm{d}t}(\delta X_i^c)+e_{ijk}\frac{\mathrm{d}}{\mathrm{d}t}(\delta\theta_j)X_k^c\right]\mathrm{d}t=\left[(\rho v_i^c+\rho v_i^d)\delta X_i^c-e_{ijk}(\rho v_j^c+\rho v_j^d)X_k^c\delta\theta_i\right]\Big|_{t_0}^{t_1}-$$

$$\int_{t_0}^{t_1}\frac{\mathrm{d}}{\mathrm{d}t}(\rho v_i^c+\rho v_i^d)\delta X_i^c\mathrm{d}t+\int_{t_0}^{t_1}\frac{\mathrm{d}}{\mathrm{d}t}[e_{ijk}(\rho v_j^c+\rho v_j^d)X_k^c]\delta\theta_i\mathrm{d}t \tag{3.1.118}$$

$$\int_{t_0}^{t_1}(\rho v_i^c+\rho e_{ijk}\omega_j x_k+\rho v_i^d)\delta\frac{\mathrm{d}u_i}{\mathrm{d}t}\mathrm{d}t=\int_{t_0}^{t_1}(\rho v_i^c+\rho e_{ilm}\omega_l x_m+\rho v_i^d)\left[\frac{\mathrm{d}}{\mathrm{d}t}(\delta u_i)+e_{ijk}\frac{\mathrm{d}}{\mathrm{d}t}(\delta\theta_j)u_k\right]\mathrm{d}t=$$

$$(\rho v_i^c+\rho e_{ijk}\omega_j x_k+\rho v_i^d)\delta u_i\Big|_{t_0}^{t_1}-\int_{t_0}^{t_1}\frac{\mathrm{d}}{\mathrm{d}t}(\rho v_i^c+\rho e_{ijk}\omega_j x_k+$$

$$\rho v_i^d)\delta u_i\mathrm{d}t-e_{ijk}(\rho v_j^c+\rho e_{jlm}\omega_l x_m+\rho v_j^d)u_k\delta\theta_i\Big|_{t_0}^{t_1}+$$

$$\int_{t_0}^{t_1}\frac{\mathrm{d}}{\mathrm{d}t}[e_{ijk}(\rho v_j^c+\rho e_{jlm}\omega_l x_m+\rho v_j^d)u_k]\delta\theta_i\mathrm{d}t \tag{3.1.119}$$

$$-\int_{t_0}^{t_1}\rho e_{ijk}v_j^d x_k\delta\frac{\mathrm{d}\theta_i}{\mathrm{d}t}\mathrm{d}t=-\rho e_{ijk}v_j^d x_k\delta\theta_i\Big|_{t_0}^{t_1}+\int_{t_0}^{t_1}\rho\frac{\mathrm{d}}{\mathrm{d}t}(e_{ijk}v_j^d x_k)\delta\theta_i\mathrm{d}t \tag{3.1.120}$$

$$\int_{t_0}^{t_1} J_{ij}\omega_j \delta \frac{\mathrm{d}\theta_i}{\mathrm{d}t}\mathrm{d}t = J_{ij}\omega_j \delta\theta_i \Big|_{t_0}^{t_1} - \int_{t_0}^{t_1} \frac{\mathrm{d}}{\mathrm{d}t}(J_{ij}\omega_j)\delta\theta_i \mathrm{d}t \tag{3.1.121}$$

$$\iiint_V a_{ijkl}\varepsilon_{kl}\delta u_{i,j}\mathrm{d}V = \iint_{S_\sigma+S_u} a_{ijkl}\varepsilon_{kl} n_j \delta u_i \mathrm{d}S - \iiint_V (a_{ijkl}\varepsilon_{kl})_{,j}\delta u_i \mathrm{d}V \tag{3.1.122}$$

将式(3.1.118)～式(3.1.122)代入式(3.1.117)，考虑到位移边界条件 $\delta u_i = 0$，并按惯例在时域边界处取 δX_i^c，$\delta\theta_i$ 和 δu_i 等于零，可得

$$\begin{aligned}
\delta\pi_{H2} - \delta Q_H = \int_{t_0}^{t_1} \Big\{ & \Big[-\iiint_V \Big(\rho\frac{\mathrm{d}v_i^c}{\mathrm{d}t} + \rho\frac{\mathrm{d}v_i^d}{\mathrm{d}t}\Big)\mathrm{d}V + F_i \Big]\delta X_i^c + \\
& \Big[\iiint_V \rho\frac{\mathrm{d}}{\mathrm{d}t}(e_{ijk}v_j^d x_k)\mathrm{d}V + \iiint_V \frac{\mathrm{d}}{\mathrm{d}t}[e_{ijk}(\rho v_j^c + \rho v_j^d)X_k^c]\mathrm{d}V + \\
& \iiint_V \frac{\mathrm{d}}{\mathrm{d}t}[e_{ijk}(\rho v_j^c + \rho e_{jlm}\omega_l x_m + \rho v_j^d)u_k]\mathrm{d}V - \frac{\mathrm{d}}{\mathrm{d}t}(J_{ij}\omega_j) + M_i\Big]\delta\theta_i + \\
& \iiint_V \Big[-\rho\frac{\mathrm{d}v_i^c}{\mathrm{d}t} - \rho\frac{\mathrm{d}}{\mathrm{d}t}(e_{ijk}\omega_j x_k) - \rho\frac{\mathrm{d}v_i^d}{\mathrm{d}t} + (a_{ijkl}\varepsilon_{kl})_{,j} + f_i\Big]\delta u_i \mathrm{d}V - \\
& \iint_{S_\sigma}(a_{ijkl}\varepsilon_{kl}n_j - T_i)\delta u_i \mathrm{d}S\Big\}\mathrm{d}t = 0
\end{aligned} \tag{3.1.123}$$

由于 δX_i^c，$\delta\theta_i$ 和 δu_i 的任意性，故由式(3.1.123)可得拟驻值条件为

$$\left.\begin{aligned}
& -\iiint_V \Big(\rho\frac{\mathrm{d}v_i^c}{\mathrm{d}t} + \rho\frac{\mathrm{d}v_i^d}{\mathrm{d}t}\Big)\mathrm{d}V + F_i = 0 \\
& \iiint_V \rho\frac{\mathrm{d}}{\mathrm{d}t}(e_{ijk}v_j^d x_k)\mathrm{d}V + \iiint_V \frac{\mathrm{d}}{\mathrm{d}t}[e_{ijk}(\rho v_j^c + \rho v_j^d)X_k^c]\mathrm{d}V + \\
& \quad \iiint_V \frac{\mathrm{d}}{\mathrm{d}t}[e_{ijk}(\rho v_j^c + \rho e_{jlm}\omega_l x_m + \rho v_j^d)u_k]\mathrm{d}V - \frac{\mathrm{d}}{\mathrm{d}t}(J_{ij}\omega_j) + M_i = 0 \\
& -\rho\frac{\mathrm{d}v_i^c}{\mathrm{d}t} - \rho\frac{\mathrm{d}}{\mathrm{d}t}(e_{ijk}\omega_j x_k) - \rho\frac{\mathrm{d}v_i^d}{\mathrm{d}t} + (a_{ijkl}\varepsilon_{kl})_{,j} + f_i = 0 \quad (\text{在 } V \text{ 中}) \\
& a_{ijkl}\varepsilon_{kl}n_j - T_i = 0 \quad (\text{在 } S_\sigma \text{ 上})
\end{aligned}\right\} \tag{3.1.124}$$

显而易见，单柔体动力学两类变量的拟变分原理的拟驻值条件与其先决条件一起构成封闭的微分方程组。

若将运动学方程和几何方程代入式(3.1.124)中，可得

$$\left.\begin{aligned}
& -\iiint_V \rho\Big[\frac{\partial^2 X_i^c}{\partial t^2} + 2e_{ijk}\frac{\mathrm{d}\theta_j}{\mathrm{d}t}\frac{\partial X_k^c}{\partial t} + e_{ijk}\frac{\mathrm{d}^2\theta_j}{\mathrm{d}t^2}X_k^c + e_{ijk}\frac{\mathrm{d}\theta_j}{\mathrm{d}t}\Big(e_{klm}\frac{\mathrm{d}\theta_l}{\mathrm{d}t}X_m^c\Big) + \frac{\mathrm{d}^2 u_i}{\mathrm{d}t^2}\Big]\mathrm{d}V + F_i = 0 \\
& \iiint_V \rho\frac{\mathrm{d}}{\mathrm{d}t}\Big(e_{ijk}\frac{\mathrm{d}u_j}{\mathrm{d}t}x_k\Big)\mathrm{d}V + \iiint_V \frac{\mathrm{d}}{\mathrm{d}t}\Big[e_{ijk}\Big(\rho\frac{\mathrm{d}X_j^c}{\mathrm{d}t} + \rho\frac{\mathrm{d}u_j}{\mathrm{d}t}\Big)X_k^c\Big]\mathrm{d}V + \\
& \quad \iiint_V \frac{\mathrm{d}}{\mathrm{d}t}\Big[e_{ijk}\Big(\rho\frac{\mathrm{d}X_j^c}{\mathrm{d}t} + \rho e_{jlm}\frac{\mathrm{d}\theta_l}{\mathrm{d}t}x_m + \rho\frac{\mathrm{d}u_j}{\mathrm{d}t}\Big)u_k\Big]\mathrm{d}V - \frac{\mathrm{d}}{\mathrm{d}t}\Big(J_{ij}\frac{\mathrm{d}\theta_j}{\mathrm{d}t}\Big) + M_i = 0 \\
& -\rho\Big[\frac{\partial^2 X_i^c}{\partial t^2} + 2e_{ijk}\frac{\mathrm{d}\theta_j}{\mathrm{d}t}\frac{\partial X_k^c}{\partial t} + e_{ijk}\frac{\mathrm{d}^2\theta_j}{\mathrm{d}t^2}X_k^c + e_{ijk}\frac{\mathrm{d}\theta_j}{\mathrm{d}t}\Big(e_{klm}\frac{\mathrm{d}\theta_l}{\mathrm{d}t}X_m^c\Big)\Big] - \rho e_{ijk}\frac{\mathrm{d}^2\theta_j}{\mathrm{d}t^2}x_k - \\
& \quad \rho e_{ijk}\frac{\mathrm{d}\theta_j}{\mathrm{d}t}\Big(e_{klm}\frac{\mathrm{d}\theta_l}{\mathrm{d}t}x_m\Big) - \rho\frac{\partial^2 u_i}{\partial t^2} - 2\rho e_{ijk}\frac{\mathrm{d}\theta_j}{\mathrm{d}t}\frac{\partial u_k}{\partial t} - \rho e_{ijk}\frac{\mathrm{d}^2\theta_j}{\mathrm{d}t^2}u_k - \rho e_{ijk}\frac{\mathrm{d}\theta_j}{\mathrm{d}t}\Big(e_{klm}\frac{\mathrm{d}\theta_l}{\mathrm{d}t}u_m\Big) + \\
& \quad \Big[a_{ijkl}\Big(\frac{1}{2}u_{k,l} + \frac{1}{2}u_{l,k}\Big)\Big]_{,j} + f_i = 0 \quad (\text{在 } V \text{ 中}) \\
& a_{ijkl}\Big(\frac{1}{2}u_{k,l} + \frac{1}{2}u_{l,k}\Big)n_j - T_i = 0 \quad (\text{在 } S_\sigma \text{ 上})
\end{aligned}\right\} \tag{3.1.125}$$

可见，式(3.1.125)和式(3.1.115)相同。

2. 算例 4：以地球为例来说明问题

在单柔体动力学中，式(3.1.125)中的第三式为

$$-\rho\left[\frac{\partial^2 X_i^c}{\partial t^2}+2e_{ijk}\frac{\mathrm{d}\theta_j}{\mathrm{d}t}\frac{\partial X_k^c}{\partial t}+e_{ijk}\frac{\mathrm{d}^2\theta_j}{\mathrm{d}t^2}X_k^c+e_{ijk}\frac{\mathrm{d}\theta_j}{\mathrm{d}t}\left(e_{klm}\frac{\mathrm{d}\theta_l}{\mathrm{d}t}X_m^c\right)\right]-$$
$$\rho e_{ijk}\frac{\mathrm{d}^2\theta_j}{\mathrm{d}t^2}x_k-\rho e_{ijk}\frac{\mathrm{d}\theta_j}{\mathrm{d}t}\left(e_{klm}\frac{\mathrm{d}\theta_l}{\mathrm{d}t}x_m\right)-\rho\frac{\partial^2 u_i}{\partial t^2}-$$
$$2\rho e_{ijk}\frac{\mathrm{d}\theta_j}{\mathrm{d}t}\frac{\partial u_k}{\partial t}-\rho e_{ijk}\frac{\mathrm{d}^2\theta_j}{\mathrm{d}t^2}u_k-\rho e_{ijk}\frac{\mathrm{d}\theta_j}{\mathrm{d}t}\left(e_{klm}\frac{\mathrm{d}\theta_l}{\mathrm{d}t}u_m\right)+\left[a_{ijkl}\left(\frac{1}{2}u_{k,l}+\frac{1}{2}u_{l,k}\right)\right]_{,j}+f_i=0 \tag{3.1.126}$$

将 u_i 视为随体坐标系中的相对运动，则

$$-\rho\left[\frac{\partial^2 X_i^c}{\partial t^2}+2e_{ijk}\frac{\mathrm{d}\theta_j}{\mathrm{d}t}\frac{\partial X_k^c}{\partial t}+e_{ijk}\frac{\mathrm{d}^2\theta_j}{\mathrm{d}t^2}X_k^c+e_{ijk}\frac{\mathrm{d}\theta_j}{\mathrm{d}t}\left(e_{klm}\frac{\mathrm{d}\theta_l}{\mathrm{d}t}X_m^c\right)\right]-$$
$$\rho e_{ijk}\frac{\mathrm{d}^2\theta_j}{\mathrm{d}t^2}x_k-\rho e_{ijk}\frac{\mathrm{d}\theta_j}{\mathrm{d}t}\left(e_{klm}\frac{\mathrm{d}\theta_l}{\mathrm{d}t}x_m\right) \tag{3.1.127}$$

中的各项可以处理为各种惯性力，它们分别为

1）
$$f_i^c=-\rho\frac{\partial^2 X_i^c}{\partial t^2} \tag{3.1.128}$$

2）
$$f_i^{ck}=-\rho 2e_{ijk}\frac{\mathrm{d}\theta_j}{\mathrm{d}t}\frac{\partial X_k^c}{\partial t} \tag{3.1.129}$$

3）
$$f_i^{ct}=-\rho e_{ijk}\frac{\mathrm{d}^2\theta_j}{\mathrm{d}t^2}X_k^c \tag{3.1.130}$$

4）
$$f_i^{cc}=-\rho e_{ijk}\frac{\mathrm{d}\theta_j}{\mathrm{d}t}\left(e_{klm}\frac{\mathrm{d}\theta_l}{\mathrm{d}t}X_m^c\right) \tag{3.1.131}$$

5）
$$f_i^t=-\rho e_{ijk}\frac{\mathrm{d}^2\theta_j}{\mathrm{d}t^2}x_k \tag{3.1.132}$$

6）
$$f_i^{cf}=-\rho e_{ijk}\frac{\mathrm{d}\theta_j}{\mathrm{d}t}\left(e_{klm}\frac{\mathrm{d}\theta_l}{\mathrm{d}t}x_m\right) \tag{3.1.133}$$

引入惯性力后，式(3.1.126)可以变换为

$$-\rho\frac{\partial^2 u_i}{\partial t^2}-2\rho e_{ijk}\frac{\mathrm{d}\theta_j}{\mathrm{d}t}\frac{\partial u_k}{\partial t}-\rho e_{ijk}\frac{\mathrm{d}^2\theta_j}{\mathrm{d}t^2}u_k-\rho e_{ijk}\frac{\mathrm{d}\theta_j}{\mathrm{d}t}\left(e_{klm}\frac{\mathrm{d}\theta_l}{\mathrm{d}t}u_m\right)+$$
$$\left[a_{ijkl}\left(\frac{1}{2}u_{k,l}+\frac{1}{2}u_{l,k}\right)\right]_{,j}+f_i+f_i^c+f_i^{ck}+f_i^{ct}+f_i^{cc}+f_i^t+f_i^{cf}=0 \tag{3.1.134}$$

不妨用地球围绕太阳的运动及其自转运动为例来说明式(3.1.134)中的各个惯性力的意义。

1）地球绕太阳平动在地球中引起的牵连惯性力 $f_i^c=-\rho\frac{\partial^2 X_i^c}{\partial t^2}$。

牵连惯性力的公式似乎是正确的，但是严格说来是不对的。式(3.1.128)的偏导数实际上(约定俗成)是相对惯性力的表示方法，牵连惯性力应当用全导数。如果将式(3.1.128)说成是相对惯性力就会陷入自相矛盾，地球怎么会对其自身作相对加速运动呢？没有相对运动，

又怎么能引起相对惯性力呢?

2) 地球的平动在自转的地球中引起的 Coriolis 惯性力 $f_i^{ck}=-\rho 2e_{ijk}\frac{\mathrm{d}\theta_j}{\mathrm{d}t}\frac{\partial X_k^c}{\partial t}$。

地球上存在 Coriolis 惯性力,航天工程中的落体偏东现象便是 Coriolis 惯性力引起的效应。但是,航天工程中引起落体偏东的 Coriolis 惯性力,是由于落体相对于地球有相对运动和地球有转动角速度引起的。可是上面公式中的 Coriolis 惯性力是地球的轨迹运动(即地球围绕太阳公转)和地球自身的转动引起的,人类科学发展到现在,尚未见任何一个科学家发现过这类 Coriolis 惯性力。

3) 地球的平动在自转的地球中引起的切向惯性力 $f_i^{ct}=-\rho e_{ijk}\frac{\mathrm{d}^2\theta_j}{\mathrm{d}t^2}X_k^c$。

4) 地球的平动在自转的地球中引起的离心惯性力 $f_i^{cc}=-\rho e_{ijk}\frac{\mathrm{d}\theta_j}{\mathrm{d}t}\left(e_{klm}\frac{\mathrm{d}\theta_l}{\mathrm{d}t}X_m^c\right)$。

看起来,好像地球绕日心运动存在切向惯性力和离心惯性力是合理的。但是,切向惯性力和离心惯性力是由于地球绕着日心作圆周(实际上是椭圆周)运动而引起的,其角速度和角加速度都是地球绕日心作曲线运动的角速度和角加速度,可是上面公式中的角速度和角加速度是地球自转的角速度和角加速度,X_m^c 是地球绕太阳公转的矢径,其不正确性是显而易见的。

5) 地球自转引起的切向惯性力 $f_i^t=-\rho e_{ijk}\frac{\mathrm{d}^2\theta_j}{\mathrm{d}t^2}x_k$。

地球自转引起的切向惯性力是正确的。当近似认为地球作匀角速转动时,可以忽略这类切向惯性力。

6) 地球自转引起的离心惯性力 $f_i^{cf}=-\rho e_{ijk}\frac{\mathrm{d}\theta_j}{\mathrm{d}t}\left(e_{klm}\frac{\mathrm{d}\theta_l}{\mathrm{d}t}x_m\right)$。

地球自转引起的离心惯性力是正确的,正是它作为重力的一个组成部分,使得(严格来说)重力并不指向地球中心。

地球的平动能够在自转的地球中引起牵连惯性力、Coriolis 惯性力、切向惯性力和离心惯性力的结论是值得商榷的,而这个结论是怎样引起的呢?由以上分析可见,其根源就在于将刚体(或柔体)随质心的平动投影在随体坐标系中时应用了 Coriolis 坐标转动定理。

地球自转引起的切向惯性力和地球自转引起的离心惯性力是正确的,这些正确的结论是由于允许将刚体(或柔体)绕质心的转动投影在随体坐标系中,并应用 Coriolis 坐标转动定理。

那么应当如何改进呢?只要将刚体(或柔体)随质心的平动投影在随体坐标系中时不应用 Coriolis 坐标转动定理就可以了。这正好是处理非惯性系中力学问题的正确方法,即应用等效原理,将含平动加速度的项处理为惯性力

$$f_i^c=-\rho\frac{\mathrm{d}^2X_i^c}{\mathrm{d}t^2} \tag{3.1.135}$$

就可以了。正如对外力 f_i 不必应用 Coriolis 坐标转动定理一样,对惯性力 f_i^c 也不必应用 Coriolis 坐标转动定理。这样一来,式(3.1.134)就变换为

$$-\rho\frac{\partial^2u_i}{\partial t^2}-2\rho e_{ijk}\frac{\mathrm{d}\theta_j}{\mathrm{d}t}\frac{\partial u_k}{\partial t}-\rho e_{ijk}\frac{\mathrm{d}^2\theta_j}{\mathrm{d}t^2}u_k-\rho e_{ijk}\frac{\mathrm{d}\theta_j}{\mathrm{d}t}\left(e_{klm}\frac{\mathrm{d}\theta_l}{\mathrm{d}t}u_m\right)+$$
$$\left[a_{ijkl}\left(\frac{1}{2}u_{k,l}+\frac{1}{2}u_{l,k}\right)\right]_{,j}+f_i+f_i^c+f_i^t+f_i^{cf}=0 \tag{3.1.136}$$

注意,其中的 f_i^c 为式(3.1.135)而不是式(3.1.128)。显而易见,式(3.1.136)等效于式(3.1.29)和式(3.1.39)第三式,或者式(3.1.54)和式(3.1.64)第三式,即只要按照本章3.1.3或者3.1.2的理论处理问题就可以了。

3. 算例 5:退化到刚体动力学的情况

刚体的一般运动,可以分解为随质心的平动和绕质心的转动[8,16],其动力学方程表示为

$$-m\frac{\mathrm{d}v_i^c}{\mathrm{d}t}+F_i=0 \tag{3.1.137}$$

$$-\frac{\mathrm{d}}{\mathrm{d}t}(J_{ij}\omega_j)+M_i=0 \tag{3.1.138}$$

将随质心的平动方程式(3.1.137)应用 Coriolis 转动坐标定理,可得

$$m\left(\frac{\partial v_i^c}{\partial t}+e_{ijk}\omega_j v_k^c\right)-F_i=0 \tag{3.1.139}$$

写成变量 x,y,z 的表达式,则有

$$\left.\begin{aligned}m\left(\frac{\partial v_x^c}{\partial t}+\omega_y v_z^c-\omega_z v_y^c\right)-F_x=0\\ m\left(\frac{\partial v_y^c}{\partial t}+\omega_z v_x^c-\omega_x v_z^c\right)-F_y=0\\ m\left(\frac{\partial v_z^c}{\partial t}+\omega_x v_y^c-\omega_y v_x^c\right)-F_z=0\end{aligned}\right\} \tag{3.1.140}$$

考虑到平动速度的定义式和转动角速度的定义式

$$v_i^c-\frac{\mathrm{d}X_i^c}{\mathrm{d}t}=0 \tag{3.1.141}$$

$$\omega_i-\frac{\mathrm{d}\theta_i}{\mathrm{d}t}=0 \tag{3.1.142}$$

将式(3.1.141)和式(3.1.142)代入式(3.1.139),可得

$$m\left(\frac{\partial}{\partial t}\frac{\mathrm{d}X_i^c}{\mathrm{d}t}+e_{ijk}\frac{\mathrm{d}\theta_j}{\mathrm{d}t}\frac{\mathrm{d}X_k^c}{\mathrm{d}t}\right)-F_i=0 \tag{3.1.143}$$

按照对随质心的平动也应用 Coriolis 转动坐标定理的做法,可得

$$\frac{\mathrm{d}X_i^c}{\mathrm{d}t}=\frac{\partial X_i^c}{\partial t}+e_{ijk}\frac{\mathrm{d}\theta_j}{\mathrm{d}t}X_k^c \tag{3.1.144}$$

将式(3.1.144)代入式(3.1.143),整理可得

$$-m\left[\frac{\partial^2 X_i^c}{\partial t^2}+2e_{ijk}\frac{\mathrm{d}\theta_j}{\mathrm{d}t}\frac{\partial X_k^c}{\partial t}+e_{ijk}\frac{\mathrm{d}^2\theta_j}{\mathrm{d}t^2}X_k^c+e_{ijk}\frac{\mathrm{d}\theta_j}{\mathrm{d}t}\left(e_{klm}\frac{\mathrm{d}\theta_l}{\mathrm{d}t}X_m^c\right)\right]+F_i=0 \tag{3.1.145}$$

它表明,在随体坐标系这个非惯性系中,飞行器的轨迹运动可以解释为在外力作用下飞行器作加速运动,其加速度有:

1) 牵连加速度

$$a_i^c=\frac{\partial^2 X_i^c}{\partial t^2}$$

2)Coriolis 加速度

$$a_i^{ck}=2e_{ijk}\frac{\mathrm{d}\theta_j}{\mathrm{d}t}\frac{\partial X_k^c}{\partial t}$$

3）切向加速度

$$a_i^{\alpha} = e_{ijk} \frac{\mathrm{d}^2\theta_j}{\mathrm{d}t^2} X_k^c$$

4）法向加速度

$$a_i^{\alpha c} = e_{ijk} \frac{\mathrm{d}\theta_j}{\mathrm{d}t}\left(e_{klm} \frac{\mathrm{d}\theta_l}{\mathrm{d}t} X_m^c\right)$$

另外，按照等效原理式(3.1.145)中含加速度的各项可以处理为各种惯性力，它们分别为：

1）牵连惯性力

$$f_i^c = -m \frac{\partial^2 X_i^c}{\partial t^2} \tag{3.1.146}$$

2）Coriolis 惯性力

$$f_i^{ck} = -m2e_{ijk} \frac{\mathrm{d}\theta_j}{\mathrm{d}t} \frac{\partial X_k^c}{\partial t} \tag{3.1.147}$$

3）切向惯性力

$$f_i^{\alpha} = -me_{ijk} \frac{\mathrm{d}^2\theta_j}{\mathrm{d}t^2} X_k^c \tag{3.1.148}$$

4）法向惯性力

$$f_i^{\alpha c} = -me_{ijk} \frac{\mathrm{d}\theta_j}{\mathrm{d}t}\left(e_{klm} \frac{\mathrm{d}\theta_l}{\mathrm{d}t} X_m^c\right) \tag{3.1.149}$$

引入惯性力后，式(3.4.145)可以变换为

$$f_i^c + f_i^{ck} + f_i^{\alpha} + f_i^{\alpha c} + F_i = 0 \tag{3.1.150}$$

它表明，在随体坐标系这个非惯性系中，飞行器的轨迹运动可以处理为静态平衡问题，即在外力、牵连惯性力、Coriolis 惯性力、切向惯性力和法向惯性力作用下平衡。

看起来，好像飞行器的轨迹运动存在切向惯性力和离心惯性力是合理的。但是，切向惯性力和离心惯性力是由于飞行器作曲线运动而引起的，其角速度和角加速度都是飞行器作曲线运动的角速度和角加速度，可是上面公式中的角速度和角加速度是飞行器自身的角速度和角加速度，其不正确性是显而易见的。

飞行器可能受 Coriolis 惯性力，航天工程中的落体偏东现象便是 Coriolis 惯性力引起的效应。显而易见，航天工程中引起落体偏东的 Coriolis 惯性力，是落体相对于地球有相对运动和地球有转动角速度引起的。可是上面公式中的 Coriolis 惯性力是飞行器的轨迹运动和飞行器自身的转动引起的。

牵连惯性力的公式似乎是正确的，但是，严格说来也是不对的。式(3.1.146)的偏导数实际上(约定俗成)是相对惯性力的表示方法，牵连惯性力应当用全导数。如果将式(3.1.146)说成是相对惯性力就更加值得商榷了，飞行器怎么会对其自身作相对加速运动呢？

在两个算例中，需要说明一点：有的学者认为，可以用角速度和角加速度来描述曲线运动，例如，认为匀速圆周运动向心加速度既可以表示为$\frac{v^2}{R}$，也可以表示为$R\omega^2$；有的学者认为，角速度和角加速度只能用来描述刚体运动。这里采用前者。

4. 讨论

上述处理问题的方法是有关专著、论文和技术报告中采用的方法。可是,以上的两个算例应用这个方法得到的结果存在值得进一步探讨的问题,即有些惯性力项的物理意义不确切,或者说不正确。产生这种问题的原因是什么呢?从单柔体和单刚体的算例都可以看出,问题出在对平动加速度项也应用了 Coriolis 转动坐标定理。只要对平动加速度项不应用 Coriolis 转动坐标定理,所有值得商榷的项便自动消失了。

1) 刚体的一般运动可以处理为随质心的平动和绕质心的转动[8,16]。前者将刚体视为一个质点(即以质心代表整个刚体的平动)来研究,而后者的内容就是研究刚体相对质心的运动——主要是姿态的稳定与控制。

以上论述表明,刚体的平动动力学实际上是质点动力学,而质点的转动是没有意义的,进而可以说明对平动加速度项应用 Coriolis 转动坐标定理是值得商榷的。

正是出于这种考虑,本章将 3.1.2 至 3.1.5 推导的拟驻值条件中的轨迹方程中的变形加速度项表示为$\dfrac{\mathrm{d}^2 u_i}{\mathrm{d}t^2}$,而不是写成$-\rho\dfrac{\partial^2 u_i}{\partial t^2}-2\rho e_{ijk}\dfrac{\partial\theta_j}{\partial t}\dfrac{\partial u_k}{\partial t}-\rho e_{ijk}\dfrac{\partial^2\theta_j}{\partial t^2}u_k-\rho e_{ijk}\dfrac{\partial\theta_j}{\partial t}\left(e_{klm}\dfrac{\partial\theta_l}{\partial t}u_m\right)$。

2) 研究航天动力学和飞行器结构动力学经常要和非惯性坐标系打交道。在研究中,取 e 坐标系为惯性系,则 b 坐标系是非惯性系。惯性坐标系中的平动加速度项转化到非惯性系中,应用爱因斯坦加速度场和引力场之间的等效原理,则转化为惯性力项。初步认为,Coriolis 转动坐标定理可以应用于运动学参量,而不可以应用于有关力的项(例如外力和外力矩),在既定的非惯性系中惯性力是真实的质量力,因此对惯性力项也不必应用 Coriolis 转动坐标定理。

正是出于这种考虑,本章将 3.1.2 至 3.1.4 推导的拟驻值条件中的平动牵连加速度项表示为$\dfrac{\mathrm{d}^2 X_i^c}{\mathrm{d}t^2}$,而不是写成$\dfrac{\partial^2 X_i^c}{\partial t^2}+2e_{ijk}\dfrac{\mathrm{d}\theta_j}{\mathrm{d}t}\dfrac{\partial X_k^c}{\partial t}+e_{ijk}\dfrac{\mathrm{d}^2\theta_j}{\mathrm{d}t^2}X_k^c+e_{ijk}\dfrac{\mathrm{d}\theta_j}{\mathrm{d}t}\left(e_{klm}\dfrac{\mathrm{d}\theta_l}{\mathrm{d}t}X_m^c\right)$。并且,在简短的总结中还要对姿态方程中的有关项进行必要的说明。

鉴于在研究航天动力学和飞行器结构动力学时,经常要和非惯性坐标系打交道,研究非惯性坐标系中的问题显得特别重要。为了大家方便起见,将笔者在这方面的研究成果作为 3.2 节提供给大家,渴望起到抛砖引玉的作用。

3) 由以上两点讨论可见,在 3.1.5 中论证"为了进行具体分析,经常把矢量方程投影到合适的动坐标系上"的问题,其主要原因是为了完善研究工作,而不是和有关学者争论问题。正是出于这种认识,所以没有引用任何有关文献,请有关学者和读者给予理解和谅解。

3.1.6 简短的总结

近代力学和物理学大师爱因斯坦指出:"人们寻常习惯于离开几何概念与经验间的任何关系来研究几何学,将纯粹逻辑性的而且与在原则上不完全的经验无关的东西分离出来是有好处的。这样能使纯粹的数学家满意。如果他能从公理正确地即没有逻辑错误地推导出他的定理他就满足了。至于欧几里德几何学究竟是否正确的问题,他是不关心的。但是按照我们的目的,就必须将几何学的基本概念和自然对象联系起来;没有这种联系,几何学对于物理学家是没有价值的。物理学家关心几何学定理究竟是否正确的问题。"下面按照爱因斯坦的论述来总结前面的工作。

3.1.2 至 3.1.5 分别以不同的方法推导拟驻值条件的过程，从数学上来说都是正确的，从力学意义和物理意义方面来说，应当采用哪一种结果呢？

在 3.1.4 中，应用相对角速度定义式进行推导，这似乎是合理的。但是，如果将单柔体拟变分原理的拟驻值条件退化到单刚体动力学，与著名的 Euler 方程相矛盾。因此，暂时舍去这种研究单柔体动力学的思路。

在 3.1.5 中，按照“为了进行具体分析，适于把动力学矢量方程投影到合适的动坐标系上”的原则推导拟变分原理的拟驻值条件。遗憾的是，如上所述，应用两个反例说明了这种方法存在一些值得进一步探讨的问题。正是由于这个原因，决定暂时不采用这种方法。

进一步的研究表明，“为了进行具体分析，适于把动力学矢量方程投影到合适的动坐标系上”的方法与采用的“对 $\delta\dfrac{\mathrm{d}u_i}{dt}$ 应用 Coriolis 转动坐标定理”的方法得到的结果有些相似之处，因此要特别注意“对 $\delta\dfrac{\mathrm{d}u_i}{dt}$ 应用 Coriolis 转动坐标定理”原则的适用范围。研究结果表明，只有对与转动有关的项，才能对 $\delta\dfrac{\mathrm{d}u_i}{dt}$ 应用 Coriolis 转动坐标定理，而对平动项不能应用这类公式。

在 3.1.2 至 3.1.5 的研究的启发下，对 3.1.3 的方法作进一步分析。对于单柔体，如果认为作用在变形体上的外力（包括体积力 f_i 和表面力 T_i）为非保守力，导致刚体运动的力也为非保守力，即作用于质心的主矢 F_i 和主矩 M_i 为非保守广义力，则拟变分原理表示为式(3.1.4) ～ 式(3.1.8)，这是单柔体拟变分原理的原始形式。它是在 e 惯性坐标系讨论问题的。由于应用一个关键步骤，即应用文献[12]，使得单柔体拟变分原理变换为式(3.1.10) ～ 式(3.1.14)，这时已经将一部分关系式变换到 b 非惯性坐标系中。由于单柔体拟变分原理是能量表达式，它可以将两个不同坐标系中的能量表示在一个泛函中，这也可以说是应用变分原理研究问题的优越性。显而易见，对 $\delta\dfrac{\mathrm{d}u_i}{\mathrm{d}t}$ 应用 Coriolis 转动坐标定理的处理，只能在 b 非惯性坐标系中的部分表达式中进行。

例如，对于式(3.1.48) 有 3 种认识。

第一种，认为不应当对 $\int_{t_0}^{t_1}\dfrac{\mathrm{d}X_i}{dt}\delta\dfrac{\mathrm{d}u_i}{dt}\mathrm{d}t$ 应用 Coriolis 转动坐标定理，因此有

$$\begin{aligned}\int_{t_0}^{t_1}\frac{\mathrm{d}X_i}{dt}\delta\frac{\mathrm{d}u_i}{\mathrm{d}t}\mathrm{d}t&=\frac{\mathrm{d}X_i}{\mathrm{d}t}\delta u_i\bigg|_{t_0}^{t_1}-\int_{t_0}^{t_1}\frac{\mathrm{d}}{\mathrm{d}t}\left(\frac{\mathrm{d}X_i^c}{\mathrm{d}t}+e_{ijk}\frac{\mathrm{d}\theta_j}{\mathrm{d}t}x_k\right)\delta u_i\mathrm{d}t=\\&\frac{\mathrm{d}X_i}{\mathrm{d}t}\delta u_i\bigg|_{t_0}^{t_1}-\int_{t_0}^{t_1}\left[\frac{\mathrm{d}^2X_i^c}{\mathrm{d}t^2}+e_{ijk}\frac{\mathrm{d}^2\theta_j}{\mathrm{d}t^2}x_k+e_{ijk}\frac{\mathrm{d}\theta_j}{\mathrm{d}t}\left(e_{klm}\frac{\mathrm{d}\theta_l}{\mathrm{d}t}x_m\right)\right]\delta u_i\mathrm{d}t\end{aligned}\tag{3.1.151}$$

进而可得姿态方程为

$$\iiint_V\rho\frac{\mathrm{d}}{\mathrm{d}t}\left(e_{ijk}\frac{\mathrm{d}u_j}{\mathrm{d}t}x_k\right)\mathrm{d}V+\iiint_V\rho\frac{\mathrm{d}}{\mathrm{d}t}\left(e_{ijk}\frac{\mathrm{d}u_j}{\mathrm{d}t}u_k\right)\mathrm{d}V-\frac{\mathrm{d}H_i^c}{\mathrm{d}t}+M_i=0\tag{3.1.152}$$

第二种，认为应当对 $\int_{t_0}^{t_1}\dfrac{\mathrm{d}X_i}{\mathrm{d}t}\delta\dfrac{\mathrm{d}u_i}{\mathrm{d}t}\mathrm{d}t$ 应用 Coriolis 转动坐标定理，可得姿态方程为

$$\iiint_V\rho\frac{\mathrm{d}}{\mathrm{d}t}\left(e_{ijk}\frac{\mathrm{d}u_j}{\mathrm{d}t}x_k\right)\mathrm{d}V+\iiint_V\rho\frac{\mathrm{d}}{\mathrm{d}t}\left(e_{ijk}\frac{\mathrm{d}u_j}{\mathrm{d}t}u_k\right)\mathrm{d}V+\iiint_V\rho\frac{\mathrm{d}}{\mathrm{d}t}\left(e_{ijk}\frac{\mathrm{d}X_j}{\mathrm{d}t}u_k\right)\mathrm{d}V-\frac{\mathrm{d}H_i^c}{\mathrm{d}t}+M_i=0\tag{3.1.153}$$

第三种，认为根据 3.1.5 的研究，对 $\int_{t_0}^{t_1}\frac{\mathrm{d}X_i}{\mathrm{d}t}\delta\frac{\mathrm{d}u_i}{\mathrm{d}t}\mathrm{d}t$ 中的 $\int_{t_0}^{t_1}\frac{\mathrm{d}X_i^c}{\mathrm{d}t}\delta\frac{\mathrm{d}u_i}{\mathrm{d}t}\mathrm{d}t$ 不必应用 Coriolis 转动坐标定理，而对 $\int_{t_0}^{t_1}\frac{\mathrm{d}X_i}{\mathrm{d}t}\delta\frac{\mathrm{d}u_i}{\mathrm{d}t}\mathrm{d}t$ 中的 $\int_{t_0}^{t_1}e_{ijk}\frac{\mathrm{d}\theta_j}{\mathrm{d}t}x_k\delta\frac{\mathrm{d}u_i}{\mathrm{d}t}\mathrm{d}t$ 应当应用 Coriolis 转动坐标定理。因此有

$$\begin{aligned}\int_{t_0}^{t_1}\frac{\mathrm{d}X_i}{\mathrm{d}t}\delta\frac{\mathrm{d}u_i}{\mathrm{d}t}\mathrm{d}t&=\int_{t_0}^{t_1}\left(\frac{\mathrm{d}X_i^c}{\mathrm{d}t}+e_{ijk}\frac{\mathrm{d}\theta_j}{\mathrm{d}t}x_k\right)\delta\frac{\mathrm{d}u_i}{\mathrm{d}t}\mathrm{d}t=\int_{t_0}^{t_1}\frac{\mathrm{d}X_i^c}{\mathrm{d}t}\delta\frac{\mathrm{d}u_i}{\mathrm{d}t}\mathrm{d}t+\int_{t_0}^{t_1}e_{ijk}\frac{\mathrm{d}\theta_j}{\mathrm{d}t}x_k\frac{\mathrm{d}}{\mathrm{d}t}\delta u_i\mathrm{d}t-\\&\int_{t_0}^{t_1}e_{ijk}\left(e_{jlm}\frac{\mathrm{d}\theta_l}{\mathrm{d}t}x_m\right)u_k\delta\frac{\mathrm{d}\theta_i}{\mathrm{d}t}\mathrm{d}t=\frac{\mathrm{d}X_i^c}{\mathrm{d}t}\delta u_i\Big|_{t_0}^{t_1}-\int_{t_0}^{t_1}\frac{\mathrm{d}^2X_i^c}{\mathrm{d}t^2}\delta u_i\mathrm{d}t+\\&e_{ijk}\frac{\mathrm{d}\theta_j}{\mathrm{d}t}x_k\delta u_i\Big|_{t_0}^{t_1}-\int_{t_0}^{t_1}\left[e_{ijk}\frac{\mathrm{d}^2\theta_j}{\mathrm{d}t^2}x_k+e_{ijk}\frac{\mathrm{d}\theta_j}{\mathrm{d}t}\left(e_{klm}\frac{\mathrm{d}\theta_l}{\mathrm{d}t}x_m\right)\right]\delta u_i\mathrm{d}t-\\&e_{ijk}\left(e_{jlm}\frac{\mathrm{d}\theta_l}{\mathrm{d}t}x_m\right)u_k\delta\theta_i\Big|_{t_0}^{t_1}+\int_{t_0}^{t_1}\frac{\mathrm{d}}{\mathrm{d}t}e_{ijk}\left(e_{jlm}\frac{\mathrm{d}\theta_l}{\mathrm{d}t}x_m\right)u_k\delta\theta_i\mathrm{d}t\end{aligned}\tag{3.1.154}$$

进而可得姿态方程为

$$\iiint_V\rho\frac{\mathrm{d}}{\mathrm{d}t}\left(e_{ijk}\frac{\mathrm{d}u_j}{\mathrm{d}t}x_k\right)\mathrm{d}V+\iiint_V\rho\frac{\mathrm{d}}{\mathrm{d}t}\left(e_{ijk}\frac{\mathrm{d}u_j}{\mathrm{d}t}u_k\right)\mathrm{d}V+\iiint_V\rho\frac{\mathrm{d}}{\mathrm{d}t}e_{ijk}\left(e_{jlm}\frac{\mathrm{d}\theta_l}{\mathrm{d}t}x_m\right)u_k\mathrm{d}V-\frac{\mathrm{d}H_i^c}{\mathrm{d}t}+M_i=0\tag{3.1.155}$$

在 3.1.3 中，采用了第三种结果。

其实，关于“对 $\delta\frac{\mathrm{d}u_i}{\mathrm{d}t}$ 应用 Coriolis 转动坐标定理”的讨论可以拓展到对 $\delta\frac{\mathrm{d}x_i}{\mathrm{d}t}$ 应用 Coriolis 转动坐标定理的研究中去。可以类似地得到公式

$$\delta\frac{\mathrm{d}x_i}{\mathrm{d}t}=\delta\left(\frac{\partial x_i}{\partial t}+e_{ijk}\frac{\mathrm{d}\theta_j}{\mathrm{d}t}x_k\right)=\frac{\partial}{\partial t}(\delta x_i)+e_{ijk}\frac{\mathrm{d}\theta_j}{\mathrm{d}t}\delta x_k+e_{ijk}\delta\frac{\mathrm{d}\theta_j}{\mathrm{d}t}x_k=\frac{\mathrm{d}}{\mathrm{d}t}(\delta x_i)+e_{ijk}\frac{\mathrm{d}}{\mathrm{d}t}(\delta\theta_j)x_k\tag{3.1.156}$$

由于事先假设矢量 x_i 的模为单刚体中质心到任意点的距离，而单刚体中任意两点间的距离都是常量，致使式(3.1.156) 退化为 $\delta\frac{\mathrm{d}x_i}{\mathrm{d}t}=e_{ijk}\frac{\mathrm{d}}{\mathrm{d}t}(\delta\theta_j)x_k$。

根据如上的讨论，按照 3.1.2 至 3.1.5 中的步骤，可以推导出一类变量单柔体动力学拟变分原理的拟驻值条件为

$$\iiint_V\left(-\rho\frac{\mathrm{d}^2u_i}{\mathrm{d}t^2}-\rho\frac{\mathrm{d}^2X_i^c}{\mathrm{d}t^2}\right)\mathrm{d}V+F_i=0\tag{3.1.157}$$

$$\iiint_V\rho\frac{\mathrm{d}}{\mathrm{d}t}\left(e_{ijk}\frac{\mathrm{d}u_j}{\mathrm{d}t}x_k\right)\mathrm{d}V+\iiint_V\rho\frac{\mathrm{d}}{\mathrm{d}t}\left(e_{ijk}\frac{\mathrm{d}u_j}{\mathrm{d}t}u_k\right)\mathrm{d}V+\iiint_V\rho\frac{\mathrm{d}}{\mathrm{d}t}e_{ijk}\left(e_{jlm}\frac{\mathrm{d}\theta_l}{\mathrm{d}t}x_m\right)u_k\mathrm{d}V-\frac{\mathrm{d}H_i^c}{\mathrm{d}t}+M_i=0\tag{3.1.158}$$

$$\begin{aligned}&-\rho\frac{\mathrm{d}^2X_i^c}{\mathrm{d}t^2}-\rho e_{ijk}\frac{\mathrm{d}^2\theta_j}{\mathrm{d}t^2}x_k-\rho e_{ijk}\frac{\mathrm{d}\theta_j}{\mathrm{d}t}\left(e_{klm}\frac{\mathrm{d}\theta_l}{\mathrm{d}t}x_m\right)-\rho\frac{\partial^2u_i}{\partial t^2}-\\&2\rho e_{ijk}\frac{\mathrm{d}\theta_j}{\mathrm{d}t}\frac{\partial u_k}{\partial t}-\rho e_{ijk}\frac{\mathrm{d}^2\theta_j}{\mathrm{d}t^2}u_k-\rho e_{ijk}\frac{\mathrm{d}\theta_j}{\mathrm{d}t}\left(e_{klm}\frac{\mathrm{d}\theta_l}{\mathrm{d}t}u_m\right)+\\&\left[a_{ijkl}\left(\frac{1}{2}u_{k,l}+\frac{1}{2}u_{l,k}\right)\right]_{,j}+f_i=0\quad(\text{在 }V\text{ 中})\end{aligned}\tag{3.1.159}$$

$$a_{ijkl}\left(\frac{1}{2}u_{k,l}+\frac{1}{2}u_{l,k}\right)n_j-T_i=0\quad(\text{在 }S_\sigma\text{ 上})\tag{3.1.160}$$

可见，这个结果与 3.1.3 的结果相同。

通过3.1.2至3.1.5的讨论，扬弃了3.1.4和3.1.5的思路。在3.1.2中，拟驻值条件的数学推演的特点是没有对 $\delta \dfrac{du_i}{dt}$ 应用Coriolis转动坐标定理；在3.1.3中，拟驻值条件的数学推演的特点是对 $\delta \dfrac{du_i}{dt}$ 应用了 Coriolis 转动坐标定理。这两种方法得到的结果，只是姿态方程中弹性变形对姿态方程的影响项不同。研究表明，3.1.3 的结果为一般性的结果，而 3.1.2 的结果在某些应用中显得比较简捷。

3.2 非惯性系中的力学问题

居住在地球这个宇宙岛上，在研究力学问题时，经常是不约而同地取地球坐标系作为惯性坐标系。现在研究的是包括航天器在内的飞行器结构动力学，航天器一般要离开地球，甚至于将来要离开太阳系，这时取地球坐标系作为惯性坐标系就不能满足要求了。下文将会看到，就是地球坐标系也有不同的取法。其实，即使取地球坐标系为惯性坐标系，飞行器结构动力学中的问题多数也是非惯性坐标系中的力学问题。这就是研究非惯性系中的力学问题的原因。

研究非惯性坐标系中的力学问题，关键的问题之一是如何认识和应用惯性力这个重要的物理概念。1980 年在广州召开的理论力学经验交流会上，有 30 篇论文讨论惯性力，李民庆教授精辟地综合了这30篇论文的观点，撰写了《惯性力》一文，刊登在《力学与实践》上[18]。笔者仔细研究了李民庆教授的综述性论文和 30 篇论文中的部分论文，觉得我们的认识和 30 篇论文的认识都不尽相同，便将我们的观点写成一篇学术论文《漫谈惯性力》，刊登在《力学与实践》上[19]。后来，又较全面地表述了我们的看法[20]。以下论述基本上是笔者在 20 世纪 80 年代的研究成果。

为了较全面地说明问题，需要从讨论惯性参考系与非惯性参考系开始。

3.2.1 惯性参考系与非惯性参考系

所谓惯性参考系，即所有物理定律不因其坐标变换而改变其形式的坐标系[21-22]。在经典力学中，人们通常把牛顿第二定律不加修正便可应用的坐标系称为惯性系。由此得出一个重要的推论：相对于惯性系作匀速直线运动的坐标系也是惯性系。人们经常应用这一推论来判定某一坐标系是否是惯性系，即先假定另一个坐标系是惯性系，看前者对后者是否作匀速直线运动而定。设地球中心坐标系[12]（坐标原点取在地心，坐标轴与日心坐标系的坐标轴平行）为惯性系，则因地球的自转，地理坐标系（坐标原点取在地球表面的某点，坐标轴分别与经度线、纬度线和铅垂线平行）和地球地心坐标系（坐标原点取在地心，三个坐标轴与地球固连）均相对于地球中心坐标系作加速运动，因此，地理坐标系和地球地心坐标系都不是惯性系。

设日心坐标系（坐标原点取在日心，坐标轴分别指向三颗恒星）是惯性系，则因地球绕太阳公转，地球中心坐标系相对于日心坐标系以 0.6 m/s^2 的向心加速度运动，故严格来说，地球中心坐标系不是惯性系。

设银心坐标系(坐标原点取在银河系中心,坐标轴分别指向三个河外星系)为惯性系,可以算出,日心坐标系相对于银心坐标系有 3×10^{-8} cm/s^2 的加速度,故严格来说,日心坐标系也不是惯性系。

以此类推,银河系也绕着某一中心转动,严格来说,银心坐标系也不是惯性系。…… 直到今天,在所了解的宇宙中,还找不到一个绝对的惯性参考系。

因此,平常说的某一坐标系是惯性系是个相对的概念,它取决于把某一坐标系视为惯性系对所研究的问题有多大误差;或者说,它取决于能以多大的精确度测得该坐标系相对于另一个被认为是惯性系的坐标系的加速度。正如爱因斯坦所说[21]:"对于空间连续区域里非常广大的部分,乃至对于整个宇宙,究竟有没有任何惯性系呢? 只要忽略太阳与行星所引起的摄动,则可在很高的近似程度上认为惯性原理对于太阳系的空间是适用的。"

3.2.2　惯性力

这里需要说明的是,速度 $\boldsymbol{v}$,加速度 $\boldsymbol{a}$,外力 $\boldsymbol{F}$,惯性力 $\boldsymbol{F}_I$ 等都是矢量。矢量是一阶张量。前面采用张量的指标表示法,本节将采用张量的实体表示法,即按照惯例用黑体表示矢量。

如图 3.5 所示,设有惯性系 $IXYZ$,非惯性系 $oxyz$ 相对于惯性系 $IXYZ$ 的平移加速度为 $\boldsymbol{a}_e$,角速度为 $\boldsymbol{\omega}$;物体 M 相对于 $oxyz$ 的加速度为 $\boldsymbol{a}_r$,相对速度为 v_r,坐标系 $Mx'y'z'$ 与物体固连。

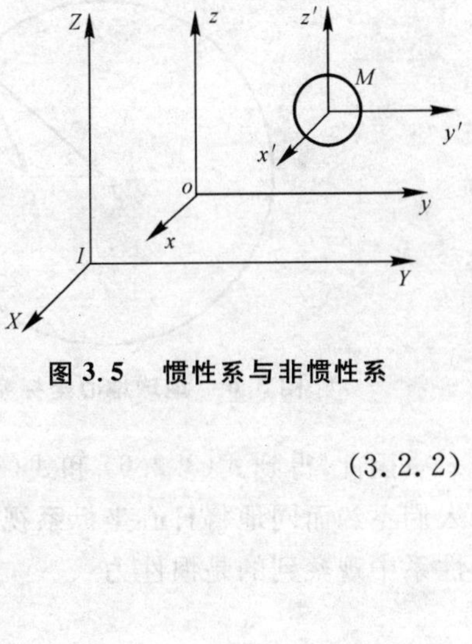

图 3.5　惯性系与非惯性系

在惯性系 $IXYZ$ 中应用牛顿第二定律,则

$$\boldsymbol{F}=m\boldsymbol{a}_a=m\boldsymbol{a}_e+m\boldsymbol{a}_k+m\boldsymbol{a}_r \tag{3.2.1}$$

式中　$\boldsymbol{F}$ —— 外力的合力;

m —— 物体的质量;

$\boldsymbol{a}_a$ —— 绝对加速度;

$\boldsymbol{a}_e$ —— 牵连加速度;

$\boldsymbol{a}_k$ —— 科氏加速度,$\boldsymbol{a}_k=2\boldsymbol{\omega}\times\boldsymbol{a}_r$;

$\boldsymbol{a}_r$ —— 相对加速度。

如果在非惯性系 $oxyz$ 中观察问题,则有

$$\boldsymbol{F}+\boldsymbol{F}_{Ie}+\boldsymbol{F}_{Ik}=m\boldsymbol{a}_r \tag{3.2.2}$$

式中　$\boldsymbol{F}_{Ie}$ —— 牵连惯性力,$\boldsymbol{F}_{Ie}=-m\boldsymbol{a}_e$;

$\boldsymbol{F}_{Ik}$ —— 科氏惯性力,$\boldsymbol{F}_{Ik}=-m\boldsymbol{a}_k$。

这就是《理论力学》[23] 中相对运动的情况。

若 $\boldsymbol{v}_r=$常数,即 $\boldsymbol{a}_r=0$,则有

$$\boldsymbol{F}+\boldsymbol{F}_{Ie}+\boldsymbol{F}_{Ik}=0 \tag{3.2.3}$$

这就是《理论力学》中所谓的相对平衡问题。

若不仅 $\boldsymbol{a}_r=0$,而且 $\boldsymbol{v}_r=0$ 或 $\boldsymbol{\omega}\times\boldsymbol{v}_r=0$,则 $\boldsymbol{F}_{Ik}=0$,则有

$$\boldsymbol{F}+\boldsymbol{F}_{Ie}=0 \tag{3.2.4}$$

这就是在非惯性系 $oxyz$ 中所谓的相对静止问题。

如果在非惯性系 $Mx'y'z'$ 中观察问题,则有

$$\boldsymbol{F}+\boldsymbol{F}_{Ie}+\boldsymbol{F}_{Ik}+\boldsymbol{F}_{Ir}=0 \tag{3.2.5}$$

式中，$\boldsymbol{F}_{Ir}$ 不妨称为相对惯性力，$\boldsymbol{F}_{Ir}=-m\boldsymbol{a}_r$。这实际上是《理论力学》中的动静法问题。

1. 在既定的非惯性系中的惯性力 —— 真实力

“惯性力”这个重要的物理概念，自问世以来，常被冠以假想力（虚设力、虚拟力）的“头衔”。随着自然科学技术的发展，特别是相对论和航海、航空、航天技术的发展，惯性力引起的效应越来越得到人们的重视。于是，人们便提出这样的问题 —— 惯性力真的是假想力吗？

(1) 在既定的非惯性系中，惯性力是真实力

1) 首先从地球上最常接触的重力开始。

如图 3.6 所示，重力是万有引力和离心惯性力的合力，并且毫无疑问重力是真实力。因此，必须承认离心惯性力 $\boldsymbol{F}_{惯}$ 也为真实力，否则就会陷入一个绝大的逻辑错误：即真实力重力 $\boldsymbol{G}$ 是由真实力万有引力 $\boldsymbol{F}_{引}$ 和假想力离心惯性力 $\boldsymbol{F}_{惯}$ 合成的。所以，只要承认重力是真实力，那么作为它的组成部分的离心惯性力也必然是真实力，并且有

$$\boldsymbol{G}=\boldsymbol{F}_{引}+\boldsymbol{F}_{惯} \tag{3.2.6}$$

这是在地球地心坐标系这个既定的非惯性系中观察到的结果。

2) 站在日心坐标系上观察这个问题，万有引力这个真实力分解为真实力重力和真实力向心力。

如图 3.7 所示，从日心坐标系上来看，有

$$\boldsymbol{F}_{引}=\boldsymbol{G}+\boldsymbol{F}_{向}=\boldsymbol{G}+m\boldsymbol{a}_{向} \tag{3.2.7}$$

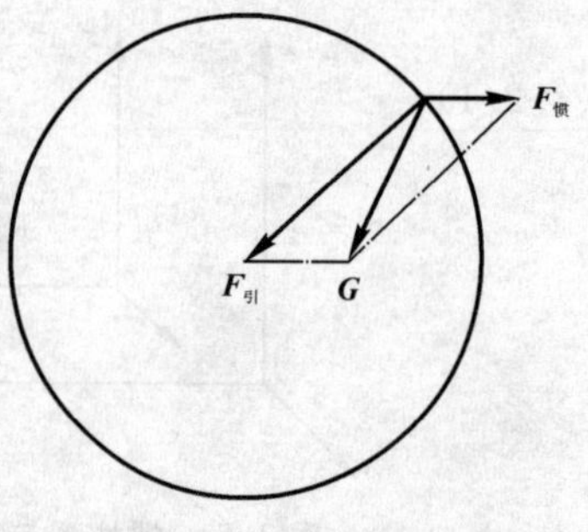

图 3.6 地球地心坐标系上受力简图

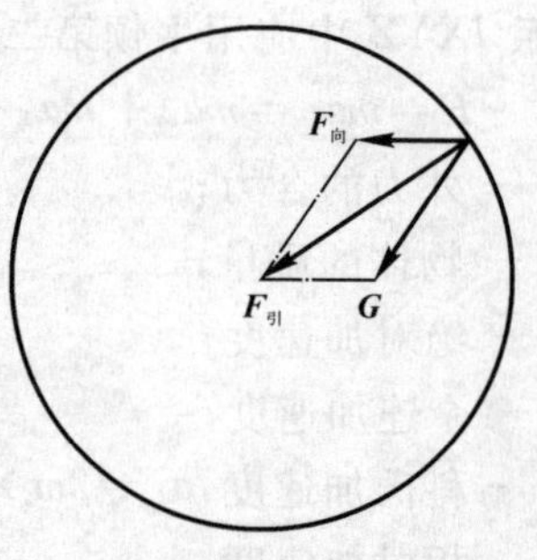

图 3.7 日心坐标系上受力简图

因此，得到式(3.2.6)和式(3.2.7)的原因是在不同的坐标系中观察问题的结果。实际上人们不约而同地将日心坐标系视为惯性系，将地球地心坐标系视为非惯性系。在既定的非惯性系中观察到的是惯性力

$$\boldsymbol{F}_{惯}=-m\boldsymbol{a}_{向} \tag{3.2.8}$$

而在惯性系中观察到的是相应的加速运动

$$\boldsymbol{F}_{向}=m\boldsymbol{a}_{向} \tag{3.2.9}$$

这正好说明，惯性力作为真实力是在既定的非惯性系中观察到的结果。

3) 只有在绝对空间上，才能把在惯性系中观察到的力作为真实力，而把在非惯性系中观察到的惯性力作为假想力。

牛顿认为[24]：“绝对空间，按其本性，不受外界事物的影响，总是保持不变，并且不可移动。”即在原经典力学中，存在一个绝对静止的坐标系，这是个绝对的惯性系，相对于它作匀速直线运动的坐标系也是惯性系，否则就是非惯性系。只有在这样的惯性系中观察到的力才

是真实力，而在这样的非惯性系中观察到的惯性力是假想力。

但是，经典力学发展到今天，已经排除了这个绝对静止的坐标系，而代之以“运动是绝对的，静止是相对的”的辩证思想[25]。而且，如前所述，直到现在所了解的宇宙中还没有找到一个绝对的惯性系。这样一来，也就无法区别真实力和假想力了。

可见，经典力学发展到今天这样的情况，在既定的非惯性系中，从力引起的效应出发，将惯性力视为真实力便是很自然的了。

(2) 惯性力作为真实力的理论意义

爱因斯坦从引力质量和惯性质量以很高的精确度相等的事实出发，创立了引力场理论（广义相对论），建立了加速度场和引力场之间的等效原理。在惯性系中观察到的是加速度场，在非惯性系中观察到的是引力场。这种理论与经典力学中的“在惯性系中观察到的是加速运动，在非惯性系中观察到的是惯性力”的理论是一致的。因此，认为引力场理论中的引力是真实的引力，也就应当认为惯性力是真实力。可见，惯性力作为真实力使经典力学中的概念和引力场理论中的概念统一起来。

远在牛顿时代，已经注意到惯性力引起的效应，牛顿试图以旋转水桶实验证明绝对空间的存在便是一个重要的例证。马赫批判了牛顿的观点，对此爱因斯坦指出，“因为完全按照您对牛顿水桶实验的批判，一个必然的结果是：惯性来源于物体的一种相互作用”。爱因斯坦[21]认为，从一种较为形式的意义上来说，牛顿力学也为场论开辟了道路，并“十分正确地认为马赫是广义相对论的先驱”。这段历史也可以说明惯性力作为真实力的理论与引力场理论的统一性。正是由于这种统一性，近年来人们把两类问题作为一个统一的问题来研究，下面的一段引文便可说明这一点[26]：“在爱因斯坦提出他的广义相对论之后约70年，一个数学物理学家小组解出了那些描述惯性、科氏力、离心力是如何产生的相对论方程。…… 惯性是从哪里来的？为什么一个运动的物体，如果不受外力作用，会一直沿一直线运动下去？当您旋转一个水桶时，离心力会把水推向桶壁，水是怎么知道应当如此照办的？爱因斯坦等科学家试图为物体的运动方式依赖于宇宙中所有物质的平均分布找出一个数学理由。爱因斯坦用广义相对论建立了方程来描述这个问题，但他解不出这个方程。耶鲁大学的物理学教授杰弗里·科恩（Jeffrey Cohen）经过23年的努力终于证明这个方程是有解的，而且这些解确实描述了现实世界里物体运动的方式。……”

(3) 惯性力作为真实力的实践意义

在研究飞机或火箭的结构受力时，是在机体坐标系或箭体坐标系中观察问题的，一般说来它们是非惯性系，其加速度从几个“$\boldsymbol{g}$”到几十个“$\boldsymbol{g}$”，甚至更大。作用在机体或箭体上的惯性力是真实力，它是重力的几倍、几十倍，甚至更大。在飞机或火箭的结构设计中，必须考虑作为真实力的惯性力引起的效应，不然将导致不堪设想的后果。

不仅在航空和航天技术中，就是在一般机械设计中，凡是动载问题，其实质都是考虑惯性力作为真实力所引起的效应。

(4) 惯性力作为真实力的哲学意义

以牛顿三定律为基础的经典力学，总是把力作为主动的方面，认为力的作用导致物体运动状态的变化，惯性力作为真实力，则惯性系中的加速运动导致非惯性系中的惯性力，即运动的变化导致力，运动也有了主动的方面，进一步引申为力也是物质运动的一种形式。这就使得经典力学更加符合恩格斯的物质运动学说。

现在以落体偏东来说明这一问题。

如图3.8所示，设有落体M，其速度为$\boldsymbol{v}_r$，由于地球的自转(角速度为$\boldsymbol{\omega}$)，在日心坐标系或地球中心坐标系中观察到科氏加速度(科氏加速度方向向西)

$$\boldsymbol{a}_k = 2\boldsymbol{\omega} \times \boldsymbol{v}_r \tag{3.2.10}$$

但在地球地心坐标系或地理坐标系中观察到的是科氏惯性力(科氏惯性力方向向东)

$$\boldsymbol{F}_{Ik} = -m\boldsymbol{a}_k \tag{3.2.11}$$

这便是惯性系中的加速度运动导致非惯性系中的惯性力的过程。在地球地心坐标系或地理坐标系中，又观察到由于科氏惯性力的作用，使物体有偏东的加速度，加速度对时间的积累形成速度，从而使运动轨迹有向东的偏移，这便是力导致运动状态的变化。

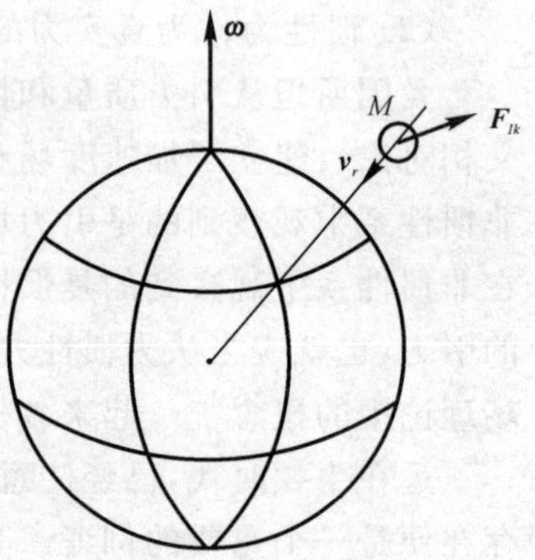

图3.8 落体偏东

为了更好地说明上述观点，谈一下电磁学中的类似情况。过去人们总是认为电压是主动的方面，而忽视电流的主动方面。其实电流也有其主动的方面，电流的变化可导致电压——感生电压

$$U_L = -L\frac{\mathrm{d}i}{\mathrm{d}t} \tag{3.2.12}$$

式中 i——电流；

L——自感系数；

U_L——感生电压。

而

$$\boldsymbol{F}_{惯} = -m\frac{\mathrm{d}\boldsymbol{v}}{\mathrm{d}t} \tag{3.2.13}$$

比较式(3.2.12)和式(3.2.13)，两者在形式上非常相似。

因此，根据自然科学基础理论和航海、航空、航天工程实践，应当认为在既定的非惯性系中惯性力是真实力。

2. 惯性力——质量力

由“惯性力作为真实力的理论意义”的讨论可见，惯性力与万有引力是同类性质的力——质量力(体积力)，即场力。它作用在物体的每一个微粒上。在此基础上，举例分析两个问题，这种分析与《理论力学》中的分析有原则上的区别。

例1 当我们沿光滑的直线轨道推动质量为m的小车时，在固连于地球上的坐标系(视为惯性系)中观察问题，小车所受水平方向的力只有主动力$\boldsymbol{F}$(忽略摩擦力的影响)，它使小车以加速度$\boldsymbol{a}$平动(见图3.9)。若在车体坐标系(非惯性系)中观察问题，则作用在小车上的力除$\boldsymbol{F}$外，还有惯性系中的加速运动导致的非惯性系中的惯性力，它是真实的质量力，作用在小车的每一个微粒上，其合力(实为主矢)$\boldsymbol{F}_{惯}$作用于质心(见图3.10)。由水平方向的平衡方程可得

$$\boldsymbol{F}_{惯} = -\boldsymbol{F} \tag{3.2.14}$$

《理论力学》中认为惯性力作用在推车人的手上，其实作用于手上的力是$\boldsymbol{F}$的反作用力$\boldsymbol{F}'$，而不是惯性力。

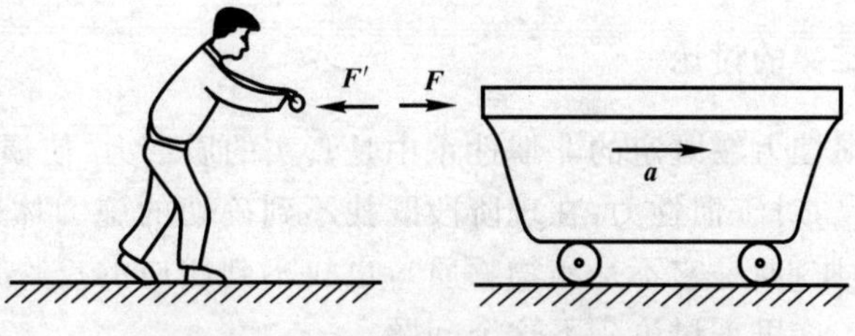

图 3.9　在惯性系中小车的受力简图

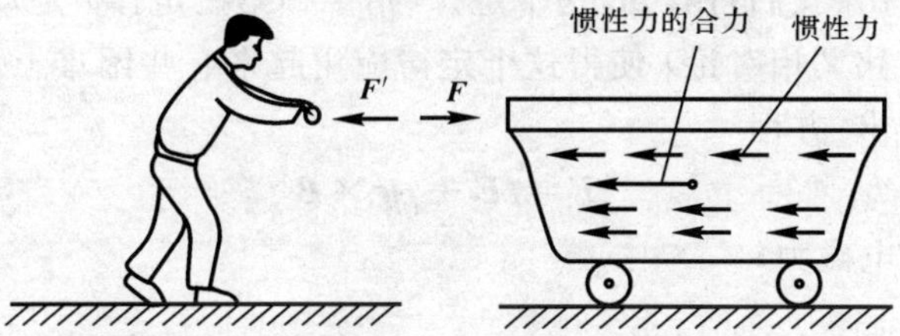

图 3.10　在非惯性系中小车的受力简图

例 2　设有两自由度陀螺[12]（见图 3.11），自转角速度

$$\omega_z = \dot{\gamma} \tag{3.2.15}$$

进动角速度为 ω_x，转子上任一微粒 $\mathrm{d}m$ 的相对速度为

$$\boldsymbol{v}_r = -\boldsymbol{i}\dot{\gamma}\rho\sin\gamma + \boldsymbol{j}\dot{\gamma}\rho\cos\gamma \tag{3.2.16}$$

科氏加速度为

$$\boldsymbol{a}_k = \boldsymbol{k}2\omega_x\dot{\gamma}\rho\cos\gamma \tag{3.2.17}$$

作用于微粒 $\mathrm{d}m$ 上的科氏惯性力为

$$\mathrm{d}\boldsymbol{F}_m = -\boldsymbol{k}2\omega_x\dot{\gamma}\rho\cos\gamma\mathrm{d}m \tag{3.2.18}$$

陀螺惯性力矩，即科氏惯性力对 y 轴的合力矩为

$$M_{y惯} = \int 2\omega_x\dot{\gamma}\rho^2\cos^2\gamma\mathrm{d}m = 2\omega_x\dot{\gamma}J_y \tag{3.2.19}$$

式中，J_y 为转子对 y 轴的转动惯量。

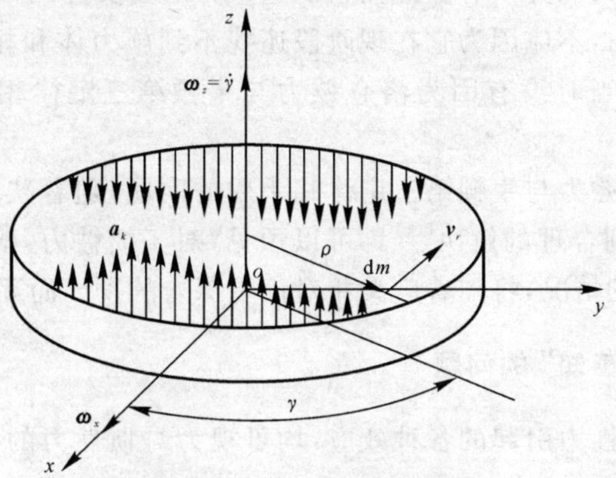

图 3.11　两自由度的陀螺

可见，科氏惯性力是质量力，它作用在转子的每一个微粒上；科氏惯性力对 y 轴的合力矩即为陀螺惯性力矩，它作用于陀螺本身。

3. 关于牛顿第三定律的讨论

上文已经论述了惯性力在既定的非惯性系中是真实的质量力，使惯性力成为一个确切的、统一的物理概念。可是，对于惯性力，在现阶段既找不到确切的施力体(指的是实物物质组成的物体，场也是一种物质，但是它不是实物物质)，也找不到相应的反作用力，即在现阶段它与牛顿第三定律相矛盾。这里来讨论一下这个问题。

1) 文献[26]中指出：我们将看到，这个定律(指牛顿第三定律)是动量守恒的基础。传递力的速度有限这一点(狭义相对论)使得这个定律应用起来有些困难……

2) 文献[22]中指出：方程

$$\boldsymbol{F}=\rho\boldsymbol{E}+\rho\boldsymbol{u}\times\boldsymbol{B} \tag{3.2.20}$$

式中 $\boldsymbol{F}$—— 洛伦兹电磁力；

$\boldsymbol{E}$—— 电场；

$\boldsymbol{B}$—— 磁场；

$\boldsymbol{u}$—— 粒子的速度；

$\boldsymbol{\rho}$—— 粒子的电荷密度。

虽然 Heaviside 在1889年就首先得出了此方程，但洛仑兹意识到……该方程与作用力和反作用力大小相等、方向相反的牛顿第三定律相矛盾。关于牛顿第三定律洛仑兹写道："但依我看来，没有任何理由使我们一定要把这一命题(指牛顿第三定律)抬高为无限正确的基本规律。"

3) 文献[27]中指出：在场随时间变化的情况中，电磁场一经产生，即使场源消失，它还可以继续存在，……(因而可以引申为，在这种场源消失的场中，某电荷受力便找不到施力体和相应的反作用力。)

由以上引证可见，对于场力，牛顿第三定律的应用有时会遇到困难；在自然科学发展史上，出现过在当时看来与牛顿第三定律相矛盾的力 —— 洛仑兹力；找不到施力体和相应的反作用力的情况也存在。但是，人们并没有因此而否认这些力的真实性。

惯性力也是一种场力，不应因为它在现阶段还找不到施力体和相应的反作用力而否定它的真实性。正如洛仑兹当时没有因为洛仑兹力与牛顿第三定律相矛盾而否定它的真实性一样。

应当指出，对于洛仑兹力与牛顿第三定律相矛盾的问题，随着狭义相对论的发展，已经在很高的精确度范围内得到合理的解决[21]。可以预见，对于惯性力，既找不到确切的施力体也找不到相应的反作用力的情况，将随着广义相对论更深入的发展而逐步得到解决。

4. 关于"对惯性力的感知"的问题

广义地来说，观察惯性力引起的各种效应，均可视为对惯性力的感知，但这里只谈点人们对惯性力的直接的感知。

对惯性力的最确切的感知者应是歼击型飞机飞行员和宇宙飞行器飞行员。他们一定会相信惯性力是真实的质量力。他们在驾驶飞行器作大负荷(即以很大的加速度)机动飞行时，惯性力对他们有很大的威胁。当加速度的方向为由脚至头的方向时，作用在血液微粒上的惯性力使血液下坠，不加防护可能会造成脑贫血；当加速度的方向由头至脚时，作用在血液微粒上的惯性力使血液上涌，不加防护可能会造成脑充血。这些都会危及飞行员的生命安全。因此，必要时要采取一定的防护措施，如穿抗过荷衣等，来防止血液的过量流动。

乘坐过飞机的人们也会有上述轻微的感觉。之所以是轻微的，是因为飞机设计师不允许民航机有过大的加速度，因而也不会有过大的惯性力，以保证乘客们的安全。

综上所述，如果适当引入惯性力把非惯性系转化为相对的惯性系，那么只要将惯性力作为真实的质量力作用于物体上，便可按照与惯性系中相同的方式来处理非惯性系中的力学问题。

爱因斯坦从引力质量和惯性质量以很高的精确度相等的事实出发，创立了引力场理论（广义相对论），建立了加速度场和引力场之间的等效原理。在惯性系中观察到的是加速度场，在非惯性系中观察到的是引力场。这种理论与经典力学中的“在惯性系中观察到的是加速运动，在非惯性系中观察到的是惯性力”的理论是一致的。于是根据这一论断，可以认为在既定的非惯性系中惯性力是真实的质量力。前面的论述说明，认为“在既定的非惯性系中惯性力是真实的质量力”的论断使得惯性力成为一个确切的物理概念。为了与某些《理论力学》教材和论著中认为惯性力是假想力（虚拟力）的认识相区别，将这种惯性力称为爱因斯坦惯性力。

那么某些《理论力学》教材和论著中认为“惯性力是假想力（虚拟力）”的认识是否是错误的呢？回答是否定的。某些《理论力学》教材和专著中认为“惯性力是假想力（虚拟力）”的认识应当是在既定的惯性坐标系中做出的。实际上在既定的惯性坐标系中看到的是物体的加速运动，为了将动力学问题转化为静力学问题来处理，需要将物体的质量与加速度的乘积假想为（虚拟为）惯性力，从而把物体的加速运动问题处理为静力平衡问题，并且形象地称之为“动静法”，也称之为达朗伯原理（D' Alembert's Principle）。可见，这只是一种处理问题的方法。为了把这种在惯性坐标系中为了处理问题的方便而引入的假想的“虚拟的”惯性力和在非惯性系中观察到的真实的惯性力（Einstein 惯性力）相区别，称之为达朗伯（D' Alembert）惯性力。这里指出，达朗伯惯性力的提法不是本节首次提出的，本节只是强调说明了赋予达朗伯惯性力的意义，即在既定的惯性坐标系中，为了把物体的加速运动问题处理为静力平衡问题，需要将物体的质量与加速度的乘积假想为（虚拟为）惯性力。应用动静法，在工程计算中是很方便的。

例 3　变形体力学中的动静法。

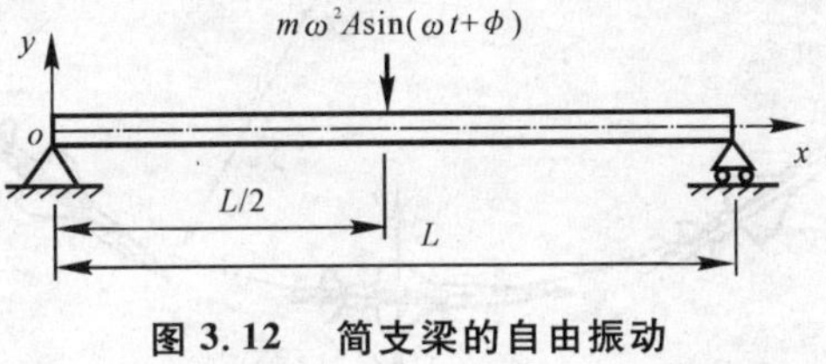

图 3.12　简支梁的自由振动

设有如图 3.12 所示处于自由振动中的等剖面简支梁，梁的长度为 L，梁的弯曲刚度为 EI，梁的质量 m 集中在梁的跨度的中心，并且集中质量作自由振动

$$y = A\sin\omega t \tag{3.2.21}$$

式中　y—— 广义位移；

A—— 振幅；

ω—— 角频率；

t —— 时间。

其加速度为

$$\ddot{y} = -\omega^2 A\sin(\omega t + \phi) \tag{3.2.22}$$

其虚拟的惯性力的大小为

$$-m\ddot{y} = m\omega^2 A\sin(\omega t + \phi) \tag{3.2.23}$$

将该惯性力作用在简支梁跨度的中心，则可将原来的简支梁的自由振动问题处理为在虚拟的惯性力作用下的简支梁的静力平衡问题。应用结构静力学中的单位载荷法可以将简支梁跨度中心的广义位移表示为

$$A\sin(\omega t + \phi) = 2 \times \frac{1}{EI} \times \frac{1}{2} \times \frac{L}{2} \times \frac{1}{2} \times \frac{2}{3} \times \omega^2 mA\sin(\omega t + \phi) \tag{3.2.24}$$

进而可得

$$1 = 2 \times \frac{1}{EI} \times \frac{1}{2} \times \frac{L}{2} \times \frac{1}{2} \times \frac{2}{3} \times \omega^2 m \tag{3.2.25}$$

故得简支梁自由振动的角频率

$$\omega = \sqrt{\frac{6EI}{mL}} \tag{3.2.26}$$

其振幅 A 由初始条件决定。

3.2.3 非惯性系中的力学问题

如前文所述，飞行器结构动力学中的问题多数是非惯性坐标系中的力学问题。因此，非惯性系中的力学问题的研究内容是相当丰富的。例如，本章前面的几个算例都是研究非惯性系中的力学问题，本节不想再涉及更多的问题，仅举一例，说明有关重要问题。

例 4 以飞机俯冲拉起为例(见图 3.13)，说明非惯性系中的力学问题的特性。这里，将飞机处理为单柔体。可见，这也是单柔体动力学问题。

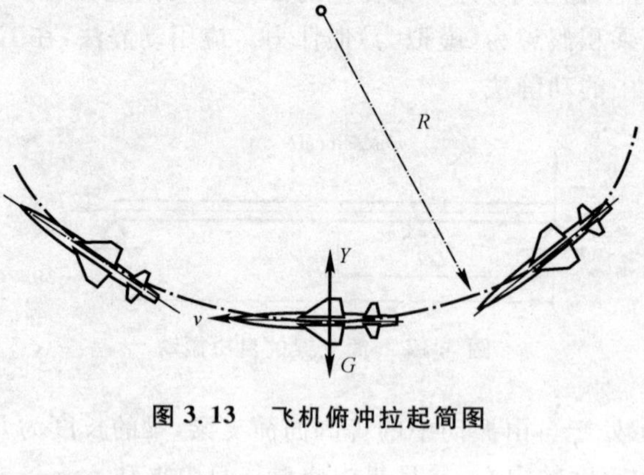

图 3.13 飞机俯冲拉起简图

将飞机简化为单柔体，设飞机(或者有翼导弹)进行俯冲拉起的机动飞行，因为此时飞机的机动飞行中既有平动又有转动，而拟变分原理的拟驻值条件中，既有运动轨迹方程又有姿态方程，即

$$-m\frac{\mathrm{d}v_i^c}{\mathrm{d}t} - \iiint_V \rho \frac{\mathrm{d}v_i^d}{\mathrm{d}t}\mathrm{d}V + F_i = 0 \tag{3.2.27}$$

$$\iiint_V \rho \frac{\mathrm{d}}{\mathrm{d}t}(e_{ijk} v_j^d x_k)\mathrm{d}V - \frac{\mathrm{d}}{\mathrm{d}t}(J_{ij}\omega_j) + M_i = 0 \tag{3.2.28}$$

所以在确定飞机的运动轨迹时，应用力的平行移动原理，将推力、升力、阻力和重力都作用在飞机的质心，将整个飞机视为一个质点来研究。而在确定飞机的姿态运动时，应用力的平行移动原理，除如前面所述已经将推力、升力、阻力和重力都平行移动到飞机的质心外，还要加上附加力矩，将整个飞机视为一个刚体来研究。运动轨迹方程和运动姿态方程中的外力 F 和外力矩 M 为推力 P、重力 G、气动升力 Y 和阻力 X 的合力（主矢）和合力矩（主矩）。当飞机进行俯冲拉起的机动飞行时，可以简化为推力 P、重力 G、气动升力 Y 和阻力 X 及其合力（主矢）F 和合力矩（主矩）M 作用在飞机的铅垂平面内。

这时如果不考虑飞机的弹性变形对刚体运动的影响，方程式(3.2.27) 和式(3.2.28) 退化为刚体动力学方程

$$-m\frac{\mathrm{d}v_i^c}{\mathrm{d}t} + F_i = 0 \tag{3.2.29}$$

$$-\frac{\mathrm{d}}{\mathrm{d}t}(J_{ij}\omega_j) + M_i = 0 \tag{3.2.30}$$

具体到所研究的问题，近似地认为推力 P 的作用方向为 x 方向，阻力 X 的作用方向为 $-x$ 方向，方程式(3.2.29) 和式(3.2.30) 可以近似地表示为

$$-m\frac{\mathrm{d}v_x^c}{\mathrm{d}t} + P - X = 0 \tag{3.2.31}$$

$$-J_{zz}\frac{\mathrm{d}}{\mathrm{d}t}\omega_z + Y(x_a - x_c) = 0 \tag{3.2.32}$$

式中　x_a—— 空气动力中心坐标，又称压力中心坐标；

x_c—— 飞机的质心坐标。

如果引入惯性力 $F^I = -m\frac{\mathrm{d}v_i^c}{\mathrm{d}t}$ 和惯性力矩 $M^I = -J_{zz}\frac{\mathrm{d}\omega_z}{\mathrm{d}t}$，则可认为飞机在推力、升力、阻力、重力、惯性力和惯性力矩的作用下平衡。这里指出，推力 P、升力 Y 和阻力 X 也有各自的变换规律，限于篇幅，不再详细论述。

在拟变分原理的拟驻值条件中，还有将飞机视为变形体时的弹性动力学方程。假设不考虑弯曲和拉压的耦合作用，稍加变换（将单位体积中的质量 ρ 变换为单位长度的质量 $\overline{m}$），机体结构的弹性拉压动力学方程为

$$-\overline{m}\frac{\mathrm{d}v_i^c}{\mathrm{d}t} - \overline{m}\frac{\mathrm{d}v_i^d}{\mathrm{d}t} + EA\frac{\mathrm{d}\varepsilon}{\mathrm{d}x} = \overline{X} \tag{3.2.33}$$

式中　E—— 飞机机体材料的弹性模量；

A—— 机体横截面积；

$\overline{m}$—— 单位长度机体的质量；

$\overline{X}$—— 单位长度机体表面的阻力。

考虑到 $v_i^d = \frac{\partial u}{\partial t}$，$\varepsilon = \frac{\partial u}{\partial x}$（忽略 Poisson 效应），$u$ 为轴向变形，式(3.2.33) 又可进一步表示为

$$EA\frac{\partial^2 u}{\partial x^2} - \overline{m}\frac{\partial^2 u}{\partial t^2} = \overline{X} + \overline{m}\frac{\mathrm{d}v_i^c}{\mathrm{d}t} \tag{3.2.34}$$

同样，假设不考虑弯曲和拉压的耦合作用，稍加变换（将单位体积中的质量 ρ 变换为单位

长度的质量 $\overline{m}$)，机体结构的弹性弯曲动力学方程为

$$EI\frac{\partial^4 w}{\partial y^4}+\overline{m}\frac{\partial^2 w}{\partial t^2}=q(y,t) \tag{3.2.35}$$

式中 EI —— 弯曲刚度系数；

$q(y,t)$ —— 载荷集度，$q(y,t)=\overline{Y}-\overline{m}R\omega_z^2-\overline{m}g$；

R —— 俯冲拉起曲线轨迹的曲率半径，其大小由方程式(3.2.32)确定；

$\overline{Y}$ —— 单位长度机体的等效升力。

显而易见，方程式(3.2.34)是弹性杆件的纵向振动问题，其解在多种结构动力学的专著和教科书中都有论述，兹不赘述。下面讨论方程式(3.2.35)的解法。

鉴于飞行器结构多为细长体，一般可以将其简化为工程梁。为了简化计算，这里简化为等剖面梁。梁的自由振动的微分方程为

$$EI\frac{\partial^4 w(x,t)}{\partial x^4}+\overline{m}\frac{\partial^2 w(x,t)}{\partial t^2}=0 \tag{3.2.36}$$

其为四阶常系数线性偏微分方程，可用分离变量法求解。假设

$$w(x,t)=\varphi(x)q(t) \tag{3.2.37}$$

式中 $\varphi(x)$ —— 取决于空间变量 x 的函数，称为振形函数，即主振动形式；

$q(t)$ —— 取决于时间变量 t 的函数，称为坐标函数，即主坐标。

将式(3.2.37)代入方程式(3.2.36)中，可得

$$EI\frac{\mathrm{d}^4\varphi(x)}{\mathrm{d}x^4}q(t)+\overline{m}\varphi(x)\frac{\mathrm{d}^2 q(t)}{\mathrm{d}t^2}=0 \tag{3.2.38}$$

偏微分方程就成了常微分方程。式(3.2.38)还可写成

$$\frac{EI\dfrac{\mathrm{d}^4\varphi(x)}{\mathrm{d}x^4}}{\overline{m}\varphi(x)}=-\frac{\dfrac{\mathrm{d}^2 q(t)}{\mathrm{d}t^2}}{q(t)}=\omega^2 \tag{3.2.39}$$

等式左边项只是 x 的函数，右边项只是 t 的函数，且该式对任意的 x 和 t 均满足，故此值必是常数，且仅当常数为正值(以 ω^2 表示)时才有振动形式的解。由式(3.2.39)可得关于振形函数 $\varphi(x)$ 的四阶常微分方程

$$\frac{\mathrm{d}^4\varphi(x)}{\mathrm{d}x^4}-\frac{\overline{m}\omega^2}{EI}\varphi(x)=0 \tag{3.2.40}$$

及关于坐标函数 $q(t)$ 的二阶常微分方程

$$\frac{\mathrm{d}^2 q(t)}{\mathrm{d}t^2}+\omega^2 q(t)=0 \tag{3.2.41}$$

式中，ω 为振动的固有频率。

方程式(3.2.40)可以进一步变换为

$$\frac{\mathrm{d}^4\varphi(x)}{\mathrm{d}x^4}-\left(\frac{\mu}{L}\right)^4\varphi(x)=0 \tag{3.2.42}$$

式中，$\left(\dfrac{\mu}{L}\right)^4=\dfrac{\overline{m}\omega^2}{EI}$，$L$ 为梁的跨度，μ 为频率参数。

方程式(3.2.42)的解可以写成

$$\varphi(x)=a\sin\frac{\mu x}{L}+b\cos\frac{\mu x}{L}+c\,\mathrm{sh}\frac{\mu x}{L}+d\,\mathrm{ch}\frac{\mu x}{L} \tag{3.2.43}$$

其中4个积分常数由4个边界条件确定。

在 $x=0$ 和 $x=L$ 处,自由梁的边界条件为弯矩和剪力为零,写成与位移有关的表达式为

$$\left.\begin{aligned}\varphi''(0)=0,\quad \varphi'''(0)=0\\ \varphi''(L)=0,\quad \varphi'''(L)=0\end{aligned}\right\} \tag{3.2.44}$$

将式(3.2.43)代入边界条件式(3.2.44)中,可得确定积分常数的4个线性齐次方程式。由 $x=0$ 处的边界条件式,可得

$$\left.\begin{aligned}-b+d=0\\ -a+c=0\end{aligned}\right\} \tag{3.2.45}$$

由此可得

$$\left.\begin{aligned}a=c\\ b=d\end{aligned}\right\} \tag{3.2.46}$$

代入 $x=L$ 处的边界条件式,可得

$$\left.\begin{aligned}a(-\sin\mu+\mathrm{sh}\mu)+b(\mathrm{ch}\mu-\cos\mu)=0\\ a(\mathrm{ch}\mu-\cos\mu)+b(\mathrm{sh}\mu+\sin\mu)=0\end{aligned}\right\} \tag{3.2.47}$$

写成矩阵形式为

$$\begin{bmatrix}-\sin\mu+\mathrm{sh}\mu & \mathrm{ch}\mu-\cos\mu\\ \mathrm{ch}\mu-\cos\mu & \sin\mu+\mathrm{sh}\mu\end{bmatrix}\begin{bmatrix}a\\ b\end{bmatrix}=\begin{bmatrix}0\\ 0\end{bmatrix} \tag{3.2.48}$$

因为 a,b 不能全为零,于是 a 和 b 的系数行列式必须为零,可得频率参数方程式

$$\begin{vmatrix}-\sin\mu+\mathrm{sh}\mu & \mathrm{ch}\mu-\cos\mu\\ \mathrm{ch}\mu-\cos\mu & \sin\mu+\mathrm{sh}\mu\end{vmatrix}=0 \tag{3.2.49}$$

即

$$1-\mathrm{ch}\mu\cos\mu=0 \tag{3.2.50}$$

由此可以求出自由梁的频率参数:$\mu_0=0$,$\mu_1=4.730$,$\mu_2=7.853$,$\mu_3=10.996$,$\mu_4=14.137$,…,$\mu_j\doteq(2j+1)\pi/2$,…。

对于 μ 的非零解,代表梁的振动,已经有相当多的文献进行了研究[31-32],不再赘述。但由于 $\mu_0=0$ 对应的方程解并不代表梁的振动,而是梁的刚体运动,故在推导梁的振型时并未进行讨论。实际上,当 $\mu_0=0$ 时,梁的弯曲振动微分方程由式(3.2.42)变为

$$\varphi^{\mathrm{IV}}(x)-\left(\frac{\mu_0}{L}\right)^4\varphi(x)=\varphi^{\mathrm{IV}}(x)=0 \tag{3.2.51}$$

该微分方程对应的解的表达式不再是式(3.2.43)所述的形式,而是可以表示为

$$\varphi(x)=Ax^3+Bx^2+Cx+D \tag{3.2.52}$$

由于该解满足梁自由振动的边界条件式(3.2.44),因而将式(3.2.52)代入式(3.2.44),可得 $A=0$,$B=0$,于是有

$$\varphi(x)=Cx+D \tag{3.2.53}$$

该式表示梁对应零频率时的刚体位移。这类位移可与横向弯曲振动相叠加,使振动时的平衡位置相对于原来有某个偏移。值得注意的是,C 和 D 均为待定参数。为了确定这类待定参数,并且确定耦合振型,需要应用单柔体动力学和非惯性系力学问题的理论。现在尝试性地处理这类问题。

无约束梁的自由振动的一次振型是对称弯曲振型,如图3.14所示。假设振动的广义位

移为

$$w_1 = q_1\left[\cos\frac{\pi x}{L} + (Cx + D)\right] \tag{3.2.54}$$

式中，$q_1 = A_1\sin\omega_1 t$，A_1 为振幅，ω_1 为角频率，t 为时间；x，y 坐标如图 3.14 所示；L 为梁的长度；C 和 D 为待定常数。

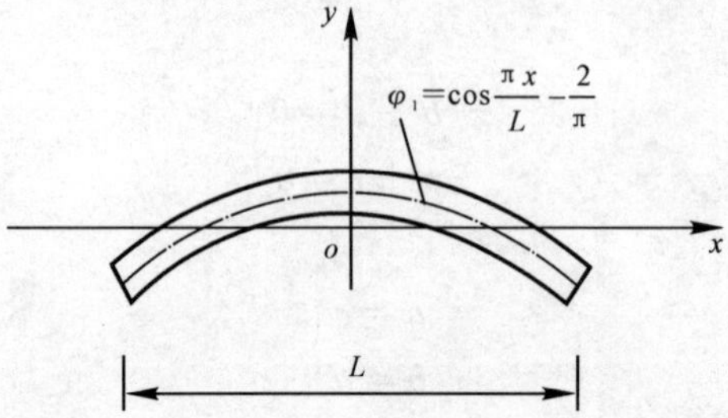

图 3.14　无约束梁的自由振动的一次振型

因为研究的是无约束梁的自由振动，该梁被激振后，便无外力继续作用，只有由于梁的振动加速度导致的惯性力，而且惯性力是自相平衡的。对于这类无约束梁一次振型，即对称弯曲振型，研究小位移理论的情况，可以将拟驻值条件(一)得到的方程式(3.1.29)的第二式变换为

$$\iiint_V \rho\,\frac{\mathrm{d}}{\mathrm{d}t}\left(e_{ijk}\,\frac{\mathrm{d}w_j}{\mathrm{d}t}x_k\right)\mathrm{d}V = \int_{-\frac{L}{2}}^{\frac{L}{2}} m\ddot{w}_1 x\,\mathrm{d}x = \overline{m}\ddot{q}_1\int_{-\frac{L}{2}}^{\frac{L}{2}}\left[\cos\frac{\pi x}{L} + (Cx + D)\right]x\,\mathrm{d}x = 0 \tag{3.2.55}$$

因为

$$\int_{-\frac{L}{2}}^{\frac{L}{2}}\left(\cos\frac{\pi x}{L} + D\right)x\,\mathrm{d}x = 0 \tag{3.2.56}$$

故有

$$C\int_{-\frac{L}{2}}^{\frac{L}{2}} x^2\,\mathrm{d}x = 0 \tag{3.2.57}$$

进而可得

$$C = 0 \tag{3.2.58}$$

对于这类无约束梁一次振型，即对称弯曲振型，可以将拟驻值条件(一)得到的方程式(3.1.29)的第一式变换为

$$\iiint_V -\rho\,\frac{\partial^2 w_i}{\partial t^2}\mathrm{d}V = -\int_{-\frac{L}{2}}^{\frac{L}{2}} \overline{m}\ddot{w}_1\,\mathrm{d}x = 0 \tag{3.2.59}$$

将式(3.2.54)和式(3.2.58)代入式(3.2.59)，可得

$$-\int_{-\frac{L}{2}}^{\frac{L}{2}} \overline{m}\ddot{w}_1\,\mathrm{d}x = -\overline{m}\ddot{q}_1\int_{-\frac{L}{2}}^{\frac{L}{2}}\left(\cos\frac{\pi x}{L} + D\right)\mathrm{d}x = 0 \tag{3.2.60}$$

对式(3.2.60)进行积分，并约去不为零的因子，可得

$$\int_{-\frac{L}{2}}^{\frac{L}{2}}\left(\cos\frac{\pi x}{L} + D\right)\mathrm{d}x = \left(\frac{L}{\pi}\sin\frac{\pi x}{L} + Dx\right)\Bigg|_{-\frac{L}{2}}^{\frac{L}{2}} = \frac{2L}{\pi} + DL = 0 \tag{3.2.61}$$

解得

$$D = -\frac{2}{\pi} \tag{3.2.62}$$

故有

$$w_1 = A_1 \sin\omega_1 t\left(\cos\frac{\pi x}{L} - \frac{2}{\pi}\right) \tag{3.2.63}$$

对于这类无约束梁一次振型，即对称弯曲振型，将方程式(3.1.29)的第三式变换为积分形式，即为一个 Lagrange 算子

$$\int_{-\frac{L}{2}}^{\frac{L}{2}}\left[\frac{\mathrm{d}}{\mathrm{d}t}\frac{\partial}{\partial \dot{q}_1}\left(\frac{1}{2}\bar{m}\frac{\mathrm{d}w_1}{\mathrm{d}t}\frac{\mathrm{d}w_1}{\mathrm{d}t}\right)+\frac{\partial}{\partial q_1}\left(\frac{1}{2}EI\frac{\mathrm{d}^2 w_1}{\mathrm{d}x^2}\frac{\mathrm{d}^2 w_1}{\mathrm{d}x^2}\right)\right]\mathrm{d}x = 0 \tag{3.2.64}$$

式中　$\bar{m}$ —— 单位长度梁的质量；

EI —— 剖面刚度系数。

为了确定一次振型的频率，将式(3.2.63)代入式(3.2.64)，整理可得

$$\frac{\bar{m}L(\pi^2-8)}{2\pi^2}\frac{\partial^2 q_1}{\partial t^2} + \frac{EI\pi^4}{2L^3}q_1 = 0 \tag{3.2.65}$$

故得一次振型的自振频率为

$$\omega_1^2 = \frac{\dfrac{EI\pi^4}{2L^3}}{\dfrac{\bar{m}L(\pi^2-8)}{2\pi^2}} = \frac{EI\pi^6}{\bar{m}L^4(\pi^2-8)} \tag{3.2.66}$$

$$\omega_1 = \frac{\pi^3}{L^2}\sqrt{\frac{EI}{\bar{m}(\pi^2-8)}} \tag{3.2.67}$$

由以上分析可见，自由梁的一次振型不是绕梁的中性轴作往复振动，而是绕振动中心轴作往复振动。这便说明，相对于自由梁被激振前的运动状态，自由振动的一次振型的作用，可以使自由梁的运动轨迹产生变化。

无约束梁的自由振动的二次振型是反对称弯曲振型，如图 3.15 所示。假设振动的广义位移为

$$w_2 = q_2\left[\sin\frac{2\pi x}{L} + (Cx + D)\right] \tag{3.2.68}$$

式中，$q_2 = A_2\sin\omega_2 t$，A_2 为振幅，ω_2 为角频率；C 和 D 为待定常数；其余同上。

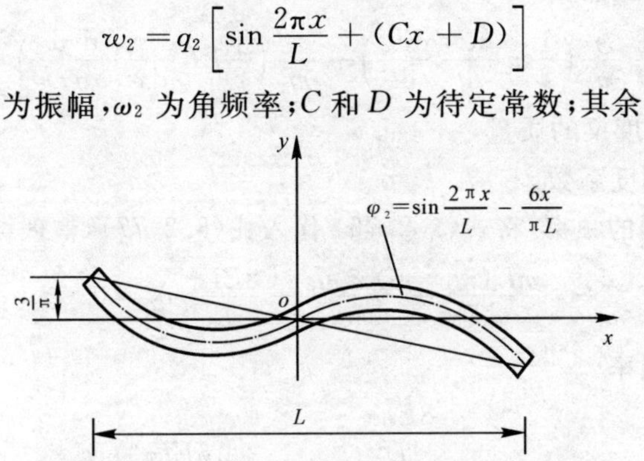

图 3.15　无约束梁的自由振动的二次振型

因为研究的是无约束梁的自由振动，该梁被激振后，便无外力继续作用，只有由于梁的振动加速度导致的惯性力，而且惯性力是自相平衡的。对于这类无约束梁二次振型，即反对称弯曲振型，研究小位移理论的情况，可以将拟驻值条件(一)得到的方程式(3.1.29)的第一式变换为

$$\iiint_V -\rho\frac{\partial^2 w_2}{\partial t^2}\mathrm{d}V = -\int_{-\frac{L}{2}}^{\frac{L}{2}}\bar{m}\ddot{w}_2\,\mathrm{d}x = -\bar{m}\ddot{q}_2\int_{-\frac{L}{2}}^{\frac{L}{2}}\left[\sin\frac{2\pi x}{L} + (Cx + D)\right]\mathrm{d}x = 0 \tag{3.2.69}$$

因为

$$\int_{-\frac{L}{2}}^{\frac{L}{2}} \left(\sin \frac{2\pi x}{L} + Cx \right) \mathrm{d}x = 0 \tag{3.2.70}$$

故有

$$\int_{-\frac{L}{2}}^{\frac{L}{2}} D \mathrm{d}x = LD = 0 \tag{3.2.71}$$

进而可得

$$D = 0 \tag{3.2.72}$$

因为研究的是无约束梁的自由振动，该梁被激振后，便无外力矩继续作用，只有由于梁的振动加速度导致的惯性力矩，而且惯性力矩是自相平衡的。可以将拟驻值条件(一) 得到的方程式(3.1.29) 的第二式变换为

$$\iiint_V \rho \frac{\mathrm{d}}{\mathrm{d}t}\left(e_{ijk} \frac{\mathrm{d}w_j}{\mathrm{d}t} x_k \right) \mathrm{d}V = \int_{-\frac{L}{2}}^{\frac{L}{2}} m\ddot{w}_2 x \mathrm{d}x = \overline{m}\ddot{q}_2 \int_{-\frac{L}{2}}^{\frac{L}{2}} \left(\sin \frac{2\pi x}{L} + Cx \right) x \mathrm{d}x = 0 \tag{3.2.73}$$

因为

$$\int_{-\frac{L}{2}}^{\frac{L}{2}} \left(\sin \frac{2\pi x}{L} + Cx \right) x \mathrm{d}x = \left(\frac{L^2}{4\pi^2} \sin \frac{2\pi x}{L} - \frac{Lx}{2\pi} \cos \frac{2\pi x}{L} + \frac{Cx^3}{3} \right) \Bigg|_{-\frac{L}{2}}^{\frac{L}{2}} = 0 \tag{3.2.74}$$

解得

$$C = -\frac{6}{L\pi} \tag{3.2.75}$$

故有

$$w_2 = A_2 \sin\omega_2 t \left(\sin \frac{2\pi x}{L} - \frac{6}{L\pi} x \right) \tag{3.2.76}$$

对于这类无约束梁二次振型，即反对称弯曲振型，将方程式(3.1.29) 的第三式变换为积分形式，即为一个 Lagrange 算子

$$\int_{-\frac{L}{2}}^{\frac{L}{2}} \left[\frac{\mathrm{d}}{\mathrm{d}t} \frac{\partial}{\partial \dot{q}_2} \left(\frac{1}{2} \overline{m} \frac{\mathrm{d}w_2}{\mathrm{d}t} \frac{\mathrm{d}w_2}{\mathrm{d}t} \right) + \frac{\partial}{\partial q_2} \left(\frac{1}{2} EI \frac{\mathrm{d}^2 w_2}{\mathrm{d}x^2} \frac{\mathrm{d}^2 w_2}{\mathrm{d}x^2} \right) \right] \mathrm{d}x = 0 \tag{3.2.77}$$

式中 $\overline{m}$ —— 单位长度梁的质量；

EI —— 剖面刚度系数。

为了确定二次振型的频率，将式(3.2.76) 代入式(3.2.77)，整理可得

$$\frac{\overline{m}L(\pi^2 - 6)}{2\pi^2} \frac{\partial^2 q_2}{\partial t^2} + \frac{8EI\pi^4}{L^3} q_2 = 0 \tag{3.2.78}$$

故得二次振型的自振频率

$$\omega_2^2 = \frac{\dfrac{8EI\pi^4}{L^3}}{\dfrac{\overline{m}L(\pi^2 - 6)}{2\pi^2}} = \frac{16EI\pi^6}{\overline{m}L^4(\pi^2 - 6)} \tag{3.2.79}$$

$$\omega_2 = \frac{4\pi^3}{L^2} \sqrt{\frac{EI}{\overline{m}(\pi^2 - 6)}} \tag{3.2.80}$$

由以上分析可见，自由梁的二次振型不是绕梁的中性轴作往复振动，而是绕振动中心轴作往复振动，而振动中心轴与梁的中性轴之间有一个角度。这便说明，相对于自由梁被激振前的运动状态，自由振动的二次振型的作用，可以使自由梁的运动姿态产生扰动。

3.3　单柔体动力学初值问题的拟变分原理及其应用

文献[28]指出，在变分学中，存在两类互逆的问题：一类是将泛函的驻(极)值问题化为微分方程的边(初)值问题(正问题)，一类是将微分方程的边(初)值问题化为泛函的驻(极)值问题(逆问题)。本章建立拟变分原理的过程属于变分学的逆问题，推导拟驻值条件属于变分学的正问题。

在 3.1 节中，应用凑合法建立单柔体动力学边值问题的拟变分原理，本节将应用变积方法建立单柔体动力学初值问题的拟变分原理。这里提出一个问题，学术界已经公认我们首创了变积方法，为什么在 3.1 节中不应用变积方法建立单柔体动力学边值问题的拟变分原理，而在本节才应用变积方法建立单柔体动力学初值问题的拟变分原理呢？这是因为变分学中的逆问题是将微分方程的边(初)值问题化为泛函的驻(极)值问题，这便要求首先要有单柔体动力学问题的基本方程，只有这样才能应用变积方法建立单柔体动力学的拟变分原理。可是所研究的单柔体动力学拟变分原理是刚体质点力学与变形体力学(具体到本节，是弹性力学)的耦合动力学的拟变分原理，而对于这种耦合动力学，尚不知道它的确切的动力学方程(基本方程)，因而也就不便于应用变积方法建立单柔体动力学边值问题的拟变分原理。能量守恒定律是自然科学中的基本定律，对于耦合动力学这类学科杂交的问题，应用能量守恒定律建立拟变分原理的泛函可能是一条有效途径。在 3.1 节中，正是按照这一原则来应用凑合法建立单柔体动力学边值问题的拟变分原理的。一旦应用凑合法建立起单柔体动力学边值问题的拟变分原理，就可以通过推导拟驻值条件来得到单柔体动力学的基本方程，有了基本方程，便可应用变积方法建立单柔体动力学初值问题的拟变分原理了。

3.3.1　一类变量单柔体动力学初值问题的拟变分原理

1. 基本方程

应用式(3.1.157) ~ 式(3.1.160)作为一类变量单柔体动力学的基本方程，可得

$$\iiint_V\left(-\rho\frac{\mathrm{d}^2u_i}{\mathrm{d}t^2}-\rho\frac{\mathrm{d}^2X_i^c}{\mathrm{d}t^2}\right)\mathrm{d}V+F_i=0 \tag{3.3.1}$$

$$\iiint_V\rho\frac{\mathrm{d}}{\mathrm{d}t}\left(e_{ijk}\frac{\mathrm{d}u_j}{\mathrm{d}t}x_k\right)\mathrm{d}V+\iiint_V\rho\frac{\mathrm{d}}{\mathrm{d}t}\left(e_{ijk}\frac{\mathrm{d}u_j}{\mathrm{d}t}u_k\right)\mathrm{d}V+\iiint_V\rho\frac{\mathrm{d}}{\mathrm{d}t}e_{ijk}\left(e_{jlm}\frac{\mathrm{d}\theta_l}{\mathrm{d}t}x_m\right)u_k\mathrm{d}V-\frac{\mathrm{d}H_i^c}{\mathrm{d}t}+M_i=0 \tag{3.3.2}$$

$$-\rho\frac{\mathrm{d}^2X_i^c}{\mathrm{d}t^2}-\rho e_{ijk}\frac{\mathrm{d}^2\theta_j}{\mathrm{d}t^2}x_k-\rho e_{ijk}\frac{\mathrm{d}\theta_j}{\mathrm{d}t}\left(e_{klm}\frac{\mathrm{d}\theta_l}{\mathrm{d}t}x_m\right)-\rho\frac{\partial^2u_i}{\partial t^2}-2\rho e_{ijk}\frac{\mathrm{d}\theta_j}{\mathrm{d}t}\frac{\partial u_k}{\partial t}-$$

$$\rho e_{ijk}\frac{\mathrm{d}^2\theta_j}{\mathrm{d}t^2}u_k-\rho e_{ijk}\frac{\mathrm{d}\theta_j}{\mathrm{d}t}\left(e_{klm}\frac{\mathrm{d}\theta_l}{\mathrm{d}t}u_m\right)+$$

$$\left[a_{ijkl}\left(\frac{1}{2}u_{k,l}+\frac{1}{2}u_{l,k}\right)\right]_{,j}+f_i=0 \qquad (\text{在 } V \text{ 中}) \tag{3.3.3}$$

$$a_{ijkl}\left(\frac{1}{2}u_{k,l}+\frac{1}{2}u_{l,k}\right)n_j-T_i=0 \qquad (\text{在 } S_\sigma \text{ 上}) \tag{3.3.4}$$

初始条件为

$$X_i^c\big|_{t=0}=X_i^c(0),\quad \left.\frac{\mathrm{d}X_i^c}{\mathrm{d}t}\right|_{t=0}=\dot{X}_i^c(0) \tag{3.3.5}$$

$$\theta_i\big|_{t=0}=\theta_i(0),\quad \left.\frac{\mathrm{d}\theta_i}{\mathrm{d}t}\right|_{t=0}=\dot{\theta}_i(0) \tag{3.3.6}$$

$$u_i\big|_{t=0}=u_i(0),\quad \left.\frac{\mathrm{d}u_i}{\mathrm{d}t}\right|_{t=0}=\dot{u}_i(0) \tag{3.3.7}$$

$$H_i^c\big|_{t=0}=H_i^c(0),\quad \left.\frac{\mathrm{d}H_i^c}{\mathrm{d}t}\right|_{t=0}=\dot{H}_i^c(0) \tag{3.3.8}$$

式中 ρ —— 质量密度；
V —— 体积；
S_σ —— 应力边界面；
F_i —— 外力主矢；
M_i —— 外力主矩；
f_i —— 体积力；
T_i —— 表面力；
a_{ijkl} —— 刚度系数；
n_i —— 表面法线方向数；
H_i^c —— 对质心的动量矩；
“ $\dot{}$ ” —— 变量对时间 t 的导数。

2. 拟变分原理

应用卷变积方法，按照广义力和广义位移的对应关系，将式(3.3.1) 卷乘上 δX_i^c，将式(3.3.2) 卷乘上 $\delta\theta_i$，将式(3.3.3) 及式(3.3.4) 分别卷乘上 δu_i，并求代数和，可得

$$\begin{aligned}
&\left[\iiint_V\left(-\rho\frac{\mathrm{d}^2u_i}{\mathrm{d}t^2}-\rho\frac{\mathrm{d}^2X_i^c}{\mathrm{d}t^2}\right)\mathrm{d}V+F_i\right]*\delta X_i^c+\left[\iiint_V\rho\frac{\mathrm{d}}{\mathrm{d}t}\left(e_{ijk}\frac{\mathrm{d}u_j}{\mathrm{d}t}x_k\right)\mathrm{d}V+\iiint_V\rho\frac{\mathrm{d}}{\mathrm{d}t}\left(e_{ijk}\frac{\mathrm{d}u_j}{\mathrm{d}t}u_k\right)\mathrm{d}V+\right.\\
&\qquad\left.\iiint_V\rho\frac{\mathrm{d}}{\mathrm{d}t}e_{ijk}\left(e_{jlm}\frac{\mathrm{d}\theta_l}{\mathrm{d}t}x_m\right)u_k\mathrm{d}V-\frac{\mathrm{d}H_i^c}{\mathrm{d}t}+M_i\right]*\delta\theta_i+\\
&\qquad\iiint_V\left\{-\rho\frac{\mathrm{d}^2X_i^c}{\mathrm{d}t^2}-\rho e_{ijk}\frac{\mathrm{d}^2\theta_j}{\mathrm{d}t^2}x_k-\rho e_{ijk}\frac{\mathrm{d}\theta_j}{\mathrm{d}t}\left(e_{klm}\frac{\mathrm{d}\theta_l}{\mathrm{d}t}x_m\right)-\right.\\
&\qquad\rho\frac{\partial^2u_i}{\partial t^2}-2\rho e_{ijk}\frac{\mathrm{d}\theta_j}{\mathrm{d}t}\frac{\partial u_k}{\partial t}-\rho e_{ijk}\frac{\mathrm{d}^2\theta_j}{\mathrm{d}t^2}u_k-\\
&\qquad\left.\rho e_{ijk}\frac{\mathrm{d}\theta_j}{\mathrm{d}t}\left(e_{klm}\frac{\mathrm{d}\theta_l}{\mathrm{d}t}u_m\right)+\left[a_{ijkl}\left(\frac{1}{2}u_{k,l}+\frac{1}{2}u_{l,k}\right)\right]_{,j}+f_i\right\}*\delta u_i\mathrm{d}V-
\end{aligned}$$

$$\iint_{S_\sigma}\left[a_{ijkl}\left(\frac{1}{2}u_{k,l}+\frac{1}{2}u_{l,k}\right)n_j-T_i\right]*\delta u_i\mathrm{d}S=0 \tag{3.3.9}$$

应用 Laplace 变换中的卷积分部积分公式 $f''*\delta g=f'*\delta g'-f'(0)\delta g$，可得

$$\left(\frac{\mathrm{d}X_i^c}{\mathrm{d}t}+\frac{\mathrm{d}u_i}{\mathrm{d}t}\right)*\delta\frac{\mathrm{d}X_i^c}{\mathrm{d}t}=\left(\frac{\mathrm{d}^2X_i^c}{\mathrm{d}t^2}+\frac{\mathrm{d}^2u_i}{\mathrm{d}t^2}\right)*\delta X_i^c+\dot{X}_i^c(0)\delta X_i^c+\dot{u}_i(0)\delta X_i^c \tag{3.3.10}$$

$$\frac{\mathrm{d}X_i^c}{\mathrm{d}t}*\delta\frac{\mathrm{d}u_i}{\mathrm{d}t}=\frac{\mathrm{d}^2X_i^c}{\mathrm{d}t^2}*\delta u_i+\dot{X}_i^c(0)\delta u_i \tag{3.3.11}$$

$$\begin{aligned}e_{ijk}\frac{\mathrm{d}\theta_j}{\mathrm{d}t}x_k*\delta\frac{\mathrm{d}u_i}{\mathrm{d}t}&=e_{ijk}\frac{\mathrm{d}\theta_j}{\mathrm{d}t}x_k*\frac{\mathrm{d}}{\mathrm{d}t}\delta u_i+e_{ijk}\frac{\mathrm{d}\theta_j}{\mathrm{d}t}x_k*e_{ijk}\delta\frac{\mathrm{d}\theta_j}{\mathrm{d}t}u_k=\\&\frac{\mathrm{d}}{\mathrm{d}t}\left(e_{ijk}\frac{\mathrm{d}\theta_j}{\mathrm{d}t}x_k\right)*\delta u_i+e_{ijk}\dot{\theta}_j(0)x_k\delta u_i-\\&\frac{\mathrm{d}}{\mathrm{d}t}e_{ijk}\left(e_{jlm}\frac{\mathrm{d}\theta_l}{\mathrm{d}t}x_m\right)u_k*\delta\theta_i-e_{ijk}e_{jlm}\dot{\theta}_l(0)x_mu_k(0)\delta\theta_i\end{aligned} \tag{3.3.12}$$

$$\frac{\mathrm{d}u_i}{\mathrm{d}t}*\delta e_{ijk}\frac{\mathrm{d}\theta_j}{\mathrm{d}t}x_k=-e_{ijk}\frac{\mathrm{d}u_j}{\mathrm{d}t}x_k*\delta\frac{\mathrm{d}\theta_i}{\mathrm{d}t}=-\frac{\mathrm{d}}{\mathrm{d}t}\left(e_{ijk}\frac{\mathrm{d}u_j}{\mathrm{d}t}x_k\right)*\delta\theta_i-e_{ijk}\dot{u}_j(0)x_k\delta\theta_i \tag{3.3.13}$$

$$\begin{aligned}\frac{\mathrm{d}u_i}{\mathrm{d}t}*\delta\frac{\mathrm{d}u_i}{\mathrm{d}t}&=\frac{\mathrm{d}u_i}{\mathrm{d}t}*\frac{\mathrm{d}}{\mathrm{d}t}\delta u_i+\frac{\mathrm{d}u_i}{\mathrm{d}t}*e_{ijk}\delta\frac{\mathrm{d}\theta_j}{\mathrm{d}t}u_k=\frac{\mathrm{d}}{\mathrm{d}t}\frac{\mathrm{d}u_i}{\mathrm{d}t}*\delta u_i+\dot{u}_i(0)\delta u_i-\\&\frac{\mathrm{d}}{\mathrm{d}t}\left(e_{ijk}\frac{\mathrm{d}u_j}{\mathrm{d}t}u_k\right)*\delta\theta_i-e_{ijk}\dot{u}_j(0)u_k(0)\delta\theta_i=\\&\left[\frac{\partial^2u_i}{\partial t^2}+e_{ijk}\frac{\mathrm{d}^2\theta_j}{\mathrm{d}t^2}u_k+2e_{ijk}\frac{\mathrm{d}\theta_j}{\mathrm{d}t}\frac{\partial u_k}{\partial t}+e_{ijk}\frac{\mathrm{d}\theta_j}{\mathrm{d}t}\left(e_{klm}\frac{\mathrm{d}\theta_l}{\mathrm{d}t}u_m\right)\right]*\delta u_i+\\&\dot{u}_i(0)\delta u_i-\frac{\mathrm{d}}{\mathrm{d}t}\left(e_{ijk}\frac{\mathrm{d}u_j}{\mathrm{d}t}u_k\right)*\delta\theta_i-e_{ijk}\dot{u}_j(0)u_k(0)\delta\theta_i\end{aligned} \tag{3.3.14}$$

$$H_i^c*\delta\frac{\mathrm{d}\theta_i}{\mathrm{d}t}=\frac{\mathrm{d}H_i^c}{\mathrm{d}t}*\delta\theta_i+H_i^c(0)\delta\theta_i \tag{3.3.15}$$

应用 Green 定理

$$\begin{aligned}-\iiint_V a_{ijkl}\left(\frac{1}{2}u_{k,l}+\frac{1}{2}u_{l,k}\right)*\delta u_{i,j}\mathrm{d}V&=\iiint_V\left[a_{ijkl}\left(\frac{1}{2}u_{k,l}+\frac{1}{2}u_{l,k}\right)\right]_{,j}*\delta u_i\mathrm{d}V-\\&\iint_{S_\sigma+S_u}a_{ijkl}\left(\frac{1}{2}u_{k,l}+\frac{1}{2}u_{l,k}\right)n_j*\delta u_i\mathrm{d}S\end{aligned} \tag{3.3.16}$$

请注意，能够得到式(3.3.14)中的 $\frac{\mathrm{d}^2\theta_j}{\mathrm{d}t^2}$ 一项，是因为应用了关系式 $\frac{\partial}{\partial t}\frac{\mathrm{d}\theta_j}{\mathrm{d}t}=\frac{\mathrm{d}}{\mathrm{d}t}\frac{\mathrm{d}\theta_j}{\mathrm{d}t}$，该式在 3.1.2 中已经推导过了，不再赘述。

将式(3.3.10) ～ 式(3.3.16) 代入式(3.3.9)，可得

$$\begin{aligned}&-\iiint_V\left\{\rho\left(\frac{\mathrm{d}X_i^c}{\mathrm{d}t}+\frac{\mathrm{d}u_i}{\mathrm{d}t}\right)*\delta\frac{\mathrm{d}X_i^c}{\mathrm{d}t}-\rho\left[\dot{X}_i^c(0)+\dot{u}_i(0)\right]\delta X_i^c\right\}\mathrm{d}V+F_i*\delta X_i^c+\\&\iiint_V\left[\rho e_{ijk}\frac{\mathrm{d}u_j}{\mathrm{d}t}x_k*\delta\frac{\mathrm{d}\theta_i}{\mathrm{d}t}-\rho e_{ijk}\dot{u}_j(0)x_k+\rho e_{ijk}\frac{\mathrm{d}u_j}{\mathrm{d}t}u_k*\delta\frac{\mathrm{d}\theta_i}{\mathrm{d}t}-\rho e_{ijk}\dot{u}_j(0)u_k(0)\delta\theta_i+\right.\\&\left.\rho e_{ijk}\left(e_{jlm}\frac{\mathrm{d}\theta_l}{\mathrm{d}t}x_m\right)u_k*\delta\frac{\mathrm{d}\theta_i}{\mathrm{d}t}-\rho e_{ijk}e_{jlm}\dot{\theta}_l(0)x_mu_k(0)\delta\theta_i\right]\mathrm{d}V-H_i^c*\delta\frac{\mathrm{d}\theta_i}{\mathrm{d}t}+\end{aligned}$$

$$H_i^c(0)\delta\theta_i + M_i * \delta\theta_i - \iiint_V \Big\{\rho\left[\frac{dX_i^c}{dt} * \delta\frac{du_i}{dt} + \left(e_{ijk}\frac{d\theta_j}{dt}x_k + \frac{du_i}{dt}\right) * \frac{d}{dt}\delta u_i\right] -$$

$$\rho[\dot{X}_i^c(0) + e_{ijk}\dot{\theta}_j(0)x_k + \dot{u}_i(0)]\delta u_i\Big\} dV + \iint_{S_\sigma + S_u} a_{ijkl}\left(\frac{1}{2}u_{k,l} + \frac{1}{2}u_{l,k}\right)n_j * \delta u_i dS -$$

$$\iiint_V \left[a_{ijkl}\left(\frac{1}{2}u_{k,l} + \frac{1}{2}u_{l,k}\right) * \delta u_{i,j} - f_i * \delta u_i\right] dV -$$

$$\iint_{S_\sigma}\left[a_{ijkl}\left(\frac{1}{2}u_{k,l} + \frac{1}{2}u_{l,k}\right)n_j - T_i\right] * \delta u_i dS = 0 \tag{3.3.17}$$

将变分符号提出，式(3.3.17)可以进一步表示为

$$\delta\Big\{\iiint_V\Big[-\frac{1}{2}\rho\frac{dX_i^c}{dt} * \frac{dX_i^c}{dt} - \rho\left(\frac{dX_i^c}{dt} + e_{ijk}\frac{d\theta_j}{dt}x_k\right) * \frac{du_i}{dt} - \frac{1}{2}\rho\frac{du_i}{dt} * \frac{du_i}{dt} +$$

$$\rho(\dot{X}_i^c(0) + \dot{u}_i(0))X_i^c - \rho e_{ijk}\dot{u}_j(0)x_k\theta_i - \rho e_{ijk}\dot{u}_j(0)u_k(0)\theta_i -$$

$$\rho e_{ijk}e_{jlm}\dot{\theta}_l(0)x_m u_k(0)\theta_i + \rho(\dot{X}_i^c(0) + e_{ijk}\dot{\theta}_j(0)x_k + \dot{u}_i(0))u_i\Big] dV +$$

$$F_i * X_i^c + M_i * \theta_i - \frac{1}{2}H_i^c * \frac{d\theta_i}{dt} + H_i^c(0)\theta_i -$$

$$\iiint_V\left[\frac{1}{2}a_{ijkl}\left(\frac{1}{2}u_{i,j} + \frac{1}{2}u_{j,i}\right) * \left(\frac{1}{2}u_{k,l} + \frac{1}{2}u_{l,k}\right) - f_i * u_i\right] dV + \iint_{S_\sigma} T_i * u_i dS\Big\} -$$

$$X_i^c * \delta F_i - \theta_i * \delta M_i - \iiint_V u_i * \delta f_i dV - \iint_{S_\sigma} u_i * \delta T_i dS = 0 \tag{3.3.18}$$

简记为

$$\delta\Pi_1 - \delta Q = 0 \tag{3.3.19}$$

式中

$$\Pi_1 = \iiint_V\Big\{-\frac{1}{2}\rho\frac{dX_i^c}{dt} * \frac{dX_i^c}{dt} - \rho\left(\frac{dX_i^c}{dt} + e_{ijk}\frac{d\theta_j}{dt}x_k\right) * \frac{du_i}{dt} - \frac{1}{2}\rho\frac{du_i}{dt} * \frac{du_i}{dt} +$$

$$\rho[\dot{X}_i^c(0) + \dot{u}_i(0)]X_i^c - \rho e_{ijk}\dot{u}_j(0)x_k\theta_i - \rho e_{ijk}\dot{u}_j(0)u_k(0)\theta_i -$$

$$\rho e_{ijk}e_{jlm}\dot{\theta}_l(0)x_m u_k(0)\theta_i + \rho[\dot{X}_i^c(0) + e_{ijk}\dot{\theta}_j(0)x_k + \dot{u}_i(0)]u_i\Big\} dV +$$

$$F_i * X_i^c + M_i * \theta_i - \frac{1}{2}H_i^c * \frac{d\theta_i}{dt} + H_i^c(0)\theta_i -$$

$$\iiint_V\left[\frac{1}{2}a_{ijkl}\left(\frac{1}{2}u_{i,j} + \frac{1}{2}u_{j,i}\right) * \left(\frac{1}{2}u_{k,l} + \frac{1}{2}u_{l,k}\right) - f_i * u_i\right] dV + \iint_{S_\sigma} T_i * u_i dS$$

$$\delta Q = X_i^c * \delta F_i + \theta_i * \delta M_i + \iiint_V u_i * \delta f_i dV + \iint_{S_\sigma} u_i * \delta T_i dS$$

其先决条件为 $u_i - \bar{u}_i = 0$(在 S_u 上)成立。

式(3.3.19)即为一类变量单柔体动力学初值问题的拟变分原理。这是一种最实用的表达形式，对于有限元计算较为方便。

3. 拟驻值条件

胡海昌曾经指出，检验变分原理最好的方法是推导其驻值条件。现在推导一类变量单柔

体动力学初值问题的拟变分原理的拟驻值条件。

这里事先说明：为了明确变分运算与变积运算互为逆运算，以下公式编号采用了与以上公式编号不同的原则，即相同的公式采用了相同的公式编号。

将式(3.3.19)写成展开形式，可得

$$\delta\Big\{\iiint_V\Big[-\frac{1}{2}\rho\frac{dX_i^c}{dt}*\frac{dX_i^c}{dt}-\rho\Big(\frac{dX_i^c}{dt}+e_{ijk}\frac{d\theta_j}{dt}x_k\Big)*\frac{du_i}{dt}-\frac{1}{2}\rho\frac{du_i}{dt}*\frac{du_i}{dt}+$$
$$\rho(\dot X_i^c(0)+\dot u_i(0))X_i^c-\rho e_{ijk}\dot u_j(0)x_k\theta_i-\rho e_{ijk}\dot u_j(0)u_k(0)\theta_i-$$
$$\rho e_{ijk}e_{jlm}\dot\theta_l(0)x_m u_k(0)\theta_i+\rho(\dot X_i^c(0)+e_{ijk}\dot\theta_j(0)x_k+\dot u_i(0))u_i\Big]dV+F_i*X_i^c+$$
$$M_i*\theta_i-\frac{1}{2}H_i^c*\frac{d\theta_i}{dt}+H_i^c(0)\theta_i-\iiint_V\Big[\frac{1}{2}a_{ijkl}\Big(\frac{1}{2}u_{i,j}+\frac{1}{2}u_{j,i}\Big)*$$
$$\Big(\frac{1}{2}u_{k,l}+\frac{1}{2}u_{l,k}\Big)-f_i*u_i\Big]dV+\iint_{S_\sigma}T_i*u_i dS\Big\}-$$
$$X_i^c*\delta F_i-\theta_i*\delta M_i-\iiint_V u_i*\delta f_i dV-\iint_{S_\sigma}u_i*\delta T_i dS=0 \tag{3.3.18}$$

可以进一步表示为

$$-\iiint_V\Big\{\rho\Big(\frac{dX_i^c}{dt}+\frac{du_i}{dt}\Big)*\delta\frac{dX_i^c}{dt}-\rho[\dot X_i^c(0)+\dot u_i(0)]\delta X_i^c\Big\}dV+F_i*\delta X_i^c+$$
$$\iiint_V\Big[\rho e_{ijk}\frac{du_j}{dt}x_k*\delta\frac{d\theta_i}{dt}-\rho e_{ijk}\dot u_j(0)x_k+\rho e_{ijk}\frac{du_j}{dt}u_k*\delta\frac{d\theta_i}{dt}-\rho e_{ijk}\dot u_j(0)u_k(0)\delta\theta_i+$$
$$\rho e_{ijk}\Big(e_{jlm}\frac{d\theta_l}{dt}x_m\Big)u_k*\delta\frac{d\theta_i}{dt}-\rho e_{ijk}e_{jlm}\dot\theta_l(0)x_m u_k(0)\delta\theta_i\Big]dV-$$
$$H_i^c*\delta\frac{d\theta_i}{dt}+H_i^c(0)\delta\theta_i+M_i*\delta\theta_i-\iiint_V\Big\{\rho\Big[\frac{dX_i^c}{dt}*\delta\frac{du_i}{dt}+\Big(e_{ijk}\frac{d\theta_j}{dt}x_k+\frac{du_i}{dt}\Big)*\frac{d}{dt}\delta u_i\Big]-$$
$$\rho[\dot X_i^c(0)+e_{ijk}\dot\theta_j(0)x_k+\dot u_i(0)]\delta u_i\Big\}dV+\iint_{S_\sigma+S_u}a_{ijkl}\Big(\frac{1}{2}u_{k,l}+\frac{1}{2}u_{l,k}\Big)n_j*\delta u_i dS-$$
$$\iiint_V\Big[a_{ijkl}\Big(\frac{1}{2}u_{k,l}+\frac{1}{2}u_{l,k}\Big)*\delta u_{i,j}-f_i*\delta u_i\Big]dV-$$
$$\iint_{S_\sigma}\Big[a_{ijkl}\Big(\frac{1}{2}u_{k,l}+\frac{1}{2}u_{l,k}\Big)n_j-T_i\Big]*\delta u_i dS=0 \tag{3.3.17}$$

应用 Green 定理

$$\iiint_V\Big[a_{ijkl}\Big(\frac{1}{2}u_{k,l}+\frac{1}{2}u_{l,k}\Big)\Big]_{,j}*\delta u_i dV=\iint_{S_\sigma+S_u}a_{ijkl}\Big(\frac{1}{2}u_{k,l}+\frac{1}{2}u_{l,k}\Big)n_j*\delta u_i dS-$$
$$\iiint_V a_{ijkl}\Big(\frac{1}{2}u_{k,l}+\frac{1}{2}u_{l,k}\Big)*\delta u_{i,j}dV \tag{3.3.16}$$

应用 Laplace 变换中的卷积分部积分公式，可得

$$H_i^c*\delta\frac{d\theta_i}{dt}=\frac{dH_i^c}{dt}*\delta\theta_i+H_i^c(0)\delta\theta_i \tag{3.3.15}$$

$$\frac{du_i}{dt}*\delta\frac{du_i}{dt}=\frac{du_i}{dt}*\frac{d}{dt}\delta u_i+\frac{du_i}{dt}*e_{ijk}\delta\frac{d\theta_j}{dt}u_k=\frac{d}{dt}\frac{du_i}{dt}*\delta u_i+\dot u_i(0)\delta u_i-$$

$$\frac{\mathrm{d}}{\mathrm{d}t}\left(e_{ijk}\ \frac{\mathrm{d}u_j}{\mathrm{d}t}u_k\right) * \delta\theta_i - e_{ijk}\dot{u}_j(0)u_k(0)\delta\theta_i =$$

$$\left[\frac{\partial^2 u_i}{\partial t^2} + e_{ijk}\ \frac{\mathrm{d}^2\theta_j}{\mathrm{d}t^2}u_k + 2e_{ijk}\ \frac{\mathrm{d}\theta_j}{\mathrm{d}t}\frac{\partial u_k}{\partial t} + e_{ijk}\ \frac{\mathrm{d}\theta_j}{\mathrm{d}t}\left(e_{klm}\ \frac{\mathrm{d}\theta_l}{\mathrm{d}t}u_m\right)\right] * \delta u_i +$$

$$\dot{u}_i(0)\delta u_i - \frac{\mathrm{d}}{\mathrm{d}t}(e_{ijk}\ \frac{\mathrm{d}u_j}{\mathrm{d}t}u_k) * \delta\theta_i - e_{ijk}\dot{u}_j(0)u_k(0)\delta\theta_i \tag{3.3.14}$$

$$\frac{\mathrm{d}u_i}{\mathrm{d}t} * \delta e_{ijk}\ \frac{\mathrm{d}\theta_j}{\mathrm{d}t}x_k = -e_{ijk}\ \frac{\mathrm{d}u_j}{\mathrm{d}t}x_k * \delta\ \frac{\mathrm{d}\theta_i}{\mathrm{d}t} = -\frac{\mathrm{d}}{\mathrm{d}t}\left(e_{ijk}\ \frac{\mathrm{d}u_j}{\mathrm{d}t}x_k\right) * \delta\theta_i - e_{ijk}u_j(0)x_k\delta\theta_i \tag{3.3.13}$$

$$e_{ijk}\ \frac{\mathrm{d}\theta_j}{\mathrm{d}t}x_k * \delta\ \frac{\mathrm{d}u_i}{\mathrm{d}t} = e_{ijk}\ \frac{\mathrm{d}\theta_j}{\mathrm{d}t}x_k * \frac{\mathrm{d}}{\mathrm{d}t}\delta u_i + e_{ijk}\ \frac{\mathrm{d}\theta_j}{\mathrm{d}t}x_k * e_{ijk}\delta\ \frac{\mathrm{d}\theta_j}{\mathrm{d}t}u_k =$$

$$\frac{\mathrm{d}}{\mathrm{d}t}\left(e_{ijk}\ \frac{\mathrm{d}\theta_j}{\mathrm{d}t}x_k\right) * \delta u_i + e_{ijk}\dot{\theta}_j(0)x_k\delta u_i -$$

$$\frac{\mathrm{d}}{\mathrm{d}t}e_{ijk}\left(e_{jlm}\ \frac{\mathrm{d}\theta_l}{\mathrm{d}t}x_m\right)u_k * \delta\theta_i - e_{ijk}e_{jlm}\dot{\theta}_l(0)x_m u_k(0)\delta\theta_i \tag{3.3.12}$$

$$\frac{\mathrm{d}X_i^c}{\mathrm{d}t} * \delta\ \frac{\mathrm{d}u_i}{\mathrm{d}t} = \frac{\mathrm{d}^2 X_i^c}{\mathrm{d}t^2} * \delta u_i + \dot{X}_i^c(0)\delta u_i \tag{3.3.11}$$

$$\left(\frac{\mathrm{d}X_i^c}{\mathrm{d}t} + \frac{\mathrm{d}u_i}{\mathrm{d}t}\right) * \delta\ \frac{\mathrm{d}X_i^c}{\mathrm{d}t} = \left(\frac{\mathrm{d}^2 X_i^c}{\mathrm{d}t^2} + \frac{\mathrm{d}^2 u_i}{\mathrm{d}t^2}\right) * \delta X_i^c + \dot{X}_i^c(0)\delta X_i^c + \dot{u}_i(0)\delta X_i^c \tag{3.3.10}$$

将式(3.3.16) ～ 式(3.3.10)代入式(3.3.17),可得

$$\left[\iiint_V\left(-\rho\ \frac{\mathrm{d}^2 u_i}{\mathrm{d}t^2} - \rho\ \frac{\mathrm{d}^2 X_i^c}{\mathrm{d}t^2}\right)\mathrm{d}V + F_i\right] * \delta X_i^c + \left[\iiint_V \rho\ \frac{\mathrm{d}}{\mathrm{d}t}\left(e_{ijk}\ \frac{\mathrm{d}u_j}{\mathrm{d}t}x_k\right)\mathrm{d}V + \right.$$

$$\left.\iiint_V \rho\ \frac{\mathrm{d}}{\mathrm{d}t}\left(e_{ijk}\ \frac{\mathrm{d}u_j}{\mathrm{d}t}u_k\right)\mathrm{d}V + \iiint_V \rho\ \frac{\mathrm{d}}{\mathrm{d}t}e_{ijk}\left(e_{jlm}\ \frac{\mathrm{d}\theta_l}{\mathrm{d}t}x_m\right)u_k\mathrm{d}V - \frac{\mathrm{d}H_i^c}{\mathrm{d}t} + M_i\right] * \delta\theta_i +$$

$$\iiint_V\left\{-\rho\ \frac{\mathrm{d}^2 X_i^c}{\mathrm{d}t^2} - \rho e_{ijk}\ \frac{\mathrm{d}^2\theta_j}{\mathrm{d}t^2}x_k - \rho e_{ijk}\ \frac{\mathrm{d}\theta_j}{\mathrm{d}t}\left(e_{klm}\ \frac{\mathrm{d}\theta_l}{\mathrm{d}t}x_m\right) - \right.$$

$$\rho\ \frac{\partial^2 u_i}{\partial t^2} - 2\rho e_{ijk}\ \frac{\mathrm{d}\theta_j}{\mathrm{d}t}\frac{\partial u_k}{\partial t} - \rho e_{ijk}\ \frac{\mathrm{d}^2\theta_j}{\mathrm{d}t^2}u_k - \rho e_{ijk}\ \frac{\mathrm{d}\theta_j}{\mathrm{d}t}\left(e_{klm}\ \frac{\mathrm{d}\theta_l}{\mathrm{d}t}u_m\right) +$$

$$\left.\left[a_{ijkl}\left(\frac{1}{2}u_{k,l} + \frac{1}{2}u_{l,k}\right)\right]_{,j} + f_i\right\} * \delta u_i\mathrm{d}V -$$

$$\iint_{S_\sigma}\left[a_{ijkl}\left(\frac{1}{2}u_{k,l} + \frac{1}{2}u_{l,k}\right)n_j - T_i\right] * \delta u_i\mathrm{d}S = 0 \tag{3.3.9}$$

由于 δX_i^c,$\delta\theta_i$ 和 δu_i 的任意性,故有

$$a_{ijkl}\left(\frac{1}{2}u_{k,l} + \frac{1}{2}u_{l,k}\right)n_j - T_i = 0 \qquad (\text{在 } S_\sigma \text{ 上}) \tag{3.3.4}$$

$$-\rho\ \frac{\mathrm{d}^2 X_i^c}{\mathrm{d}t^2} - \rho e_{ijk}\ \frac{\mathrm{d}^2\theta_j}{\mathrm{d}t^2}x_k - \rho e_{ijk}\ \frac{\mathrm{d}\theta_j}{\mathrm{d}t}\left(e_{klm}\ \frac{\mathrm{d}\theta_l}{\mathrm{d}t}x_m\right) - \rho\ \frac{\partial^2 u_i}{\partial t^2} - 2\rho e_{ijk}\ \frac{\mathrm{d}\theta_j}{\mathrm{d}t}\frac{\partial u_k}{\partial t} -$$

$$\rho e_{ijk}\ \frac{\mathrm{d}^2\theta_j}{\mathrm{d}t^2}u_k - \rho e_{ijk}\ \frac{\mathrm{d}\theta_j}{\mathrm{d}t}\left(e_{klm}\ \frac{\mathrm{d}\theta_l}{\mathrm{d}t}u_m\right) + \left[a_{ijkl}\left(\frac{1}{2}u_{k,l} + \frac{1}{2}u_{l,k}\right)\right]_{,j} + f_i = 0$$

(在 V 中) (3.3.3)

$$\iiint_V \rho\ \frac{\mathrm{d}}{\mathrm{d}t}\left(e_{ijk}\ \frac{\mathrm{d}u_j}{\mathrm{d}t}x_k\right)\mathrm{d}V + \iiint_V \rho\ \frac{\mathrm{d}}{\mathrm{d}t}(e_{ijk}\ \frac{\mathrm{d}u_j}{\mathrm{d}t}u_k)\mathrm{d}V + \iiint_V \rho\ \frac{\mathrm{d}}{\mathrm{d}t}e_{ijk}\left(e_{jlm}\ \frac{\mathrm{d}\theta_l}{\mathrm{d}t}x_m\right)u_k\mathrm{d}V - \frac{\mathrm{d}H_i^c}{\mathrm{d}t} + M_i = 0 \tag{3.3.2}$$

$$\iiint_V \left(-\rho \frac{\mathrm{d}^2 u_i}{\mathrm{d}t^2} - \rho \frac{\mathrm{d}^2 X_i^c}{\mathrm{d}t^2}\right) \mathrm{d}V + F_i = 0 \tag{3.3.1}$$

式(3.3.4)～式(3.3.1)即为一类变量单柔体动力学初值问题的拟变分原理的拟驻值条件，其初始条件为式(3.3.5)～式(3.3.8)成立。显而易见，推导拟驻值条件的过程正是建立拟变分原理的逆过程，这也正好说明变积运算和变分运算互为逆运算。

3.3.2　两类变量单柔体动力学初值问题的拟变分原理

1. 基本方程

应用对合变换，式(3.1.157)～式(3.1.160)可以变换为两类变量单柔体动力学的基本方程，即

$$-\iiint_V \rho \frac{\mathrm{d}}{\mathrm{d}t}(v_i^c + v_i^d)\,\mathrm{d}V + F_i = 0 \tag{3.3.20}$$

$$\iiint_V \rho \frac{\mathrm{d}}{\mathrm{d}t} e_{ijk} v_j^d x_k \mathrm{d}V + \iiint_V \rho \frac{\mathrm{d}}{\mathrm{d}t} e_{ijk} v_j^d u_k \mathrm{d}V + \iiint_V \rho \frac{\mathrm{d}}{\mathrm{d}t} e_{ijk}(e_{jlm}\omega_l x_m) u_k \mathrm{d}V - \frac{\mathrm{d}}{\mathrm{d}t}(J_{ij}\omega_j) + M_i = 0 \tag{3.3.21}$$

$$-\rho \frac{\mathrm{d}}{\mathrm{d}t}(v_i^c + e_{ijk}\omega_j x_k + v_i^d) + (a_{ijkl}\varepsilon_{kl})_{,j} + f_i = 0 \quad (\text{在 } V \text{ 中}) \tag{3.3.22}$$

$$a_{ijkl}\varepsilon_{kl} n_j - T_i = 0 \quad (\text{在 } S_\sigma \text{ 上}) \tag{3.3.23}$$

$$v_i^c - \frac{\mathrm{d}X_i^c}{\mathrm{d}t} = 0 \tag{3.3.24}$$

$$\omega_i - \frac{\mathrm{d}\theta_i}{\mathrm{d}t} = 0 \tag{3.3.25}$$

$$v_i^d - \frac{\mathrm{d}u_i}{\mathrm{d}t} = v_i^d - \left(\frac{\partial u_i}{\partial t} + e_{ijk}\frac{\mathrm{d}\theta_j}{\mathrm{d}t}u_k\right) = 0 \tag{3.3.26}$$

$$\varepsilon_{ij} - \frac{1}{2}u_{i,j} - \frac{1}{2}u_{j,i} = 0 \quad (\text{在 } V \text{ 中}) \tag{3.3.27}$$

$$u_i - \bar{u}_i = 0 \quad (\text{在 } S_u \text{ 上}) \tag{3.3.28}$$

初始条件为

$$X_i^c\big|_{t=0} = X_i^c(0), \quad v_i^c\big|_{t=0} = v_i^c(0) \tag{3.3.29}$$

$$\theta_i\big|_{t=0} = \theta_i(0), \quad \omega_i\big|_{t=0} = \omega_i(0) \tag{3.3.30}$$

$$u_i\big|_{t=0} = u_i(0), \quad v_i^d\big|_{t=0} = v_i^d(0) \tag{3.3.31}$$

式中　ε_{ij} —— 应变；

J_{ij} —— 单柔体转动惯量；

v_i^c —— 把单柔体视为单刚体时的质心速度；

v_i^d —— 单柔体变形时的速度；

ω_i —— 把单柔体视为单刚体时的转动角速度；

$\bar{u}_i$ —— 边界位移。

2. 拟变分原理

应用卷变积方法，按照广义力和广义位移的对应关系，将式(3.3.20)卷乘上 δX_i^c，将式(3.3.21)卷乘上 $\delta\theta_i$，将式(3.3.22)及式(3.3.23)分别卷乘上 δu_i，并求代数和，可得

$$-\left[-\iiint_V \rho \frac{\mathrm{d}}{\mathrm{d}t}(v_i^c + v_i^d)\,\mathrm{d}V + F_i\right] * \delta X_i^c - \left\{\iiint_V \rho \frac{\mathrm{d}}{\mathrm{d}t} e_{ijk} v_j^d x_k \,\mathrm{d}V + \iiint_V \rho \frac{\mathrm{d}}{\mathrm{d}t} e_{ijk} v_j^d u_k \,\mathrm{d}V + \right.$$
$$\left.\iiint_V \rho \frac{\mathrm{d}}{\mathrm{d}t} e_{ijk}(e_{jlm}\omega_l x_m) u_k \,\mathrm{d}V - \frac{\mathrm{d}}{\mathrm{d}t}(J_{ij}\omega_j) + M_i\right\} * \delta\theta_i -$$
$$\iiint_V \left[-\rho \frac{\mathrm{d}}{\mathrm{d}t}(v_i^c + e_{ijk}\omega_j x_k + v_i^d) + (a_{ijkl}\varepsilon_{kl})_{,j} + f_i\right] * \delta u_i \,\mathrm{d}V +$$
$$\iint_{S_\sigma} (a_{ijkl}\varepsilon_{kl} n_j - T_i) * \delta u_i \,\mathrm{d}S = 0 \tag{3.3.32}$$

应用 Laplace 变换中的卷积分部积分公式，可得

$$\iiint_V \rho\left(\frac{\mathrm{d}v_i^c}{\mathrm{d}t} + \frac{\mathrm{d}v_i^d}{\mathrm{d}t}\right) * \delta X_i^c \,\mathrm{d}V = \iiint_V \left[\rho(v_i^c + v_i^d) * \delta\frac{\mathrm{d}X_i^c}{\mathrm{d}t} - \rho v_i^c(0)\,\delta X_i^c - \rho v_i^d(0)\,\delta X_i^c\right]\mathrm{d}V \tag{3.3.33}$$

$$v_i^c * \delta\frac{\mathrm{d}u_i}{\mathrm{d}t} = \frac{\mathrm{d}v_i^c}{\mathrm{d}t} * \delta u_i + v_i^c(0)\,\delta u_i \tag{3.3.34}$$

$$e_{ijk}\omega_j x_k * \delta\frac{\mathrm{d}u_i}{\mathrm{d}t} = e_{ijk}\omega_j x_k * \frac{\mathrm{d}}{\mathrm{d}t}\delta u_i + e_{ijk}\omega_j x_k * e_{ijk}\delta\frac{\mathrm{d}\theta_j}{\mathrm{d}t}u_k =$$
$$\frac{\mathrm{d}}{\mathrm{d}t}(e_{ijk}\omega_j x_k) * \delta u_i + e_{ijk}\omega_j(0)\,x_k\delta u_i -$$
$$\frac{\mathrm{d}}{\mathrm{d}t}e_{ijk}(e_{jlm}\omega_l x_m)u_k * \delta\theta_i - e_{ijk}e_{jlm}\omega_l(0)\,x_m u_k(0)\delta\theta_i \tag{3.3.35}$$

$$v_i^d * \delta e_{ijk}\frac{\mathrm{d}\theta_j}{\mathrm{d}t}x_k = -e_{ijk}v_j^d x_k * \delta\frac{\mathrm{d}\theta_i}{\mathrm{d}t} = -\frac{\mathrm{d}}{\mathrm{d}t}(e_{ijk}v_j^d x_k) * \delta\theta_i - e_{ijk}v_j^d(0)\,x_k\delta\theta_i \tag{3.3.36}$$

$$v_i^d * \delta\frac{\mathrm{d}u_i}{\mathrm{d}t} = v_i^d * \frac{\mathrm{d}}{\mathrm{d}t}\delta u_i + v_i^d * e_{ijk}\delta\frac{\mathrm{d}\theta_j}{\mathrm{d}t}u_k = \frac{\mathrm{d}v_i^d}{\mathrm{d}t} * \delta u_i + v_i^d(0)\,\delta u_i -$$
$$\frac{\mathrm{d}}{\mathrm{d}t}(e_{ijk}v_j^d u_k) * \delta\theta_i - e_{ijk}v_j^d(0)\,u_k(0)\delta\theta_i \tag{3.3.37}$$

$$\frac{\mathrm{d}}{\mathrm{d}t}(J_{ij}\omega_j) * \delta\theta_i = J_{ij}\omega_j * \delta\frac{\mathrm{d}\theta_i}{\mathrm{d}t} - J_{ij}\omega_j(0)\,\delta\theta_i \tag{3.3.38}$$

应用 Green 定理

$$\iiint_V (a_{ijkl}\varepsilon_{kl})_{,j} * \delta u_i \,\mathrm{d}V = \iint_{S_\sigma + S_u} a_{ijkl}\varepsilon_{kl} n_j * \delta u_i \,\mathrm{d}S - \iiint_V a_{ijkl}\varepsilon_{kl} * \delta u_{i,j}\,\mathrm{d}V \tag{3.3.39}$$

将式(3.3.33) ~ 式(3.3.39) 代入式(3.3.32)，可得

$$\iiint_V \left\{\rho(v_i^c + v_i^d) * \delta\frac{\mathrm{d}X_i^c}{\mathrm{d}t} - \rho\left[v_i^c(0) + v_i^d(0)\right]\delta X_i^c\right\}\mathrm{d}V - F_i * \delta X_i^c -$$
$$\iiint_V \left[\rho e_{ijk}v_j^d x_k * \delta\frac{\mathrm{d}\theta_i}{\mathrm{d}t} + \rho e_{ijk}v_j^d u_k * \delta\frac{\mathrm{d}\theta_i}{\mathrm{d}t} + \rho e_{ijk}(e_{jlm}\omega_l x_m)u_k * \delta\frac{\mathrm{d}\theta_i}{\mathrm{d}t} -\right.$$
$$\left.\rho e_{ijk}v_j^d(0)\,x_k\delta\theta_i - \rho e_{ijk}v_j^d(0)\,u_k(0)\delta\theta_i - \rho e_{ijk}e_{jlm}\omega_l(0)\,x_m u_k(0)\delta\theta_i\right]\mathrm{d}V +$$

$$J_{ij}\omega_j * \delta\frac{d\theta_i}{dt} - J_{ij}\omega_j(0)\delta\theta_i - M_i * \delta\theta_i + \iiint\limits_V \left\{\rho\left[v_i^c * \delta\frac{du_i}{dt} + (e_{ijk}\omega_j x_k + v_i^d) * \frac{d}{dt}\delta u_i\right] - \right.$$
$$\left.\rho\left[v_i^c(0) + e_{ijk}\omega_j(0)x_k + v_i^d(0)\right]\delta u_i\right\}dV - \iint\limits_{S_\sigma + S_u} a_{ijkl}\varepsilon_{kl}n_j * \delta u_i dS +$$
$$\iiint\limits_V (a_{ijkl}\varepsilon_{kl} * \delta u_{i,j} - f_i * \delta u_i)dV + \iint\limits_{S_\sigma}(a_{ijkl}\varepsilon_{kl}n_j - T_i) * \delta u_i dS = 0 \tag{3.3.40}$$

将式(3.3.24)～式(3.3.28)代入式(3.3.40)，可得

$$\iiint\limits_V \{\rho(v_i^c + v_i^d) * \delta v_i^c - \rho[v_i^c(0) + v_i^d(0)]\delta X_i^c\}dV - F_i * \delta X_i^c - \iiint\limits_V [\rho e_{ijk}v_j^d x_k * \delta\omega_i -$$
$$\rho e_{ijk}v_j^d(0)x_k\delta\theta_i - \rho e_{ijk}v_j^d(0)u_k(0)\delta\theta_i - \rho e_{ijk}e_{jlm}\omega_l(0)x_m u_k(0)\delta\theta_i]dV +$$
$$J_{ij}\omega_j * \delta\omega_i - J_{ij}\omega_j(0)\delta\theta_i - M_i * \delta\theta_i + \iiint\limits_V \{\rho[v_i^c * \delta v_i^d + (e_{ijk}\omega_j x_k + v_i^d) * \delta v_i^d] -$$
$$\rho[v_i^c(0) + e_{ijk}\omega_j(0)x_k + v_i^d(0)]\delta u_i\}dV +$$
$$\iiint\limits_V (a_{ijkl}\varepsilon_{kl} * \delta\varepsilon_{ij} - f_i * \delta u_i)dV - \iint\limits_{S_\sigma} T_i * \delta u_i dS = 0 \tag{3.3.41}$$

可以进一步表示为

$$\delta\left\{\iiint\limits_V \left[\frac{1}{2}\rho v_i^c * v_i^c + \rho(v_i^c + e_{ijk}\omega_j x_k) * v_i^d + \frac{1}{2}\rho v_i^d * v_i^d - \rho(v_i^c(0) + v_i^d(0))X_i^c + \rho e_{ijk}e_{jlm}\omega_l(0)x_m u_k(0)\theta_i + \right.\right.$$
$$\left.\rho e_{ijk}v_j^d(0)x_k\theta_i + \rho e_{ijk}v_j^d(0)u_k(0)\theta_i - \rho(v_i^c(0) + e_{ijk}\omega_j(0)x_k + v_i^d(0))u_i\right]dV +$$
$$\frac{1}{2}J_{ij}\omega_j * \omega_i - J_{ij}\omega_j(0)\theta_i - F_i * X_i^c - M_i * \theta_i +$$
$$\left.\iiint\limits_V \left(\frac{1}{2}a_{ijkl}\varepsilon_{ij} * \varepsilon_{kl} - f_i * u_i\right)dV - \iint\limits_{S_\sigma} T_i * u_i dS\right\} +$$
$$X_i^c * \delta F_i + \theta_i * \delta M_i + \iiint\limits_V u_i * \delta f_i dV + \iint\limits_{S_\sigma} u_i * \delta T_i dS = 0 \tag{3.3.42}$$

简记为

$$\delta\Pi_2 + \delta Q = 0 \tag{3.3.43}$$

式中

$$\Pi_2 = \iiint\limits_V \left[\frac{1}{2}\rho v_i^c * v_i^c + \rho(v_i^c + e_{ijk}\omega_j x_k) * v_i^d + \frac{1}{2}\rho v_i^d * v_i^d - \rho(v_i^c(0) + v_i^d(0))X_i^c + \right.$$
$$\rho e_{ijk}e_{jlm}\omega_l(0)x_m u_k(0)\theta_i + \rho e_{ijk}v_j^d(0)x_k\theta_i + \rho e_{ijk}v_j^d(0)u_k(0)\theta_i - \rho(v_i^c(0) +$$
$$\left.e_{ijk}\omega_j(0)x_k + v_i^d(0))u_i\right]dV + \frac{1}{2}J_{ij}\omega_j * \omega_i - J_{ij}\omega_j(0)\theta_i - F_i * X_i^c - M_i * \theta_i +$$
$$\left(\frac{1}{2}a_{ijkl}\varepsilon_{ij} * \varepsilon_{kl} - f_i * u_i\right)dV - \iint\limits_{S_\sigma} T_i * u_i dS$$

$$\delta Q = X_i^c * \delta F_i + \theta_i * \delta M_i + \iiint\limits_V u_i * \delta f_i dV + \iint\limits_{S_\sigma} u_i * \delta T_i dS$$

其先决条件为

$$v_i^c - \frac{\mathrm{d}X_i^c}{\mathrm{d}t} = 0 \tag{3.3.24}$$

$$\omega_i - \frac{\mathrm{d}\theta_i}{\mathrm{d}t} = 0 \tag{3.3.25}$$

$$v_i^d - \frac{\mathrm{d}u_i}{\mathrm{d}t} = v_i^d - \left(\frac{\partial u_i}{\partial t} + e_{ijk}\frac{\mathrm{d}\theta_j}{\mathrm{d}t}u_k\right) = 0 \tag{3.3.26}$$

$$\varepsilon_{ij} - \frac{1}{2}u_{i,j} - \frac{1}{2}u_{j,i} = 0 \tag{3.3.27}$$

$$u_i - \bar{u}_i = 0 \tag{3.3.28}$$

式(3.3.43)即为两类变量单柔体动力学初值问题的拟变分原理。其先决条件式(3.3.24)～式(3.3.26)为运动学条件，式(3.3.27)为几何(或连续性)条件，式(3.3.28)为位移边界条件。

3. 拟驻值条件

胡海昌曾经指出，检验变分原理最好的方法是推导其驻值条件。现在具体推导两类变量单柔体动力学初值问题的拟变分原理的拟驻值条件。

将式(3.3.43)写成展开形式，可得

$$\begin{aligned}
&\delta\Big\{\iiint_V\Big[\frac{1}{2}\rho v_i^c * v_i^c + \rho(v_i^c + e_{ijk}\omega_j x_k) * v_i^d + \frac{1}{2}\rho v_i^d * v_i^d - \rho(v_i^c(0) + v_i^d(0))X_i^c + \\
&\rho e_{ijk}e_{jlm}\omega_l(0)x_m u_k(0)\theta_i + \rho e_{ijk}v_j^d(0)x_k\theta_i + \rho e_{ijk}v_j^d(0)u_k(0)\theta_i - \\
&\rho(v_i^c(0) + e_{ijk}\omega_j(0)x_k + v_i^d(0))u_i\Big]\mathrm{d}V + \frac{1}{2}J_{ij}\omega_j * \omega_i - \\
&J_{ij}\omega_j(0)\theta_i - F_i * X_i^c - M_i * \theta_i + \iiint_V\Big(\frac{1}{2}a_{ijkl}\varepsilon_{ij} * \varepsilon_{kl} - f_i * u_i\Big)\mathrm{d}V - \iint_{S_\sigma}T_i * u_i\mathrm{d}S\Big\} + \\
&X_i^c * \delta F_i + \theta_i * \delta M_i + \iiint_V u_i * \delta f_i\mathrm{d}V + \iint_{S_\sigma}u_i * \delta T_i\mathrm{d}S = 0
\end{aligned} \tag{3.3.42}$$

可以进一步表示为

$$\begin{aligned}
&\iiint_V\{\rho(v_i^c + v_i^d) * \delta v_i^c - \rho[v_i^c(0) + v_i^d(0)]\delta X_i^c\}\mathrm{d}V - F_i * \delta X_i^c - \\
&\iiint_V[\rho e_{ijk}v_j^d x_k * \delta\omega_i - \rho e_{ijk}v_j^d(0)x_k\delta\theta_i - \rho e_{ijk}v_j^d(0)u_k(0)\delta\theta_i - \rho e_{ijk}e_{jlm}\omega_l(0)x_m u_k(0)\delta\theta_i]\mathrm{d}V + \\
&J_{ij}\omega_j * \delta\omega_i - J_{ij}\omega_j(0)\delta\theta_i - M_i * \delta\theta_i + \\
&\iiint_V\{\rho[v_i^c * \delta v_i^d + (e_{ijk}\omega_j x_k + v_i^d) * \delta v_i^d] - \rho[v_i^c(0) + e_{ijk}\omega_j(0)x_k + v_i^d(0)]\delta u_i\}\mathrm{d}V + \\
&\iiint_V(a_{ijkl}\varepsilon_{kl} * \delta\varepsilon_{ij} - f_i * \delta u_i)\mathrm{d}V - \iint_{S_\sigma}T_i * \delta u_i\mathrm{d}S = 0
\end{aligned} \tag{3.3.41}$$

将先决条件式(3.3.24)～式(3.3.28)代入式(3.3.41)，可得

$$\begin{aligned}
&\iiint_V\Big\{\rho(v_i^c + v_i^d) * \delta\frac{\mathrm{d}X_i^c}{\mathrm{d}t} - \rho[v_i^c(0) + v_i^d(0)]\delta X_i^c\Big\}\mathrm{d}V - F_i * \delta X_i^c - \\
&\iiint_V\Big[\rho e_{ijk}v_j^d x_k * \delta\frac{\mathrm{d}\theta_i}{\mathrm{d}t} + \rho e_{ijk}v_j^d u_k * \delta\frac{\mathrm{d}\theta_i}{\mathrm{d}t} + \rho e_{ijk}(e_{jlm}\omega_l x_m)u_k * \delta\frac{\mathrm{d}\theta_i}{\mathrm{d}t} -
\end{aligned}$$

$$\rho e_{ijk} v_j^d(0)\, x_k \delta\theta_i - \rho e_{ijk} v_j^d(0)\, u_k(0)\delta\theta_i - \rho e_{ijk} e_{jlm}\omega_l(0)\, x_m u_k(0)\delta\theta_i \Big] \mathrm{d}V +$$

$$J_{ij}\omega_j * \delta\frac{\mathrm{d}\theta_i}{\mathrm{d}t} - J_{ij}\omega_j(0)\delta\theta_i - M_i * \delta\theta_i + \iiint_V \Big\{ \rho\Big[v_i^c * \delta\frac{\mathrm{d}u_i}{\mathrm{d}t} + (e_{ijk}\omega_j x_k + v_i^d) * \frac{\mathrm{d}}{\mathrm{d}t}\delta u_i \Big] -$$

$$\rho\big[v_i^c(0) + e_{ijk}\omega_j(0)\, x_k + v_i^d(0)\big]\delta u_i \Big\} \mathrm{d}V -$$

$$\iint_{S_\sigma + S_u} a_{ijkl}\varepsilon_{kl} n_j * \delta u_i \mathrm{d}S + \iiint_V (a_{ijkl}\varepsilon_{kl} * \delta u_{i,j} - f_i * \delta u_i)\,\mathrm{d}V +$$

$$\iint_{S_\sigma} (a_{ijkl}\varepsilon_{kl} n_j - T_i) * \delta u_i \mathrm{d}S = 0 \tag{3.3.40}$$

应用 Green 定理

$$\iiint_V (a_{ijkl}\varepsilon_{kl})_{,j} * \delta u_i \mathrm{d}V = \iint_{S_\sigma + S_u} a_{ijkl}\varepsilon_{kl} n_j * \delta u_i \mathrm{d}S - \iiint_V a_{ijkl}\varepsilon_{kl} * \delta u_{i,j} \mathrm{d}V \tag{3.3.39}$$

应用 Laplace 变换中的卷积分部积分公式,可得

$$\frac{\mathrm{d}}{\mathrm{d}t}(J_{ij}\omega_j) * \delta\theta_i = J_{ij}\omega_j * \delta\frac{\mathrm{d}\theta_i}{\mathrm{d}t} - J_{ij}\omega_j(0)\delta\theta_i \tag{3.3.38}$$

$$v_i^d * \delta\frac{\mathrm{d}u_i}{\mathrm{d}t} = v_i^d * \frac{\mathrm{d}}{\mathrm{d}t}\delta u_i + v_i^d * e_{ijk}\delta\frac{\mathrm{d}\theta_j}{\mathrm{d}t} u_k = \frac{\mathrm{d}v_i^d}{\mathrm{d}t} * \delta u_i + v_i^d(0)\delta u_i -$$

$$\frac{\mathrm{d}}{\mathrm{d}t}(e_{ijk} v_j^d u_k) * \delta\theta_i - e_{ijk} v_j^d(0)\, u_k(0)\delta\theta_i \tag{3.3.37}$$

$$v_i^d * \delta e_{ijk}\frac{\mathrm{d}\theta_j}{\mathrm{d}t} x_k = -e_{ijk} v_j^d x_k * \delta\frac{\mathrm{d}\theta_i}{\mathrm{d}t} = -\frac{\mathrm{d}}{\mathrm{d}t}(e_{ijk} v_j^d x_k) * \delta\theta_i - e_{ijk} v_j^d(0)\, x_k \delta\theta_i \tag{3.3.36}$$

$$e_{ijk}\omega_j x_k * \delta\frac{\mathrm{d}u_i}{\mathrm{d}t} = e_{ijk}\omega_j x_k * \frac{\mathrm{d}}{\mathrm{d}t}\delta u_i + e_{ijk}\omega_j x_k * e_{ijk}\delta\frac{\mathrm{d}\theta_j}{\mathrm{d}t} u_k =$$

$$\frac{\mathrm{d}}{\mathrm{d}t}(e_{ijk}\omega_j x_k) * \delta u_i + e_{ijk}\omega_j(0)\, x_k \delta u_i -$$

$$\frac{\mathrm{d}}{\mathrm{d}t} e_{ijk}(e_{jlm}\omega_l x_m) u_k * \delta\theta_i - e_{ijk} e_{jlm}\omega_l(0)\, x_m u_k(0) * \delta\theta_i \tag{3.3.35}$$

$$v_i^c * \delta\frac{\mathrm{d}u_i}{\mathrm{d}t} = \frac{\mathrm{d}v_i^c}{\mathrm{d}t} * \delta u_i + v_i^c(0)\delta u_i \tag{3.3.34}$$

$$\iiint_V \rho\left(\frac{\mathrm{d}v_i^c}{\mathrm{d}t} + \frac{\mathrm{d}v_i^d}{\mathrm{d}t}\right) * \delta X_i^c \mathrm{d}V = \iiint_V \Big[\rho(v_i^c + v_i^d) * \delta\frac{\mathrm{d}X_i^c}{\mathrm{d}t} - \rho v_i^c(0)\delta X_i^c - \rho v_i^d(0)\delta X_i^c\Big]\mathrm{d}V \tag{3.3.33}$$

将式(3.3.39) ~ 式(3.3.33) 代入式(3.3.40),可得

$$-\Big[-\iiint_V \rho\frac{\mathrm{d}}{\mathrm{d}t}(v_i^c + v_i^d)\,\mathrm{d}V + F_i\Big] * \delta X_i^c - \Big\{\iiint_V \rho\frac{\mathrm{d}}{\mathrm{d}t} e_{ijk} v_j^d x_k \mathrm{d}V + \iiint_V \rho\frac{\mathrm{d}}{\mathrm{d}t} e_{ijk} v_j^d u_k \mathrm{d}V +$$

$$\iiint_V \rho\frac{\mathrm{d}}{\mathrm{d}t} e_{ijk}(e_{jlm}\omega_l x_m) u_k \mathrm{d}V - \frac{\mathrm{d}}{\mathrm{d}t}(J_{ij}\omega_j) + M_i\Big\} * \delta\theta_i -$$

$$\iiint_V \Big[-\rho\frac{\mathrm{d}}{\mathrm{d}t}(v_i^c + e_{ijk}\omega_j x_k + v_i^d) + (a_{ijkl}\varepsilon_{kl})_{,j} + f_i\Big] * \delta u_i \mathrm{d}V +$$

$$\iint_{S_\sigma} (a_{ijkl}\varepsilon_{kl} n_j - T_i) * \delta u_i \mathrm{d}S = 0 \tag{3.3.32}$$

由于 δX_i^c,$\delta\theta_i$ 和 δu_i 的任意性,故有

$$a_{ijkl}\varepsilon_{kl}n_j - T_i = 0 \quad (\text{在 } S_\sigma \text{ 上}) \tag{3.3.23}$$

$$-\rho\frac{\mathrm{d}}{\mathrm{d}t}(v_i^c + e_{ijk}\omega_j x_k + v_i^d) + (a_{ijkl}\varepsilon_{kl})_{,j} + f_i = 0 \quad (\text{在 } V \text{ 中}) \tag{3.3.22}$$

$$\iiint\limits_V \rho\frac{\mathrm{d}}{\mathrm{d}t}e_{ijk}v_j^d x_k \mathrm{d}V + \iiint\limits_V \rho\frac{\mathrm{d}}{\mathrm{d}t}e_{ijk}v_j^d u_k \mathrm{d}V + \iiint\limits_V \rho\frac{\mathrm{d}}{\mathrm{d}t}e_{ijk}(e_{jlm}\omega_l x_m)u_k \mathrm{d}V - \frac{\mathrm{d}}{\mathrm{d}t}(J_{ij}\omega_j) + M_i = 0 \tag{3.3.21}$$

$$-\iiint\limits_V \rho\frac{\mathrm{d}}{\mathrm{d}t}(v_i^c + v_i^d)\mathrm{d}V + F_i = 0 \tag{3.3.20}$$

式(3.3.23) ~ 式(3.3.20) 即为两类变量单柔体动力学初值问题的拟变分原理的拟驻值条件,与其先决条件式(3.3.24) ~ 式(3.3.28) 一起构成封闭的微分方程组。其初始条件为式(3.3.29) ~ 式(3.3.31)。

显而易见,推导拟驻值条件的过程正是建立拟变分原理的逆过程,这也正好说明变积运算和变分运算互为逆运算。这说明,不仅可以应用变积方法建立 Hamilton 型变分原理,而且可以应用变积方法建立 Hamilton 型拟变分原理;同样,不仅可以应用变积方法建立 Gurtin 型变分原理,而且可以应用变积方法建立 Gurtin 型拟变分原理。正如文献[29][30] 所指出,我们已经将变积方法推广为卷变积方法(或者称为变卷积方法)。

4. 关于卷积分部积分的说明

因为卷积理论在 Laplace 变换和 Fourier 变换中都存在,这里以 Laplace 变换中的卷积理论为例来说明卷积分部积分的意义。实际上 Laplace 变换中的卷积分部积分是卷积的 Laplace 变换和导数的 Laplace 变换理论的应用。函数 f 和函数 g 的卷积的 Laplace 变换等于函数 f 和函数 g 的 Laplace 变换的乘积。函数的各阶导数的 Laplace 变换为

$$\left.\begin{aligned} &L[f'] = pL[f] - f(0^+) \\ &L[f''] = pL[f'] - f'(0^+) = p^2L[f] - pf(0^+) - f'(0^+) \\ &\cdots\cdots \\ &L[f^{(n)}] = p^nL[f] - p^{n-1}f(0^+) - p^{n-2}f'(0^+) + \cdots - f^{(n-1)}(0^+) \end{aligned}\right\} \tag{3.3.44}$$

式中,$L[f]$ 表示对函数 f 作 Laplace 变换;$p > 0$ 为 Laplace 变换参数;$f(0^+)$ 表示 $\lim\limits_{t\to 0^+} f(t)$;$f^{(n)}$ 表示函数 f 的 n 阶导数;p^n 表示参数 p 的 n 次幂。

函数 f 的一阶导数卷乘上函数 g 的变分为

$$L[f' * \delta g] = L[f']L[\delta g] = \{pL[f] - f(0)\}\delta L[g] = L[f]\delta pL[g] - f(0)\delta L[g] = L[f * \delta g'] - f(0)\delta L[g] \tag{3.3.45}$$

由此可得

$$L[f' * \delta g] = L[f * \delta g' - f(0)\delta g] \tag{3.3.46}$$

进而可得

$$f' * \delta g = f * \delta g' - f(0)\delta g \tag{3.3.47}$$

这个式子有点像一般函数理论中的分部积分公式。

函数 f 的二阶导数卷乘上函数 g 的变分为

$$L[f'' * \delta g] = L[(f')']L[\delta g] = \{pL[f'] - f'(0)\}\delta L[g] =$$

$$L[f']\delta pL[g]-f'(0)\delta L[g]=L[f'*\delta g']-f'(0)\delta L[g] \tag{3.3.48}$$

由此可得

$$L[f''*\delta g]=L[f'*\delta g'-f'(0)\delta g] \tag{3.3.49}$$

进而可得

$$f''*\delta g=f'*\delta g'-f'(0)\delta g \tag{3.3.50}$$

这个式子也有点像一般函数理论中的分部积分公式。

3.3.3 单柔体动力学初值问题的拟变分原理的另一种表示形式

1. 一类变量单柔体动力学初值问题的拟变分原理

将式(3.1.29) 作为基本方程，应用卷变积方法，得到一类变量单柔体动力学初值问题的拟变分原理的另一种表示形式为

$$\delta \Pi_1+\delta Q=0 \tag{3.3.51}$$

其中

$$\begin{aligned}\Pi_1=&\iiint\limits_V\Big\{-\frac{1}{2}\rho\frac{\mathrm{d}X_i^c}{\mathrm{d}t}*\frac{\mathrm{d}X_i^c}{\mathrm{d}t}-\rho\Big(\frac{\mathrm{d}X_i^c}{\mathrm{d}t}+e_{ijk}\frac{\mathrm{d}\theta_j}{\mathrm{d}t}x_k\Big)*\frac{\mathrm{d}u_i}{\mathrm{d}t}-\frac{1}{2}\rho\frac{\mathrm{d}u_i}{\mathrm{d}t}*\frac{\mathrm{d}u_i}{\mathrm{d}t}+\\&\rho[\dot{X}_i^c(0)+\dot{u}_i(0)]X_i^c-\rho e_{ijk}\dot{u}_j(0)x_k\theta_i+\rho[\dot{X}_i^c(0)+e_{ijk}\dot{\theta}_j(0)x_k+\dot{u}_i(0)]u_i\Big\}\mathrm{d}V+\\&F_i*X_i^c+M_i*\theta_i-\frac{1}{2}H_i^c*\frac{\mathrm{d}\theta_i}{\mathrm{d}t}+H_i^c(0)\theta_i-\\&\iiint\limits_V\Big[\frac{1}{2}a_{ijkl}\Big(\frac{1}{2}u_{i,j}+\frac{1}{2}u_{j,i}\Big)*\Big(\frac{1}{2}u_{k,l}+\frac{1}{2}u_{l,k}\Big)-f_i*u_i\Big]\mathrm{d}V+\iint\limits_{S_\sigma}T_i*\delta u_i\mathrm{d}S\end{aligned}$$

$$\delta Q=X_i^c*\delta F_i+\theta_i*\delta M_i+\iiint\limits_V u_i*\delta f_i\mathrm{d}V+\iint\limits_{S_\sigma}u_i*\delta T_i\mathrm{d}S$$

其先决条件为

$$u_i-\bar{u}_i=0 \tag{3.3.52}$$

其初始条件为

$$\left.\begin{aligned}&X_i^c\big|_{t=0}=X_i^c(0),\quad \left.\frac{\mathrm{d}X_i^c}{\mathrm{d}t}\right|_{t=0}=\dot{X}_i^c(0)\\&\theta_i\big|_{t=0}=\theta_i(0),\quad \left.\frac{\mathrm{d}\theta_i}{\mathrm{d}t}\right|_{t=0}=\dot{\theta}_i(0)\\&u_i\big|_{t=0}=u_i(0),\quad \left.\frac{\mathrm{d}u_i}{\mathrm{d}t}\right|_{t=0}=\dot{u}_i(0)\\&H_i^c\big|_{t=0}=H_i^c(0),\quad \left.\frac{\mathrm{d}H_i^c}{\mathrm{d}t}\right|_{t=0}=\dot{H}_i^c(0)\end{aligned}\right\} \tag{3.3.53}$$

其拟驻值条件为

$$\left.\begin{aligned}&-\iiint_V \rho\left[\frac{\mathrm{d}^2 X_i^c}{\mathrm{d}t^2}+\frac{\mathrm{d}^2 u_i}{\mathrm{d}t^2}\right]\mathrm{d}V+F_i=0\\&\iiint_V \rho\,\frac{\mathrm{d}}{\mathrm{d}t}\left(e_{ijk}\,\frac{\mathrm{d}u_j}{\mathrm{d}t}x_k\right)\mathrm{d}V-\frac{\mathrm{d}H_i^c}{\mathrm{d}t}+M_i=0\\&-\rho\left[\frac{\mathrm{d}^2 X_i^c}{\mathrm{d}t^2}+e_{ijk}\,\frac{\mathrm{d}^2\theta_j}{\mathrm{d}t^2}x_k+e_{ijk}\,\frac{\mathrm{d}\theta_j}{\mathrm{d}t}\left(e_{klm}\,\frac{\mathrm{d}\theta_l}{\mathrm{d}t}x_m\right)+\frac{\partial^2 u_i}{\partial t^2}+2e_{ijk}\,\frac{\mathrm{d}\theta_j}{\mathrm{d}t}\frac{\partial u_k}{\partial t}+\right.\\&\qquad\left.e_{ijk}\,\frac{\mathrm{d}^2\theta_j}{\mathrm{d}t^2}u_k+e_{ijk}\,\frac{\mathrm{d}\theta_j}{\mathrm{d}t}\left(e_{klm}\,\frac{\mathrm{d}\theta_l}{\mathrm{d}t}u_m\right)\right]+\left[a_{ijkl}\left(\frac{1}{2}u_{k,l}+\frac{1}{2}u_{l,k}\right)\right]_{,j}+f_i=0\qquad(\text{在 } V \text{ 中})\\&a_{ijkl}\left(\frac{1}{2}u_{k,l}+\frac{1}{2}u_{l,k}\right)n_j-T_i=0\qquad(\text{在 } S_\sigma \text{ 上})\end{aligned}\right\}\tag{3.3.54}$$

式中 ρ —— 质量密度；
V —— 体积；
S_σ —— 应力边界面；
F_i —— 外力主矢；
M_i —— 外力主矩；
f_i —— 体积力；
T_i —— 表面力；
a_{ijkl} —— 刚度系数；
n_i —— 表面法线方向数；
H_i^c —— 对质心的动量矩；
“ $\dot{}$ ” —— 变量对时间 t 的导数；
u_i —— 弹性位移；
$\bar{u}_i$ —— 边界位移。

2. 两类变量单柔体动力学初值问题的拟变分原理

两类变量单柔体动力学初值问题的拟变分原理为

$$\delta\Pi_2+\delta Q=0\tag{3.3.55}$$

式中

$$\begin{aligned}\Pi_2=&\iiint_V\left\{\frac{1}{2}\rho v_i^c * v_i^c+\rho(v_i^c+e_{ijk}\omega_j x_k) * v_i^d+\frac{1}{2}\rho v_i^d * v_i^d-\rho\left[v_i^c(0)+v_i^d(0)\right]X_i^c+\right.\\&\left.\rho e_{ijk}v_j^d(0)\,x_k\theta_i-\rho\left[v_i^c(0)+e_{ijk}\omega_j(0)\,x_k+v_i^d(0)\right]u_i\right\}\mathrm{d}V-\\&F_i * X_i^c-M_i * \theta_i+\frac{1}{2}J_{ij}\omega_j * \omega_i-J_{ij}\omega_j(0)\,\theta_i+\\&\iiint_V\left(\frac{1}{2}a_{ijkl}\varepsilon_{ij} * \varepsilon_{kl}-f_i * u_i\right)\mathrm{d}V-\iint_{S_\sigma}T_i * u_i\,\mathrm{d}S\end{aligned}$$

$$\delta Q=X_i^c * \delta F_i+\theta_i * \delta M_i+\iiint_V u_i * \delta f_i\,\mathrm{d}V+\iint_{S_\sigma}u_i * \delta T_i\,\mathrm{d}S$$

其先决条件为

$$\left.\begin{aligned}
&v_i^c-\frac{\mathrm{d}X_i^c}{\mathrm{d}t}=0\\
&\omega_i-\frac{\mathrm{d}\theta_i}{\mathrm{d}t}=0\\
&v_i^d-\frac{\mathrm{d}u_i}{\mathrm{d}t}=v_i^d-\left(\frac{\partial u_i}{\partial t}+e_{ijk}\frac{\mathrm{d}\theta_j}{\mathrm{d}t}u_k\right)=0\\
&\varepsilon_{ij}-\frac{1}{2}u_{i,j}-\frac{1}{2}u_{j,i}=0\\
&u_i-\bar{u}_i=0
\end{aligned}\right\}\tag{3.3.56}$$

其初始条件为

$$\left.\begin{aligned}
X_i^c\big|_{t=0}=X_i^c(0),\quad v_i^c\big|_{t=0}=v_i^c(0)\\
\theta_i\big|_{t=0}=\theta_i(0),\quad \omega_i\big|_{t=0}=\omega_i(0)\\
u_i\big|_{t=0}=u_i(0),\quad v_i^d\big|_{t=0}=v_i^d(0)
\end{aligned}\right\}\tag{3.3.57}$$

其拟驻值条件为

$$\left.\begin{aligned}
&-\iiint_V\rho\,\frac{\mathrm{d}}{\mathrm{d}t}(v_i^c+v_i^d)\,\mathrm{d}V+F_i=0\\
&\iiint_V\rho\,\frac{\mathrm{d}}{\mathrm{d}t}(e_{ijk}v_j^d x_k)\,\mathrm{d}V-\frac{\mathrm{d}}{\mathrm{d}t}(J_{ij}\omega_j)+M_i=0\\
&-\rho\,\frac{\mathrm{d}}{\mathrm{d}t}(v_i^c+e_{ijk}\omega_j x_k+v_i^d)+(a_{ijkl}\varepsilon_{kl})_{,j}+f_i=0\qquad(\text{在 }V\text{ 中})\\
&a_{ijkl}\varepsilon_{kl}n_j-T_i=0\qquad(\text{在 }S_\sigma\text{ 上})
\end{aligned}\right\}\tag{3.3.58}$$

式中　ε_{ij} —— 应变；

J_{ij} —— 单柔体转动惯量；

v_i^c —— 把单柔体视为单刚体时的质心速度；

v_i^d —— 单柔体变形时的速度；

ω_i —— 把单柔体视为单刚体时的转动角速度。

3.3.4　算例

有些学者认为，Ritz 方法不能应用于卷积型变分原理。随着卷积型变分原理理论的进一步发展，可以看出 Ritz 方法能够应用于卷积型变分原理，下面的算例主要说明这一问题。Ritz 方法是有限元素法的前身，Ritz 方法能够应用于卷积型变分原理的这一进展，可以进一步发展为能够应用卷积型变分原理来建立有限元素法的计算模型。

1. 例 1：无约束梁振动的一次振型

鉴于飞行器结构多为细长体，一般可以将其简化为工程梁。为了简化计算，这里将其简化为等剖面梁。本例考虑对称振动问题的振型，作为一种近似，可以用它的自由振动的振型来代替。无约束梁的自由振动的一次振型是对称弯曲振型，如图 3.16 所示。

假设振动的广义位移近似地表示为

$$u_1 = q_1\left[\frac{x^2}{L^2} - (Cx + D)\right] \tag{3.3.59}$$

式中，$q_1 = q_1(t) = A_1\sin\omega_1 t$，$A_1$ 为振幅，ω_1 为角频率，t 为时间；x，y 坐标如图 3.16 所示；L 为梁的长度的一半；C 和 D 为待定常数。

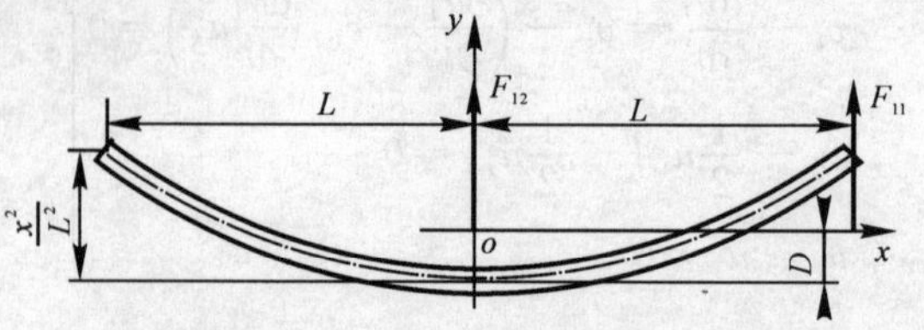

图 3.16　无约束梁振动的一次振型

将式(3.3.59)代入式(3.3.19)中，经过求拟驻值条件的推导过程，类似拟驻值条件式(3.3.2)的式子变换为

$$\int_{-L}^{L}\bar{m}\ddot{u}_1 x\,\mathrm{d}x = -\int_{-L}^{L}\bar{m}\ddot{q}_1\left[\frac{x^2}{L^2} - (Cx + D)\right]x\,\mathrm{d}x = 0 \tag{3.3.60}$$

因为

$$\int_{-L}^{L}\left[\frac{x^3}{L^2} - Dx\right]\mathrm{d}x = 0 \tag{3.3.61}$$

则有

$$\int_{-L}^{L}Cx^2\,\mathrm{d}x = \frac{1}{3}Cx^3\Big|_{-L}^{L} = \frac{2}{3}L^3C = 0 \tag{3.3.62}$$

故得

$$C = 0 \tag{3.3.63}$$

经过求拟驻值条件的推导过程，类似拟驻值条件式(3.3.1)的式子变换为

$$\int_{-L}^{L}\bar{m}\ddot{u}_1\,\mathrm{d}x = -\int_{-L}^{L}\bar{m}\ddot{q}_1\left[\frac{x^2}{L^2} - D\right]\mathrm{d}x = 0 \tag{3.3.64}$$

式中，$\bar{m}$ 为单位长度梁的质量，对时间 t 的导数用圆点表示。

对式(3.3.64)进行积分，因为该式在任意瞬时都成立，则有

$$\int_{-L}^{L}\left(\frac{x^2}{L^2} - D\right)\mathrm{d}x = \left(\frac{1}{3}\,\frac{x^3}{L^2} - xD\right)\Big|_{-L}^{L} = 0 \tag{3.3.65}$$

解得

$$D = \frac{1}{3} \tag{3.3.66}$$

故有

$$u_1 = q_1\left(\frac{x^2}{L^2} - \frac{1}{3}\right) \tag{3.3.67}$$

式中，$\left(\frac{x^2}{L^2} - \frac{1}{3}\right) = \phi_1$ 为标准化一次振型。

经过求拟驻值条件的推导过程，类似拟驻值条件式(3.3.3)的式子变换为一个 Lagrange 算子

$$\frac{4m}{45}\frac{\partial^2 q_1}{\partial t^2} + \frac{4EI}{L^3}q_1 = 0 \tag{3.3.68}$$

式中,EI 为弯曲刚度系数。

故得一次振型的自振频率

$$\omega_1=\sqrt{\frac{\frac{4EI}{L^3}}{\frac{4m}{45}}}=\sqrt{\frac{45EI}{mL^3}} \tag{3.3.69}$$

如果处理的是动力响应问题,仍然选择 q_1 为自变函数,经过求拟驻值条件的推导过程,类似拟驻值条件式(3.3.3) 的式子变换为一个 Lagrange 算子

$$\frac{4m}{45}\frac{\partial^2 q_1}{\partial t^2}+\frac{4EI}{L^3}q_1+f_1=0 \tag{3.3.70}$$

这里应当注意,因为选择 q_1 为自变函数,广义力 f_1 与标准化一次振型有关。当 F_{11} 作用于 $x=L$ 处,F_{12} 作用于 $x=0$ 处时,$f_1=\frac{2}{3}F_{11}-\frac{1}{3}F_{12}$。

如果 f_1 为阶跃输入,则有

$$q_1=\frac{f_1}{\omega_1^2 M_1}(1-\cos\omega_1 t) \tag{3.3.71}$$

$$\ddot{q}_1=\frac{f_1}{M_1}\cos\omega_1 t \tag{3.3.72}$$

式中,$f_1=\frac{2}{3}F_{11}-\frac{1}{3}F_{12}$ 为广义冲击力;$M_1=\frac{4m}{45}$ 为广义质量。

2. 例 2:无约束梁振动的二次振型

对于无约束梁的动力响应中的振动的二次振型,作为一种近似,也可以用它的自由振动的振型来代替。无约束梁的自由振动的二次振型是反对称弯曲振型,如图 3.17 所示。

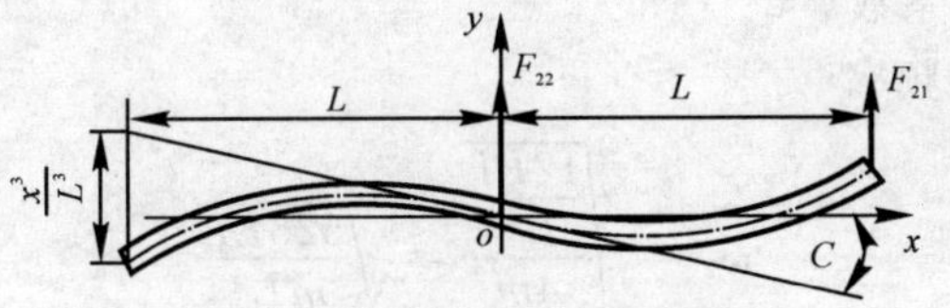

图 3.17　无约束梁振动的二次振型

假设振动的广义位移近似地表示为

$$u_2=q_2\left[\frac{x^3}{L^3}-(Cx+D)\right] \tag{3.3.73}$$

式中,$q_2=q_2(t)=A_2\sin\omega_2 t$,$A_2$ 为振幅,ω_2 为角频率;C 和 D 为待定常数;其余同上。

将式(3.3.73) 代入式(3.3.19) 中,经过求拟驻值条件的推导过程,类似拟驻值条件式(3.3.1) 的式子变换为

$$\int_{-L}^{L}\overline{m}\ddot{u}_2\,\mathrm{d}x=-\int_{-L}^{L}\overline{m}\ddot{q}_2\left[\frac{x^3}{L^3}-Cx-D\right]\mathrm{d}x=0 \tag{3.3.74}$$

因为

$$\int_{-L}^{L}\left[\frac{x^3}{L^3}-Cx\right]\mathrm{d}x=0 \tag{3.3.75}$$

则有

$$\int_{-L}^{L}D\,\mathrm{d}x=Dx\Big|_{-L}^{L}=2LD=0 \tag{3.3.76}$$

故得

$$D=0 \tag{3.3.77}$$

经过求拟驻值条件的推导过程,类似拟驻值条件式(3.3.2)的式子变换为

$$\int_{-L}^{L}\overline{m}\ddot{u}_2 x\,\mathrm{d}x=-\int_{-L}^{L}\overline{m}\ddot{q}_2\left[\frac{x^3}{L^3}-Cx\right]x\,\mathrm{d}x=0 \tag{3.3.78}$$

对式(3.3.78)进行积分,因为该式在任意瞬时都成立,则有

$$\int_{-L}^{L}\left(\frac{x^4}{L^3}-x^2C\right)\mathrm{d}x=\left(\frac{1}{5}\frac{x^5}{L^3}-\frac{1}{3}x^3C\right)\Big|_{-L}^{L}=0 \tag{3.3.79}$$

解得

$$C=\frac{3}{5L} \tag{3.3.80}$$

故有

$$u_2=q_2\left(\frac{x^3}{L^3}-\frac{3x}{5L}\right) \tag{3.3.81}$$

式中,$\left(\frac{x^3}{L^3}-\frac{3x}{5L}\right)=\phi_2$ 为标准化二次振型。

经过求拟驻值条件的推导过程,类似拟驻值条件式(3.3.3)的式子变换为一个 Lagrange 算子

$$\frac{4m}{175}\frac{\partial^2 q_2}{\partial t^2}+\frac{12EI}{L^3}q_2=0 \tag{3.3.82}$$

式中 m —— 单位长度梁的质量;

EI —— 剖面刚度系数。

故得二次振型的自振频率

$$\omega_2=\sqrt{\frac{\frac{12EI}{L^3}}{\frac{4m}{175}}}=\sqrt{\frac{525EI}{mL^3}} \tag{3.3.83}$$

如果处理的是动力响应问题,仍然选择 q_2 为自变函数,经过求拟驻值条件的推导过程,类似拟驻值条件式(3.3.3)的式子变换为一个 Lagrange 算子

$$\frac{4m}{175}\frac{\partial^2 q_2}{\partial t^2}+\frac{12EI}{L^3}q_2+f_2=0 \tag{3.3.84}$$

这里应当注意,因为选择 q_2 为自变函数,所以广义力 f_2 与标准化二次振型有关。当 F_{21} 作用于 $x=L$ 处,F_{22} 作用于 $x=0$ 处时,$f_2=\frac{2}{5}F_{21}$。

如果 f_2 为正弦输入,则有

$$q_2=\frac{f_2}{\omega_2^2M_2}\frac{\Omega\sin\omega_2 t-\omega_2\sin\Omega\tau}{\Omega^2-\omega_2^2} \tag{3.3.85}$$

当 $t=\frac{\pi}{2\omega_2}$ 时,则有

$$q_2 = \frac{f_2}{\omega_2^2 M_2} \frac{\Omega - \omega_2 \sin \Omega \tau}{\Omega^2 - \omega_2^2} \tag{3.3.86}$$

式中　f_2—— 广义冲击力，$f_2 = \frac{2}{5} F_{21}$；

M_2—— 广义质量，$M_2 = \frac{4m}{175}$；

Ω—— 正弦冲击角频率。

由以上分析可见，自由梁的二次振型不是绕梁的中性轴作往复振动，而是绕振动中心轴作往复振动，而振动中心轴与梁的中性轴之间有一个角度。

3.4　几点说明

3.4.1　张量的指标形式和实体形式的对应关系

本书大部分内容采用 Cartesian 张量写法，而这种写法一般采用指标形式，因为 Cartesian 张量的同变张量和逆变张量相同，张量的指标只有下标。采用指标形式的著作较多，但是，在某些多体力学的著作中，采用实体形式的张量写法。这便使得一些读者习惯于指标形式的张量写法，而另一些读者习惯于实体形式的张量写法。为了兼顾两部分读者的需要，本节以刚体动力学的变分原理为例，采用两种张量写法对照的形式书写。

笔者认为，这种做法，一方面说明了两种张量表示形式之间的对应关系（或者说转换关系），另一方面研究了刚体动力学的变分原理，是一举两得的处理方法。

自从 1957 年人类首次发射人造地球卫星以来，航天技术发展十分迅速，给刚体动力学提出了许多新的研究课题，人们把这类研究形象地称之为“人造天体力学”，它与古典天体力学的不同之处在于人造天体（卫星、飞船、空间站等）还可受人为的控制力作用。它主要分轨道动力学及姿态动力学两方面，而这正好是刚体动力学的研究内容。

刚体的一般运动可以处理为随质心的平动和绕质心的转动。前者将刚体视为一个质点（即以质心代表整个刚体的平动）来研究，形成轨道动力学，研究兵器的学者形象地称之为弹道学，除了研究飞行器的飞行轨迹外，有的还要涉及飞行器再入大气层的问题，研究内容相当丰富[33]。从学科的角度看问题，所谓轨道动力学，或者刚体平动动力学，实际上是质点动力学，这便说明，刚体动力学包括质点动力学。后者的内容就是研究这些人造天体相对质心的运动 —— 主要是姿态的稳定与控制[8,16]。由于作用力矩可以是复杂的干扰力矩和控制力矩，关于定点运动的经典理论在这里获得很大的丰富与发展，直到现在，仍有许多新的研究课题。

1. 刚体动力学的拟变分原理	**1. 刚体动力学的拟变分原理**
为了书写简便和紧凑，以下采用 Cartesian 张量写法[11]。	为了书写简便和紧凑，以下采用实体形式的张量写法[34]。

假设 e 为固定的惯性坐标系，o 为随体动坐标系，对于刚体上的某一点，总矢径 $R_i=X_i^c+x_i$，X_i^c 为质心矢径，x_i 为由质心到刚体中任意一点的矢径，如图 3.18 所示。

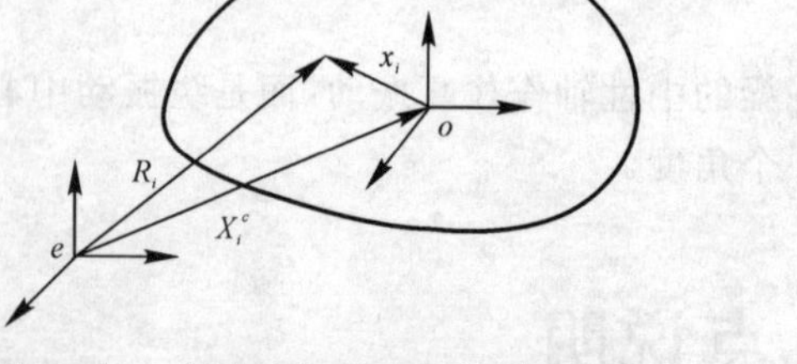

图 3.18　惯性坐标系和随体动坐标系

只有刚体转角 θ_i 很小时，才能处理为矢量，称之为小角定理。这里 θ_i 可以认为满足小角定理，或者认为是伪坐标。应用 Coriolis 转动定理，并注意到在力学模型中，x_i 为刚体中质心到任意点的距离，而刚体中任意两点间的距离都是常量，故有 $\frac{\partial x_i}{\partial t}=0$。因此，矢径对时间的导数表示为

$$\frac{\mathrm{d}R_i}{\mathrm{d}t}=\frac{\mathrm{d}X_i^c}{\mathrm{d}t}+\frac{\partial x_i}{\partial t}+e_{ijk}\frac{\mathrm{d}\theta_j}{\mathrm{d}t}x_k=\frac{\mathrm{d}X_i^c}{\mathrm{d}t}+e_{ijk}\frac{\mathrm{d}\theta_j}{\mathrm{d}t}x_k \tag{3.4.1}$$

考虑到文献[12]，则有

$$\int_m \frac{\mathrm{d}X_i^c}{\mathrm{d}t}e_{ijk}\frac{\mathrm{d}\theta_j}{\mathrm{d}t}x_k\mathrm{d}m+\int_m \frac{1}{2}\left(e_{ijk}\frac{\mathrm{d}\theta_j}{\mathrm{d}t}x_k\right)\left(e_{imn}\frac{\mathrm{d}\theta_m}{\mathrm{d}t}x_n\right)\mathrm{d}m=\frac{1}{2}\frac{\mathrm{d}\theta_i}{\mathrm{d}t}J_{ij}\frac{\mathrm{d}\theta_j}{\mathrm{d}t} \tag{3.4.2}$$

刚体的动能可以表示为

$$\int_m \frac{1}{2}\frac{\mathrm{d}R_i}{\mathrm{d}t}\frac{\mathrm{d}R_i}{\mathrm{d}t}\mathrm{d}m=\int_m \frac{1}{2}\frac{\mathrm{d}X_i^c}{\mathrm{d}t}\frac{\mathrm{d}X_i^c}{\mathrm{d}t}\mathrm{d}m+\frac{1}{2}\frac{\mathrm{d}\theta_i}{\mathrm{d}t}J_{ij}\frac{\mathrm{d}\theta_j}{\mathrm{d}t} \tag{3.4.3}$$

如果认为导致刚体运动的力为非保守广义力，即作用于质心的主矢 F_i 和主矩 M_i 为非保守广义力，则刚体动力学的拟 Hamilton 原

假设 e 为固定的惯性坐标系，o 为随体动坐标系，对于刚体上的某一点，总矢径 $\boldsymbol{R}=\boldsymbol{X}^c+\boldsymbol{x}$，$\boldsymbol{X}^c$ 为质心矢径，$\boldsymbol{x}$ 为由质心到刚体中任意一点的矢径，如图 3.18 所示。

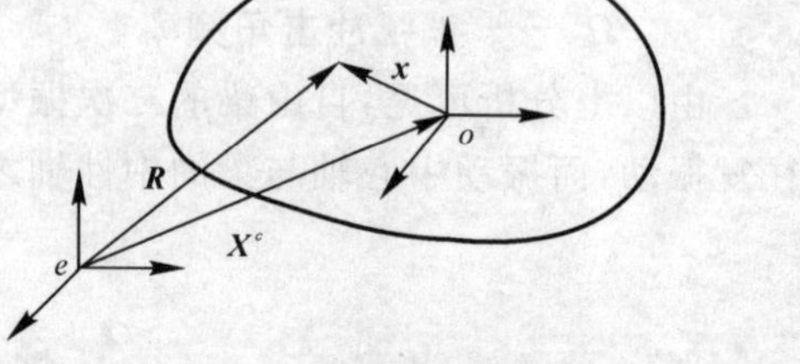

图 3.18　惯性坐标系和随体动坐标系

只有刚体转角 $\boldsymbol{\theta}$ 很小时，才能处理为矢量，称之为小角定理。这里 $\boldsymbol{\theta}$ 可以认为满足小角定理，或者认为是伪坐标。应用 Coriolis 转动定理，并注意到在力学模型中，$\boldsymbol{x}$ 为刚体中质心到任意点的距离，而刚体中任意两点间的距离都是常量，故有 $\frac{\partial \boldsymbol{x}}{\partial t}=0$。因此，矢径对时间的导数表示为

$$\frac{\mathrm{d}\boldsymbol{R}}{\mathrm{d}t}=\frac{\mathrm{d}\boldsymbol{X}^c}{\mathrm{d}t}+\frac{\partial \boldsymbol{x}}{\partial t}+\frac{\mathrm{d}\boldsymbol{\theta}}{\mathrm{d}t}\times\boldsymbol{x}=\frac{\mathrm{d}\boldsymbol{X}^c}{\mathrm{d}t}+\frac{\mathrm{d}\boldsymbol{\theta}}{\mathrm{d}t}\times\boldsymbol{x} \tag{3.4.1}$$

考虑到文献[12]，则有

$$\int_m \frac{\mathrm{d}\boldsymbol{X}^c}{\mathrm{d}t}\cdot\left(\frac{\mathrm{d}\boldsymbol{\theta}}{\mathrm{d}t}\times\boldsymbol{x}\right)\mathrm{d}m+\int_m \frac{1}{2}\left(\frac{\mathrm{d}\boldsymbol{\theta}}{\mathrm{d}t}\times\boldsymbol{x}\right)^2\mathrm{d}m=\frac{1}{2}\frac{\mathrm{d}\boldsymbol{\theta}}{\mathrm{d}t}\cdot\boldsymbol{J}\cdot\frac{\mathrm{d}\boldsymbol{\theta}}{\mathrm{d}t} \tag{3.4.2}$$

刚体的动能可以表示为

$$\int_m \frac{1}{2}\frac{\mathrm{d}\boldsymbol{R}}{\mathrm{d}t}\cdot\frac{\mathrm{d}\boldsymbol{R}}{\mathrm{d}t}\mathrm{d}m=\int_m \frac{1}{2}\frac{\mathrm{d}\boldsymbol{X}^c}{\mathrm{d}t}\cdot\frac{\mathrm{d}\boldsymbol{X}^c}{\mathrm{d}t}\mathrm{d}m+\frac{1}{2}\frac{\mathrm{d}\boldsymbol{\theta}}{\mathrm{d}t}\cdot\boldsymbol{J}\cdot\frac{\mathrm{d}\boldsymbol{\theta}}{\mathrm{d}t} \tag{3.4.3}$$

如果认为导致刚体运动的力为非保守广义力，即作用于质心的主矢 $\boldsymbol{F}$ 和主矩 $\boldsymbol{M}$ 为非保守广义力，则刚体动力学的拟 Hamilton 原

理表示为

$$\delta\pi_{H_1}-\delta Q_H=0 \tag{3.4.4}$$

式中

$$\pi_{H_1}=\int_{t_0}^{t_1}\left(\frac{1}{2}m\,\frac{\mathrm{d}X_i^c}{\mathrm{d}t}\,\frac{\mathrm{d}X_i^c}{\mathrm{d}t}+\frac{1}{2}\,\frac{\mathrm{d}\theta_i}{\mathrm{d}t}J_{ij}\,\frac{\mathrm{d}\theta_j}{\mathrm{d}t}+F_iX_i^c+M_i\theta_i\right)\mathrm{d}t \tag{3.4.5}$$

$$\delta Q_H=\int_{t_0}^{t_1}(X_i^c\delta F_i+\theta_i\delta M_i)\,\mathrm{d}t \tag{3.4.6}$$

应用对合变换[15]，可将刚体动力学的拟 Hamilton 原理变换为

$$\delta\pi_{H_2}-\delta Q_H=0 \tag{3.4.7}$$

式中

$$\pi_{H_2}=\int_{t_0}^{t_1}\left(\frac{1}{2}mv_i^cv_i^c+\frac{1}{2}\omega_iJ_{ij}\omega_j+F_iX_i^c+M_i\theta_i\right)\mathrm{d}t \tag{3.4.8}$$

$$\delta Q_H=\int_{t_0}^{t_1}(X_i^c\delta F_i+\theta_i\delta M_i)\,\mathrm{d}t \tag{3.4.9}$$

其先决条件为

$$\left.\begin{aligned}v_i^c-\frac{\mathrm{d}X_i^c}{\mathrm{d}t}=0\\ \omega_i-\frac{\mathrm{d}\theta_i}{\mathrm{d}t}=0\end{aligned}\right\} \tag{3.4.10}$$

式中，v_i^c 为质心运动速度；ω_i 为转动角速度；J_{ij} 为转动惯量；t 为时间；m 为质量；$J_{ij}\,\frac{\mathrm{d}\theta_j}{\mathrm{d}t}$ 和 $J_{ij}\omega_j$ 为对质心的动量矩的两种不同的表示形式。

胡海昌曾经指出，检验变分原理的最好的方法是推导其驻值条件。现在推导刚体动力学的拟 Hamilton 原理的拟驻值条件。为此，将式(3.4.7) 写成展开形式，可得

$$\begin{aligned}\delta\pi_{H_2}-\delta Q_H=&\delta\int_{t_0}^{t_1}\left(\frac{1}{2}mv_i^cv_i^c+\frac{1}{2}\omega_iJ_{ij}\omega_j+F_iX_i^c+M_i\theta_i\right)\mathrm{d}t-\\&\int_{t_0}^{t_1}(X_i^c\delta F_i+\theta_i\delta M_i)\,\mathrm{d}t=\\&\int_{t_0}^{t_1}(mv_i^c\delta v_i^c+J_{ij}\omega_j\delta\omega_i+F_i\delta X_i^c+M_i\delta\theta_i)\,\mathrm{d}t=0\end{aligned} \tag{3.4.11}$$

理表示为

$$\delta\pi_{H_1}-\delta Q_H=0 \tag{3.4.4}$$

式中

$$\pi_{H_1}=\int_{t_0}^{t_1}\left(\frac{1}{2}m\,\frac{\mathrm{d}\boldsymbol{X}^c}{\mathrm{d}t}\cdot\frac{\mathrm{d}\boldsymbol{X}^c}{\mathrm{d}t}+\frac{1}{2}\,\frac{\mathrm{d}\boldsymbol{\theta}}{\mathrm{d}t}\cdot\boldsymbol{J}\cdot\frac{\mathrm{d}\boldsymbol{\theta}}{\mathrm{d}t}+\boldsymbol{F}\cdot\boldsymbol{X}^c+\boldsymbol{M}\cdot\boldsymbol{\theta}\right)\mathrm{d}t \tag{3.4.5}$$

$$\delta Q_H=\int_{t_0}^{t_1}(\boldsymbol{X}^c\cdot\delta\boldsymbol{F}+\boldsymbol{\theta}\cdot\delta\boldsymbol{M})\,\mathrm{d}t \tag{3.4.6}$$

应用对合变换[15]，可将刚体动力学的拟 Hamilton 原理变换为

$$\delta\pi_{H_2}-\delta Q_H=0 \tag{3.4.7}$$

式中

$$\pi_{H_2}=\int_{t_0}^{t_1}\left(\frac{1}{2}m\boldsymbol{v}^c\cdot\boldsymbol{v}^c+\frac{1}{2}\boldsymbol{\omega}\cdot\boldsymbol{J}\cdot\boldsymbol{\omega}+\boldsymbol{F}\cdot\boldsymbol{X}^c+\boldsymbol{M}\cdot\boldsymbol{\theta}\right)\mathrm{d}t \tag{3.4.8}$$

$$\delta Q_H=\int_{t_0}^{t_1}(\boldsymbol{X}^c\cdot\delta\boldsymbol{F}+\boldsymbol{\theta}\cdot\delta\boldsymbol{M})\,\mathrm{d}t \tag{3.4.9}$$

其先决条件为

$$\left.\begin{aligned}\boldsymbol{v}^c-\frac{\mathrm{d}\boldsymbol{X}^c}{\mathrm{d}t}=0\\ \boldsymbol{\omega}-\frac{\mathrm{d}\boldsymbol{\theta}}{\mathrm{d}t}=0\end{aligned}\right\} \tag{3.4.10}$$

式中，$\boldsymbol{v}^c$ 为质心运动速度；$\boldsymbol{\omega}$ 为转动角速度；$\boldsymbol{J}$ 为转动惯量；t 为时间；m 为质量；$\boldsymbol{J}\cdot\frac{\mathrm{d}\boldsymbol{\theta}}{\mathrm{d}t}$ 和 $\boldsymbol{J}\cdot\boldsymbol{\omega}$ 为对质心的动量矩的两种不同的表示形式。

胡海昌曾经指出，检验变分原理的最好的方法是推导其驻值条件。现在推导刚体动力学的拟 Hamilton 原理的拟驻值条件。为此，将式(3.4.7) 写成展开形式，可得

$$\begin{aligned}\delta\pi_{H_2}-\delta Q_H=&\delta\int_{t_0}^{t_1}\left(\frac{1}{2}m\boldsymbol{v}^c\cdot\boldsymbol{v}^c+\frac{1}{2}\boldsymbol{\omega}\cdot\boldsymbol{J}\cdot\boldsymbol{\omega}+\boldsymbol{F}\cdot\boldsymbol{X}^c+\boldsymbol{M}\cdot\boldsymbol{\theta}\right)\mathrm{d}t-\\&\int_{t_0}^{t_1}(\boldsymbol{X}^c\cdot\delta\boldsymbol{F}+\boldsymbol{\theta}\cdot\delta\boldsymbol{M})\,\mathrm{d}t=\\&\int_{t_0}^{t_1}(m\boldsymbol{v}^c\cdot\delta\boldsymbol{v}^c+\boldsymbol{\omega}\cdot\boldsymbol{J}\cdot\delta\boldsymbol{\omega}+\boldsymbol{F}\cdot\delta\boldsymbol{X}^c+\boldsymbol{M}\cdot\delta\boldsymbol{\theta})\,\mathrm{d}t=0\end{aligned} \tag{3.4.11}$$

其先决条件的变分式为

$$\left.\begin{aligned}\delta v_i^c-\delta\,\frac{\mathrm{d}X_i^c}{\mathrm{d}t}=0\\ \delta\omega_i-\delta\,\frac{\mathrm{d}\theta_i}{\mathrm{d}t}=0\end{aligned}\right\}\tag{3.4.12}$$

将式(3.4.12)代入式(3.4.11),可得

$$\delta\pi_{H_2}-\delta Q_H=\int_{t_0}^{t_1}\left(mv_i^c\delta\,\frac{\mathrm{d}X_i^c}{\mathrm{d}t}+J_{ij}\omega_j\delta\,\frac{\mathrm{d}\theta_i}{\mathrm{d}t}+F_i\delta X_i^c+M_i\delta\theta_i\right)\mathrm{d}t=0\tag{3.4.13}$$

应用 Green 定理(分部积分),考虑到转动惯量张量的对称性,则有

$$\int_{t_0}^{t_1}mv_i^c\delta\,\frac{\mathrm{d}X_i^c}{\mathrm{d}t}\mathrm{d}t=mv_i^c\delta X_i^c\Big|_{t_0}^{t_1}-\int_{t_0}^{t_1}m\,\frac{\mathrm{d}v_i^c}{\mathrm{d}t}\delta X_i^c\mathrm{d}t\tag{3.4.14}$$

$$\int_{t_0}^{t_1}J_{ij}\omega_j\delta\,\frac{\mathrm{d}\theta_i}{\mathrm{d}t}\mathrm{d}t=J_{ij}\omega_j\delta\theta_i\Big|_{t_0}^{t_1}-\int_{t_0}^{t_1}\frac{\mathrm{d}}{\mathrm{d}t}(J_{ij}\omega_j)\delta\theta_i\mathrm{d}t\tag{3.4.15}$$

将式(3.4.14)和式(3.4.15)代入式(3.4.13),并按惯例在时域边界处取 $\delta X_i^c=0$,$\delta\theta_i=0$,可得

$$\delta\pi_{H_2}-\delta Q_H=\int_{t_0}^{t_1}\left\{\left(-m\,\frac{\mathrm{d}v_i^c}{\mathrm{d}t}+F_i\right)\delta X_i^c+\left[-\frac{\mathrm{d}}{\mathrm{d}t}(J_{ij}\omega_j)+M_i\right]\delta\theta_i\right\}\mathrm{d}t=0\tag{3.4.16}$$

由于 δX_i^c 和 $\delta\theta_i$ 的任意性,故由式(3.4.16)可得拟驻值条件为

$$-m\,\frac{\mathrm{d}v_i^c}{\mathrm{d}t}+F_i=0\tag{3.4.17}$$

$$-\frac{\mathrm{d}}{\mathrm{d}t}(J_{ij}\omega_j)+M_i=0\tag{3.4.18}$$

显而易见,刚体动力学两类变量的拟 Hamilton 原理的拟驻值条件与其先决条件一起构成封闭的微分方程组。如果将先决条件代入式(3.4.17)和式(3.4.18)中,可得

其先决条件的变分式为

$$\left.\begin{aligned}\delta\boldsymbol{v}^c-\delta\,\frac{\mathrm{d}\boldsymbol{X}^c}{\mathrm{d}t}=0\\ \delta\boldsymbol{\omega}-\delta\,\frac{\mathrm{d}\boldsymbol{\theta}}{\mathrm{d}t}=0\end{aligned}\right\}\tag{3.4.12}$$

将式(3.4.12)代入式(3.4.11),可得

$$\delta\pi_{H_2}-\delta Q_H=\int_{t_0}^{t_1}\left(m\boldsymbol{v}^c\cdot\delta\,\frac{\mathrm{d}\boldsymbol{X}^c}{\mathrm{d}t}+\boldsymbol{\omega}\cdot\boldsymbol{J}\cdot\delta\,\frac{\mathrm{d}\boldsymbol{\theta}}{\mathrm{d}t}+\boldsymbol{F}\cdot\delta\boldsymbol{X}^c+\boldsymbol{M}\cdot\delta\boldsymbol{\theta}\right)\mathrm{d}t=0\tag{3.4.13}$$

应用 Green 定理(分部积分),考虑到转动惯量张量的对称性,则有

$$\int_{t_0}^{t_1}m\boldsymbol{v}^c\cdot\delta\,\frac{\mathrm{d}\boldsymbol{X}^c}{\mathrm{d}t}\mathrm{d}t=m\boldsymbol{v}^c\cdot\delta\boldsymbol{X}^c\Big|_{t_0}^{t_1}-\int_{t_0}^{t_1}m\,\frac{\mathrm{d}\boldsymbol{v}^c}{\mathrm{d}t}\cdot\delta\boldsymbol{X}^c\mathrm{d}t\tag{3.4.14}$$

$$\int_{t_0}^{t_1}\boldsymbol{\omega}\cdot\boldsymbol{J}\cdot\delta\,\frac{\mathrm{d}\boldsymbol{\theta}}{\mathrm{d}t}\mathrm{d}t=\boldsymbol{\omega}\cdot\boldsymbol{J}\cdot\delta\boldsymbol{\theta}\Big|_{t_0}^{t_1}-\int_{t_0}^{t_1}\frac{\mathrm{d}}{\mathrm{d}t}(\boldsymbol{J}\cdot\boldsymbol{\omega})\cdot\delta\boldsymbol{\theta}\mathrm{d}t\tag{3.4.15}$$

将式(3.4.14)和式(3.4.15)代入式(3.4.13),并按惯例在时域边界处取 $\delta\boldsymbol{X}^c=0$,$\delta\boldsymbol{\theta}=0$,可得

$$\delta\pi_{H_2}-\delta Q_H=\int_{t_0}^{t_1}\left\{\left(-m\,\frac{\mathrm{d}\boldsymbol{v}^c}{\mathrm{d}t}+\boldsymbol{F}\right)\cdot\delta\boldsymbol{X}^c+\left[-\frac{\mathrm{d}}{\mathrm{d}t}(\boldsymbol{J}\cdot\boldsymbol{\omega})+\boldsymbol{M}\right]\cdot\delta\boldsymbol{\theta}\right\}\mathrm{d}t=0\tag{3.4.16}$$

由于 $\delta\boldsymbol{X}^c$ 和 $\delta\boldsymbol{\theta}$ 的任意性,故由式(3.4.16)可得拟驻值条件为

$$-m\,\frac{\mathrm{d}\boldsymbol{v}^c}{\mathrm{d}t}+\boldsymbol{F}=0\tag{3.4.17}$$

$$-\frac{\mathrm{d}}{\mathrm{d}t}(\boldsymbol{J}\cdot\boldsymbol{\omega})+\boldsymbol{M}=0\tag{3.4.18}$$

显而易见,刚体动力学两类变量的拟 Hamilton 原理的拟驻值条件与其先决条件一起构成封闭的微分方程组。如果将先决条件代入式(3.4.17)和式(3.4.18)中,可得

$$-m\frac{\mathrm{d}^2X_i^c}{\mathrm{d}t^2}+F_i=0 \qquad (3.4.19)$$

$$-\frac{\mathrm{d}}{\mathrm{d}t}\left(J_{ij}\frac{\mathrm{d}\theta_j}{\mathrm{d}t}\right)+M_i=0 \qquad (3.4.20)$$

研究过刚体动力学的学者都知道，将刚体的一般运动处理为随质心的平动和绕质心的转动。以上的推演过程表明，应用变分原理的方法研究刚体动力学可以自动地将问题处理为随质心的平动和绕质心的转动，即式(3.4.17)或式(3.4.19)表示随质心的平动，而式(3.4.18)或式(3.4.20)表示绕质心的转动。

国际著名理论物理学家朗道(Ландау)指出[16]，刚体动量矩分量与角速度分量之间的关系，在与惯性主轴重合的动坐标系中更简单，为了利用这个关系，可以将姿态动力学方程变换到动坐标系。

可喜的是，对角速度应用 Coriolis 转动坐标定理，可得

$$\frac{\mathrm{d}\omega_i}{\mathrm{d}t}=\frac{\partial\omega_i}{\partial t}+e_{ijk}\omega_j\omega_k=\frac{\partial\omega_i}{\partial t} \qquad (3.4.21)$$

即在惯性坐标系中绝对角速度与在随体坐标系(这是一个非惯性坐标系)中的相对角速度相等，这个规律性给变换带来很大的方便。应用式(3.4.18)立即可得

$$\frac{\partial}{\partial t}(J_{ij}\omega_j)+e_{ijk}\omega_j J_{kl}\omega_l-M_i=0 \qquad (3.4.22)$$

将坐标轴取为惯性主轴，并且将该式写成变量 x,y,z 的表达式，则有

$$\frac{\partial}{\partial t}(J_{xx}\omega_x)+(J_{zz}-J_{yy})\omega_y\omega_z-M_x=0 \qquad (3.4.23)$$

$$\frac{\partial}{\partial t}(J_{yy}\omega_y)+(J_{xx}-J_{zz})\omega_z\omega_x-M_y=0 \qquad (3.4.24)$$

$$\frac{\partial}{\partial t}(J_{zz}\omega_z)+(J_{yy}-J_{xx})\omega_x\omega_y-M_z=0 \qquad (3.4.25)$$

这就是著名的 Euler 方程。

$$-m\frac{\mathrm{d}^2\boldsymbol{X}^c}{\mathrm{d}t^2}+\boldsymbol{F}=0 \qquad (3.4.19)$$

$$-\frac{\mathrm{d}}{\mathrm{d}t}\left(\boldsymbol{J}\cdot\frac{\mathrm{d}\boldsymbol{\theta}}{\mathrm{d}t}\right)+\boldsymbol{M}=0 \qquad (3.4.20)$$

研究过刚体动力学的学者都知道，将刚体的一般运动处理为随质心的平动和绕质心的转动。以上的推演过程表明，应用变分原理的方法研究刚体动力学可以自动地将问题处理为随质心的平动和绕质心的转动，即式(3.4.17)或式(3.4.19)表示随质心的平动，而式(3.4.18)或式(3.4.20)表示绕质心的转动。

国际著名理论物理学家朗道(Ландау)指出[16]，刚体动量矩分量与角速度分量之间的关系，在与惯性主轴重合的动坐标系中更简单，为了利用这个关系，可以将姿态动力学方程变换到动坐标系。

可喜的是，对角速度应用 Coriolis 转动坐标定理，可得

$$\frac{\mathrm{d}\boldsymbol{\omega}}{\mathrm{d}t}=\frac{\partial\boldsymbol{\omega}}{\partial t}+\boldsymbol{\omega}\times\boldsymbol{\omega}=\frac{\partial\boldsymbol{\omega}}{\partial t} \qquad (3.4.21)$$

即在惯性坐标系中绝对角速度与在随体坐标系(这是一个非惯性坐标系)中的相对角速度相等，这个规律性给变换带来很大的方便。应用式(3.4.18)立即可得

$$\frac{\partial}{\partial t}(\boldsymbol{J}\cdot\boldsymbol{\omega})+\boldsymbol{\omega}\times(\boldsymbol{J}\cdot\boldsymbol{\omega})-\boldsymbol{M}=0 \qquad (3.4.22)$$

将坐标轴取为惯性主轴，并且将该式写成变量 x,y,z 的表达式，则有

$$\frac{\partial}{\partial t}(J_{xx}\omega_x)+(J_{zz}-J_{yy})\omega_y\omega_z-M_x=0 \qquad (3.4.23)$$

$$\frac{\partial}{\partial t}(J_{yy}\omega_y)+(J_{xx}-J_{zz})\omega_z\omega_x-M_y=0 \qquad (3.4.24)$$

$$\frac{\partial}{\partial t}(J_{zz}\omega_z)+(J_{yy}-J_{xx})\omega_x\omega_y-M_z=0 \qquad (3.4.25)$$

这就是著名的 Euler 方程。

2. 应用举例

刚体动力学的拟 Hamilton 原理可以写为

$$\delta\pi_{H_1} - \delta Q_H = 0 \qquad (3.4.26)$$

式中

$$\pi_{H_1} = \int_{t_0}^{t_1}\left(\frac{1}{2}m\frac{\mathrm{d}X_i^c}{\mathrm{d}t}\frac{\mathrm{d}X_i^c}{\mathrm{d}t} + \frac{1}{2}\frac{\mathrm{d}\theta_i}{\mathrm{d}t}J_{ij}\frac{\mathrm{d}\theta_j}{\mathrm{d}t} + F_iX_i^c + M_i\theta_i\right)\mathrm{d}t \qquad (3.4.27)$$

$$\delta Q_H = \int_{t_0}^{t_1}(X_i^c\delta F_i + \theta_i\delta M_i)]\mathrm{d}t \qquad (3.4.28)$$

假设非完整约束和完整约束条件分别为

$$\phi(t, X_i^c, \theta_i, \dot{X}_i^c, \dot{\theta}_i) = 0 \qquad (3.4.29)$$

$$\Phi(t, X_i^c, \theta_i) = 0 \qquad (3.4.30)$$

将拟 Hamilton 原理写成展开形式，可得

$$\delta\pi_{H_1} - \delta Q_H = \delta\int_{t_0}^{t_1}\left(\frac{1}{2}m\frac{\mathrm{d}X_i^c}{\mathrm{d}t}\frac{\mathrm{d}X_i^c}{\mathrm{d}t} + \frac{1}{2}\frac{\mathrm{d}\theta_i}{\mathrm{d}t}J_{ij}\frac{\mathrm{d}\theta_j}{\mathrm{d}t} + F_iX_i^c + M_i\theta_i\right)\mathrm{d}t - \int_{t_0}^{t_1}(X_i^c\delta F_i + \theta_i\delta M_i)\mathrm{d}t = 0 \qquad (3.4.31)$$

对非完整约束和完整约束条件应用 Chetaev 条件，可得

$$\frac{\partial\phi}{\partial\dot{X}_i^c}\delta X_i^c + \frac{\partial\phi}{\partial\dot{\theta}_i}\delta\theta_i = 0 \qquad (3.4.32)$$

$$\frac{\partial\dot{\Phi}}{\partial\dot{X}_i^c}\delta X_i^c + \frac{\partial\dot{\Phi}}{\partial\dot{\theta}_i}\delta\theta_i = 0 \qquad (3.4.33)$$

这里说明，Chetaev 条件是非完整力学中的概念。因为非完整力学的理论包括而不是排斥完整力学的理论，所以 Chetaev 条件也适用于完整力学。这样处理问题时的完整约束成为可积的微分约束，便于处理为控制约束。另外，笔者注意到 Chetaev 条件的写法与一些著作中的差别来源于本章用张量符号书写，而一些著作中用一般的代数符号书写。

应用 Lagrange 乘子法[35]，将式(3.4.32)和式(3.4.33)引入泛函式(3.4.31)中，经分部积分，并按惯例在时域边界处取 $\delta X_i^c = 0, \delta\theta_i = 0$，整理可得

$$\int_{t_0}^{t_1}\left[\left(-m\frac{\mathrm{d}^2X_i^c}{\mathrm{d}t^2} + F_i + \lambda\frac{\partial\phi}{\partial\dot{X}_i^c} + \mu\frac{\partial\dot{\Phi}}{\partial\dot{X}_i^c}\right)\delta X_i^c + \right.$$

2. 应用举例

刚体动力学的拟 Hamilton 原理可以写为

$$\delta\pi_{H_1} - \delta Q_H = 0 \qquad (3.4.26)$$

式中

$$\pi_{H_1} = \int_{t_0}^{t_1}\left(\frac{1}{2}m\frac{\mathrm{d}\boldsymbol{X}^c}{\mathrm{d}t}\cdot\frac{\mathrm{d}\boldsymbol{X}^c}{\mathrm{d}t} + \frac{1}{2}\frac{\mathrm{d}\boldsymbol{\theta}}{\mathrm{d}t}\cdot\boldsymbol{J}\cdot\frac{\mathrm{d}\boldsymbol{\theta}}{\mathrm{d}t} + \boldsymbol{F}\cdot\boldsymbol{X}^c + \boldsymbol{M}\cdot\boldsymbol{\theta}\right)\mathrm{d}t \qquad (3.4.27)$$

$$\delta Q_H = \int_{t_0}^{t_1}(\boldsymbol{X}^c\cdot\delta\boldsymbol{F} + \boldsymbol{\theta}\cdot\delta\boldsymbol{M})]\mathrm{d}t \qquad (3.4.28)$$

假设非完整约束和完整约束条件分别为

$$\phi(t, \boldsymbol{X}^c, \boldsymbol{\theta}, \dot{\boldsymbol{X}}^c, \dot{\boldsymbol{\theta}}) = 0 \qquad (3.4.29)$$

$$\Phi(t, \boldsymbol{X}^c, \boldsymbol{\theta}) = 0 \qquad (3.4.30)$$

将拟 Hamilton 原理写成展开形式，可得

$$\delta\pi_{H_1} - \delta Q_H = \delta\int_{t_0}^{t_1}\left(\frac{1}{2}m\frac{\mathrm{d}\boldsymbol{X}^c}{\mathrm{d}t}\cdot\frac{\mathrm{d}\boldsymbol{X}^c}{\mathrm{d}t} + \frac{1}{2}\frac{\mathrm{d}\boldsymbol{\theta}}{\mathrm{d}t}\cdot\boldsymbol{J}\cdot\frac{\mathrm{d}\boldsymbol{\theta}}{\mathrm{d}t} + \boldsymbol{F}\cdot\boldsymbol{X}^c + \boldsymbol{M}\cdot\boldsymbol{\theta}\right)\mathrm{d}t - \int_{t_0}^{t_1}(\boldsymbol{X}^c\cdot\delta\boldsymbol{F} + \boldsymbol{\theta}\cdot\delta\boldsymbol{M})\mathrm{d}t = 0 \qquad (3.4.31)$$

对非完整约束和完整约束条件应用 Chetaev 条件，可得

$$\frac{\partial\phi}{\partial\dot{\boldsymbol{X}}^c}\cdot\delta\boldsymbol{X}^c + \frac{\partial\phi}{\partial\dot{\boldsymbol{\theta}}}\cdot\delta\boldsymbol{\theta} = 0 \qquad (3.4.32)$$

$$\frac{\partial\dot{\Phi}}{\partial\dot{\boldsymbol{X}}^c}\cdot\delta\boldsymbol{X}^c + \frac{\partial\dot{\Phi}}{\partial\dot{\boldsymbol{\theta}}}\cdot\delta\boldsymbol{\theta} = 0 \qquad (3.4.33)$$

这里说明，Chetaev 条件是非完整力学中的概念。因为非完整力学的理论包括而不是排斥完整力学的理论，所以 Chetaev 条件也适用于完整力学。这样处理问题时的完整约束成为可积的微分约束，便于处理为控制约束。另外，笔者注意到 Chetaev 条件的写法与一些著作中的差别来源于本章用张量符号书写，而一些著作中用一般的代数符号书写。

应用 Lagrange 乘子法[35]，将式(3.4.32)和式(3.4.33)引入泛函式(3.4.31)中，经分部积分，并按惯例在时域边界处取 $\delta\boldsymbol{X}^c = 0, \delta\boldsymbol{\theta} = 0$，整理可得

$$\int_{t_0}^{t_1}\left[\left(-m\frac{\mathrm{d}^2\boldsymbol{X}^c}{\mathrm{d}t^2} + \boldsymbol{F} + \lambda\frac{\partial\phi}{\partial\dot{\boldsymbol{X}}^c} + \mu\frac{\partial\dot{\Phi}}{\partial\dot{\boldsymbol{X}}^c}\right)\cdot\delta\boldsymbol{X}^c + \right.$$

$$\left(-J_{ij}\frac{\mathrm{d}^2\theta_j}{\mathrm{d}t^2}+M_i+\lambda\frac{\partial\phi}{\partial\dot{\theta}_i}+\mu\frac{\partial\dot{\Phi}}{\partial\dot{\theta}_i}\right)\delta\theta_i\Big]\mathrm{d}t=0 \tag{3.4.34}$$

由于 δX_i^c 和 $\delta\theta_i$ 的任意性，故由式(3.4.34)可得拟驻值条件为

$$-m\frac{\mathrm{d}^2X_i^c}{\mathrm{d}t^2}+F_i+\lambda\frac{\partial\phi}{\partial\dot{X}_i^c}+\mu\frac{\partial\dot{\Phi}}{\partial\dot{X}_i^c}=0 \tag{3.4.35}$$

$$-J_{ij}\frac{\mathrm{d}^2\theta_i}{\mathrm{d}t^2}+M_i+\lambda\frac{\partial\phi}{\partial\dot{\theta}_i}+\mu\frac{\partial\dot{\Phi}}{\partial\dot{\theta}_i}=0 \tag{3.4.36}$$

航天器动力学系统常常具有非完整约束和控制约束[36]，应用变分原理来研究刚体动力学问题，便于将非完整约束和控制约束加入刚体力学系统。这也说明了建立刚体动力学的拟变分原理的优越性[37]。

$$\left(-\boldsymbol{J}\cdot\frac{\mathrm{d}^2\boldsymbol{\theta}}{\mathrm{d}t^2}+\boldsymbol{M}+\lambda\frac{\partial\phi}{\partial\dot{\boldsymbol{\theta}}}+\mu\frac{\partial\dot{\Phi}}{\partial\dot{\boldsymbol{\theta}}}\right)\cdot\delta\boldsymbol{\theta}\Big]\mathrm{d}t=0 \tag{3.4.34}$$

由于 $\delta\boldsymbol{X}^c$ 和 $\delta\boldsymbol{\theta}$ 的任意性，故由式(3.4.34)可得拟驻值条件为

$$-m\frac{\mathrm{d}^2\boldsymbol{X}^c}{\mathrm{d}t^2}+\boldsymbol{F}+\lambda\frac{\partial\phi}{\partial\dot{\boldsymbol{X}}^c}+\mu\frac{\partial\dot{\Phi}}{\partial\dot{\boldsymbol{X}}^c}=0 \tag{3.4.35}$$

$$-\boldsymbol{J}\cdot\frac{\mathrm{d}^2\boldsymbol{\theta}}{\mathrm{d}t^2}+\boldsymbol{M}+\lambda\frac{\partial\phi}{\partial\dot{\boldsymbol{\theta}}}+\mu\frac{\partial\dot{\Phi}}{\partial\dot{\boldsymbol{\theta}}}=0 \tag{3.4.36}$$

航天器动力学系统常常具有非完整约束和控制约束[36]，应用变分原理来研究刚体动力学问题，便于将非完整约束和控制约束加入刚体力学系统。这也说明了建立刚体动力学的拟变分原理的优越性[37]。

3.4.2　力的外效应、内效应和耦合效应

17 世纪伟大的物理学家牛顿的最伟大的功绩是发现了牛顿三定律，而牛顿三定律的核心是牛顿第二定律。牛顿第二定律指出，作用于一个物体上的力 $\boldsymbol{F}$ 等于其动量 $\boldsymbol{p}$ 随时间的变化率。在数学上，可写成

$$\boldsymbol{F}=\frac{\mathrm{d}\boldsymbol{p}}{\mathrm{d}t}=\frac{\mathrm{d}m\boldsymbol{v}}{\mathrm{d}t}=\frac{\mathrm{d}m}{\mathrm{d}t}\boldsymbol{v}+m\frac{\mathrm{d}\boldsymbol{v}}{\mathrm{d}t} \tag{3.4.37}$$

假定式中的质量为常量，则可消去$\frac{\mathrm{d}m}{\mathrm{d}t}\boldsymbol{v}+m\frac{\mathrm{d}\boldsymbol{v}}{\mathrm{d}t}$的第一项。将加速度定义为 $\boldsymbol{a}=\frac{\mathrm{d}\boldsymbol{v}}{\mathrm{d}t}$，则可得出著名的等式

$$\boldsymbol{F}=m\boldsymbol{a} \tag{3.4.38}$$

这说明了一个物体的加速度与作用在物体上的合力成正比，而与其质量成反比。在定轴转动中，有类似的式子

$$\boldsymbol{M}=\frac{\mathrm{d}\boldsymbol{H}}{\mathrm{d}t}=\frac{\mathrm{d}\boldsymbol{J\omega}}{\mathrm{d}t}=\frac{\mathrm{d}\boldsymbol{J}}{\mathrm{d}t}\boldsymbol{\omega}+\boldsymbol{J}\frac{\mathrm{d}\boldsymbol{\omega}}{\mathrm{d}t} \tag{3.4.39}$$

假定式中的转动惯量 $\boldsymbol{J}$ 为常量，则可消去$\frac{\mathrm{d}\boldsymbol{J}}{\mathrm{d}t}\boldsymbol{\omega}+\boldsymbol{J}\frac{\mathrm{d}\boldsymbol{\omega}}{\mathrm{d}t}$的第一项。将角加速度定义为 $\boldsymbol{\varepsilon}=\frac{\mathrm{d}\boldsymbol{\omega}}{\mathrm{d}t}$，则可得出等式

$$\boldsymbol{M}=\boldsymbol{J}\times\boldsymbol{\varepsilon} \tag{3.4.40}$$

这说明了一个物体的角加速度与作用在物体上的合力矩成正比，而与其转动惯量成反比。在此基础上，还可以导出动量定理、动量矩定理和动能定理等。在牛顿力学中，认为力的作用引起物体运动状态的变化，应用哈尔滨工程大学力学一级学科博士点的习惯的说法，将“力的作用引起物体运动状态的变化”称之为力的外效应。

17 世纪另一位伟大的物理学家胡克研究变形体力学，认为力的作用引起物体内部的变

形，应用哈尔滨工程大学力学一级学科博士点的习惯的说法，将“力的作用引起物体内部的变形”称之为力的内效应。1678年，胡克提出了著名的弹性定律，称为胡克定律(Hooke's law)，这是弹性理论中的一条基本定律。表明固体材料受力之后，材料中的应力与应变之间成线性关系。一根长度为 L，横截面积为 A 的棱柱形棒，在力学上都可以用胡克定律来模拟 —— 其单位伸长(或缩减)量 ε(应变)在常系数 E(称为弹性模量)下，与拉(或压)应力 σ 成正比，即 $\sigma = E\varepsilon$，或者其伸长(或缩减)量为 $\Delta L = \dfrac{FL}{EA}$。

对于连续体，一般认为在体积力 f_i 和表面力 T_i 作用下产生应力 σ_{ij} 和应变 ε_{ij}。对各向异性材料(Nonisotropic Materials，顾名思义就是力学性能沿空间中不同方向发生变化的材料)，其正反形式的广义胡克定律的张量形式表示为

$$\varepsilon_{ij} - b_{ijkl}\sigma_{kl} = 0 \tag{3.4.41}$$

$$\sigma_{ij} - a_{ijkl}\varepsilon_{kl} = 0 \tag{3.4.42}$$

式中 σ_{ij} —— 应力张量；

ε_{kl} —— 应变张量；

a_{ijkl} —— 刚度系数张量；

b_{ijkl} —— 柔度系数张量。

笔者曾经研究的塑性本构理论，可以认为是胡克定律在非线性材料方面的延伸。特别是对于增量理论，可以认为是应用了在微分学中“曲线和直线等同”的思想，将非线性问题转化为线性问题来处理。对等向强化材料，增量理论的正反形式的塑性本构关系的张量形式表示为

$$\mathrm{d}\varepsilon_{ij} = \left[M_{ijkl} - \frac{\dfrac{\partial g}{\partial \varepsilon^{e}_{ab}} M_{ijab} M_{klmn} \dfrac{\partial g}{\partial \varepsilon^{e}_{mn}}}{c\,\dfrac{\partial g}{\partial H}\dfrac{\partial H}{\partial \bar{\varepsilon}^{p}}\left(\dfrac{\partial g}{\partial \varepsilon^{e}_{ab}} M_{abcd} M_{cdmn} \dfrac{\partial g}{\partial \varepsilon^{e}_{mn}}\right)^{\frac{1}{2}}} \right] \mathrm{d}\sigma_{kl} \tag{3.4.43}$$

$$\mathrm{d}\sigma_{ij} = \left[L_{ijkl} - \frac{\dfrac{\partial f}{\partial \sigma_{rs}} L_{ijrs} L_{mnkl} \dfrac{\partial f}{\partial \sigma_{mn}}}{\dfrac{\partial f}{\partial \sigma_{ab}} L_{abcd} \dfrac{\partial f}{\partial \sigma_{cd}} - c\,\dfrac{\partial f}{\partial H}\dfrac{\partial H}{\partial \bar{\varepsilon}^{p}}\left(\dfrac{\partial f}{\partial \sigma_{pq}} \dfrac{\partial f}{\partial \sigma_{pq}}\right)^{\frac{1}{2}}} \right] \mathrm{d}\varepsilon_{kl} \tag{3.4.44}$$

式中 $\mathrm{d}\sigma_{ij}$ —— 总应力增量张量；

$\mathrm{d}\sigma^{e}_{ij}$ —— 弹性应力增量张量；

$\mathrm{d}\sigma^{p}_{ij}$ —— 塑性应力增量张量；

$\mathrm{d}\varepsilon_{ij}$ —— 总应变增量张量；

$\mathrm{d}\varepsilon^{e}_{ij}$ —— 弹性应变增量张量；

$\mathrm{d}\varepsilon^{p}_{ij}$ —— 塑性应变增量张量；

L_{ijkl} —— 刚度系数张量；

M_{ijkl} —— 柔度系数张量，L_{ijkl} 和 M_{ijkl} 之间满足互逆关系；

$\bar{\varepsilon}^{p}$ —— 塑性等效应变；

f —— 应力空间的加载函数；

g —— 应变空间的加载函数；

H —— 硬化 / 软化参数；

c —— 确定的常数。

如果定义

$$b_{ijkl}^{ep} = M_{ijkl} - \frac{\dfrac{\partial g}{\partial \varepsilon_{ab}^{e}} M_{ijab} M_{klmn} \dfrac{\partial g}{\partial \varepsilon_{mn}^{e}}}{c \dfrac{\partial g}{\partial H} \dfrac{\partial H}{\partial \bar{\varepsilon}^{p}} \left(\dfrac{\partial g}{\partial \varepsilon_{ab}^{e}} M_{abcd} M_{cdmn} \dfrac{\partial g}{\partial \varepsilon_{mn}^{e}} \right)^{\frac{1}{2}}} \tag{3.4.45}$$

$$a_{ijkl}^{ep} = L_{ijkl} - \frac{\dfrac{\partial f}{\partial \sigma_{rs}} L_{ijrs} L_{mnkl} \dfrac{\partial f}{\partial \sigma_{mn}}}{\dfrac{\partial f}{\partial \sigma_{ab}} L_{abcd} \dfrac{\partial f}{\partial \sigma_{cd}} - c \dfrac{\partial f}{\partial H} \dfrac{\partial H}{\partial \bar{\varepsilon}^{p}} \left(\dfrac{\partial f}{\partial \sigma_{pq}} \dfrac{\partial f}{\partial \sigma_{pq}} \right)^{\frac{1}{2}}} \tag{3.4.46}$$

分别为弹塑性柔度系数和弹塑性刚度系数，则式(3.4.43) 和式(3.4.44) 变换为

$$\mathrm{d}\varepsilon_{ij} - b_{ijkl}^{ep} \mathrm{d}\sigma_{kl} = 0 \tag{3.4.47}$$

$$\mathrm{d}\sigma_{ij} - a_{ijkl}^{ep} \mathrm{d}\varepsilon_{kl} = 0 \tag{3.4.48}$$

可见，式(3.4.47) 和式(3.4.48)，式(3.4.41) 和式(3.4.42) 是多么地相似！

单柔体动力学中的“一力二用”是指由同一个力，既可以产生力的外效应，又可以产生力的内效应。以前面提到的飞机的俯冲拉起为例，在确定飞机的运动轨迹和运动姿态时，涉及推力、升力、阻力和重力，在确定机体的弹性变形和弹性动力学效应时，再次涉及推力、升力、阻力和重力，这就是单柔体动力学中存在的“一力二用”的特点。这里强调指出，虽然存在“一力二用”，但是“二用”是各有特点的。在确定飞机的运动轨迹时，应用力的平行移动原理，将推力、升力、阻力和重力都作用在飞机的质心，将整个飞机视为一个质点来研究；在确定飞机的运动姿态时，应用力的平行移动原理，除将推力、升力、阻力和重力都作用在飞机的质心外，还要加上附加力矩，将整个飞机视为一个刚体来研究。而在确定机体的弹性变形和弹性动力学效应时，推力以分布力的形式作用在飞机的尾喷口，阻力可以近似以单位长度的阻力密度的形式分布在整个飞机机体的表面。升力情况要复杂一些，主要以分布力的形式作用在机翼的表面(忽略机身和尾翼产生的升力)，通过机翼结构的受力将力传递到机翼的根部，然后，再传递到机身上，至于以怎样的形式传递到机身上，与机翼和机身的连接方式密切相关。以单位长度的升力密度的形式分布在飞机机体的表面，这是一种粗略的近似。重力则作为质量力以单位长度的重力密度的形式作用在飞机机体的每一个质点上。推力、升力、阻力和重力在机体中“传递”，并通过机体结构的受力和变形来体现结构的动力效应。实际上，推力、升力、阻力和重力的分布形式，比上面论述的还要复杂得多，其“传递”也有其复杂的规律性，兹不赘述。

但是，仅仅注意到“一力二用”还是不够的，或者说是很不够的。如果飞机设计师仅仅用推力、升力、阻力和重力作为外载荷进行飞机设计，这个飞机一定会出现大事故。原因是他忽视了飞机的轨迹运动和姿态运动产生的惯性力对飞机结构强度的影响。同理，如果飞机设计师在设计飞机的轨迹和姿态时，忽视弹性动力效应对飞机的轨迹运动和姿态运动的影响也是不行的。不过这种影响比起前一种影响来说相对较小，不易引起人们的重视。这两种影响都称之为力的耦合效应。这类问题还有待于进一步研究。

3.4.3　开展多柔体系统的理论分析的复杂性和长期性

由于多柔体构形的复杂性，目前解决多柔体动力学问题主要是依赖于数值的、定量的分析

方法，几乎没有人进行解析的分析讨论，这对于深刻把握系统的非线性力学实质、预测系统的全局动力学现象是十分不利的。因此，极有必要开展多柔体系统的理论分析。当然，这是一个十分复杂的问题，解决它可能还需要很长的时间[7]。这就是本章主要研究解析法的原因。

由于变分原理的特点是从总体上去把握事物，对于这类跨学科的研究课题，特别适于应用变分方法进行研究。鉴于这类问题多数是非保守系统的力学问题，需要研究非保守系统拟变分原理。由于问题的复杂性，分成几个子课题来研究：① 研究刚体动力学的拟变分原理及其应用[37]；② 研究单柔体动力学的拟变分原理及其应用[10]；③ 研究多柔体动力学的拟变分原理及其应用。由本章的内容可以看出，本章只是研究工作的阶段性研究成果。由于本章分析讨论的某些问题以往几乎没有人分析讨论过，这些问题分析讨论得正确与否，还需要理论和实践来验证。本章的简单算例起到了类似应用简单的程序检验计算机的工作是否正常的作用，可以说这是对本章的理论研究成果的初步验证，还有待于进一步通过理论分析和工程实践来验证。

开展多柔体动力学的理论分析，需要杂交一般力学、变形体力学和自动控制等多个学科。到目前为止，仅仅初步杂交了刚体动力学与弹性动力学，还没有涉及对其各类效应的控制问题。如前所述，17 世纪的两位伟大的物理学家牛顿和胡克分别奠基了刚体动力学和变形体力学，如果说现在初步将刚体动力学和变形体力学杂交起来了，那么实现这种杂交用了 300 余年的时间。开展多柔体系统的理论分析的复杂性和长期性更加鞭策我们以只争朝夕的精神进一步开展这方面的研究工作。

开展多柔体动力学的理论分析，大部分工作都属于非惯性系中的动力学问题。笔者早期的关于非惯性系中的力学问题的研究，对于进行多柔体动力学的理论分析起到了促进作用；反过来说，进行多柔体动力学的理论分析的研究工作，对于进一步修正和发展非惯性系中的动力学问题研究也起到了促进作用。

参考文献

[1] Likins P W. Dynamic analysis of system of hinge-connected rigid bodies with non-rigid appendages[J]. International. Journal of Solids and Structures, 1973, 9(12): 1473-1487.

[2] Kane T R, Levinson D A. Formulation of equations of motion for complex spacecraft [J]. Journal of Guidance and Control, 1980, 3(2): 99-112.

[3] Bodley C S. A digital computer program for the dynamic interaction simulation of control and structure[M]. Washington: NASA TP-1219, 1978.

[4] Shabana A A. Dynamics of multi-body system[M]. New York: John Wiley & Sons, 1989.

[5] Wittbrodt Edmund. Dynamics of Flexible Multibody Systems: Rigid Finite Element Method[M]. Berlin: Springer, 2006.

[6] 黄文虎，邵成勋. 多柔体系统动力学[M]. 北京：科学出版社，1996.

[7] 马兴瑞，王本利，苟性宇. 航天器动力学——若干问题进展及应用[M]. 北京：科学出版社，2001.

[8]　刘延柱. 刚体动力学理论和应用[M]. 上海：交通大学出版社，2006.
[9]　陆佑方. 柔性多体系统动力学[M]. 北京：高等教育出版社，1996.
[10]　梁立孚，刘石泉，周健生. 单柔体动力学的拟变分原理及其应用[J]. 中国科学：G 辑，2009，39(2)：293－304.
[11]　马格努斯 K. 陀螺理论与应用[M]. 贾书惠，等，译. 北京：国防工业出版社，1983.
[12]　陆元九. 陀螺与惯性导航原理[M]. 北京：科学出版社，1966.
[13]　梁立孚，刘殿魁，宋海燕. 非保守系统的两类变量的广义拟变分原理研究[J]. 中国科学：G 辑，2005，35(2)：202－210.
[14]　梁立孚. 变分原理及其应用[M]. 哈尔滨：哈尔滨工程大学出版社，2005.
[15]　钱伟长. 对合变换和薄板弯曲问题的多变量变分原理[J]. 应用数学和力学，1985，6(1)：25－46.
[16]　朗道，栗费席兹. 理论物理学教程：第一卷 力学[M]. 李俊峰，译. 5 版. 北京：高等教育出版社，2007.
[17]　克拉夫 R，彭津 J. 结构动力学[M]. 王光远，等，译. 北京：高等教育出版社，2006.
[18]　李民庆. 惯性力[J]. 力学与实践，1982，4(1)：59－61.
[19]　梁立孚. 漫谈惯性力[J]. 力学与实践，1984，6(4)：48－50.
[20]　梁立孚. 惯性力——真实力[J]. 哈尔滨工程大学学报，1986(2)：14－22.
[21]　爱因斯坦 A. 相对论的意义[M]. 李灏，译. 北京：科学出版社，1961.
[22]　罗瑟 W G H. 相对论导论[M]. 岳曾义，关德相，译. 北京：科学出版社，1980.
[23]　南京工学院，西安交通大学，等. 理论力学[M]. 北京：人民教育出版社，1978.
[24]　牛顿. 自然哲学的数学原理[M]. 中国大百科全书：力学. 北京：中国大百科全书出版社，1985.
[25]　恩格斯. 自然辩证法[M]. 曹葆华，于光远，谢宁，译. 北京：人民出版社，1963.
[26]　吉特尔 C，等. 伯克利物理学教程：第一卷[M]. 陈乾坤，等，译. 北京：科学出版社，1979.
[27]　赵凯华，陈熙谋. 电磁学[M]. 北京：高等教育出版社，1978.
[28]　胡海昌，胡闰莓. 变分学[M]. 北京：中国建筑工业出版社，1987.
[29]　梁立孚，罗恩，刘殿魁. 非保守弹性动力学初值问题的简单 Gurtin 型拟变分原理[J]. 固体力学学报，2007，28(3)：224－228.
[30]　梁立孚，罗恩，冯晓九. 分析动力学初值问题的一种变分原理形式[J]. 力学学报，2007，39(1)：106－111.
[31]　李东旭. 高等结构动力学[M]. 长沙：国防科技大学出版社，1997.
[32]　姚熊亮. 舰船结构振动冲击与噪声[M]. 北京：国防工业出版社，2007.
[33]　赵汉元. 飞行器再入动力学和制导[M]. 长沙：国防科技大学出版社，1997.
[34]　高玉臣. 固体力学基础[M]. 北京：中国铁道出版社，1999.
[35]　王琪，陆启韶. 多体系统动力学 Lagrange 方程数值自满的研究进展，力学进展[J]. 2001，31(1)：9－17.
[36]　梅凤翔. 分析力学专题[M]. 北京：北京工业大学出版社，1988.
[37]　梁立孚，郭庆勇. 刚体动力学的拟变分原理及其应用[J]. 力学学报，2010，42(2)：300－305.

[38] 胡海昌.弹性力学的变分原理及其应用[M].北京:科学出版社,1981.

[39] 陈塑寰,刘中生.振型一阶导数的高精度截尾模态展开法[J].力学学报,1993,25(4):427-434.

[40] 陈塑寰,宋大同.多自由度振动结构的随机优化方法[J].力学学报,1994,26(4):432-439.

[41] 陈塑寰,徐涛.线性振动亏损系统的矩阵摄动理论[J].力学学报,1992,24(6):747-753.

[42] 史密斯 M S.结构动力学[M].504 翻译组,译.北京:国防工业出版社,1976.

[43] 邹经湘.结构动力学[M].哈尔滨:哈尔滨工业大学出版社,1996.

[44] 肖尚彬,董秋泉.高等动力学[M].西安:西北工业大学出版社,1986.

[45] 方同,薛璞.振动理论及应用[M].西安:西北工业大学出版社,1998.

[46] 诸德超,邢誉峰.工程振动基础[M].北京:北京航空航天大学出版社,2004.

[47] 齐朝晖.多体系统动力学[M].北京:科学出版社,2008.

[48] 王大钧,曲广吉.工程力学进展[M].北京:北京大学出版社,1998.

[49] 陈塑寰.结构动态设计的矩阵摄动理论[M].北京:科学出版社,1999.

[50] 刘延柱.多刚体系统动力学的研究和展望[J].上海力学,1989,10(3):58-62.

第 4 章　Fourier 卷积型拟变分原理应用于动力响应

由于变形体力学的广义变分原理在有限元素法和其他近似计算方法的应用方面取得重大成功[1-3]，因此各国学者努力将广义变分原理的研究推广到分析动力学中去。但是，由于这一研究的难度很大，因而长期进展比较缓慢。文献[4]介绍了国外学者研究分析动力学中的变分原理的情况，将我国学者对分析动力学中的变分原理的研究引导到世界性研究的前沿。文献[5]引入广义 D'Alembert-Lagrange 原理，应用凑合法建立了分析动力学边值问题的第二类变分原理，并且将之写成正则形式。文献[6]应用对合变换[7]推导出两类变量的 Hamilton 原理，应用 Lagrange 乘子法推导出分析动力学边值问题的两类变量的有附加条件的广义变分原理和无附加条件的广义变分原理，推导了各类变分原理的驻值条件。文献[8]应用对合变换，将两类变量的广义变分原理的驻值条件变换为三类变量的控制方程。按照广义力和广义位移之间的对应关系，将各控制方程乘上相应的虚量并求代数和，然后积分，进而建立分析动力学边值问题的三类变量的广义变分原理，我们将这种建立广义变分原理的方法称为变积方法。以上文献都是研究边值问题的。

对于初值问题，1964 年 Gurtin 利用 Laplace 变换中卷积理论，提出了与弹性动力学问题等价的变分原理[9]，这种 Gurtin 型变分原理为建立弹性动力学问题的各种近似解法奠定了可靠的理论基础。近十多年来，罗恩对线性变形体动力学的问题的变分原理进行了比较全面深入的研究，系统地建立与发展了线性和非线性变形体动力学的 Gurtin 型变分原理[10-14]。以上文献都是研究保守系统的。

对于非保守系统，国外以 Leipholz 为代表，提出了广义自共轭的概念，建立了广义的 Hamilton 原理，给出了著名的 Leipholz 杆模型[15-16]。我国学者在文献[17]的研究中发现，Leipholz 研究了非保守系统的势能原理，没有研究余能原理，通过发展 Leipholz 的研究，并发扬国内对广义变分原理研究的优势，在伴生力系统的前提下，建立了非保守系统的余能原理，进而建立了关于弹性理论非保守系统的广义变分原理。作为文献[17]的研究的继续，文献[18]建立了非保守系统广义变分原理，并且将之应用于有限元的计算模型。文献[19]建立了非保守系统的两类变量的广义拟变分原理，并且给出同时求解一个典型的伴生力非保守系统的内力和变形两类变量的计算方法。文献[20]建立了非保守弹性动力学问题的简单 Gurtin 型拟变分原理，首次将 Laplace 卷积型变分原理的研究推广到非保守系统。

在飞行器结构动力学中，动力响应问题较为突出，例如飞机的降落、火箭的发射、空间飞行器上突然的操纵力以及阵风载荷对单体飞行器和多体飞行器的影响等等，都可以处理为动力响应问题(有的学者称之为广义冲击问题)。文献[21]倡导应用波谱方法研究结构动力学和波动力学，启发我们开始研究 Fourier 卷积型拟变分原理。由于 Fourier 变换正好对应时域与频域之间的变换，这便使得我们既可以在时域中研究问题，也可以在频域中研究问题。特别是有些问题在频域中研究比较方便，我们可以在频域中研究，然后将结果反演到时域中，反之亦然。本章将展示我们的初步研究成果。4.1 节研究 Fourier 卷积型变分原理的提法；4.2 节研究非保守分析动力学的 Fourier 卷积型拟变分原理及其在动力响应中的应用;4.3 节研究非保守弹性动力学的 Fourier 卷积型拟变分原理在动力响应中的应用。

当前尚未见到其他学者研究过 Fourier 卷积型拟变分原理及其应用,笔者首次研究 Fourier 卷积型拟变分原理及其在动力响应中的应用,故研究的内容尚不成熟,需要摸索着逐步前进。例如,在研究中接受一位专家的建议,将初始条件引入拟变分原理中,但是,当应用 Fourier 卷积型拟变分原理求解强迫振动问题时,主要处理的是稳定解部分,初始条件并不重要,或者不必应用初始条件。另有一个值得说明的问题是当把初始条件引入拟变分原理时,需要应用限制变分的思想[22-23],即一些变量在变分运算时被凝固,将其视为不变量,而在变分运算后被复活。类似这样的问题,需要进一步研究后再来处理。在没有进行这类研究之前,暂且不将初始条件引入拟变分原理中,特此说明。

4.1 Fourier 卷积型变分原理的提法

4.1.1 从 Fourier 级数展开到 Fourier 积分变换

如果 $f(t)$ 是以 $2l$ 为周期的一个函数,并且 $f(t)$ 和 $f'(t)$ 在 $[-l,l]$ 区间上分段连续(或者,在任何有限区间内,除至多有有限个极值和有限个第一类间断点外均连续),则该函数可以展开为 Fourier 级数

$$f(t)=\frac{a_0}{2}+\sum_{k=1}^{\infty}\left(a_k\cos\frac{k\pi t}{l}+b_k\sin\frac{k\pi t}{l}\right)=\sum_{k=0}^{\infty}\left(a_k\cos\frac{k\pi t}{l}+b_k\sin\frac{k\pi t}{l}\right)\tag{4.1.1}$$

式中

$$a_k=\frac{1}{l}\int_{-l}^{l}f(\tau)\cos\frac{k\pi\tau}{l}\mathrm{d}\tau,\quad k=0,1,2\cdots\tag{4.1.2}$$

$$b_k=\frac{1}{l}\int_{-l}^{l}f(\tau)\sin\frac{k\pi\tau}{l}\mathrm{d}\tau,\quad k=1,2\cdots\tag{4.1.3}$$

可见,当 $k=0$ 时,$a_0=\frac{1}{l}\int_{-l}^{l}f(\tau)\mathrm{d}\tau$ 。

现在来研究,如果函数 $f(t)$ 是定义在 $[-\infty,\infty]$ 上的非周期函数,展开式(4.1.1) 将如何变化。

如果将式(4.1.2) 和式(4.1.3) 代入式(4.1.1),则有

$$f(t)=\frac{1}{l}\sum_{k=0}^{\infty}\left[\cos\frac{k\pi t}{l}\int_{-l}^{l}f(\tau)\cos\frac{k\pi\tau}{l}\mathrm{d}\tau+\sin\frac{k\pi t}{l}\int_{-l}^{l}f(\tau)\sin\frac{k\pi\tau}{l}\mathrm{d}\tau\right]\tag{4.1.4}$$

设 $\omega_1=\frac{\pi}{l},\omega_2=\frac{2\pi}{l},\cdots,\omega_k=\frac{k\pi}{l},\cdots$ 则有

$$\Delta\omega_k=\frac{(k+1)\pi}{l}-\frac{k\pi}{l}=\frac{\pi}{l}$$

于是,当 $l\to\infty$ 时,式(4.1.4) 变换为

$$f(t)=\lim_{l\to\infty}\frac{1}{\pi}\sum_{k=0}^{\infty}\left[\cos\omega_k t\int_{-l}^{l}f(\tau)\cos\omega_k\tau\,\mathrm{d}\tau+\sin\omega_k t\int_{-l}^{l}f(\tau)\sin\omega_k\tau\,\mathrm{d}\tau\right]\Delta\omega_k\tag{4.1.5}$$

当$\lim\limits_{l\to\infty}$时，$\Delta\omega_k\to \mathrm{d}\omega$，$\sum\limits_{k=0}^{\infty}\to\int_0^{\infty}$，则有

$$f(t)=\frac{1}{\pi}\int_0^{\infty}\left[\cos\omega t\int_{-\infty}^{+\infty}f(\tau)\cos\omega\tau\,\mathrm{d}\tau+\sin\omega t\int_{-\infty}^{+\infty}f(\tau)\sin\omega\tau\,\mathrm{d}\tau\right]\mathrm{d}\omega \tag{4.1.6}$$

可以简记为

$$f(t)=\int_0^{\infty}[A(\omega)\cos\omega t+B(\omega)\sin\omega t]\mathrm{d}\omega \tag{4.1.7}$$

式中

$$A(\omega)=\frac{1}{\pi}\int_{-\infty}^{+\infty}f(\tau)\cos\omega\tau\,\mathrm{d}\tau \tag{4.1.8}$$

$$B(\omega)=\frac{1}{\pi}\int_{-\infty}^{+\infty}f(\tau)\sin\omega\tau\,\mathrm{d}\tau \tag{4.1.9}$$

比较式(4.1.7)～式(4.1.9)和式(4.1.1)～式(4.1.3)，可见$A(\omega)$对应a_k，$B(\omega)$对应b_k，$\int_0^{\infty}$对应$\sum\limits_{k=0}^{\infty}$，则二者的一致性很明显，只是一个是连续分析，另一个是离散分析。

这样一来，便完成了由 Fourier 级数到 Fourier 积分的转化工作。

由于

$$\cos\omega t\cos\omega\tau+\sin\omega t\sin\omega\tau=\cos\omega(t-\tau) \tag{4.1.10}$$

$$\cos\frac{k\pi t}{l}\cos\frac{k\pi\tau}{l}+\sin\frac{k\pi t}{l}\sin\frac{k\pi\tau}{l}=\cos\frac{k\pi}{l}(t-\tau) \tag{4.1.11}$$

可以将式(4.1.6)和式(4.1.4)分别表示为

$$f(t)=\frac{1}{\pi}\int_0^{\infty}\mathrm{d}\omega\int_{-\infty}^{+\infty}f(\tau)\cos\omega(t-\tau)\mathrm{d}\tau \tag{4.1.12}$$

$$f(t)=\frac{1}{\pi}\sum_{k=0}^{\infty}\frac{\pi}{l}\int_{-l}^{l}f(\tau)\cos\frac{k\pi}{l}(t-\tau)\mathrm{d}\tau \tag{4.1.13}$$

应用 Euler 公式

$$\left.\begin{aligned}\mathrm{e}^{\mathrm{j}\frac{k\pi t}{l}}&=\cos\frac{k\pi t}{l}+\mathrm{j}\sin\frac{k\pi t}{l}\\ \mathrm{e}^{-\mathrm{j}\frac{k\pi t}{l}}&=\cos\frac{k\pi t}{l}-\mathrm{j}\sin\frac{k\pi t}{l}\end{aligned}\right\} \tag{4.1.14}$$

将 Fourier 级数表示为复数形式，可得

$$f(t)=c_0+\sum_{k=1}^{+\infty}c_k\mathrm{e}^{\mathrm{j}\frac{k\pi t}{l}}+\sum_{k=1}^{-\infty}c_k\mathrm{e}^{\mathrm{j}\frac{k\pi t}{l}}=\sum_{-\infty}^{+\infty}c_k\mathrm{e}^{\mathrm{j}\frac{k\pi t}{l}}=\frac{1}{2\pi}\sum_{-\infty}^{+\infty}\frac{\pi}{l}\mathrm{e}^{\mathrm{j}\frac{k\pi t}{l}}\int_{-l}^{l}f(\tau)\mathrm{e}^{-\mathrm{j}\frac{k\pi\tau}{l}}\mathrm{d}\tau \tag{4.1.15}$$

式中

$$c_k=\frac{a_k-\mathrm{j}b}{2}=\frac{1}{2l}\int_{-l}^{l}f(\tau)\mathrm{e}^{-\mathrm{j}\frac{k\pi\tau}{l}}\mathrm{d}\tau \tag{4.1.16}$$

$$c_{-k}=\frac{a_k+\mathrm{j}b}{2}=\frac{1}{2l}\int_{-l}^{l}f(\tau)\mathrm{e}^{\mathrm{j}\frac{k\pi\tau}{l}}\mathrm{d}\tau \tag{4.1.17}$$

可见，当$k=0$时，$c_0=\frac{1}{2l}\int_{-l}^{l}f(\tau)\mathrm{d}\tau$。

同样，将 Fourier 积分也表示为复数形式，可得

$$f(t)=\frac{1}{2\pi}\int_{-\infty}^{+\infty}\mathrm{d}\omega\int_{-\infty}^{+\infty}f(\tau)\mathrm{e}^{\mathrm{j}\omega(t-\tau)}\mathrm{d}\tau=\frac{1}{2\pi}\int_{-\infty}^{+\infty}\int_{-\infty}^{+\infty}f(\tau)\mathrm{e}^{-\mathrm{j}\omega\tau}\mathrm{d}\tau\mathrm{e}^{\mathrm{j}\omega t}\mathrm{d}\omega \tag{4.1.18}$$

在式(4.1.18)中，如果设

$$F(\omega)=\int_{-\infty}^{+\infty}f(\tau)\mathrm{e}^{-\mathrm{j}\omega\tau}\mathrm{d}\tau \tag{4.1.19}$$

则有

$$f(t)=\frac{1}{2\pi}\int_{-\infty}^{+\infty}F(\omega)\mathrm{e}^{\mathrm{j}\omega t}\mathrm{d}\omega \tag{4.1.20}$$

从式(4.1.19)和式(4.1.20)可以看出，$F(\omega)$和$f(t)$是互相可以用积分形式来表达的，即其中一个函数经过一定形式的积分运算可以变换为另一个函数。式(4.1.19)叫做Fourier变换，并称$F(\omega)$是$f(t)$的Fourier变式，或者叫做影像。相应地，式(4.1.20)叫做Fourier逆变换，并称$f(t)$是$F(\omega)$的Fourier逆变式，或者叫做原像。逆变式(4.1.19)有时称为反演公式。有些著作中，称$F(\omega)$是$f(t)$的$-\mathrm{j}$变换，称$f(t)$是$F(\omega)$的$+\mathrm{j}$变换。

当$f(t)$为偶函数时，式(4.1.8)和式(4.1.9)变换为

$$A(\omega)=\frac{1}{\pi}\int_{-\infty}^{+\infty}f(\tau)\cos\omega\tau\,\mathrm{d}\tau=\frac{2}{\pi}\int_{0}^{\infty}f(\tau)\cos\omega\tau\,\mathrm{d}\tau \tag{4.1.21}$$

$$B(\omega)=\frac{1}{\pi}\int_{-\infty}^{+\infty}f(\tau)\sin\omega\tau\,\mathrm{d}\tau=0 \tag{4.1.22}$$

由式(4.1.7)可得

$$f(t)=\frac{2}{\pi}\int_{0}^{\infty}\cos\omega t\,\mathrm{d}\omega\int_{0}^{\infty}f(\tau)\cos\omega\tau\,\mathrm{d}\tau \tag{4.1.23}$$

因此，对于偶函数可以作Fourier余弦变换

$$F(\omega)=\sqrt{\frac{2}{\pi}}\int_{0}^{\infty}f(\tau)\cos\omega\tau\,\mathrm{d}\tau \tag{4.1.24}$$

和Fourier逆变换

$$f(t)=\sqrt{\frac{2}{\pi}}\int_{0}^{\infty}F(\omega)\cos\omega t\,\mathrm{d}\omega \tag{4.1.25}$$

当$f(t)$为奇函数时，式(4.1.8)和式(4.1.9)变换为

$$A(\omega)=\frac{1}{\pi}\int_{-\infty}^{+\infty}f(\tau)\cos\omega\tau\,\mathrm{d}\tau=0 \tag{4.1.26}$$

$$B(\omega)=\frac{1}{\pi}\int_{-\infty}^{+\infty}f(\tau)\sin\omega\tau\,\mathrm{d}\tau=\frac{2}{\pi}\int_{0}^{\infty}f(\tau)\sin\omega\tau\,\mathrm{d}\tau \tag{4.1.27}$$

由式(4.1.7)可得

$$f(t)=\frac{2}{\pi}\int_{0}^{\infty}\sin\omega t\,\mathrm{d}\omega\int_{0}^{\infty}f(\tau)\sin\omega\tau\,\mathrm{d}\tau \tag{4.1.28}$$

因此，对于奇函数可以作Fourier正弦变换

$$F(\omega)=\sqrt{\frac{2}{\pi}}\int_{0}^{\infty}f(\tau)\sin\omega\tau\,\mathrm{d}\tau \tag{4.1.29}$$

和Fourier正弦逆变换

$$f(t)=\sqrt{\frac{2}{\pi}}\int_{0}^{\infty}F(\omega)\sin\omega t\,\mathrm{d}\omega \tag{4.1.30}$$

Fourier变换的简单表示方法为

Fourier 变换

$$\Phi[f(t)]=F(\omega) \tag{4.1.31}$$

Fourier 逆变换

$$\Phi^{-1}[F(\omega)]=f(t) \tag{4.1.32}$$

4.1.2　Fourier 级数和 Fourier 变换的物理意义

为了说明 Fourier 变换的物理意义，需要先解释 Fourier 级数的物理意义。周期为 $2l$ 的函数可展成 Fourier 级数

$$f(t)=\frac{a_0}{2}+\sum_{k=1}^{\infty}\left(a_k\cos\frac{k\pi t}{l}+b_k\sin\frac{k\pi t}{l}\right) \tag{4.1.33}$$

现在把它改写成

$$f(t)=c_0+\sum_{k=1}^{\infty}c_k\cos(k\omega_1 t+\phi_k) \tag{4.1.34}$$

式中，$\omega_1=\frac{\pi}{l}$ 称为基频(即基本频率)。和式中每一项代表一正弦型振动，这些振动构成一谐波序列，就是说：各项的频率是基频 $\omega_1=\frac{\pi}{l}$ 的倍数，每一项被称为谐波。频率为 $\omega_1=\frac{\pi}{l}$ 的称为第一次谐波，频率为 $2\omega_1$ 的称为第二次谐波……系数 c_k 称为振幅，而系数 ϕ_k 称为初相。由此得知，复杂的周期函数 $f(t)$ 完全可由一系列的 c_k 和 ϕ_k 等量来决定。故称振幅 c_k 的全体为周期函数 $f(t)$ 幅度频谱，而称初相 ϕ_k 的全体为相位频谱。实际应用中往往只须知道幅度频谱，因此在一般情况下，幅度频谱简称为频谱。

如果把 $f(t)$ 的 Fourier 级数写成复数形式，则有

$$f(t)=\sum_{-\infty}^{+\infty}c_k e^{j\frac{k\pi t}{l}}=\sum_{-\infty}^{+\infty}c_k e^{jk\omega_1 t} \tag{4.1.35}$$

周期函数的频谱可用图来表示。为此，取坐标 c_k 和 $\omega=k\omega_1$，在这个坐标系中，频谱将由一系列的离散点所组成，对应于每一个 $k\omega_1$ 的值，有一个一定的 c_k 值。

由 Fourier 级数转到 Fourier 积分时，$\omega=k\omega_1$ 坐标的增量 $\Delta\omega_k$ 变为 $d\omega$，各个频谱点之间的距离无限缩小以至于连成一条光滑的曲线，称为连续谱线。对于非周期函数 $f(t)$ 的 Fourier 变换 $F(\omega)=\int_{-\infty}^{+\infty}f(\tau)e^{-j\omega\tau}d\tau$，这里 $F(\omega)$ 称为 Fourier 频谱，也称为频谱函数，其绝对值 $|F(\omega)|$ 称为频谱。

4.1.3　Fourier 变换的重要性质

1. Fourier 变换的求导法则

Fourier 变换的性质，除线性、相似性、平移性外，关于导数的 Fourier 变式有极为重要的结果。因为导数的 Fourier 变式的定义式可以表示为

$$\Phi[f'(t)]=\int_{-\infty}^{+\infty}f'(\tau)e^{-j\omega\tau}d\tau \tag{4.1.36}$$

进行分部积分，可得

$$\int_{-\infty}^{+\infty} f'(\tau)\mathrm{e}^{-\mathrm{j}\omega\tau}\mathrm{d}\tau = f(\tau)\mathrm{e}^{-\mathrm{j}\omega\tau}\Big|_{-\infty}^{+\infty} + \mathrm{j}\omega\int_{-\infty}^{+\infty} f(\tau)\mathrm{e}^{-\mathrm{j}\omega\tau}\mathrm{d}\tau \tag{4.1.37}$$

再假设$\lim\limits_{t\to\infty} f(t)=0$，这个假设是合理的，这是因为 Fourier 变换成立的前提之一是 $f(t)$ 在 $(-\infty,+\infty)$ 上绝对可积，即广义积分

$$\int_{-\infty}^{+\infty}|f(\tau)|\mathrm{d}\tau \tag{4.1.38}$$

收敛。又因为 $\mathrm{e}^{-\mathrm{j}\omega\tau}=\cos\omega\tau-\mathrm{j}\sin\omega\tau$，故知$|\mathrm{e}^{-\mathrm{j}\omega\tau}|=1$。所以，式(4.1.37)右端第一项为零，第二项为 $\mathrm{j}\omega\int_{-\infty}^{+\infty} f(\tau)\mathrm{e}^{-\mathrm{j}\omega\tau}\mathrm{d}\tau=\mathrm{j}\omega F(\omega)$，从而可知

$$\Phi[f'(t)]=\mathrm{j}\omega F(\omega)=\mathrm{j}\omega\Phi[f(t)] \tag{4.1.39}$$

进而可知

$$\Phi[f''(t)]=(\mathrm{j}\omega)^2F(\omega)=(\mathrm{j}\omega)^2\Phi[f(t)] \tag{4.1.40}$$

$$\Phi[f^{(k)}(t)]=(\mathrm{j}\omega)^kF(\omega)=(\mathrm{j}\omega)^k\Phi[f(t)] \tag{4.1.41}$$

由以上论述可见，Fourier 变换的求导法则为：求 $f(t)$ 导数的 Fourier 变式时，只须将 $f(t)$ 的 Fourier变式乘上 $\mathrm{j}\omega$ 即可。也就是说，可以将求 $f(t)$ 导数的Fourier变式运算转化为将 $f(t)$ 的 Fourier 变式乘上 $\mathrm{j}\omega$ 的代数运算。

2. Fourier 变换的卷积理论

假设 $f(t)$ 和 $g(t)$ 两个函数在$(-\infty,+\infty)$上绝对可积，则两个函数 $f(x)$ 和 $g(x)$ 的卷积为

$$\int_{-\infty}^{+\infty} f(\tau)g(t-\tau)\mathrm{d}u \tag{4.1.42}$$

或简写为

$$f(t)*g(t) \tag{4.1.43}$$

卷积本身也是一个关于 t 的函数，记为 $h(t)$。

对于如何理解卷积有很多种思路。有的学者认为，可以将 $h(t)$ 理解为可变函数 $f(t)$ 和 $g(t)$ 的泛函。应该注意的是：因为$h(t)$是函数$f(t)$的泛函，为了计算$h(t_1)$，必须知道在t的整个取值范围内的 $f(t)$。对于函数 $g(t)$ 亦然。

现在说明关于卷积的两个重要公式。实际上

$$f(t)*g(t)=\int_{-\infty}^{+\infty} f(\tau)g(t-\tau)\mathrm{d}\tau=\frac{1}{2\pi}\int_{-\infty}^{+\infty} g(\tau)\mathrm{d}\tau\int_{-\infty}^{+\infty} F(\omega)\mathrm{e}^{\mathrm{j}\omega(t-\tau)}g(t-\tau)\mathrm{d}\omega \tag{4.1.44}$$

改变积分次序，则有

$$\frac{1}{2\pi}\int_{-\infty}^{+\infty} F(\omega)\mathrm{e}^{\mathrm{j}\omega t}\mathrm{d}\omega\int_{-\infty}^{+\infty} g(\tau)\mathrm{e}^{-\mathrm{j}\omega\tau}\mathrm{d}\tau=\frac{1}{2\pi}\int_{-\infty}^{+\infty} F(\omega)\cdot G(\omega)\mathrm{e}^{\mathrm{j}\omega t}\mathrm{d}\omega \tag{4.1.45}$$

考虑到 $\Phi[f(t)]=F(\omega)$ 和 $\Phi[g(t)]=G(\omega)$，则有

$$f(t)*g(t)=\Phi^{-1}[F(\omega)\cdot G(\omega)] \tag{4.1.46}$$

反之

$$\Phi[f(t)*g(t)]=\Phi[f(t)]\cdot\Phi[g(t)] \tag{4.1.47}$$

这便是关于卷积的两个重要公式。

3. 关于多维 Fourier 变换

假设对于二元函数 $f(x,y)$，广义积分

$$\int_{-\infty}^{+\infty}\int_{-\infty}^{+\infty}|f(x,y)|\mathrm{d}x\mathrm{d}y \tag{4.1.48}$$

收敛，则定义二维 Fourier 变换为

$$F(\omega_x,\omega_y)=\int_{-\infty}^{+\infty}\int_{-\infty}^{+\infty}f(x,y)\mathrm{e}^{-\mathrm{j}(\omega_x x+\omega_y y)}\mathrm{d}x\mathrm{d}y \tag{4.1.49}$$

如果二元函数 $f(x,y)$ 在任意矩形区域上满足二维 Fourier 级数的收敛条件，则 $F(\omega_x,\omega_y)$ 的逆变换可以由反演公式

$$f(x,y)=\int_{-\infty}^{+\infty}\int_{-\infty}^{+\infty}F(\omega_x,\omega_y)\mathrm{e}^{\mathrm{j}(\omega_x x+\omega_y y)}\mathrm{d}\omega_x\mathrm{d}\omega_y \tag{4.1.50}$$

得到。对于卷积公式等，也有类似的推广

$$\Phi[f(x,y)*g(x,y)]=\Phi[f(x,y)]\cdot\Phi[g(x,y)] \tag{4.1.51}$$

式中，$f(x,y)*g(x,y)$ 定义为

$$f(x,y)*g(x,y)=\int_{-\infty}^{+\infty}\int_{-\infty}^{+\infty}f(u,v)g(x-u,y-v)\mathrm{d}u\mathrm{d}v \tag{4.1.52}$$

以上论述可以推广到三维和更高维空间。

4.1.4　波动 Fourier 卷积型变分原理

如前文所述，对于初值问题，1964 年 Gurtin 利用 Laplace 变换中卷积理论，提出了与弹性动力学问题等价的变分原理，这种 Gurtin 型变分原理为建立弹性动力学问题的各种近似解法奠定了可靠的理论基础。这说明 Gurtin 卷积型变分原理是以时间为自变量的，其可变函数为力学量应力、应变、位移等。下面将分别以时间坐标和空间坐标为自变量，建立 Fourier 卷积型变分原理。这便使得 Fourier 卷积型变分原理划分为时域和频域、时域和空域、空域和频域三种对应关系。作为初次研究，4.2 节和 4.3 节主要研究时域和频域的对应关系。

1. 建立时域 Fourier 变换的卷积型变分原理

二维波动方程为

$$\frac{\partial^2 u}{\partial t^2}-a^2\nabla^2 u=f(x,y,t)\quad（在 A 上） \tag{4.1.53}$$

式中，$u=u(x,y,t)$ 为可变函数，x,y,t 为自变量。

空间边界条件

$$u=u_1(t)\quad（在 \partial A_u 上） \tag{4.1.54}$$

$$\frac{\partial u}{\partial \nu}=u_2(t)\quad（在 \partial A_\nu 上） \tag{4.1.55}$$

时间初始条件

$$u|_{t=0}=u_3(x,y) \tag{4.1.56}$$

$$\left.\frac{\partial u}{\partial t}\right|_{t=0}=u_4(x,y) \tag{4.1.57}$$

将方程式(4.1.53) 和方程式(4.1.55)Fourier 卷乘以相应的虚量 δu,然后积分并求代数和,可得

$$\int_A\left(\frac{\partial^2 u}{\partial t^2}-a^2\ \nabla^2 u-f\right)*\delta u\mathrm{d}A+a^2\int_{\partial A_\nu}\left(\frac{\partial u}{\partial \nu}-u_2\right)*\delta u\mathrm{d}s=0 \tag{4.1.58}$$

应用 Fourier 变换中的卷积理论和求导法则

$$\frac{\partial^2 u}{\partial t^2}*\delta u=\Phi^{-1}\left[\left(\mathrm{j}\omega\frac{\partial \tilde{u}}{\partial t}\right)\delta\tilde{u}\right]=\Phi^{-1}\left[\left(\frac{\partial \tilde{u}}{\partial t}\right)\delta(\mathrm{j}\omega\tilde{u})\right]=\frac{\partial u}{\partial t}*\delta\left(\frac{\partial u}{\partial t}\right) \tag{4.1.59}$$

应用 Green 定理

$$-\int_A\nabla^2 u*\delta u\mathrm{d}A=-\int_{\partial A_u+\partial A_\nu}\frac{\partial u}{\partial \nu}*\delta u\mathrm{d}s+\int_A\left[\frac{\partial u}{\partial x}*\delta\left(\frac{\partial u}{\partial x}\right)+\frac{\partial u}{\partial y}*\delta\left(\frac{\partial u}{\partial y}\right)\right]\mathrm{d}A \tag{4.1.60}$$

将式(4.1.59) 和式(4.1.60) 代入式(4.1.58),可得

$$\int_A\left[\frac{\partial u}{\partial t}*\delta\left(\frac{\partial u}{\partial t}\right)+a^2\ \frac{\partial u}{\partial x}*\delta\left(\frac{\partial u}{\partial x}\right)+a^2\ \frac{\partial u}{\partial y}*\delta\left(\frac{\partial u}{\partial y}\right)-f*\delta u\right]\mathrm{d}A-a^2\int_{\partial A_\nu}u_2*\delta u\mathrm{d}s=0 \tag{4.1.61}$$

式(4.1.61) 可以处理为一个泛函的驻值问题:

$$\Pi=\int_A\left(\frac{1}{2}\frac{\partial u}{\partial t}*\frac{\partial u}{\partial t}+\frac{a^2}{2}\frac{\partial u}{\partial x}*\frac{\partial u}{\partial x}+\frac{a^2}{2}\frac{\partial u}{\partial y}*\frac{\partial u}{\partial y}-f*u\right)\mathrm{d}A-a^2\int_{\partial A_\nu}u_2*u\mathrm{d}s \tag{4.1.62}$$

将式(4.1.62) 转换到相空间,可得

$$\tilde{\Pi}=\int_A\left(-\frac{\omega^2}{2}\tilde{u}\tilde{u}+\frac{a^2}{2}\frac{\partial\tilde{u}}{\partial x}\frac{\partial\tilde{u}}{\partial x}+\frac{a^2}{2}\frac{\partial\tilde{u}}{\partial y}\frac{\partial\tilde{u}}{\partial y}-\tilde{f}\tilde{u}\right)\mathrm{d}A-a^2\int_{\partial A_\nu}\tilde{u}_2\tilde{u}\mathrm{d}s \tag{4.1.63}$$

式中 ω——Fourier 变换参变量;

j—— 虚数单位。

2. 建立空域 Fourier 变换的卷积型变分原理

因为空域 Fourier 变换是在 $(-\infty,+\infty)$ 区域进行的,故在以下推演中不再引入边界条件。将方程式(4.1.53) 卷乘以相应的虚量 δu,然后积分,可得

$$\int_{t_0}^{t_1}\left[\int_A\left(\frac{\partial^2 u}{\partial t^2}-a^2\ \nabla^2 u-f\right)*\delta u\mathrm{d}A=0 \tag{4.1.64}$$

应用 Fourier 变换中的卷积理论和求导法则

$$\begin{aligned}-\int_A\nabla^2 u*\delta u\mathrm{d}A=&-\int_A\left[\Phi^{-1}\left(\mathrm{j}\omega_x\frac{\partial\tilde{u}}{\partial x}\right)\delta\tilde{u}+\Phi^{-1}\left(\mathrm{j}\omega_y\frac{\partial\tilde{u}}{\partial y}\right)\delta\tilde{u}\right]\mathrm{d}A=\\&-\int_A\left[\frac{\partial u}{\partial x}*\delta\left(\frac{\partial u}{\partial x}\right)+\frac{\partial u}{\partial y}*\delta\left(\frac{\partial u}{\partial y}\right)\right]\mathrm{d}A\end{aligned} \tag{4.1.65}$$

应用分部积分

$$\int_{t_0}^{t_1}\frac{\partial^2 u}{\partial t^2}*\delta u\mathrm{d}t=\left.\frac{\partial u}{\partial t}*\delta u\right|_{t_0}^{t_1}-\int_{t_0}^{t_1}\frac{\partial u}{\partial t}*\delta\frac{\partial u}{\partial t}\mathrm{d}t \tag{4.1.66}$$

将式(4.1.65) 和式(4.1.66) 代入式(4.1.64),按惯例在时域边界处取 $\delta u=0$,可得

$$\int_{t_0}^{t_1}\left[\iint_A\left(-\frac{\partial u}{\partial t}*\delta\frac{\partial u}{\partial t}-a^2\frac{\partial u}{\partial x}*\delta\frac{\partial u}{\partial x}-a^2\frac{\partial u}{\partial y}*\delta\frac{\partial u}{\partial y}-f*\delta u\right)\mathrm{d}A\right]\mathrm{d}t=0 \tag{4.1.67}$$

进而可得

$$\delta\int_{t_0}^{t_1}\left[\iint_A\left(-\frac{1}{2}\frac{\partial u}{\partial t}*\frac{\partial u}{\partial t}-a^2\frac{1}{2}\frac{\partial u}{\partial x}*\frac{\partial u}{\partial x}-a^2\frac{1}{2}\frac{\partial u}{\partial y}*\frac{\partial u}{\partial y}-f*u\right)\mathrm{d}A\right]=0 \tag{4.1.68}$$

式(4.1.68) 可以处理为一个泛函的驻值问题：

$$\Pi=\int_{t_0}^{t_1}\left[\iint_A\left(\frac{1}{2}\frac{\partial u}{\partial t}*\frac{\partial u}{\partial t}+\frac{a^2}{2}\frac{\partial u}{\partial x}*\frac{\partial u}{\partial x}+\frac{a^2}{2}\frac{\partial u}{\partial y}*\frac{\partial u}{\partial y}+f*u\right)\mathrm{d}A\right]\mathrm{d}t \tag{4.1.69}$$

将式(4.1.69) 转换到相空间，可得

$$\tilde{\Pi}=\int_{t_0}^{t_1}\left[\iint_A\left(\frac{1}{2}\frac{\mathrm{d}\tilde{u}}{\mathrm{d}t}\frac{\mathrm{d}\tilde{u}}{\mathrm{d}t}-\frac{a^2}{2}\omega_x^2\tilde{u}^2-\frac{a^2}{2}\omega_y^2\tilde{u}^2+\tilde{f}\tilde{u}\right)\mathrm{d}A\right]\mathrm{d}t \tag{4.1.70}$$

式中　ω_x,ω_y——Fourier 变换参变量；

j —— 虚数单位。

4.2　分析动力学 Fourier 卷积型拟变分原理

文献[24] 认为经典分析动力学体系是力学最根本的体系。因此，分析动力学是经典物理学的基础之一，也是整个力学的基础之一。它广泛应用于结构分析、机器动力学与振动、航天力学、多刚体系统和机器人动力学以及各种工程技术领域，也可推广应用于连续介质力学和相对论力学。因此，分析动力学的问题研究在理论和实际上都是具有重要意义的课题。

本节利用文献[25] 给出的分析动力学基本方程，按照相空间中广义力和广义位移之间的对应关系，将非保守分析动力学的各控制方程乘上相应的虚量并求代数和，考虑到系统的非保守特性，建立了非保守分析动力学的 Fourier 相空间中的拟变分原理和广义拟变分原理。应用 Fourier 逆变换将相空间中的拟变分原理和广义拟变分原理反演到原空间，进而建立了非保守分析动力学的原空间中的 Fourier 卷积型拟变分原理和广义拟变分原理。在原空间中推导了非保守分析动力学拟变分原理和广义拟变分原理的拟驻值条件。

反之，也可以按照原空间中广义力和广义位移之间的对应关系，将非保守分析动力学问题的各控制方程卷乘上相应的虚量并求代数和，考虑到系统的非保守特性，建立非保守分析动力学的原空间中的 Fourier 卷积型拟变分原理和广义拟变分原理。应用 Fourier 变换将原空间中的 Fourier 卷积型拟变分原理和广义拟变分原理变换到相空间，进而建立非保守分析动力学 Fourier 相空间中的拟变分原理和广义拟变分原理。在相空间中推导非保守分析动力学问题拟变分原理和广义拟变分原理的拟驻值条件。

当然，也可以在 Fourier 原空间中建立卷积型拟变分原理和广义拟变分原理，在原空间中推导卷积型拟变分原理和广义拟变分原理的拟驻值条件；或者，在 Fourier 相空间中建立拟变分原理和广义拟变分原理，在相空间中推导拟变分原理和广义拟变分原理的拟驻值条件。在本节中之所以在 Fourier 相空间和原空间交叉地建立拟变分原理、广义拟变分原理和推导其拟驻值条件，一方面是着眼于理论上的完备性，一方面是着眼于应用上的灵活性。

4.2.1 分析动力学的基本方程

分析动力学稳定约束系统和半稳定约束系统动力学的控制方程为

$$-\frac{\mathrm{d}}{\mathrm{d}t}p_i^q + P_i + F_i = 0 \tag{4.2.1}$$

$$\dot{q}_i - v_i^q = 0 \tag{4.2.2}$$

$$p_i^q - \sum_{j=1}^{n} m_{ij} v_j^q = 0 \tag{4.2.3}$$

或者

$$v_i^q - \sum_{j=1}^{n} M_{ij} p_j^q = 0 \tag{4.2.4}$$

初始条件

$$q_i(0) = \bar{q}_i(0), \quad v_i^q(0) = \bar{v}_i^q(0), \quad p_i^q(0) = \bar{p}_i^q(0) \tag{4.2.5}$$

$$\dot{q}_i(0) = \bar{\dot{q}}_i(0), \quad \dot{v}_i^q(0) = \bar{\dot{v}}_i^q(0), \quad \dot{p}_i^q(0) = \bar{\dot{p}}_i^q(0) \tag{4.2.6}$$

分析动力学稳定约束系统和半稳定约束系统动力学的控制方程的 Fourier 变换式为

$$-\mathrm{j}\omega \tilde{p}_i^q + \tilde{P}_i + \tilde{F}_i = 0 \tag{4.2.1$'$}$$

$$\mathrm{j}\omega \tilde{q}_i - \tilde{v}_i^q = 0 \tag{4.2.2$'$}$$

$$\tilde{p}_i^q - \sum_{j=1}^{n} m_{ij} \tilde{v}_j^q = 0 \tag{4.2.3$'$}$$

或者

$$\tilde{v}_i^q - \sum_{j=1}^{n} M_{ij} \tilde{p}_j^q = 0 \tag{4.2.4$'$}$$

初始条件

$$\tilde{q}_i(0) = \tilde{\bar{q}}_i(0), \quad \tilde{v}_i^q(0) = \tilde{\bar{v}}_i^q(0), \quad \tilde{p}_i^q(0) = \tilde{\bar{p}}_i^q(0) \tag{4.2.5$'$}$$

式中，各变量的意义及其 Fourier 变换式分别为：广义坐标 $q_i \doteq \tilde{q}_i$，广义速度 $v_i^q \doteq \tilde{v}_i^q$，广义动量 $p_i^q \doteq \tilde{p}_i^q$，保守力为 $P_i \doteq \tilde{P}_i$，非保守广义力 $F_i \doteq \tilde{F}_i$。m_{ij} 为广义质量，M_{ij} 为广义质量的逆张量，字母头顶上的“·”表示对时间的导数。

4.2.2 Fourier 卷积型拟变分原理

按照广义力和广义位移之间的对应关系，将式(4.2.1′)乘以 $\delta\tilde{q}_i$，然后求代数和，可得

$$\sum_{i=1}^{n} -(-\mathrm{j}\omega \tilde{p}_i^q + \tilde{P}_i + \tilde{F}_i)\delta\tilde{q}_i = 0 \tag{4.2.7}$$

将式(4.2.3′)代入式(4.2.7)，并且考虑到式(4.2.2′)的变分式为

$$\mathrm{j}\omega\delta\tilde{q}_i - \delta\tilde{v}_i^q = 0 \tag{4.2.8}$$

式(4.2.7)可以变换为

$$\sum_{i=1}^{n}\Big[\sum_{j=1}^{n}(m_{ij}\tilde{v}_j^q\delta\tilde{v}_i^q) - \tilde{P}_i\delta\tilde{q}_i - \tilde{F}_i\delta\tilde{q}_i\Big] = 0 \tag{4.2.9}$$

考虑到外力 $\widetilde{P}_i$ 为保守力和外力 $\widetilde{F}_i$ 为非保守力，式(4.2.9) 可以进一步表示为

$$\delta\sum_{i=1}^{n}\left[\frac{1}{2}\sum_{j=1}^{n}m_{ij}\widetilde{v}_i^q\widetilde{v}_j^q-\widetilde{F}_i\widetilde{q}_i\right]+\delta\widetilde{U}_1+\sum_{i=1}^{n}\widetilde{q}_i\delta\widetilde{F}_i=0 \tag{4.2.10}$$

简记为

$$\delta\widetilde{\Pi}_1+\delta\widetilde{Q}=0 \tag{4.2.11}$$

式中

$$\left.\begin{aligned}\widetilde{\Pi}_1&=\sum_{i=1}^{n}\left[\frac{1}{2}\sum_{j=1}^{n}m_{ij}\widetilde{v}_i^q\widetilde{v}_j^q-\widetilde{F}_i\widetilde{q}_i\right]+\widetilde{U}_1\\ \delta Q&=\sum_{i=1}^{n}\widetilde{q}_i\delta\widetilde{F}_i\end{aligned}\right\} \tag{4.2.12}$$

其先决条件为式(4.2.2′) 成立。其中 $\widetilde{U}_1$ 为卷积势能函数，并且有 $\delta\widetilde{U}_1=-\sum_{i=1}^{n}\widetilde{P}_i\delta\widetilde{q}_i$，其具体表示形式视具体问题而定。这就是非保守分析动力学相空间中的拟势能变分原理。

将式(4.2.11) 反演到原空间则得

$$\delta\Pi_1+\delta Q=0 \tag{4.2.13}$$

式中

$$\left.\begin{aligned}\Pi_1&=\sum_{i=1}^{n}\left[\frac{1}{2}\sum_{j=1}^{n}m_{ij}v_i^q*v_j^q-F_i*q_i\right]+U_1\\ \delta Q&=\sum_{i=1}^{n}q_i*\delta F_i\end{aligned}\right\} \tag{4.2.14}$$

其先决条件为式(4.2.2) 成立。其中 U_1 为卷积势能函数，并且有 $\delta U_1=-\sum_{i=1}^{n}P_i*\delta q_i$，其具体表示形式视具体问题而定。这就是非保守分析动力学的 Fourier 卷积型拟势能变分原理。

如果将先决条件式(4.2.2′) 代入式(4.2.11)，可得非保守分析动力学相空间中的拟势能变分原理的另一种表示形式为

$$\delta\widetilde{\Pi}_{10}+\delta\widetilde{Q}=0 \tag{4.2.15}$$

式中

$$\left.\begin{aligned}\widetilde{\Pi}_{10}&=\sum_{i=1}^{n}\left[-\frac{1}{2}\omega^2\sum_{j=1}^{n}m_{ij}\widetilde{q}_i\widetilde{q}_j-\widetilde{F}_i\widetilde{q}_i\right]+\widetilde{U}_1\\ \delta\widetilde{Q}&=\sum_{i=1}^{n}\widetilde{q}_i\delta\widetilde{F}_i\end{aligned}\right\} \tag{4.2.16}$$

将式(4.2.15) 反演到原空间则得

$$\delta\Pi_{10}+\delta Q=0 \tag{4.2.17}$$

式中

$$\left.\begin{aligned}\Pi_{10}&=\sum_{i=1}^{n}\left[-\frac{1}{2}\omega^2\sum_{j=1}^{n}m_{ij}q_i*q_j-F_i*q_i\right]+U_1\\ \delta Q&=\sum_{i=1}^{n}q_i*\delta F_i\end{aligned}\right\} \tag{4.2.18}$$

其先决条件为式(4.2.2) 成立。其中 U_1 为卷积势能函数，并且有 $\delta U_1=-\sum_{i=1}^{n}P_i*\delta q_i$，其具体

表示形式视具体问题而定。这就是非保守分析动力学的另外一种形式的 Fourier 卷积型拟势能变分原理。

按照广义力和广义位移之间的对应关系，将式(4.2.2′)乘以 $\delta\tilde{p}_i^q$，然后求代数和，可得

$$\sum_{i=1}^{n}[-(\mathrm{j}\omega\tilde{q}_i-\tilde{v}_i^q)\delta\tilde{p}_i^q]=0 \tag{4.2.19}$$

考虑到式(4.2.1′)的变分式为

$$-\mathrm{j}\omega\delta\tilde{p}_i^q+\delta\tilde{P}_i+\delta\tilde{F}_i=0 \tag{4.2.20}$$

将式(4.2.20)代入式(4.2.19)，整理可得

$$\sum_{i=1}^{n}[\tilde{v}_i^q\delta\tilde{p}_i^q-q_i(\delta\tilde{P}_i+\delta\tilde{F}_i)]=0 \tag{4.2.21}$$

将式(4.2.4′)代入式(4.2.21)，并考虑到外力 $\tilde{P}_i$ 为保守力和外力 $\tilde{F}_i$ 为非保守力，可得

$$\sum_{i=1}^{n}\Big[\sum_{j=1}^{n}M_{ij}\tilde{p}_j^q\delta\tilde{p}_i^q-\tilde{q}_i\delta\tilde{P}_i-\tilde{q}_i\delta\tilde{F}_i\Big]=0 \tag{4.2.22}$$

可以进一步表示为

$$\delta\sum_{i=1}^{n}\left[\frac{1}{2}\sum_{j=1}^{n}M_{ij}\tilde{p}_i^q\tilde{p}_j^q-\tilde{q}_i\tilde{F}_i\right]+\delta\tilde{U}_1^*+\sum_{i=1}^{n}\tilde{F}_i\delta\tilde{q}_i=0 \tag{4.2.23}$$

简记为

$$\delta\tilde{\Gamma}_1+\delta\tilde{Q}^*=0 \tag{4.2.24}$$

式中

$$\left.\begin{aligned}\tilde{\Gamma}_1&=\sum_{i=1}^{n}\left[\frac{1}{2}\sum_{j=1}^{n}M_{ij}\tilde{p}_i^q\tilde{p}_j^q-\tilde{q}_i\tilde{F}_i\right]+\tilde{U}_1^*\\ \delta Q^*&=\sum_{i=1}^{n}\tilde{F}_i\delta\tilde{q}_i\end{aligned}\right\} \tag{4.2.25}$$

其先决条件为式(4.2.1′)成立。其中，$\tilde{U}_1^*$ 为卷积余势能函数，并且有 $\delta\tilde{U}_1^*=-\sum_{i=1}^{n}\tilde{q}_i\delta\tilde{P}_i$，其具体表示形式视具体问题而定。这就是非保守分析动力学相空间中的拟余能变分原理，即 Fourier 卷积型拟余能变分原理。

将式(4.2.24)反演到原空间则得

$$\delta\Gamma_1+\delta Q^*=0 \tag{4.2.26}$$

式中

$$\left.\begin{aligned}\Gamma_1&=\sum_{i=1}^{n}\left[\frac{1}{2}\sum_{j=1}^{n}M_{ij}p_i^q*p_j^q-q_i*F_i\right]+U_1^*\\ \delta Q^*&=\sum_{i=1}^{n}F_i*\delta q_i\end{aligned}\right\} \tag{4.2.27}$$

其先决条件为式(4.2.1)成立。其中 U_1^* 为卷积余势能函数，并且有 $\delta U_1^*=-\sum_{i=1}^{n}q_i*\delta P_i$，其具体表示形式视具体问题而定。这就是非保守分析动力学的 Fourier 卷积型拟余能变分原理。

4.2.3 Fourier 卷积型广义拟变分原理

按照广义力和广义位移之间的对应关系，将式(4.2.1′)乘以 $\delta\tilde{q}_i$，将式(4.2.2′)乘以 $\delta\tilde{p}_i^q$，

然后求代数和，经过整理可得

$$\left.\begin{aligned}&\sum_{i=1}^{n}[\mathrm{j}\omega\tilde{p}_i^q\delta\tilde{q}_i+\mathrm{j}\omega\tilde{q}_i\delta\tilde{p}_i^q-\tilde{v}_i^q\delta\tilde{p}_i^q-\tilde{P}_i\delta\tilde{q}_i-\tilde{F}_i\delta\tilde{q}_i]=0\\&\sum_{i=1}^{n}[-\mathrm{j}\omega\tilde{p}_i^q\delta\tilde{q}_i-\mathrm{j}\omega\tilde{q}_i\delta\tilde{p}_i^q+\tilde{v}_i^q\delta\tilde{p}_i^q+\tilde{P}_i\delta\tilde{q}_i+\tilde{F}_i\delta\tilde{q}_i]=0\end{aligned}\right\} \tag{4.2.28}$$

将式(4.2.4′)代入式(4.2.28)，则可整理为

$$\left.\begin{aligned}&\delta\sum_{i=1}^{n}\left[\mathrm{j}\omega\tilde{p}_i^q\tilde{q}_i-\frac{1}{2}\sum_{j=1}^{n}M_{ij}\tilde{p}_i^q\tilde{p}_j^q-\tilde{F}_i\tilde{q}_i\right]+\delta\tilde{U}_{21}+\sum_{i=1}^{n}\tilde{q}_i\delta\tilde{F}_i=0\\&\delta\sum_{i=1}^{n}\left[\frac{1}{2}\sum_{j=1}^{n}M_{ij}\tilde{p}_i^q\tilde{p}_j^q-\mathrm{j}\omega\tilde{p}_i^q\tilde{q}_i+\tilde{F}_i\tilde{q}_i\right]+\delta\tilde{U}_{21}^*-\sum_{i=1}^{n}\tilde{q}_i\delta\tilde{F}_i=0\end{aligned}\right\} \tag{4.2.29}$$

简记为

$$\left.\begin{aligned}&\delta\tilde{\Pi}_{21}+\delta\tilde{Q}=0\\&\delta\tilde{\Gamma}_{21}-\delta\tilde{Q}=0\end{aligned}\right\} \tag{4.2.30}$$

式中

$$\left.\begin{aligned}&\tilde{\Pi}_{21}=\sum_{i=1}^{n}\left[\mathrm{j}\omega\tilde{p}_i^q\tilde{q}_i-\frac{1}{2}\sum_{j=1}^{n}M_{ij}\tilde{p}_i^q\tilde{p}_j^q-\tilde{F}_i\tilde{q}_i\right]+\tilde{U}_{21}\\&\tilde{\Gamma}_{21}=\sum_{i=1}^{n}\left[\frac{1}{2}\sum_{j=1}^{n}M_{ij}\tilde{p}_i^q\tilde{p}_j^q-\mathrm{j}\omega\tilde{p}_i^q\tilde{q}_i+\tilde{F}_i\tilde{q}_i\right]+\tilde{U}_{21}^*\end{aligned}\right\} \tag{4.2.31}$$

$$\delta\tilde{Q}=\sum_{i=1}^{n}\tilde{q}_i\delta\tilde{F}_i \tag{4.2.32}$$

这就是非保守分析动力学相空间中的两类变量的广义拟势能原理和广义拟余能原理。这是对偶形式的两类广义拟变分原理。

将式(4.2.30)反演到原空间则得

$$\left.\begin{aligned}&\delta\Pi_{21}+\delta Q=0\\&\delta\Gamma_{21}-\delta Q=0\end{aligned}\right\} \tag{4.2.33}$$

式中

$$\left.\begin{aligned}&\Pi_{21}=\sum_{i=1}^{n}\left[\mathrm{j}\omega p_i^q*q_i-\frac{1}{2}\sum_{j=1}^{n}M_{ij}p_i^q*p_j^q-F_i*q_i\right]+U_{21}\\&\Gamma_{21}=\sum_{i=1}^{n}\left[\frac{1}{2}\sum_{j=1}^{n}M_{ij}p_i^q*p_j^q-\mathrm{j}\omega p_i^q*q_i+F_i*q_i\right]+U_{21}^*\end{aligned}\right\} \tag{4.2.34}$$

$$\delta Q=\sum_{i=1}^{n}q_i*\delta F_i \tag{4.2.35}$$

这就是非保守分析动力学的两类变量的 Fourier 卷积型广义拟势能原理和广义拟余能原理。其中 U_{21} 为卷积势能函数，并且有 $\delta U_{21}=-\sum_{i=1}^{n}P_i*\delta q_i$；$U_{21}^*$ 为卷积余势能函数，并且有 $\delta U_{21}^*=\sum_{i=1}^{n}P_i*\delta q_i$。可见，这是对偶形式的两类广义拟变分原理。

将式(4.2.3′)代入式(4.2.28)，可得

$$\left.\begin{aligned}&\sum_{i=1}^{n}\sum_{j=1}^{n}[\mathrm{j}\omega m_{ij}\tilde{v}_j^q\delta\tilde{q}_i+\mathrm{j}\omega\tilde{q}_i\delta(m_{ij}\tilde{v}_j^q)-\tilde{v}_i^q\delta(m_{ij}\tilde{v}_j^q)]-\sum_{i=1}^{n}\widetilde{P}_i\delta\tilde{q}_i-\sum_{i=1}^{n}\widetilde{F}_i\delta\tilde{q}_i=0\\&\sum_{i=1}^{n}\sum_{j=1}^{n}[-\mathrm{j}\omega m_{ij}\tilde{v}_j^q\delta\tilde{q}_i-\mathrm{j}\omega\tilde{q}_i\delta(m_{ij}\tilde{v}_j^q)+\tilde{v}_i^q\delta(m_{ij}\tilde{v}_j^q)]+\sum_{i=1}^{n}\widetilde{P}_i\delta\tilde{q}_i+\sum_{i=1}^{n}\widetilde{F}_i\delta\tilde{q}_i=0\end{aligned}\right\}\tag{4.2.36}$$

可以进一步整理为

$$\left.\begin{aligned}&\delta\sum_{i=1}^{n}\left[\sum_{j=1}^{n}\left(\mathrm{j}\omega m_{ij}\tilde{v}_j^q\tilde{q}_i-\frac{1}{2}m_{ij}v_i^qv_j^q\right)-\widetilde{F}_i\tilde{q}_i\right]+\delta\widetilde{U}_{22}+\sum_{i=1}^{n}\tilde{q}_i\delta\widetilde{F}_i=0\\&\delta\sum_{i=1}^{n}\left[\sum_{j=1}^{n}\left(-\mathrm{j}\omega m_{ij}\tilde{v}_j^q\tilde{q}_i+\frac{1}{2}m_{ij}v_i^qv_j^q\right)+\widetilde{F}_i\tilde{q}_i\right]+\delta\widetilde{U}_{22}^*-\sum_{i=1}^{n}\tilde{q}_i\delta\widetilde{F}_i=0\end{aligned}\right\}\tag{4.2.37}$$

简记为

$$\left.\begin{aligned}\delta\widetilde{\Pi}_{22}+\delta\widetilde{Q}=0\\\delta\widetilde{\Gamma}_{22}-\delta\widetilde{Q}=0\end{aligned}\right\}\tag{4.2.38}$$

式中

$$\left.\begin{aligned}&\widetilde{\Pi}_{22}=\sum_{i=1}^{n}\left[\sum_{j=1}^{n}\left(\mathrm{j}\omega m_{ij}\tilde{v}_j^q\tilde{q}_i-\frac{1}{2}m_{ij}v_i^qv_j^q\right)-\widetilde{F}_i\tilde{q}_i\right]+\widetilde{U}_{22}\\&\widetilde{\Gamma}_{22}=\sum_{i=1}^{n}\left[\sum_{j=1}^{n}\left(-\mathrm{j}\omega m_{ij}\tilde{v}_j^q\tilde{q}_i+\frac{1}{2}m_{ij}v_i^qv_j^q\right)+\widetilde{F}_i\tilde{q}_i\right]+\widetilde{U}_{22}^*\end{aligned}\right\}\tag{4.2.39}$$

$$\delta\widetilde{Q}=\sum_{i=1}^{n}\tilde{q}_i\delta\widetilde{F}_i\tag{4.2.40}$$

这就是非保守分析动力学相空间中的另一类两类变量的广义拟势能原理和广义拟余能原理。可见，这也是对偶形式的两类广义拟变分原理。

将式(4.2.38) 反演到原空间则得

$$\left.\begin{aligned}\delta\Pi_{22}+\delta Q=0\\\delta\Gamma_{22}-\delta Q=0\end{aligned}\right\}\tag{4.2.41}$$

式中

$$\left.\begin{aligned}&\Pi_{22}=\sum_{i=1}^{n}\left[\sum_{j=1}^{n}\left(m_{ij}v_j^q*q_i-\frac{1}{2}m_{ij}v_i^q*v_j^q\right)-F_i*q_i\right]+U_{22}\\&\Gamma_{22}=\sum_{i=1}^{n}\left[\sum_{j=1}^{n}\left(-m_{ij}v_j^q*q_i+\frac{1}{2}m_{ij}v_i^q*v_j^q\right)+F_i*q_i\right]+U_{22}^*\end{aligned}\right\}\tag{4.2.42}$$

$$\delta Q=\sum_{i=1}^{n}q_i*\delta F_i\tag{4.2.43}$$

这就是非保守分析动力学的另一类两类变量的广义拟势能原理和广义拟余能原理。其中 U_{22} 为卷积势能函数，并且有 $\delta U_{22}=-\sum_{i=1}^{n}P_i*\delta q_i$；$U_{22}^*$ 为卷积余势能函数，并且有 $\delta U_{22}^*=\sum_{i=1}^{n}P_i*\delta q_i$。可见，这也是对偶形式的两类广义拟变分原理。

按照广义力和广义位移之间的对应关系，将式(4.2.1′) 乘以 $\delta\tilde{q}_i$，将式(4.2.2′) 乘以 $\delta\tilde{p}_i^q$，将式(4.2.3′) 乘以 $\delta\tilde{v}_i^q$，然后求代数和，经过整理可得

$$\left.\begin{aligned}&\sum_{i=1}^{n}\Big[-(-\mathrm{j}\omega\tilde{p}_i^q+\tilde{P}_i+\tilde{F}_i)\delta\tilde{q}_i+(\mathrm{j}\omega\tilde{q}_i-\tilde{v}_i^q)\delta\tilde{p}_i-\Big(\tilde{p}_i^q-\sum_{j=1}^{n}m_{ij}\tilde{v}_j^q\Big)\delta\tilde{v}_i^q\Big]=0\\&\sum_{i=1}^{n}\Big[(-\mathrm{j}\omega\tilde{p}_i^q+\tilde{P}_i+\tilde{F}_i)\delta\tilde{q}_i-(\mathrm{j}\omega\tilde{q}_i-\tilde{v}_i^q)\delta\tilde{p}_i+\Big(\tilde{p}_i^q-\sum_{j=1}^{n}m_{ij}\tilde{v}_j^q\Big)\delta\tilde{v}_i^q\Big]=0\end{aligned}\right\}\tag{4.2.44}$$

考虑到式(4.2.3′)和式(4.2.4′)，将式(4.2.44)处理为泛函驻值的问题，可得

$$\left.\begin{aligned}&\delta\sum_{i=1}^{n}\left[\frac{1}{2}\sum_{j=1}^{n}m_{ij}v_j^qv_i^q+(\mathrm{j}\omega\tilde{q}_i-\tilde{v}_i^q)\tilde{p}_i^q-\tilde{F}_i\tilde{q}_i\right]+\delta\tilde{U}_3+\sum_{i=1}^{n}\tilde{q}_i\delta\tilde{F}_i=0\\&\delta\sum_{i=1}^{n}\left[(\tilde{v}_i^q-\mathrm{j}\omega\tilde{q}_i)\tilde{p}_i^q-\frac{1}{2}\sum_{j=1}^{n}m_{ij}v_j^qv_i^q+\tilde{F}_i\tilde{q}_i\right]+\delta\tilde{U}_3^*-\sum_{i=1}^{n}\tilde{q}_i\delta\tilde{F}_i=0\end{aligned}\right\}\tag{4.2.45}$$

简记为

$$\left.\begin{aligned}\delta\tilde{\Pi}_3+\delta\tilde{Q}=0\\\delta\tilde{\Gamma}_3-\delta\tilde{Q}=0\end{aligned}\right\}\tag{4.2.46}$$

式中

$$\left.\begin{aligned}\tilde{\Pi}_3&=\sum_{i=1}^{n}\left[\frac{1}{2}\sum_{j=1}^{n}m_{ij}v_j^qv_i^q+(\mathrm{j}\omega\tilde{q}_i-\tilde{v}_i^q)\tilde{p}_i^q-\tilde{F}_i\tilde{q}_i\right]+\tilde{U}_3\\\tilde{\Gamma}_3&=\sum_{i=1}^{n}\left[(\tilde{v}_i^q-\mathrm{j}\omega\tilde{q}_i)\tilde{p}_i^q-\frac{1}{2}\sum_{j=1}^{n}m_{ij}v_j^qv_i^q+\tilde{F}_i\tilde{q}_i\right]+\tilde{U}_3^*\end{aligned}\right\}\tag{4.2.47}$$

$$\delta\tilde{Q}=\sum_{i=1}^{n}\tilde{q}_i\delta\tilde{F}_i\tag{4.2.48}$$

这就是非保守分析动力学相空间中的三类变量的广义拟势能原理和广义拟余能原理，即三类变量的 Fourier 卷积型广义拟势能原理和广义拟余能原理。可见，这是对偶形式的三类广义拟变分原理。

将式(4.2.46)反演到原空间则得

$$\left.\begin{aligned}\delta\Pi_3+\delta Q=0\\\delta\Gamma_3-\delta Q=0\end{aligned}\right\}\tag{4.2.49}$$

式中

$$\left.\begin{aligned}\Pi_3&=\sum_{i=1}^{n}\left[\frac{1}{2}\sum_{j=1}^{n}m_{ij}v_j^q*v_i^q+(\dot{q}_i-v_i^q)*p_i^q-F_i*q_i\right]+U_3\\\Gamma_3&=\sum_{i=1}^{n}\left[(v_i^q-\dot{q}_i)*p_i^q-\frac{1}{2}\sum_{j=1}^{n}m_{ij}v_j^q*v_i^q+F_i*q_i\right]+U_3^*\end{aligned}\right\}\tag{4.2.50}$$

$$\delta Q=\sum_{i=1}^{n}q_i*\delta F_i\tag{4.2.51}$$

这就是非保守分析动力学的三类变量的广义拟势能原理和广义拟余能原理。其中 U_3 为卷积势能函数，并且有 $\delta U_3=-\sum_{i=1}^{n}P_i*\delta q_i$；$U_3^*$ 为卷积余势能函数，并且有 $\delta U_3^*=\sum_{i=1}^{n}P_i*\delta q_i$。可见，这是对偶形式的三类广义拟变分原理。

4.2.4 Fourier卷积型拟变分原理的检验——拟驻值条件的推导

胡海昌曾经指出，检验变分原理最好方法是推导其驻值条件。以下推导各类拟变分原理的拟驻值条件。

1. Fourier卷积型拟势能原理的拟驻值条件

将卷积型拟势能原理写成展开形式，可得

$$\delta\Pi_1+\delta Q=\sum_{i=1}^{n}\Big[\sum_{j=1}^{n}m_{ij}v_j^q*\delta v_i^q-F_i*\delta q_i-P_i*\delta q_i\Big]=0 \tag{4.2.52}$$

其先决条件变分式为

$$\delta\dot{q}_i-\delta v_i^q=0 \tag{4.2.53}$$

将式(4.2.53)代入式(4.2.52)，可得

$$\sum_{i=1}^{n}\Big[\sum_{j=1}^{n}m_{ij}v_j^q*\delta\dot{q}_i-F_i*\delta q_i-P_i*\delta q_i\Big]=0 \tag{4.2.54}$$

应用Fourier变换中的卷积理论和求导法则

$$v_i^q*\delta\dot{q}_i=\Phi^{-1}[\tilde{v}_i^q\delta(\mathrm{j}\omega\tilde{q}_i)]=\Phi^{-1}[(\mathrm{j}\omega\tilde{v}_i^q)\delta(\tilde{q}_i)]=\dot{v}_i^q*\delta q_i \tag{4.2.55}$$

将式(4.2.55)代入式(4.2.54)，合并同类项，可得

$$\sum_{i=1}^{n}\Big[\sum_{j=1}^{n}(m_{ij}\dot{v}_j^q-F_i-P_i)*\delta q_i\Big]=0 \tag{4.2.56}$$

由于 δq_i 的任意性，故由式(4.2.56)可得

$$m_{ij}\dot{v}_j^q-F_i-P_i=0 \tag{4.2.57}$$

这便是Fourier卷积型拟势能原理的拟驻值条件。

应用对合变换将式(4.2.3)分离出来，可得

$$-\frac{\mathrm{d}}{\mathrm{d}t}p_i^q+P_i+F_i=0 \tag{4.2.58}$$

可见，这正是式(4.2.1)，称之为动态平衡方程[23]。

由于非保守分析动力学问题拟势能变分原理的另一种表示形式比较常用，下面来推导它的拟驻值条件。为此，将其写成展开形式

$$\delta\Pi_{10}+\delta Q=\Big[-\omega^2\sum_{j=1}^{n}m_{ij}q_j*\delta q_i-F_i*\delta q_i-P_i*\delta q_i\Big]=0 \tag{4.2.59}$$

应用Fourier变换中的卷积理论和求导法则

$$-\omega^2q_i*\delta q_i=\ddot{q}_i*\delta q_i \tag{4.2.60}$$

将式(4.2.60)代入式(4.2.59)，合并同类项，可得

$$\sum_{i=1}^{n}\Big[\sum_{j=1}^{n}(-m_{ij}\ddot{q}_j-F_i-P_i)*\delta q_i\Big]=0 \tag{4.2.61}$$

由于 δq_i 的任意性，故由式(4.2.61)可得

$$-m_{ij}\ddot{q}_j-F_i-P_i=0 \tag{4.2.62}$$

这便是Fourier卷积型拟势能原理的拟驻值条件。

应用对合变换将式(4.2.3)分离出来，可得

$$-\frac{\mathrm{d}}{\mathrm{d}t}p_i^q+P_i+F_i=0 \tag{4.2.63}$$

可见，也可以得到与前面一致的结论。

应用同样的方法，可以获得在相空间拟势能原理式(4.2.11)和式(4.2.15)的拟驻值条件为

$$-\mathrm{j}\omega\tilde{p}_i^q+\tilde{P}_i+\tilde{F}_i=0 \tag{4.2.64}$$

可以看出，在相空间的驻值条件，是原空间的驻值条件经对合变换后的Fourier变换，二者是互逆的。

2. Fourier 卷积型拟余能原理的拟驻值条件

余能原理的内容相当丰富，按照"检验变分原理的最好方法是推导其驻值条件"的原则，下面推导拟余能原理的拟驻值条件，以便检验本文所建立的拟余能原理的正确性。

将卷积型拟余能原理写成展开形式，可得

$$\delta\Gamma_1+\delta Q^*=\sum_{i=1}^{n}\Big[\sum_{j=1}^{n}M_{ij}p_i^q*\delta p_j^q-q_i*\delta F_i-q_i*\delta P_i\Big]=0 \tag{4.2.65}$$

其先决条件变分式为

$$-\delta\Big(\frac{\mathrm{d}}{\mathrm{d}t}p_i^q\Big)+\delta P_i+\delta F_i=0 \tag{4.2.66}$$

将式(4.2.66)代入式(4.2.65)，可得

$$\sum_{i=1}^{n}\Big[\sum_{j=1}^{n}M_{ij}p_i^q*\delta p_j^q-q_i*\delta\dot{p}_i^q\Big]=0 \tag{4.2.67}$$

应用 Fourier 变换中的卷积理论和求导法则

$$q_i*\delta\dot{p}_i^q=\Phi^{-1}[\tilde{q}_i\delta(\mathrm{j}\omega\tilde{p}_i^q)]=\Phi^{-1}[(\mathrm{j}\omega\tilde{q}_i)\delta(\tilde{p}_i)]=\dot{q}_i*\delta p_i^q \tag{4.2.68}$$

将式(4.2.68)代入式(4.2.67)，合并同类项，可得

$$\sum_{i=1}^{n}\Big[\sum_{j=1}^{n}(M_{ij}p_j^q-\dot{q}_i)*\delta p_i^q\Big]=0 \tag{4.2.69}$$

由于 δp_i^q 的任意性，故由式(4.2.69)可得

$$M_{ij}p_j^q-\dot{q}_i=0 \tag{4.2.70}$$

应用对合变换将式(4.2.4)分离出来，可得

$$v_i^q-\dot{q}_i=0 \tag{4.2.71}$$

可见，这正是式(4.2.2)，称之为几何方程。

应用同样的方法，可以获得在相空间拟余能原理式(4.2.24)的拟驻值条件为

$$\mathrm{j}\omega\tilde{q}_i-\tilde{v}_i^q=0 \tag{4.2.72}$$

可以看出，在相空间的驻值条件，是原空间的驻值条件经对合变换后的Fourier变换，二者是互逆的。

3. 两类变量的 Fourier 卷积型广义拟变分原理的拟驻值条件

将第一类 Fourier 卷积型两类变量的广义拟余能变分原理写成展开形式，可得

$$\delta\Gamma_{21}-\delta Q=\sum_{i=1}^{n}\Big[\sum_{j=1}^{n}M_{ij}p_i^q*\delta p_j^q-\mathrm{j}\omega p_i^q*\delta q_i-\mathrm{j}\omega q_i*\delta p_i^q+P_i*\delta q_i+F_i*\delta q_i\Big]=0 \tag{4.2.73}$$

应用 Fourier 变换中的卷积理论和求导法则

$$\mathrm{j}\omega q_i * \delta p_i^q = \dot{q}_i * \delta p_i^q \tag{4.2.74}$$

$$\mathrm{j}\omega p_i^q * \delta q_i = \dot{p}_i^q * \delta q_i \tag{4.2.75}$$

将式(4.2.74) 和式(4.2.75) 代入式(4.2.73)，合并同类项，可得

$$\sum_{i=1}^{n}\left[(-\dot{p}_i^q + P_i + F_i) * \delta q_i + \left(\sum_{j=1}^{n} M_{ij} p_i^q - \dot{q}_i\right)\delta p_i^q\right] = 0 \tag{4.2.76}$$

由于 δp_i^q 和 δq_i 的任意性，故由式(4.2.76) 可得

$$\left.\begin{aligned} -\dot{p}_i^q + P_i + F_i = 0 \\ \sum_{j=1}^{n} M_{ij} p_i^q - \dot{q}_i = 0 \end{aligned}\right\} \tag{4.2.77}$$

这便是第一类 Fourier 卷积型两类变量的广义拟余能变分原理的拟驻值条件。

应用对合变换将式(4.2.4) 分离出来，可得

$$\left.\begin{aligned} -\frac{\mathrm{d}}{\mathrm{d}t} p_i^q + P_i + F_i = 0 \\ \dot{q}_i - v_i^q = 0 \end{aligned}\right\} \tag{4.2.78}$$

可见，这正是动态平衡方程式(4.2.1) 和几何(或连续性) 方程式(4.2.2)。

由推导可知，第一类 Fourier 卷积型两类变量的广义拟势能变分原理的拟驻值条件也为式(4.2.78)。

同理可得，第二类 Fourier 卷积型两类变量的广义拟势能变分原理和广义拟余能变分原理的拟驻值条件为

$$\left.\begin{aligned} -\frac{\mathrm{d}}{\mathrm{d}t} m_{ij} v_j^q + P_i + F_i = 0 \\ \dot{q}_i - v_i^q = 0 \end{aligned}\right\} \tag{4.2.79}$$

应用同样的方法，相空间广义拟势能变分原理和广义拟余能变分原理的拟驻值条件为

$$\left.\begin{aligned} -\mathrm{j}\omega\tilde{p}_i^q + \tilde{P}_i + \tilde{F}_i = 0 \\ \mathrm{j}\omega q_i - v_i^q = 0 \end{aligned}\right\} \tag{4.2.80}$$

可以看出，在相空间和原空间得到的驻值条件互为 Fourier 变换或逆变换，二者是互逆的。

4. Fourier 卷积型三类变量的广义拟变分原理的拟驻值条件

对于 Fourier 卷积型三类变量的广义拟势能变分原理和广义余势能变分原理，二者互为对偶形式，因此具有相同的驻值条件。现在以 Fourier 卷积型三类变量的广义拟势能变分原理的驻值推导为例说明。

将 Fourier 卷积型三类变量的广义拟势能变分原理写成展开形式，可得

$$\begin{aligned} \delta \Pi_3 + \delta Q = & \sum_{i=1}^{n}\Big[\sum_{j=1}^{n} m_{ij} v_j^q * \delta v_i^q + (\dot{q}_i - v_i^q) * \delta p_i^q + p_i^q * \delta\dot{q}_i - p_i^q * \delta v_i^q - \\ & F_i * \delta q_i - q_i * \delta F_i - P_i * \delta q_i + q_i * \delta F_i\Big] = \\ & \sum_{i=1}^{n}\Big[\sum_{j=1}^{n} (m_{ij} v_j^q - p_i^q) * \delta v_i^q + (\dot{q}_i - v_i^q) * \delta p_i^q + (p_i^q * \delta\dot{q}_i - F_i * \delta q_i - P_i * \delta q_i)\Big] = 0 \end{aligned} \tag{4.2.81}$$

应用 Fourier 变换中的卷积理论和求导法则

$$p_i^q * \delta\dot{q}_i = \Phi^{-1}[\tilde{p}_i^q \delta(\mathrm{j}\omega\tilde{q}_i)] = \Phi^{-1}[(\mathrm{j}\omega\tilde{p}_i^q)\delta(\tilde{q}_i)] = \dot{p}_i^q * \delta q_i \tag{4.2.82}$$

将式(4.2.82) 代入式(4.2.81)，合并同类项，可得

$$\sum_{i=1}^{n}\Big[\sum_{j=1}^{n}(m_{ij}v_j^q - p_i^q) * \delta v_i^q + (\dot{q}_i - v_i^q) * \delta p_i^q + (\dot{p}_i^q - F_i - P_i) * \delta q_i\Big] = 0 \tag{4.2.83}$$

由于 δq_i，δv_i^q 和 δp_i^q 的任意性，故由式(4.2.83) 可得

$$\left.\begin{aligned} & m_{ij}v_j^q - p_i^q = 0 \\ & \dot{q}_i - v_i^q = 0 \\ & \dot{p}_i^q - F_i - P_i = 0 \end{aligned}\right\} \tag{4.2.84}$$

这便是 Fourier 卷积型三类变量的广义拟势能变分原理和广义余势能变分原理的驻值条件。

应用同样的方法，相空间 Fourier 卷积型三类变量的广义拟势能变分原理和广义拟余能变分原理式(4.2.47) 的拟驻值条件为

$$\left.\begin{aligned} & -\mathrm{j}\omega\tilde{p}_i^q + \tilde{P}_i + \tilde{F}_i = 0 \\ & m_{ij}\tilde{v}_j^q - \tilde{p}_i^q = 0 \\ & \mathrm{j}\omega\tilde{q}_i - \tilde{v}_i^q = 0 \end{aligned}\right\} \tag{4.2.85}$$

可以看出，在相空间和原空间得到的驻值条件互为 Fourier 变换或逆变换，二者也是互逆的。

4.2.5 应用举例

现在分析多自由度系统的特例，即图 4.1 所示二自由度体系的振动问题。这里考虑作用周期荷载 $p_1(t) = p_{10}\sin\bar{\omega}t$，$p_2(t) = p_{20}\sin\bar{\omega}t$。非保守分析动力学相空间中的拟势能变分原理表示为

$$\delta\widetilde{\Pi}_{10} + \delta\tilde{Q} = 0 \tag{4.2.86}$$

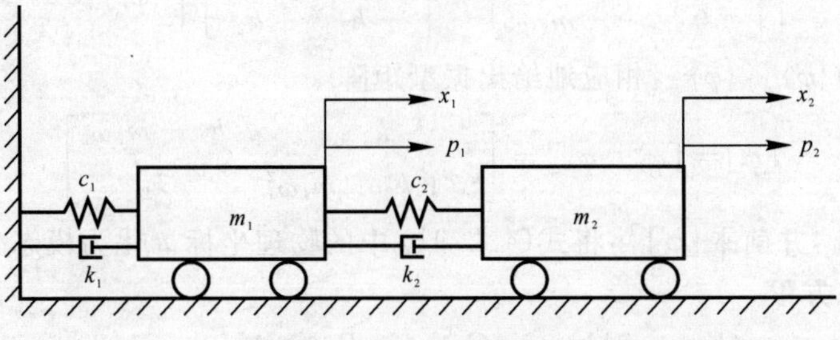

图 4.1 二自由度体系

$$\widetilde{\Pi}_{10} = \int_{t_0}^{t_1}\Big[-\bar{\omega}^2\Big(\frac{1}{2}m_1\tilde{x}_1\tilde{x}_1 + \frac{1}{2}m_2\tilde{x}_2\tilde{x}_2\Big) - \tilde{p}_1\tilde{x}_1 - \tilde{p}_2\tilde{x}_2 + \mathrm{j}\bar{\omega}c_1\tilde{x}_1\tilde{x}_1 + \mathrm{j}\bar{\omega}c_2\tilde{x}_2\tilde{x}_2 + \frac{1}{2}k_1\tilde{x}_1\tilde{x}_1 + \frac{1}{2}k_2(\tilde{x}_2 - \tilde{x}_1)(\tilde{x}_1 - \tilde{x}_2)\Big]\mathrm{d}t \tag{4.2.87}$$

$$\delta\tilde{Q} = \int_{t_0}^{t_1}[-\tilde{x}_1\delta(\mathrm{j}\bar{\omega}c_1\tilde{x}_1) - \tilde{x}_2\delta(\mathrm{j}\bar{\omega}c_2\tilde{x}_2) + \tilde{x}_1\delta\tilde{p}_1 + \tilde{x}_2\delta\tilde{p}_2]\mathrm{d}t \tag{4.2.88}$$

将式(4.2.86) 写成展开形式，则有

$$\delta\widetilde{\Pi}_{10} + \delta\tilde{Q} = \int_{t_0}^{t_1}\{[-m_1\bar{\omega}^2\tilde{x}_1\delta\tilde{x}_1 + m_2\bar{\omega}^2\tilde{x}_2\delta\tilde{x}_2 - \tilde{p}_1\delta\tilde{x}_1 - \tilde{p}_2\delta\tilde{x}_2 + 2\mathrm{j}\bar{\omega}c_1\tilde{x}_1\delta\tilde{x}_1 +$$

$$2\mathrm{j}\bar{\omega}c_2\tilde{x}_2\delta\tilde{x}_2+k_1\tilde{x}_1\delta\tilde{x}_1+k_2(\tilde{x}_2-\tilde{x}_1)\delta(\tilde{x}_1-\tilde{x}_2)\}\mathrm{d}t=0 \tag{4.2.89}$$

可以进一步整理为

$$\delta\tilde{\Pi}_{10}+\delta\tilde{Q}=\int_{t_0}^{t_1}\{[-m_1\bar{\omega}^2\tilde{x}_1-\tilde{p}_1+\mathrm{j}\bar{\omega}c_1\tilde{x}_1+(k_1+k_2)\tilde{x}_1-k_2\tilde{x}_2]\delta\tilde{x}_1+ [-m_2\bar{\omega}^2\tilde{x}_2-\tilde{p}_2+\mathrm{j}\bar{\omega}c_2\tilde{x}_2+k_2(\tilde{x}_2-\tilde{x}_1)]\delta\tilde{x}_2\}\mathrm{d}t=0 \tag{4.2.90}$$

由于 $\delta\tilde{x}_i$ 的任意性，故由式(4.2.90) 可得

$$\left.\begin{aligned}&-m_1\bar{\omega}^2\tilde{x}_1-\tilde{p}_1+\mathrm{j}\bar{\omega}c_1\tilde{x}_1+(k_1+k_2)\tilde{x}_1-k_2\tilde{x}_2=0\\&-m_2\bar{\omega}^2\tilde{x}_2-\tilde{p}_2+\mathrm{j}\bar{\omega}c_2\tilde{x}_2+k_2(\tilde{x}_2-\tilde{x}_1)=0\end{aligned}\right\} \tag{4.2.91}$$

将式(4.2.91) 中的振动方程写成矩阵的形式，可得

$$\left(\begin{bmatrix}-m_1\bar{\omega}^2 & 0\\ 0 & -m_2\bar{\omega}^2\end{bmatrix}+\begin{bmatrix}-\mathrm{j}\bar{\omega}c_1 & 0\\ 0 & -\mathrm{j}\bar{\omega}c_2\end{bmatrix}+\begin{bmatrix}k_1+k_2 & -k_2\\ -k_2 & k_2\end{bmatrix}\right)\begin{bmatrix}\tilde{x}_1\\ \tilde{x}_2\end{bmatrix}=\begin{bmatrix}\tilde{p}_1\\ \tilde{p}_2\end{bmatrix} \tag{4.2.92}$$

它表示 2 个耦合的线性有阻尼的运动方程组成的方程组。现在对其进行正规化处理。

其特征方程为

$$\begin{bmatrix}-m_1\bar{\omega}^2 & 0\\ 0 & -m_2\bar{\omega}^2\end{bmatrix}+\begin{bmatrix}k_1+k_2 & -k_2\\ -k_2 & k_2\end{bmatrix}=0 \tag{4.2.93a}$$

即

$$m_1m_2\bar{\omega}^4-[m_2(k_1+k_2)-m_1k_2]\bar{\omega}^2+k_1k_2=0 \tag{4.2.93b}$$

从式(4.2.93b) 可求得特征值

$$\bar{\omega}_{1,2}^2=\frac{[m_2(k_1+k_2)-m_1k_2]\pm\sqrt{[m_2(k_1+k_2)-m_1k_2]^2-4m_1m_2k_1k_2}}{2m_1m_2} \tag{4.2.94}$$

将 $\bar{\omega}_{1,2}^2$ 分别带入方程

$$\left(\begin{bmatrix}-m_1\bar{\omega}^2 & 0\\ 0 & -m_2\bar{\omega}^2\end{bmatrix}+\begin{bmatrix}k_1+k_2 & -k_2\\ -k_2 & k_2\end{bmatrix}\right)\{\varphi_r\}=0 \tag{4.2.95}$$

求得特征值向量为 $\{\varphi\}_1,\{\varphi\}_2$，相应地给出振型矩阵

$$[\varphi]=[\varphi_1\quad\varphi_2]=\begin{bmatrix}k_2 & k_2-m_2\bar{\omega}_2^2\\ k_1+k_2-m_1\bar{\omega}_1^2 & k_2\end{bmatrix} \tag{4.2.96}$$

现令 $\{\tilde{x}\}=[\varphi]\{\tilde{q}\}$，并前乘 $[\varphi]^{\mathrm{T}}$，将式(4.2.91) 中的物理坐标 $\tilde{x}$ 化为模态坐标 $\tilde{q}$，这样得到一组彼此独立的模态方程

$$(K_r-r^2M_r+\mathrm{j}\bar{\omega}_rC_r)\tilde{q}_r=\tilde{P}_r(\bar{\omega}_r),\quad r=1,2 \tag{4.2.97}$$

式中 K_r—— 第 r 阶振型的正规坐标广义质量，$K_r=[\varphi]_r^{\mathrm{T}}\{k\}[\varphi]_r$；

M_r—— 第 r 阶振型的正规坐标广义质量，$M_r=[\varphi]_r^{\mathrm{T}}\{m\}[\varphi]_r$；

C_r—— r 阶模态阻尼系数，$C_r=[\varphi]_r^{\mathrm{T}}\{c\}[\varphi]_r$，此处阻尼取为比例黏滞阻尼(Rayleigh 阻尼)：$[c]=a[m]+b[k]$，其中 a 和 b 为阻尼比例常数，利用系统主模态的正交性，同样可以使阻尼矩阵对角化，这里 $[c]$ 称为模态阻尼矩阵；

$\tilde{P}_r$—— 第 r 阶振型的正规坐标广义荷载，$\tilde{P}_r(\bar{\omega}_r)=\int_{-\infty}^{+\infty}[\varphi]_r^{\mathrm{T}}p(t)\cdot \mathrm{e}^{-\mathrm{j}\bar{\omega}_rt}\mathrm{d}t$；

$\bar{\omega}_r$—— 第 r 阶振型的正规坐标广义荷载的荷载频率，对于本系统所有荷载频率一致都为系统荷载频率 $\bar{\omega}$。

由式(4.2.97)可解得

$$\tilde{q}_r=\frac{\tilde{P}_r}{(K_r-\bar{\omega}_r^2M_r+\mathrm{j}\bar{\omega}_rC_r)}=\frac{1}{M_r\omega_r^2}\left[\frac{\tilde{P}_r}{(1-\beta_r^2)+\mathrm{j}(2\xi_r\beta_r)}\right]=H_r(\bar{\omega}_r)\tilde{P}_r(\bar{\omega}_r)\ ,\quad r=1,2 \tag{4.2.98}$$

式中，$H_r(\bar{\omega})$ 为 r 阶模态的频响函数，其一般表达形式为

$$H_r(\bar{\omega})=\frac{1}{M_r\omega_r^2}\left[\frac{1}{(1-\beta_r^2)+\mathrm{j}(2\xi_r\beta_r)}\right]=\frac{1}{M_r\omega_r^2}\left[\frac{(1-\beta_r^2)-\mathrm{j}(2\xi_r\beta_r)}{(1-\beta_r^2)^2+\mathrm{j}(2\xi_r\beta_r)^2}\right] \tag{4.2.99}$$

式中　ξ_r—— 黏滞阻尼比，$\xi_r=\dfrac{c_r}{2\omega_rM_r}$；

ω_r—— r 阶振型对应的固有频率，$\omega_r=\sqrt{\dfrac{K_r}{M_r}}$；

β_r—— 荷载频率与 r 阶振型对应的固有频率的频率比，$\beta_r=\dfrac{\bar{\omega}_r}{\omega_r}$。

此时由前面的变换，利用振型叠加法，同时考虑荷载为 $p_1(t)=p_{10}\sin\bar{\omega}t$，$p_2(t)=p_{20}\sin\bar{\omega}t$，可以得到频域中结构响应的表达式为

$$\left.\begin{aligned}\tilde{x}_1&=\sum_{r=1}^{2}\frac{1}{M_r\omega_r^2}\left[\frac{[\varphi]_r^{\mathrm{T}}[\varphi]_r}{(1-\beta_r^2)+\mathrm{j}(2\xi_r\beta_r)}\right](\mathrm{j}\pi p_{10}[\delta(\omega+\bar{\omega})-\delta(\omega-\bar{\omega})])\\ \tilde{x}_2&=\sum_{r=1}^{2}\frac{1}{M_r\omega_r^2}\left[\frac{[\varphi]_r^{\mathrm{T}}[\varphi]_r}{(1-\beta_r^2)+\mathrm{j}(2\xi_r\beta_r)}\right](\mathrm{j}\pi p_{20}[\delta(\omega+\bar{\omega})-\delta(\omega-\bar{\omega})])\end{aligned}\right\} \tag{4.2.100}$$

式中，$M_r,\omega_r,\xi_r,\beta_r$ 和 $[\varphi]_r$ 的取值与前面规定一致。

此时系统的频响函数为

$$H(\bar{\omega})=\sum_{r=1}^{2}\frac{1}{M_r\omega_r^2}\left[\frac{[\varphi]_r^{\mathrm{T}}[\varphi]_r}{(1-\beta_r^2)+\mathrm{j}(2\xi_r\beta_r)}\right] \tag{4.2.101}$$

可以看出，系统在物理坐标系中的频响函数可以视为各阶模态频响函数之和，即满足叠加原理。

相应地，时域中系统响应的稳态解可以通过对式(4.2.100)进行 Fourier 逆变换得到。

$$\left.\begin{aligned}x_1(t)=&\frac{1}{2\pi}\int_{-\infty}^{+\infty}H_1(\bar{\omega})\tilde{p}_1(\bar{\omega})\exp\mathrm{j}\bar{\omega}t\,\mathrm{d}\bar{\omega}=\\ &\frac{1}{2\pi}\int_{-\infty}^{+\infty}\left(\sum_{r=1}^{2}\frac{1}{M_r\omega_r^2}\left[\frac{[\varphi]_r^{\mathrm{T}}[\varphi]_r}{(1-\beta_r^2)+\mathrm{j}(2\xi_r\beta_r)}\right](\mathrm{i}\pi p_{10}[\delta(\omega+\bar{\omega})-\delta(\omega-\bar{\omega})])\exp\mathrm{j}\bar{\omega}t\right)\mathrm{d}\bar{\omega}=\\ &\sum_{r=1}^{2}\frac{p_{10}}{k_r}\left[\frac{[\varphi]_r^{\mathrm{T}}[\varphi]_r}{(1-\beta_r^2)^2+\mathrm{j}(2\xi_r\beta_r)^2}\right][(1-\beta^2)\sin\bar{\omega}t-2\xi\beta\cos\bar{\omega}t]\\ x_2(t)=&\frac{1}{2\pi}\int_{-\infty}^{+\infty}H_1(\bar{\omega})\tilde{p}_1(\bar{\omega})\exp\mathrm{j}\bar{\omega}t\,\mathrm{d}\bar{\omega}=\\ &\frac{1}{2\pi}\int_{-\infty}^{+\infty}\left(\sum_{r=1}^{2}\frac{1}{M_r\omega_r^2}\left[\frac{[\varphi]_r^{\mathrm{T}}[\varphi]_r}{(1-\beta_r^2)+\mathrm{j}(2\xi_r\beta_r)}\right](\mathrm{j}\pi p_{20}[\delta(\omega+\bar{\omega})-\delta(\omega-\bar{\omega})])\exp\mathrm{j}\bar{\omega}t\right)\mathrm{d}\bar{\omega}=\\ &\sum_{r=1}^{2}\frac{p_{20}}{k_r}\left[\frac{[\varphi]_r^{\mathrm{T}}[\varphi]_r}{(1-\beta_r^2)^2+\mathrm{j}(2\xi_r\beta_r)^2}\right][(1-\beta^2)\sin\bar{\omega}t-2\xi\beta\cos\bar{\omega}t]\end{aligned}\right\} \tag{4.2.102}$$

式中，$M_r,\omega_r,\xi_r,\beta_r$ 和 $[\varphi]_r$ 的取值与前面规定一致。

4.3 弹性动力学 Fourier 卷积型拟变分原理

本节利用弹性动力学的基本方程，按照相空间中广义力和广义位移之间的对应关系，将非保守弹性动力学问题的各控制方程乘上相应的虚量并求代数和，考虑到系统的非保守特性，建立了非保守弹性动力学的 Fourier 相空间中的拟变分原理和广义拟变分原理。应用 Fourier 逆变换将相空间中的拟变分原理和广义拟变分原理反演到原空间，进而建立了非保守弹性动力学的原空间中的 Fourier 卷积型拟变分原理和广义拟变分原理。在原空间中推导了非保守弹性动力学问题拟变分原理和广义拟变分原理的拟驻值条件。

反之，也可以按照原空间中广义力和广义位移之间的对应关系，将非保守弹性动力学问题的各控制方程卷乘上相应的虚量并求代数和，考虑到系统的非保守特性，建立非保守弹性动力学的原空间中的 Fourier 卷积型拟变分原理和广义拟变分原理。应用 Fourier 变换将原空间中的 Fourier 卷积型拟变分原理和广义拟变分原理变换到相空间，进而建立非保守弹性动力学 Fourier 相空间中的拟变分原理和广义拟变分原理。在相空间中推导非保守弹性动力学问题拟变分原理和广义拟变分原理的拟驻值条件。

当然，也可以在 Fourier 原空间中建立卷积型拟变分原理和广义拟变分原理，在原空间中推导卷积型拟变分原理和广义拟变分原理的拟驻值条件；或者，在 Fourier 相空间中建立拟变分原理和广义拟变分原理，在相空间中推导拟变分原理和广义拟变分原理的拟驻值条件。在本节中之所以在 Fourier 相空间和原空间交叉地建立拟变分原理、广义拟变分原理和推导其拟驻值条件，一方面是着眼于理论上的完备性，一方面是着眼于应用上的灵活性。

弹性动力学的基本方程为

动态平衡方程

$$\sigma_{ij,j}+f_i-\dot{p}_i=0 \quad (\text{在}\ V\ \text{内}) \tag{4.3.1}$$

$$\sigma_{ij}n_j-\overline{T}_i=0 \quad (\text{在}\ S_\sigma\ \text{上}) \tag{4.3.2}$$

几何条件

$$\varepsilon_{ij}-\frac{1}{2}u_{i,j}-\frac{1}{2}u_{j,i}=0 \quad (\text{在}\ V\ \text{内}) \tag{4.3.3}$$

$$u_i-\overline{u}_i=0 \quad (\text{在}\ S_u\ \text{上}) \tag{4.3.4}$$

$$\dot{u}_i-v_i=0 \quad (\text{在}\ V\ \text{内}) \tag{4.3.5}$$

本构关系

$$\sigma_{ij}-a_{ijkl}\varepsilon_{kl}=0 \quad (\text{在}\ V\ \text{内}) \tag{4.3.6a}$$

或

$$\varepsilon_{ij}-b_{ijkl}\sigma_{kl}=0 \quad (\text{在}\ V\ \text{内}) \tag{4.3.6b}$$

$$p_i-\rho v_i=0 \quad (\text{在}\ V\ \text{内}) \tag{4.3.7a}$$

或

$$v_i-\frac{1}{\rho}p_i=0 \quad (\text{在}\ V\ \text{内}) \tag{4.3.7b}$$

时间初始条件

$$u_i(0)=\overline{u}_i(0) \quad (\text{在}\ V\ \text{内}) \tag{4.3.8}$$

$$v_i(0)=\overline{v}_i(0) \quad (\text{在}\ V\ \text{内}) \tag{4.3.9}$$

基本方程的 Fourier 变换式为

$$\Sigma_{ij,j}+F_i-\mathrm{j}\omega P_i=0 \quad (\text{在}\ V\ \text{内}) \tag{4.3.10}$$

$$\Sigma_{ij}n_j - \widetilde{T}_i = 0 \quad (在\ S_\sigma\ 上) \tag{4.3.11}$$

$$E_{ij} - \frac{1}{2}U_{i,j} - \frac{1}{2}U_{j,i} = 0 \quad (在\ V\ 内) \tag{4.3.12}$$

$$U_i - \widetilde{U}_i = 0 \quad (在\ S_u\ 上) \tag{4.3.13}$$

$$\mathrm{j}\omega U_i - V_i = 0 \quad (在\ V\ 内) \tag{4.3.14}$$

本构关系

$$\Sigma_{ij} - a_{ijkl}E_{kl} = 0 \quad (在\ V\ 内) \tag{4.3.15a}$$

或

$$E_{ij} - b_{ijkl}\Sigma_{kl} = 0 \quad (在\ V\ 内) \tag{4.3.15b}$$

$$P_i - \rho V_i = 0 \quad (在\ V\ 内) \tag{4.3.16a}$$

或

$$V_i - \frac{1}{\rho}P_i = 0 \quad (在\ V\ 内) \tag{4.3.16b}$$

初始条件

$$U_i(0) = \overline{U}_i(0) \quad (在\ V\ 内) \tag{4.3.17a}$$

$$V_i(0) = \overline{V}_i(0) \quad (在\ V\ 内) \tag{4.3.17b}$$

4.3.1 Fourier 卷积型拟势能原理

将虚位移的 Fourier 变换式 δU_i 乘上式(4.3.10) 和式(4.3.11)，然后积分并求代数和，可得

$$-\iiint_V (\Sigma_{ij,j} + F_i - \mathrm{j}\omega P_i)\delta U_i \mathrm{d}V + \iint_{S_\sigma} (\Sigma_{ij}n_j - \widetilde{T}_i)\delta U_i \mathrm{d}S = 0 \tag{4.3.18}$$

应用 Green 定理

$$-\iiint_V \Sigma_{ij,j}\delta U_i \mathrm{d}V = -\iint_{S_\sigma + S_u} \Sigma_{ij}n_j\delta U_i \mathrm{d}S + \iiint_V \Sigma_{ij}\delta\frac{1}{2}(U_{i,j} + U_{j,i})\mathrm{d}V \tag{4.3.19}$$

将式(4.3.19) 代入式(4.3.18)，可得

$$\iiint_V \left[\Sigma_{ij}\delta\frac{1}{2}(U_{i,j} + U_{j,i}) - F_i\delta U_i + \mathrm{j}\omega P_i\delta U_i\right]\mathrm{d}V - \iint_{S_\sigma}\widetilde{T}_i\delta U_i \mathrm{d}S - \iint_{S_u}\Sigma_{ij}n_j\delta U_i \mathrm{d}S = 0 \tag{4.3.20}$$

考虑到式(4.3.12) ～ 式(4.3.14) 的变分为

$$\delta E_{ij} - \frac{1}{2}\delta U_{i,j} - \frac{1}{2}\delta U_{j,i} = 0 \quad (在\ V\ 内) \tag{4.3.12$'$}$$

$$\delta U_i = 0 \quad (在\ S_u\ 上) \tag{4.3.13$'$}$$

$$\mathrm{j}\omega\delta U_i - \delta V_i = 0 \quad (在\ V\ 内) \tag{4.3.14$'$}$$

将式(4.3.12′) ～ 式(4.3.14′) 代入式(4.3.20)，可得

$$\iiint_V (\rho V_i\delta V_i + \Sigma_{ij}\delta E_{ij} - F_i\delta U_i)\mathrm{d}V - \iint_{S_\sigma}\widetilde{T}_i\delta U_i \mathrm{d}S = 0 \tag{4.3.21}$$

将本构关系的 Fourier 变换式(4.3.15a) 和式(4.3.16a) 代入式(4.3.21)，可得

$$\iiint_V (\rho V_i\delta V_i + a_{ijkl}E_{ij}\delta E_{kl} - F_i\delta U_i)\mathrm{d}V - \iint_{S_\sigma}\widetilde{T}_i\delta U_i \mathrm{d}S = 0 \tag{4.3.22}$$

可以进一步表示为

$$\delta\left[\iiint\limits_V\left[\frac{1}{2}\rho V_iV_i+\frac{1}{2}a_{ijkl}E_{ij}E_{kl}-F_iU_i\right]\mathrm{d}V-\iint\limits_{S_\sigma}\widetilde{T}_iU_i\mathrm{d}S\right]+\iiint\limits_V U_i\delta F_i\mathrm{d}V+\iint\limits_{S_\sigma}U_i\delta\widetilde{T}_i\mathrm{d}S=0$$

(4.3.23)

简记为

$$\delta\widetilde{\Pi}_1+\delta\widetilde{Q}+\delta\widetilde{P}=0 \tag{4.3.24}$$

式中

$$\widetilde{\Pi}_1=\iiint\limits_V\left[\frac{1}{2}\rho V_iV_i+\frac{1}{2}a_{ijkl}E_{ij}E_{kl}-F_iU_i\right]\mathrm{d}V-\iint\limits_{S_\sigma}\widetilde{T}_iU_i\mathrm{d}S$$

$$\delta\widetilde{Q}=\iiint\limits_V U_i\delta F_i\mathrm{d}V,\quad \delta\widetilde{P}=\iint\limits_{S_\sigma}U_i\delta\widetilde{T}_i\mathrm{d}S$$

将式(4.3.24)反演到原空间则得

$$\delta\Pi_1+\delta Q+\delta P=0$$

式中

$$\Pi_1=\iiint\limits_V\left[\frac{1}{2}\rho v_i*v_i+\frac{1}{2}a_{ijkl}\varepsilon_{ij}*\varepsilon_{kl}-f_i*u_i\right]\mathrm{d}V-\iint\limits_{S_\sigma}\overline{T}_i*u_i\mathrm{d}S$$

$$\delta Q=\iiint\limits_V u_i*\delta f_i\mathrm{d}V,\quad \delta P=\iint\limits_{S_\sigma}u_i*\delta\overline{T}_i\mathrm{d}S$$

其先决条件为式(4.3.3)～式(4.3.5)成立。这就是Fourier卷积型拟势能原理。当体积力 f_i 和表面力 $\overline{T}_i$ 为非伴生力时，$\delta Q=0$，$\delta P=0$，此时该定理退化为线弹性动力学中的Fourier卷积型势能原理。

现在推导Fourier卷积型拟势能原理的拟驻值条件。

线弹性动力学中的Fourier卷积型拟势能原理为

$$\delta\Pi_1+\delta Q+\delta P=0 \tag{4.3.25}$$

其中

$$\Pi_1=\iiint\limits_V\left[\frac{1}{2}\rho v_i*v_i+\frac{1}{2}a_{ijkl}\varepsilon_{ij}*\varepsilon_{kl}-f_i*u_i\right]\mathrm{d}V-\iint\limits_{S_\sigma}\overline{T}_i*u_i\mathrm{d}S$$

$$\delta Q=\iiint\limits_V u_i*\delta f_i\mathrm{d}V,\quad \delta P=\iint\limits_{S_\sigma}u_i*\delta\overline{T}_i\mathrm{d}S$$

其先决条件为式(4.3.3)～式(4.3.5)成立。

将 Π_1 变分得到 $\delta\Pi_1$，再将 $\delta\Pi_1$，δQ 和 δP 代入式(4.3.25)，可得

$$\iiint\limits_V[\rho v_i*\delta v_i+a_{ijkl}\varepsilon_{kl}*\delta\varepsilon_{ij}-f_i*\delta u_i]\mathrm{d}V-\iint\limits_{S_\sigma}\overline{T}_i*\delta u_i\mathrm{d}S=0 \tag{4.3.26}$$

其先决条件的变分式为

$$\delta\left(\varepsilon_{ij}-\frac{1}{2}u_{i,j}-\frac{1}{2}u_{j,i}\right)=0 \quad (\text{在}\ V\ \text{内}) \tag{4.3.3$'$}$$

$$\delta u_i=0 \quad (\text{在}\ S_u\ \text{上}) \tag{4.3.4$'$}$$

$$\delta(\dot{u}_i-v_i)=0 \quad (\text{在}\ V\ \text{内}) \tag{4.3.5$'$}$$

将式(4.3.3′)～式(4.3.5′)代入式(4.3.26)，可得

$$\iiint_V [a_{ijkl}\varepsilon_{kl} * \delta u_{i,j} - f_i * \delta u_i + \rho v_i * \delta \dot{u}_i] \mathrm{d}V - \iint_{S_\sigma} \overline{T}_i * \delta u_i \mathrm{d}S = 0 \tag{4.3.27}$$

应用 Green 定理

$$\iiint_V a_{ijkl}\varepsilon_{kl} * \delta u_{i,j} \mathrm{d}V = \iint_{S_\sigma + S_u} a_{ijkl}\varepsilon_{kl} n_j * \delta u_i \mathrm{d}S - \iiint_V (a_{ijkl}\varepsilon_{kl})_{,j} * \delta u_i \mathrm{d}V \tag{4.3.28}$$

应用 Fourier 变换中的卷积理论和求导法则

$$p_i * \delta \dot{u}_i = \Phi^{-1}[\rho V_i \delta(\mathrm{j}\omega U_i)] = \Phi^{-1}[(\mathrm{j}\omega\rho V_i)\delta U_i)] = p\dot{v}_i * \delta u_i \tag{4.3.29}$$

将式(4.3.28) 和式(4.3.29) 代入式(4.3.27)，可得

$$\iiint_V -[(a_{ijkl}\varepsilon_{kl})_{,j} + f_i - \rho v_i] * \delta u_i \mathrm{d}V + \iint_{S_\sigma} (a_{ijkl}\varepsilon_{kl} n_j - \overline{T}_i) * \delta u_i \mathrm{d}S = 0 \tag{4.3.30}$$

由于 δu_i 的任意性，可得

$$\left.\begin{aligned} (a_{ijkl}\varepsilon_{kl})_{,j} + f_i - \rho v_i = 0 \\ a_{ijkl}\varepsilon_{kl} n_j - \overline{T}_i = 0 \end{aligned}\right\} \tag{4.3.31}$$

这就是线弹性动力学中的 Fourier 卷积型拟势能原理的拟驻值条件。

4.3.2　Fourier 卷积型拟余能原理

将式(4.3.12) 和式(4.3.13) 乘上虚应力的 Fourier 变换式 $\delta\Sigma_{ij}$，将式(4.3.14) 乘上虚动量的 Fourier 变换式 δP_i，然后积分并求代数和，可得

$$\iiint_V \left[\left(E_{ij} - \frac{1}{2}U_{i,j} - \frac{1}{2}U_{j,i}\right)\delta\Sigma_{ij} - (\mathrm{j}\omega U_i - V_i)\delta P_i\right] \mathrm{d}V + \iint_{S_u} (U_i - \widetilde{U}_i)\delta\Sigma_{ij} n_j \mathrm{d}S = 0 \tag{4.3.32}$$

应用 Green 定理

$$-\iiint_V U_{i,j}\delta\Sigma_{ij} \mathrm{d}V = -\iint_{S_\sigma + S_u} U_i \delta\Sigma_{ij} n_j \mathrm{d}S + \iiint_V U_i \delta\Sigma_{ij,j} \mathrm{d}V \tag{4.3.33}$$

将式(4.3.33) 代入式(4.3.32)，可得

$$\iiint_V [E_{ij}\delta\Sigma_{ij} + U_i\delta\Sigma_{ij,j} - (\mathrm{j}\omega U_i - V_i)\delta P_i] \mathrm{d}V - \iint_{S_u} \widetilde{U}_i \delta\Sigma_{ij} n_j \mathrm{d}S - \iint_{S_\sigma} U_i \delta\Sigma_{ij} n_j \mathrm{d}S = 0 \tag{4.3.34}$$

考虑到式(4.3.10) 和式(4.3.11) 的变分式为

$$\delta\Sigma_{ij,j} + \delta F_i - \mathrm{j}\omega\delta P_i = 0 \qquad (\text{在 } V \text{ 内}) \tag{4.3.10$'$}$$

$$\delta\Sigma_{ij} n_j - \delta\widetilde{T}_i = 0 \qquad (\text{在 } S_\sigma \text{ 上}) \tag{4.3.11$'$}$$

将式(4.3.10′) 和式(4.3.11′) 代入式(4.3.34)，可得

$$\iiint_V [E_{ij}\delta\Sigma_{ij} - U_i(\delta F_i - \mathrm{j}\omega P_i) - (\mathrm{j}\omega U_i - V_i)\delta P_i] \mathrm{d}V - \iint_{S_u} \widetilde{U}_i \delta\Sigma_{ij} n_j \mathrm{d}S - \iint_{S_\sigma} U_i \delta\widetilde{T}_i \mathrm{d}S = 0 \tag{4.3.35}$$

将本构关系的变换式(4.3.15b) 和式(4.3.16b) 代入式(4.3.35)，整理可得

$$\iiint_V \left[b_{ijkl}\Sigma_{kl}\delta\Sigma_{ij} - U_i\delta F_i + \frac{1}{\rho}P_i\delta P_i\right] \mathrm{d}V - \iint_{S_u} \widetilde{U}_i \delta\Sigma_{ij} n_j \mathrm{d}S - \iint_{S_\sigma} U_i \delta\widetilde{T}_i \mathrm{d}S = 0 \tag{4.3.36}$$

可以进一步表示为

$$\delta\left[\iiint_V\left(\frac{1}{2\rho}P_iP_i+\frac{1}{2}b_{ijkl}\Sigma_{kl}\Sigma_{ij}\right)\mathrm{d}V-\iint_{S_u}\widetilde{U}_i\Sigma_{ij}n_j\mathrm{d}S\right]-\iiint_V U_i\delta F_i\mathrm{d}V-\iint_{S_\sigma}U_i\delta\widetilde{T}_i\mathrm{d}S=0 \tag{4.3.37}$$

简记为

$$\delta\widetilde{\Gamma}_1-\delta\widetilde{Q}-\delta\widetilde{P}=0 \tag{4.3.38}$$

式中

$$\widetilde{\Gamma}_1=\iiint_V\left(\frac{1}{2\rho}P_iP_i+\frac{1}{2}b_{ijkl}\Sigma_{kl}\Sigma_{ij}\right)\mathrm{d}V-\iint_{S_u}\widetilde{U}_i\Sigma_{ij}n_j\mathrm{d}S$$

$$\delta\widetilde{Q}=\iiint_V U_i\delta F_i\mathrm{d}V,\quad \delta\widetilde{P}=\iint_{S_\sigma}U_i\delta\widetilde{T}_i\mathrm{d}S$$

将式(4.3.38)反演到原空间则得

$$\delta\Gamma_1-\delta Q-\delta P=0 \tag{4.3.39}$$

式中

$$\Gamma_1=\iiint_V\left(\frac{1}{2\rho}p_i*p_i+\frac{1}{2}b_{ijkl}\sigma_{kl}*\sigma_{ij}\right)\mathrm{d}V-\iint_{S_u}\bar{u}_i*\sigma_{ij}n_j\mathrm{d}S$$

$$\delta Q=\iiint_V u_i*\delta f_i\mathrm{d}V,\quad \delta P=\iint_{S_\sigma}u_i*\delta\overline{T}_i\mathrm{d}S$$

其先决条件为式(4.3.1)和式(4.3.2)成立。这就是Fourier卷积型拟余能原理。当体积力f_i和表面力$\overline{T}_i$为非伴生力时，$\delta Q=0$，$\delta P=0$，此时该定理退化为线弹性动力学中的Fourier卷积型余能原理。

现在推导Fourier卷积型拟余能原理的拟驻值条件。

线弹性动力学中的Fourier卷积型拟余能原理为

$$\delta\Gamma_1-\delta Q-\delta P=0 \tag{4.3.40}$$

其中

$$\Gamma_1=\iiint_V\left(\frac{1}{2\rho}p_i*p_i+\frac{1}{2}b_{ijkl}\sigma_{kl}*\sigma_{ij}\right)\mathrm{d}V-\iint_{S_u}\bar{u}_i*\sigma_{ij}n_j\mathrm{d}S$$

$$\delta Q=\iiint_V u_i*\delta f_i\mathrm{d}V,\quad \delta P=\iint_{S_\sigma}u_i*\delta\overline{T}_i\mathrm{d}S$$

其先决条件为式(4.3.1)和式(4.3.2)成立。

将Γ_1变分得到$\delta\Gamma_1$，再将$\delta\Gamma_1$，δQ和δP代入式(4.3.40)，可得

$$\iiint_V\left(\frac{1}{\rho}p_i*\delta p_i+b_{ijkl}\sigma_{kl}*\delta\sigma_{ij}-u_i*\delta f_i\right)\mathrm{d}V-\iint_{S_u}\bar{u}_i*\delta\sigma_{ij}n_j\mathrm{d}S-\iint_{S_\sigma}u_i*\delta\overline{T}_i\mathrm{d}S \tag{4.3.41}$$

其先决条件的变分式为

$$\delta(\sigma_{ij,j}+f_i-\dot{p}_i)=0\qquad(\text{在 }V\text{ 内}) \tag{4.3.1$'$}$$

$$\delta(\sigma_{ij}n_j-\overline{T}_i)=0\qquad(\text{在 }S_\sigma\text{ 上}) \tag{4.3.2$'$}$$

将式(4.3.1′)和式(4.3.2′)代入式(4.3.41)，可得

$$\iiint_V\left[\frac{1}{\rho}p_i*\delta p_i+b_{ijkl}\sigma_{kl}*\delta\sigma_{ij}+u_i*\delta\sigma_{ij,j}-u_i*\delta\dot{p}_i\right]\mathrm{d}V-\iint_{S_u}\bar{u}_i*\delta\sigma_{ij}n_j\mathrm{d}S-\iint_{S_\sigma}u_i*\delta\sigma_{ij}n_j\mathrm{d}S \tag{4.3.42}$$

应用 Green 定理

$$\iiint_V u_i * \delta\sigma_{ij,j}\,\mathrm{d}V = \iint_{S_\sigma+S_u} u_i * \delta\sigma_{ij} n_j\,\mathrm{d}S - \iiint_V u_{i,j} * \delta\sigma_{ij}\,\mathrm{d}V \tag{4.3.43}$$

应用 Fourier 变换中的卷积理论和求导法则

$$-u_i * \delta\dot{p}_i = -\Phi^{-1}[U_i\delta(\mathrm{j}\omega P_i)] = -\Phi^{-1}[(\mathrm{j}\omega U_i)\delta P_i] = -\dot{u}_i\delta p_i \tag{4.3.44}$$

将式(4.3.43)和式(4.3.44)代入式(4.3.42),可得

$$\iiint_V \left[\left(b_{ijkl}\sigma_{kl} - \frac{1}{2}u_{i,j} - \frac{1}{2}u_{j,i}\right) * \delta\sigma_{ij} - \left(\dot{u}_i - \frac{1}{\rho}p_i\right) * \delta p_i\right]\mathrm{d}V - \iint_{S_u}(u_i - \bar{u}_i) * \delta\sigma_{ij} n_j\,\mathrm{d}S = 0 \tag{4.3.45}$$

由于 $\delta\sigma_{ij}$ 和 δp_i 的任意性,可得

$$\left.\begin{aligned} & b_{ijkl}\sigma_{kl} - \frac{1}{2}u_{i,j} - \frac{1}{2}u_{j,i} = 0 \\ & u_i - \bar{u}_i = 0 \\ & \dot{u}_i - \frac{1}{\rho}p_i = 0 \end{aligned}\right\} \tag{4.3.46}$$

这就是线弹性动力学中的 Fourier 卷积型拟余能原理的拟驻值条件.

4.3.3 Fourier 卷积型两类变量的广义拟变分原理

1. 第一类两类变量的 Fourier 卷积型广义拟变分原理

根据广义力和广义位移的对应关系,将式(4.3.10) ~ 式(4.3.14)乘上相应的虚量,然后积分并求代数和,可得

$$\iiint_V \left[(\Sigma_{ij,j} + F_i - \mathrm{j}\omega P_i)\,\delta U_i + \left(E_{ij} - \frac{1}{2}U_{i,j} - \frac{1}{2}U_{j,i}\right)\delta\Sigma_{ij} - (\mathrm{j}\omega U_i - V_i)\,\delta P_i\right]\mathrm{d}V -$$
$$\iint_{S_\sigma}(\Sigma_{ij}n_j - \widetilde{T}_i)\,\delta U_i\,\mathrm{d}S + \iint_{S_u}(U_i - \widetilde{U}_i)\,\delta\Sigma_{ij}n_j\,\mathrm{d}S = 0 \tag{4.3.47}$$

应用 Green 定理

$$-\iiint_V U_{i,j}\delta\Sigma_{ij}\,\mathrm{d}V = -\iint_{S_\sigma+S_u} U_i\delta\Sigma_{ij}n_j\,\mathrm{d}S + \iiint_V U_i\delta\Sigma_{ij,j}\,\mathrm{d}V \tag{4.3.48}$$

将式(4.3.48)代入式(4.3.47),经整理可得

$$\iiint_V [(\Sigma_{ij,j} + F_i - \mathrm{j}\omega P_i)\,\delta U_i + E_{ij}\delta\Sigma_{ij} + U_i\delta\Sigma_{ij,j} + V_i\delta P_i - \mathrm{j}\omega U_i\delta P_i]\,\mathrm{d}V -$$
$$\iint_{S_\sigma}(U_i\delta\Sigma_{ij}n_j + \Sigma_{ij}n_j\delta U_i - \widetilde{T}_i\delta U_i)\,\mathrm{d}S - \iint_{S_u}\widetilde{U}_i\delta\Sigma_{ij}n_j\,\mathrm{d}S = 0 \tag{4.3.49}$$

将材料的本构关系式(4.3.15b)和式(4.3.16b)代入式(4.3.49),可得

$$\iiint_V \left[\frac{1}{\rho}P_i\delta P_i + b_{ijkl}\Sigma_{kl}\delta\Sigma_{ij} + (\Sigma_{ij,j} + F_i - \mathrm{j}\omega P_i)\delta U_i + U_i\delta\Sigma_{ij,j} - \mathrm{j}\omega U_i\delta P_i\right]\mathrm{d}V -$$
$$\iint_{S_\sigma}(\Sigma_{ij}n_j\delta U_i + U_i\delta\Sigma_{ij}n_j - \widetilde{T}_i\delta U_i)\,\mathrm{d}S - \iint_{S_u}\widetilde{U}_i\delta\Sigma_{ij}n_j\,\mathrm{d}S = 0 \tag{4.3.50}$$

可以进一步表示为

$$\delta\left\{\iiint\limits_V\left[\frac{1}{2\rho}P_iP_i+\frac{1}{2}b_{ijkl}\Sigma_{ij}\Sigma_{kl}+(\Sigma_{ij,j}+F_i-\mathrm{j}\omega P_i)U_i\right]\mathrm{d}V-\right.$$

$$\left.\iint\limits_{S_\sigma}(\Sigma_{ij}n_j-\widetilde{T}_i)U_i\mathrm{d}S-\iint\limits_{S_u}\widetilde{U}_i\Sigma_{ij}n_j\mathrm{d}S\right\}-\iiint\limits_V U_i\delta F_i\mathrm{d}V-\iint\limits_{S_\sigma}U_i\delta\widetilde{T}_i\mathrm{d}S=0 \qquad (4.3.51)$$

简记为

$$\delta\widetilde{\Gamma}_{G21}-\delta\widetilde{Q}_G-\delta\widetilde{P}_G=0 \qquad (4.3.52)$$

式中

$$\widetilde{\Gamma}_{G21}=\iiint\limits_V\left[\frac{1}{2\rho}P_iP_i+\frac{1}{2}b_{ijkl}\Sigma_{ij}\Sigma_{kl}+(\Sigma_{ij,j}+F_i-\mathrm{j}\omega P_i)U_i\right]\mathrm{d}V-$$

$$\iint\limits_{S_\sigma}(\Sigma_{ij}n_j-\widetilde{T}_i)U_i\mathrm{d}S-\iint\limits_{S_u}\widetilde{U}_i\Sigma_{ij}n_j\mathrm{d}S$$

$$\delta\widetilde{Q}_G=\iiint\limits_V U_i\delta F_i\mathrm{d}V,\quad \delta\widetilde{P}_G=\iint\limits_{S_\sigma}U_i\delta\widetilde{T}_i\mathrm{d}S$$

将式(4.3.51)由相空间反演到原空间,则得

$$\delta\left\{\iiint\limits_V\left[\frac{1}{2\rho}p_i*p_i+\frac{1}{2}b_{ijkl}\sigma_{ij}*\sigma_{kl}+(\sigma_{ij,j}+f_i-\dot{p}_i)*u_i\right]\mathrm{d}V-\right.$$

$$\left.\iint\limits_{S_\sigma}(\sigma_{ij}n_j-\overline{T}_i)*u_i\mathrm{d}S-\iint\limits_{S_u}\overline{u}_i*\sigma_{ij}n_j\mathrm{d}S\right\}-$$

$$\iiint\limits_V u_i*\delta f_i\mathrm{d}V-\iint\limits_{S_\sigma}u_i*\delta\overline{T}_i\mathrm{d}S=0 \qquad (4.3.53)$$

简记为

$$\delta\Gamma_{G21}-\delta Q_G-\delta P_G=0 \qquad (4.3.54)$$

式中

$$\Gamma_{G21}=\iiint\limits_V\left[\frac{1}{2\rho}p_i*p_i+\frac{1}{2}b_{ijkl}\sigma_{ij}*\sigma_{kl}+(\sigma_{ij,j}+f_i-\dot{p}_i)*u_i\right]\mathrm{d}V-$$

$$\iint\limits_{S_\sigma}(\sigma_{ij}n_j-\overline{T}_i)*u_i\mathrm{d}S-\iint\limits_{S_u}\overline{u}_i*\sigma_{ij}n_j\mathrm{d}S$$

$$\delta Q_G=\iiint\limits_V u_i*\delta f_i\mathrm{d}V,\quad \delta P_G=\iint\limits_{S_\sigma}u_i*\delta\overline{T}_i\mathrm{d}S$$

这就是 Fourier 卷积型两类变量拟余能原理。当体积力 f_i 和表面力 $\overline{T}_i$ 为非伴生力时,$\delta Q_G=0$,$\delta P_G=0$,此时该定理退化为通常的弹性动力学中的 Fourier 卷积型两类变量余能原理。

如果应用 Green 定理

$$\iiint\limits_V\Sigma_{ij,j}\delta U_i\mathrm{d}V=\iint\limits_{S_\sigma+S_u}\Sigma_{ij}n_j\delta U_i\mathrm{d}S-\iiint\limits_V\Sigma_{ij}\delta\left(\frac{1}{2}U_{i,j}+\frac{1}{2}U_{j,i}\right)\mathrm{d}V \qquad (4.3.55)$$

将式(4.3.55)代入式(4.3.47),并将泛函中的各项改变符号,则整理后可得

$$\iiint\limits_V\left[-(F_i-\mathrm{j}\omega P_i)\delta U_i+(\mathrm{j}\omega U_i-V_i)\delta P_i+\Sigma_{ij}\delta\left(\frac{1}{2}U_{i,j}+\frac{1}{2}U_{j,i}\right)+\right.$$

$$\left.\left(\frac{1}{2}U_{i,j}+\frac{1}{2}U_{j,i}\right)\delta\Sigma_{ij}-E_{ij}\delta\Sigma_{ij}\right]\mathrm{d}V-\iint\limits_{S_\sigma}\widetilde{T}_i\delta U_i\mathrm{d}S-$$

$$\iint_{S_u}(U_i\delta\Sigma_{ij}n_j+\Sigma_{ij}n_j\delta U_i-\widetilde{U}_i\delta\Sigma_{ij}n_j)\,\mathrm{d}S=0 \tag{4.3.56}$$

将材料的本构关系式(4.3.15b)和式(4.3.16b)代入式(4.3.56)，可得

$$\iiint_V\Big[-(F_i-\mathrm{j}\omega P_i)\delta U_i+\mathrm{j}\omega U_i\delta P-\frac{1}{\rho}P_i\delta P_i+\Sigma_{ij}\delta\Big(\frac{1}{2}U_{i,j}+\frac{1}{2}U_{j,i}\Big)+\Big(\frac{1}{2}U_{i,j}+\frac{1}{2}U_{j,i}\Big)\delta\Sigma_{ij}-b_{ijkl}\Sigma_{kl}\delta\Sigma_{ij}\Big]\mathrm{d}V-\iint_{S_\sigma}\widetilde{T}_i\delta U_i\mathrm{d}S-\iint_{S_u}(U_i\delta\Sigma_{ij}n_j+\Sigma_{ij}n_j\delta U_i-\widetilde{U}_i\delta\Sigma_{ij}n_j)\,\mathrm{d}S=0 \tag{4.3.57}$$

可以进一步表示为

$$\delta\Big\{\iiint_V\Big[-F_iU_i+\mathrm{j}\omega U_iP_i-\frac{1}{2\rho}P_iP_i+\Sigma_{ij}\Big(\frac{1}{2}U_{i,j}+\frac{1}{2}U_{j,i}\Big)-\frac{1}{2}b_{ijkl}\Sigma_{ij}\Sigma_{kl}\Big]\mathrm{d}V-\iint_{S_\sigma}\widetilde{T}_iU_i\mathrm{d}S-\iint_{S_u}(U_i-\widetilde{U}_i)\Sigma_{ij}n_j\mathrm{d}S\Big\}+\iiint_V U_i\delta F_i\mathrm{d}V+\iint_{S_\sigma}U_i\delta\widetilde{T}_i\mathrm{d}S=0 \tag{4.3.58}$$

简记为

$$\delta\widetilde{\Pi}_{G21}+\delta\widetilde{Q}_G+\delta\widetilde{P}_G=0 \tag{4.3.59}$$

式中

$$\widetilde{\Pi}_{G21}=\iiint_V\Big[-F_iU_i+\mathrm{j}\omega U_iP_i-\frac{1}{2\rho}P_iP_i+\Sigma_{ij}\Big(\frac{1}{2}U_{i,j}+\frac{1}{2}U_{j,i}\Big)-\frac{1}{2}b_{ijkl}\Sigma_{ij}\Sigma_{kl}\Big]\mathrm{d}V-\iint_{S_\sigma}\widetilde{T}_iU_i\mathrm{d}S-\iint_{S_u}(U_i-\widetilde{U}_i)\Sigma_{ij}n_j\mathrm{d}S \tag{4.3.60}$$

$$\delta\widetilde{Q}_G=\iiint_V U_i\delta F_i\mathrm{d}V,\quad \delta\widetilde{P}_G=\iint_{S_\sigma}U_i\delta\widetilde{T}_i\mathrm{d}S$$

将式(4.3.58)由相空间反演到原空间，则得

$$\delta\Big\{\iiint_V\Big[p_i*\dot{u}_i-\frac{1}{2\rho}p_i*p_i+\sigma_{ij}*\Big(\frac{1}{2}u_{i,j}+\frac{1}{2}u_{j,i}\Big)-\frac{1}{2}b_{ijkl}\sigma_{ij}*\sigma_{kl}-f_i*u_i\Big]\mathrm{d}V-\iint_{S_\sigma}\overline{T}_i*u_i\mathrm{d}S-\iint_{S_u}(u_i-\bar{u}_i)*\sigma_{ij}n_j\mathrm{d}S\Big\}+\iiint_V u_i*\delta f_i\mathrm{d}V+\iint_{S_\sigma}u_i*\delta\overline{T}_i\mathrm{d}S=0 \tag{4.3.61}$$

简记为

$$\delta\Pi_{G21}+\delta Q_G+\delta P_G=0 \tag{4.3.62}$$

式中

$$\Pi_{G21}=\iiint_V\Big[p_i*\dot{u}_i-\frac{1}{2\rho}p_i*p_i+\sigma_{ij}*\Big(\frac{1}{2}u_{i,j}+\frac{1}{2}u_{j,i}\Big)-\frac{1}{2}b_{ijkl}\sigma_{ij}*\sigma_{kl}-f_i*u_i\Big]\mathrm{d}V-\iint_{S_\sigma}\overline{T}_i*u_i\mathrm{d}S-\iint_{S_u}(u_i-\bar{u}_i)*\sigma_{ij}n_j\mathrm{d}S$$

$$\delta Q_G=\iiint_V u_i*\delta f_i\mathrm{d}V,\quad \delta P_G=\iint_{S_\sigma}u_i*\delta\overline{T}_i\mathrm{d}S$$

这就是第一类 Fourier 卷积型两类变量拟势能原理。当体积力 f_i 和表面力 $\overline{T}_i$ 为非伴生力时，$\delta Q_G=0$，$\delta P_G=0$，此时该定理退化为通常的弹性动力学中的 Fourier 卷积型两类变量势能

原理。

现在推导 Fourier 卷积型第一类两类变量广义拟变分原理的拟驻值条件。

Fourier 卷积型两类变量拟余能原理为

$$\delta\Gamma_{G21}-\delta Q_G-\delta P_G=0 \tag{4.3.63}$$

式中

$$\Gamma_{G21}=\iiint_V\left[\frac{1}{2\rho}p_i*p_i+\frac{1}{2}b_{ijkl}\sigma_{ij}*\sigma_{kl}+(\sigma_{ij,j}+f_i-\dot{p}_i)*u_i\right]\mathrm{d}V-\iint_{S_\sigma}(\sigma_{ij}n_j-\overline{T}_i)*u_i\mathrm{d}S-\iint_{S_u}\bar{u}_i*\sigma_{ij}n_j\mathrm{d}S \tag{4.3.64}$$

$$\delta Q_G=\iiint_V u_i*\delta f_i\mathrm{d}V,\quad \delta P_G=\iint_{S_\sigma}u_i*\delta\overline{T}_i\mathrm{d}S$$

将 Γ_{G21} 变分得到 $\delta\Gamma_{G21}$，再将 $\delta\Gamma_{G21}$，δQ_G 和 δP_G 代入式(4.3.63)，可得

$$\iiint_V\left[\frac{1}{\rho}p_i*\delta p_i+b_{ijkl}\sigma_{ij}*\delta\sigma_{kl}+(\sigma_{ij,j}+f_i-\dot{p}_i)*\delta u_i+u_i*\delta(\sigma_{ij,j}-\dot{p}_i)\right]\mathrm{d}V-\iint_{S_\sigma}[(\sigma_{ij}n_j-\overline{T}_i)*\delta u_i+u_i*\delta\sigma_{ij}n_j]\mathrm{d}S-\iint_{S_u}\bar{u}_i*\delta\sigma_{ij}n_j\mathrm{d}S=0 \tag{4.3.65}$$

应用 Green 定理

$$\iiint_V u_i*\delta\sigma_{ij,j}\mathrm{d}V=\iint_{S_\sigma+S_u}u_i*\delta\sigma_{ij}n_j\mathrm{d}S-\iiint_V u_{i,j}*\delta\sigma_{ij}\mathrm{d}V \tag{4.3.66}$$

应用 Fourier 变换中的卷积理论和求导法则

$$-u_i*\delta\dot{p}_i=-\Phi^{-1}[U_i\delta(\mathrm{j}\omega P_i)]=-\Phi^{-1}[(\mathrm{j}\omega U_i)\delta P_i)]=-\dot{u}_i*\delta p_i \tag{4.3.67}$$

将式(4.3.66)和式(4.3.67)代入式(4.3.65)，考虑到式(4.3.7b)，可得

$$\iiint_V\left[\left(\frac{1}{\rho}p_i-\dot{u}_i\right)*\delta p_i+(b_{ijkl}\sigma_{kl}-u_{i,j})*\delta\sigma_{ij}+(\sigma_{ij,j}+f_i-\dot{p}_i)*\delta u_i\right]\mathrm{d}V-\iint_{S_\sigma}(\sigma_{ij}n_j-\overline{T}_i)*\delta u_i\mathrm{d}S+\iint_{S_u}(u_i-\bar{u}_i)*\delta\sigma_{ij}n_j\mathrm{d}S=0 \tag{4.3.68}$$

由于 δp_i，$\delta\sigma_{ij}$ 和 δu_i 的任意性，可得

$$\left.\begin{aligned}&\sigma_{ij,j}+f_i-\dot{p}_i=0\\&\sigma_{ij}n_j-\overline{T}_i=0\\&b_{ijkl}\sigma_{kl}-\frac{1}{2}u_{i,j}-\frac{1}{2}u_{j,i}=0\\&u_i-\bar{u}_i=0\\&\frac{1}{\rho}p_i-\dot{u}_i=0\end{aligned}\right\} \tag{4.3.69}$$

这就是第一类 Fourier 卷积型两类变量拟余能原理的拟驻值条件。

Fourier 卷积型两类变量拟势能原理为

$$\delta\Pi_{G21}+\delta Q_G+\delta P_G=0 \tag{4.3.70}$$

式中

$$\Pi_{G21}=\iiint_V\left[p_i*\dot{u}_i-\frac{1}{2\rho}p_i*p_i+\sigma_{ij}*\left(\frac{1}{2}u_{i,j}+\frac{1}{2}u_{j,i}\right)-\frac{1}{2}b_{ijkl}\sigma_{ij}*\sigma_{kl}-f_i*u_i\right]\mathrm{d}V-$$

$$\iint_{S_\sigma}\overline{T}_i * u_i \mathrm{d}S - \iint_{S_u}(u_i - \overline{u}_i) * \sigma_{ij}n_j \mathrm{d}S$$

$$\delta Q_G = \iiint_V u_i * \delta f_i \mathrm{d}V, \quad \delta P_G = \iint_{S_\sigma} u_i * \delta \overline{T}_i \mathrm{d}S$$

将 Π_{G21} 变分得到 $\delta\Pi_{G21}$，再将 $\delta\Pi_{G21}$，δQ_G 和 δP_G 代入式(4.3.70)，可得

$$\iiint_V \Big[p_i * \delta\dot{u}_i + \dot{u}_i * \delta p_i - \frac{1}{\rho}p_i * \delta p_i + \sigma_{ij} * \delta\Big(\frac{1}{2}u_{i,j} + \frac{1}{2}u_{j,i}\Big) +$$

$$\Big(\frac{1}{2}u_{i,j} + \frac{1}{2}u_{j,i}\Big) * \delta\sigma_{ij} - b_{ijkl}\sigma_{ij} * \delta\sigma_{kl} - f_i * \delta u_i \Big] \mathrm{d}V -$$

$$\iint_{S_\sigma}\overline{T}_i * \delta u_i \mathrm{d}S - \iint_{S_u}[(u_i - \overline{u}_i) * \delta\sigma_{ij}n_j + \sigma_{ij}n_j * \delta u_i]\mathrm{d}S = 0 \tag{4.3.71}$$

应用 Green 定理

$$\iiint_V \sigma_{ij} * \delta u_{i,j} \mathrm{d}V = \iint_{S_\sigma + S_u} \sigma_{ij}n_j * \delta u_i \mathrm{d}S - \iiint_V \sigma_{ij,j} * \delta u_i \mathrm{d}V \tag{4.3.72}$$

应用 Fourier 变换中的卷积理论和求导法则

$$p_i * \delta\dot{u}_i = \Phi^{-1}[P_i\delta(\mathrm{j}\omega U_i)] = \Phi^{-1}[(\mathrm{j}\omega P_i)\delta U_i] = \dot{p}_i * \delta u_i \tag{4.3.73}$$

将式(4.3.72) 和式(4.3.73) 代入式(4.3.71)，考虑到式(4.3.7b)，可得

$$\iiint_V \Big[\Big(\frac{1}{\rho}p_i - \dot{u}_i\Big) * \delta p_i + (b_{ijkl}\sigma_{kl} - u_{i,j}) * \delta\sigma_{ij} + (\sigma_{ij,j} + f_i - \dot{p}_i) * \delta u_i\Big]\mathrm{d}V -$$

$$\iint_{S_\sigma}(\sigma_{ij}n_j - \overline{T}_i) * \delta u_i \mathrm{d}S + \iint_{S_u}(u_i - \overline{u}_i) * \delta\sigma_{ij}n_j \mathrm{d}S = 0 \tag{4.3.74}$$

由于 δp_i，δu_i，$\delta\sigma_{ij}$和 $\delta\sigma_{ij}n_j$ 的任意性，可得

$$\left.\begin{aligned} &\sigma_{ij,j} + f_i - \dot{p}_i = 0 \\ &\sigma_{ij}n_j - \overline{T}_i = 0 \\ &b_{ijkl}\sigma_{kl} - \frac{1}{2}u_{i,j} - \frac{1}{2}u_{j,i} = 0 \\ &u_i - \overline{u}_i = 0 \\ &\frac{1}{\rho}p_i - \dot{u}_i = 0 \end{aligned}\right\} \tag{4.3.75}$$

这就是第一类 Fourier 卷积型两类变量拟势能原理的拟驻值条件。

2. 第二类两类变量的 Fourier 卷积型广义拟变分原理

如果将材料的本构关系式(4.3.15a) 和式(4.3.16a) 代入式(4.3.49)，则有

$$\iiint_V \{[(a_{ijkl}E_{kl})_{,j} + F_i]\delta U_i + a_{ijkl}E_{ij}\delta E_{kl} + U_i\delta(a_{ijkl}E_{kl})_{,j} +$$

$$\rho V_i\delta V_i - \rho\mathrm{j}\omega V_i\delta U_i - \mathrm{j}\omega U_i\delta\rho V_i\}\mathrm{d}V -$$

$$\iint_{S_\sigma}[U_i\delta(a_{ijkl}E_{kl})n_j + (a_{ijkl}E_{kl})n_j\delta U_i - \widetilde{T}_i\delta U_i]\mathrm{d}S - \iint_{S_u}\widetilde{U}_i\delta(a_{ijkl}E_{kl})n_j\mathrm{d}S = 0 \tag{4.3.76}$$

可以进一步表示为

$$\delta\left\{\iiint\limits_V\left[\frac{1}{2}\rho V_iV_i+\frac{1}{2}a_{ijkl}E_{ij}E_{kl}+((a_{ijkl}E_{kl})_{,j}+F_i-\mathrm{j}\omega\rho V_i)U_i\right]\mathrm{d}V-\right.$$

$$\left.\iint\limits_{S_\sigma}(a_{ijkl}E_{kl}n_j-\widetilde{T}_i)U_i\mathrm{d}S-\iint\limits_{S_u}a_{ijkl}\widetilde{U}_iE_{kl}n_j\mathrm{d}S\right\}-\iiint\limits_V U_i\delta F_i\mathrm{d}V-\iint\limits_{S_\sigma}U_i\delta\widetilde{T}_i\mathrm{d}S=0 \tag{4.3.77}$$

将式(4.3.77)由相空间反演到原空间，则得

$$\delta\left\{\iiint\limits_V\left[\frac{1}{2}\rho v_i*v_i+\frac{1}{2}a_{ijkl}\varepsilon_{ij}*\varepsilon_{kl}+((a_{ijkl}\varepsilon_{kl})_{,j}+f_i-\rho\dot{v}_i)*u_i\right]\mathrm{d}V-\right.$$

$$\left.\iint\limits_{S_\sigma}(a_{ijkl}\varepsilon_{kl}n_j-\overline{T}_i)*u_i\mathrm{d}S-\iint\limits_{S_u}a_{ijkl}\varepsilon_{kl}n_j*\bar{u}_i\mathrm{d}S\right\}-\iiint\limits_V u_i*\delta f_i\mathrm{d}V-\iint\limits_{S_\sigma}u_i*\delta\overline{T}_i\mathrm{d}S=0$$

(4.3.78)

简记为

$$\delta\Gamma_{G22}-\delta Q_G-\delta P_G=0 \tag{4.3.79}$$

式中

$$\Gamma_{G22}=\iiint\limits_V\left[\frac{1}{2}\rho v_i*v_i+\frac{1}{2}a_{ijkl}\varepsilon_{ij}*\varepsilon_{kl}+((a_{ijkl}\varepsilon_{kl})_{,j}+f_i-\rho\dot{v}_i)*u_i\right]\mathrm{d}V-$$

$$\iint\limits_{S_\sigma}(a_{ijkl}\varepsilon_{kl}n_j-\overline{T}_i)*u_i\mathrm{d}S-\iint\limits_{S_u}a_{ijkl}\varepsilon_{kl}n_j*\bar{u}_i\mathrm{d}S$$

$$\delta Q_G=\iiint\limits_V u_i*\delta f_i\mathrm{d}V,\quad \delta P_G=\iint\limits_{S_\sigma}u_i*\delta\overline{T}_i\mathrm{d}S$$

如果将材料的本构关系式(4.3.15a)和式(4.3.16a)代入式(4.3.56)，则有

$$\iiint\limits_V\left[-(F_i-\mathrm{j}\omega\rho V_i)\delta U_i+(\mathrm{j}\omega U_i-V_i)\delta\rho V_i+(a_{ijkl}E_{kl})\delta\left(\frac{1}{2}U_{i,j}+\frac{1}{2}U_{j,i}\right)+\right.$$

$$\left.\left(\frac{1}{2}U_{i,j}+\frac{1}{2}U_{j,i}\right)\delta(a_{ijkl}E_{kl})-a_{ijkl}E_{ij}\delta E_{kl}\right]\mathrm{d}V-\iint\limits_{S_\sigma}\widetilde{T}_i\delta U_i\mathrm{d}S-$$

$$\iint\limits_{S_u}[U_i\delta(a_{ijkl}E_{kl})n_j+(a_{ijkl}E_{kl})n_j\delta U_i-\widetilde{U}_i\delta(a_{ijkl}E_{kl})n_j]\mathrm{d}S=0 \tag{4.3.80}$$

可以进一步表示为

$$\delta\left\{\iiint\limits_V\left[-F_iU_i+\mathrm{j}\omega\rho U_iV_i-\frac{1}{2}\rho V_iV_i+(a_{ijkl}E_{kl})\left(\frac{1}{2}U_{i,j}+\frac{1}{2}U_{j,i}\right)-\frac{1}{2}a_{ijkl}E_{ij}E_{kl}\right]\mathrm{d}V-\right.$$

$$\left.\iint\limits_{S_\sigma}\widetilde{T}_iU_i\mathrm{d}S-\iint\limits_{S_u}(U_i-\widetilde{U}_i)(a_{ijkl}E_{kl})n_j\mathrm{d}S\right\}+\iiint\limits_V U_i\delta F_i\mathrm{d}V+\iint\limits_{S_\sigma}U_i\delta\widetilde{T}_i\mathrm{d}S=0 \tag{4.3.81}$$

将式(4.3.81)由相空间反演到原空间，则得

$$\delta\left\{\iiint\limits_V\left[\rho v_i*\dot{u}_i-\frac{1}{2}\rho v_i*v_i+(a_{ijkl}\varepsilon_{kl})*\left(\frac{1}{2}u_{i,j}+\frac{1}{2}u_{j,i}\right)-\frac{1}{2}a_{ijkl}\varepsilon_{ij}*\varepsilon_{kl}-f_i*u_i\right]\mathrm{d}V-\right.$$

$$\left.\iint\limits_{S_\sigma}\overline{T}_i*u_i\mathrm{d}S-\iint\limits_{S_u}(u_i-\bar{u}_i)*(a_{ijkl}\varepsilon_{kl})n_j\mathrm{d}S\right\}+\iiint\limits_V u_i*\delta f_i\mathrm{d}V+\iint\limits_{S_\sigma}u_i*\delta\overline{T}_i\mathrm{d}S=0$$

(4.3.82)

简记为

$$\delta\Pi_{G22}+\delta Q_G+\delta P_G=0 \tag{4.3.83}$$

式中

$$\Pi_{G22}=\iiint_V\left[\rho v_i*\dot{u}_i-\frac{1}{2}\rho v_i*v_i+(a_{ijkl}\varepsilon_{kl})*\left(\frac{1}{2}u_{i,j}+\frac{1}{2}u_{j,i}\right)-\frac{1}{2}a_{ijkl}\varepsilon_{ij}*\varepsilon_{kl}-f_i*u_i\right]\mathrm{d}V-\iint_{S_\sigma}\overline{T}_i*u_i\mathrm{d}S-\iint_{S_u}(u_i-\bar{u}_i)*(a_{ijkl}\varepsilon_{kl})n_j\mathrm{d}S \tag{4.3.84}$$

$$\delta Q_G=\iiint_V u_i*\delta f_i\mathrm{d}V,\quad \delta P_G=\iint_{S_\sigma}u_i*\delta\overline{T}_i\mathrm{d}S$$

式(4.3.79)和式(4.3.83)是两类变量的广义拟变分原理的另一种表达形式，式(4.3.79)称为 Fourier 卷积型第二类两类变量广义拟余能原理，式(4.3.83)称为 Fourier 卷积型第二类两类变量广义拟势能原理。

现在推导 Fourier 卷积型第二类两类变量广义拟变分原理的拟驻值条件。

Fourier 卷积型两类变量拟余能原理为

$$\delta\Gamma_{G22}-\delta Q_G-\delta P_G=0 \tag{4.3.85}$$

式中

$$\Gamma_{G22}=\iiint_V\left\{\frac{1}{2}\rho v_i*v_i+\frac{1}{2}a_{ijkl}\varepsilon_{ij}*\varepsilon_{kl}+[(a_{ijkl}\varepsilon_{kl})_{,j}+f_i-\rho\dot{v}_i]*u_i\right\}\mathrm{d}V-\iint_{S_\sigma}(a_{ijkl}\varepsilon_{kl}n_j-\overline{T}_i)*u_i\mathrm{d}S-\iint_{S_u}a_{ijkl}\varepsilon_{kl}n_j*\bar{u}_i\mathrm{d}S \tag{4.3.86}$$

$$\delta Q_G=\iiint_V u_i*\delta f_i\mathrm{d}V,\quad \delta P_G=\iint_{S_\sigma}u_i*\delta\overline{T}_i\mathrm{d}S$$

将 Γ_{G22} 变分得到 $\delta\Gamma_{G22}$，再将 $\delta\Gamma_{G22}$，δQ_G 和 δP_G 代入式(4.3.85)，可得

$$\iiint_V\{\rho v_i*\delta v_i+a_{ijkl}\varepsilon_{kl}*\delta\varepsilon_{ij}+[(a_{ijkl}\varepsilon_{kl})_{,j}+f_i-\rho\dot{v}_i]*\delta u_i+u_i*\delta[(a_{ijkl}\varepsilon_{kl})_{,j}-\rho\dot{v}_i]\}\mathrm{d}V-\iint_{S_\sigma}[(a_{ijkl}\varepsilon_{kl}n_j-\overline{T}_i)*\delta u_i+u_i*\delta(a_{ijkl}\varepsilon_{kl}n_j)]\mathrm{d}S-\iint_{S_u}\bar{u}_i*a_{ijkl}\varepsilon_{kl}n_j\mathrm{d}S=0 \tag{4.3.87}$$

应用 Green 定理

$$\iiint_V u_i*\delta(a_{ijkl}\varepsilon_{kl})_{,j}\mathrm{d}V=\iint_{S_\sigma+S_u}u_i*\delta a_{ijkl}\varepsilon_{kl}n_j\mathrm{d}S-\iiint_V u_{i,j}*\delta a_{ijkl}\varepsilon_{kl}\mathrm{d}V \tag{4.3.88}$$

应用 Fourier 变换中的卷积理论和求导法则

$$-u_i*\delta\rho\dot{v}_i=-\Phi^{-1}[U_i\delta(\mathrm{j}\omega\rho V_i)]=-\Phi^{-1}[(\mathrm{j}\omega U_i)\delta\rho V_i)]=-\dot{u}_i*\delta\rho v_i \tag{4.3.89}$$

将式(4.3.88)和式(4.3.89)代入式(4.3.87)，考虑到式(4.3.7a)，可得

$$\iiint_V\{-(\dot{u}_i-v_i)*\delta\rho v_i+(\varepsilon_{ij}-u_{i,j})*\delta a_{ijkl}\varepsilon_{kl}+[(a_{ijkl}\varepsilon_{ij})_{,j}+f_i-\rho\dot{v}_i]*\delta u_i\}\mathrm{d}V-\iint_{S_\sigma}(a_{ijkl}\varepsilon_{kl}n_j-\overline{T}_i)*\delta u_i\mathrm{d}S+\iint_{S_u}(u_i-\bar{u}_i)*\delta a_{ijkl}\varepsilon_{kl}n_j\mathrm{d}S=0 \tag{4.3.90}$$

由于 $\delta\rho v_i$，δu_i，$\delta a_{ijkl}\varepsilon_{kl}$ 和 $\delta(a_{ijkl}\varepsilon_{kl}n_j)$ 的任意性，可得

$$\left.\begin{aligned}&(a_{ijkl}\varepsilon_{kl})_{,j}+f_i-\rho\dot{v}_i=0\\&a_{ijkl}\varepsilon_{kl}n_j-\overline{T}_i=0\\&\varepsilon_{ij}-\frac{1}{2}u_{i,j}-\frac{1}{2}u_{j,i}=0\\&u_i-\bar{u}_i=0\\&\dot{u}_i-v_i=0\end{aligned}\right\}\tag{4.3.91}$$

这就是第二类 Fourier 卷积型两类变量拟余能原理的拟驻值条件。

Fourier 卷积型两类变量拟势能原理为

$$\delta\Pi_{G22}+\delta Q_G+\delta P_G=0\tag{4.3.92}$$

式中

$$\Pi_{G22}=\iiint_V\left[\rho\dot{v}_i*u_i-\frac{1}{2}\rho v_i*v_i+(a_{ijkl}\varepsilon_{kl})*\left(\frac{1}{2}u_{i,j}+\frac{1}{2}u_{j,i}\right)-\frac{1}{2}a_{ijkl}\varepsilon_{ij}*\varepsilon_{kl}-f_i*u_i\right]\mathrm{d}V-\iint_{S_\sigma}\overline{T}_i*u_i\mathrm{d}S-\iint_{S_u}(u_i-\bar{u}_i)*(a_{ijkl}\varepsilon_{kl})n_j\mathrm{d}S$$

$$\delta Q_G=\iiint_V u_i*\delta f_i\mathrm{d}V,\quad \delta P_G=\iint_{S_\sigma}u_i*\delta\overline{T}_i\mathrm{d}S$$

将 Π_{G22} 变分得到 $\delta\Pi_{G22}$，再将 $\delta\Pi_{G22}$，δQ_G 和 δP_G 代入式(4.3.92)，可得

$$\iiint_V\left[\rho\dot{v}_i*\delta u_i+u_i*\delta\rho\dot{v}_i-\rho v_i*\delta v_i+(a_{ijkl}\varepsilon_{kl})*\delta\left(\frac{1}{2}u_{i,j}+\frac{1}{2}u_{j,i}\right)+\left(\frac{1}{2}u_{i,j}+\frac{1}{2}u_{j,i}\right)*\delta(a_{ijkl}\varepsilon_{kl})-a_{ijkl}\varepsilon_{ij}*\delta\varepsilon_{kl}-f_i*\delta u_i\right]\mathrm{d}V-\iint_{S_\sigma}\overline{T}_i*\delta u_i\mathrm{d}S-\iint_{S_u}[(u_i-\bar{u}_i)*\delta(a_{ijkl}\varepsilon_{kl})n_j+(a_{ijkl}\varepsilon_{kl})n_j*\delta u_i]\mathrm{d}S=0\tag{4.3.93}$$

应用 Green 定理

$$\iiint_V(a_{ijkl}\varepsilon_{kl})*\delta u_{i,j}\mathrm{d}V=\iint_{S_\sigma+S_u}a_{ijkl}\varepsilon_{kl}n_j*\delta u_i\mathrm{d}S-\iiint_V(a_{ijkl}\varepsilon_{kl})_{,j}*\delta u_i\mathrm{d}V\tag{4.3.94}$$

应用 Fourier 变换中的卷积理论和求导法则

$$u_i*\delta\rho\dot{v}_i=\Phi^{-1}[U_i\delta(\mathrm{j}\omega\rho V_i)]=\Phi^{-1}[(\mathrm{j}\omega U_i)\delta\rho V_i)]=\dot{u}_i*\delta\rho v_i\tag{4.3.95}$$

将式(4.3.94) 和式(4.3.95) 代入式(4.3.93)，考虑到式(4.3.7a)，可得

$$\iiint_V\{(\dot{u}_i-v_i)*\delta p_i-(\varepsilon_{ij}-u_{i,j})*\delta(a_{ijkl}\varepsilon_{kl})-[(a_{ijkl}\varepsilon_{kl})_{,j}+f_i-\rho\dot{v}_i]*\delta u_i\}\mathrm{d}V+\iint_{S_\sigma}(a_{ijkl}\varepsilon_{kl}n_j-\overline{T}_i)*\delta u_i\mathrm{d}S+\iint_{S_u}(u_i-\bar{u}_i)*\delta(a_{ijkl}\varepsilon_{kl}n_j)\mathrm{d}S=0\tag{4.3.96}$$

由于 δp_i，δu_i，$\delta a_{ijkl}\varepsilon_{kl}$ 和 $\delta(a_{ijkl}\varepsilon_{kl}n_j)$ 的任意性，可得

$$\left.\begin{aligned}&(a_{ijkl}\varepsilon_{kl})_{,j}+f_i-\rho\dot{v}_i=0\\&a_{ijkl}\varepsilon_{kl}n_j-\overline{T}_i=0\\&\varepsilon_{ij}-\frac{1}{2}u_{i,j}-\frac{1}{2}u_{j,i}=0\\&u_i-\bar{u}_i=0\\&\dot{u}_i-v_i=0\end{aligned}\right\}\tag{4.3.97}$$

这就是第二类 Fourier 卷积型两类变量拟势能原理的拟驻值条件。

4.3.4 三类变量的 Fourier 卷积型广义拟变分原理

按照广义力和广义位移之间的对应关系，将式(4.3.10)～式(4.3.15a)和式(4.3.16a)乘上相应的虚量，然后积分并求代数和，可得

$$\iiint_V \Big[-(P_i-\rho V_i)\,\delta V_i+(\mathrm{j}\omega U_i-V_i)\,\delta P_i-(\Sigma_{ij,j}+F_i-\mathrm{j}\omega P_i)\,\delta U_i-$$

$$\left(E_{ij}-\frac{1}{2}U_{i,j}-\frac{1}{2}U_{j,i}\right)\delta\Sigma_{ij}-(\Sigma_{ij}-a_{ijkl}E_{kl})\,\delta E_{ij}\Big]\mathrm{d}V+$$

$$\iint_{S_\sigma}(\Sigma_{ij}n_j-\widetilde{T}_i)\,\delta U_i\mathrm{d}S-\iint_{S_u}(U_i-\widetilde{U}_i)\,\delta\Sigma_{ij}n_j\mathrm{d}S=0 \tag{4.3.98}$$

应用 Green 定理

$$\iiint_V U_{i,j}\,\delta\Sigma_{ij}\,\mathrm{d}V=\iint_{S_\sigma+S_u}U_i\delta\Sigma_{ij}n_j\mathrm{d}S-\iiint_V U_i\delta\Sigma_{ij,j}\mathrm{d}V \tag{4.3.99}$$

将式(4.3.99)代入式(4.3.98)，可得

$$\iiint_V[\rho V_i\delta V_i-P_i\delta V_i-V_i\delta P_i-E_{ij}\delta\Sigma_{ij}-\Sigma_{ij}\delta E_{ij}+a_{ijkl}E_{kl}\delta E_{ij}-U_i\delta\Sigma_{ij,j}-\Sigma_{ij,j}\delta U_i-F_i\delta U_i+$$

$$\mathrm{j}\omega U_i\delta P_i+\mathrm{j}\omega P_i\delta U_i]\mathrm{d}V+\iint_{S_\sigma}(U_i\delta\Sigma_{ij}n_j+\Sigma_{ij}n_j\delta U_i-\widetilde{T}_i\delta U_i)\,\mathrm{d}S+\iint_{S_u}\widetilde{U}_i\delta\Sigma_{ij}n_j\mathrm{d}S=0 \tag{4.3.100}$$

考虑到式(4.3.14)和式(4.3.16a)，式(4.3.100)可以进一步表示为

$$\delta\left\{\iiint_V\left[\frac{1}{2}\rho V_iV_i-P_iV_i-E_{ij}\Sigma_{ij}+\frac{1}{2}a_{ijkl}E_{kl}E_{ij}-(\Sigma_{ij,j}+F_i-\mathrm{j}\omega P_i)U_i\right]\mathrm{d}V+\right.$$

$$\left.\iint_{S_\sigma}(\Sigma_{ij}n_j-\widetilde{T}_i)\,U_i\mathrm{d}S+\iint_{S_u}\widetilde{U}_i\Sigma_{ij}n_j\mathrm{d}S\right\}+\iiint_V U_i\delta F_i\mathrm{d}V+\iint_{S_\sigma}U_i\delta\widetilde{T}_i\mathrm{d}S=0 \tag{4.3.101}$$

简记为

$$\delta\widetilde{\Gamma}_{G3}+\delta\widetilde{Q}_G+\delta\widetilde{P}_G=0 \tag{4.3.102}$$

式中

$$\widetilde{\Gamma}_{G3}=\iiint_V\left[\frac{1}{2}\rho V_iV_i-P_iV_i-E_{ij}\Sigma_{ij}+\frac{1}{2}a_{ijkl}E_{kl}E_{ij}-(\Sigma_{ij,j}+F_i-\mathrm{j}\omega P_i)U_i\right]\mathrm{d}V+$$

$$\iint_{S_\sigma}(\Sigma_{ij}n_j-\widetilde{T}_i)\,U_i\mathrm{d}S+\iint_{S_u}\widetilde{U}_i\Sigma_{ij}n_j\mathrm{d}S$$

$$\delta\widetilde{Q}_G=\iiint_V U_i\delta F_i\mathrm{d}V,\quad \delta\widetilde{P}_G=\iint_{S_\sigma}U_i\delta\widetilde{T}_i\mathrm{d}S$$

将式(4.3.101)由相空间反演到原空间，则得

$$\delta\left\{\iiint_V\left[\frac{1}{2}\rho v_i*v_i-p_i*v_i-\varepsilon_{ij}*\sigma_{ij}+\frac{1}{2}a_{ijkl}\varepsilon_{kl}*\varepsilon_{ij}-(\sigma_{ij,j}+f_i-\dot{p}_i)*u_i\right]\mathrm{d}V+\right.$$

$$\left.\iint_{S_\sigma}(\sigma_{ij}n_j-\overline{T}_i)*u_i\mathrm{d}S+\iint_{S_u}\overline{u}_i*\sigma_{ij}n_j\mathrm{d}S\right\}+\iiint_V u_i*\delta f_i\mathrm{d}V+\iint_{S_\sigma}u_i*\delta\overline{T}_i\mathrm{d}S=0 \tag{4.3.103}$$

简记为

$$\delta\Gamma_{G3} + \delta Q_G + \delta P_G = 0 \tag{4.3.104}$$

式中

$$\Gamma_{G3} = \iiint_V \left[\frac{1}{2}\rho v_i * v_i - p_i * v_i - \varepsilon_{ij} * \sigma_{ij} + \frac{1}{2}a_{ijkl}\varepsilon_{kl} * \varepsilon_{ij} - (\sigma_{ij,j} + f_i - \dot{p}_i) * u_i\right] \mathrm{d}V + \iint_{S_\sigma} (\sigma_{ij}n_j - \overline{T}_i) * u_i \mathrm{d}S + \iint_{S_u} \overline{u}_i * \sigma_{ij}n_j \mathrm{d}S \tag{4.3.105}$$

$$\delta Q_G = \iiint_V u_i * \delta f_i \mathrm{d}V, \quad \delta P_G = \iint_{S_\sigma} u_i * \delta\overline{T}_i \mathrm{d}S$$

这就是 Fourier 卷积型三类变量拟余能原理。当体积力 f_i 和表面力 $\overline{T}_i$ 为非伴生力时，$\delta Q_G = 0$，$\delta P_G = 0$，此时该定理退化为通常的弹性动力学中的 Fourier 卷积型三类变量余能原理。

如果应用 Green 定理

$$-\iiint_V \Sigma_{ij,j}\delta U_i \mathrm{d}V = -\iint_{S_\sigma + S_u} \Sigma_{ij}n_j\delta U_i \mathrm{d}S + \iiint_V \Sigma_{ij}\delta\left(\frac{1}{2}U_{i,j} + \frac{1}{2}U_{j,i}\right)\mathrm{d}V \tag{4.3.106}$$

将式(4.3.106) 代入式(4.3.98)，并将泛函的各项改变符号，则整理后可得

$$\iiint_V \Big[P_i\delta V_i + V_i\delta P_i - \rho V_i\delta V_i - \mathrm{j}\omega U_i\delta P_i - \mathrm{j}\omega P_i\delta U_i - a_{ijkl}E_{kl}\delta E_{ij} + F_i\delta U_i + E_{ij}\delta\Sigma_{ij} + \Sigma_{ij}\delta E_{ij} - \Sigma_{ij}\delta\left(\frac{1}{2}U_{i,j} + \frac{1}{2}U_{j,i}\right) - \left(\frac{1}{2}U_{i,j} + \frac{1}{2}U_{j,i}\right)\delta\Sigma_{ij}\Big]\mathrm{d}V + \iint_{S_\sigma} \widetilde{T}_i\delta U_i \mathrm{d}S + \iint_{S_u} (U_i\delta\Sigma_{ij}n_j + \Sigma_{ij}n_j\delta U_i - \widetilde{U}_i\delta\Sigma_{ij}n_j)\,\mathrm{d}S = 0 \tag{4.3.107}$$

考虑到式(4.3.14) 和式(4.3.16a)，式(4.3.107) 可以进一步表示为

$$\delta\left\{\iiint_V \left[P_iV_i - \frac{1}{2}\rho V_iV_i - \mathrm{j}\omega U_iP_i - \frac{1}{2}a_{ijkl}E_{kl}E_{ij} + F_iU_i + \Sigma_{ij}\left(E_{ij} - \frac{1}{2}U_{i,j} - \frac{1}{2}U_{j,i}\right)\right]\mathrm{d}V + \iint_{S_\sigma} \widetilde{T}_iU_i \mathrm{d}S + \iint_{S_u} (U_i - \widetilde{U}_i)\,\Sigma_{ij}n_j \mathrm{d}S\right\} - \iiint_V U_i\delta F_i \mathrm{d}V - \iint_{S_\sigma} U_i\delta\widetilde{T}_i \mathrm{d}S = 0 \tag{4.3.108}$$

简记为

$$\delta\widetilde{\Pi}_{G3} - \delta\widetilde{Q}_G - \delta\widetilde{P}_G = 0 \tag{4.3.109}$$

式中

$$\widetilde{\Pi}_{G3} = \iiint_V \left[P_iV_i - \frac{1}{2}\rho V_iV_i - \mathrm{j}\omega U_iP_i - \frac{1}{2}a_{ijkl}E_{kl}E_{ij} + F_iU_i + \Sigma_{ij}\left(E_{ij} - \frac{1}{2}U_{i,j} - \frac{1}{2}U_{j,i}\right)\right]\mathrm{d}V + \iint_{S_\sigma} \widetilde{T}_iU_i \mathrm{d}S + \iint_{S_u} (U_i - \widetilde{U}_i)\,\Sigma_{ij}n_j \mathrm{d}S$$

$$\delta\widetilde{Q}_G = \iiint_V U_i\delta F_i \mathrm{d}V, \quad \delta\widetilde{P}_G = \iint_{S_\sigma} U_i\delta\widetilde{T}_i \mathrm{d}S$$

将式(4.3.108) 由相空间反演到原空间，则得

$$\delta\left\{\iiint_V \left[p_i * v_i - \frac{1}{2}\rho v_i * v_i - \dot{u}_i * p_i - \frac{1}{2}a_{ijkl}\varepsilon_{ij} * \varepsilon_{kl} + f_i * u_i + \sigma_{ij} * \left(\varepsilon_{ij} - \frac{1}{2}u_{i,j} - \frac{1}{2}u_{j,i}\right)\right]\mathrm{d}V + \iint_{S_\sigma} \overline{T}_i * u_i \mathrm{d}S + \iint_{S_u} (u_i - \overline{u}_i) * \sigma_{ij}n_j \mathrm{d}S\right\} - \iiint_V u_i * \delta f_i \mathrm{d}V - \iint_{S_\sigma} u_i * \delta\overline{T}_i \mathrm{d}S = 0 \tag{4.3.110}$$

简记为

$$\delta\Pi_{G3}-\delta Q_G-\delta P_G=0 \tag{4.3.111}$$

式中

$$\Pi_{G3}=\iiint_V\left[p_i*v_i-\frac{1}{2}\rho v_i*v_i-\dot{u}_i*p_i-\frac{1}{2}a_{ijkl}\varepsilon_{ij}*\varepsilon_{kl}+f_i*u_i+\sigma_{ij}*\left(\varepsilon_{ij}-\frac{1}{2}u_{i,j}-\frac{1}{2}u_{j,i}\right)\right]\mathrm{d}V+$$
$$\iint_{S_\sigma}\overline{T}_i*u_i\mathrm{d}S+\iint_{S_u}(u_i-\overline{u}_i)*\sigma_{ij}n_j\mathrm{d}S \tag{4.3.112}$$

$$\delta Q_G=\iiint_V u_i*\delta f_i\mathrm{d}V,\quad \delta P_G=\iint_{S_\sigma}u_i*\delta\overline{T}_i\mathrm{d}S$$

这就是 Fourier 卷积型三类变量拟势能原理。当体积力 f_i 和表面力 $\overline{T}_i$ 为非伴生力时，$\delta Q_G=0,\delta P_G=0$，此时该定理退化为通常的弹性动力学中的 Fourier 卷积型三类变量势能原理。

应用同样的方法还可以推导其他的拟变分原理，并且它们的简式具有相似的形式，都含有 δQ_G 和 δP_G 项，只是能够表达成泛函的那一项不同。

由以上的推导可见，拟变分原理不是一个全变分方程，不能写出一个与之相应的泛函，只能用变分式来表达。

现在推导三类变量广义拟变分原理的拟驻值条件。

Fourier 卷积型三类变量的拟余能原理为

$$\delta\Gamma_{G3}+\delta Q_G+\delta P_G=0 \tag{4.3.113}$$

式中

$$\Gamma_{G3}=\iiint_V\left[\frac{1}{2}\rho v_i*v_i-p_i*v_i-\varepsilon_{ij}*\sigma_{ij}+\frac{1}{2}a_{ijkl}\varepsilon_{kl}*\varepsilon_{ij}-(\sigma_{ij,j}+f_i-\dot{p}_i)*u_i\right]\mathrm{d}V+$$
$$\iint_{S_\sigma}(\sigma_{ij}n_j-\overline{T}_i)*u_i\mathrm{d}S+\iint_{S_u}\overline{u}_i*\sigma_{ij}n_j\mathrm{d}S \tag{4.3.114}$$

$$\delta Q_G=\iiint_V u_i*\delta f_i\mathrm{d}V,\quad \delta P_G=\iint_{S_\sigma}u_i*\delta\overline{T}_i\mathrm{d}S$$

将 Γ_{G3} 变分得到 $\delta\Gamma_{G3}$，再将 $\delta\Gamma_{G3}$，δQ_G 和 δP_G 代入式(4.3.113)，可得

$$\iiint_V[\rho v_i*\delta v_i-p_i*\delta v_i-v_i*\delta p_i-\varepsilon_{ij}*\delta\sigma_{ij}-\sigma_{ij}*\delta\varepsilon_{ij}+a_{ijkl}\varepsilon_{kl}*\delta\varepsilon_{ij}-$$
$$(\sigma_{ij,j}+f_i-\dot{p}_i)*\delta u_i-u_i*\delta(\sigma_{ij,j}-\dot{p}_i)]\mathrm{d}V+$$
$$\iint_{S_\sigma}[(\sigma_{ij}n_j-\widetilde{T}_i)*\delta u_i+u_i*\delta\sigma_{ij}n_j]\mathrm{d}S+\iint_{S_u}\overline{u}_i*\delta\sigma_{ij}n_j\mathrm{d}S=0 \tag{4.3.115}$$

应用 Green 定理

$$-\iiint_V u_i*\delta\sigma_{ij,j}\mathrm{d}V=-\iint_{S_\sigma+S_u}u_i*\delta\sigma_{ij}n_j\mathrm{d}S+\iiint_V u_{i,j}*\delta\sigma_{ij}\mathrm{d}V \tag{4.3.116}$$

应用 Fourier 变换中的卷积理论和求导法则

$$u_i*\delta\dot{p}_i=\Phi^{-1}[U_i\delta(\mathrm{j}\omega P_i)]=\Phi^{-1}[(\mathrm{j}\omega U_i)\delta P_i)]=\dot{u}_i*\delta p_i \tag{4.3.117}$$

将式(4.3.116) 和式(4.3.117) 代入式(4.3.115)，考虑到式(4.3.7b)，可得

$$\iiint_V[(\dot{u}_i-v_i)*\delta p_i-(\varepsilon_{ij}-u_{i,j})*\delta\sigma_{ij}-(\sigma_{ij}-a_{ijkl}\varepsilon_{kl})*\delta\varepsilon_{ij}-(\sigma_{ij,j}+f_i-\dot{p}_i)*\delta u_i]\mathrm{d}V+$$

$$\iint\limits_{S_\sigma}(\sigma_{ij}n_j-\overline{T}_i)*\delta u_i\mathrm{d}S-\iint\limits_{S_u}(u_i-\bar{u}_i)*\delta\sigma_{ij}n_j\mathrm{d}S=0 \tag{4.3.118}$$

由于 δp_i,$\delta\sigma_{ij}$,δu_i 和 $\delta\varepsilon_{ij}$ 的任意性,可得

$$\left.\begin{aligned}&\sigma_{ij,j}+f_i-\dot{p}_i=0\\&\sigma_{ij}n_j-\overline{T}_i=0\\&\varepsilon_{ij}-\frac{1}{2}u_{i,j}-\frac{1}{2}u_{j,i}=0\\&u_i-\bar{u}_i=0\\&\sigma_{ij}-a_{ijkl}\varepsilon_{kl}=0\\&\dot{u}_i-v_i=0\end{aligned}\right\} \tag{4.3.119}$$

这就是 Fourier 卷积型三类变量拟余能原理的拟驻值条件。

Fourier 卷积型三类变量的拟势能原理为

$$\delta\Pi_{G3}-\delta Q_G-\delta P_G=0 \tag{4.3.120}$$

式中

$$\Pi_{G3}=\iiint\limits_V\left[p_i*v_i-\frac{1}{2}\rho v_i*v_i-\dot{u}_i*p_i-\frac{1}{2}a_{ijkl}\varepsilon_{ij}*\varepsilon_{kl}+f_i*u_i+\sigma_{ij}*\left(\varepsilon_{ij}-\frac{1}{2}u_{i,j}-\frac{1}{2}u_{j,i}\right)\right]\mathrm{d}V+$$
$$\iint\limits_{S_\sigma}\overline{T}_i*u_i\mathrm{d}S+\iint\limits_{S_u}(u_i-\bar{u}_i)*\sigma_{ij}n_j\mathrm{d}S$$

$$\delta Q_G=\iiint\limits_V u_i*\delta f_i\mathrm{d}V,\quad \delta P_G=\iint\limits_{S_\sigma}u_i*\delta\overline{T}_i\mathrm{d}S$$

将 Π_{G3} 变分得到 $\delta\Pi_{G3}$,再将 $\delta\Pi_{G3}$,δQ_G 和 δP_G 代入式(4.3.120),可得

$$\iiint\limits_V[v_i*\delta p_i+p_i*\delta v_i-\rho v_i*\delta v_i-p_i*\delta\dot{u}_i-\dot{u}_i*\delta p_i-a_{ijkl}\varepsilon_{kl}*\delta\varepsilon_{ij}+f_i*\delta u_i+$$
$$\sigma_{ij}*\delta\left(\varepsilon_{ij}-\frac{1}{2}u_{i,j}-\frac{1}{2}u_{j,i}\right)+\left(\varepsilon_{ij}-\frac{1}{2}u_{i,j}-\frac{1}{2}u_{j,i}\right)*\delta\sigma_{ij}\Big]\mathrm{d}V+$$
$$\iint\limits_{S_\sigma}\overline{T}_i*\delta u_i\mathrm{d}S+\iint\limits_{S_u}[(u_i-\bar{u}_i)*\delta\sigma_{ij}n_j+\sigma_{ij}n_j*\delta u_i]\mathrm{d}S=0 \tag{4.3.121}$$

应用 Green 定理

$$-\iiint\limits_V\sigma_{ij}*\delta u_{i,j}\mathrm{d}V=-\iint\limits_{S_\sigma+S_u}\sigma_{ij}n_j*\delta u_i\mathrm{d}S+\iiint\limits_V\sigma_{ij,j}*\delta u_i\mathrm{d}V \tag{4.3.122}$$

应用 Fourier 变换中的卷积理论和求导法则

$$-p_i*\delta\dot{u}_i=-\Phi^{-1}[P_i\delta(\mathrm{j}\omega U_i)]=-\Phi^{-1}[(\mathrm{j}\omega P_i)\delta U_i)]=-\dot{p}_i*\delta u_i \tag{4.3.123}$$

将式(4.3.122) 和式(4.3.123) 代入式(4.3.121),考虑到式(4.3.7b),可得

$$\iiint\limits_V\Big[-(\dot{u}_i-v_i)*\delta p_i+(\sigma_{ij}-a_{ijkl}\varepsilon_{kl})*\delta\varepsilon_{ij}+(\sigma_{ij,j}+f_i-\dot{p}_i)*\delta u_i+$$
$$\left(\varepsilon_{ij}-\frac{1}{2}u_{i,j}-\frac{1}{2}u_{j,i}\right)*\delta\sigma_{ij}\Big]\mathrm{d}V-\iint\limits_{S_\sigma}(\sigma_{ij}n_j-\overline{T}_i)*\delta u_i\mathrm{d}S+\iint\limits_{S_u}(u_i-\bar{u}_i)*\delta\sigma_{ij}n_j\mathrm{d}S=0$$
$$\tag{4.3.124}$$

由于 δp_i,$\delta\sigma_{ij}$,δu_i 和 $\delta\varepsilon_{ij}$ 的任意性,可得

$$\left.\begin{aligned}&\sigma_{ij,j}+f_i-\dot{p}_i=0\\&\sigma_{ij}n_j-\overline{T}_i=0\\&\varepsilon_{ij}-\frac{1}{2}u_{i,j}-\frac{1}{2}u_{j,i}=0\\&u_i-\overline{u}_i=0\\&\sigma_{ij}-a_{ijkl}\varepsilon_{kl}=0\\&\dot{u}_i-v_i=0\end{aligned}\right\}\tag{4.3.125}$$

这就是 Fourier 卷积型三类变量拟势能原理的拟驻值条件。

4.3.5　应用举例

设有如图4.2所示直梁，其剖面弯曲刚度为EI，在外载荷q和端弯矩$\overline{M}_L$作用下平衡。试建立其 Fourier 卷积型拟势能原理，推导拟驻值条件，并且初步讨论其在振动和波动理论中的应用。

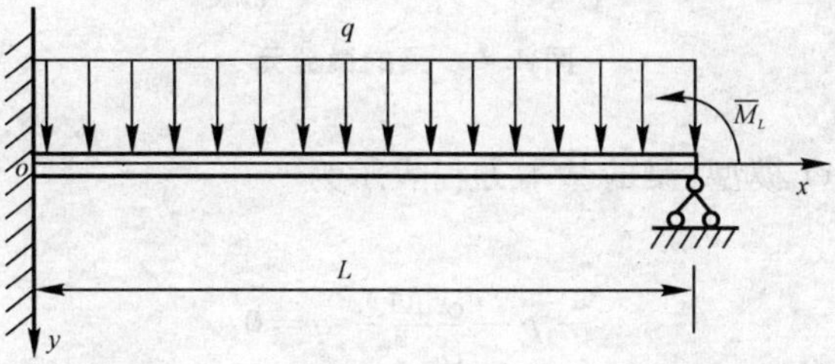

图 4.2　直梁

假设x轴为梁的轴线的初始位置，x轴的方向为由左向右，y轴为梁的挠度w的方向，y轴的方向为由上向下，如图 4.3 所示。在横向载荷的作用下，梁的轴线弯曲成一条曲线，它与x坐标轴的距离用挠度$w(x)$来表示。根据平面假设，图 4.3 中的ab平面在梁受载弯曲变形后仍保持为平面，它一方面对x轴有y向位移$w(x)$，一方面在xy平面中旋转了一个角度$\frac{dw}{dx}$。

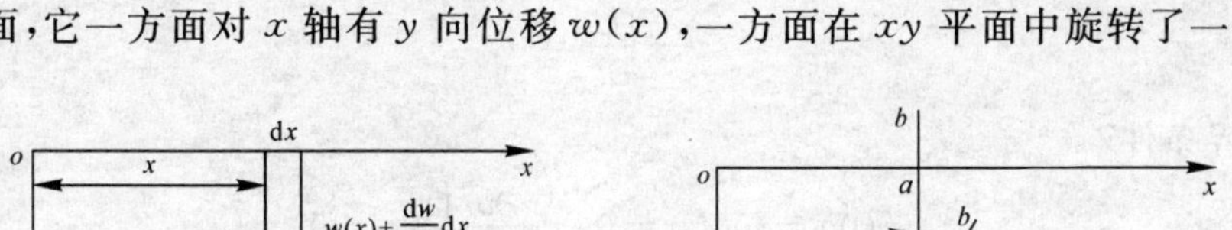

图 4.3　梁的线位移和角位移

由图 4.4 可见，按照如上取定的坐标系，梁的挠度曲线是下凸的(相对y轴为凸)，凸曲线的二阶导数为负，为了使得正的弯矩(梁的上端受压为正)做正功，应当取曲率的负值作为弯矩对应的广义位移k_x，即$k_x=-\frac{\partial^2 w}{\partial x^2}$，因此，下述几何方程为$k_x+\frac{\partial^2 w}{\partial x^2}=0$。

采用梁的伯努利-欧拉(Bernoulli-Euler)力学模型，因这一模型对大多数梁的横向运动是一个很好的近似。按照这一模型,受力状态可用在横截面上的弯矩 M 和剪力 V 的作用描述;运动状态则用梁中心线的横向位移 $w(x,t)$ 描述,假定 $w(x,t)$ 为小量,且横截面在运动过程中保持平面且形状和大小不变,同时,只考虑横截面的转动变形。依据对受力状态和运动状态的以上限制,利用线弹性本构关系可得出受力状态与运动状态之间的关系$M=-EJ\dfrac{\partial^2 w}{\partial x^2}$,再考虑到 $k_x=-\dfrac{\partial^2 w}{\partial x^2}$,可得本构关系 $M-EJk_x=0$,式中 EJ 为弯曲刚度,如图 4.3 所示。

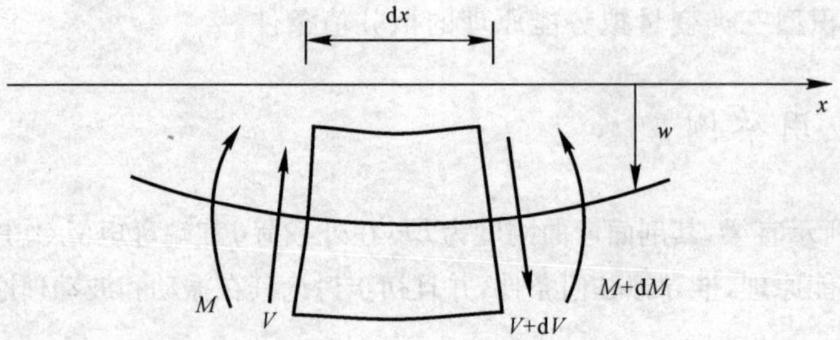

图 4.4 梁的微分元

采用 Bernoulli-Euler 模型,梁的基本方程表示为

动态平衡条件

$$-\dot{p}+\frac{\partial^2 M}{\partial x^2}+q=0 \tag{4.3.126}$$

力学边界条件

$$M-\overline{M}_L=0 \tag{4.3.127}$$

几何条件和运动学条件

$$k_x+\frac{\partial^2 w}{\partial x^2}=0 \tag{4.3.128}$$

$$v-\frac{\partial w}{\partial t}=0 \tag{4.3.129}$$

位移边界条件

$$w(0)=w(L)=0,\quad \left.\frac{\partial w}{\partial x}\right|_{x=0}=0 \tag{4.3.130}$$

本构关系

$$M-EJk_x=0 \tag{4.3.131}$$

$$p-\rho A v=0 \tag{4.3.132}$$

基本方程的 Fourier 变式,或者称为相空间中的基本方程为

动态平衡条件

$$-\mathrm{j}\omega\tilde{p}+\frac{\mathrm{d}^2\widetilde{M}}{\mathrm{d}x^2}+\tilde{q}=0 \tag{4.3.126$'$}$$

力学边界条件

$$\widetilde{M}-\widetilde{\overline{M}}_L=0 \tag{4.3.127$'$}$$

几何条件和运动学条件

$$\tilde{k}_x + \frac{\mathrm{d}^2\tilde{w}}{\mathrm{d}x^2} = 0 \tag{4.3.128'}$$

$$\tilde{v} - \mathrm{j}\omega\tilde{w} = 0 \tag{4.3.129'}$$

位移边界条件

$$\tilde{w}(0) = \tilde{w}(L) = 0, \left.\frac{\mathrm{d}\tilde{w}}{\mathrm{d}x}\right|_{x=0} = 0 \tag{4.3.130'}$$

本构关系

$$\widetilde{M} - EJ\tilde{k}_x = 0 \tag{4.3.131'}$$

$$\tilde{p} - \rho A\tilde{v} = 0 \tag{4.3.132'}$$

式中　p —— 动量；

ρ —— 质量密度；

A —— 横截面积；

J —— 轴惯矩；

v —— 速度；

j —— 虚数单位；

q —— 载荷集度；

M —— 弯矩；

“ $\tilde{}$ ”—— 相应的 Fourier 变换量。

根据广义力和广义位移之间的对应关系，将式(4.3.126) 和式(4.3.127) 卷乘上相应的虚位移 —— 任意的、微小的、约束所容许的位移，然后积分并求代数和，可得

$$\int_0^L \left(-\dot{p} + \frac{\partial^2 M}{\partial x^2} + q\right) * \delta w \mathrm{d}x + (M - \overline{M}_L) * \delta \left.\frac{\partial w}{\partial x}\right|_{x=L} = 0 \tag{4.3.133}$$

进行卷积分部积分，可得

$$-\dot{p} * \delta w = -p * \delta \frac{\partial w}{\partial t} \tag{4.3.134}$$

$$\int_0^L \frac{\partial^2 M}{\partial x^2} * \delta w \mathrm{d}x = \left.\frac{\partial M}{\partial x} * \delta w\right|_0^L - \int_0^L \frac{\partial M}{\partial x} * \frac{\partial \delta w}{\partial x}\mathrm{d}x = \left.\frac{\partial M}{\partial x} * \delta w\right|_0^L - \left.M * \frac{\partial \delta w}{\partial x}\right|_0^L + \int_0^L M * \frac{\partial^2 \delta w}{\partial x^2}\mathrm{d}x \tag{4.3.135}$$

将式(4.3.134) 和式(4.3.135) 代入式(4.3.133)，可得

$$\int_0^L \left(-p * \delta \frac{\partial w}{\partial t} + M * \delta \frac{\partial^2 w}{\partial x^2} + q * \delta w\right) \mathrm{d}x + \left.\frac{\partial M}{\partial x} * \delta w\right|_0^L - \left.M * \frac{\partial \delta w}{\partial x}\right|_0^L + (M - \overline{M}_L) * \delta \frac{\partial w}{\partial x} = 0 \tag{4.3.136}$$

考虑到几何条件和运动学条件式(4.3.128) ～ 式(4.3.130)，可得

$$\int_0^L (p * \delta v + M * \delta k_x - q * \delta w)\mathrm{d}x + \overline{M}_L * \delta \frac{\partial w}{\partial x} = 0 \tag{4.3.137}$$

将本构关系式(4.3.131) 和式(4.3.132) 代入式(4.3.137)，可得

$$\int_0^L (\rho A v * \delta v + EJ k_x * \delta k_x - q * \delta w)\mathrm{d}x + \overline{M}_L * \delta \frac{\partial w}{\partial x} = 0 \tag{4.3.138}$$

一般说来，外力 q 为非保守力，进而可得

$$\delta \int_0^L \left(\frac{1}{2}\rho A v * v + \frac{1}{2} EJ k_x * k_x - q * w\right) \mathrm{d}x + \delta\left(\overline{M}_L * \frac{\partial w}{\partial x}\right) + \int_0^L w * \delta q \mathrm{d}x = 0 \tag{4.3.139}$$

简记为

$$\delta \Pi_1 + \delta Q = 0 \tag{4.3.140}$$

式中

$$\Pi_1 = \int_0^L \left(\frac{1}{2}\rho A v * v + \frac{1}{2} EJ k_x * k_x - q * w \right) \mathrm{d}x + \overline{M}_L * \frac{\partial w}{\partial x} \tag{4.3.141}$$

$$\delta Q = \int_0^L w * \delta q \mathrm{d}x \tag{4.3.142}$$

其先决条件为式(4.3.128) ~ 式(4.3.130) 成立。

泛函式(4.3.141) 和其先决条件式(4.3.128) ~ 式(4.3.130) 一起构成一个变分原理，这就是卷积型拟势能原理。

将域中的几何条件式(4.3.128) 和运动学条件式(4.3.129) 代入泛函式(4.3.140) 中，可得

$$\delta \Pi_{10} + \delta Q = 0 \tag{4.3.143}$$

式中

$$\Pi_{10} = \int_0^L \left(\frac{1}{2}\rho A \frac{\partial w}{\partial t} * \frac{\partial w}{\partial t} + \frac{1}{2} EJ \frac{\partial^2 w}{\partial x^2} * \frac{\partial^2 w}{\partial x^2} - q * w \right) \mathrm{d}x + \overline{M}_L * \frac{\partial w}{\partial x} \tag{4.3.144}$$

$$\delta Q = \int_0^L w * \delta q \mathrm{d}x \tag{4.3.145}$$

其先决条件为式(4.3.130) 成立。这就是 Fourier 卷积型拟势能原理的另一种表示形式。

将 Fourier 卷积型拟势能原理进行 Fourier 变换，可得相空间的拟势能原理为

$$\delta \widetilde{\Pi}_1 + \delta \widetilde{Q} = 0 \tag{4.3.146}$$

式中

$$\widetilde{\Pi}_1 = \int_0^L \left(\frac{1}{2}\rho A \tilde{v}\tilde{v} + \frac{1}{2} EJ \tilde{k}_x \tilde{k}_x - \tilde{q}\tilde{w} \right) \mathrm{d}x + \widetilde{\overline{M}}_L * \frac{\partial \tilde{w}}{\partial x} \tag{4.3.147}$$

$$\delta \widetilde{Q} = \int_0^L \tilde{w} \delta \tilde{q} \mathrm{d}x \tag{4.3.148}$$

其先决条件为式(4.3.128′) ~ 式(4.3.130′) 成立。

相空间的拟势能原理的另一种表示形式为

$$\delta \widetilde{\Pi}_{10} + \delta \widetilde{Q} = 0 \tag{4.3.149}$$

式中

$$\widetilde{\Pi}_{10} = \int_0^L \left(-\frac{1}{2}\rho A \omega^2 \tilde{w}\tilde{w} + \frac{1}{2} EJ \frac{\mathrm{d}^2 \tilde{w}}{\mathrm{d}x^2} \frac{\mathrm{d}^2 \tilde{w}}{\mathrm{d}x^2} - \tilde{q}\tilde{w} \right) \mathrm{d}x + \widetilde{\overline{M}}_L \frac{\mathrm{d}\tilde{w}}{\mathrm{d}x} \tag{4.3.150}$$

$$\delta \widetilde{Q} = \int_0^L \tilde{w} \delta \tilde{q} \mathrm{d}x \tag{4.3.151}$$

其先决条件为式(4.3.130′) 成立。

胡海昌曾经指出，检验变分原理的最好方法是推导其驻值条件。现在推导相空间的拟势能原理的拟驻值条件。为此，将其写成展开形式，可得

$$\begin{aligned} \delta \widetilde{\Pi}_1 + \delta \widetilde{Q} &= \delta \int_0^L \left(\frac{1}{2}\rho A \tilde{v}\tilde{v} + \frac{1}{2} EJ \tilde{k}_x \tilde{k}_x - \tilde{q}\tilde{w} \right) \mathrm{d}x + \widetilde{\overline{M}}_L \delta \frac{\mathrm{d}\tilde{w}}{\mathrm{d}x} + \int_0^L \tilde{w} \delta \tilde{q} \mathrm{d}x = \\ &\int_0^L (\rho A \tilde{v} \delta \tilde{v} + EJ \tilde{k}_x \delta \tilde{k}_x - \tilde{q} \delta \tilde{w}) \mathrm{d}x + \widetilde{\overline{M}}_L \delta \frac{\mathrm{d}\tilde{w}}{\mathrm{d}x} = 0 \end{aligned} \tag{4.3.152}$$

考虑到相空间的几何条件和运动学条件的变分式为

$$\delta\tilde{k}_x+\delta\frac{\mathrm{d}^2\tilde{w}}{\mathrm{d}x^2}=0 \tag{4.3.128$'$}$$

$$\delta\tilde{v}-\mathrm{j}\omega\delta\tilde{w}=0 \tag{4.3.129$'$}$$

将式(4.3.128′)和式(4.3.129′)代入式(4.3.152)，可得

$$\int_0^L\left(\rho A\mathrm{j}\omega\tilde{v}\delta\tilde{w}-EJ\tilde{k}_x\delta\frac{\mathrm{d}^2\tilde{w}}{\mathrm{d}x^2}-\tilde{q}\delta\tilde{w}\right)\mathrm{d}x+\widetilde{M}_L\delta\frac{\mathrm{d}\tilde{w}}{\mathrm{d}x}=0 \tag{4.3.153}$$

应用 Green 定理

$$-\int_0^L EJ\tilde{k}_x\delta\frac{\mathrm{d}^2\tilde{w}}{\mathrm{d}x^2}\mathrm{d}x=-EJ\tilde{k}_x\delta\frac{\mathrm{d}\tilde{w}}{\mathrm{d}x}\Big|_0^L+\int_0^L EJ\frac{\mathrm{d}\tilde{k}_x}{\mathrm{d}x}\delta\frac{\mathrm{d}\tilde{w}}{\mathrm{d}x}\mathrm{d}x=$$
$$-EJ\tilde{k}_x\delta\frac{\mathrm{d}\tilde{w}}{\mathrm{d}x}\Big|_0^L+EJ\frac{\mathrm{d}\tilde{k}_x}{\mathrm{d}x}\delta\tilde{w}\Big|_0^L-\int_0^L EJ\frac{\mathrm{d}^2\tilde{k}_x}{\mathrm{d}x^2}\delta\tilde{w}\mathrm{d}x \tag{4.3.154}$$

将式(4.3.154)代入式(4.3.153)，可得

$$\int_0^L\left(\rho A\mathrm{j}\omega\tilde{v}\delta\tilde{w}-EJ\frac{\mathrm{d}^2\tilde{k}_x}{\mathrm{d}x^2}\delta\tilde{w}-\tilde{q}\delta\tilde{w}\right)\mathrm{d}x+\widetilde{M}_L\delta\frac{\mathrm{d}\tilde{w}}{\mathrm{d}x}-EJ\tilde{k}_x\delta\frac{\mathrm{d}\tilde{w}}{\mathrm{d}x}\Big|_{x=L}=$$
$$\int_0^L\left(\rho A\mathrm{j}\omega\tilde{v}-EJ\frac{\mathrm{d}^2\tilde{k}_x}{\mathrm{d}x^2}-\tilde{q}\right)\delta\tilde{w}\mathrm{d}x+(\widetilde{M}_L-EJ\tilde{k}_x)\delta\frac{\mathrm{d}\tilde{w}}{\mathrm{d}x}\Big|_{x=L}=0 \tag{4.3.155}$$

由于 $\delta\tilde{w}$ 和 $\delta\dfrac{\mathrm{d}\tilde{w}}{\mathrm{d}x}$ 的任意性，故由式(4.3.155)可得

$$\rho A\mathrm{j}\omega\tilde{v}-EJ\frac{\mathrm{d}^2\tilde{k}_x}{\mathrm{d}x^2}-q=0 \tag{4.3.156}$$

$$EJ\tilde{k}_x-\widetilde{M}_L=0 \tag{4.3.157}$$

由于梁的相空间中的拟势能原理的另一种表示形式比较常用，现在来推导它的拟驻值条件。为此，将其写成展开形式，可得

$$\delta\tilde{\Pi}_{10}+\delta\tilde{Q}=\delta\int_0^L\left(-\frac{1}{2}\rho A\omega^2\tilde{w}\tilde{w}+\frac{1}{2}EJ\frac{\mathrm{d}^2\tilde{w}}{\mathrm{d}x^2}\frac{\mathrm{d}^2\tilde{w}}{\mathrm{d}x^2}-\tilde{q}\tilde{w}\right)\mathrm{d}x+\widetilde{M}_L\delta\frac{\mathrm{d}\tilde{w}}{\mathrm{d}x}+\int_0^L\tilde{w}\delta\tilde{q}\mathrm{d}x=$$
$$\int_0^L\left(-\rho A\omega^2\tilde{w}\delta\tilde{w}+EJ\frac{\mathrm{d}^2\tilde{w}}{\mathrm{d}x^2}\delta\frac{\mathrm{d}^2\tilde{w}}{\mathrm{d}x^2}-\tilde{q}\delta\tilde{w}\right)\mathrm{d}x+\widetilde{M}_L\delta\frac{\mathrm{d}\tilde{w}}{\mathrm{d}x}=0 \tag{4.3.158}$$

应用 Green 定理

$$\int_0^L EJ\frac{\mathrm{d}^2\tilde{w}}{\mathrm{d}x^2}\delta\frac{\mathrm{d}^2\tilde{w}}{\mathrm{d}x^2}\mathrm{d}x=EJ\frac{\mathrm{d}^2\tilde{w}}{\mathrm{d}x^2}\delta\frac{\mathrm{d}\tilde{w}}{\mathrm{d}x}\Big|_0^L-\int_0^L EJ\frac{\mathrm{d}}{\mathrm{d}x}\frac{\mathrm{d}^2\tilde{w}}{\mathrm{d}x^2}\delta\frac{\mathrm{d}\tilde{w}}{\mathrm{d}x}\mathrm{d}x=$$
$$EJ\frac{\mathrm{d}^2\tilde{w}}{\mathrm{d}x^2}\delta\frac{\mathrm{d}\tilde{w}}{\mathrm{d}x}\Big|_0^L-EJ\frac{\mathrm{d}}{\mathrm{d}x}\frac{\mathrm{d}^2\tilde{w}}{\mathrm{d}x^2}\delta\tilde{w}\Big|_0^L+\int_0^L EJ\frac{\mathrm{d}^4\tilde{w}}{\mathrm{d}x^4}\delta\tilde{w}\mathrm{d}x \tag{4.3.159}$$

将式(4.3.159)代入式(4.3.158)，可得

$$\int_0^L\left(-\rho A\omega^2\tilde{w}\delta\tilde{w}+EJ\frac{\mathrm{d}^4\tilde{w}}{\mathrm{d}x^4}\delta\tilde{w}\mathrm{d}\delta\tilde{w}-\tilde{q}\delta\tilde{w}\right)\mathrm{d}x+\widetilde{M}_L\delta\frac{\mathrm{d}\tilde{w}}{\mathrm{d}x}+EJ\frac{\mathrm{d}^2\tilde{w}}{\mathrm{d}x^2}\delta\frac{\mathrm{d}\tilde{w}}{\mathrm{d}x}\Big|_{x=L}=$$
$$\int_0^L\left(-\rho A\omega^2\tilde{w}+EJ\frac{\mathrm{d}^4\tilde{w}}{\mathrm{d}x^4}-\tilde{q}\right)\delta\tilde{w}\mathrm{d}x+\left(\widetilde{M}_L+EJ\frac{\mathrm{d}^2\tilde{w}}{\mathrm{d}x^2}\right)\delta\frac{\mathrm{d}\tilde{w}}{\mathrm{d}x}\Big|_{x=L}=0 \tag{4.3.160}$$

由于 $\delta\tilde{w}$ 和 $\delta\dfrac{\mathrm{d}\tilde{w}}{\mathrm{d}x}$ 的任意性，故由式(4.3.160)可得拟驻值条件

$$-\rho A\omega^2\widetilde{w}+EJ\frac{\mathrm{d}^4\widetilde{w}}{\mathrm{d}x^4}=\widetilde{q} \tag{4.3.161}$$

$$EJ\frac{\mathrm{d}^2\widetilde{w}}{\mathrm{d}x^2}+\widetilde{M}_L=0 \tag{4.3.162}$$

式(4.3.161)可以整理为

$$\frac{EJ}{\rho A}\frac{\mathrm{d}^4\widetilde{w}}{\mathrm{d}x^4}-\omega^2\widetilde{w}=\frac{\widetilde{q}}{\rho A} \tag{4.3.163}$$

简记为

$$a^2\frac{\mathrm{d}^4\widetilde{w}}{\mathrm{d}x^4}-\omega^2\widetilde{w}=\frac{\widetilde{q}}{\rho A} \tag{4.3.164}$$

式中

$$a=\sqrt{\frac{EJ}{\rho A}} \tag{4.3.165}$$

按照常微分方程的解的理论,方程式(4.3.164)的解为齐次方程

$$a^2\frac{\mathrm{d}^4\widetilde{w}}{\mathrm{d}x^4}-\omega^2\widetilde{w}=0 \tag{4.3.166}$$

的通解和方程式(4.3.164)的特解的叠加。

对于方程式(4.3.166),其特征方程的解可以表示为

$$k_j=\mathrm{j}^{j+1}\sqrt{\frac{\omega}{a}},\quad j=1,2,3,4 \tag{4.3.167}$$

方程式(4.3.166)的通解为

$$\widetilde{w}=\sum_{j=1}^{4}a_j\mathrm{e}^{-\mathrm{j}k_jx} \tag{4.3.168}$$

$j=1$ 和 $j=3$ 的基本解分别表示沿 x 轴正向和负向传播的行波。它们的波数绝对值为

$$k_j=\sqrt{\frac{\omega}{a}},\quad j=1,3 \tag{4.3.169}$$

考虑到简谐行波的相速度为

$$c_j=\frac{\omega}{k_j} \tag{4.3.170}$$

将式(4.3.170)代入式(4.3.169),可得相应的相速度的绝对值

$$c=\sqrt{a\omega} \tag{4.3.171}$$

它表明,行波的相速度按照与频率的平方根成正比的规律增加,即梁的弯曲变形中的行波在传播中波形是变化的。

当 $j=2,4$ 时,波数 k_j 为虚数,此时基本解蜕化为沿 x 轴的衰减或放大的振动。

参考文献

[1] Reissner E. On a variational theorem in elasticity[J]. Journal of Mathematics and Physics ,1950,29(2):90 - 98.

[2] 胡海昌. 论弹性体力学与受范性体力学中的一般变分原理[J]. 物理学报,1954,10(3):259 - 289.

[3] Washizu K. On the variational principles of elasticity and plasticity[R]//Massachusetts Institute of Technology, Technical Report. Massachusetts: Massachusetts Institute of Technology, 1955:18-25, March 1955.
[4] Rumyantsev V V. 欧拉和力学的变分原理[J]. 梅凤翔,译. 力学进展,1993,23(1):86-105.
[5] 朱如曾. 非完整力学的第二类、第一类和中间类型变分原理[J]. 中国科学,1999,29(1):49-54.
[6] 梁立孚. 应用Lagrange乘子法推导一般力学中的广义变分原理[J]. 中国科学,1999,29(12):1102-1108.
[7] 钱伟长. 对合变换和薄板弯曲问题的多变量变分原理[J]. 应用数学和力学,1985,6(1):25-46.
[8] 梁立孚,胡海昌. 一般力学中三类变量的广义变分原理[J]. 中国科学:A辑,2000,30(12):1130-1135.
[9] Gurtin M E. Variational principles for elastodynamics[J]. Arch. Rat. Mech.,1964,16(1):34-50.
[10] 罗恩. 关于线性动力学中各种Gurtin型变分原理[J]. 中国科学:A辑,1987(9):936-948.
[11] 罗恩,邝尚君. 压电热弹性动力学的一些基本原理[J]. 中国科学:A辑,1999,29(9):851-860.
[12] 罗恩,邝尚君,黄伟江,等. 非线性耦合热弹性动力学的非传统型变分原理[J]. 中国科学:A辑,2002(4):337-347.
[13] 罗恩,黄伟江,张贺沂. 相空间非传统型变分原理与辛算法[J],中国科学:A辑,2002(12):1120-1126.
[14] 罗恩,邝尚君. 微孔压电热弹性动力学的能量原理[J],力学学报,2001,33(2):195-204.
[15] Leipholz H. Direct Variational Methods and Eigenvalue Problems in Engineering[M]. Leyden: Noordhoff Int. Publ,1977.
[16] Leipholz H. On some developments in direct methods of the calculus of variations[J]. Appl Mech Rev, 1987, 40(10): 1379-1392.
[17] 刘殿魁,张其浩. 弹性理论中非保守问题的一般变分原理[J]. 力学学报,1981(6):562-570.
[18] Zhang Q H, Liu D K. Some Problems in the Theory of Non-conservative Elasticity[J]. Transaction of CSME, 1986,10(1):28-31.
[19] 梁立孚,刘殿魁,宋海燕. 非保守系统的两类变量的广义拟变分原理[J]. 中国科学:G辑,2005,35(2): 201-212.
[20] 梁立孚,罗恩,刘殿魁. 非保守弹性动力学问题的简单Gurtin型拟变分原理[J]. 固体力学学报,2007,28(3):224-228.
[21] 廖振鹏. 工程波动理论[M]. 北京:科学出版社,1996.
[22] Finlayson B A, Scriven L. On the search for variational principles[J]. J Heat Mass

Transfer,1967(10):799 - 808.

[23] 罗恩,梁立孚,李纬华.分析动力学的非传统 Hamilton 型变分原理[J].中国科学:G 辑,2006,36(6):533 - 643.

[24] 钟万勰.应用力学对偶体系[M].北京:科学出版社,2002.

[25] 梁立孚,罗恩,冯晓九.分析动力学问题的一种变分原理形式[J].力学学报,2007,39(1):106 - 111.

[26] 克拉夫 R,彭津 J.结构动力学[M].2 版.王光远,译.北京:高等教育出版社,2006.

[27] 布雷斯韦尔·罗纳德 N.傅里叶变换及其应用[M].殷勤业,张建国,译.西安:西安交通大学出版社,2005.

[28] 廖振鹏,刘晶波.波动有限元模拟的基本问题[J].中国科学:B 辑,1992(8):874 - 882.

[29] 廖振鹏.透射边界与无穷远辐射条件[J],中国科学:E 辑,2001,31(3): 254 - 262.

[30] 刘殿魁,林宏.Scattering of SH-waves by an interacting interface linear crack and a circular cavity near bimaterial interfac[J].力学学报:英文版,2004,20(3): 317 - 326.

[31] 郑治真.谱分析基础[M].北京:地震出版社,1979.

[32] 佩因 H J.振动与波动物理学[M].陈难先,赫松安,译.北京:人民教育出版社,1996.

[33] 毕学涛.高等动力学[M].天津:天津大学出版社,1994.

[34] Erengin A C,Suhubi E S. Elasto-dynamics[M]. New York:Academic Press,1974.

[35] 杨桂通,张善元.弹性动力学[M].北京:中国铁道出版社,1988.

[36] 闻邦椿,张天侠,徐培民.振动与波利用技术新进展[M].沈阳:东北大学出版社,2000.

[37] 王其申.弹性动力学的几个专题[M].合肥:合肥工业大学出版社,2005.

[38] 程祖依.弹性动力学基础[M].北京:中国地质大学出版社,1989.

[39] 马宏伟,吴斌.弹性动力学及其数学方法[M].北京:中国建材工业出版社,2000.

[40] 李东旭.挠性航天器结构动力学[M].北京:科学出版社,2010.

第5章　结构动力反问题初探

随着科学技术的不断发展,反问题越来越引起人们的关注。在动力学与控制、模式识别、遥感测量、资源勘探、大气观测、生物器官性态分析、疾病诊断等领域,反问题已提到了与正问题同等的地位。在某些工程中,反问题甚至是被看做一个主要分析理论而出现的。

那么什么是反问题呢? 显然,这是相对正问题而言的。正问题是研究如何建立描述与刻画物理过程或状态、社会经济系统状态与变化、生物演化发展等等的微分方程,以及根据过程与状态的特定条件(初始和边界条件)去求解微分方程,从而得到过程与状态的数学描述;反问题[1]则是研究那些仅知道系统参数的某一个或某几个,需要根据外界影响与系统演化过程去识别系统其他未知量的问题,其目的是全面了解系统状态。以由若干具有一定惯性、弹性和阻尼特性的构件组合而成,在外界干扰下可以围绕平衡位置往复运动的振动系统为例,来看看何谓正问题,何谓反问题。外界对系统的干扰是激励,系统在外界激励作用下所产生的振动则称为响应。如果已知系统的所有特性参数和激励,需要探究系统的响应,那么这就是正问题。如果已知系统的激励和系统的响应,以及系统的一部分特性参数,需要确定系统的整体特性,那么这就是第一类反问题,亦称系统辨识。如果已知系统的所有特性参数和系统的响应,需要回推外界给予系统的激励,那么这就是第二类反问题,也称之为环境辨识。

一般来说,通常把研究得较多、适定性成立的一个问题称为正问题,反问题大多是不适定的。正问题可能是线性的,也可能是非线性的。即使正问题是线性的,对应的反问题也可能是非线性的。

正如上面所举的振动系统例子,如果把正问题提为:由输入(input)和过程(process)来确定输出(output),或者由原因(cause)和模型(model)来求结果(effect),则反问题的任务是由已知的部分结果确定模型或反求原因。反问题在很多领域是经常出现的。例如当系统模型的某些参数不能直接测量,或者直接测量的成本太大时,利用可测量到的相关的试验数据去推知系统的参数,就是一个可行的研究方法。

反问题理论的起源可以追溯到19世纪晚期,包括地震学中的地震波的传播问题、旋转机械的动平衡问题、Sturm-Liuvile反谱问题等等。牛顿依据行星运动满足的开普勒定律,确定了运动行星的受力,可以看成是解决力学系统的反问题的先驱[4]。利用位势理论确定物体的形状、位置和密度的反问题起源于地球物理中的地质勘探问题。近代的反问题则包含了利用散射场的数据确定物体的内部结构,利用电磁场的测量数据确定生物组织的内部结构等。目前,结构动力反问题在航空、航天领域也经常可以遇到,因此加强对这类问题的研究很有必要。下面将针对结构振动参数识别问题和反平面剪切波的远场特性分析问题作一讨论。

5.1　结构振动参数识别

随着科技的进步,各种机械产品和设备不断向高速、高效、精密、轻量化和自动化方向发展，振动与噪声问题日益突出。国际上同类机械和设备的激烈竞争，迫使航天、航空、汽车、船舶等部门，不得不从系统动力学的角度，并尽可能采用最先进的分析技术和试验手段，对机器结构进行动态最优化设计，以满足减振、降噪以及提高产品质量和市场竞争力的要求。

现代结构振动模态分析及其参数识别技术，是分析和解决各种复杂结构动力学正问题和反问题的主要手段之一。其自身发展是理论分析、计算技术与实验研究密切结合的结果。它在建立与修改结构系统的数学模型，分析或预测实际结构的振动响应，结构动力修改或优化设计，以及振动与噪声控制、状态监测、故障诊断等方面，均有广泛应用。

结构振动参数识别技术是在振动理论和机械阻抗及其参数识别技术的基础上，不断吸收信号分析、数据处理以及现代控制论、最优化方法、估计理论的最新成果，并结合机械结构系统本身的固有特性而逐步发展、形成的。

系统或参数识别是指按照一定准则由测试数据建立系统数学模型的方法，这一基本概念最早来源于20世纪60年代的控制工程领域。在结构动力学研究领域中，结构振动参数识别是最为关键和根本的，它不仅在结构动态特性设计中起着至关重要的作用，而且也是识别结构系统很多其他参数的先决条件，结构振动参数识别与有限元分析技术一起成为解决现代复杂结构动力学问题的两大支柱。

结构物理参数的识别工作[2-3]是由罗丹(W. P. Rodden)较早开始尝试的。他给出由测量模态参数求取柔度矩阵的算式。而系统地给出物理参数识别理论和方法者应是伯曼(A. Bermen)。伯曼以有限元的质量阵和刚度阵以及测量模态参数作为参考基，取质量正交性条件、刚度的对称性条件和系统特征方程作为约束条件，求取与参考基最为接近的质量阵和刚度阵。其基本思想是在满足系统动力学方程组的条件下，用实测模态参数来校正有限元模型或计算的结构物理参数，这是目前结构物理参数识别的基本技术途径。

随着科学技术的发展，特别是航天事业的发展，结构振动参数识别课题显得愈来愈重要。对于疲劳所产生的裂纹或其他故障引起的结构物理参数的变化，虽然它们本身是微小的和不明显的，但是对实际工程的影响非常大。因此，很有必要对这类结构的振动参数识别技术进行深入的研究。并且，一般识别方法难以满足要求，还必须发展高精度的识别方法，以满足实际需要。

目前成熟的结构振动参数识别方法[4-6]可分为频域法和时域法两类。

振动模态参数的频域识别方法[3]，是一种传统的识别方法，也是多年来被证明是行之有效的方法。频域识别法主要利用实测的频率响应数据或曲线，并根据频响函数(传递函数)的模态展开式，求解系统的模态参数(包括各阶频率、阻尼比以及振型等参数)。这种识别法发展较早，特别是采用正弦慢扫描激振设备和机械阻抗测试及分析技术所获得的频响数据，比较稳定、可靠，因而识别精度也较高，被广泛应用。但这种方法也有其缺点，就是略去了各阶主模态之间的耦合。为了获得更精确的结果，随着计算机技术的发展，近年来发展起来许多考虑各阶模态之间耦合以及测量噪音及其影响的方法[7-8]。一般地说，频域法的优点是物理概念清楚、直观，数据处理工作量小，抗噪声能力较强，对测量精度要求来说相对不高。而其缺点是必须进行激励，实验设备比较复杂，实验周期较长，“在线”监测困难。频域法更重要的不足之处是不能对连续的结构、较复杂的机械得出精确的物理参数描述，例如对刚度分布函数和阻尼分布函数等的描述。

时域法则主要利用实测的脉冲响应，或环境激励的响应，并根据权函数或特征值、特征向量与模态参数之间的关系，以及权函数与时序模型的关系，求解得到结构的模态参数。其主要优点就是不需要大型激励设备，只要机械设备能正常工作即可。

参数识别既可以在频域中进行也可以在时域中进行，还可以混合交叉地在时域和频域中进行。频域识别技术发展得较早，方法比较成熟；而时域识别技术在应用于设备运行条件下的在线检测时还不够完善，还有很大的发展空间。现在已经有很多关于参数识别方面的研究文章和专著[9-33]。

结构参数识别技术近年来发展得很快，包含丰富的内容，并不断出现各种新的方法。为了使结构振动参数识别技术得到继续深入的发展，以适应工程实际的需要，还有一些应当注意的问题。

1)振动系统参数识别的理论基础的研究。

参数可辨识性问题，是参数识别实验设计的基础问题。现在仅对于状态空间模型，在满足可观、可控的条件下，对识别全部参数的可辨识性问题得出了若干结论。而对其他模型、其他方法、识别部分参数的可辨识性问题，尚有待解决。振动理论方面也有需要进一步研究的内容[16-19]。

2)提高现有方法的有效性、可靠性和精度。

在实验室的条件下，用经典的振动参数识别方法，已经能比较精确可靠地进行模态参数识别。而在现场运行条件下，用以时域法为主的各种近代的振动参数识别方法，还存在精度低、可靠性低等问题。由于时域法一般不直观、物理参数不明确，在信噪比低的情况下，往往会发生误判的问题，这些都有待进一步研究提高。

3)研究适应于各种待定问题的识别方法。

例如，研究适用于模型修正的参数识别技术，研究适用于各种机器、部件振动故障诊断的识别技术等。

4)某些专题的研究。

多输入/多输出的多质量模型的识别问题；分布参数、复杂形状的连续弹性体的参数识别问题；非线性系统的识别问题；时变系统的识别问题；阻尼参数的识别问题；等等。

5)寻求新的有效的识别方法。

振动系统参数识别技术应该从更多学科及更多方面吸取营养，并且充分注意各种方法的渗透结合。例如，对复杂结构，结合有限元法应用于识别技术；参考边界元法利用边界上的测量信息来识别整个结构的振动及物理参数；以及求对建模误差具有鲁棒性的振动系统参数识别方法等，都值得探索。

6)振动参数识别方法的实用化。

现在国内很重视对振动参数识别技术的研究，各种新的方法的研究蓬勃发展。但是也应看到，许多研究还只限于对原理、方法的探索，往往只在计算机上进行数字模拟实验，或对简单试件进行实验。无疑这些都是必要的，但也应注意尽快使各种方法完善化，在实际机器和结构上进行实际实验。

5.1.1　连续系统的模态分析方法

飞行器结构在设计过程中必须清楚地了解其固有频率和固有模态，并且要避免在工作中出现环境激励频率与固有频率接近的情况发生，因而有必要对会对工作性能产生重大影响的因素进行仔细分析[21]。

1. 多自由度系统模态参数

以 N 自由度比例阻尼系统为例，其运动微分方程为

$$\boldsymbol{M}\ddot{\boldsymbol{X}} + \boldsymbol{C}\dot{\boldsymbol{X}} + \boldsymbol{K}\boldsymbol{X} = \boldsymbol{F} \tag{5.1.1}$$

式中，$\boldsymbol{M}$,$\boldsymbol{C}$ 及 $\boldsymbol{K}$ 分别表示系统的质量、阻尼及刚度矩阵；$\boldsymbol{X}$ 及 $\boldsymbol{F}$ 分别为系统各点的位移响应向量及激励力向量[7]。设

$$\boldsymbol{X} = \begin{Bmatrix} x_1 \\ x_2 \\ \vdots \\ x_N \end{Bmatrix}_{N\times 1}, \quad \boldsymbol{F} = \begin{Bmatrix} f_1 \\ f_2 \\ \vdots \\ f_N \end{Bmatrix}_{N\times 1} \tag{5.1.2}$$

不考虑初始条件的影响，对式(5.1.1)两边进行 Laplace 变换，可得

$$(s^2\boldsymbol{M} + s\,\boldsymbol{C} + \boldsymbol{K})\boldsymbol{X}(s) = \boldsymbol{F}(s) \tag{5.1.3}$$

式中

$$\boldsymbol{X}(s) = \int_0^{\infty} x(t)\,\mathrm{e}^{-st}\,\mathrm{d}t$$

$$\boldsymbol{F}(s) = \int_0^{\infty} f(t)\,\mathrm{e}^{-st}\,\mathrm{d}t$$

令位移阻抗矩阵为

$$\boldsymbol{Z}(s) = s^2\boldsymbol{M} + s\boldsymbol{C} + \boldsymbol{K} \tag{5.1.4}$$

则有

$$\boldsymbol{Z}(s)\boldsymbol{X}(s) = \boldsymbol{F}(s) \tag{5.1.5}$$

从而传递函数矩阵表示为

$$\boldsymbol{H}(s) = \boldsymbol{Z}^{-1}(s) = (s^2\boldsymbol{M} + s\,\boldsymbol{C} + \boldsymbol{K})^{-1} \tag{5.1.6}$$

对线性时不变系统，还可以将 s 用 $\mathrm{j}\omega$ 来替换，也就是把 Laplace 变换变为 Fourier 变换，从而得出频响函数矩阵

$$\boldsymbol{H}(\omega) = \boldsymbol{Z}^{-1}(\omega) = (\boldsymbol{K} - \omega^2\boldsymbol{M} + \mathrm{j}\omega\boldsymbol{C})^{-1} \tag{5.1.7}$$

此时，式(5.1.3)变为

$$(\boldsymbol{K} - \omega^2\boldsymbol{M} + \mathrm{j}\omega\boldsymbol{C})\boldsymbol{X}(\omega) = \boldsymbol{F}(\omega) \tag{5.1.8}$$

由振动基本理论可知，对于线性时不变系统，系统的任一点响应都可以表示为各阶模态响应的线性组合[7-8]。因此，在频域内系统某测点 l 的响应可表示为

$$x_l(\omega) = \phi_{l1}q_1(\omega) + \phi_{l2}q_2(\omega) + \cdots + \phi_{lN}q_N(\omega) = \sum_{r=1}^{N}\phi_{lr}q_r(\omega) \tag{5.1.9}$$

式中 ϕ_{lr}——第 l 个测点、第 r 阶模态的振型系数；

$q_r(\omega)$——第 r 阶模态坐标的 Fourier 变换。

利用 N 个测点全部的振型系数，组成一个列向量，称之为第 r 阶模态，用 $\boldsymbol{\phi}_r$ 表示为

$$\boldsymbol{\phi}_r = \begin{Bmatrix} \phi_1 \\ \phi_2 \\ \vdots \\ \phi_N \end{Bmatrix}_r \tag{5.1.10}$$

由各阶模态组成一个矩阵，称为模态矩阵，记为

$$\boldsymbol{\Phi}=[\boldsymbol{\phi}_1 \quad \boldsymbol{\phi}_2 \quad \cdots \quad \boldsymbol{\phi}_N] \tag{5.1.11}$$

它是$(N\times N)$阶矩阵。

由此在频域内系统的响应列向量可以表示为

$$\boldsymbol{X}(\omega)=\boldsymbol{\Phi Q} \tag{5.1.12}$$

式中

$$\boldsymbol{Q}=[q_1(\omega) \quad q_2(\omega) \quad \cdots \quad q_N(\omega)]^{\mathrm{T}}$$

从而有

$$(\boldsymbol{K}-\omega^2\boldsymbol{M}+\mathrm{j}\omega\boldsymbol{C})\boldsymbol{\Phi Q}=\boldsymbol{F}(\omega) \tag{5.1.13}$$

比例阻尼系统满足下列条件：

$$\boldsymbol{C}=\alpha\boldsymbol{M}+\beta\boldsymbol{K} \tag{5.1.14}$$

由于质量矩阵$\boldsymbol{M}$与刚度矩阵$\boldsymbol{K}$均为实对称矩阵，故比例阻尼矩阵$\boldsymbol{C}$亦为实对称矩阵，因此可以解耦，有下式存在：

$$\boldsymbol{\phi}_s^{\mathrm{T}}\boldsymbol{C}\boldsymbol{\phi}_r=\begin{cases}0, & r\neq s\\ C_r, & r=s\end{cases}$$

式中，C_r称为模态阻尼，它是一个数值，与模态及模态向量归一化方法选取有关，也是一种模态参数。

固有频率、模态向量、模态质量、模态刚度、模态阻尼等总称为模态参数。一个结构系统完全可以用这些模态参数来描述，它们决定着结构系统的动力响应。

根据模态参数（主要是固有频率和模态向量）是实数还是复数的不同，模态分析可分为实模态理论与复模态理论两类。下面以实模态分析方法为例作一介绍[22-24]。

设系统的自由度为N，阻尼为比例阻尼，第r阶模态坐标可以表示为

$$q_r=\frac{F_r}{K_r-\omega^2M_r+\mathrm{j}\omega C_r} \tag{5.1.15}$$

式中

$$F_r=\boldsymbol{\phi}_r^{\mathrm{T}}\boldsymbol{F}(\omega)=\sum_{i=1}^{N}\phi_{ir}f_i(\omega)$$

频域内结构上任意测点l的响应表达式为式(5.1.9)。

现在讨论单点激励情况。设激励力仅作用于一点p处，则激励向量可以表示为

$$\boldsymbol{F}=[0 \quad \cdots \quad 0 \quad \cdots \quad f_p(\omega) \quad \cdots \quad 0 \quad \cdots \quad 0]^{\mathrm{T}} \tag{5.1.16}$$

模态力退化为

$$F_r=\phi_{pr}f_p(\omega) \tag{5.1.17}$$

故式(5.1.15)可写为

$$q_r=\frac{\phi_{pr}f_p(\omega)}{K_r-\omega^2M_r+\mathrm{j}\omega C_r} \tag{5.1.18}$$

将其代入式(5.1.9)，可得

$$x_l(\omega)=\sum_{r=1}^{N}\frac{\phi_{lr}\phi_{pr}f_p(\omega)}{K_r-\omega^2M_r+\mathrm{j}\omega C_r} \tag{5.1.19}$$

故得测量点l与激励点p之间的频响函数为

$$\frac{x_l(\omega)}{f_p(\omega)}=H_{lp}(\omega)=\sum_{r=1}^{N}\frac{\phi_{lr}\phi_{pr}}{K_r-\omega^2M_r+\mathrm{j}\omega C_r} \tag{5.1.20}$$

它表示点 l 的响应仅是由点 p 的激励引起的。也就是说，$H_{lp}(\omega)$ 的含意是指在点 p 作用一单位正弦力，从而在点 l 产生的复响应；频响函数与激励力的大小无关。

2. 弹性体振动的特征值问题

弹性体振动的关键问题是特征值问题。梁的方程可以写成

$$\frac{\partial^2}{\partial x^2}\left[EI(x)\frac{\partial^2 v}{\partial x^2}\right]+m\frac{\partial^2 v}{\partial t^2}=0 \tag{5.1.21}$$

式中 x—— 位置坐标；

t—— 时间；

$EI(x)$—— 梁的抗弯刚度，是 x 的函数，表示梁的抗弯刚度随梁的位置而变化；

v—— 梁的挠度，也是 x 和 t 的函数。

在下面各式中，x 或 y 表示位置坐标，t 表示时间。

杆的纵振动方程可以写成

$$\frac{\partial}{\partial x}\left[EA(x)\frac{\partial u}{\partial x}\right]-\rho A(x)\frac{\partial^2 u}{\partial t^2}=0 \tag{5.1.22}$$

式中 $EA(x)$—— 杆的抗拉刚度；

u—— 杆的纵向位移；

ρ—— 杆的密度。

轴的扭转振动方程可以写成

$$\frac{\partial}{\partial x}\left[GI_p(x)\frac{\partial \theta}{\partial x}\right]-\rho I_p(x)\frac{\partial^2 \theta}{\partial t^2}=0 \tag{5.1.23}$$

式中 $GI_p(x)$—— 轴的抗扭刚度；

θ—— 轴的扭转角位移；

ρ—— 轴的密度。

膜的振动方程可以写成

$$\nabla^2 w-\frac{\rho}{T}\frac{\partial^2 w}{\partial t^2}=0 \tag{5.1.24}$$

式中 ∇^2—— 拉普拉斯算子，$\nabla^2=\frac{\partial^2}{\partial x^2}+\frac{\partial^2}{\partial y^2}$；

w—— 膜的横向位移；

ρ—— 膜的密度；

T—— 膜的张力。

设 L 为线性微分算子，M 为算子符号，则上述方程式(5.1.21) ～ 式(5.1.24) 可归结为

$$L(u)+M(\ddot{u})=0 \tag{5.1.25}$$

设

$$u=\phi(x)q(t) \quad 或 \quad u=\phi(x,y)q(t)$$

代入方程式(5.1.25) 并分离变量得到

$$\frac{L(\phi)}{M(\phi)}=-\frac{\ddot{q}}{q}=\lambda$$

其中 λ 为常数，这样就可得到

$$\left.\begin{aligned}\ddot{q}+\lambda q=0\\ L(\phi)=\lambda M(\phi)\end{aligned}\right\}\tag{5.1.26}$$

式中　λ—— 特征值；

ϕ—— 特征函数，亦即是振型函数或模态函数。

这就是弹性体振动的特征值问题。

(1) 模态函数的正交性

对于多自由度振动问题，前面曾经说明，模态向量对于质量矩阵和刚度矩阵具有正交性。其实，对于弹性体来说，模态函数对线性算子 L、M 也具有正交性，即

$$\left.\begin{aligned}\int_D \phi_r M(\phi_s)\mathrm{d}\sigma=0,\quad r\neq s\\ \int_D \phi_r L(\phi_s)\mathrm{d}\sigma=0,\quad r\neq s\end{aligned}\right\}\tag{5.1.27}$$

式中，ϕ_r 和 ϕ_s 分别是第 r 阶和第 s 阶模态函数。

例如，正交性对于梁的横向振动，可以用方程表示为

$$\left.\begin{aligned}\int_0^l m(x)Y_r(x)Y_s(x)\mathrm{d}x=0,\qquad r\neq s\\ \int_0^l Y_s(x)[EI(x)Y''_r(x)]''\mathrm{d}x=0,\quad r\neq s\end{aligned}\right\}\tag{5.1.28}$$

模态函数的正交性反映了各阶主模态之间既不存在惯性耦合又不存在弹性耦合作用的性质。

(2) 弹性体模态分析

考虑偏微分方程

$$L(u)+M(\ddot{u})=f(p,t)+\sum_j^n F_j(t)\delta(p-p_j)\tag{5.1.29}$$

它表示的是在域 D 上的弹性体振动问题。其中 L 是关于空间坐标的线性齐次自伴微分算子，它包含了弹性体刚度分布情况的信息；M 是关于质量分布的算子，它也是空间坐标的函数。作用在弹性域上的激励有分布力 $f(p,t)$，对一维问题，它是 $f(x,t)$；对二维问题，它是 $f(x,y,t)$。还有作用在点 p_j 上的集中力 $F_j(t)$，$\delta(p-p_j)$ 是 δ 函数。

在边界上各点应满足边界条件

$$B_i[u(p,t)]=0\tag{5.1.30}$$

式中，B_i 是线性齐次微分算子，它包含 u 对边界法线和切线的导数。

在离散系统中，用模态矩阵可以将系统运动微分方程解耦，从而使 n 自由度的系统转化为 n 个单自由度系统，因此可以方便地求得用主坐标或正则坐标表示的动响应。用类似的方法也可以求连续系统的动响应。为此，只要把弹性体的运动表示成模态运动的级数，利用模态的正交性，就可以将弹性体的物理坐标的偏微分方程变换成一系列主坐标或正则坐标的二阶常微分方程组，这样就可以按单自由度来处理。

由弹性体模态的正交性，有

$$\left.\begin{aligned}&\int_D \phi_r M(\phi_s)\mathrm{d}\sigma=\begin{cases}0, & r\neq s\\ \tilde{m}_r, & r=s\end{cases},\quad r,s=1,2,\cdots\\&\int_D \phi_r L(\phi_s)\mathrm{d}\sigma=\begin{cases}0, & r\neq s\\ \tilde{k}_r, & r=s\end{cases},\quad r,s=1,2,\cdots\end{aligned}\right\}\tag{5.1.31}$$

而特征值为

$$\lambda_r=\omega_r^2=\frac{\tilde{k}_r}{\tilde{m}_r},\quad r=1,2,\cdots\tag{5.1.32}$$

弹性体的运动可以认为是各阶模态运动的叠加，即

$$u(p,t)=\sum_r \phi_r(p)q_r(t)\tag{5.1.33}$$

将式(5.1.33)代入式(5.1.29)，可得

$$L\Big[\sum_r \phi_r(p)q_r(t)\Big]+M\Big[\sum_r \phi_r(p)\ddot{q}_r(t)\Big]=f(p,t)+\sum_j^n F_j(t)\delta(p-p_j)\tag{5.1.34}$$

式(5.1.34)可化为

$$\sum_r L\left[\phi_r(p)\right]q_r(t)+\sum_r M\left[\phi_r(p)\right]\ddot{q}_r(t)=f(p,t)+\sum_j^n F_j(t)\delta(p-p_j)\tag{5.1.35}$$

将式(5.1.35)两边乘以 $\phi_s(p)$ 并在域 D 上积分，有

$$\sum_r\Big[\int_D \phi_s L(\phi_r)\mathrm{d}\sigma\Big]q_r(t)+\sum_r\Big[\int_D \phi_s M(\phi_r)\mathrm{d}\sigma\Big]\ddot{q}_r(t)=\int_D \phi_s\Big[f(p,t)+\sum_j^n F_j(t)\delta(p-p_j)\Big]\mathrm{d}\sigma\tag{5.1.36}$$

由此可得

$$\tilde{m}_r\ddot{q}_r(t)+\tilde{k}_r q_r(t)=Q_r(t),\quad r=1,2,\cdots\tag{5.1.37}$$

式中，$Q_r(t)$ 是第 r 阶模态运动的广义力，有

$$Q_r(t)=\int_D \phi_r(p)f(p,t)\mathrm{d}\sigma+\sum_j^n \phi_r(p_j)F_j(t),\quad r=1,2,\cdots\tag{5.1.38}$$

式(5.1.37)还可以表示为

$$\ddot{q}_r(t)+\omega_r^2 q_r(t)=\frac{1}{\tilde{m}_r}Q_r(t),\quad r=1,2,\cdots\tag{5.1.39}$$

这是一个单自由度系统强迫振动方程，动响应为

$$q_r(t)=\frac{1}{\tilde{m}_r\omega_r}\int_0^t Q_r(\tau)\sin\omega_r(t-\tau)\mathrm{d}\tau+q_r(0)\cos\omega_r t+\dot{q}_r(0)\sin\omega_r t\tag{5.1.40}$$

式中，$q_r(0)$ 和 $\dot{q}_r(0)$ 是广义初位移和广义初速度。

3. 薄板振动与模态分析

在航空、航天领域，一直以来大量选取板壳作为设计结构，如飞机的蒙皮、导弹的外壳。正是由于板壳结构的大量应用，使科技工作者不断加强对板壳结构的研究。板壳结构质量轻、强度大，符合当前航空、航天领域提出的结构和材料轻质化的要求，因此板壳的应用愈加受到重视。

板壳结构作为一种承重构件，在其上一般还会装有精密仪器设备，在使用过程中，板壳结构可能会产生比较严重的振动，而这种振动会影响精密仪器设备的工作性能，降低测控精度，

加剧设备构件的疲劳和磨损，缩短仪器的使用寿命，当仪器设备与板壳结构发生耦合振动时还会严重影响结构本身的安全和正常使用。不论是航空器，还是航天器，都凝结了大量的人类心血，为了保证设备工作的稳定与安全，对板壳结构的振动必然会提出要求。

现在以薄板为例，对如何建立其振动方程、如何分析其模态做出说明。

(1) 旋转圆板面内振动方程

圆形薄板常常被设计为旋转构件，在工作过程中如果旋转角速度的变化比较剧烈，圆板的工作状况可能发生劣化，可能引发强烈的面内振动。考虑一个均匀圆盘在变速离心场中的面内振动，此时圆盘的约束可以认为是轴对称的，不考虑中心轴对圆盘振动的影响，建立圆盘自身的面内振动方程。

因为圆盘很薄，可以认为属于平面应力问题。建立极坐标系(r,θ)，并设径向和周向位移分别为u_r, u_θ。由弹性力学中的几何关系[34]，有

$$\left.\begin{aligned}\varepsilon_r &= \frac{\partial u_r}{\partial r}\\ \varepsilon_\theta &= \frac{u_r}{r} + \frac{1}{r}\frac{\partial u_\theta}{\partial \theta}\\ \gamma_{r\theta} &= \frac{1}{r}\frac{\partial u_r}{\partial \theta} + \frac{\partial u_\theta}{\partial r} - \frac{u_\theta}{r}\end{aligned}\right\} \tag{5.1.41}$$

式中　ε_r—— 径向正应变；

ε_θ—— 周向正应变；

$\gamma_{r\theta}$—— 剪应变。

又由平面应力问题的物理关系，有

$$\left.\begin{aligned}\sigma_r &= \frac{E}{1-\mu^2}(\varepsilon_r + \mu\varepsilon_\theta)\\ \sigma_\theta &= \frac{E}{1-\mu^2}(\varepsilon_\theta + \mu\varepsilon_r)\\ \tau_{r\theta} &= \frac{E}{2(1+\mu)}\gamma_{r\theta}\end{aligned}\right\} \tag{5.1.42}$$

式中　σ_r—— 径向正应力；

σ_θ—— 周向正应力；

$\tau_{r\theta}$—— 剪应力；

E—— 杨氏模量；

μ—— 泊松比。

故可以得到整个圆盘的势能表达式为

$$U = \frac{1}{2}\iint_A (\sigma_r\varepsilon_r + \sigma_\theta\varepsilon_\theta + \tau_{r\theta}\gamma_{r\theta}) r\mathrm{d}r\mathrm{d}\theta = \frac{1}{2}\iint_A \left\{\frac{E}{1-\mu^2}[(\varepsilon_r + \varepsilon_{r0}) + \mu(\varepsilon_\theta + \varepsilon_{\theta 0})]\varepsilon_r + \frac{E}{1-\mu^2}[\varepsilon_\theta + \varepsilon_{\theta 0} + \mu(\varepsilon_r + \varepsilon_{r0})]\varepsilon_\theta + \frac{E}{2(1+\mu)}\gamma_{r\theta}^2\right\} r\mathrm{d}r\mathrm{d}\theta \tag{5.1.43}$$

式中，ε_{r0} 和 $\varepsilon_{\theta 0}$ 是由旋转角速度 Ω 引起的初应变，有

$$\left.\begin{aligned}\varepsilon_{r0} &= \frac{\rho a^3(1-\mu)}{8E}\Omega^2\left[\frac{(3+\mu)}{a} - 3\,\frac{(1+\mu)r^2}{a^3}\right]\\ \varepsilon_{\theta 0} &= \frac{\rho a^3(1-\mu)}{8E}\Omega^2\left[\frac{(3+\mu)}{a} - \frac{(1+\mu)r^2}{a^3}\right]\end{aligned}\right\} \tag{5.1.44}$$

式中 ρ—— 圆盘的密度；

a—— 圆盘的半径。

令

$$f_1(r)=\frac{\rho a^3(1-\mu)}{8E}\left[\frac{(3+\mu)}{a}-\frac{3(1+\mu)r^2}{a^3}\right]$$

$$f_2(r)=\frac{\rho a^3(1-\mu)}{8E}\left[\frac{(3+\mu)}{a}-\frac{(1+\mu)r^2}{a^3}\right] \tag{5.1.45}$$

则由几何关系，势能的表达式为

$$U=\frac{1}{2}\iint_A\left\{\frac{E}{1-\mu^2}\left[\left(\frac{u_r}{r}\right)^2+2\frac{u_r}{r^2}\frac{\partial u_\theta}{\partial\theta}+\frac{1}{r^2}\left(\frac{\partial u_\theta}{\partial\theta}\right)^2+2\mu\frac{u_r}{r}\frac{\partial u_r}{\partial r}+2\mu\frac{\partial u_r}{r\partial r}\frac{\partial u_\theta}{\partial\theta}+\left(\frac{\partial u_r}{\partial r}\right)^2+\right.\right.$$
$$2f_1(r)\Omega^2\left(\mu\left(\frac{u_r}{r}+\frac{\partial u_\theta}{r\partial\theta}\right)+\frac{\partial u_r}{\partial r}\right)+2f_2(r)\Omega^2\left(\mu\frac{\partial u_r}{\partial r}+\frac{u_r}{r}+\frac{\partial u_\theta}{r\partial\theta}\right)+2\mu f_1(r)f_2(r)\Omega^4\left.\right]+$$
$$\left.\frac{E}{2(1+u)}\left[\frac{1}{r^2}\left(\frac{\partial u_r}{\partial\theta}\right)^2+2\frac{\partial u_r}{r\partial r}\frac{\partial u_r}{\partial\theta}+\left(\frac{\partial u_r}{\partial r}\right)^2-2\frac{\partial u_r}{r\partial\theta}\frac{u_\theta}{r}-2\frac{u_\theta\partial u_\theta}{r\partial r}+\left(\frac{u_\theta}{r}\right)^2\right]\right\}r\mathrm{d}r\mathrm{d}\theta \tag{5.1.46}$$

取离圆心为 r 的微元$(\mathrm{d}r,\mathrm{d}\theta)$ 分析，由于考虑刚体运动与弹性运动的耦合作用，所以该微元的速度表达式可以写为

$$\mathbf{V}=[(r+u_r)\Omega+\dot{u}_\theta]\boldsymbol{i}+(\dot{u}_r-u_\theta\Omega)\boldsymbol{j} \tag{5.1.47}$$

式中，Ω 为圆盘旋转角速度。

利用式(5.1.47)，该处微元的动能可以表示为

$$T_1=\frac{1}{2}\rho\{[(r+u_r)\Omega+\dot{u}_\theta]^2+(\dot{u}_r-u_\theta\Omega)^2]\}r\mathrm{d}r\mathrm{d}\theta=$$
$$\frac{1}{2}\rho[(r+u_r)^2\Omega^2+2(r+u_r)\Omega\dot{u}_\theta+(\dot{u}_\theta)^2+(\dot{u}_r)^2-2u_ru_\theta\Omega+(u_\theta\Omega)^2]r\mathrm{d}r\mathrm{d}\theta \tag{5.1.48}$$

故整个圆盘的动能可以表示为

$$T=\iint_A\frac{1}{2}\rho[(r+u_r)^2\Omega^2+2(r+u_r)\Omega\dot{u}_\theta+(\dot{u}_\theta)^2+(\dot{u}_r)^2-2u_ru_\theta\Omega+(u_\theta\Omega)^2]r\mathrm{d}r\mathrm{d}\theta \tag{5.1.49}$$

利用动能与势能表达式，取泛函 L 为

$$L=T-U=\iint_A\frac{1}{2}\rho[(r+u_r)^2\Omega^2+2(r+u_r)\Omega\dot{u}_\theta+(\dot{u}_\theta)^2-2u_ru_\theta\Omega+(u_\theta\Omega)^2]r\mathrm{d}r\mathrm{d}\theta-$$
$$\frac{1}{2}\iint_A\left\{\frac{E}{1-\mu^2}\left[\left(\frac{u_r}{r}\right)^2+2\frac{u_r}{r^2}\frac{\partial u_\theta}{\partial\theta}+\frac{1}{r^2}\left(\frac{\partial u_\theta}{\partial\theta}\right)^2+2\mu\frac{u_r}{r}\frac{\partial u_r}{\partial r}+2\mu\frac{\partial u_r}{r\partial r}\frac{\partial u_\theta}{\partial\theta}+\right.\right.$$
$$\left(\frac{\partial u_r}{\partial r}\right)^2+2f_1(r)\Omega^2\left(\mu\left(\frac{u_r}{r}+\frac{\partial u_\theta}{r\partial\theta}\right)+\frac{\partial u_r}{\partial r}\right)+2f_2(r)\Omega^2\left(\mu\frac{\partial u_r}{\partial r}+\frac{u_r}{r}+\frac{\partial u_\theta}{r\partial\theta}\right)+2\mu f_1(r)f_2(r)\Omega^4\left.\right]+$$
$$\left.\frac{E}{2(1+u)}\left[\frac{1}{r^2}\left(\frac{\partial u_r}{\partial\theta}\right)^2+2\frac{\partial u_r}{r\partial r}\frac{\partial u_r}{\partial\theta}+\left(\frac{\partial u_r}{\partial r}\right)^2-2\frac{\partial u_r}{r\partial\theta}\frac{u_\theta}{r}-2\frac{u_\theta\partial u_\theta}{r\partial r}+\left(\frac{u_\theta}{r}\right)^2\right]\right\}r\mathrm{d}r\mathrm{d}\theta \tag{5.1.50}$$

利用 Hamilton 原理，$\delta\int_{t_1}^{t_2}L\mathrm{d}t=\delta\int_{t_1}^{t_2}(T-U)\mathrm{d}t=0$，经过整理可以得到面内振动方程

$$\left.\begin{aligned}&\rho[(r+u_r)\Omega^2+2\dot{u}_\theta\Omega+u_\theta\dot{\Omega}-\ddot{u}_r]-\frac{E}{1-\mu^2}\Big[\frac{u_r}{r^2}+\frac{1}{r^2}\frac{\partial u_\theta}{\partial\theta}+\frac{\partial u_r}{r\partial r}-\\&\quad\frac{\mu}{r}\frac{\partial^2 u_\theta}{\partial r\partial\theta}+\frac{\partial^2 u_r}{r^2\partial^2 r}-\Big(f'_1(r)+f_1(r)/r+f'_2(r)+\frac{f_2(r)}{r}\Big)\Omega^2\Big]-\\&\quad\frac{E}{2(1+\mu)}\Big[\frac{1}{r}\frac{\partial^2 u_\theta}{\partial r\partial\theta}+\frac{\partial^2 u_r}{r\partial r^2}+\frac{\partial^2 u_r}{r^2\partial\theta\partial r}+\frac{1}{r^2}\frac{\partial u_\theta}{\partial\theta}\Big]=0\\&\rho[u_\theta\Omega^2-2\dot{u}_r\Omega+(u_r+r)\dot{\Omega}-\ddot{u}_\theta]+\frac{E}{1-\mu^2}\Big[\frac{\partial u_r}{r^2\partial\theta}+\frac{1}{r^2}\frac{\partial^2 u_\theta}{\partial^2\theta}+\frac{\mu}{r}\frac{\partial^2 u_r}{\partial\theta\partial r}\Big]-\\&\quad\frac{E}{2(1+\mu)}\Big(\frac{1}{r^2}\frac{\partial u_r}{\partial\theta}+\frac{\partial u_\theta}{r\partial r}-\frac{u_\theta}{r^2}+\frac{\partial^2 u_r}{r^2\partial^2 r}+\frac{\partial u_\theta}{r\partial r}\Big)=0\end{aligned}\right\}\tag{5.1.51}$$

这就是圆板在变速离心场下的面内振动微分方程组。该方程一方面考虑了圆盘振动时的刚弹耦合作用，另一方面也考虑了由于圆盘的转动引起的初应变对振动的影响。

(2) 集中质量对薄板振动模态的影响

根据薄板的小挠度假设，均匀质量分布薄板的受迫振动微分方程为

$$D\,\nabla^4 w(x,y,t)+\rho\frac{\partial^2 w(x,y,t)}{\partial t^2}=p(x,y,t)\tag{5.1.52}$$

式中　∇^4 —— 双调和算子，$\nabla^4=(\partial^2/\partial x^2+\partial^2/\partial y^2)^2$；

D —— 薄板的弯曲刚度，$D=Eh^3/[12(1-\mu^2)]$；

E —— 杨氏模量；

h —— 板的厚度；

μ —— 泊松比；

ρ —— 薄板的单位面积质量；

$w(x,y,t)$ —— 任一瞬时 t 薄板的横向挠度；

$p(x,y,t)$ —— 横向外载。

根据模态叠加理论，将 $w(x,y,t)$ 写成级数形式

$$w(x,y,t)=\sum_{i=1}^{n}\overline{W}_i(x,y)q_i(t)\tag{5.1.53}$$

式中　$\overline{W}_i(x,y)$ —— 均匀薄板第 i 阶模态；

$q_i(t)$ —— 第 i 阶广义坐标；

n —— 模态数。

这里要求模态函数 $\overline{W}_i(x,y)$ 必须与均匀薄板的固有频率 ω_i 一一对应。将式(5.1.53)代入方程式(5.1.52)，可得

$$\overline{M}_{jj}\ddot{q}_j(t)+\overline{K}_{jj}q_j(t)=\overline{P}_j(t),\quad j=1,2,\cdots,n\tag{5.1.54}$$

式中

$$\left.\begin{aligned}\overline{M}_{jj}&=\int_A\overline{W}_j\rho\overline{W}_j\,\mathrm{d}A\\\overline{K}_{jj}&=\int_A\overline{W}_jD\,\nabla^4\overline{W}_j\,\mathrm{d}A\\\overline{P}_j(t)&=\int_A p(x,y,t)\overline{W}_j\,\mathrm{d}A\end{aligned}\right\}\tag{5.1.55}$$

进一步，如果选择正则模态 $W_i(x,y)$ 代替 $\overline{W}_i(x,y)$，可得

$$\ddot{q}_j(t)+\omega_j^2 q_j(t)=P_j(t), \quad j=1,2,\cdots,n \tag{5.1.56}$$

式中

$$\left.\begin{aligned} P_j(t) &= \int_A p(x,y,t)W_j\,\mathrm{d}A \\ \omega_j &= \sqrt{K_{jj}/M_{jj}} \end{aligned}\right\} \tag{5.1.57}$$

式中 A —— 板的面积；

$P_j(t)$ —— 广义力；

ω_j —— 均匀薄板的第 j 阶固有频率。

如果外加载荷是一个集中力，大小为 P，加载位置为 (x_l,y_l)，则方程式(5.1.56)可以简化为

$$\ddot{q}_j(t)+\omega_j^2 q_j(t)=P(x_l,y_l,t)W_j(x_l,y_l), \quad j=1,2,\cdots,n \tag{5.1.58}$$

对于带有集中质量的薄板的自由振动，将集中质量的惯性力当做外加激励力，则由均匀质量板的受迫振动方程式(5.1.52)可以确定带有集中质量板的固有频率及对应的振型。如果薄板带有 k 个集中质量，则从方程式(5.1.52)和方程式(5.1.58)可以得到

$$\ddot{q}_j(t)+\omega_j^2 q_j(t)=-\sum_{l=1}^{k} m_{c,l}W_j(x_l,y_l)\sum_{i=1}^{n} W_i(x_l,y_l)\ddot{q}_i(t) \tag{5.1.59}$$

当薄板作简谐振动时，广义坐标 $q_j(t)$ 有形式

$$q_j(t)=\bar{q}_j \mathrm{e}^{\mathrm{j}\bar{\omega}t} \tag{5.1.60}$$

式中 $\bar{q}_j$ —— $q_j(t)$ 的振幅；

$\bar{\omega}$ —— 带有 k 个集中质量薄板的固有频率。

将式(5.1.60)代入方程式(5.1.59)，可得

$$\omega_j^2\bar{q}_j=\bar{\omega}^2\bar{q}_j+\bar{\omega}^2\sum_{l=1}^{k}\sum_{i=1}^{n} m_{c,l}W_j(x_l,y_l)W_i(x_l,y_l)\bar{q}_i, \quad j=1,2,\cdots,n \tag{5.1.61}$$

令

$$\{W\}=\{W_1,W_2,\cdots,W_n\}^{\mathrm{T}} \tag{5.1.62}$$

$$[W]_{n\times n}=\{W\}\{W\}^{\mathrm{T}} \tag{5.1.63}$$

$$\{\bar{q}\}=\{\bar{q}_1,\bar{q}_2,\ldots,\bar{q}_n\}^{\mathrm{T}} \tag{5.1.64}$$

$$[\diagdown \omega^2 \diagdown]_{n\times n}=\begin{bmatrix} \omega_1^2 & & & \\ & \omega_2^2 & & \\ & & \ddots & \\ & & & \ddots \\ & & & & \omega_n^2 \end{bmatrix}_{n\times n} \tag{5.1.65}$$

$$[\diagdown I \diagdown]_{n\times n}=\begin{bmatrix} 1 & & & & \\ & 1 & & & \\ & & \ddots & & \\ & & & 1 & \\ & & & & 1 \end{bmatrix}_{n\times n} \tag{5.1.66}$$

$$[A]_{n\times n}=\sum_{l=1}^{k} m_{c,l}[W_j(x_l,y_l)] \tag{5.1.67}$$

则方程式(5.1.61)可以写成矩阵形式

$$[\backslash \omega^2 \backslash]\{\bar{q}\}=\bar{\omega}^2([\backslash I\backslash]+[A])\{\bar{q}\} \tag{5.1.68}$$

方程式(5.1.68)是带有 k 个集中质量的薄板的特征方程组。利用这一方程组就可以求得特征值 $\bar{\omega}_j\,(j=1,2,\cdots,n)$ 和特征向量 $\{\bar{q}\}^{(j)}\,(j=1,2,\cdots,n)$。$\bar{\omega}_j$ 即为带有 k 个集中质量的薄板的固有频率,与之对应的振型 $\widetilde{W}_j(x,y)$ 可以由式(5.1.53)和式(5.1.60)得到

$$\widetilde{W}_j(x,y)=\sum_{i=1}^{n}W_i(x,y)\bar{q}_i^{(j)}=\{W(x,y)\}^{\mathrm{T}}\{\bar{q}\}^{(j)} \tag{5.1.69}$$

对于不同的边界条件,均匀薄板正则模态的表达式 $W_i(x,y)$ 是不一样的,但从上面的推导可以看出,其中并没有涉及正则模态 $W_i(x,y)$ 的具体形式,所以利用上述思路可以求解任意边界条件下带有任意集中质量薄板的振动问题。

分析整个推导过程还可以发现,不考虑集中质量的薄板自由振动固有频率和振型,与考虑集中质量的薄板振动固有频率和振型是不一样的。因此在分析承载有精密仪器的板结构时,必须考虑到这种影响。

5.1.2　频域振动参数识别的最小二乘法

振动试验模态参数识别有两类方法:一类以频响函数的模态展开式为数学模型;另一类以频响函数的有理分式为数学模型。不论采用何种数学模型,频响函数总是由分式组成的。位于分式分子中的参数是线性参数,位于分母中的参数是非线性参数。识别线性参数一般用最小二乘法;识别非线性参数一般用迭代法,所选用非线性参数初值必须根据经验预估。

以结构阻尼系统为例,频响函数展开式中的一个元素可以表示为

$$H_{ef}(\omega)=\sum_{i=1}^{n}\frac{m_{mi}}{m_{Di}}\cdot\frac{\phi_{ei}\phi_{fi}}{k_{mi}-\omega^2 m_{mi}+\mathrm{j}k_{mi}\eta_{mi}} \tag{5.1.70}$$

式中　m_{Di} —— 第 i 阶等效质量;

k_{mi} —— 第 i 阶模态刚度;

m_{mi} —— 第 i 阶模态质量;

η_{mi} —— 第 i 阶模态阻尼因子。

式(5.1.70)的具体由来可以参看有关振动试验模态分析的书籍[7-8]。

设待识别模态(拟合频段)为从第 n_1 阶到第 n_2 阶模态,将式(5.1.70)按模态阶数分为 $1\sim n_1-1$(低频段)、$n_1\sim n_2$(拟合频段)、$n_2+1\sim n$(高频段)三部分,故有

$$H_{ef}(\omega)=\sum_{i=1}^{n_1-1}\frac{\phi_{ei}\phi_{fi}}{m_{Di}\omega^2}\cdot\frac{1}{\left(\frac{\omega_{mi}}{\omega}\right)^2-1+\mathrm{j}\eta_{mi}\left(\frac{\omega_{mi}}{\omega}\right)^2}+\sum_{i=n_1}^{n_2}\frac{\phi_{ei}\phi_{fi}}{m_{Di}}\cdot\frac{1}{\omega_{mi}^2-\omega^2+\mathrm{j}\omega_{mi}^2\eta_{mi}}+$$
$$\sum_{i=n_2+1}^{n}\frac{\phi_{ei}\phi_{fi}}{m_{Di}k_{mi}}\cdot\frac{1}{1-\left(\frac{\omega}{\omega_{mi}}\right)^2+\mathrm{j}\eta_{mi}} \tag{5.1.71}$$

设拟合频段内的频率为 ω,由于对低频段有 $\frac{\omega_{mi}}{\omega}\ll 1(i=1,2,\cdots,n_1-1)$,对高频段有 $\frac{\omega}{\omega_{mi}}\ll 1(i=n_2+1,n_2+2,\cdots,n)$,则式(5.1.71)中的低频段和高频段均可简化,于是得到拟合

频段内频响函数的近似表达式为

$$H_{ef}(\omega)=-\sum_{i=1}^{n_1-1}\frac{\phi_{ei}\phi_{fi}}{m_{Di}\omega^2}+\sum_{i=n_1}^{n_2}\frac{\phi_{ei}\phi_{fi}}{m_{Di}}\cdot\frac{1}{\omega_{mi}^2-\omega^2+\mathrm{j}\omega_{mi}^2\eta_{mi}}+\sum_{i=n_2+1}^{n}\frac{\phi_{ei}\phi_{fi}}{m_{Di}k_{mi}(1+\mathrm{j}\eta_{mi})} \tag{5.1.72}$$

令

$$\left.\begin{aligned} Y_{ef}&=\sum_{i=1}^{n_1-1}\frac{\phi_{ei}\phi_{fi}}{m_{Di}} \\ Z_{ef}&=\sum_{i=n_2+1}^{n}\frac{\phi_{ei}\phi_{fi}}{m_{Di}k_{mi}(1+\mathrm{j}\eta_{mi})}\end{aligned}\right\} \tag{5.1.73}$$

并简记 $\sum\limits_{i=n_1}^{n_2}$ 为 $\sum\limits_{i=1}^{m}$，即令 $n_2-n_1+1=m$，则有

$$H_{ef}(\omega)=-\frac{Y_{ef}}{\omega^2}+\sum_{i=1}^{m}\frac{\phi_{ei}\phi_{fi}}{m_{Di}}\cdot\frac{1}{\omega_{mi}^2-\omega^2+\mathrm{j}\omega_{mi}^2\eta_{mi}}+Z_{ef} \tag{5.1.74}$$

或

$$H_{ef}(\omega)=-\frac{Y_{ef}}{\omega^2}+\sum_{i=1}^{m}\frac{r_{efi}}{\omega_{mi}^2-\omega^2+\mathrm{j}\omega_{mi}^2\eta_{mi}}+Z_{ef} \tag{5.1.75}$$

式中

$$r_{efi}=\frac{\phi_{ei}\phi_{fi}}{m_{Di}} \tag{5.1.76}$$

这就是结构阻尼系统频响函数在拟合频段内的数学模型。该式第一项修正质量反映了低频段模态对拟合的影响，第三项修正刚度反映了高频段模态的影响。

从结构阻尼系统频响函数表达式可以看出，待识别参数为 Y_{ef}，Z_{ef}，r_{efi}，ω_{mi}，η_{mi}，前三项为线性参数，后两项为非线性参数。

设实际测得拟合频段内 s 个频率测点 $\omega_k(k=1,2,\cdots,s)$ 处的频响函数值为 $\widetilde{H}_{ef}(\omega_k)$，并假设非线性参数 ω_{mi}，$\eta_{mi}(i=1,2,\cdots,s)$ 为已知，对应的实测频率点 ω_k 处的频响函数的理论值为 $H_{ef}(\omega_k)$ $(k=1,2,\cdots,s)$，则有

$$\begin{bmatrix}H_{ef}(\omega_1)\\H_{ef}(\omega_2)\\\vdots\\H_{ef}(\omega_s)\end{bmatrix}=\begin{bmatrix}-\frac{1}{\omega_1^2} & \frac{1}{\omega_{m1}^2-\omega_1^2+\mathrm{j}\omega_{m1}^2\eta_{m1}} & \frac{1}{\omega_{m2}^2-\omega_1^2+\mathrm{j}\omega_{m2}^2\eta_{m2}} & \cdots & \frac{1}{\omega_{mm}^2-\omega_1^2+\mathrm{j}\omega_{mm}^2\eta_{mm}} & 1\\ -\frac{1}{\omega_1^2} & \frac{1}{\omega_{m1}^2-\omega_2^2+\mathrm{j}\omega_{m1}^2\eta_{m1}} & \frac{1}{\omega_{m2}^2-\omega_2^2+\mathrm{j}\omega_{m2}^2\eta_{m2}} & \cdots & \frac{1}{\omega_{mm}^2-\omega_2^2+\mathrm{j}\omega_{mm}^2\eta_{mm}} & 1\\ \vdots & \vdots & \vdots & & \vdots & \vdots\\ -\frac{1}{\omega_1^2} & \frac{1}{\omega_{m1}^2-\omega_s^2+\mathrm{j}\omega_{m1}^2\eta_{m1}} & \frac{1}{\omega_{m2}^2-\omega_s^2+\mathrm{j}\omega_{m2}^2\eta_{m2}} & \cdots & \frac{1}{\omega_{mm}^2-\omega_s^2+\mathrm{j}\omega_{mm}^2\eta_{mm}} & 1\end{bmatrix}\begin{bmatrix}Y_{ef}\\r_{ef1}\\r_{ef2}\\\vdots\\r_{efm}\\Z_{ef}\end{bmatrix} \tag{5.1.77}$$

或写成

$$\boldsymbol{H}=\boldsymbol{TP}$$

式中 $\boldsymbol{H}$—— 由频响函数理论值构成的 s 维列向量；

$\boldsymbol{T}$—— 系数矩阵，$s\times(m+2)$ 阶；

$\boldsymbol{P}$—— 线性参数列向量，$(m+2)$ 维，是待识别参数。

设 $\widetilde{\boldsymbol{H}}$ 为由频响函数实测值 $\widetilde{H}_{ef}(\omega_k)$ $(k=1,2,\cdots,s)$ 所构成的列向量，它与理论值 $\boldsymbol{H}$ 之间的残差为

$$\boldsymbol{\varepsilon}=\widetilde{\boldsymbol{H}}-\boldsymbol{TP} \tag{5.1.78}$$

根据加权最小二乘法，构造目标函数

$$E_w=\boldsymbol{\varepsilon}^{\mathrm{T}}\boldsymbol{W}\boldsymbol{\varepsilon}=(\widetilde{\boldsymbol{H}}-\boldsymbol{TP})^{\mathrm{T}}\boldsymbol{W}(\widetilde{\boldsymbol{H}}-\boldsymbol{TP}) \tag{5.1.79}$$

式中，$\boldsymbol{\varepsilon}^{\mathrm{T}}$ 表示 $\boldsymbol{\varepsilon}$ 的共轭转置。权矩阵 $\boldsymbol{W}$ 为实对角矩阵，为残差 $\boldsymbol{\varepsilon}$ 的协方差矩阵 $\boldsymbol{C}$ 的逆矩阵，即

$$\boldsymbol{W}=\boldsymbol{C}^{-1} \tag{5.1.80}$$

式中

$$\boldsymbol{C}=\boldsymbol{E}[\boldsymbol{\varepsilon}\boldsymbol{\varepsilon}^{\mathrm{T}}] \tag{5.1.81}$$

令

$$\frac{\partial \boldsymbol{E}_w}{\partial \boldsymbol{P}}=0 \tag{5.1.82}$$

则得线性参数 $\boldsymbol{P}$ 的马尔可夫估计为

$$\boldsymbol{P}=(\boldsymbol{T}^{\mathrm{T}}\boldsymbol{W}\boldsymbol{T})^{-1}\boldsymbol{T}^{\mathrm{T}}\boldsymbol{W}\widetilde{\boldsymbol{H}} \tag{5.1.83}$$

上述识别线性参数 $\boldsymbol{P}$ 的过程是建立在非线性参数 ω_{mi}，η_{mi} 已知的假设前提下的。因此，在经过第一次识别过程后必须修改 ω_{mi}，η_{mi}，进行第二次迭代。反复进行这一过程，直到满足精度要求为止。下面给出非线性加权最小二乘法识别的全过程。

1）根据实测频响函数预估拟合段内复模态频率 ω_{mi}^0，$\eta_{mi}^0(i=1,2,\cdots,m)$。

2）以 ω_{mi}^0，η_{mi}^0 作为 ω_{mi}，η_{mi} 的初始值，进行迭代，计算首次估算的方差 E_{w1}。

3）如果 E_{w1} 不满足精度 μ，即不满足 $E_{w1}\leqslant\mu$，给 ω_{mi}^0，η_{mi}^0 一个微小变量 $\Delta\omega_{mi}^0$，$\Delta\eta_{mi}^0$，进行第二次迭代，即令

$$\omega_{mi}^{(1)}=\omega_{mi}^{(0)}+\Delta\omega_{mi}^{(0)}$$
$$\eta_{mi}^{(1)}=\eta_{mi}^{(0)}+\Delta\eta_{mi}^{(0)}$$

由前面公式求出第二次迭代的估值 P_2 和方差 E_{W2}。

4）验证是否满足 $E_{w2}\leqslant\mu$，若不满足，再次修改 $\omega_{mi}^{(1)}$，$\eta_{mi}^{(1)}$，重复步骤 3)，直到满足 $E_{wi}\leqslant\mu$，此时线性参数 $\boldsymbol{P}$ 和非线性参数 ω_{mi}，η_{mi} 就是最终确定的参数。

对于振型矢量，利用一组 $\widetilde{H}_{ef}(\omega_k)$ 的数据识别出一组 n 列向量 $\boldsymbol{P}$。其中元素 r_{efi}，当 f，i 固定，e 从 1 到 n 变化时就组成列向量 $[r_{1fi}\quad r_{2fi}\quad\cdots\quad r_{nfi}]^{\mathrm{T}}$，而它就是第 i 阶复模态矢量，也就是振型矢量。

5.1.3　频域振动试验参数识别实例

实际的结构振动参数识别问题往往是依靠模态分析软件来完成的，现在用一个实例进行说明。

1）实验名称：导弹弹翼模型振动模态分析。

2）实验设备：弹翼模型、加速度传感器、力锤、动态信号测试分析系统、模态分析软件、支持系统。

3）实验过程：首先将实验的数据传输线路连接说明一下。将传感器与数据采集仪连接后，进入 1394 数据采集卡里，将数据传入计算机，然后将数据导入模态分析软件中。

现在试验中广泛采用信号测试分析系统软件，测试人员可以根据需要选择通道类型，自由进行信号组合。测量通道扩展方便，具有很大的灵活性。信号测试分析系统一般提供参数设置模块(设定系统参数、通道参数等)、显示模块(光标显示、窗口显示、图形显示等)、信号分析模块(数据预处理、频谱分析、幅值分析、相关分析、索力分析、风洞分析、桩基分析、应变计算等)、传感器标定模块(静态标定等)。

对于一个振动信号或其他类型的随机信号，分析软件需要进行频谱分析。在频谱分析中，时域数据经过 FFT 变换后得到其傅里叶的幅值谱，它反映了频域中各谐波分量的单峰幅值和各谐波分量的有效幅值。

在使用 FFT 分析后，由于频率分辨率而产生的泄露会使频谱主峰的幅值偏小，使用平滑处理可以使频谱主峰的幅值更加准确，但同时降低了频谱主峰以外的频率处的幅值精度。由时域信号的截断所造成的泄漏使用窗是一个有效的处理办法，有指数窗、汉宁窗、平顶窗、汉明窗等等。窗函数具有不同的效果，但都可以提高主频处的幅值精度。

数据采集时一般要设置以下参数：

(1) 采样频率

采样频率即单位时间内的抽样速度，范围一般在 10 Hz～100 kHz 或 12.8 Hz～128 kHz 之间。连续记录方式下最高采样频率受工作通道数量的限制，随着工作通道的增加，最高采样频率降低。

(2) 分析频率

“分析频率”的范围在 3.91 Hz～39.06 kHz 或 5 Hz～50 kHz 之间。最高分析频率也受通道个数的限制，随着工作通道的增加，最高分析频率降低。

采样频率与分析频率存在 2.56 倍的对应关系。

(3) 采样方式

采样方式一般包括“示波”、“瞬态”、“连续”三种记录方式。“示波”是指采集到的数据仅仅显示，不进行记录。示波的主要目的是使使用者事先对输入的信号进行简单的观测，以判断信号是否正常，借以判断整个系统是否正常，用于正式试验前测量系统的调试。“瞬态”记录多用于记录稳态信号，采集的数据量一般比较少。“连续”记录多用于较长时间采集非稳态信号。

(4) 触发方式

触发方式包括“手动触发”和“信号触发”两种。“手动触发”是指要人为发出开始采样命令。“信号触发”是指只有采集的信号电压达到触发水平时才开始采集。

(5) 数据块数

在瞬态采样方式下起作用，需要给出每次采样的块数。

(6) 延迟点数

在瞬态记录采样方式，并且触发方式为信号触发或外触发时需要规定从触发点向前预保留数据。

(7) 触发次数

多次触发采集允许在一个测试项目中连续多次捕捉瞬态信号，在每次触发条件满足后，系统自动采集一段数据。

模态分析软件分析时有两种试验方法：测力法和不测力法。测力法是在试验过程中需要同时测量激励数据和响应数据的方法。不测力法是在试验过程中不需要测量激励力的方法。工程中的大量结构和机器(如大型客机、大型房屋建筑、大型桥梁、汽轮发电机组等)都很难人工施加激励力,其结构响应主要由环境激励引起,如机器运行时由质量不平衡产生的惯性力,车辆行驶时地面凸凹不平引起的振动以及微地震产生的地脉动,这些环境激励是既不可控制又难以测量的,这时只有采用不测力法。

本实验的模型如图 5.1 所示。根据模型确定物理参数。

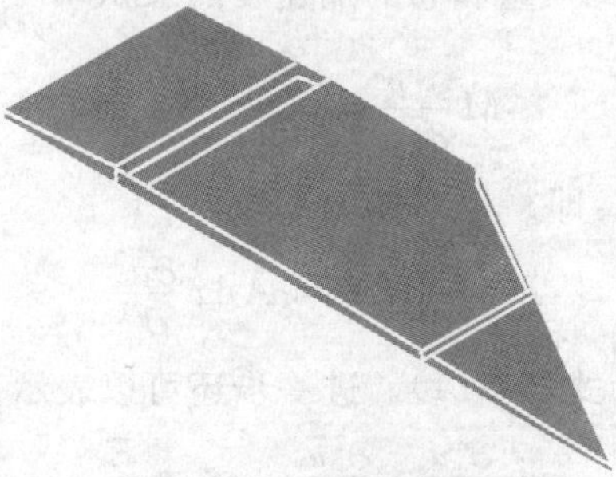

图 5.1　弹翼模型图

试验采用正交分量法来识别机翼模型的振动参数,激励采用力锤敲击(脉冲激励)。利用模态分析软件处理响应数据,就可以识别出弹翼模型的各种模态参数。

5.2　波动问题的基本知识

在许多动力学专著和教科书中都介绍过,如图 5.2 所示的等剖面杆的纵向弹性波动方程为

$$E\frac{\partial^2 u}{\partial x^2}=\rho\frac{\partial^2 u}{\partial t^2}\tag{5.2.1}$$

推导过程如下:

在图 5.3 所示的增量左表面上的应变为

$$\varepsilon_1=\frac{\partial u}{\partial x}\tag{5.2.2}$$

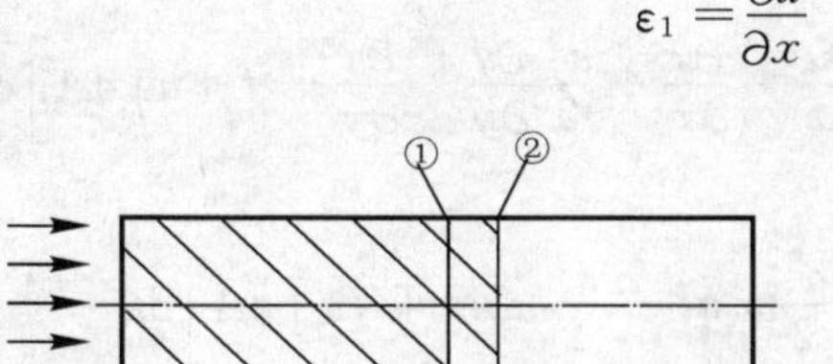

图 5.2　等剖面杆分析模型

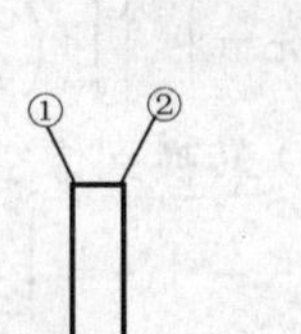

图 5.3　微元分析

右表面上的应变为

$$\varepsilon_2=\frac{\partial u}{\partial x}+\frac{\partial^2 u}{\partial x^2}\mathrm{d}x\tag{5.2.3}$$

则在两表面之间，应变的变化为

$$d\varepsilon = \frac{\partial^2 u}{\partial x^2} dx \tag{5.2.4}$$

于是，由应力 σ 在增量微段上引起的净作用力为

$$F = E \frac{\partial^2 u}{\partial x^2} dx A \tag{5.2.5}$$

此净作用力 F 必须与微段的质量和它的加速度的乘积 $M \frac{\partial u^2}{\partial t^2}$ 相平衡。而 $M = \rho A dx$，则

$$M \frac{\partial^2 u}{\partial t^2} = \rho A dx \frac{\partial^2 u}{\partial t^2} \tag{5.2.6}$$

令式(5.2.5) 与式(5.2.6) 相等，即

$$E \frac{\partial u^2}{\partial x^2} dx A = \rho A dx \frac{\partial u^2}{\partial t^2} \tag{5.2.7}$$

通过两边除以 Adx，其结果便为式(5.2.1)。进一步还可以表示为

$$a^2 \frac{\partial^2 u}{\partial x^2} = \frac{\partial^2 u}{\partial t^2}, \quad a^2 = \frac{E}{\rho} \tag{5.2.8}$$

初始条件可以设为

$$u\,|_{t_0} = f(x), \quad \left.\frac{du}{dt}\right|_{t_0} = 0 \tag{5.2.9}$$

式中 A—— 等剖面杆的横剖面面积；

a —— 波的传播速度；

E—— 杨氏弹性模量；

σ —— 应力；

F—— 作用力；

M —— 某段的质量；

t —— 时间；

u —— 位移；

ε —— 应变；

ρ —— 材料的密度。

由第 4 章可知，波动方程对应的泛函为

$$\pi = \int_{t_0}^{t_1} \left[\iint_A \left(\frac{1}{2} \frac{\partial u}{\partial t} * \frac{\partial u}{\partial t} + \frac{a^2}{2} \frac{\partial u}{\partial x} * \frac{\partial u}{\partial x} + \frac{a^2}{2} \frac{\partial u}{\partial y} * \frac{\partial u}{\partial y} + f * u \right) dA \right] dt \tag{5.2.10}$$

将式(5.2.10) 转换到像空间，可得

$$\tilde{\pi} = \int_{t_0}^{t_1} \left[\iint_A \left(\frac{1}{2} \frac{d\tilde{u}}{dt} \frac{d\tilde{u}}{dt} - \frac{a^2}{2} \omega_x^2 \tilde{u}^2 - \frac{a^2}{2} \omega_y^2 \tilde{u}^2 + \tilde{f} \tilde{u} \right) dA \right] dt \tag{5.2.11}$$

式中，ω_x 和 ω_y 为 Fourier 变换参变量。

如果将该变分原理应用于无界弦的波动问题，则变分原理的泛函进一步变换为

$$\tilde{\pi} = \int_{t_0}^{t_1} \left[\iint_A \left(\frac{1}{2} \frac{d\tilde{u}}{dt} \frac{d\tilde{u}}{dt} - \frac{a^2}{2} \omega_x^2 \tilde{u}^2 \right) dA \right] dt \tag{5.2.12}$$

将 $\tilde{\pi}$ 变分，并令 $\delta\tilde{\pi} = 0$，可得

$$\delta\tilde{\pi}=\delta\int_{t_0}^{t_1}\left[\iint_A\left(\frac{1}{2}\frac{\mathrm{d}\tilde{u}}{\mathrm{d}t}\frac{\mathrm{d}\tilde{u}}{\mathrm{d}t}-\frac{a^2}{2}\omega_x^2\tilde{u}^2\right)\mathrm{d}A\right]\mathrm{d}t=\int_{t_0}^{t_1}\left[\iint_A\left(\frac{\mathrm{d}\tilde{u}}{\mathrm{d}t}\delta\frac{\mathrm{d}\tilde{u}}{\mathrm{d}t}-a^2\omega_x^2\tilde{u}\delta\tilde{u}\right)\mathrm{d}A\right]\mathrm{d}t=0 \tag{5.2.13}$$

利用分部积分，可得

$$\int_{t_0}^{t_1}\frac{\mathrm{d}\tilde{u}}{\mathrm{d}t}\delta\frac{\mathrm{d}\tilde{u}}{\mathrm{d}t}\mathrm{d}t=\frac{\mathrm{d}\tilde{u}}{\mathrm{d}t}\delta\tilde{u}\Big|_{t_0}^{t_1}-\int_{t_0}^{t_1}\frac{\mathrm{d}^2\tilde{u}}{\mathrm{d}t^2}\delta\tilde{u}\mathrm{d}t \tag{5.2.14}$$

将式(5.2.14)代入式(5.2.13)，按惯例在时区边界处取 $\delta\tilde{u}=0$，整理可得

$$\delta\tilde{\pi}=\int_{t_0}^{t_1}\left[\iint_A\left(-\frac{\mathrm{d}^2\tilde{u}}{\mathrm{d}t^2}-a^2\omega_x^2\tilde{u}\right)\delta\tilde{u}\mathrm{d}A\right]\mathrm{d}t=0 \tag{5.2.15}$$

由于 $\delta\tilde{u}$ 的任意性，故由式(5.2.15)可得

$$\frac{\mathrm{d}^2\tilde{u}}{\mathrm{d}t^2}+a^2\omega_x^2\tilde{u}=0 \tag{5.2.16}$$

可见，这是一个频域中的微分方程问题。

初始条件的变换式为

$$\tilde{u}\Big|_{t_0}=\Phi[f(x)]=F(\omega_x) \tag{5.2.17}$$

$$\frac{\mathrm{d}\tilde{u}}{\mathrm{d}t}\Big|_{t_0}=\Phi[0]=0 \tag{5.2.18}$$

由微分方程的解法可知，该微分方程的解为

$$\tilde{u}(\omega_x,t)=F(\omega_x)\cos a\omega_x t \tag{5.2.19}$$

然后，将上式反演到原空间，可得

$$\begin{aligned}u(x,t)&=\frac{1}{2\pi}\int_{-\infty}^{+\infty}\tilde{u}(\omega_x,t)\mathrm{e}^{\mathrm{j}\omega_x t}\mathrm{d}\omega_x=\frac{1}{2\pi}\int_{-\infty}^{\infty}F(\omega_x)\cos a\omega_x t\,\mathrm{e}^{\mathrm{j}\omega_x t}\mathrm{d}\omega_x=\\&\frac{1}{2\pi}\int_{-\infty}^{+\infty}F(\omega_x)\frac{\mathrm{e}^{-\mathrm{j}a\omega_x t}+\mathrm{e}^{\mathrm{j}a\omega_x t}}{2}\mathrm{e}^{\mathrm{j}\omega_x x}\mathrm{d}\omega_x=\\&\frac{1}{4\pi}\int_{-\infty}^{+\infty}F(\omega_x)(\mathrm{e}^{\mathrm{j}\omega_x(x-at)}+\mathrm{e}^{\mathrm{j}\omega_x(x+at)})\mathrm{d}\omega_x=\frac{1}{2}[f_1(x-at)+f_2(x+at)]\end{aligned} \tag{5.2.20}$$

它表示在杆轴线上沿正、负方向传播的一对位移波，如图 5.4 所示。图上表示的时刻随意取为 $t=0$，于是给出的两个波仅表示为位置的特定函数。例如，图示的两个特定波形 f_1 和 f_2 可以是早些时候杆两端特定位移边界条件引起的。f_1 和 f_2 是参数 $x-at$ 和 $x+at$ 的任意函数关系式。

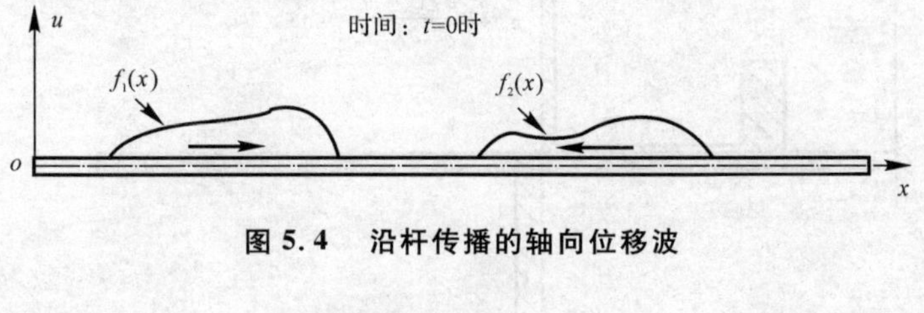

图 5.4　沿杆传播的轴向位移波

以式(5.2.20)中的 $f_1(x-at)$ 为例，考虑在两个瞬时 $t=0$ 和 $t=\Delta t$ 向前传播的波，如图 5.5 所示，就能很容易地弄懂波的传播机理的性质。如果考虑一个新的位置变量 $x'=x-a\Delta t$，那么 $f_1(x-a\Delta t)\equiv f_1(x')$。图 5.5(b)中以变量 x' 为基准的波形和图 5.5(a)中以变量 x 为

基准的波形一样。于是，在时间 Δt 中波仅仅是前进了距离 $a\Delta t$，但未改变形状，波的传播速度为 a。同理，可以证明式(5.2.20) 中的第二项 $f_2(x+at)$ 表示沿 x 的负方向传播的波。

杆的动力行为也可以用应力分布而不用位移来表示。由 $\sigma=E\varepsilon$ 及 $\varepsilon=\partial u/\partial x$，给出应力波为

$$\sigma(x,t)=E\frac{\partial u}{\partial x}=E\frac{\partial f_1(x-at)}{\partial x}+E\frac{\partial f_2(x+at)}{\partial x} \tag{5.2.21}$$

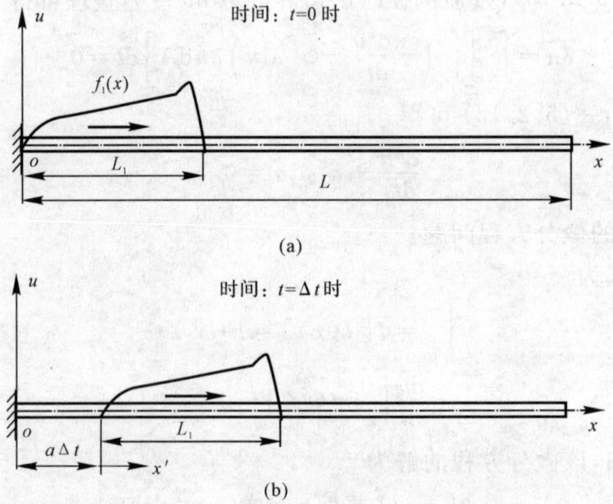

图 5.5　在时段 Δt 内波的传播

如果应用 g_1 和 g_2 来表示应力波函数 $E\partial f_1/\partial x$ 和 $E\partial f_2/\partial x$，它可以写成

$$\sigma(x,t)=g_1(x-at)+g_2(x+at) \tag{5.2.22}$$

图 5.6 画出了一个任意位移波形和与它对应的应力波的关系。显然，应力波也是以速度 a 来传播的并保持形状不变。

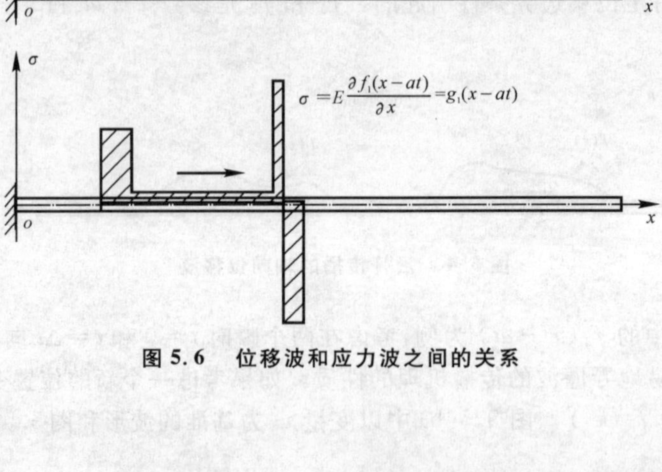

图 5.6　位移波和应力波之间的关系

5.3　反平面剪切波远场分析

5.3.1　弹性波分析概述

在自然界中存在着各式各样的天然介质和工程材料，其中总会或多或少地存在着各种形式的物理参数不连续的界面和缺陷，例如复合材料、多晶结构、焊接结构、零件加工裂纹等。这些界面和缺陷有些是天然存在的，有些是人为在生产、加工、运输和使用的过程中偶然造成的，但也有一些是为了满足功能上的需要和工艺加工上的需求而人为设计出来的。目前航空航天工程中广泛使用复合材料减轻负荷，使用陶瓷材料隔热，这些材料有些会人为加入异质物以增强性能，有的加工中会产生局部缺陷。总之，不以人的意志为转移，它们会以某种方式存在并影响着周围。当有某种形式的动态载荷作用发生时，天然介质和工程材料内部就会产生弹性波动，而弹性波动在传播过程中遇到障碍物(例如孔洞、夹杂、裂纹和界面等等)时，将会与障碍物发生相互作用，这种相互作用的结果就会使障碍物表面上任意一点都成为一个新的波源，这些次生的新波源同样会向各个方向发出次生波，这种现象就是弹性波的散射，障碍物也就被称为散射体[35]。

以弹性介质中散射体对弹性波的散射问题作为研究对象，对工程领域中的许多方面具有重要指导意义。例如，上文所说的航空航天工程中应用了许多新材料，其中不少是多种物质混合，或者是分层黏和，而对这类材料进行实时观测、定量无损探查就成为一个必须面对的问题；火箭发射过程中的强烈冲击对各构件的连接稳固性的影响也只有通过结构动力分析才能回答；雷达、水下声呐和爆破等技术的应用和发展，从根本上说都要搞清弹性波的散射作用与弹性介质中的异质体的几何尺寸、方向角度以及物理参数之间的相互关系。另外，在实际工程中也可以看到，很多弹性波问题涉及的是所谓弹性波散射问题的反问题，也就是在对实际检测得到的已知弹性波散射效应进行分析的前提下，反推出散射体的几何尺寸、方向角度以及异质体和周围介质的物理参数，有时还需要得到周围环境的具体信息。无论是解决正问题，还是解决反问题，第一步要做的就是对本问题涉及的方方面面进行系统的深入研究，以求抓住本问题的关键性环节，了解其内在特性和规律，从而为反问题的实际求解提供途径。

20世纪后半叶人们对弹性波散射问题的研究集中在以下三类[35-40]：第一类是裂纹，它们的体积为零；第二类是各种形状的物体或孔洞，它们的体积不为零；第三类是不规则的边界，航空航天吸音吸热材料在应用中很多情况下会遇到不规则的边界。从散射问题研究的发展历程来看，人们是从对单个简单形状的球、圆柱等散射体的研究，发展到对单个或多个任意形状散射体的研究；从对半无限的裂纹的研究发展到对有限裂纹和界面裂纹的研究；对从简单边界的研究发展到对各种复杂边界形式的研究。在研究方法上，从采用经典的波函数展开法、积分方程法进行研究，发展到运用积分方程的Born近似法、T矩阵、复变函数方法、射线方法、匹配渐进展开法、等效内含物法和有限元、边界元等数值方法对散射问题进行研究。

散射问题研究上的发展是和同时期的实际需求相适应的，例如航空材料断裂问题的出现，要求对裂纹散射和动应力集中问题进行深入研究。目前复合材料被大量地应用于航空航天领域，分层介质问题及基体介质中包含多种复合缺陷的问题大量出现，这给科技工作者提出新的研究方向。

对于均匀各向同性弹性体，在不计体力的情况下，运动方程[37] 可表示为

$$(\lambda+\mu)\nabla\nabla\cdot \boldsymbol{u}+\mu\nabla^2\boldsymbol{u}=\rho\ddot{\boldsymbol{u}} \tag{5.3.1}$$

按照 Helmholz 定理，任何一个矢量场都可以表示为一个标量场 $\boldsymbol{\Phi}$ 的梯度与一个矢量场 $\boldsymbol{\Psi}$ 的旋度之和，即

$$\boldsymbol{u}=\nabla\boldsymbol{\Phi}+\nabla\times\boldsymbol{\Psi},\quad \nabla\cdot\boldsymbol{\Psi}=0 \tag{5.3.2}$$

式中，$\boldsymbol{\Phi}$ 和 $\boldsymbol{\Psi}$ 分别为标量和矢量的位移势。将式(5.3.2) 代入式(5.3.1) 可得

$$\nabla[(\lambda+2\mu)\nabla^2\boldsymbol{\Phi}-\rho\ddot{\boldsymbol{\Phi}}]+\nabla\times[\mu\nabla^2\boldsymbol{\Psi}-\rho\ddot{\boldsymbol{\Psi}}]=0 \tag{5.3.3}$$

如果令

$$\left.\begin{aligned}c_p^2\nabla^2\boldsymbol{\Phi}=\ddot{\boldsymbol{\Phi}},\quad c_p^2=(\lambda+2\mu)/\rho\\ c_s^2\nabla^2\boldsymbol{\Psi}=\ddot{\boldsymbol{\Psi}},\quad c_s^2=\mu/\rho\end{aligned}\right\} \tag{5.3.4}$$

方程式(5.3.3) 便可以满足。这里可以看出，$\boldsymbol{\Phi}$ 和 $\boldsymbol{\Psi}$ 分别满足一个标量波动方程和一个矢量波动方程。

由于波动方程比原始运动方程简单了许多，因此可以利用式(5.3.2) 构造 $\boldsymbol{u}$ 的解，并使其能满足波动方程式(5.3.3) 以及边界条件和初始条件。这种解的完备性是由 Clebsch 于 1863 年首先提出的，证明是由 Somigliana(1892 年)、Duhem(1889 年)和后来的 Sternberg(1960 年)给出的 。所有这些作者都假设矢量场 $\boldsymbol{\Psi}$ 应是无散度的，即$\nabla\cdot\boldsymbol{\Psi}=0$。

弹性动力学完备性定理表明在弹性固体里仅存在两种不同类型的波，一个是以速度 c_p 传播的$\boldsymbol{\Phi}$ 波，另一个是以速度 c_s 传播的$\boldsymbol{\Psi}$ 波。这两种波的波速之比仅仅是材料泊松比 ν 的函数，用符号 κ 来表示，有

$$\kappa=\frac{c_p}{c_s}=\sqrt{\frac{\lambda+2\mu}{\mu}}=\sqrt{\frac{2-2\nu}{1-2\nu}} \tag{5.3.5}$$

由$\nabla\boldsymbol{\Phi}$ 产生的波的速度较快，称为初波(P 波)；由$\nabla\times\boldsymbol{\Psi}$ 产生的波称为次波(S 波)。这两种波还可用其他的物理性能来识别它们，所以初波又有膨胀波、无旋波、压缩波、纵波、P 波等名称，相应的次波又有旋转波、等体积波、剪切波、横波、S 波等名称。

固体中平面波表示为

$$\boldsymbol{u}=\boldsymbol{A}f(\boldsymbol{x}\cdot\boldsymbol{n}-ct) \tag{5.3.6}$$

或

$$u_i=A_i f(x_k n_k-ct) \tag{5.3.7}$$

式中 $\boldsymbol{A}$—— 振幅矢量；

f—— 任意函数；

$\boldsymbol{n}$—— 波面法线，即波的传播方向；

c—— 波速。

将式(5.3.6) 代入式(5.3.1) 可以看出，只有在

$$(\lambda+\mu)(\boldsymbol{A}\cdot\boldsymbol{n})\boldsymbol{n}+(\mu-\rho c^2)\boldsymbol{A}=0 \tag{5.3.8}$$

时，式(5.3.6) 给出的形式才能代表弹性固体中的平面波。

另外，还可以用位移势将平面弹性波表现出来。P 波可写成

$$\left.\begin{aligned}\boldsymbol{\phi}&=\phi_0 f(\boldsymbol{r}\cdot\boldsymbol{n}-c_p t)\\ \boldsymbol{\psi}&=0\end{aligned}\right\}\tag{5.3.9}$$

相应的位移为

$$\boldsymbol{u}_p=\nabla\boldsymbol{\phi}=\phi_0\boldsymbol{n}f'(\boldsymbol{r}\cdot\boldsymbol{n}-c_p t)$$

式中，“′”表示对宗量的微分。

剪切波可写成

$$\left.\begin{aligned}\boldsymbol{\phi}&=0\\ \boldsymbol{\psi}&=\boldsymbol{\psi}_0 g(\boldsymbol{r}\cdot\boldsymbol{n}-c_s t)\end{aligned}\right\}\tag{5.3.10}$$

式中，$\boldsymbol{\psi}_0$ 为垂直于 $\boldsymbol{n}$ 的任意常矢量。令 $\boldsymbol{p}$ 为剪切波的偏振方向的单位矢量，于是可将 $\boldsymbol{\psi}_0$ 写成 $\boldsymbol{\psi}_0=\psi_0\boldsymbol{p}\times\boldsymbol{n}$，并将剪切波写成

$$\left.\begin{aligned}\boldsymbol{\phi}&=0\\ \boldsymbol{\psi}&=\psi_0(\boldsymbol{p}\times\boldsymbol{n})g(\boldsymbol{r}\cdot\boldsymbol{n}-c_s t)\end{aligned}\right\}\tag{5.3.11}$$

式中，ψ_0 为标度系数。由式(5.3.10)第二式的势求得位移矢量

$$\boldsymbol{u}_s=\nabla\times\boldsymbol{\psi}=\psi_0\boldsymbol{p}f'(\boldsymbol{r}\cdot\boldsymbol{n}-c_p t),\quad \boldsymbol{p}\cdot\boldsymbol{n}=0\tag{5.3.12}$$

由于位移矢量 $\boldsymbol{u}_p$ 总是与波的法线 $\boldsymbol{n}$ 平行的，所以，关于平面 P 波的偏振方向不会有第二种解释。但是，除非 $\boldsymbol{p}$ 是规定好的，否则剪切波的偏振方向难以确定，因为 $\boldsymbol{u}_s$ 可以是许许多多与 $\boldsymbol{n}$ 相垂直的单位矢量中的任意一个(见图 5.7)。为方便起见，在介质中选一条直线作为垂直坐标轴(图 5.7 中的 x_2 轴)，则任何一个垂直于该直线的平面均视为水平面。如果剪切波的偏振方向是与水平的 x_3 轴平行的，则称此剪切波为 SH 波；如果是与垂直平面(x_1-x_2 平面)相平行的，则称此剪切波为 SV 波。由于航空航天问题在很多情况下能提供一个天然的水平基线，所以这种参考系对于处理该类问题是非常方便的。对于其他问题，可以有意地选择某个方向作为垂直轴，其他的轴随之也就确定下来了。显然，P 波和 SV 波构成一种平面运动的分量，而 SH 波则代表一种反平面运动。平面运动与反平面运动是两种不相耦合的运动。

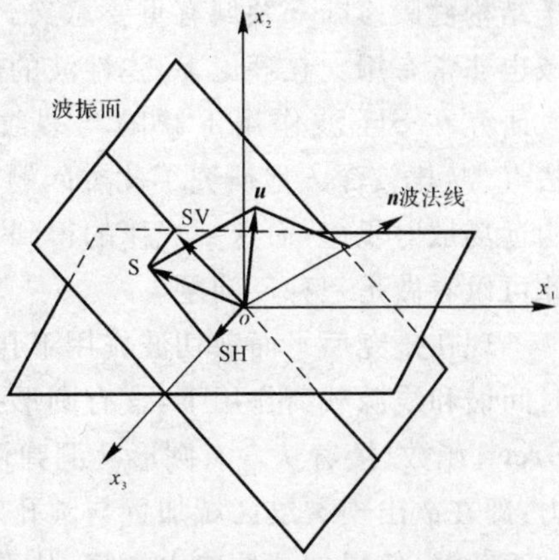

图 5.7　平面波在固体中的传播

现在仅研究反平面波动问题，即 SH 波的散射问题。这时只有沿着 x_3 轴方向的位移分量不为零，即

$$\left.\begin{aligned}u_1&=0\\ u_2&=0\\ u_3&=W(x_1,x_2,t)\end{aligned}\right\}\tag{5.3.13}$$

相应的不为零的应力分量为

$$\left.\begin{aligned}\tau_{13}&=\mu\frac{\partial W}{\partial x_1}\\ \tau_{23}&=\mu\frac{\partial W}{\partial x_2}\end{aligned}\right\}\tag{5.3.14}$$

根据式(5.3.13)第三式，可将运动方程简化为单一的标量波动方程

$$\mu \nabla^2 W(x_1, x_2, t) = \rho \frac{\partial^2 W}{\partial t^2} \tag{5.3.15}$$

5.3.2 SH 波作用下圆形孔洞与裂纹相互作用远场解

从现在开始，将讨论 SH 波作用下圆形孔洞和圆形夹杂与直线形裂纹相互作用的远场特性。含圆形孔洞和夹杂的结构广泛存在于各种航空航天工程设计中，这些结构在加工过程中和工作中可能在圆形孔洞或圆形夹杂周围萌生出微裂纹等各种缺陷。当含有孔洞、夹杂及裂纹的复合材料结构受有动力荷载作用时，孔洞、夹杂与裂纹的动力相互作用使孔洞、夹杂周边以及裂纹尖端发生动应力集中现象[41-46]，同时缺陷的组合形式也决定着材料结构内部能否产生损伤。孔洞、夹杂和微裂纹均存在于材料结构内部，一般情况下不能够直接发现，内部随工作情况恶化所发生的动应力集中和裂纹扩展等问题也不能直接发现，这都使结构安全实时评估无法实现。当动力荷载作用在材料结构上时，内部缺陷的散射场提供了许多裂纹与孔洞、夹杂相互作用的特征参数信息，例如缺陷类型、位置与形状等。因此，对散射波远场解的研究对于结构健康诊断等领域有重要意义。在海洋声学中，远场声波散射在水下探测、物体识别等领域也非常有用。在理论上，弹性波的散射求解是弹性波动基本问题之一。以往文献，仅有很少人研究在 SH 波作用下缺陷与裂纹相互作用的远场解[44]。本节引入一种新的模型及方法[45-46]，比较深入地研究了此类问题。这一问题的解决可以提供孔洞、夹杂与裂纹共存的结构远场散射规律，而这一规律的得到，就可以为利用远场散射数据判断内部缺陷提供依据，因此可以看做是一种反问题。

现在研究反平面剪切波作用下孔洞与裂纹相互作用的散射波远场解。首先求解在出平面时间谐和线源载荷作用下，含有圆形孔洞弹性空间内任意一点的位移函数基本解，并把它作为 Green 函数；接着从含有圆形孔洞弹性空间对 SH 波的散射波场出发，沿裂纹位置施加反向应力，即在欲出现裂纹区域加置与圆孔对 SH 波散射产生应力相对应的大小相等、方向相反的出平面荷载，使得裂纹处应力为零，从而构造出裂纹，这个过程叫做“裂纹切割”。最后，给出同时存在圆形孔洞以及直线形裂纹情况下的位移与应力表达式。在 Green 函数以及近场解被求出后，散射波的远场表达式就可以得到，远场散射位移模式以及散射截面将被给出。

在弹性空间中存在一个圆形孔洞，圆形孔洞附近有一直线形裂纹，如图 5.8 所示。弹性介质的密度和横波速度分别为 ρ 和 c_s。

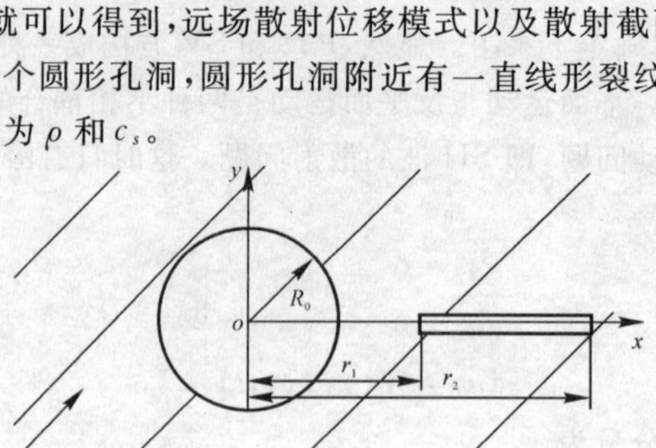

图 5.8　圆形孔洞与裂纹相互作用问题模型

在各向同性介质中研究反平面剪切运动，在 xy 平面内 SH 波所激发的位移为 $W(x,y,t)$，垂直于 xy 平面，且与 z 轴无关，而对于稳态问题，位移 $W(x,y,t)$ 要满足运动方程

$$\frac{\partial^2 W}{\partial x^2}+\frac{\partial^2 W}{\partial y^2}+k^2 W=0 \tag{5.3.16}$$

式中，W 为位移函数，它与时间的依赖关系为 $e^{-j\omega t}$，因为考虑稳态问题，所以在下面的分析中略去时间谐和因子 $e^{-j\omega t}$；$k=\frac{\omega}{c_s}$，ω 为位移 $W(x,y,t)$ 的圆频率；c_s 为介质的剪切波速，$c_s=\sqrt{\frac{\mu}{\rho}}$，$\rho$，$\mu$ 分别为介质的质量密度和剪切模量。

由于所研究的问题涉及圆形孔洞，因此利用圆柱坐标来研究问题是恰当的，因而运动方程变为

$$\frac{\partial^2 W}{\partial r^2}+\frac{1}{r}\frac{\partial W}{\partial r}+\frac{1}{r^2}\frac{\partial^2 W}{\partial \theta^2}+k^2 W=0 \tag{5.3.17}$$

应力关系为

$$\left.\begin{aligned}\tau_{rz}&=\mu\frac{\partial W}{\partial r}\\ \tau_{\theta z}&=\frac{\mu}{r}\frac{\partial W}{\partial \theta}\end{aligned}\right\} \tag{5.3.18}$$

对于这一问题采用Green函数法求解。Green函数是弹性空间中具有圆形孔洞，在任意一点承受时间谐和的出平面线源荷载作用时位移函数的基本解。位移函数 G 与时间的依赖关系也为 $e^{-j\omega t}$，在极坐标下满足控制方程

$$\frac{\partial^2 G}{\partial r^2}+\frac{1}{r}\frac{\partial G}{\partial r}+\frac{1}{r^2}\frac{\partial^2 G}{\partial \theta^2}+k^2 G=0 \tag{5.3.19}$$

边界条件可以表述为

$$\left.\begin{aligned}&\tau_{\theta z}=\delta(\boldsymbol{r}-\boldsymbol{r}_0)\quad \text{（即在 } \boldsymbol{r}=\boldsymbol{r}_0 \text{ 处作用有一出平面线源荷载）}\\ &\tau_{rz}\,\big|_{\boldsymbol{r}=\boldsymbol{R}_0}=0\end{aligned}\right\} \tag{5.3.20}$$

在式(5.3.20)所给出的边界条件约束下，满足控制方程(5.3.19)的基本解应包括两部分运动：出平面线源荷载的扰动和圆形孔洞所激发的散射波。对于出平面线源荷载 $\delta(\boldsymbol{r}-\boldsymbol{r}_0)$ 在一个完整弹性空间中所产生的扰动，可以将其视为入射波 $G^{(i)}$，它是已知的，即全空间问题的基本解为

$$G^{(i)}=\frac{j}{4\mu}H_0^{(1)}(k_1\,|\,\boldsymbol{r}-\boldsymbol{r}_0\,|)e^{-j\omega t} \tag{5.3.21}$$

式中，$H_0^{(1)}(*)$ 为零阶的第一类 Hankel 函数。利用 Hankel 函数的加法定理，并略去时间因子，则式(5.3.21)可以写成

$$G^{(i)}=\frac{j}{4\mu}\sum_{m=0}^{\infty}\varepsilon_m\cos[m(\theta-\theta_0)]\begin{cases}J_m(kr_0)H_m^{(1)}(kr), & r>r_0\\ J_m(kr)H_m^{(1)}(kr_0), & r<r_0\end{cases} \tag{5.3.22}$$

式中，当 $m=0$ 时，$\varepsilon_m=1$；当 $m\geqslant 1$ 时，$\varepsilon_m=2$。

对于由圆形孔洞所激发的散射波，可以写为

$$G^{(s)}=\sum_{m=0}^{\infty}A_m H_m^{(1)}(kr)\cos[m(\theta-\theta_0)] \tag{5.3.23}$$

式中，A_m 为待定的常数。

则问题的总波场，即 Green 函数应当写为

$$G=G^{(i)}+G^{(s)} \tag{5.3.24}$$

由圆形孔洞表面应力自由的边界条件，应有

$$\left.\frac{\partial G}{\partial r}\right|_{r=R_0}=0 \tag{5.3.25}$$

由此可以求出系数 A_m 为

$$A_m=-\frac{\mathrm{j}}{4\mu}\varepsilon_m\frac{\mathrm{J}'_m(kR_0)\mathrm{H}_m^{(1)}(kr_0)}{\mathrm{H}_m^{(1)'}(kR_0)} \tag{5.3.26}$$

把式(5.3.26)代入式(5.3.23)，并把式(5.3.22)和式(5.3.23)代入式(5.3.24)，可得本问题的 Green 函数为

$$G(r,r_0,\theta,\theta_0)=\frac{\mathrm{j}}{4\mu}\sum_{m=0}^{\infty}\varepsilon_m\cos[m(\theta-\theta_0)]\begin{cases}\mathrm{H}_m^{(1)}(kr)\left[\mathrm{J}_m(kr_0)-\dfrac{\mathrm{J}'_m(kR_0)\mathrm{H}_m^{(1)}(kr_0)}{H_m^{(1)'}(kR_0)}\right], & r>r_0\\ \mathrm{H}_m^{(1)}(kr_0)\left[\mathrm{J}_m(kr)-\dfrac{\mathrm{J}'_m(kR_0)\mathrm{H}_m^{(1)}(kr)}{\mathrm{H}_m^{(1)'}(kR_0)}\right], & r<r_0\end{cases} \tag{5.3.27}$$

反向使用加法公式，可得

$$G(r,r_0,\theta,\theta_0)=\frac{\mathrm{j}}{4\mu}H_0^{(1)}(k\mid r-r_0\mid)-\frac{\mathrm{j}}{4\mu}\sum_{m=0}^{\infty}\varepsilon_m\cos[m(\theta-\theta_0)]\frac{\mathrm{J}'_m(kR_0)\mathrm{H}_m^{(1)}(kr_0)}{\mathrm{H}_m^{(1)'}(kR_0)}\mathrm{H}_m^{(1)}(kr) \tag{5.3.28}$$

以 SH 波作为入射波，在圆形孔洞处产生散射，入射波与散射波在裂纹处的应力可求，那么在裂纹处施加与入射波和散射波所产生的应力等值反向的应力，则此处的应力即为零，也就意味着此处有一点裂开，沿裂纹进行上述“切割”操作，就可以求出 SH 波作用下圆形孔洞与裂纹相互作用下的位移应力表达式，下文做出具体阐述。

首先考虑 SH 波入射到含圆形孔洞的无限大线弹性均匀介质时，关于时间谐和的出平面入射位移场 $W^{(i)}$，可以写成

$$W^{(i)}=W_0\sum_{n=0}^{\infty}\varepsilon_n\mathrm{j}^n\cos n(\theta-\alpha_0)\mathrm{J}_n(kr) \tag{5.3.29}$$

式中，α_0 为入射角。由于介质内有圆形孔洞，入射波作用于圆形孔洞时产生散射波场 $W^{(s)}$ 为

$$W^{(s)}=W_0\sum_{n=0}^{\infty}B_n\mathrm{H}_n^{(1)}(kr)\cos[n(\theta-\alpha_0)] \tag{5.3.30}$$

式中，B_n 为待定系数。

利用圆形孔洞表面应力自由的边界条件

$$\tau_{rz}^{(t)}=\tau_{rz}^{(i)}+\tau_{rz}^{(s)}=0 \tag{5.3.31}$$

即

$$\left.\frac{\partial(W^{(i)}+W^{(s)})}{\partial r}\right|_{r=R_0}=0 \tag{5.3.32}$$

可以求出系数 B_n 为

$$B_n=-\varepsilon_n\mathrm{j}^n\frac{\mathrm{J}'_n(kR_0)}{\mathrm{H}_n^{(1)'}(kR_0)} \tag{5.3.33}$$

从而 SH 波入射时圆形孔洞存在条件下的位移基本解为

$$W^{(t)}=W^{(i)}+W^{(s)}=W_0\sum_{n=0}^{\infty}\varepsilon_n\mathrm{j}^n\cos[n(\theta-\alpha_0)]\left[\mathrm{J}_n(kr)-\frac{\mathrm{J}'_n(kR_0)}{\mathrm{H}_n^{(1)'}(kR_0)}\mathrm{H}_n^{(1)'}(kr)\right] \tag{5.3.34}$$

应力表达式为

$$\tau_{rz}^{(t)}\Big|_{r=r_0}=\mu W_0 k\sum_{n=0}^{\infty}\varepsilon_n \mathrm{j}^n\cos[n(\theta-\alpha_0)]\left[\mathrm{J}'_n(kr)-\frac{\mathrm{J}'_n(kR_0)}{\mathrm{H}_n^{(1)'}(kR_0)}\mathrm{H}_n^{(1)'}(kr)\right]\quad(5.3.35)$$

$$\tau_{\theta z}^{(t)}\Big|_{r=r_0}=-\frac{\mu W_0 k}{r_0 k}\sum_{n=0}^{\infty}\varepsilon_n \mathrm{j}^n n\sin[n(\theta-\alpha_0)]\left[\mathrm{J}_n(kr_0)-\frac{\mathrm{J}'_n(kR_0)}{\mathrm{H}_n^{(1)'}(kR_0)}\mathrm{H}_n^{(1)}(kr_0)\right]\quad(5.3.36)$$

当仅研究 SH 波入射情况下圆形孔洞的散射问题时，圆孔周围的应力为

$$\tau_{\theta z}^{(t)}\Big|_{r=R_0}=-\frac{\mu W_0 k}{R_0 k}\sum_{n=0}^{\infty}\varepsilon_n \mathrm{j}^n n\sin[n(\theta-\alpha_0)]\left[\mathrm{J}_n(kR_0)-\frac{\mathrm{J}'_n(kR_0)}{\mathrm{H}_n^{(1)'}(kR_0)}\mathrm{H}_n^{(1)}(kR_0)\right]\quad(5.3.37)$$

沿 α_0 方向入射 SH 波应力最大幅值为 $\tau_0=|\tau_{rz}^{(i)}|=\mu W_0 k$，定义无裂纹时圆孔散射动应力集中系数为

$$\tau_1=\left|\frac{\tau_{\theta z}}{\tau_0}\right|\quad(5.3.38)$$

现在考虑圆形孔洞附近裂纹存在时对 SH 波的散射问题。

根据已经得到的仅含圆形孔洞的无限大介质中 SH 波的入射波场与散射波场，下面可以按裂纹“切割”的方式构造出含有直线形裂纹情况下对 SH 波散射的模型。其构造方法是沿裂纹所在处将材料剖开，在欲出现裂纹区间内的上、下剖面施加一对出平面反力，其大小为 $-\tau_{\theta z}^{(t)}$，则这些区间段的上、下剖面上的全应力为 0，也就是可看做是裂纹。而前面构造出的 Green 函数表明任意出平面线源荷载存在条件下的位移基本解已知，从而可得总的位移场，以及得到应力场，这可以用图 5.9 来说明。

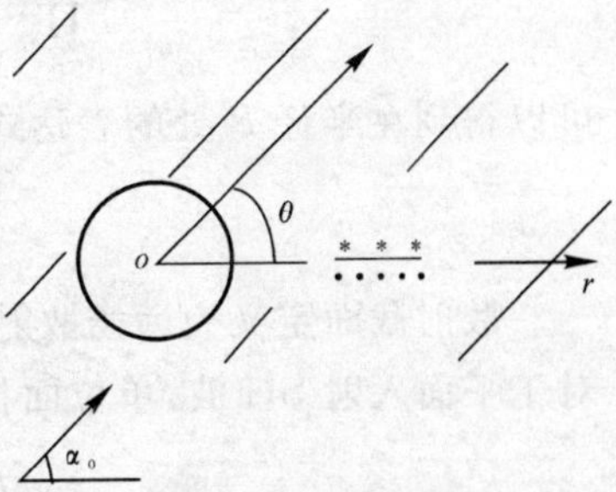

图 5.9　裂纹“切割”模型

在裂纹处施加应力 $-\tau_{\theta z}^{(t)}\,|_{r=r_0}$，产生附加位移场为

$$-\tau_{\theta z}^{(t)}\,|_{r=r_0}\times G(r,r_0,\theta,\theta_0)\quad(5.3.39)$$

沿裂纹线积分，可得

$$-\int_{r_1}^{r_2}\tau_{\theta z}^{(t)}\,|_{r=r_0}\times G(r,r_0,\theta,\theta_0)\mathrm{d}\boldsymbol{r}_0\quad(5.3.40)$$

式中，$\boldsymbol{r}_1$ 和 $\boldsymbol{r}_2$ 为裂纹起止位置矢量。

这样，总的位移场和应力场分别为

$$W=W^{(i)}+W^{(s)}-\int_{r_1}^{r_2}\tau_{\theta z}^{(t)}\,|_{r=r_0}\times G(r,r_0,\theta,\theta_0)\mathrm{d}\boldsymbol{r}_0\quad(5.3.41)$$

$$\tau_{rz}=\tau_{rz}^{(t)}-\int_{r_1}^{r_2}\tau_{\theta z}^{(t)}\Big|_{r=r_0}\mu\frac{\partial G(r,r_0,\theta,\theta_0)}{\partial r}\mathrm{d}\boldsymbol{r}_0\quad(5.3.42)$$

近场位移表达式已经得到，就可以对散射波远场位移解进行分析。

总的散射波场包括由于圆形夹杂产生的散射波 $W^{(s)}$ 及由直线形裂纹产生的散射波 $-\int_{r_1}^{r_2}\tau_{\theta z}^{(t)}\,|_{r=r_0}\times G_1(r,\ r_0,\ \theta,\ \theta_0)\mathrm{d}\boldsymbol{r}_0$，即

$$W^{(zs)}=W^{(s)}-\int_{r_1}^{r_2}\tau_{\theta z}^{(t)}\,|_{r=r_0}\times G_1(r,r_0,\theta,\theta_0)\mathrm{d}\boldsymbol{r}_0\quad(5.3.43)$$

利用汉克尔函数的渐进表达式

$$\mathrm{H}_n^{(1)}(z)=(-\mathrm{j})^n\sqrt{\frac{2}{\pi z}}\mathrm{e}^{\mathrm{j}(z-\pi/4)} \tag{5.3.44}$$

散射波远场位移表达式可以写为

$$W^{(zs)}(r,\theta)=\sqrt{\frac{8\pi}{kr}}\mathrm{e}^{\mathrm{j}\left(kr-\frac{\pi}{4}\right)}F(\theta) \tag{5.3.45}$$

式中

$$F(\theta)=\frac{1}{2\pi}\left\{W_0\sum_{n=0}^{\infty}(-\mathrm{j})^n A_n\cos[n(\theta-\alpha_0)]-\int_{r_1}^{r_2}\tau_{\theta z}^{(t)}\big|_{r=r_0}\cdot\frac{\mathrm{j}}{4\mu}\sum_{n=0}^{\infty}(-\mathrm{j})^n\varepsilon_n(\cos n\theta)\left[\mathrm{J}_n(kr_0)+\frac{A_1}{A_2}\right]\mathrm{d}r_0\right\}=$$
$$\frac{1}{2\pi}\left\{W_0\sum_{n=0}^{\infty}(-\mathrm{j})^n A_n\cos[n(\theta-\alpha_0)]-\sum_{n=0}^{\infty}\sum_{m=0}^{\infty}\int_{r_1}^{r_2}\frac{\mu W_0}{r_0}\varepsilon_m\mathrm{j}^m(\sin m\alpha_0)m\left[\mathrm{J}_m(kr_0)-\frac{A_{11}}{A_{12}}\mathrm{H}_m^{(1)}(kr_0)\right]\times\right.$$
$$\left.\frac{\mathrm{j}}{4\mu}(-\mathrm{j})^n\varepsilon_n(\cos n\theta)\left[\mathrm{J}_n(kr_0)+\frac{A_1}{A_2}\right]\mathrm{d}r_0\right\} \tag{5.3.46}$$

表征散射波远场特性的另一个参数是远场散射截面。在一个周期 T 的时间间隔内，能流通量的时间平均值可以定义为

$$\mathrm{Ave}(\dot{E})=-\frac{1}{4}\mathrm{j}\omega\iint_A n_i(\sigma_{ij}\bar{u}_j-\bar{\sigma}_{ij}u_j)\,\mathrm{d}A=\frac{\omega}{2}\iint_A\mathrm{Im}\,[n_i\sigma_{ij}\bar{u}_j]\,\mathrm{d}A \tag{5.3.47}$$

式中，$\mathrm{Im}(\cdot)$ 为函数的虚部。

单位时间内通过半径为 R 的柱面上的总能流通量为（z 轴方向取单位长度）

$$\mathrm{Ave}(\dot{E})=\frac{\omega}{2}\int_0^{2\pi}\mu\mathrm{Im}\left(\frac{\partial W^{(zs)}}{\partial r}\overline{W}^{(zs)}\right)R\mathrm{d}\theta=\frac{\omega\mu}{2}\mathrm{Im}\int_0^{2\pi}\frac{\partial W^{(zs)}}{\partial r}\overline{W}^{(zs)}R\mathrm{d}\theta \tag{5.3.48}$$

将式(5.3.43)代入式(5.3.48)，并利用

$$\mathrm{H}_n^{(1)'}(kr)\mathrm{H}_m^{(2)}(kr)\approx\frac{2}{\pi r}\mathrm{e}^{\mathrm{j}\pi(m-n)/2},\quad r\to\infty \tag{5.3.49}$$

可以得到在半径 R 处的表达式为

$$\mathrm{Ave}(\dot{E})=\frac{\omega\mu}{\pi}W_0^2\mathrm{Im}(E) \tag{5.3.50}$$

散射截面定义为远场散射波的总能量与入射波在单位面积上的时间平均能流密度之比。对于平面入射 SH 波，单位面积时间平均能流密度为

$$\mathrm{Ave}(\dot{e})=\frac{\mathrm{Ave}(\dot{E})}{A}=\frac{1}{2}\mu k\omega W_0^2=\frac{1}{2}\sigma_0\omega W_0 \tag{5.3.51}$$

用 γ 表示两能量之比，则可得到

$$\gamma=\frac{2}{\pi k}\mathrm{Im}(E) \tag{5.3.52}$$

这里 γ 就是散射截面。

5.3.3 SH 波作用下圆形夹杂与裂纹相互作用远场解

现在研究 SH 波作用下夹杂与裂纹相互作用的散射远场解。取含有圆形夹杂的基体内任意一点承受时间谐和的出平面线源荷载作用的位移函数基本解作为 Green 函数，并从圆形夹杂和基体在 SH 波作用下的散射问题出发，沿裂纹所在位置施加反向应力，即在欲出现裂纹区域加置与圆形夹杂和基体作用存在情况下 SH 波散射产生应力相对应的大小相等、方向相反

的出平面荷载，从而构造出基体裂纹，并因而可以得到夹杂和基体中裂纹同时存在条件下的位移与应力表达式。利用位移表达式讨论散射波的远场解，给出远场散射位移模式以及散射截面，并通过一个算例，讨论裂纹对远场解的影响。

如图 5.10 所示给出圆形夹杂与裂纹相互作用的计算模型。在含有圆形夹杂的弹性空间中，夹杂周围存在一条直线形裂纹。在弹性空间中位移设为 $W_1(x,y,t)$，而在夹杂中的位移为 $W_2(x,y,t)$。位移 W_i 的控制方程在极坐标下的表达式为

$$\begin{aligned}&\frac{\partial^2 W_1}{\partial r^2}+\frac{1}{r}\frac{\partial W_1}{\partial r}+\frac{1}{r^2}\frac{\partial^2 W_1}{\partial \theta^2}+k_1^2 W_1=0\\&\frac{\partial^2 W_2}{\partial r^2}+\frac{1}{r}\frac{\partial W_1}{\partial r}+\frac{1}{r^2}\frac{\partial^2 W_2}{\partial \theta^2}+k_2^2 W_2=0\end{aligned}\tag{5.3.53}$$

式中，$k_i=\dfrac{\omega}{c_{si}}$，$c_{si}=\sqrt{\dfrac{\mu_i}{\rho_i}}$，$\omega$ 是位移 $W_i(x,y,t)$ 的圆频率，c_{si} 表示剪切波速度，ρ_i 和 μ_i 分别是密度与剪切弹性模量。

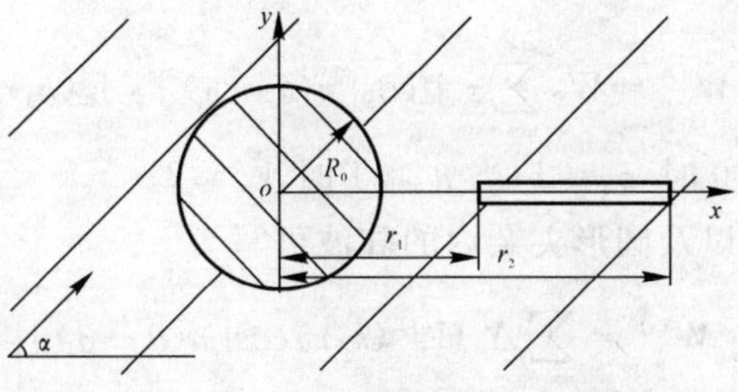

图 5.10 圆形夹杂与裂纹相互作用计算模型

Green 函数是弹性空间中具有圆形夹杂，在任意一点承受时间谐和的出平面线源荷载作用时位移函数的基本解。位移函数 G_i 与时间的依赖关系为 $e^{-j\omega t}$。在极坐标下，G_i 的控制方程可写为

$$\left.\begin{aligned}&\frac{\partial^2 G_1}{\partial r^2}+\frac{1}{r}\frac{\partial G_1}{\partial r}+\frac{1}{r^2}\frac{\partial^2 G_1}{\partial \theta^2}+k_1^2 G_1=\delta(\boldsymbol{r}-\boldsymbol{r}_0)\\&\frac{\partial^2 G_2}{\partial r^2}+\frac{1}{r}\frac{\partial G_2}{\partial r}+\frac{1}{r^2}\frac{\partial^2 G_2}{\partial \theta^2}+k_2^2 G_2=0\end{aligned}\right\}\tag{5.3.54}$$

$\boldsymbol{r}_0$ 表示点源在极坐标中的位置，边界条件为

$$\left.\begin{aligned}&G_1\big|_{r=\boldsymbol{R}_0}=G_2\big|_{r=\boldsymbol{R}_0}\\&\tau_{rz1}\big|_{r=\boldsymbol{R}_0}=\tau_{rz2}\big|_{r=\boldsymbol{R}_0}\end{aligned}\right\}\tag{5.3.55}$$

满足控制方程式(5.3.54)与边界条件式(5.3.55)的基本解，应该包含两部分：出平面线源荷载的扰动以及圆形夹杂所激发的散射波。对于出平面线源荷载 $\delta(\boldsymbol{r}-\boldsymbol{r}_0)$ 在一个完整弹性空间中所产生的扰动，可以将其视为入射波 $G^{(i)}$，和上一小节一样，是已知的，即全空间问题的基本解为

$$G^{(i)}=\frac{\mathrm{j}}{4\mu}\mathrm{H}_0^{(1)}(k_1\mid \boldsymbol{r}-\boldsymbol{r}_0\mid)\tag{5.3.56}$$

弹性空间中圆形夹杂产生的散射波和圆形夹杂内产生的驻波可以写为

$$\left.\begin{aligned} G^{(s)} &= \sum_{m=0}^{\infty} A_m \mathrm{H}_m^{(1)}(k_1 r)\cos[m(\theta-\theta_0)] \\ G^{(in)} &= \sum_{m=0}^{\infty} B_m \mathrm{J}_m(k_2 r)\cos[m(\theta-\theta_0)] \end{aligned}\right\} \tag{5.3.57}$$

式中，A_m 和 B_m 是待定系数。

利用$G_1=G^{(i)}+G^{(s)}$，$G_2=G^{(in)}$，由边界条件，可求出 A_m，B_m。由此可求解出弹性空间总的波场为 G_1。

以 SH 波作为入射波，在圆形夹杂处产生散射，入射波与散射波在裂纹处的应力可求，那么在裂纹处施加与入射波和散射波所产生的应力等值反向的应力，则此处的应力即为零，也就意味着此处有一点裂开，沿裂纹进行上述“切割”操作，就可以求出 SH 波作用下圆形夹杂与裂纹相互作用下的位移应力表达式。

首先考虑 SH 波入射到含圆形夹杂的无限大线弹性均匀介质时，关于时间谐和的出平面入射位移场 $W^{(i)}$，可以写成

$$W^{(i)}=W_0\sum_{n=0}^{\infty}\varepsilon_n \mathrm{j}^n\cos[n(\theta-\alpha)]\cdot \mathrm{J}_n(k_1 r) \tag{5.3.58}$$

式中，α 为入射角。当 $n=0$ 时，$\varepsilon_n=1$；当 $n\geqslant 1$ 时，$\varepsilon_n=2$。

弹性空间中的散射波以及圆形夹杂内的驻波可写为

$$\left.\begin{aligned} W^{(s)} &= \sum_{n=0}^{\infty} A_n \mathrm{H}_n^{(1)}(k_1 r)\cos[n(\theta-\alpha)] \\ W^{(in)} &= \sum_{n=0}^{\infty} B_n \mathrm{J}_n(k_2 r)\cos[n(\theta-\alpha)] \end{aligned}\right\} \tag{5.3.59}$$

考虑边界条件，可以求出 A_n，B_n。位移场 $W^{(t)}$ 可写为

$$W^{(t)}=W^{(i)}+W^{(s)} \tag{5.3.60}$$

根据已经得到的仅含圆形夹杂的无限大介质中 SH 波的入射波场与散射波场，可以按裂纹“切割”的方式构造出含有直线形裂纹情况下对 SH 波散射的模型。其构造方法是沿裂纹所在处将材料剖开，在欲出现裂纹区间内的上、下剖面施加一对出平面反力，其大小为 $-\tau_{\theta z}^{(t)}$，则这些区间段的上、下剖面上的全应力为 0，也就是可看做是裂纹。而前面构造出的 Green 函数表明任意出平面线源荷载存在条件下的位移基本解已知，从而可得总的位移场，以及得到应力场。

在裂纹处施加应力 $-\tau_{\theta z}^{(t)}\mid_{r=r_0}$，产生附加位移场为

$$-\tau_{\theta z}^{(t)}\mid_{r=r_0}\times G_1(r,r_0,\theta,\theta_0) \tag{5.3.61}$$

沿裂纹积分，可得

$$-\int_{r_1}^{r_2}\tau_{\theta z}^{(t)}\mid_{r=r_0}\times G_1(r,r_0,\theta,\theta_0)\mathrm{d}\boldsymbol{r}_0 \tag{5.3.62}$$

则总的位移场为

$$W=W^{(t)}-\int_{r_1}^{r_2}\tau_{\theta z}^{(t)}\mid_{r=r_0}\times G_1(r,\ r_0,\ \theta,\ \theta_0)\mathrm{d}\boldsymbol{r}_0 \tag{5.3.63}$$

散射波远场位移表达式为

$$W^{(zs)}(r,\theta)=\sqrt{\frac{8\pi}{k_1 r}}\,\mathrm{e}^{\mathrm{j}\left(k_1 r-\frac{\pi}{4}\right)}\,F(\theta) \tag{5.3.64}$$

式中

$$F(\theta)=\frac{1}{2\pi}\left\{W_0\sum_{n=0}^{\infty}(-\mathrm{j})^n A_n\cos[n(\theta-\alpha_0)]-\int_{r_1}^{r_2}\tau_{\theta z}^{(t)}\Big|_{r=r_0}\cdot\frac{\mathrm{j}}{4\mu}\sum_{n=0}^{\infty}(-\mathrm{j})^n\varepsilon_n(\cos n\theta)\left[\mathrm{J}_n(k_1r_0)+\frac{A_1}{A_2}\right]\mathrm{d}r_0\right\}=$$

$$\frac{1}{2\pi}\left\{W_0\sum_{n=0}^{\infty}(-\mathrm{j})^n A_n\cos[n(\theta-\alpha_0)]-\right.$$

$$\sum_{n=0}^{\infty}\sum_{m=0}^{\infty}\int_{r_1}^{r_2}\frac{\mu W_0}{r_0}\varepsilon_m\mathrm{j}^m(\sin m\alpha_0)m\left[\mathrm{J}_m(k_1r_0)-\frac{A_{11}}{A_{12}}\mathrm{H}_m^{(1)}(k_1r_0)\right]\times$$

$$\left.\frac{\mathrm{j}}{4\mu}(-\mathrm{j})^n\varepsilon_n(\cos n\theta)\left[\mathrm{J}_n(k_1r_0)+\frac{A_1}{A_2}\right]\mathrm{d}r_0\right\}\qquad(5.3.65)$$

散射截面的定义与前文保持一致。

现在用一个例子来分析裂纹的存在对远场位移模式与散射截面的影响。选择如图 5.10 所示模型，圆形夹杂的半径为 1，裂纹长度为 2，裂纹中心与圆形夹杂中心距离为 3。通过编程计算得到结果如图 5.11 ～ 图 5.14 所示。图 5.11 和图 5.12 显示的是随着入射波波数的变化和入射波角度的变化，裂纹对远场位移模式的影响，入射波垂直于裂纹入射时，影响最大。图 5.13 显示了当 $k_1=1$，$\alpha=90°$ 时，弹性空间与圆形夹杂之间的剪切模量比变化对远场位移模式的影响，可以看到夹杂与弹性介质的材料力学性能差别越大，裂纹的影响也就越大 。在图 5.14 中，散射截面随着入射波波数变化而变化，可以看出直线形裂纹存在低频共振现象。

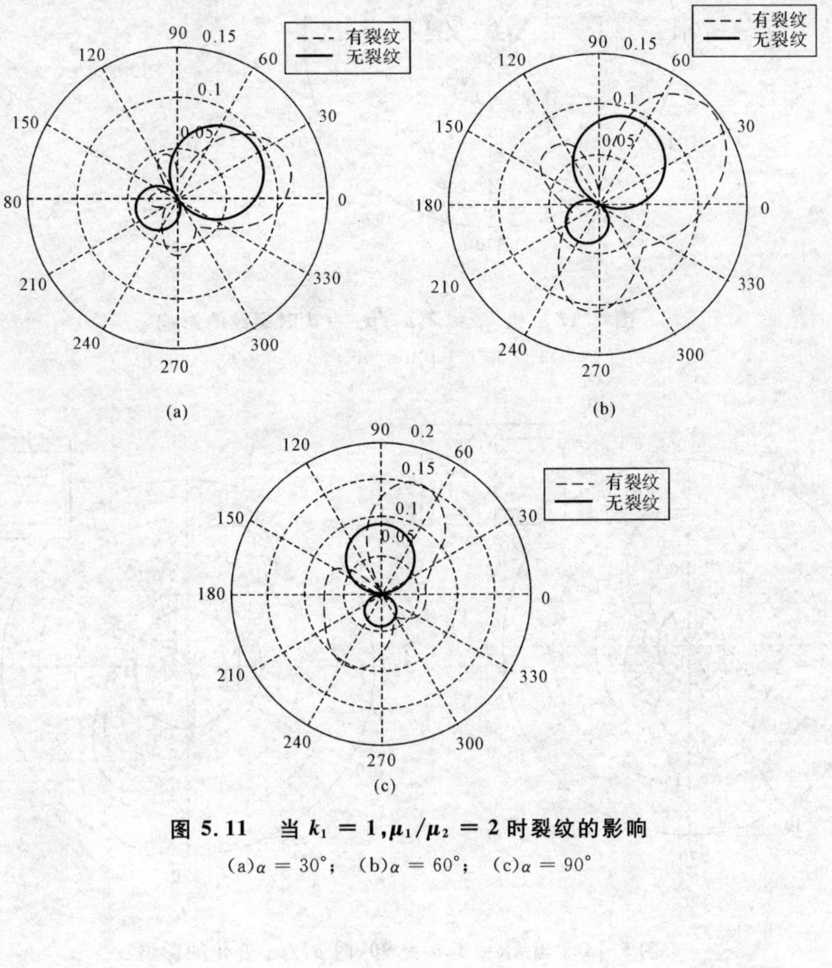

图 5.11　当 $k_1=1, \mu_1/\mu_2=2$ 时裂纹的影响

(a)$\alpha=30°$；(b)$\alpha=60°$；(c)$\alpha=90°$

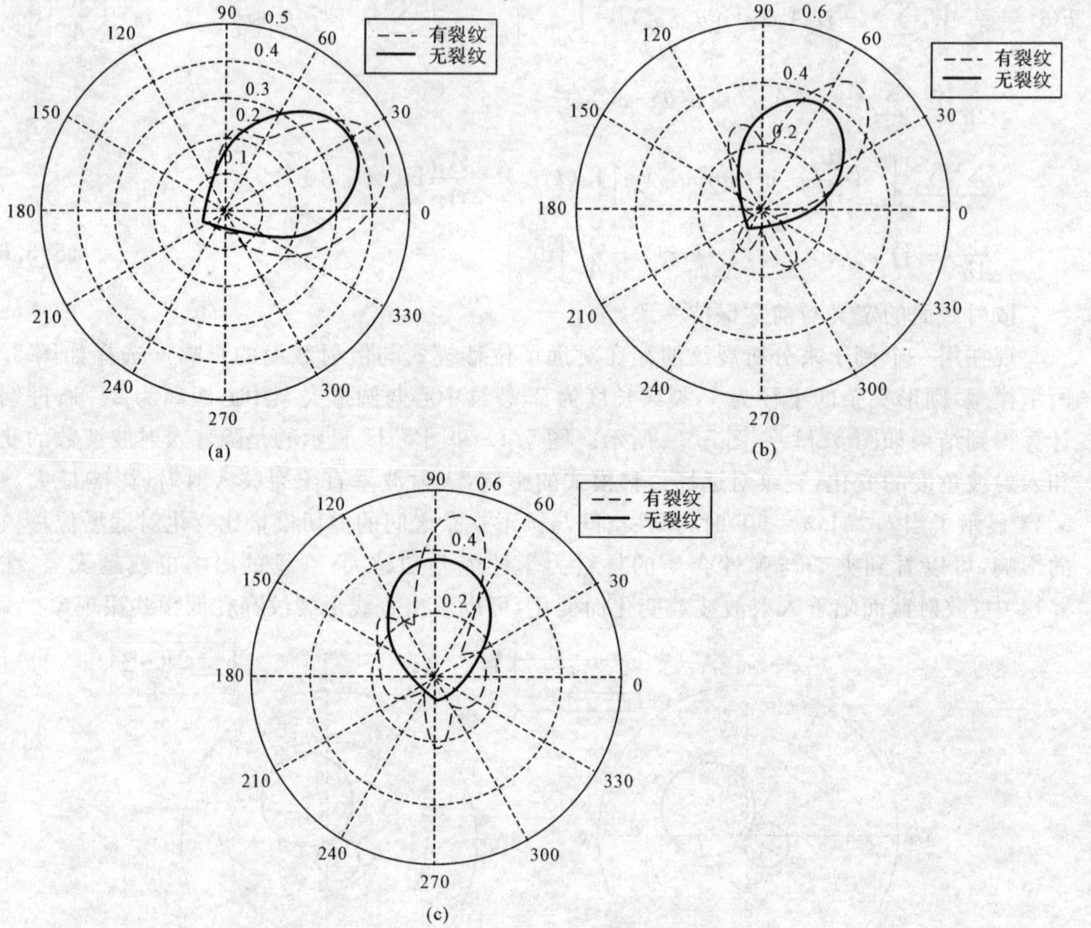

图 5.12　当 $k_1 = 2, \mu_1/\mu_2 = 2$ 时裂纹的影响

(a)$\alpha = 30°$；(b)$\alpha = 60°$；(c)$\alpha = 90°$

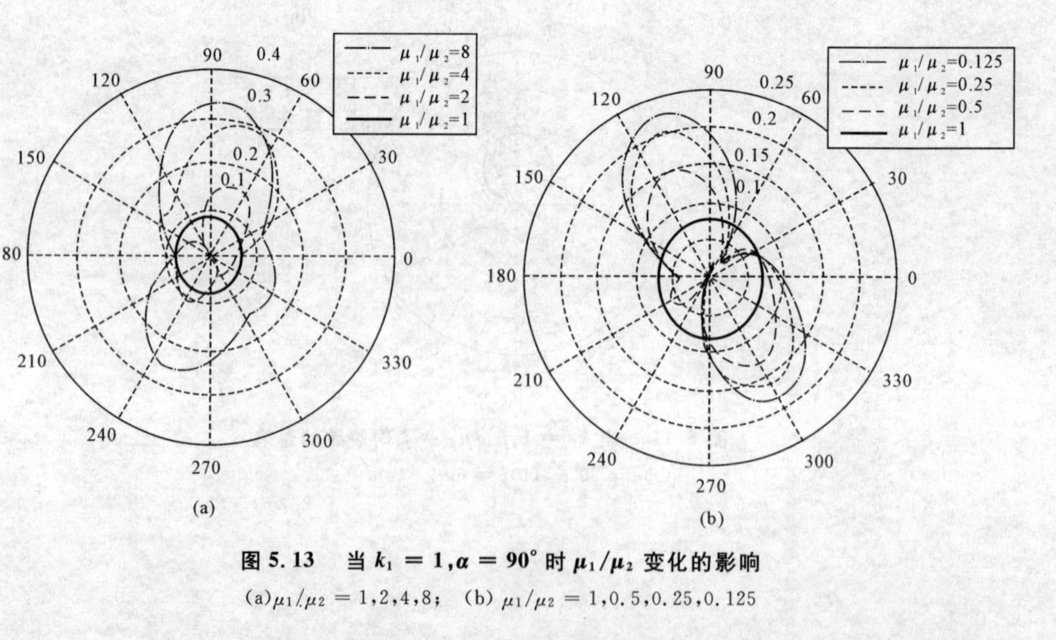

图 5.13　当 $k_1 = 1, \alpha = 90°$ 时 μ_1/μ_2 变化的影响

(a)$\mu_1/\mu_2 = 1,2,4,8$；(b)$\mu_1/\mu_2 = 1,0.5,0.25,0.125$

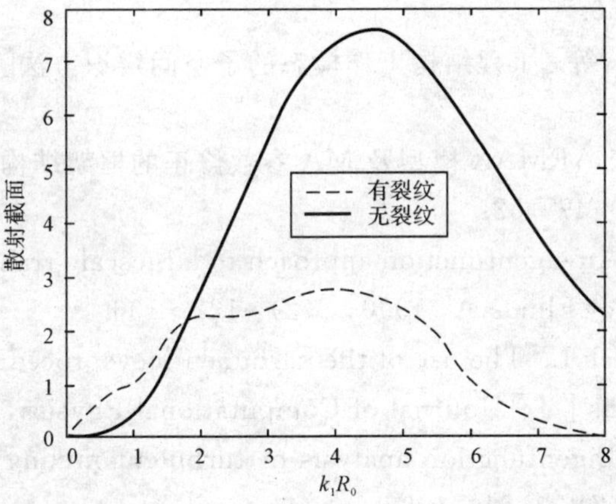

图 5.14　当 $\mu_1/\mu_2 = 2$ 时散射截面随 k_1R_0 的变化

由上述计算结果可以看出，裂纹的影响很大，从而可以利用远场测得的试验数据来确定裂纹的位置。

通过上述讨论可以看出，远场规律是可以掌握的，这就可以为结构的健康诊断提供依据，为航空航天工程安全提供支持。

参考文献

[1] Keller J B. Inverse problems[J]. American Mathmatics, 1976, 83: 107 - 118.

[2] Mottershead J E, Friswell M I. Model updating in structural dynamics: a survey [J]. Journal of Sound and Vibration, 1993, 167(2): 347 - 375.

[3] 林循泓.振动模态参数识别及其应用[M].南京:东南大学出版社,1990.

[4] 王柏生.结构损伤检测与识别技术[M].杭州:浙江大学出版社，2000.

[5] Taehyoun Kim. Frequency-domain Karhunen-loeve method and its application to linear dynamic systems [J]. AIAA Journal, 1998, 36(11): 2117 - 2123.

[6] 李德葆,陆秋海.实验模态分析及其应用[M].北京:科学出版社,2001.

[7] 左鹤声,彭玉莺.振动试验模态分析[M].北京:中国铁道出版社,1995.

[8] 李方泽,王正.工程振动测试与分析[M].北京:高等教育出版社,1992.

[9] LAM H F, KO J M, WONG C W. Localization of damaged structural connections based on experimental modal and sensitivity analysis[J]. Journal of Sound and Vibration, 1998, 210(1): 91 - 115.

[10] Le T P, Argoul P. Continous Wavelet Transform for Modal Identification Using Free Decay Response[J]. Journal of Sound and Vibration, 2004, 277 (1): 73 - 100.

[11] Joseph L, Stephane G. Identification of Modal Parameters Using the Wavelet Transform[J]. Inernational Journal of Mechanical Sciences, 2002, 44(11): 2263 - 2283.

[12] 续秀忠,华宏星,陈兆能. 基于环境激励的模态参数辨识方法综述[J].振动与冲击，2002(3): 1 - 5.

[13] 李中付,宋汉文,华宏星,等.一种白噪声环境激励下模态参数辨识方法[J].振动工程学

报，2002(1):52-56.

[14] 史东锋,郑敏,申凡,等. 工程结构工作模态的子空间辨识方法[J]. 振动工程学报，2000(3):406-412.

[15] 何林,欧进萍. 基于 ARMAX 模型及 MA 参数修正的框架结构动态参数识别[J]. 振动工程学报，2002(1):47-52.

[16] Sirovich L, et al. An eigenfunction approach to largescale transitional structures in jet flow [J]. Physics of Fluids A, 1990, 2(2): 127-136.

[17] Breuer K S, Sirovich L. The use of the karhunen-loeveprocedure for the calculation of linear eigenfunctions [J]. Journal of Computational Physics,1991,96(2): 277-296.

[18] Winter M, et al. Eigenfunction analysis of turbulent mixing phenomena [J]. AIAA Journal, 1992, 30(7): 1681-1688.

[19] Park H M, Lee M W. An efficient method of solving the Navier-stokes equations for flow control[J]. International Journal for Numerical Methods in Engineering, 1998, 41(6): 1133-1151.

[20] 曹树谦,等. 振动结构模态分析:理论、实验与应用[M]. 天津:天津大学出版社,2001.

[21] 商大中,李宏亮,韩广才. 结构动力分析[M]. 哈尔滨:哈尔滨工程大学出版社,2005.

[22] 王建中,周亚明. 机械结构动态分析与设计[M]. 武汉:武汉工业大学出版社,1995.

[23] 温熙森,陈循,唐丙阳. 机械系统动态分析理论与应用[M]. 长沙:国防科技大学出版社,1998.

[24] 萧龙翔. 振动模态分析基础[M]. 天津:天津大学出版社,1991.

[25] 吴志强. 多自由度非线性系统的非线性模态及 Nomal Form 直接方法[M]. 天津:天津大学出版社,1996.

[26] 张宪民,刘宏昭,曹惟庆. 应用试验模态修正理论模型的最佳矩阵逼近法[J]. 振动工程学报,1997,7(1):21-67.

[27] 瞿祖清,华宏星,傅志方. 一种频响函数灵敏度计算方法[J]. 振动工程学报,1998,21(2):35-49.

[28] 黄芳林,顾松年. 频响函数是一种新的估计方法[J]. 振动工程学报,1993,2(6):187-193.

[29] 李洲圣,曾庆福,吴志真. 机翼模型振动试验模态分析[J]. 西北工业大学学报,1986,4(2):189-197.

[30] 杨华. 模态参数识别技术研究现状和发展[J]. 机械工程学报,2006,33(10):1-3.

[31] 张令弥. 试验模态分析技术的进展[J]. 振动工程学报,1987,1(1):73-79.

[32] 沃德·海伦,斯蒂芬·拉门兹,波尔·萨斯. 模态分析理论与实验[M]. 北京:北京理工大学出版社,2001.

[33] 张令弥,周蒂莲. 敲击激振法测试玻璃钢桨叶振动模态[J]. 南京航空航天大学学报,1983(1):107-113.

[34] 徐芝纶. 弹性力学[M]. 北京:高等教育出版社,1990.

[35] 鲍亦兴,毛昭宙. 弹性波的衍射与动应力集中[M]. 刘殿魁，苏先樾,译. 北京：科学出版社，1993.

[36] 王铎，马兴瑞，刘殿魁. 弹性动力学最新进展[M]. 北京：科学出版社，1995.

[37] 黎在良，刘殿魁. 固体中的波[M]. 北京：科学出版社，1995.

[38] 钟伟芳，聂国华. 弹性波的散射理论[M]. 武汉：华中科技大学出版社，1997.

[39] 魏培君，章梓茂. 弹性动力学反问题的数值反演方法. 力学进展，2001，31(2)：172-180.

[40] Pao Y H. Elastic Waves in Solids[J]. ASME Journal of Applied Mechanics，1983，50(4)：1152-1164.

[41] 刘殿魁，刘宏伟. SH 波散射与界面圆孔附近的动应力集中[J]. 力学学报，1998(5)：597-604.

[42] 刘殿魁，刘宏伟. 孔边裂纹对 SH 波的散射及其动应力强度因子[J]. 力学学报，1999(3)：292-299.

[43] 刘殿魁，史守峡. 界面上圆形衬砌结构对平面 SH 波散射[J]. 力学学报，2002(5)：796-803.

[44] Liu Hongwei，Liu Diankui. Far Field Solution of SH-wave Scattered by Interface Circular Hole[J]. Acta Mechanica Solida Sinica，1999，20(4)：349-355.

[45] 李宏亮，刘殿魁. SH 波作用下圆形夹杂与裂纹的相互作用[J]. 哈尔滨工程大学学报，2004，30(5)：618-622.

[46] Li Hongliang，Liu Diankui. Far-field Solution of SH-wave by Circular Lining and Linear Crack[C]//Proceedings of the 22nd International Congress of Theoretical and Applied Mechanics，24 - 29 August 2008，in Adelaide，Australia. Berlin：Springer，2008.

